李学文　王宏洲　李炳照　编

数学建模优秀论文精选与点评（2016—2021）

清華大學出版社
北　京

内容简介

本书选编了2016—2021年北京理工大学学生参加全国大学生数学建模竞赛获全国一、二等奖及北京市一等奖的部分比赛论文。本书对参赛论文全文刊登，未作删节，所有细节和详细计算过程均予以保留，适合广大学习数学建模及初次参赛的高校学生参考。

图书在版编目(CIP)数据

数学建模优秀论文精选与点评. 2016—2021/李学文，王宏洲，李炳照编. —北京：清华大学出版社，2023.5 (2024.9重印)

ISBN 978-7-302-63143-9

Ⅰ. ①数… Ⅱ. ①李… ②王… ③李… Ⅲ. ①数学模型—文集 Ⅳ. ①O141.4-53

中国国家版本馆CIP数据核字(2023)第047755号

责任编辑：刘 颖
封面设计：傅瑞学
责任校对：王淑云
责任印制：宋 林

出版发行：清华大学出版社

网 址：https://www.tup.com.cn，https://www.wqxuetang.com
地 址：北京清华大学学研大厦A座 邮 编：100084
社 总 机：010-83470000 邮 购：010-62786544
投稿与读者服务：010-62776969，c-service@tup.tsinghua.edu.cn
质量反馈：010-62772015，zhiliang@tup.tsinghua.edu.cn

印 装 者：三河市龙大印装有限公司
经 销：全国新华书店
开 本：185mm×260mm **印 张**：25 **字 数**：604千字
版 次：2023年5月第1版 **印 次**：2024年9月第3次印刷
定 价：78.00元

产品编号：090828-01

FOREWORD 前 

全国大学生数学建模竞赛30年来在组织者、指导老师和参赛同学的努力下已经成为一项广受欢迎、颇具规模的大学生课外实践活动，目前每年参赛队伍已经超过4万多支。很多学科的实际问题归根结底是数学问题，但是要经过数学建模的过程化成数学问题才能用数学的方法解决。数学建模渗透的领域越来越广，涉及的问题也更加多样，体现了数学在解决实际问题时的巨大威力。现在的建模问题越来越复杂，数据量更大，开放性更强，一个建模问题就像是一次小型的模拟科研活动，对学生各方面的能力要求越来越高，学生在参与数学建模活动的过程中也学到了更多的数学方法，提高了自己解决实际问题的能力，也提升了学生的创新能力。

本书编者均在北京理工大学多年从事数学建模课程的教学和组织指导数学建模竞赛工作，在课堂上和竞赛培训中亲眼见证了广大学生对数学建模活动的热情和喜爱。参加建模活动的许多学生反映不仅学到了大量的实用数学知识，而且各方面能力也有了很大提高。为了运用数学建模解决实际问题，他们不仅要了解常见的数学模型及相应的求解方法，比如初等数学模型、微积分模型、概率统计模型、优化模型、微分方程模型、运筹学模型，等等，还要学会应用常见的数学软件，如Matlab、Lindo/Lingo、SPSS等。除此之外，他们还要学着根据实际问题后建立数学模型并分析求解，最后还要写成一篇规范的学术论文。这对他们这些大一、大二从未接触过学术论文写作的学生来说具有很强的挑战性，是一个非常辛苦但是也有很大收获的长期过程。在这个过程中，他们各方面的能力也随之有了很大提高，这些对他们以后继续深造或参加实际工作都是非常有帮助的。

随着数学建模活动的广泛开展，参与这项活动的学生越来越多，广大学生迫切希望阅读参考以往竞赛的优秀论文。编者于2011年和2016年分别出版了《数学建模优秀论文精选与点评(2005—2010)》和《数学建模优秀论文精选与点评(2011—2015)》，收录了从2005年到2015年北京理工大学参加全国大学生数学建模竞赛获全国一、二等奖的部分论文，受到了广大同学的欢迎。现在这部论文选仍然是这项工作的延续，本书精选了2016—2021年北京理工大学获全国数学建模竞赛一、二等奖和北京市一等奖的部分获奖论文。论文保持了文章原貌，所有细节得以保留，未作删节；并对每篇论文进行了点评，指出了文章的特点。同一个题目选编一到两篇优秀获奖论文。

本书可供参加数学建模课程学习和竞赛的学生及指导教师参考，尤其适合初学数学建模者参考。为了方便读者阅读，本书在每一篇优秀论文前面附上了相应的数学建模竞赛原题目及解题思路分析。需要指出的是，由于很多题目都给出了大量数据，本书因篇幅限制，无法给出全部数据，读者可以到全国大学生数学建模竞赛组委会网站（http://www. mcm. edu. cn. /）上历年竞赛赛题栏目下载，上面有全部往年的竞赛题目及所有数据的电子文档。此外，本书中有些论文后面附有算法程序及计算结果数据，因篇幅原因我们也作了省略。

本书选编的论文都是北京理工大学学生多年来在数学建模小组的各位老师指导下完成的，这些指导老师是孙华飞、徐厚宝、熊春光、姜海燕、史大威、曹鹏、闫桂峰、黄宝胜、满红英、马秀岭、李庆娜等，本书的出版也要归功于这些老师及所指导学生多年的付出。我们还要感谢多年来一直参加数学建模课程教学和竞赛指导的其他各位老师，以及所有参加了课程学习和各级竞赛的同学们！本书的出版还得到了北京理工大学数学学院及清华大学出版社的大力支持，借此机会也向他们表示感谢！

限于编者水平，书中难免有错误及不妥之处，敬请各位专家、同行和广大读者批评指正！

编　者

2022年于北京理工大学

CONTENTS 目录

第 1 章　系泊系统的设计(2016 A) …… 1

1.1　题目 …… 1
1.2　问题分析与建模思路概述 …… 2
1.3　获奖论文——基于协调曲线的系泊系统的设计 …… 2
1.4　论文点评 …… 18

第 2 章　小区开放对道路通行的影响(2016 B) …… 19

2.1　题目 …… 19
2.2　问题分析与建模思路概述 …… 19
2.3　获奖论文——小区开放对道路通行的影响研究 …… 21
2.4　论文点评 …… 41
2.5　获奖论文——研究小区开放对道路通行的影响 …… 42
2.6　论文点评 …… 55

第 3 章　CT 系统参数标定及成像(2017 A) …… 57

3.1　题目 …… 57
3.2　问题分析与建模思路概述 …… 58
3.3　获奖论文——CT 系统参数标定及成像模型 …… 58
3.4　论文点评 …… 67

第 4 章　“拍照赚钱”的任务定价(2017 B) …… 68

4.1　题目 …… 68
4.2　问题分析与建模思路概述 …… 69
4.3　获奖论文——网络自助式服务的任务分配方式及定价策略研究 …… 70
4.4　论文点评 …… 87

第 5 章　高温作业专用服装设计(2018 A) …… 89

5.1　题目 …… 89

5.2 问题分析与建模思路概述 …… 90
5.3 获奖论文——高温作业服装的热传递模型与设计研究 …… 90
5.4 论文点评 …… 104
5.5 获奖论文——针对各织物层厚度对热防护服防护性能的研究 …… 105
5.6 论文点评 …… 117

第6章 智能RGV的动态调度策略(2018 B) …… 119

6.1 题目 …… 119
6.2 问题分析与建模思路概述 …… 123
6.3 获奖论文——基于MCTAP模型与SLE算法的RGV动态调度策略研究 …… 124
6.4 论文点评 …… 142

第7章 高压油管的压力控制(2019 A) …… 144

7.1 题目 …… 144
7.2 问题分析与建模思路概述 …… 146
7.3 获奖论文——基于差分方程对高压油管压力波动控制的求解模型 …… 147
7.4 论文点评 …… 157

第8章 "同心协力"策略研究(2019 B) …… 158

8.1 题目 …… 158
8.2 问题分析与建模思路概述 …… 159
8.3 获奖论文——"同心鼓"问题的最优策略模型 …… 160
8.4 论文点评 …… 181

第9章 机场的出租车问题(2019 C) …… 183

9.1 题目 …… 183
9.2 问题分析与建模思路概述 …… 184
9.3 获奖论文——机场的出租车问题 …… 184
9.4 论文点评 …… 211

第10章 炉温曲线(2020 A) …… 212

10.1 题目 …… 212
10.2 问题分析与建模思路概述 …… 214
10.3 获奖论文——回流焊炉温特征研究与参数优化设计 …… 215
10.4 论文点评 …… 240
10.5 获奖论文——基于一维非稳态导热的炉温曲线探究 …… 240
10.6 论文点评 …… 251

第 11 章 穿越沙漠(2020 B) …… 253

11.1 题目…… 253
11.2 问题分析与建模思路概述…… 259
11.3 获奖论文——穿越沙漠游戏最优策略探究…… 259
11.4 论文点评…… 277

第 12 章 中小微企业的信贷决策(2020 C) …… 278

12.1 题目…… 278
12.2 问题分析与建模思路概述…… 281
12.3 获奖论文——基于运筹学和聚类算法的中小微企业信贷决策…… 282
12.4 论文点评…… 298

第 13 章 "FAST"主动反射面的形状调节(2021 A) …… 299

13.1 题目…… 299
13.2 问题分析与建模思路概述…… 302
13.3 获奖论文——"FAST"反射面调节建模及优化设计 …… 303
13.4 论文点评 …… 317

第 14 章 乙醇偶合制备 C_4 烯烃(2021 B) …… 319

14.1 题目 …… 319
14.2 问题分析与建模思路概述 …… 321
14.3 获奖论文——基于多元回归分析的乙醇偶合反应模型 …… 322
14.4 论文点评…… 341
14.5 获奖论文——基于 BP-GA 算法的乙醇偶合反应优化模型 …… 341
14.6 论文点评…… 365

第 15 章 生产企业原材料的订购与运输(2021 C) …… 366

15.1 题目…… 366
15.2 赛题思路分析…… 368
15.3 获奖论文——基于 0-1 规划与多目标规划的生产企业订购与运输模型…… 370
15.4 论文点评…… 389

第1章 系泊系统的设计(2016 A)

1.1 题目

近浅海观测网的传输节点由浮标系统、系泊系统和水声通信系统组成(见图1-1)。某型传输节点的浮标系统可简化为底面直径2m、高2m的圆柱体,浮标的质量为1000kg。系泊系统由钢管、钢桶、重物球、电焊锚链和特制的抗拖移锚组成。锚的质量为600kg,锚链选用无档普通链环,近浅海观测网的常用型号及其参数在附表中列出。钢管共4节,每节长度1m,直径为50mm,每节钢管的质量为10kg。要求锚链末端与锚的链接处的切线方向与海床的夹角不超过16°,否则锚会被拖行,致使节点移位丢失。水声通信系统安装在一个长1m、外径30cm的密封圆柱形钢桶内,设备和钢桶总质量为100kg。钢桶上接第4节钢管,下接电焊锚链。钢桶竖直时,水声通信设备的工作效果最佳。若钢桶倾斜,则影响设备的工作效果。钢桶的倾斜角度(钢桶与竖直线的夹角)超过5°时,设备的工作效果较差。为了控制钢桶的倾斜角度,钢桶与电焊锚链链接处可悬挂重物球。

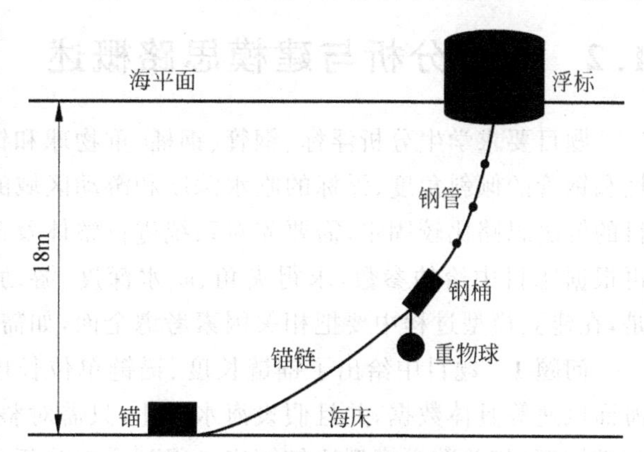

图1-1 传输节点示意图(仅为结构模块示意图,未考虑尺寸比例)

系泊系统的设计问题就是确定锚链的型号、长度和重物球的质量,使得浮标的吃水深度和游动区域及钢桶的倾斜角度尽可能小。

问题1 某型传输节点选用Ⅱ型电焊锚链22.05m,选用的重物球的质量为1200kg。现将该型传输节点布放在水深18m、海床平坦、海水密度为$1.025\times10^3\text{kg/m}^3$的海域。若海水静止,分别计算海面风速为12m/s和24m/s时钢桶和各节钢管的倾斜角度、锚链形状、浮标的吃水深度和游动区域。

问题2 在问题1的假设下,计算海面风速为36m/s时钢桶和各节钢管的倾斜角度、锚链形状和浮标的游动区域。请调节重物球的质量,使得钢桶的倾斜角度不超过5°,锚链在锚点与海床的夹角不超过16°。

问题3 由于潮汐等因素的影响,布放海域的实测水深介于16～20m之间。布放点的海水速度最大可达到1.5m/s，风速最大可达到36m/s。请给出考虑风力、水流力和水深情况下的系泊系统设计，分析不同情况下钢桶、钢管的倾斜角度、锚链形状、浮标的吃水深度和游动区域。

说明 近海风荷载可通过近似公式$F=0.625\times Sv^2$(N)计算，其中S为物体在风向法平面的投影面积(m^2)，v为风速(m/s)。近海水流力可通过近似公式$F=374\times Sv^2$(N)计算，其中S为物体在水流速度法平面的投影面积(m^2)，v为水流速度(m/s)。

附表 锚链型号和参数表

型　号	长度/mm	单位长度的质量/(kg/m)
Ⅰ	78	3.2
Ⅱ	105	7
Ⅲ	120	12.5
Ⅳ	150	19.5
Ⅴ	180	28.12

注：长度是指每节链环的长度。

1.2 问题分析与建模思路概述

题目要求学生分析浮标、钢管、钢桶、重物球和锚链的受力情况，建立计算锚链形状、钢桶和钢管的倾斜角度、浮标的吃水深度和游动区域的数学模型。从基本的数学原理来说，题目的解决思路比较固定，需要先对系统进行整体及部分的受力分析，列出系统的力学公式，再根据题目中给的参数，求得夹角、吃水深度、游动半径等相关结果就可以了，需要注意的是，在建立模型过程中要把相关因素考虑全面，如需要考虑水下构件的浮力等。

问题1 题目中给出了锚链长度、锚链单位长度质量、重物球的质量、水深、海水密度、海面风速等具体数据，并且假设海水静止，只需对整个系统进行静力分析，建立系泊系统的数学模型(相关数学模型比较固定)，得到受力分析的物理公式，再将具体数据代入，求得钢桶和各节钢管的倾斜角度、锚链形状、浮标的吃水深度和游动区域等指标。

问题2 在问题1的基础上，由于风速变大，可能使得钢桶的倾斜角超过5°，锚链在锚点与海床的夹角也可能超过16°，题目要求重新设计重物球的质量。此时重物球的质量就是未知数，由于仍然不计水速的影响，因此基本模型和问题1相同。为了求得适合的重物球质量，需要得到一条以重物球质量为自变量，因变量分别是钢桶与水平面夹角和锚链下端与海床面夹角，找出符合条件的最小重物球质量(可建立优化模型或相关评价模型来解决)。

问题3 在上述问题的基础上考虑海水速度最大为1.5m/s，在这种情况下要考虑水流对系统的冲击力，在确定水流力方向后，只需在问题2的基础上建立新的系泊系统数学模型，整体目标使得吃水深度、游动半径、钢桶倾角尽量小，运用系统受力分析给出锚链在水流冲击下的微分方程，根据这些计算出重物球质量以及选用何种锚链即可。

1.3 获奖论文——基于协调曲线的系泊系统的设计

作　　者：李哲鑫　李展宇　卞欣钰

指导教师：李炳照

获奖情况：2016 年全国数学建模竞赛二等奖

摘要

近海观测网的传输节点由三部分组成，其中规模最大的是系泊系统。系泊系统的设计影响着整个传输节点的运行与工作，有着至关重要的作用。本文通过建立数学模型，求解了在一定条件下，传输节点各个部分的状态参量，并且基于协调曲线优化算法，设计了在题目条件下的系泊系统的方案。

针对问题1，通过受力分析，对整个传输节点进行部分与整体的受力分析，合理运用分析力学，列出各个变量的方程组，寻找到它们之间的关系。可以发现，所有的其他参量都可以表示成浮标吃水深度 h 的函数，最终我们就可以得到关于吃水深度 h 的方程，解得 h 之后，再代入即可求出其他所有的未知量。这里值得注意的是锚链的形状受到海床平面的制约，我们分两种情况进行了讨论。用 MATLAB 求解得到：风速 12m/s 时，钢桶的倾斜角度 $\theta_5=1.2010°$，浮标的吃水深度为 0.6838m；风速 24m/s 时，钢桶的倾斜角度 $\theta_5=4.5629°$，浮标的吃水深度为 0.6979m。

针对问题2，第一小问仍然是基于问题1建立的模型来求解的。通过求解我们可以发现，当风速为 36m/s 时，钢桶的倾斜角度 $\theta_5=9.4404°$，锚链末端与锚的链接处的切线方向与海床的夹角 $\theta_6=19.6289°$，均超过要求。因此必须调整重物球质量 M。首先，我们利用问题1的模型分别给出了钢桶的倾斜角度、锚链在锚点与海床的夹角与重物球质量的关系的函数图像；然后再次反向利用问题1的模型，通过 MATLAB 解出精确的 M 的下限值为 2062.2kg 和 1931.9kg，得出重物球的质量应该大于 2062.2kg；同时，浮标不能完全浸没于水中，因此由受力平衡得到重物球质量上限为 6097.1kg。

针对问题3，我们首先建立了考虑水流力的物理模型。针对优化问题，我们构建了基于协调曲线的多目标优化方法。首先，我们通过画出目标函数可行域的方法确定最优解范围，在此基础上将“锚链在锚点与海床的夹角不超过 16°”的不等式约束关系调整为等式约束关系，进一步缩小最优解范围。之后，我们利用协调曲线的方法分析了浮标吃水深度与钢桶倾角这一对矛盾的目标函数，通过构造满意度函数转化为单目标优化问题。最后，我们得出，当选择型号Ⅴ的锚链，且锚链长度为 21.420m(119 节链环)，重物球质量为 4475.0kg 时，系统在最“恶劣”环境下(水深最大，风速最大，水速最大)的工作效果最佳。

最后，我们对优化模型进行了灵敏度分析，重点考察了水深对最优解的影响，并对模型进行了评价。

关键词：系泊系统，分析力学，协调曲线，MATLAB。

1.3.1 问题重述

在当代海运行业，传输节点扮演着非常重要的角色。一个近海观测网的传输节点由三部分组成——浮标系统、系泊系统和水声通信系统。现在有一个已知部分条件的传输节点。将传输节点的浮标系统简化为底面直径 2m、高 2m 的圆柱体，质量为 1000kg。系泊系统则由很多部分组成，其中包括 4 节长 1m、直径 50mm、每节质量 10kg 的钢管，与之相连的是一个钢桶，钢桶的另一端连接着质量可调的重物球以及锚链，锚链的型号以及节数都可供选择。锚链另一端由质量为 600kg 的锚固定。而刚刚提及的钢桶，是一个长 1m、外径 30cm 的封闭圆柱体，充当着水声通信系统的载体，里面装有设备，总质量为 100kg，重物球可以用于控制钢桶倾斜的角度。

这样的系统节点，为了维持其稳定性与功能的正常实现，需要满足的条件是，锚链末端与锚的链接处的切线方向与海床的夹角不超过16°，否则节点会被拖走；钢桶的倾斜角度(钢桶与竖直线的夹角)尽可能小，竖直时效果最好，超过5°时效果最差。

整个问题的核心便在于确定锚链的型号、长度和重物球的质量，使得浮标的吃水深度和游动区域及钢桶的倾斜角度尽可能小。

问题1 现在选用Ⅱ型电焊锚链22.05m，重物球1200kg。传输节点布放在水深18m、海床平坦、海水密度为$1.025\times10^3\text{kg/m}^3$的海域。首先考虑风荷载，不计水流力，分别计算海面风速为12m/s和24m/s时钢桶和各节钢管的倾斜角度、锚链形状、浮标的吃水深度和游动区域。

问题2 仍然是在问题1的背景下，计算海面风速为36m/s时钢桶和各节钢管的倾斜角度、锚链形状和浮标的游动区域。接着要调节重物球的质量，使系统满足正常工作的条件：钢桶的倾斜角度不超过5°，锚链在锚点的切线与海床的夹角不超过16°。

问题3 加入了近海水流力的影响。布放海域水深16～20m，海水速度最大可达到1.5m/s、风速最大可达到36m/s。要求做出一个设计，要考虑风力、水流力和水深，分析不同情况下钢桶、钢管的倾斜角度，锚链形状，浮标的吃水深度和游动区域。

1.3.2 基本假设

1. 假设重物球、锚链、钢管的材质均为钢，密度取为$\rho_s=7.85\times10^3\text{kg/m}^3$。

2. 假设重物球、锚链均为实心物体；钢管为空心管，内部灌满海水，即它们排开海水的体积与其自身的体积相等。

3. 假设钢管、锚链的质量分布均匀，假设钢桶及其内部的设备的重心为其几何中心。

4. 假设浮标在平衡状态时保持水平，不发生倾斜。即浮标的迎风面积只与吃水深度有关。

5. 考虑到海风的方向具有长期稳定性，我们假设在系统达到平衡的过程中近海风的方向恒定。

1.3.3 符号说明

符 号	含 义	符 号	含 义
h	浮标吃水深度	θ_i	从上到下第i根钢管的倾斜角度($i=1,2,3,4$)
H	水深	θ_5	钢桶的倾斜角度
l_1	浮标高度	θ_6	锚链在锚点与海床的夹角
d_1	浮标直径	σ	锚链的线密度
m_1	浮标质量	M	重物球质量
l_2	钢桶长度	R	浮标游动区域的半径
d_2	钢桶外径	g	重力加速度
m_2	钢桶质量(含设备)	ρ_w	海水的密度$\rho_w=1.025\times10^3\text{kg/m}^3$
l	每节钢管长度	ρ_s	钢的密度，这里取$\rho_s=7.85\times10^3\text{kg/m}^3$
d_3	钢管直径		
m_3	每节钢管质量		

1.3.4　问题分析

这个问题,表面呈现出来的是一道类似于物理题目的形式。以经典的力学系统作为整道题目的载体,搭配上实际的工程问题,运用物理和数学方法去建立和求解这个模型。

问题1　给出了很多具体确定的值,要求在两个不同风速下的系统状态。首先通过受力分析,结合牛顿力学与分析力学等物理知识,构建一个模型。由此得到各个物理量之间的关系,由于变量都有具体确定的值,通过解方程即可得到一个未知数的解,再通过之间的关系,求解出其他所有的量。

问题2　在问题1的基础上进一步增大了风速去求得一个新的解。考虑到问题不会有重复性,所以求得的结果应该会有不满足设计要求的地方。因此还是在问题1的模型上修改部分参数,反过来求解需要调整的重物球质量即可。

问题3　则回归到在基本模型情况下的一个多元函数多目标优化问题。由于锚链型号是离散化的,可以逐一分析,则剩余的两个自变量在型号确定的情况下,可以先由条件进行约束,这相当于减少独立变量,转化为一元多目标优化问题,再通过协调曲线法,匹配满意曲线,来解决多目标优化问题。

1.3.5　模型建立与求解

1. 问题1的模型建立与求解

(1) 模型建立

这是一个典型的力学问题,我们首先进行受力分析,之后利用拉格朗日力学的方法计算其平衡状态。

根据力学平衡原理可知,平衡时海风速度方向与整个系统共面,并且指向外侧。

我们首先考虑锚链的形状。由于每节链环的长度与锚链总长度相比是小量,并且考虑到22.05m的Ⅱ型锚链实际上是由210节链环连接而成的,我们将锚链抽象成有质量的刚性绳(不可伸缩)的模型。可以证明,有质量的刚性绳在重力场中自由悬挂的状态下的形状为悬链线。证明如下[1]:

考虑两端分别固定在A,B的均匀重链,不失一般性,设A,B在同一水平位置,取链的最低点的坐标为$(0,a)$,设链的线密度为σ,则体系的势能为

$$V=\int_{x_A}^{x_B}\sigma g y\,\mathrm{d}s=\sigma g\int_{x_A}^{x_B}y\sqrt{1+y'^2}\,\mathrm{d}x \tag{1}$$

上式中的函数$y(x)$就是悬链线方程的解。由于保守体系处于平衡状态时势能取极值,因此这是一个泛函极值问题,处理方法是求解欧拉方程。

$$f-y'\frac{\partial f}{\partial y'}=\text{常数} \tag{2}$$

其中

$$f=y\sqrt{1+y'^2} \tag{3}$$

解得

$$y=a\cosh\left(\frac{x}{a}\right) \tag{4}$$

这就是锚链线。锚链悬垂时的形状就是该函数图像上的一段曲线。进一步我们可以得到(4)式中的常数 a 的表达式[2]：

$$a=\frac{T_{\text{horizontal}}}{\sigma g} \tag{5}$$

其中 $T_{\text{horizontal}}$ 为锚链的张力的水平分量。

之后我们对系统进行受力分析。选取受力分析的对象，对于建立模型的复杂度以及模型能否求解至关重要。受力分析中，最常见的就是整体法与隔离法两种，因此，合适地分割部分、组合整体成为分析的关键步骤。

单独来看，图 1-2 中可分割的最小单元有以下六组：浮标、四根钢管、钢桶、重物球、锚链以及固定的锚。由于锚是一个固定点，题目中并没有提及诸如摩擦力等力，因此在这里暂时不需要对其进行分析。浮标和锚链作为独立的单元，很显然要独立地拿来分析。其中，锚链由于是由很多的小节组装而成的，没有必要对一小节进行分析，只需要将其看成一个类似刚性绳的整体即可。

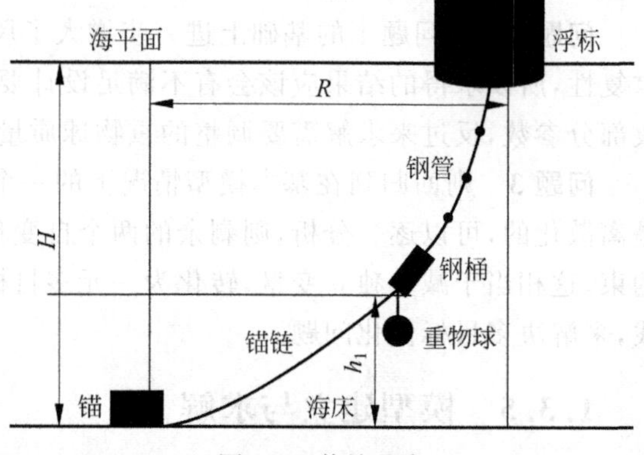

图 1-2 传输节点

剩余的便是最特殊的钢管、钢桶与重物球部分，由题中所给的条件可知，钢管与钢桶的长度一样，并且问题中，对于它们与竖直方向的角度都有要求，因此，对于它们，要分别用整体和隔离的方法进行分析，由于隔离法相当烦琐，之后会有更简单的方法来应对。而整体法就较为简单，只要将四根钢管和钢桶看成一个整体，由于重物球悬挂在钢桶末端，显然也可以计入整体，共同分析。

由此，第一步的受力分析，我们主要对两个部分，即浮标，钢管、钢桶和重物球组成的整体分析即可。下面，便逐一展开分析。

对于浮标这个物体(见图 1-3)：受到重力 G_1、浮力 F_{b1}、风力 f_1、钢管、钢桶和重物球整体对其的拉力 T_1。其中浮力和风力都与吃水深度 h 有关，而拉力可以分解，如图 1-4 所示。

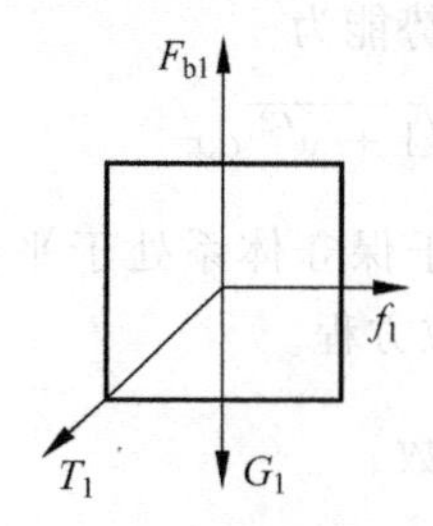

图 1-3 浮标受力分析

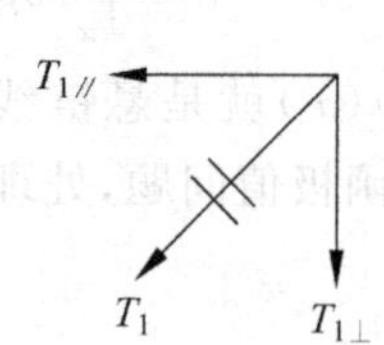

图 1-4 拉力 T_1 分解

由平衡关系可知

$$T_{1/\!/}=f_1 \tag{6}$$

$$T_{1\perp}+G_1=F_{b1} \tag{7}$$

对于钢管、钢桶和重物球组成的整体(见图 1-5)：受到重力 G_2、浮力 F_b、两处的拉力 T'_1和 T_2。其中根据牛顿第三定律，T'_1和 T_1 是一对相互作用力，则 T'_1可进行分解(见图 1-6)。显然

$$T'_{1/\!/}=T_{1/\!/} \tag{8}$$

$$T'_{1\perp}=T_{1\perp} \tag{9}$$

而 T_2 也可以如图 1-7 所示进行分解，则由受力平衡，有

$$T_{2/\!/}=T'_{1/\!/}=T_{1/\!/} \tag{10}$$

$$G_2+T_{2\perp}=F_b+T'_{1\perp}=F_b+T_{1\perp} \tag{11}$$

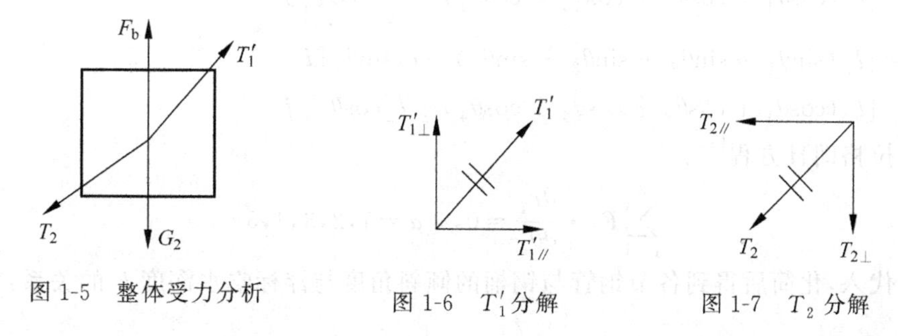

图 1-5　整体受力分析　　图 1-6　T'_1分解　　图 1-7　T_2 分解

对于锚链，为了便于描述形状，我们将锚固定的点设为(x_0,y_0)，将锚链与钢桶连接的点设为(x_1,y_1)。由几何关系和力学原理，显然可以知道，在连接点处切线的斜率与该点处合力方向相反。

浮标所受的风荷载为

$$f_1=0.625(l_1-h)d_1v_1^2 \tag{12}$$

浮标所受的浮力为

$$F_{b1}=\rho_w g\pi\left(\frac{d_1}{2}\right)^2 h \tag{13}$$

钢桶所受的浮力为

$$F_{b2}=\rho_w g\pi\left(\frac{d_2}{2}\right)^2 l_2 \tag{14}$$

钢管、锚链、重物球的浮力同样是不可忽略的，我们已经假设它们排开海水的体积与其自身的体积相等，并且它们的密度均为 $\rho_s=7.85\times10^3\text{kg/m}^3$。这样，我们可以用等效重力加速度 g'来刻画它们受到的重力与浮力的合力。

考虑浮力后的等效重力加速度(适用于钢管、锚链、重物球)为

$$g'=\frac{\rho_s-\rho_w}{\rho_s}g \tag{15}$$

现在我们应用拉格朗日力学的方法对四根钢管和钢桶组成的系统进行分析，选取 θ_1，θ_2，θ_3，θ_4，θ_5 为广义坐标，写出各个力的作用点(从上到下)的矢径

$$\boldsymbol{r}_1=\frac{1}{2}l_3\sin\theta_1\boldsymbol{i}+\frac{1}{2}l_3\cos\theta_1\boldsymbol{j}$$

$$\boldsymbol{r}_2 = l_3\left(\sin\theta_1 + \frac{\sin\theta_2}{2}\right)\boldsymbol{i} + l_3\left(\cos\theta_1 + \frac{\cos\theta_2}{2}\right)\boldsymbol{j}$$

$$\boldsymbol{r}_3 = l_3\left(\sin\theta_1 + \sin\theta_2 + \frac{\sin\theta_3}{2}\right)\boldsymbol{i} + l_3\left(\cos\theta_1 + \cos\theta_2 + \frac{\cos\theta_3}{2}\right)\boldsymbol{j}$$

$$\boldsymbol{r}_4 = l_3\left(\sin\theta_1 + \sin\theta_2 + \sin\theta_3 + \frac{\sin\theta_4}{2}\right)\boldsymbol{i} + l_3\left(\cos\theta_1 + \cos\theta_2 + \cos\theta_3 + \frac{\cos\theta_4}{2}\right)\boldsymbol{j}$$

$$\boldsymbol{r}_5 = \left[l_3(\sin\theta_1 + \sin\theta_2 + \sin\theta_3 + \sin\theta_4) + \frac{l_2}{2}\sin\theta_5\right]\boldsymbol{i} + \left[l_3(\cos\theta_1 + \cos\theta_2 + \cos\theta_3 + \cos\theta_4) + \frac{l_2}{2}\cos\theta_5\right]\boldsymbol{j}$$

$$\boldsymbol{r}_6 = [l_3(\sin\theta_1 + \sin\theta_2 + \sin\theta_3 + \sin\theta_4) + l_2\sin\theta_5]\boldsymbol{i} + [l_3(\cos\theta_1 + \cos\theta_2 + \cos\theta_3 + \cos\theta_4) + l_2\cos\theta_5]\boldsymbol{j}$$

列出拉格朗日方程[1]：

$$\sum_{i=1}^{6}\boldsymbol{F}_i \cdot \frac{\partial \boldsymbol{r}_i}{\partial \theta_\alpha} = 0,\quad \alpha = 1,2,3,4,5$$

将各个力代入，化简后得到各节钢管与钢桶的倾斜角度与浮标吃水深度 h 的关系：

$$\tan\theta_1 = \frac{f_1}{F_{b1} - m_1 g - \frac{1}{2}m_3 g'} \tag{16}$$

$$\tan\theta_2 = \frac{f_1}{F_{b1} - m_1 g - \frac{3}{2}m_3 g'} \tag{17}$$

$$\tan\theta_3 = \frac{f_1}{F_{b1} - m_1 g - \frac{5}{2}m_3 g'} \tag{18}$$

$$\tan\theta_4 = \frac{f_1}{F_{b1} - m_1 g - \frac{7}{2}m_3 g'} \tag{19}$$

$$\tan\theta_5 = \frac{f_1}{F_{b1} + \frac{1}{2}F_{b2} - m_1 g - \frac{1}{2}m_2 g - 4m_3 g'} \tag{20}$$

锚链右端到海床平面的高度差为

$$h_1 = H - h - l_3(\cos\theta_1 + \cos\theta_2 + \cos\theta_3 + \cos\theta_4) - l_2\cos\theta_5 \tag{21}$$

锚链右端的切线斜率为

$$k_1 = \frac{T_{2y}}{f_1} \tag{22}$$

并且我们已经证明锚链的曲线方程为

$$y(x) = a\cosh\left(\frac{1}{a}x\right) + C,\quad x_0 < x < x_1 \tag{23}$$

其中 $a = \dfrac{f_1}{\sigma_{\text{II}}\, g'}$

这样,我们将其他参量(诸如 h_1, a, k)都写成了 h 的函数。

在实际情况中,我们要考虑到锚链形状还受到海床的约束,锚链的最低点不能低于海床平面。这样,我们应该分两种情况考虑锚链形状:

① 锚链全部自由悬垂:

参见图 1-8,此时锚链方程满足如下条件:

$$h_1 = y(x_1) - y(x_0) = a\cosh\left(\frac{x_1}{a}\right) - a\cosh\left(\frac{x_0}{a}\right) \quad (\text{几何约束}) \tag{24}$$

$$\int_{x_0}^{x_1} \sqrt{1 + y'^2}\,\mathrm{d}x = L \quad (\text{长度约束}) \tag{25}$$

$$y'(x_1) = k_1 \quad (\text{斜率约束}) \tag{26}$$

整合后我们得到了一个关于 h 的方程:

$$h^2 + 2ak_1L - L^2 - 2ah\sqrt{1 + k_1^2} = 0 \tag{27}$$

从该方程可以解出浮标的吃水深度 h,代入前述关系式可进而求得各节钢管与钢桶的倾斜角度以及锚链曲线方程的其他参量:

$$x_1 = a \cdot \operatorname{arcsinh}(k_1) \tag{28}$$

$$x_0 = a \cdot \operatorname{arcsinh}\left(\frac{ak - L}{a}\right) \tag{29}$$

以及浮标游动区域的半径

$$R = l_3(\sin\theta_1 + \sin\theta_2 + \sin\theta_3 + \sin\theta_4) + l_2\sin\theta_5 + x_1 - x_0 + d_1/2 \tag{30}$$

② 锚链部分接触海床:

参见图 1-9,此时锚链方程满足如下条件:

$$h_1 = y(x_1) - y(0) = a\cosh\left(\frac{x_1}{a}\right) - a \quad (\text{几何约束}) \tag{31}$$

$$y'(x_1) = k_1 \quad (\text{斜率约束}) \tag{32}$$

整合后我们得到了一个关于 h 的方程:

$$h_1^2 + 2ah_1 - k_1^2a^2 = 0 \tag{33}$$

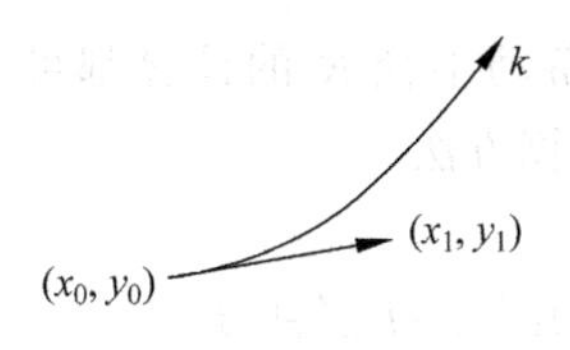

图 1-8　悬链线全部悬垂

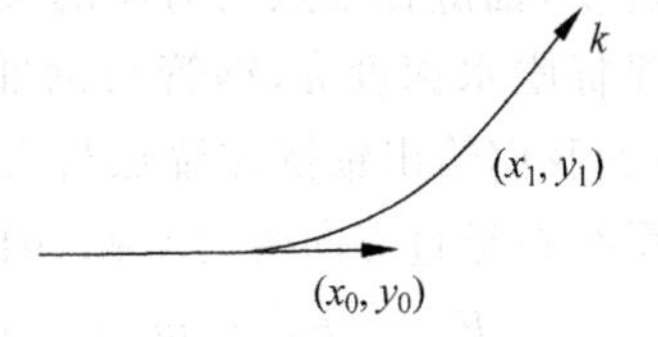

图 1-9　悬链线部分与海床接触

从该方程可以解出浮标的吃水深度 h,与情况一同理可进而求得其他参量:

$$x_1 = a \cdot \operatorname{arcsinh}(k_1) \tag{34}$$

锚链与海床接触部分的长度为

$$L' = L - ak \tag{35}$$

浮标游动区域的半径

$$R = l_3(\sin\theta_1 + \sin\theta_2 + \sin\theta_3 + \sin\theta_4) + l_2\sin\theta_5 + x_1 + L' + d_1/2 \tag{36}$$

（2）模型求解

我们利用MATLAB求解前述的非线性方程，得到如下结果：

① 风速为12m/s时：

钢管的倾斜角度（从上到下）：

$$\theta_1=1.1566°,\quad \theta_2=1.1651°,\quad \theta_3=1.1737°,\quad \theta_4=1.1824°$$

钢桶的倾斜角度：$\theta_5=1.2010°$

浮标的吃水深度：$h=0.6838\text{m}$

浮标游动区域的半径：$R=15.6534\text{m}$

锚链形状：

$$y(x)=\begin{cases}0, & 0<x<6.2521\text{m}\\ 3.9724\left[\cosh\left(\dfrac{x-6.2521}{3.9724}\right)-1\right], & 6.2521\text{m}<x<14.5508\text{m}\end{cases}$$

原点取在锚点处。

② 风速为24m/s时：

钢管的倾斜角度（从上到下）：

$$\theta_1=4.4013°,\quad \theta_2=4.4322°,\quad \theta_3=4.4635°,\quad \theta_4=4.4952°$$

钢桶的倾斜角度：$\theta_5=4.5629°$

浮标的吃水深度：$h=0.6979\text{m}$

浮标游动区域的半径：$R=18.7784\text{m}$

锚链形状：

$$y(x)=15.7190\left[\cosh\left(\frac{x+1.2214}{15.7190}\right)-1\right],\quad 0<x<17.3887\text{m}$$

原点取在锚点处，并且$x_1=18.6100\text{m}$，$x_0=1.2214\text{m}$。

2. 问题2的模型建立与求解

（1）模型建立

问题2与问题1的背景环境相同，只是需要考虑系统正常工作时的条件：钢桶的倾斜角度不超过5°，锚链在锚点与海床的夹角不超过16°。

关于浮标吃水深度h，钢管与钢桶的倾角θ_i，浮标游动半径R的计算都可参照问题1的模型，下面我们给出锚链在锚点与海床的夹角θ_6的计算方法。

整个系统在竖直方向受力平衡，因而有

$$F_{b1}+F_{b2}=m_1g+m_2g+4m_3g'+Mg'+\sigma Lg'+T_{3y} \tag{37}$$

又由于锚点处切线方向即为张力方向，有

$$\tan\theta_6=\frac{T_{3y}}{f_1} \tag{38}$$

即

$$\theta_6=\arctan\frac{T_{3y}}{f_1} \tag{39}$$

由此，我们计算出当风速为36m/s时的一些数据：

钢管的倾斜角度（从上到下）：

$$\theta_1 = 9.1288°,\quad \theta_2 = 9.1885°,\quad \theta_3 = 9.2489°,\quad \theta_4 = 9.3102°$$

钢桶的倾斜角度：$\theta_5 = 9.4404°$

浮标的吃水深度：$h = 0.7206\text{m}$

浮标游动区域的半径：$R = 19.8713\text{m}$

锚链形状：

$$y(x) = 34.7503\left[\cosh\left(\frac{x + 12.9501}{34.7503}\right) - 1\right],\quad 0 < x < 18.0664\text{m}$$

锚链在锚点的切线与海床的夹角：$\theta_6 = 19.6289°$。

从上面的数据中，可以发现，钢桶的倾斜角度和锚链在锚点的切线与海床的夹角均超过规定，可见，当风速较大的时候，原先给定的重物球质量已经不再适用，需要重新求解。

由于问题 2 和问题 1 实质是同一类型，而问题 2 对于重物球质量的求解实际就是问题 1 求解模型的一个逆向过程，因此对其的求解并不复杂，我们在建立模型的时候，额外增加了对于钢桶的倾斜角度和锚链在锚点的切线与海床的夹角与重物球质量之间的函数关系图，这样便于直观感受与精确结果求解之前的估测。

(2) 模型求解

在问题 2 的背景下，首先，我们可以利用以上模型解出钢桶的倾斜角度、锚链在锚点处的切线与海床的夹角与重物球质量的关系，从而确定系统正常工作时重物球的质量范围。

第一步，对于问题 1 的模型中的公式，我们利用 MATLAB 画出了钢桶的倾斜角度与重物球质量的关系，如图 1-10 所示。

通过 MATLAB 非线性方程求解器可以得到当 $\theta_5 = 5°$时的临界 M 值(见附录)：

$$M_{c1} = 2062.2\text{kg}$$

第二步，同样画出了锚链在锚点处的切线与海床的夹角与重物球质量的关系，如图 1-11 所示：

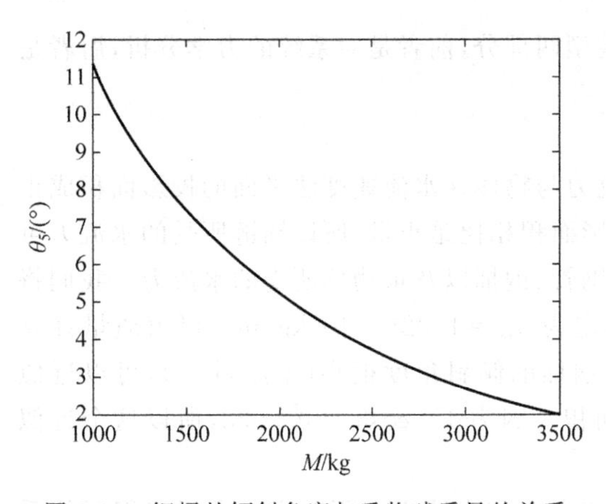

图 1-10 钢桶的倾斜角度与重物球质量的关系

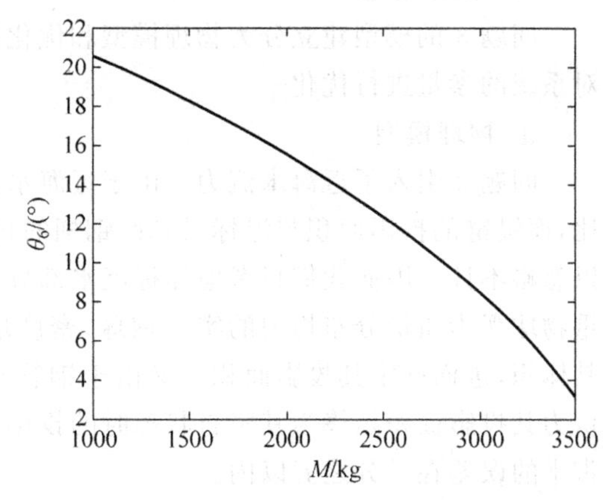

图 1-11 锚链在锚点处的切线与海床的夹角与重物球质量的关系

通过 MATLAB 非线性方程求解器可以得到当 $\theta_6 = 16°$时的临界 M 值(程序见附录)：

$$M_{c2} = 1931.9\text{kg}$$

通过比较可知，要想使得钢桶的倾斜角度不超过 5°，并且锚链在锚点与海床的夹角不

超过 16°，M 应大于 M_{c1} 和 M_{c2} 中的最大值，即

$$M > \max\{M_{c1}, M_{c2}\} = 2062.2\text{kg}$$

并且 M 越大，钢桶倾角 θ_5 越小，水声通信设备的工作效果越佳。但 M 不能过大，因为浮标的吃水深度 h 会随 M 的增大而增大（见图 1-12）。

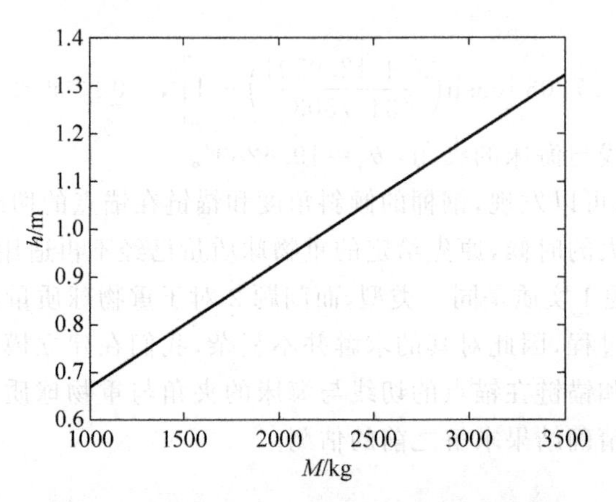

图 1-12　浮标吃水深度与重物球质量的关系

因此，我们还得考虑 M 的上限，上限取得的条件即为浮标完全浸没的情况。由受力平衡可得

$$m_1 g + m_2 g + 4m_3 g' + Mg' + \sigma(H - l_1 - l_2 - 4l_3)g = F_{b1} + F_{b2} \tag{40}$$

解得：$M < 6097.1\text{kg}$。

最终 M 的取值范围为：$2062.2\text{kg} < M < 6097.1\text{kg}$。

3. 问题 3 的模型建立与求解

(1) 模型建立

问题 3 的模型建立分为物理模型和优化模型两部分，前者是对系统的力学分析，后者是对系统的参量进行优化。

① 物理模型

问题 3 引入了近海水流力。由于近海水流力与物体在水流速度法平面的投影面积成正比，而锚链的投影面积与浮标、钢管、钢桶的投影面积相比是小量，所以锚链所受的水流力可以忽略不计。因而我们只考虑浮标沉水部分、钢管、钢桶以及重物球所受的水流力。我们将重物球视为质量分布均匀的实心钢球，密度取定为 $\rho_w = 1.025 \times 10^3 \text{kg/m}^3$，可由质量计算其体积，进而确定其投影面积。又由于钢管与钢桶的倾斜角度很小（不超过 5°），可以近似认为其投影面积始终为其竖直状态时的投影面积。因为 $1 - \cos 5° = 0.0038$，所以这个近似带来的误差在千分之五以内。

问题 3 给出了最大风速和最大水速，但风速方向和水速方向不确定。由于我们要使系泊系统在任何可能情况下都能正常工作，所以我们必须考虑极端情况。由题目可知，极端情况应为风速和水速都取最大值，且两者方向相同。

重物球的直径 D 由其质量与密度（取定为 $\rho_s = 7.85 \times 10^3 \text{kg/m}^3$）决定：

$$M = \frac{4}{3}\rho_s \pi \left(\frac{D}{2}\right)^3 \tag{41}$$

总的水流力由四部分组成：

$$f_2=f_{2-1}+f_{2-2}+4f_{2-3}+f_{2-4} \tag{42}$$

式中：f_{2-1}——浮标受到的水流力；

f_{2-2}——钢桶受到的水流力；

f_{2-3}——一根钢管受到的水流力；

f_{2-4}——重物球受到的水流力。

它们可分别表示为

$$f_{2-1}=374d_1hv_2^2 \tag{43}$$

$$f_{2-2}=374d_2l_2v_2^2 \tag{44}$$

$$f_{2-3}=374d_3l_3v_2^2 \tag{45}$$

$$f_{2-4}=374\pi(D/2)^2v_2^2 \tag{46}$$

应用拉格朗日力学的方法对四根钢管和钢桶组成的系统进行分析，选取 $\theta_1,\theta_2,\theta_3,\theta_4,\theta_5$ 为广义坐标，与问题 1 的模型建立类似，由拉格朗日方程

$$\sum_{i=1}^{6}\boldsymbol{F}_i\cdot\frac{\partial\boldsymbol{r}_i}{\partial\theta_\alpha}=0,\quad \alpha=1,2,3,4,5$$

我们得到各节钢管与钢桶的倾斜角度与浮标吃水深度 h 的关系：

$$\tan\theta_1=\frac{f_1+f_{2-1}+\frac{1}{2}f_{2-3}}{F_{b1}-m_1g-\frac{1}{2}m_3g'} \tag{47}$$

$$\tan\theta_2=\frac{f_1+f_{2-1}+\frac{3}{2}f_{2-3}}{F_{b1}-m_1g-\frac{3}{2}m_3g'} \tag{48}$$

$$\tan\theta_3=\frac{f_1+f_{2-1}+\frac{5}{2}f_{2-3}}{F_{b1}-m_1g-\frac{5}{2}m_3g'} \tag{49}$$

$$\tan\theta_4=\frac{f_1+f_{2-1}+\frac{7}{2}f_{2-3}}{F_{b1}-m_1g-\frac{7}{2}m_3g'} \tag{50}$$

$$\tan\theta_5=\frac{f_1+f_{2-1}+\frac{1}{2}f_{2-2}+4f_{2-3}}{F_{b1}+\frac{1}{2}F_{b2}-m_1g-\frac{1}{2}m_2g-4m_3g'} \tag{51}$$

前面已经证明，锚链曲线方程为 $y(x)=a\cdot\cosh\left(\frac{x}{a}\right)$，其中

$$a=\frac{f_1+f_2}{\sigma g'} \tag{52}$$

锚链最右端的切线斜率为

$$k_1=\frac{T_{2y}}{f_1+f_2} \tag{53}$$

之后的求解与问题1的模型完全一致,我们分锚链全部自由悬垂和锚链部分接触海床两种情况考虑锚链形状。之后求解关于 h 的方程,代入上述关系式得到各节钢管与钢桶的倾斜角度、浮标游动区域的半径以及锚链曲线方程的其他参量。由于具体求解过程与模型1完全相同,在此不再赘述(参见(24)式~(36)式)。

② 优化模型

物理模型建立好之后,我们来考虑优化问题。问题3是一个典型的多目标优化问题,优化目标有三个,分别是浮标的吃水深度 h、钢桶的倾斜角度 θ_5、浮标游动区域半径 R。自变量是锚链型号、锚链长度 L 和重物球质量 M。优化目标之间存在制约关系,所以不可能使三个目标都达到最小。

锚链型号决定了锚链的线密度,它是离散的自变量,我们可以分别求不同型号下的最优解。

通过计算我们发现,锚点处锚链与海床的夹角 θ_6 以及浮标游动区域半径 R 主要由 L 决定,而与 M 关系不大(详见第6部分灵敏度分析),并且存在 θ_6 不超过16°的约束。这是一个不等式的约束关系,但我们通过画出目标函数可行域的办法发现最优解都分布在不等式约束关系的边界上。

图1-13为水深20m时 h、θ_5 和 R 的所有可能取值的集合,即目标函数的可行域。我们发现,在 h 与 θ_5 改变很小时,R 的取值范围跨度很大。R 与 θ_6 负相关,故 R 取最优值时,θ_6 要尽可能大。

所以,在确定最优解时,我们可以取定 θ_6 的值,将不等式约束关系转化为等式约束关系。出于安全性的考虑,我们令 $\theta_6=15°$,略小于上限值16°。

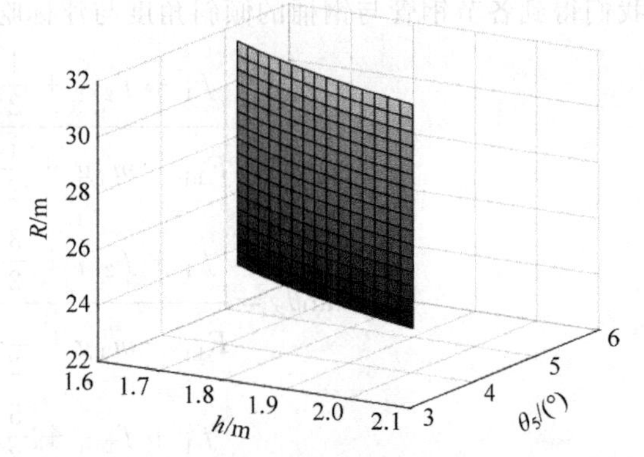

图1-13 选用型号V的锚链且水深20m时目标函数的可行域

问题3中的水深是不确定的,但通过计算我们发现,锚点处锚链与海床的夹角 θ_6 随水深的增大而增大。所以,我们只需保证当水深 $H=20$m 时 θ_6 不超过16°即可。因而以下我们考虑 $H=20$m 及 $\theta_6=15°$ 的情况。

添加了等式约束关系后,目标函数的可行域由二维曲面降维成一维曲线(见图1-14)。由于在可行域上 R 的变化范围相对较小,我们将 R 视为次要目标,而将 h 与 θ_5 视为主要目标。h 和 θ_5 作为主要目标,我们可以给出两者之间的关系,即协调曲线(图1-15)。不难看出,两者是互相矛盾的目标函数。我们可以构造满意度(或不满意度)函数作为单目标函数来对其综合衡量。

由于 h 与 θ_5 的量纲不同,构造目标函数前我们需要对其进行规格化:利用 h 与 θ_5 的上界将两者的取值范围线性变换到[0,1]区间上。h 的上界为2m,θ_5 的上界为5°,所以规格化后分别变为 $h/2$ 和 $\theta_5/5$。

h 和 θ_5 经规格化后,我们对其运用平方加权和的方法构造目标函数:

$$\min Y=C_\theta\left(\frac{\theta_5}{5}\right)^2+C_h\left(\frac{h}{2}\right)^2$$

$$\text{s.t.}\begin{cases}H=20\text{m}\\ \theta_6=15^\circ\\ h<2\text{m}\\ \theta_5<5^\circ\end{cases}\tag{54}$$

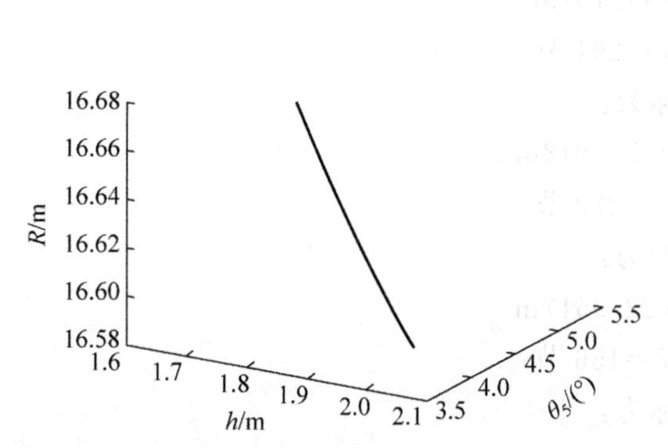

图 1-14　选用型号Ⅴ的锚链，水深 20m 且 $\theta_6=15^\circ$ 时目标函数的可行域

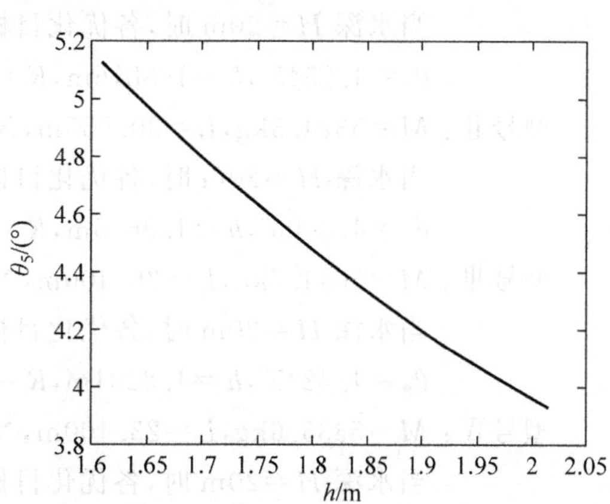

图 1-15　选用型号Ⅴ的锚链时 θ_5 和 h 的协调曲线

C_θ 与 C_h 为权重，这里我们对其采用相同权重，即 $C_\theta=C_h=\frac{1}{2}$。对浮标吃水深度 h 或钢桶倾角 θ_5 有特殊要求时，可根据实际情况调整权重。

2. 模型求解

我们先从理想情况入手，即不考虑每节链环的长度，将锚链长度视为连续变量进行求解。

我们用 MATLAB 分别求解五种锚链型号下 M 和 L 的最优组合解(程序见附录)。

型号Ⅰ：$M=5422.1\text{kg}, L=36.2959\text{m}$

当水深 $H=20\text{m}$ 时，各优化目标为：

$\theta_5=4.3004^\circ, h=1.8646\text{m}, R=34.1264\text{m}$

型号Ⅱ：$M=5324.7\text{kg}, L=30.5548\text{m}$

当水深 $H=20\text{m}$ 时，各优化目标为：

$\theta_5=4.3003^\circ, h=1.8646\text{m}, R=27.7816\text{m}$

型号Ⅲ：$M=5209.4\text{kg}, L=26.3642\text{m}$

当水深 $H=20\text{m}$ 时，各优化目标为：

$\theta_5=4.3003^\circ, h=1.8646\text{m}, R=22.9291\text{m}$

型号Ⅳ：$M=5082.0\text{kg}, L=23.4499\text{m}$

当水深 $H=20\text{m}$ 时，各优化目标为：

$\theta_5=4.3004^\circ, h=1.8646\text{m}, R=19.3649\text{m}$

型号Ⅴ：$M=4939.8\text{kg}, L=21.3346\text{m}$

当水深 $H=20\text{m}$ 时，各优化目标为：

$\theta_5=4.3004°, h=1.8646\text{m}, R=16.6206\text{m}$

然而实际上锚链长度是每节链环长度的整数倍，是离散的。针对不同型号，我们分别选取最接近上述理想情况下锚链长度的离散值。得到如下结果：

型号Ⅰ：$M=5484.8\text{kg}, L=36.270\text{m}, N=465$ 节

当水深 $H=20\text{m}$ 时，各优化目标为：

$\theta_5=4.2549°, h=1.8816\text{m}, R=34.1019\text{m}$

型号Ⅱ：$M=5324.3\text{kg}, L=30.555\text{m}, N=291$ 节

当水深 $H=20\text{m}$ 时，各优化目标为：

$\theta_5=4.3006°, h=1.8645\text{m}, R=27.7818\text{m}$

型号Ⅲ：$M=5044.7\text{kg}, L=26.400\text{m}, N=220$ 节

当水深 $H=20\text{m}$ 时，各优化目标为：

$\theta_5=4.4245°, h=1.8201\text{m}, R=22.9517\text{m}$

型号Ⅳ：$M=5335.6\text{kg}, L=23.400\text{m}, N=156$ 节

当水深 $H=20\text{m}$ 时，各优化目标为：

$\theta_5=4.1228°, h=1.9330\text{m}, R=19.3429\text{m}$

型号Ⅴ：$M=4475.0\text{kg}, L=21.420\text{m}, N=119$ 节

当水深 $H=20\text{m}$ 时，各优化目标为：

$\theta_5=4.6699°, h=1.7393\text{m}, R=16.6458\text{m}$

这五种方案是选定不同型号锚链下分别对应的最优解。我们需要从中选定一个作为整体最优解。我们同样运用平方加权和的方法构造单一目标函数，通过比较目标函数，确定锚链的型号。这时还需要将 R 规格化。我们所求的 R 的最大值为 34.1019m，故将 R 化为 $R/34.1019$。

我们构造的目标函数为

$$\min Y=\left(\frac{\theta_5}{5}\right)^2+\left(\frac{h}{2}\right)^2+\left(\frac{R}{34.1019}\right)^2 \tag{55}$$

通过比较不同型号的目标函数值，我们得到如下结果：

我们选择型号Ⅴ的锚链，重物球质量 $M=4475.0\text{kg}$，锚链长度 $L=21.420\text{m}$，由 119 节链环构成。这样可以保证在最“恶劣”环境下（水深最大，风速最大，水速最大），系泊系统的工作状态达到最佳。

1.3.6 灵敏度分析

1. 目标函数对不同自变量的依赖程度

以选取型号Ⅴ锚链，水深 $H=20\text{m}$，风速 $v_1=36\text{m/s}$，水速 $v_2=1.5\text{m/s}$ 且风速与水速方向相同的情况为例。我们考察目标函数浮标的吃水深度 h、钢桶的倾斜角度 θ_5、浮标游动区域半径 R 以及锚点处锚链与海床的夹角 θ_6、自变量重物球质量 M 和锚链长度 L 的依赖关系。我们发现目标函数对不同自变量的依赖程度差别很大（见图 1-16～图 1-19）。

浮标的游动区域半径 R 主要依赖于锚链长度 L，两者正相关。

锚点处锚链与海床的夹角 θ_6 主要依赖于锚链长度 L，两者负相关。

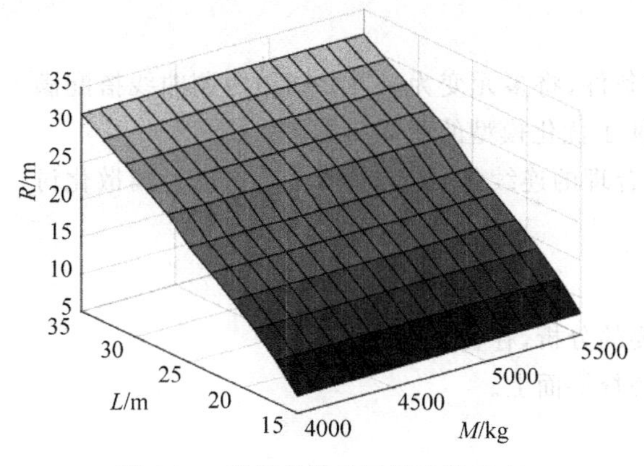

图 1-16 浮标的游动区域半径 R 与 M 和 L 的关系

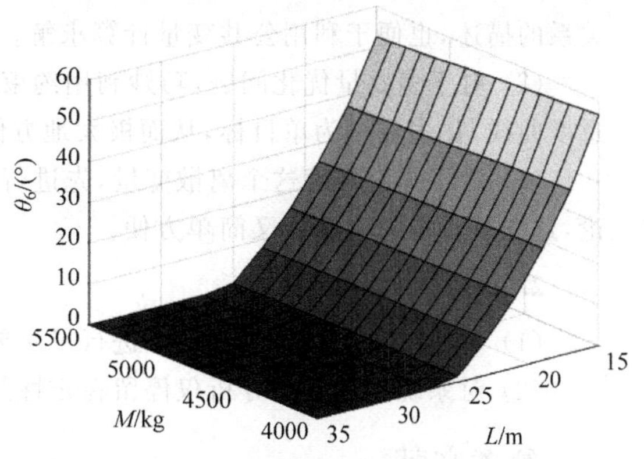

图 1-17 锚点处锚链与海床的夹角 θ_6 与 M 和 L 的关系

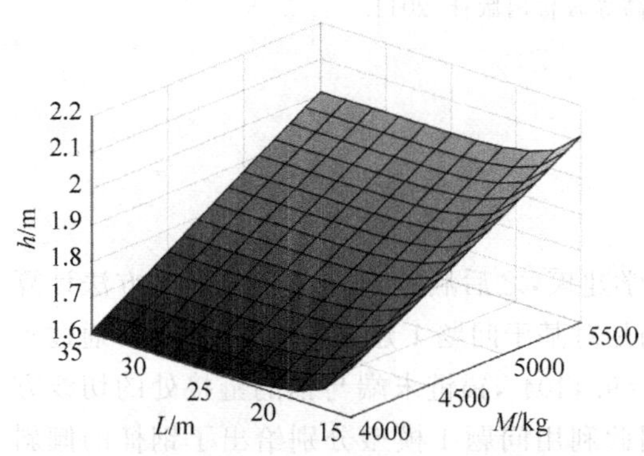

图 1-18 浮标的吃水深度 h 与 M 和 L 的关系

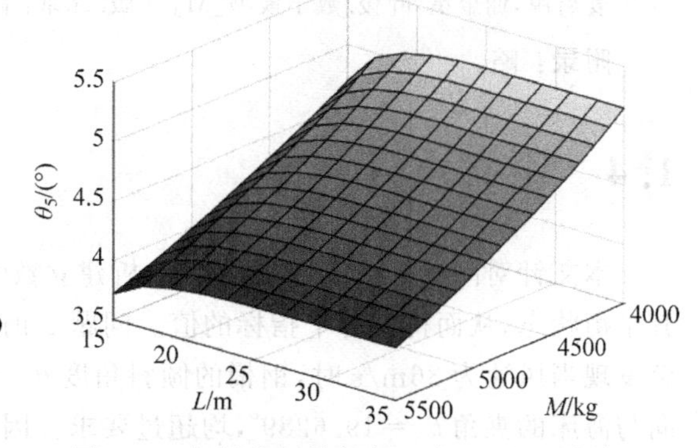

图 1-19 钢桶的倾斜角度 θ_5 与 M 和 L 的关系

浮标的吃水深度 h 主要依赖于重物球质量 M,两者正相关。

钢桶的倾斜角度 θ_5 主要依赖于重物球质量 M,两者负相关。

2. 水深对最优化结果的影响

我们以选取型号Ⅴ锚链并且风速与水速方向相同的情况为例。

保持风速 $v_1=36\text{m/s}$,水速 $v_2=1.5\text{m/s}$,分别考虑水深 20m 和 22m 的情况。水深 20m 时

最优解:$M=4939.8\text{kg}, L=21.3346\text{m}$

各优化目标:$\theta_5=4.3004°, h=1.8646\text{m}, R=16.6206\text{m}$

水深 22m 时

最优解:$M=4872.8\text{kg}, L=23.7263\text{m}$

各优化目标:$\theta_5=4.3004°, h=1.8646\text{m}, R=17.9358\text{m}$

我们发现,优化后的目标函数值 θ_5 与 h 对水深极不敏感,而目标函数 R 和最优的 M 和 L 取值都依赖于水深。

1.3.7 模型评价

1. 模型优点

(1) 寻找到一个公共的变量 h 作为所有未知量联系的突破口,这样方便了未知量之间

关系的描述,也便于利用公共变量计算求解。

(2) 对于多变量优化问题,巧妙利用约束条件,将多元变为一元;利用协调曲线搭配满意度曲线,化多目标为单目标,从而极大地方便了优化模型的建立与求解。

(3) 对于锚链长度这个离散变量,先进行合理的连续化,优化求解之后再进行离散化讨论,这样既没有忽略重点又简单方便。

2. 模型缺点

(1) 对于海洋中系统的受力只进行了主要的分析,存在误差。

(2) 对系统的灵敏度分析仅停留在定性解释层面上。

参考文献

[1] 金尚年,马永利.理论力学[M].北京:高等教育出版社,2002.

[2] 胡灵斌,唐军.悬链线方程的求解及其应用[J].船舶,2004(1):17-20.

[3] 姜启源,谢金星,叶俊.数学模型[M].4版.北京:高等教育出版社,2011.

附录:略。

1.4 论文点评

本文针对问题1,首先通过受力分析建立数学建模,之后利用拉格朗日力学的方法计算其平衡状态,从而得到各个指标的值。问题2仍是对基于问题1建立的模型来求解,通过求解发现当风速为36m/s时,钢桶的倾斜角度 $\theta_5=9.4404°$,锚链末端与锚的链接处的切线方向与海床的夹角 $\theta_6=19.6289°$,均超过要求。因此利用问题1模型分别给出了钢桶的倾斜角度、锚链在锚点与海床的夹角与重物球质量的关系的函数图像;然后再次反向利用问题1的模型,通过MATLAB解出精确的 M 的下限值为2062.2kg和1931.9kg,得出重物球的质量应该大于2062.2kg。

问题3中的优化问题,首先通过画出目标函数可行域的方法确定最优解范围,在此基础上将“锚链在锚点与海床的夹角不超过16°”的不等式约束关系调整为等式约束关系,进一步缩小最优解范围。之后利用协调曲线的方法分析了浮标吃水深度与钢桶倾角这一对矛盾的目标函数,通过构造满意度函数转化为单目标优化问题。

本文的整体结构较好,特别是在摘要中把本文的所建立的模型描述得比较准确,给出了题目要求的所有问题的回答,这样使得读者很容易理解作者的思路和得到的主要结果。当然,本文的缺点就是在整篇文章的撰写过程中,各个问题之间的关系、所建立模型的分析、模型的细节分析以及模型结果的验证等方面还有进一步提升的空间。

第2章　小区开放对道路通行的影响（2016 B）

2.1　题目

2016年2月21日，国务院发布《关于进一步加强城市规划建设管理工作的若干意见》，其中第十六条关于推广街区制，原则上不再建设封闭住宅小区，已建成的住宅小区和单位大院要逐步开放等意见，引起了广泛的关注和讨论。

除了开放小区可能引发的安保等问题外，议论的焦点之一是：开放小区能否达到优化路网结构、提高道路通行能力、改善交通状况的目的，以及改善效果如何。一种观点认为封闭式小区破坏了城市路网结构，堵塞了城市“毛细血管”，容易造成交通阻塞。小区开放后，路网密度提高，道路面积增加，通行能力自然会有所提升。也有人认为这与小区面积、位置、外部及内部道路状况等诸多因素有关，不能一概而论。还有人认为小区开放后，虽然可通行道路增多了，相应地，小区周边主路上进出小区的交叉路口的车辆也会增多，也可能会影响主路的通行速度。

城市规划和交通管理部门希望你们建立数学模型，就小区开放对周边道路通行的影响进行研究，为科学决策提供定量依据，为此请你们尝试解决以下问题：

1. 请选取合适的评价指标体系，用以评价小区开放对周边道路通行的影响。

2. 请建立关于车辆通行的数学模型，用以研究小区开放对周边道路通行的影响。

3. 小区开放产生的效果，可能会与小区结构及周边道路结构、车流量有关。请选取或构建不同类型的小区，应用你们建立的模型，定量比较各类型小区开放前后对道路通行的影响。

4. 根据你们的研究结果，从交通通行的角度，向城市规划和交通管理部门提出你们关于小区开放的合理化建议。

2.2　问题分析与建模思路概述

本题的大背景是随着国内经济发展，大中城市都出现了不同程度的交通拥堵现象，为缓解这一问题，社会各界提出了多种对策。有一种观点认为，欧洲发达国家城市没有用围墙把居民小区、大学校园等建筑群封闭起来，而是把楼宇之间的道路开放给社会车辆使用，增加了道路面积和路网密度，因此即使车多人多，交通拥堵的现象也并不严重。本题的目的，就是让大家用数学建模的方法来量化分析这一措施的可行性。

应该说，要评价小区开放对周边道路的影响，需要考虑的因素非常多，是一个非常复杂的问题。在现实中解决此类问题，通常需要做一些测试，根据实际运行效果来评价。从数学建模的角度出发，我们可以了解交通系统规划和设计的基本原则，在此基础上建立量化指标和评价办法。

如果注意检索文献的话，可以发现有专门的“交通流理论”，主要讨论交通流量、车速、车辆密度、交通信号、道路设置等之间的关系，目标是寻求减少时间延误、提高交通安全和道路的使用效率等。交通流理论有相应的专著和教材，在一些运筹学教材中也会包含部分交通流理论，其中介绍的观点、理论无疑对本问题是非常有价值的。遗憾的是，从论文后面的参考文献可以看出，大多数参赛队都没有去研读相关书籍。

本题一共有四个问题，仔细阅读后可以发现，第 1、2 个问题是核心问题，必须要建立具体的数学模型；第 3 个问题要求分析一些具体的案例，案例的多少不重要，重要的是尽量覆盖国内常见的小区类型；第 4 个问题要求基于数学模型的分析结果提供建议，对此不能只根据参考资料提出泛泛的建议，应该基于前 3 个问题的模型和计算结果给出具体的建议。

对于第 1 个问题，从交通规划和设计的原则角度出发，指标体系中应该涵盖通行效率、安全性和稳定性：通行效率可以用交通流量来代表；安全性不但要考虑周边道路交叉路口的人、车安全，还要考虑小区内部的人、车安全；稳定性是指不同情况下，小区开放对周边道路通行的影响会不会有很大的差异，比如小区内外道路结构不同、人车流量不同，甚至天气条件不同时，评价结果会不会有变化等。在选择细化指标时，不能仅仅根据主观看法来选择，应该有理有据地筛选指标，并明确给出各个指标的量化计算方法。

第 2 个问题中需要建立交通流模型，并考虑小区开放规则、交通流量大小、流量在各个方向上的分配、车辆行驶规则等因素。在回答这一问题时，不要把时间和精力都用在构建复杂的交通流模型上，关键是要考虑小区开放的影响，比如小区内部由于人车混行，因此车速比外部道路往往要慢很多；车辆进出小区时，需要遵循的交通规则与外部道路存在差异；小区内部道路通常比较狭窄，交通标识不够规范和齐全等。就具体的数学方法而言，可以使用层次分析法、模型综合评价法等。

第 3 个问题需要尽可能覆盖常见的小区环境因素，包括小区人口密度、进出小区路口的数量和位置、内部道路结构，以及外部道路结构、不同方向上的车流量等因素。设定好上述参数之后，将参数代入第 2 个问题所建的模型，分析其实际影响。此处还可以用仿真的方式来验证评价结果的正确性，相关的交通流仿真工具非常多。不过要注意，不能完全抛开前两个问题所建的模型，只用仿真手段来验证。

第 4 个问题应该基于前 3 个问题的分析结果，特别是第 3 个问题所列的案例。比如小区人口密度、小区出口的数量和位置、外部道路结构和交通流量等指标，在什么情况下可以开放，什么情况下不宜开放；如何规划小区内部道路、出入口，更有利于开放，等等。

值得注意的是，回答第 1、2 个问题应该有行业标准和专业学术文献作为依托；第 3 个问题需要的数据可以从现实中采集，也可以自行设定，从现实中采集的好处是可以对照实际通行效果，更有说服力；第 4 个问题不能过于简单，也无须非常全面，可以理解为是对前 3 个问题的总结，将分析结果总结为合理建议即可。

2.3 获奖论文——小区开放对道路通行的影响研究

作　　者：曹　越　王舜林　华　康

指导教师：李炳照

获奖情况：2016 年全国数学建模竞赛一等奖

摘要

为提高道路的通行能力，国务院于 2016 年 2 月出台了开放小区的相关通知，然而有学者提出开放封闭式小区不一定能提升道路通行能力。本文运用交通流模型、阻抗函数模型、元胞自动机模型等针对开放小区对周边道路通行的影响问题进行了探究。

针对问题 1，我们查找衡量道路通行能力的因素，并结合数据的情况，构建了三级评价体系，确定了车流量、密度、饱和度、交叉路口延误时间、阻抗值等主要评价因素，并对部分评价因素进行了定性分析。

针对问题 2，我们首先建立交通流模型，确定了周边道路的车流量等主要指标的计算公式，然后结合实际情况加入修正因子予以修正。随后，考虑到开放小区可能带来的负面作用，我们建立交叉路口延误模型以及交通阻抗模型，采用改进后的 BRP 函数计算交通阻抗，通过阻抗值的变化来判断开放小区后是否会产生 Braess 现象，即增加了平均出行时间。对于开放小区后每条道路上的流量分配问题，我们将出行者选择每一条路径的概率值定义为路径阻抗值的函数，并用 Logistic 模型刻画之。

针对问题 3，我们首先按照布局形态和道路模式对小区进行分类，然后选取具有代表性的小区，将其抽象成城市道路交通网络图。接着，在交通网络图的基础上，分别计算不同平均车速、密度下小区开放前后的车流量、交叉口延误时间、交通阻抗值的大小及变化情况，探究开放小区对道路通行能力的影响。随后，我们建立基于动态概率选择的元胞自动机模型，对求解结果进行仿真。根据我们的计算结果，在大部分情况下，开放小区后能降低平均出行时间、降低原周边道路的车流量和车流密度，并且原先道路饱和度越高，效果越明显；但是对于饱和度过低或者交叉口数目过多的路段，开放小区后有可能会增加平均出行时间。

针对问题 4，我们根据在建模、求解过程中发现的规律，向有关部门提出了合理地选择小区开放、加强小区开放后的交通管理等建议。

最终，我们对模型进行了总结，提出了模型的优缺点，并对模型进行了推广。

关键词：小区开放，道路通行能力，交通流，Braess 悖论，元胞自动机。

2.3.1 问题重述

1. 问题背景

随着我国经济的发展，私家车以及其他机动车的普及，让城市交通问题变得越来越严峻。政府交通部门也越来越多地考虑了城市土地利用等问题，其中居住用地更是占城市用地的 30%左右。居住区作为居民出行的起点和终点，是城市交通的发生源，其交通发生的规律与其他用地存在较大的区别。所以针对小区的交通特性，提出相应的解决办法，对缓解城市交通问题具有十分重要的意义。在最近的研究中发现，小区的开放与否对城市交通会产生较大的影响。国务院最新发布的《关于进一步加强城市规划建设管理工作的若干意见》

中也提到关于要推广街区制，原则上不再建设封闭住宅小区，已建成的住宅小区和单位大院要逐步开放等意见，引起了广泛的关注和讨论。

对此不同人持有不同的观点：封闭小区虽然能提高业主的归属感，但是对城市交通会产生较大的影响。其中带来最直接的问题就是城市交通效率低下，封闭空间各自为政，小区内道路不对外人开放，导致所有车流压力都集中到主干道，使得城市拥堵状况更加严重；开放小区虽然存在着安全问题以及道路噪声问题，但是实现了内部道路公共化，解决交通路网布局的问题，促进土地节约利用。当然也有一部分人认为小区开放后将造成进出小区交叉路口的车辆变多，也会影响车辆的通行速度。

2. 要解决的问题

建立数学模型，就小区开放对周边道路通行的影响进行研究，解决以下问题：

(1) 根据实际情况选取合适的指标，用以评价小区开放对周边道路通行的影响。

(2) 建立关于车辆通行的数学模型，研究小区开放对周边道路通行的影响。

(3) 小区结构及周边道路结构、车流量可能会影响小区开放产生的影响。根据不同的小区类型，应用(2)建立的模型，定量比较各类型小区开放前后对道路通行的影响。

(4) 根据前三问研究结果，从交通通行的角度，向城市规划和交通管理部门关于小区开放建言献策。

2.3.2 问题分析

1. 问题(1)的分析

问题(1)要求建立评价指标体系，用以评价小区开放对周边道路通行的影响。此问中，我们只需查找评价道路通行能力的因素，然后结合数据的情况确定评价指标即可。注意到封闭小区开放前后某些指标的变化情况通过简单的分析便可预知，因此对这部分指标我们通过定性分析预测其变化情况，对于复杂的指标，我们再到后期进行定量计算。

2. 问题(2)的分析

问题(2)要求建立关于车辆通行的模型，以探究封闭小区的开放对周边道路通行的影响。关于车辆通行的模型，最基础的就是交通流模型，该模型能够动态地反映车流量、流速以及车流量密度三者之间的关系，由于这三者是衡量道路通行能力最基本的要素，同时也是后续模型的基础，因此我们首先建立交通流模型，找出车流量等属性的计算方法。

曾有人提出，开放小区并不一定会使得周边交通更加通顺，有些时候反而会变得更堵。这种情况便是著名的 Braess 悖论现象。我们查找了大量文献，得知使小区变得更堵的原因主要有两个：一是开放小区后会使得小区道路与原周边道路的交叉路口数目变多，导致交通不流畅；另一个则是司机都只考虑自身的利益，因此可能都会选择新开放的更近的道路，这就使得新的道路变得拥挤，反而增加了每个人的出行时间。针对这两个原因，我们分别建立了交叉口延误效应模型以及交通阻抗模型，以此判断开放小区后能否使周边道路变得更通畅。

在建立上述模型中，还有一个很重要的因素需要考虑，就是开放小区后如何分配每条道路上的流量。通常出行者对路径的选择往往与路径的长短、交叉口数目及环境等相关。在不考虑环境这类复杂的因素条件下，路径的长短、交叉口数量可以综合用路径阻抗表示，阻抗值越大,表明在该条路径上耽误的时间越多,出行者选择该路径的概率便越小。因此,出行者选择某条路径的概率可以表示为这条路径阻抗及交通总阻抗的函数,根据概率论的知识,我们可以选用 Logit 函数来刻画。

另外,对上述模型还需要进行修正才能应用到实际中,可以考虑加入非机动车及行人修正因子,道路环境修正因子,等等。

3. 问题(3)的分析

问题(3)要求运用问题(1)、问题(2)问中选定的指标及建立的模型,定量地计算各类型小区开放前后对道路通行的影响。

首先我们需要解决的一个问题是,如何划分不同的小区类型。小区类型可按布局形态,也可按小区道路模式来分。按布局形态,小区可分为片块式、轴线式、向心式、围合式、集约式和隐喻式;按道路模式来分,小区可分为环形道路模式和树形道路模式。我们认为,选择作为研究的小区一定得具有代表性的意义,例如拿集约式、隐喻式小区的某个特例来分析显然不妥,因为不同的集约式、隐喻式小区差别也非常大,没有统一的标准,所以该类型不同的小区开放后对周边道路的影响也各不相同。对于片块、轴线式小区,其通常也为树状道路模式小区,此类型小区开放后会使得交叉路口的数量明显增多,因此对此类小区重点是要分析开放后的交叉路口延误效应。对于向心、围合式小区,其通常也为环形道路模式,此类型小区的特点是内部道路是环状的,车辆进入后速度必须降低,即有弯道延误,因此对这些小区重点要研究它的阻抗值大小。

对于每一类型的小区,可以分别取不同的车速、车流量密度等,探究小区开放前后道路通行能力的影响。为了对结果进行检验,我们引入元胞自动机模型来进行仿真。元胞自动机模型的核心在于在车流离散化,在普通的元胞自动机的基础上,我们修改小车的运动规则为动态决策规则:在直道上,小车可以加速和减速;在交叉路口,小车选择某一条道路出行都有一个概率值,这个值的大小跟路径的阻抗大小有关;在弯道处,小车的速度会减慢;等等。这样使得仿真的效果更加接近真实情况。

4. 问题(4)的分析

问题(4)要求我们根据模型计算的结果,从交通通行的角度向有关部门提一些建议。对此,我们根据前三问求解过程中发现的规律,例如什么情况下开放小区反而会降低道路通行能力等,围绕这些规律向有关部门提出针对性的意见。

2.3.3 模型假设

(1) 假设开放小区后,小区内的道路与原周边道路构成 T 形交叉路口,则该路口不设置红绿灯;若与原周边道路构成十字形交叉路口,则该路口设置红绿灯。

(2) 假设在我们研究的小区中,所有红绿灯的周期均为 60s,且有效绿灯时间均为 25s。

(3) 只考虑小区开放对交通的影响,不考虑对小区安全、物业管理等方面的影响。

(4) 假定车辆的平均自由流速度为 50km/h。

(5) 在将车流量单位换算成标准车流量单位时,假定每辆机动车的标准车当量数为 1.5pcu。

(6) 考虑到不同的交叉路口,其道路结构、车流量、行人流量等因素也不同,为了简化计算,这里约定不考虑道路结构等因素对交叉路口延误时间的影响,假定交叉路口延误时间只和道路的饱和度有关。

(7) 假设开放小区后,司机不会驶入小区的“死路”当中。

2.3.4 符号说明

符 号	含 义	单 位
q	车流量	pcu/h
v	平均流速	km/h
k	平均车流密度	pcu/km
v_{f}	平均自由流车速	km/h
k_{j}	阻塞密度	pcu/km
γ	非机动车及行人流量影响修正系数	
μ	道路环境影响修正系数	
t_1	存在红绿灯的平均延误时间	s
T	红绿灯总周期时间	s
t_{g}	有效绿灯时间	s
c	路段的最大通行能力	pcu/h
t_2	不存在红绿灯的平均延误时间	s
q/c	饱和度	
t_0	车辆平均自由流行程时间	h
TP	阻抗	s
R	交叉口上所有路径的集合	
w	相邻两车的时间间隔	s
ρ	车流密度	pcu/km

2.3.5 模型的建立与求解

1. 问题(1)模型的建立与求解

首先我们明确道路通行能力的定义。李杰等编著的《交通工程学》[6]一书中定义道路通行能力如下:道路通行能力是指道路设施所能疏导交通流的能力,即在一定的时段和正常的道路等情况下,交通流通过道路设施的能力。

从不同的出发点,道路通行能力主要可做如下分类:

(1) 从交通体的不同出发,可将道路通行能力分为机动车道通行能力、非机动车道通行能力和人行道通行能力。

(2) 从车辆运行状态或道路结构的不同出发,可将道路通行能力分为交叉口通行能力、路段通行能力以及匝道通行能力等。

(3) 从通行能力的使用要求的不同出发,可将道路通行能力分为基本通行能力、可能通行能力和实用通行能力。

上述分类中,第(3)种分类模式过于抽象,因此我们不予考虑。下面我们先对第(1)种分类方式做简单的定性分析。

在第(1)种分类方式中,非机动车道通行能力和人行道通行能力在小区开放前后的变化情况是比较容易预见的。由于开放小区后，对于非机动车以及行人来说相当于多了可选择的路径，况且这些新路径对他们的吸引力要比原先的道路强些(例如小区道路更安全、环境更优美等)。而且对于非机动车以及行人，他们不用考虑拥挤、堵车的问题，小区道路的宽度对这群人来说也足够通行。基于上述原因，可以认为小区开放后，对非机动车及行人来说相当于产生了分流效应，因此可以认为开放小区会降低周边道路的非机动车车流量、密度、饱和度以及降低人行道流量、密度及饱和度等。鉴于非机动车和行人运动特征的相似性，我们在后文中将非机动车通行能力、人行道通行能力统一为非机动车及行人通行能力。

但对于机动车来说，不能通过类似的分析方式得出结果。由于小区内的道路对于机动车来说比较窄，并且弯道多，因此机动车是否会选择小区内的道路出行得看实际情况。况且开放小区后会增加与原周边道路的交叉口数目，这也相应地增加了交叉口延误时间，再加之可能会出现的 Braess 悖论现象(我们将在后文中详细说明)，因此不好通过定性分析判断开放小区对周边机动车通行能力的影响，只能通过对具体的小区进行定量计算得出具体的数据。

为细化探究对机动车通行能力的影响，我们又可按照第(2)种分类方式进行细分，即探究机动车道路段通行能力、机动车道交叉路口通行能力和机动车道匝道通行能力。由于对于小区道路系统而言，匝道通行能力可以通过交叉路口通行能力来体现，因此本文不对匝道通行能力进行单独分析。

查询相关资料后，我们得知国内外具体反映路段通行能力的主要指标有平均流量(pcu/h)、密度(pcu/km/车道)、平均延误时间(s/辆)、时间延误率(%)、平均运行速度(km/h)以及 q/C 比(饱和度)等。鉴于数据考虑，本文选取平均流量、密度、平均延误时间、q/C 比(饱和度)这四项指标具体平均通行能力。反映交叉路口通行能力可通过交叉路口延误时间反映。

综上所述，我们建立的开放小区对周边道路通行能力评价体系如图 2-1 所示。

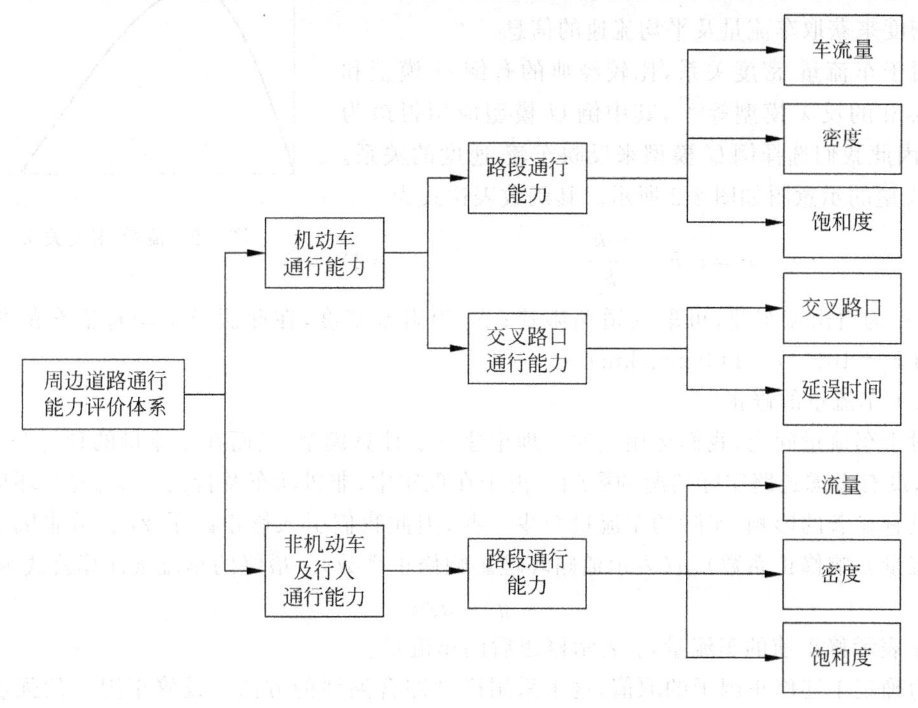

图 2-1　评价体系

在这个评价体系中,显然交叉路口延误时间越低,通行能力越强。对于车流量、车流密度以及饱和度,从疏散交通的角度考虑,若开放小区后能降低原道路的车流量、车流密度及饱和度,则表明开放小区起到了作用。

对于对该模型的验证,由于我们暂时还未建立交通模型,该评价体系中的很多指标现在还无法计算,因此我们将该模型的应用与求解放到问题(3)中进行。

2. 问题(2)模型的建立

(1) 交通流模型的建立

车流量、平均车流密度和平均流速是衡量道路通行能力的重要指标之一,而三者的关系可以通过交通流模型来反映。交通流理论始于20世纪50年代,该理论是研究道路上的车辆行动规律,探讨车流量、空间平均车速及平均车流密度之间的关系,用以提高道路交通设施的使用效率,在现实中有着很广泛的应用,例如麻省理工学院的实时交通数据分析等。

交通流并不是恒定的,它随时间、空间的不同而不同。交通流的三要素为车流量、平均流速以及平均车流密度。根据交通流理论,三者的动态关系可表示为[2]

$$q = vk \tag{1}$$

式中,q 表示车流量,单位是 pcu/h;v 表示平均流速,单位是 km/h;k 表示平均车流密度,单位是 pcu/km。

由于上述三者的数据很容易获得,因此关于三者之间的关系的研究比较多。早期研究表明,车流量、平均流速以及平均车流密度两两间均存在一定的函数关系[2]。由于通过计算或仿真获得平均车流密度的数据比较容易,因此我们设法通过计算平均车流密度来获取车流量及平均流速的信息。

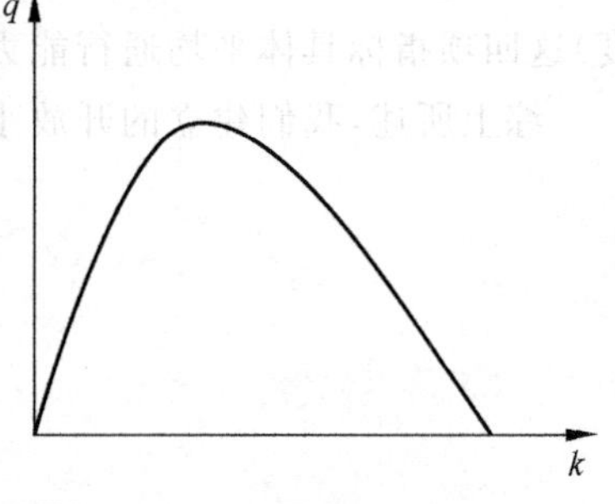

图 2-2 流量-密度关系

对于车流量-密度关系,比较经典的有倒 U 模型和 M. Koshi 的反 λ 模型等[3],其中倒 U 模型应用得最为广泛,因此我们选择倒 U 模型来反映车流-速度的关系。倒 U 模型的示意图如图 2-2 所示。其函数表达式为

$$q = v_{\mathrm{f}} k - \frac{v_{\mathrm{f}} k^2}{k_{\mathrm{j}}} \tag{2}$$

式中,v_{f} 为自由流车速,可取为道路限速;k_{j} 为阻塞密度,在此假设平均每辆车的长度为 7m,则 $k_{\mathrm{j}} = 1000/7 = 143$(pcu/km)。

(2) 车流量的修正

对于车流量问题,我们运用交通流理论建立了计算模型,然而在车流量的计算公式 $q = vk$ 中,没有考虑道路实际情况的影响。由于在现实中,非机动车及行人流量、道路环境均对车流量有显著的影响,实际的车流量会少一些,因此我们引入修正因子 γ(表示非机动车及行人流量影响修正系数)、μ(表示道路环境影响修正系数)。最终的车流量计算公式为

$$q' = q\gamma\mu \tag{3}$$

这里 q 表示修正前的车流量,q' 表示修正后的车流量。

为确定上述修正因子的取值,这里采用模糊综合测评的方法。设修正因子的强度集为{很强、较强、强、较弱、很弱},对应的量化值分别为 1,2,…,5。实际上,当强度为“很弱”时,

即可以认为修正因子对车流量几乎无影响,因此隶属度可取值为 0.9;当强度为"很强"时,可以认为修正因子对车流量的影响很大,因此隶属度可取值为 0.3。由于隶属度的取值大于 0.5 的情况较多,因此这里采用偏大型正态分布函数作为该评价的隶属函数最合适,其分布函数如下:

$$f(x)=\begin{cases}0 & 当\ x\leqslant a\\ 1-\exp\left[-\left(\dfrac{x-a}{\sigma}\right)^2\right] & 当\ x>a\end{cases} \tag{4}$$

式中,a,σ 是待定系数。由上述讨论,可以得到两个等式:$f(5)=0.9$ 和 $f(1)=0.3$,因此求得待定系数 $a=-1.5974$,$\sigma=4.3478$。把系数代入到原方程中得到各强度集的隶属值如表 2-1 所示。

表 2-1　修正因子的赋予值及隶属值取值

赋予值	很强	较强	强	较弱	很弱
隶属值	0.3	0.56	0.65	0.81	0.9

实际应用中,我们可以根据小区的类型、道路情况大致判断其对车流量的影响有多大,再根据表 2-1 确定修正因子的取值情况。例如我们认为高等院校内人员密集、人员流动较大,因此环境因素对道路车流量的影响很强,此时我们可以将 γ 的取值定为 0.3。

(3) 交叉口延误时间的计算

通常车辆在遇到交叉路口时,或者需要等待红灯,或者需要减速避让其他车道的车辆,因此存在一定的延误时间。交叉路口可分为有红绿灯以及没有红绿灯两种情况。有无红绿灯两种情况下的延误时间存在一定的差异,在有红绿灯的情况下需计算车辆等红灯的延迟时间,因此其延误时间要比没有红绿灯的情况下大一些。交叉路口分为 T 形交叉路口和十字形交叉路口两种,实际中 T 形交叉路口很少设有红绿灯,而十字形交叉路口在车流量大的情况下往往设有红绿灯。考虑到小区周边的道路多为城市主干道、次干道,车流量较大,因此为便于后面统一求解我们规定小区开放后若小区道路与周边道路形成 T 形交叉路口,则不设红绿灯;若形成十字形交叉路口,则设有红绿灯。此外,规定小区内部的十字形交叉路口不设置红绿灯。

对于存在红绿灯的情况,我们采用人民交通出版社出版的《交通工程学》一书计算延误时间[6]:

$$t_1=\frac{0.5(T-t_g)}{1-(q/c)\cdot(t_g/T)} \tag{5}$$

式中,t_1 表示存在红绿灯的平均延误时间,单位为 s;T 表示红绿灯总周期时间,单位为 s;t_g 表示有效绿灯时间,单位为 s;q 表示当前车流量;c 表示路段的最大通行能力。由于交叉口的类型多种多样,其红绿灯的时间也不一样,为方便起见,在此简化假设所有交叉路口 T 和 t_g 取值相同,都为总周期时间 $T=60\text{s}$,红灯时间为 30s,有效绿灯时间 $t_g=25\text{s}$,此时 $t_1=\dfrac{210}{12-5(q/c)}\text{s}$。

对于不存在红绿灯的情况,设其平均延误时间为 t_2,我们按下述方式计算 t_2:在上述 t_1 中包含了两部分时间,一部分是司机等待红灯的时间,另一部分则是重新启动、转弯等延误的时间。对于 t_2 来说,通常情况下司机从一个T形路口进入一条新道路,因需要转弯、避让原道路上直行的车辆等原因,需要减速,因此也包含 t_1 中后一部分的延误时间,但不包含因等红灯而延误的时间,因此只需要从 t_1 中减去等待红灯所延误的时间即可得到 t_2。我们已假设了所有红绿灯的周期时间都为60s,不妨设在这一周期内前30s为红灯,30～35s为黄灯,35～60s为绿灯。则司机在这一个周期内的 t 时刻到达时,其需要等待的时间的分布函数为

$$f(t)=\begin{cases}35-t, & t\leqslant 35\\ 0, & t>35\end{cases}\tag{6}$$

因此平均等待时间为 $\int_0^{60}\frac{1}{60}f(t)\,\mathrm{d}t=10.2\mathrm{s}$,不存在红绿灯的情况下,延误时间 $t_2=(t_1-10.2)\mathrm{s}=\left(\frac{210}{12-5(q/c)}-10.2\right)\mathrm{s}$。

当饱和度 $q/c=0$,即车辆不受车流量限制时,计算得 $t_1=17.5\mathrm{s}$,$t_2=7.3\mathrm{s}$;当饱和度 $q/c=1$,即车辆占满车道情况下时,计算的 $t_1=30\mathrm{s}$,$t_2=19.8\mathrm{s}$,这与实际情况相符,说明我们的模型并无太大误差。

(4) 交通阻抗模型的建立

在交通网络中,增加一条道路并不一定会缩短所有用户的出行时间,有时反而可能会增加所有用户的出行时间,这就是著名的Braess悖论。Braess理论的基础是博弈论中的Nash均衡,其产生原因是交通网络中,司机只从个人的利益出发忽略自己的选择对其他出行者的影响,致使网络达到均衡状态时的总出行时间增加[4]。这种情况下即使在交通网络加入一条道路,交通延滞也不一定会降低,反而增加了网络的总体出行时间。对于开放小区,某些情况可能会因道路更近而使得出行者更偏向于走新的近道,从而使新道路变得拥堵,因此必须考虑开放小区后是否会有Braess现象的出现。

本文中通过计算交通阻抗来判断是否存在Braess悖论现象。交通阻抗是指在路网中未能按理想的状态运行而造成的损失的总和,分为路段阻抗和节点阻抗,下面分别给出路段阻抗和节点阻抗的计算方式。

① 路段阻抗

对于路段阻抗,最为常用的模型为美国联邦公路局的路阻函数模型——BRP模型,其数学表达式为[5]

$$t(q)=t_0\left[1+\alpha(q/c)^{\beta}\right]\tag{7}$$

式中,q 表示道路的流量;$t(q)$ 表示流量为 q 时路段行程时间;t_0 表示车辆平均自由流行程时间;c 表示路段的最大通行能力,即单位时间内可通过的最大车辆数;α,β 是系数,一般取 $\alpha=0.15$、$\beta=4$。

然而,上述模型具有不足之处,例如 c 的实际物理意义不明确,饱和度较低时运行时间的变化幅度太小等。对此,美国学者Spiess提出以下的改进模型:

$$t(q)=t_0\left[2+\sqrt{\beta^2(1-q/c)^2+\alpha^2}-\beta(1-q/c)-\alpha\right]\tag{8}$$

式中,α,β 是系数且 $\alpha=(2\beta-1)/(2\beta-2)$,$\beta$ 通常取4;q 和 c 的含义同(7)式。

模型(8)成功地克服了BRP模型的两个缺点,但它也有局限性。最近的研究表明当路况上的饱和程度(即 q/c)低于某一个阈值时,车辆的行驶速度大小可以不受车流量的影响,

此时阻值 $t(q)$ 几乎没有变化，只有当饱和度超过某一阈值时，道路阻抗才会显著地受车流量影响。因此，本文中我们再对(8)式进行改进，采用如下分段函数的形式计算道路阻抗：

$$t(q)=\begin{cases}t_0, & q/c\leqslant M\\ t_0\left[2+\sqrt{\beta^2(1-q/c)^2+\alpha^2}-\beta(1-q/c)-\alpha\right], & q/c>M\end{cases}\tag{9}$$

式中，M 是阈值，根据实际情况，这里设为 0.1；α,β 的含义同上。

② 节点阻抗

节点阻抗即指车辆在交叉路口处的延误时间。在上一小节中，我们已经给出了交叉口延误时间的计算公式，由于阻抗与延误时间的单位一致，因此将交叉口延误时间作为节点阻抗，即有

$$\mathrm{TP}_1=\frac{0.5(T-t_{\mathrm{g}})}{1-(q/c)\cdot(t_{\mathrm{g}}/T)}\tag{10}$$

$$\mathrm{TP}_2=\frac{0.5(T-t_{\mathrm{g}})}{1-(q/c)\cdot(t_{\mathrm{g}}/T)}-10.2\tag{11}$$

式中，TP_1 是十字形交叉路口的节点阻抗；TP_2 是 T 形交叉路口的节点阻抗。

③ 交通总阻抗

对特定的交通网络，其计算方式为

$$\mathrm{TI}=\sum(qt(q))+\sum(\mathrm{TP}_1+\mathrm{TP}_2)\tag{12}$$

式中，TI 代表交通网络总阻抗；q 代表某一路段上的流量；$t(q)$ 代表该路段上的路段阻抗；$\mathrm{TP}_1+\mathrm{TP}_2$ 为节点阻抗。

(5) 路径配流模型的建立

在增加一条道路后，出行者便面临道路选择问题，通常情况下，出行者的决策与路径的长短、拥挤程度等有关。前文在论述 Braess 现象中已提及当出行者只从个人的利益出发而选择路径忽略对其他出行者的影响时，便有可能产生 Braess 现象使得交通更拥堵，因此必须合理地确定出行者路径选择的原则，才能准确判断新增道路到底会不会产生 Braess 现象。

实际中，当出行者在交叉口时，选择哪一条道路会有一个概率值，这个概率值的大小由以下几个因素确定：(1)在目的地相同的情况下，路径长度越短选择该条路径的概率越大；(2)路径越舒适，周边环境越好，选择这条路径的概率越大。由于无法获取道路舒适情况以及周边环境的情况，因此因素(2)我们不予考虑。

本文中采取随机平衡配流算法，即假设出行者对交通网络的总体出行状况缺乏充分的了解，再加上天气、交通事故等随机因素的影响，因而对相同的出发地和目的地而言，每位出行者对自己的出行时间的估计值也不同，因此出行者对每一条路径都有一个“理解阻抗值”，它与真实阻抗值之间存在一定的误差。这个误差可近似认为服从 Weibull 分布，而根据概率论相关知识，当误差服从 Weibull 分布时，路径流量可按照 Logit 函数来分配[7]。此时可选用 Logit 函数来进行路径上的配流，路径流量分配公式为

$$q_l^m=q^m\frac{\exp(-\theta T_l^m)}{\sum\limits_{r\in R}\exp(-\theta T_r^m)}\tag{13}$$

式中,q_l^m 为交叉口 m 上路径 l 上的流量;q^m 为交叉口 m 上的需求流量;R 是交叉口 m 上所有路径的集合;T_r^m 是交叉口 m 上路径 l 上的阻抗;θ 是参数,取 0.1。

由于 q_l^m 和 T_r^m 是相互制约的,即当流量 q_l^m 改变时,阻抗 T_r^m 也会改变,而 T_r^m 的改变反过来又会改变流量 q_l^m 的大小,因此我们采取迭代的方式计算 q_l^m 和 T_r^m,算法流程如下:

Step1 令交叉口 m 所有路径上的流量初始值为 0,计算各条路径的阻抗 $T_r^m(0)$。

Step2 根据 $T_r^m(i)$ 的值计算 $q_l^m(i+1)$,然后再根据阻抗计算公式(10)计算 $T_r^m(i+1)$的值。

Step3 若 $|T_r^m(i+1)-T_r^m(i)|\leqslant \Delta T^m$ 以及 $|q_l^m(i+1)-q_l^m(i)|\leqslant \Delta q^m$,则进入 Step4。反之,若至少有 1 个式子不成立,则返回 Step2。这里 ΔT^m 及 Δq^m 是最大误差限。

Step4 令 $T_r^m=T_r^m(i+1)$,$q_l^m=q_l^m(i+1)$,算法停止。

由于我们还未获得小区的数据,因此在此求解没有实际意义。我们将在问题(3)中结合具体的小区,利用该模型来研究小区开放对周边道路通行的影响。

3. 问题(3)的求解

(1) 小区的分类及抽象化

小区按照布局形态可分为片块式、轴线式、向心式、围合式、集约式和隐喻式[2],具体定义如表 2-2 所示。

表 2-2 小区规划布局形式比较

布局形态	定义
片块式	将用地成片成块地布置,各片块、组团相互独立
轴线式	沿轴布置,或对称或均衡,形成具有节奏的空间序列
向心式	将空间要素围绕占主导地位的要素组合排列,表现出很强的向心性,中心感很强
围合式	住宅沿基地外围周边布置,形成一定数量的次要空间并共同围绕一个主体空间
集约式	将住宅和公共配套设施集中紧凑布置,并开发地下空间,使地上地下空间垂直贯通,室内外空间渗透延伸
隐喻式	将某种事物概括提炼、抽象成建筑与环境的形态语言,使居住者产生视觉与心理上的联想

上述布局形式中,集约式和隐喻式布局方式没有普遍的规律,并且实际中往往也能看成是前四种布局之一,因此在这不做单独讨论。向心式和围合式的区别在于向心式更加突出中心,具有很强的中心感,在道路系统方面没有太大的区别,如图 2-3 所示,因此可以统一考虑。

图 2-3 向心式与围合式布局,左图为向心式

另外,从小区路网布局的结构来分,小区也可分为环形道路模式以及树状道路模式。考虑到向心式和围合式小区其路网结构基本也为环形道路模式,而片块式小区其路网结构基本也为树状道路模式,因此对小区分类上我们只考虑按小区布局形态来分。

对于上述选定的每一种布局,我们均从网上搜集有代表性的封闭式小区平面图,并应用我们之前建立的模型进行求解。为了便于研究,我们应用城市交通网络理论将小区平面图抽象为 $n\times n$ 网格的城市道路网络,如图 2-4~图 2-6 所示。

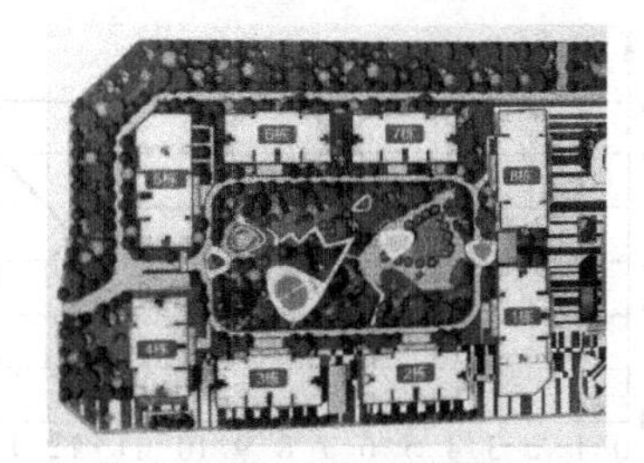

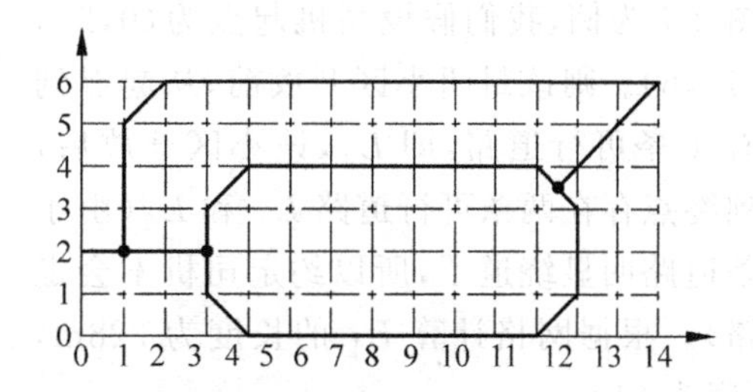

图 2-4 某围合式封闭小区抽象成道路网络

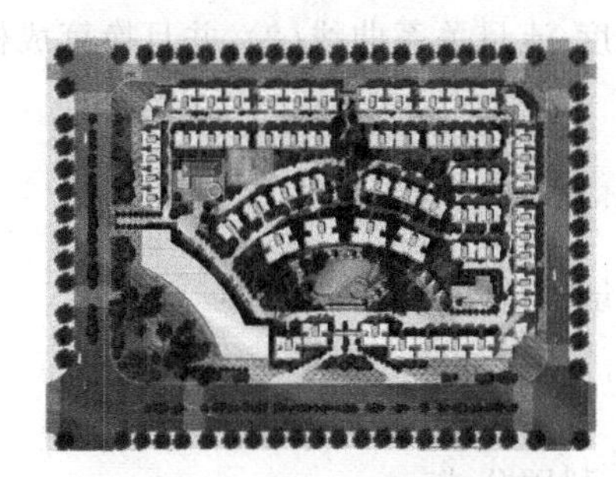

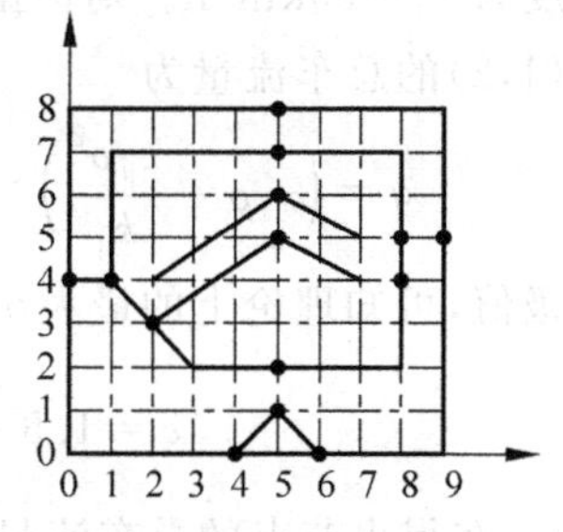

图 2-5 某片块式封闭小区抽象成道路网络

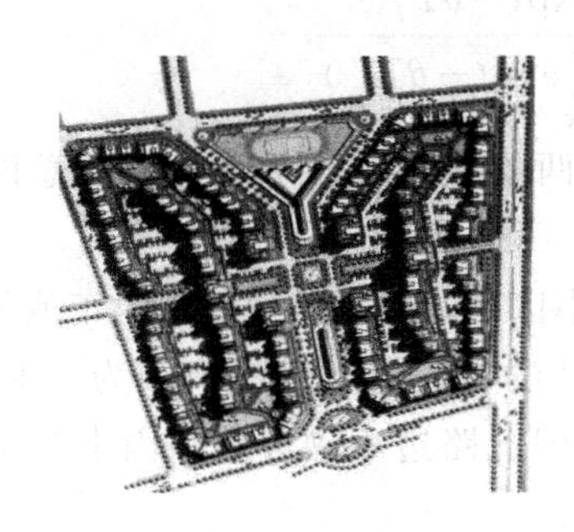

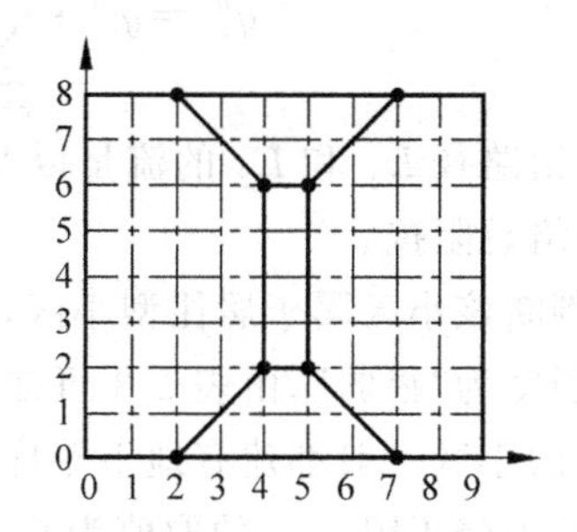

图 2-6 某轴线式封闭小区抽象成道路网络

在城市道路网络图中,以实线代表道路,越粗表示道路越宽,以实心点表示交叉路口。每一小格的宽度均表示实际情况下的 20m。在图 2-5 和图 2-6 所示小区的实际平面图中,有若干条道路只有入口没有出口,属于"死路",在此规定司机不会进入这种死路(即便第一次进入了,后来司机有了经验后也不会再进入这种道路),因此我们将这种道路从城市道路网络中略去。

我们将基于上述三幅图,利用之前我们建立的模型来求解。为了方便叙述,我们将上述 3 个小区按顺序依次命名为小区 1、小区 2 和小区 3。

此外，注意到小区和单位大院有狭义和广义之分，狭义的小区指住宅小区，而广义的小区则包括政府机关、高等院校等占据的城市区域。在国务院提出开放住宅小区和单位大院后，部分学者和网络舆论认为拆墙应从政府机关等圈地比较厉害的单位大院开始，因此本文中我们还将针对政府机关和高等院校这两种特殊的小区进行单独分析和讨论。

（2）基于交通流模型的求解

根据城市道路网络图，首先利用第 2 节中建立的模型求解。

以图 2-7 为例，我们假设司机起点为(0,2)，终点为(14,6)。则该封闭小区开放前，从起点到终点只有 1 条可行道路，即 L_1，该小区开放后，从起点到终点存在两条可行道路 L_1 和 L_2（由于下面这条道路明显绕道了，所以约定司机不会走这条道路）。根据网格计算 L_1 的长度为 328m，L_2 的长度为 313m。

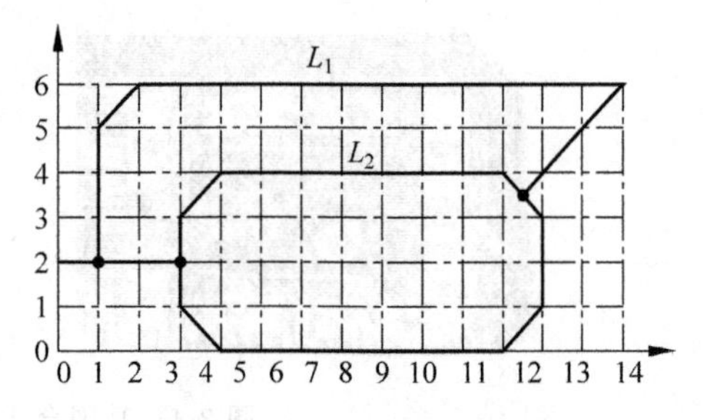

图 2-7 小区 1 道路网络图

假设平均车流密度为 ρ（单位：辆/km），车辆的自由流速度为 $v_{\mathrm{f}}=50\mathrm{km/h}$。则根据密度-流量关系曲线(2)，并且换算成标准车当量数可知通过节点(1,2)的总车流量为

$$q=\left(v_{\mathrm{f}}\rho-\frac{v_{\mathrm{f}}\rho^2}{k_{\mathrm{j}}}\right)\times 1.5\gamma\eta=(75\rho-0.524\rho^2)\gamma\mu \tag{14}$$

求二次函数的极值，可知理论上的最大车流量为

$$c=1.5\frac{v_{\mathrm{f}}k_{\mathrm{j}}}{4}\gamma\mu=3615.9\gamma\mu \tag{15}$$

（单位：pcu/h）。在得出节点的总车流量后，利用公式

$$q_l^m=q^m\cdot\frac{\exp(-\theta T_l^m)}{\sum\limits_{r\in R}\exp(-\theta T_r^m)}$$

即可计算出分配给路径 L_1 和 L_2 的流量以及两条路径的阻抗，最终根据总网络阻抗计算公式(12)来计算网络总阻抗。

同时，我们判断该小区属于居住型小区，小区内非机动车及行人对车流量的影响并不是很大，可赋影响强度为“很弱”，由表 2-3 可知 γ 的量化值（即隶属值）为 0.9。同理，我们判断由于这种类型的小区一般都建有地下车库，因此路边车辆等道路因素对于车流量的影响也“很弱”，因此认为修正因子 μ 的取值为 0.9。

以 $\rho=20$（辆/km）为例，利用上述公式计算首先可求得节点(1,2)处的车流量为 $q=1741.5\mathrm{pcu/h}$。利用 MATLAB 编写迭代计算小区开放后每条路径的阻抗及流量的程序，算法步骤及流程图见第 2 节。程序迭代 5 次便停止，每次迭代的计算结果如表 2-3 所示。

表 2-3 路径阻抗、流量迭代计算结果

迭代次数	L_1 阻抗/s	L_2 阻抗/s	L_1 流量/(pcu/h)	L_2 流量/(pcu/h)
1	48.00	65.13	1475.44	266.06
2	51.09	65.48	1407.42	334.08
3	50.88	65.58	1416.04	325.46

续表

迭代次数	L_1 阻抗/s	L_2 阻抗/s	L_1 流量/(pcu/h)	L_2 流量/(pcu/h)
4	50.90	65.57	1414.97	326.53
5	50.90	65.57	1415.10	326.40

通过表 2-3 可知,路径 L_1 的流量为 1415.10pcu/h,小于节点处的 1741.5pcu/h,说明开放小区后能够降低原周边道路的车流量,降低车流密度,这也是显而易见的。

根据总阻抗计算公式(12),计算得小区开放后此交通网络的总阻抗值为 53.65s。同时,小区封闭时只有 L_1 一条路径,很容易计算出小区开放前的交通网络总阻抗值为 52.10s,结果表明在平均车流量密度 $\rho=20$ 情况下,开放小区后网络总阻抗值反而变高了,即平均每位出行者的出行时间增加了,产生了 Braess 悖论现象。

我们对这个结果进行更深入的分析。对比 L_1 和 L_2 两条路径可知,L_2 的长度稍微比 L_1 长一些,并且弯道、交叉路口较多,因此自然阻抗值更高(L_2 的阻抗值为 65.57,L_2 的阻抗值为 50.90)。在相邻两车平均车流量密度 $\rho=20$ 的情况下,可计算得道路的饱和度为 $q/c=0.48$,说明此时道路处于一种较通顺的情况下。在这种不堵车的情况下,司机理应全部选择距离更短、交叉路口更少、阻抗值更低的 L_1 道路出行,然而由于司机心理对阻抗值的估计存在误差,因此实际中仍有少部分司机会选择 L_2 出行。根据我们的计算结果,选择 L_1 和 L_2 出行的司机比例大致为 1415.1∶326.4≈4.3∶1,即仍有大概 19%的司机会选择 L_2 出行,因此在 L_2 阻抗值更高的情况下,开放 L_2 道路自然会使得网络总阻抗值增高,可以认为我们的结论是合理的。

我们再将平均车流密度 ρ 设为 50(辆/km),此时道路的饱和度为 0.6741,属于较拥堵的情况。再次利用相同的方法计算交通网络总阻抗,得开放小区前网络总阻抗为 77.25,开放后网络总阻抗为 60.2,此时小区开放后交通网络总阻抗值明显降低了,说明在车辆较多的道路情况下,开放小区不仅能够降低原周边道路的车流量和车流密度,同时也能降低交通网络总阻抗值,减少出行者的平均出行时间。

为进一步探究开放小区前后总阻抗值随平均车流密度的变化情况,我们令平均车流密度从 10～110pcu/km 变化,计算网络总阻抗,得到的结果如图 2-8 所示。

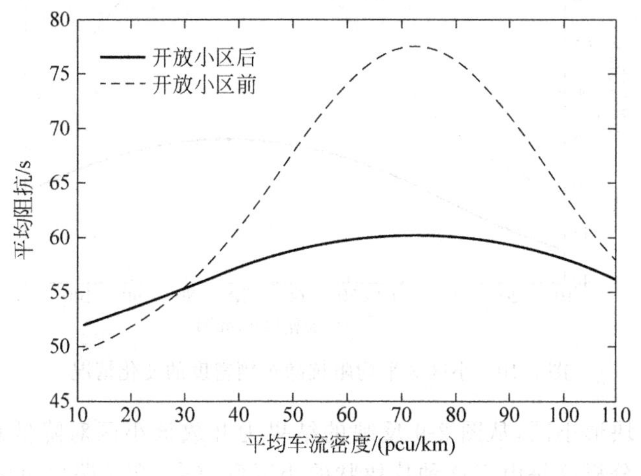

图 2-8 小区 1 平均阻抗随车辆密度的变化情况

图 2-8 反映了对于小区 1，在平均车流密度小，即交通不拥堵的情况下，开放该小区反而会增加总阻抗，使交通变得更拥堵了；当平均车流密度大于某个阈值时，开放该小区才会显著地降低总阻抗，降低平均出行时间。

在交叉路口延误时间计算方面，利用公式（10）和公式（11）可计算得小区开放前的总节点阻抗值为 18.48s，小区开放后的总节点阻抗值为 36.96s。这是由于开放小区使得交叉路口的数目增加导致的。

对于小区 2 和小区 3，我们用相同的方法进行分析，这里不再详细叙述求解过程，只将结果列出来并对结果进行分析，如图 2-9 和图 2-10 所示。这里我们假定图 2-9 和图 2-10 中的出发点均为(0,8)，终点均为(9,0)，此时图 2-9 小区开放前有两条可行路径，开放后有五条可行路径；图 2-10 小区开放前有两条可行路径，开放后有三条可行路径（绕道的路径不考虑）。

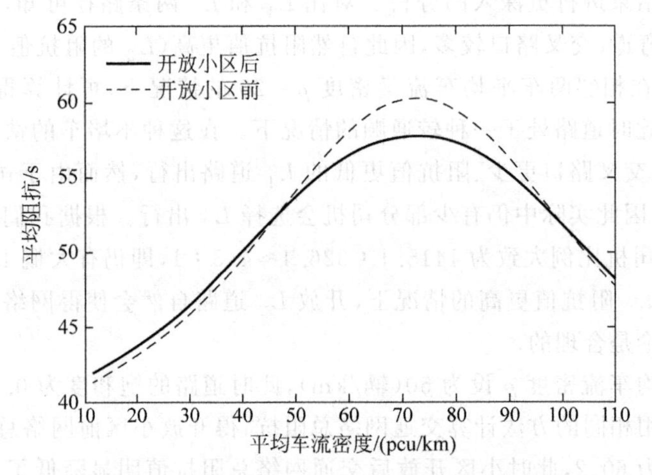

图 2-9　小区 3 平均阻抗随车辆密度的变化情况

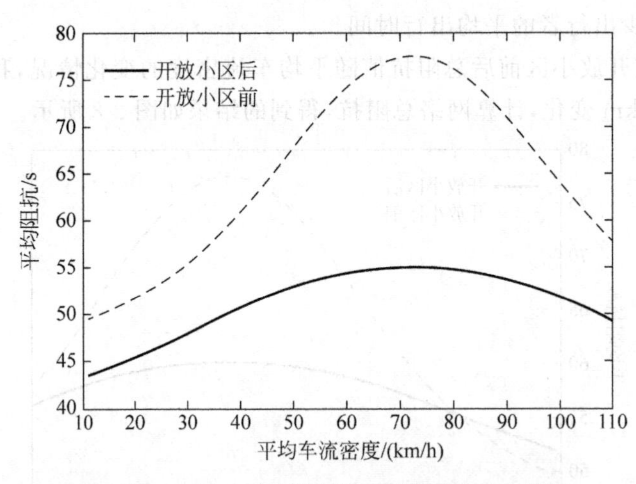

图 2-10　小区 3 平均阻抗随车辆密度的变化情况

小区 2 属于片块形小区，从图 2-9 反映的结果为开放该小区对降低总交通阻抗并没有明显的作用。我们分析这是由于这种片块状的小区弯道多、交叉路口也多，因此交叉路口延误效应比较严重，所以达不到显著降低平均出行时间的效果。

小区3属于轴线形小区，图2-10的结果表明开放该小区能够显著地降低平均阻抗，降低平均出行时间。我们分析这是由于新开放的道路本身就比原先道路更近，并且交叉路口不多，交叉路口延迟效应不明显，因此选择新开放的道路出行无论是从时间上还是从路程上看都要优于原先的道路，因此开放这种类型的小区对提升交通运输能力有显著的作用。

同小区1，开放小区2和小区3后，也会降低原周边道路的车流量及车流密度，增加交叉路口的延迟时间。

对于开放小区对非机动车以及行人的影响，我们在问题(1)中已进行了定性分析并得出了相应的结论，此处不再赘述。

综合上述分析，我们总结几种适合开放的小区类型：(1)小区与周边道路形成的交叉路口不多，并且小区内部弯道不多；(2)开放后的小区道路要比原先的道路更近；(3)开放的小区应当位于车流密度、车流量较大的地区，否则开放该小区对提升道路通行能力也没什么意义。

(3) 基于动态决策元胞自动机的模型仿真

前文中，我们建立了一系列交通模型，并对模型进行了求解，然而该模型存在一些不足，用到了一些理想化的假设，与真实情况可能会有出入。下面我们运用元胞自动机模型来对模型进行仿真。

元胞自动机是一种时空离散的动力学模型，是研究复杂动力系统的一种经典的办法，尤其适合于时空复杂系统的动态模拟研究，在交通运输方面的仿真方面应用得非常广泛。

元胞自动机模型的核心在于将车流看成是离散的现象，并给车辆赋予一定规则使其能够像真实情况下运动。运用元胞自动机仿真经过以下步骤：

1) 小区平面图的矩阵化。在此步骤中，我们进行状态设置以及矩阵状态设置。

针对小区状态的设置，对于所选取的三个封闭式小区模型，我们对每一个小区都设置了两种状态，即开放状态和封闭状态。对于处于开放状态的小区，在小区周边主干道行驶的汽车能够进入小区，经过小区离开小区并最终返回主干道前往目的地。而对于处于封闭状态的小区，汽车则不允许进入小区中，只能沿着小区周边的主干道行驶。我们在进行道路通行情况统计的时候，将小区分别处于这两种状态的通行情况进行对比，以此更加直观地感受所建立的封闭小区模型在开放之前与开放之后周边的道路情况变化。

针对矩阵状态的设置，对于矩阵中的每个元胞，其对应的状态有三种。三种状态分别代表地面的三种占用情况，情况分别是：①不可进入的建筑物状态，该状态用“−6”表示，该元胞所占用的单元是建筑占用单元，建筑单元包括小区中的住宅用地、草坪、游人活动场所等汽车不能到达的地方。②可进入状态：该状态用“0”表示，表明该元胞当前为汽车可达元胞。③汽车占用状态：该状态用“1”表示，表明当前元胞是车子占用的元胞，对于处于该状态的元胞而言，在别的汽车元胞根据前进规则以及换道规则进行行驶的时候，被汽车占用的元胞对于别的汽车元胞来说也属于汽车元胞不可到达的状态。④长度比例设置：矩阵中的一个点代表的就是一个元胞，根据实际情况以及模型图的比例，我们假定一个元胞的长度或宽度代表的是实际长度或宽度的5m。⑤道路宽度设置：根据实际情况以及模型图中建筑与道路的实际比例，我们主要以一个或者两个元胞的长度来模拟小区中的道路宽度，而对于小区周边的主干道，我们主要用两个或者三个元胞长度来模拟其道路宽度。⑥建筑设置：

为了简化所建的元胞模型，我们将假定所有汽车不可达的地方设为建筑，建筑物的形状以及长宽比例都参照模型图进行建立。在此，考虑到参照的是平面图以及建筑物对汽车行驶的影响因素，我们将忽略建筑物的高度。

以第一个小区为例，我们建立对应的矩阵如下图所示：

$$M=\begin{pmatrix} -6 & 1 & 1 & 1 & 0 & 0 & \cdots & 0 & 0 & 0 & 0 & 0 & 0 & -6 \\ & & & \vdots & & & \ddots & & & & \vdots & & & \\ -6 & 0 & 0 & -6 & -6 & -6 & \cdots & -6 & -6 & -6 & 0 & 0 & 0 & -6 \end{pmatrix}。$$

2）汽车行驶规则与速度限制处理

汽车的行驶规则主要有两种，分别是前进规则和换道规则。在此，我们综合考虑小区内的行驶阻力（包括行人、车道宽度、车道形状等因素）较大，小区内限速速度较低以及小区建筑物分布和地形分布等实际因素，为三个模型中的每个小区都分别设置了不同的动态前进规则。

对于下面所述的所有汽车行驶规则而言，有一个共同的前提：汽车元胞所前往的目标元胞的元胞状态必须为可到达元胞状态。对于已进行换道行驶或者前进的汽车元胞，目标元胞状态由“0”设置为“1”，其离开的位置的汽车元胞的状态则由“1”改回“0”。而对于每个小区中的前进规则，按照该位置与小区中的相对位置进行划分，其基本规则如下：①对于小区外主干道，处于该位置的汽车，汽车会以一定的概率减速前进，也会有一定的概率换道行驶。当到达小区出入口时，将根据既定的进入系数对其进行动态分配。②小区内的汽车元胞也有一定概率减速前进以及换道。但是，考虑到小区道路状况以及小区汽车行驶速度等问题，每一个小区我们都设置不同的速度限制系数，限制小区内路段的汽车的行驶速度。③对于弯道处，考虑到转弯的时候，由于道路形状、汽车行驶情况、路面情况等因素，我们将对小区中的某些弯道路段进行小车速度的限制处理。

3）交叉路口汽车的动态路径选择

每当小汽车到达交叉路口时，其对于每一条路径都会有一个概率的计算值。这个概率值的大小就是每条路径阻抗值的归一化值的大小。在计算出这个值后，我们都将根据这个值预先设定其进入系数。

对于所建立的三个小区模型中的所有小区出入口，我们都设置了相应的进入系数。对于每一台到达小区出入口的汽车，如果汽车当前处于行驶状态，在目标元胞可达的情况下，在进行道路选择的时候，会优先考虑进入系数。在分配汽车的行驶道路的时候，满足条件的汽车将会进入小区继续行驶，否则，汽车将不能进入小区，需要继续沿着当前的主干道行驶。相似地，当汽车元胞处于小区中的交叉路口时，汽车元胞同样优先考虑进入系数，满足不同条件的汽车元胞将选择进入相应的行驶道路。

4）汽车出现与离开规则

汽车出现规则：首先，根据实际情况，我们将获得服从既定指数分布的一定数目的随机数。对于每一个小区而言，我们设定不同的汽车出现系数。对于不同汽车出现系数的小区而言，所模拟的是来自不同地理位置的小区的不同的车流量情况。通过参数的设置，可将当前小区的地理位置设置为处于交通拥堵地区，或者处于交通畅顺地区。

然后，根据汽车出现系数获得一定数量的随机数后，我们将产生汽车的出现间隔，以此模拟实际情况汽车的出现频率。根据汽车出现情况的不同我们将获得不同的汽车密度。在不同的汽车密度的情况下，我们的模型模拟开放封闭式小区对周边道路情况的实际影响。

汽车离开规则：当汽车行驶到地图的底部的时候，实际情况是汽车将通过主干道通往其他的地方，因此，当汽车到达地图的最底部的一行的时候，下一步将以一定的概率将汽车所处的元胞状态由“1”设置为“0”，即汽车离开地图。

综上所述，元胞自动机模型仿真的流程图如图 2-11 所示。

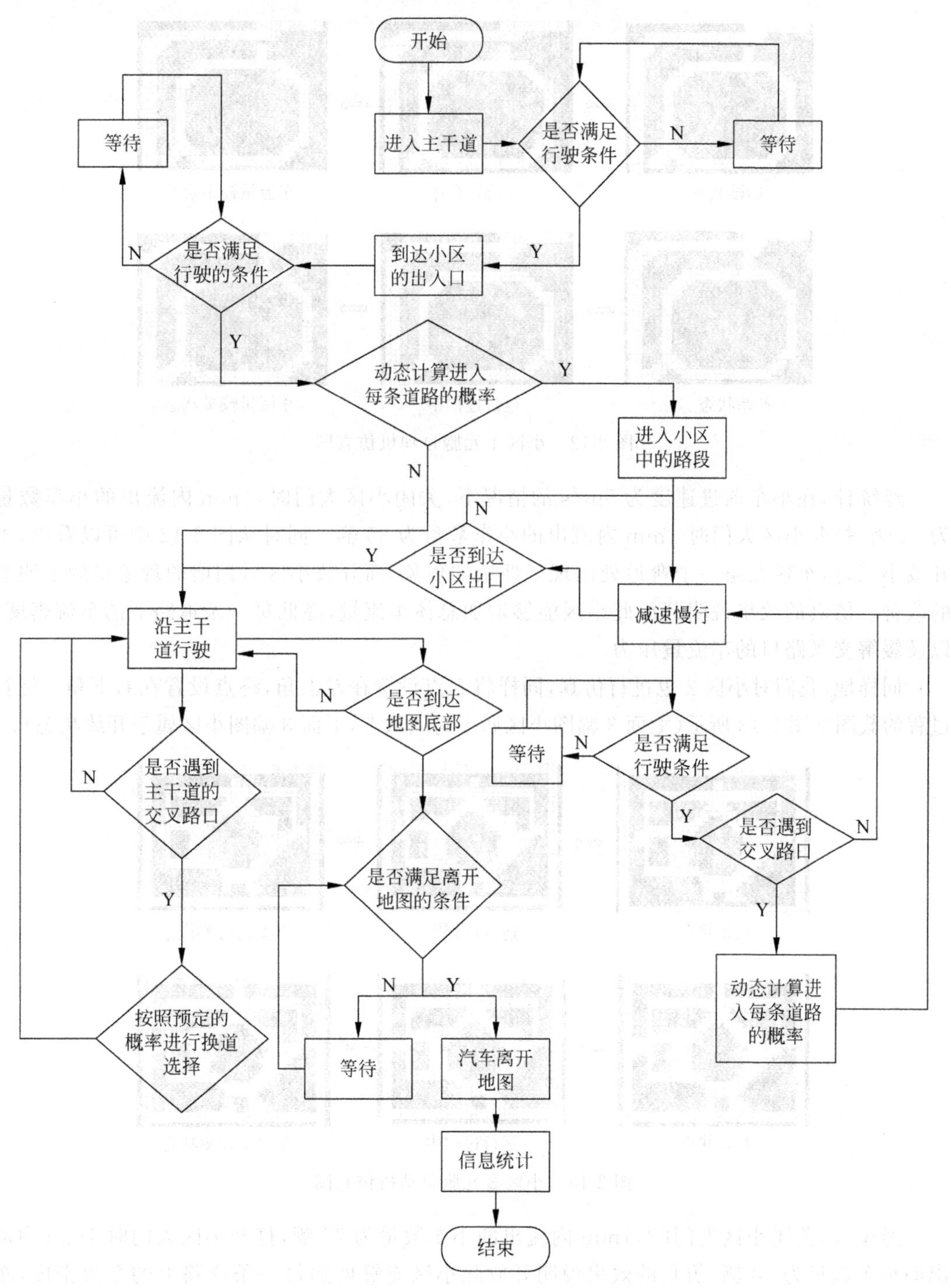

图 2-11　基于动态概率选择的元胞自动机仿真流程

以小区 1 为例，我们让程序分别在关闭和打开小区大门的情况下运行，为了便于程序的统一，我们将原图进行了翻转，将起点位于左上角，终点位于右下角，用白色格子代表道路，灰色格子代表小车。仿真过程的截图如图 2-12 所示，其中上面的为小区处于封闭状态，下面的为小区处于开放状态。

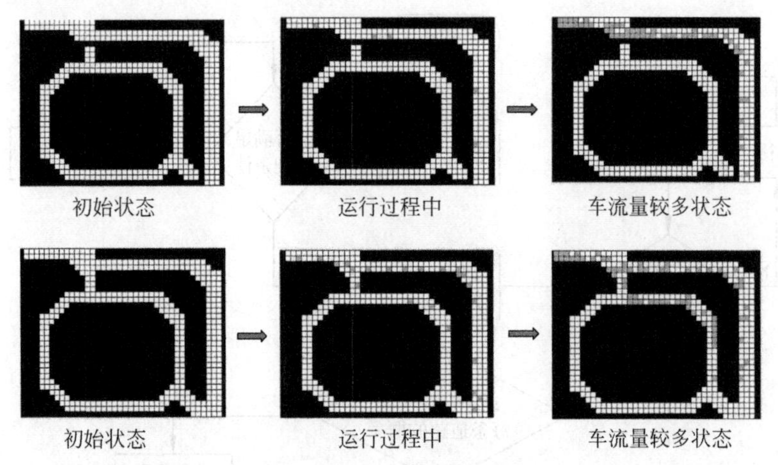

图 2-12　小区 1 元胞自动机仿真图

经统计，在小车前进速度为 5m/s 的情况下，关闭小区大门时，1min 内流出的小车数量为 72 辆，打开小区大门时 1min 内流出的小车数量为 85 辆。同时从图 2-12 中可以看出，不开放小区时，车辆在第一个弯道处出现了拥堵的现象，而开放小区后拥堵的现象得到了明显的改善。仿真的效果说明开放此小区能够增加总体车流量，降低每一条道路上的车流密度，以及缓解交叉路口的车流量压力。

同样地，我们对小区 2 也进行仿真，同样将起点设置在左上角，终点设置在右下角。运行过程的截图如图 2-13 所示(上面 3 幅图小区属于封闭状态，下面 3 幅图小区属于开放状态)。

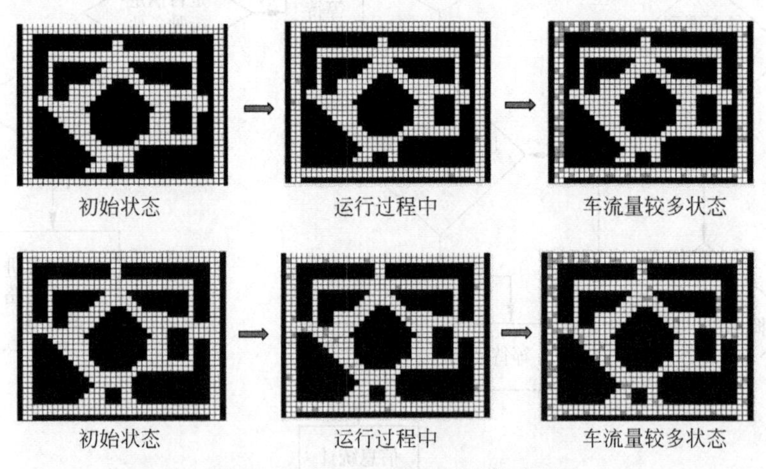

图 2-13　小区 2 元胞自动机仿真图

经统计，关闭小区大门时，1min 内流出的小车数量为 75 辆，打开小区大门时 1min 内流出的小车数量为 78 辆，仿真的效果说明开放此小区能够增加每一条道路上的车流密度，缓解交叉路口的车流量压力，但提升总体车流量的效果并不明显。

同样地，对小区 3 进行仿真，见图 2-14（上面 3 幅图小区属于封闭状态，下面 3 幅图小区属于开放状态）。

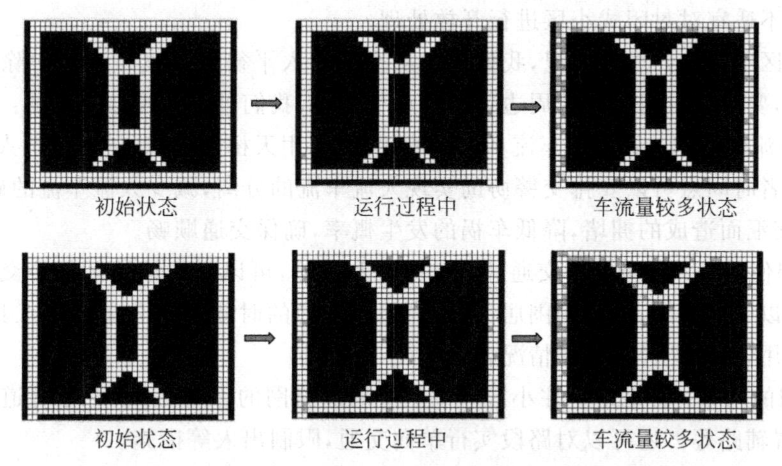

图 2-14　小区 3 元胞自动机仿真图

经统计，关闭小区大门时，1min 内流出的小车数量为 119 辆，打开小区大门时 1min 内流出的小车数量为 139 辆，结果说明开放此小区能够增加每一条道路上的车流密度，缓解交叉路口的车流量压力，并且能够明显增加总体车流量。

综上，可以看出我们的元胞自动机仿真的结果与我们的计算结果以及实际情况较接近，可认为仿真的结果较为满意。

(4) 问题(4)的求解

在前面小节中我们已得出具有实际意义的结论，例如对于确实能缩短出行者行程或者在处于车流密度较大的区域内的小区，开放后的确能提升小区附近道路的道路通行能力，本节中，我们主要以此为出发点向有关部分(部分)提建议。

对于城市规划和交通管理部门而言，如果要对封闭式的小区进行开放，应该考虑如下的因素来确保开放封闭性小区目的的实现：

1) 选择性地对封闭式的小区进行开放。结合我们在前面小节得出的结论，可选择具有如下特性的封闭性小区进行开放：

a. 小区所处的位置车流密度较大，而且小区周边的道路通行情况常年不佳。

b. 小区内的路段能够提供充足的车行空间，确保小区开放之后增加的车辆不会造成小区内部的交通拥堵。

c. 在周边道路以及小区内道路都通顺的情况下，出行者驾车经由小区道路到达目的地所耗费的时间应该小于经由小区周边道路到达目的地所耗费的时间，也就是开放封闭式的小区能够实质上缩短出行者的行驶路程或者缩短出行者的行驶时间。

2) 在对封闭性小区进行开放之后，要进行适度、适当的车流管理，以确保可能堵塞路段或者车流密度较大路段的畅通，特别是小区内较窄路段、小区与周边道路之间的交汇、交叉路口处的交通畅顺。因为整条道路的通顺程度往往取决于这些路段的通顺程度。

而在对封闭性小区进行开放之前，相关部门必须考虑以下的实际问题：(1)如果封闭性小区周边的交通状况本来就良好，基于改善交通状况的目的而言，也就没有开放该封闭式小区的必要了。(2)根据前面小节的内容，我们得出了结论：在车流密度小的情况下，开放封闭性小区反而会增加总阻抗，对于交叉口过多的封闭性小区，小区内部交通阻抗很大。这些情况下都并不适宜对封闭式小区进行开放处理。

对于小区不适合开放的情况，我们首先从交通出入平衡的角度来考虑。除了开放封闭性小区以外，要改善封闭性小区周边道路的通行情况，我们可以采用如下方法：

a. 交通流的组织：处理好车流和人流的关系，利用天桥、地下通道等进行人车分流；在拥堵路段或者时间点可以安排交警协助实现人流车流的分离，减少人流车流的碰撞，降低因人流、车流交汇而造成的拥堵，降低车祸的发生概率，确保交通顺畅。

b. 提倡使用公共交通：对交通拥堵的路段和区域，可以增加该地区的公交车数目并调整公交站点以方便乘客，并向周围居民宣传、提倡出门的时候乘坐公用交通工具，进而减少私家车的使用，改善交通拥挤的情况。

c. 路网的调整：若是由居住小区产生的对局部路网的影响，可以对原有道路进行相应改造，如设置辅路等。还可以对路段实行单向交通，限制出入等措施。

3) 在开放小区前，应对司机进行宣传教育，提醒司机合理地选择出行路径。在前文我们已经提到，Braess 悖论现象的出现主要是由于司机不考虑自己的决策对他人的影响以及对路径阻抗值的估计存在误差造成的，因此告知司机合理的决策方式也是能够降低平均出行时间的有效办法之一。

每个封闭式小区的实际情况都不同，相关部门在对推广小区开放时禁忌一刀切。不管在什么情况下，都应以改善人民的生活品质为前提。完全开放所有封闭式小区是不现实的。考虑开放封闭性小区的时候，并不应该将所有封闭性的小区完全开放，需要从实际的情况出发，考虑既能改善交通状况，又不对居民造成影响困扰的策略。

2.3.6 灵敏度分析

由于在本题中涉及的参数比较多，并且对许多参数的取值我们采取了取默认值或者人为假设的办法，这或多或少都会对结果造成一定的影响，因此有必要对部分参数进行灵敏度分析。

我们选取阻抗计算公式(9)进行灵敏度分析，公式如下：

$$t(q)=\begin{cases}t_0, & q/c \leqslant M \\ t_0\left[2+\sqrt{\beta^2(1-q/c)^2+\alpha^2}-\beta(1-q/c)-\alpha\right], & q/c > M\end{cases}$$

式中，$\alpha=(2\beta-1)/(2\beta-2)$；$\beta$ 文中取的为经验值 4。前面我们在 $q/c=0.23$，$t_0=29.52$ 的取值情况下，计算得道路阻抗 $t(q)$ 的值为 30.90s。下面分别让 β 的值上下波动 5% 和 10%，重新计算 $t(q)$ 的值，结果如表 2-4 所示。

表 2-4 灵敏度分析

	$t(q)$的计算结果	结果的变化情况
原始取值	30.90	
β 增加 5%	30.83	减少 0.23%
β 增加 10%	30.76	减少 0.45%
β 降低 5%	30.98	增加 0.26%
β 降低 10%	31.09	增加 0.61%

从表 2-4 可以看出 β 的变化情况对结果产生的影响并不是很大，β 上下波动 10%，结果变化也在 1%以内。这主要是由于 $t(q)$ 的值主要是由自由流状态下平均行驶时间 t_0 决定的，而公式(9)中括号内的内容主要起的是调节 t_0 的作用，因此结果对 β 不敏感是合理的。鉴于实际应用中，β 的取值波动很小，因此可以认为 β 取 4 对结果不会造成太大的影响。

2.3.7　模型的评价

1. 模型的优点

(1) 本文将小区平面图抽象成城市交通网络图，使得计算变得十分方便。

(2) 本文对现有的一些公式进行了修正，加入了修正因子等，使得计算结果更加符合实际。

(3) 本文利用元胞自动机对结果进行了仿真，验证了结果的正确性。同时对于元胞自动机模型，我们将小车的路径选择设置成依概率的大小动态地选择，使得仿真结果更准确。

(4) 本文考虑了多种布局、道路形状的小区开放后对道路通行能力的影响，使得模型具有广泛性。

2. 模型的缺点

(1) 本文中部分参数采用了默认的取值，实际意义不明显。

(2) 由于缺乏道路情况的部分数据，因此我们只能假设某些变量的取值固定不变。

3. 模型的推广

本文中模型的应用性很强，在实际中若打算开放小区，则可按照本文模型建立及求解的方式，搜集小区周边的真实数据，计算小区开放后可能带来的影响。此外，本文中建立的基于动态概率选择的元胞自动机模型也能应用于其他交通领域的仿真上。

参考文献

[1]　姜启源，谢金星. 数学模型[M]. 北京：高等教育出版社，2011.
[2]　茹红蕾. 城市道路通行能力的影响因素探究[D]. 上海：同济大学，2008.
[3]　荣建. 高速公路基本路段通行能力研究[D]. 北京：北京工业大学，1999.
[4]　刘巍，曾庆山. 基于复杂网络的 Braess 悖论现象[J]. 计算机工程与设计，2015(4)：1098-1102.
[5]　郑远，杜豫川，孙立军. 美国联邦公路局路阻函数探讨[J]. 交通理论，2007(7)：24-26.
[6]　李杰，王富，何雅琴. 交通工程学[M]. 北京：北京大学出版社，2010.
[7]　姜虹，高自友. 用遗传算法解决拥挤条件下的公共交通随机用户平衡配流模型[J]. 公路交通科技，2000(2)：37-41.
[8]　Macko M，Larson K，Steskal L. Braess's paradox for flows over time[J]. Theory of Computing Systems，2013(1)：86-106.
[9]　李向朋. 城市交通拥堵对策——封闭小区开放研究[D]. 湖南：长沙理工大学，2014.
[10]　陶爽，邓爱娇. 基于元胞自动机模型的交通规则仿真研究[J]. 电子世界，2014(1)：109-110.

2.4　论文点评

根据论文的参考文献可以看到，作者查阅了交通领域的专业书籍和学术论文，因此回答第 1 个问题时，对各级指标的选择具有较好的专业性。第 1 个问题存在的问题是，在指标的筛选上没有引入数据和数学方法，对参考文献的依赖性太大。

第2个问题中给出了第1个问题所列指标的计算方法。首先给出了车流量、密度的计算公式；其次给出了交叉口延误时间的计算办法，分别考虑了有无红绿灯两种情形，这相当于考虑到了小区出口与外部交通路口的差异；对于道路增加带给交通系统的影响，文中引入了交通阻抗模型，非常具有针对性，很好地解决了问题(2)的核心问题；最后又考虑车辆选择道路的相关因素，建立了道路流量分配的随机模型和具体的迭代算法流程。

应该说，论文对第1个问题的处理略有瑕疵，对第2个问题的解决非常到位，比较全面地覆盖了题目中要求的核心要素，所建立的数学模型也具有很好的针对性。

论文用了很大的篇幅来讨论第3个问题。为此考虑了多种小区类型，分析不同小区环境下交通阻抗随车流密度增加的变化曲线，据此总结了适合开放的小区特点。随后作为实验验证，文中又针对多种小区环境作了仿真实验，结果与理论分析基本吻合。

在回答第4个问题时，文中紧扣前3个问题所做的分析给出建议，完全满足题目的要求。鉴于本题涉及诸多计算环节，作者在最后又讨论了灵敏度问题，表现出了对科学计算思想和流程非常熟悉。

综上，论文其实并没有建立基于多个指标的综合评价模型，而是直接考虑交通阻抗与流量、密度之间的关系来判断小区开放是否合理，并辅以仿真实验作为检验手段。不过论文中对建模理由阐述充分，对车流量、密度、交通阻抗等指标的计算方法也非常恰当，因此是一篇值得借鉴的优秀论文。

此外，论文章节的划分、标题内容恰当，逻辑清晰，阅读体验很好；摘要提供的信息很充分，同时也非常简练，是一个很好的学习范例。

2.5 获奖论文——研究小区开放对道路通行的影响

作　　者：朱瑀勍　杨奥　李妙丹

指导教师：李学文

获奖情况：2016年全国数学建模竞赛二等奖

摘要

本文针对小区开放对道路通行的影响，立足于道路通行能力这一指标，建立了数学模型，提出了评价交通状况、描述车辆通行状态及量化分析开放小区对道路通行影响力的方案和算法，给出了小区开放的相关建议。

对于问题1，我们从经典的交通流模型出发，利用层次分析法确定了相关因子的权重向量，得到各因素作用力排序为：主要交叉口通行能力→道路交通服务→平均路网密度，并由此建立了模糊综合评价模型。

对于问题2，本文分别建立直行路车辆通行模型和交叉路口车辆通行模型，合理引入了交叉口折减系数。此外，我们考虑了封闭式、开放式小区的简化模型，利用车辆通行模型进行求解，发现针对本文涉及的几种典型小区，计算结果为平均提高通行能力15.6%。

对于问题3，本文选取了上海梧桐城邦、深圳万科城和宜宾莱茵河畔三种开放小区作为实例，运用已建立的模型，重点分析了贯穿、环状和细密三种道路分布类型，解得梧桐城邦道路通行能力为最优。

对于问题4,结合前文的分析结果,我们从城市道路网密度、道路等级和小区类型三个角度出发,考虑开放小区对交通能力的影响,给出了对于小区开放的建议与思考。

文章最后对模型的优缺点进行了分析和评价,并提出了模型的改进方向和思路。

关键词:层次分析-模糊综合评价法,直行路,交叉路口车辆通行模型,实例分析。

2.5.1　问题重述

1. 引言

2016年2月21日,国务院发布《关于进一步加强城市规划建设管理工作的若干意见》,其中第十六条关于推广街区制,原则上不再建设封闭住宅小区,已建成的住宅小区和单位大院要逐步开放等意见,引起了广泛的关注和讨论。

封闭式小区破坏了城市路网结构,堵塞了城市"毛细血管",容易造成交通阻塞。小区开放后,路网密度提高,道路面积增加,通行能力有所提升;但是可通行道路增多了,相应地,小区周边主路上进出小区的交叉路口的车辆也会增多,也可能会影响主路的通行速度。而且,这与小区面积、位置、外部及内部道路状况等诸多因素有关,不能一概而论。所以,争议的焦点在于开放小区能否达到优化路网结构,提高道路通行能力,改善交通状况的目的,以及改善效果如何。为此我们有必要建立数学模型,研究小区开放对周边道路的影响,为科学决策提供定量依据。

2. 问题提出

现需要解决的问题如下:

(1) 选取合适的评价指标体系,评价小区开放对周边道路通行的影响;

(2) 建立车辆通行的数学模型,分析小区开放对周边道路通行的影响;

(3) 选取或构建不同类型的小区,应用数学模型,定量比较各类型小区开放前后对道路通行的影响;

(4) 从交通通行的角度,提出关于小区开放的合理化建议。

2.5.2　问题分析

1. 对周边道路通行能力评价体系的分析

问题1要求我们评价的目标是周边道路的通行能力,亦即小区开放对交通状况所产生的影响。在我们熟知的交通流模型中,速度、流量和密度是测定交通流运行状态的三个重要参数。所以,我们可以从这三个参数出发,构建层次结构,从而判断各个要素对目标层的影响力。当然,道路通行情况是多种不确定性因素综合作用的结果,因而,我们容易想到运用模糊数学的方法,对这一隶属关系不明确、难以量化分析的问题进行模糊综合评价。

2. 对车辆通行问题的分析

要做到准确描述车辆通行的过程是相对复杂的,为此,我们不妨首先考虑在理想的道路条件下,单位时间内通过某一断面的最大车流量。同时,为保证思考问题的全面性,我们有必要分别考虑直行车道和交叉路口对应的车流状态,而交叉口信号灯的影响也是我们需要关注的一个难点。在问题2中,我们还应该运用该模型研究小区开放对周边道路通行的影响。因而,我们考虑了封闭式小区与开放式小区的简化模型,用以观测小区开放前后道路通行能力的变化幅度。

3. 对量化比较各类型小区影响力的分析

问题3首先要求我们选取或构建不同类型的小区，为凸显各类型小区的典型性，我们选取了贯穿型主支路、环状支路和细密支路网这三种不同的路网状态，并找到了相对应的实例。基于搜集到的相关数据，我们综合运用前文建立的模型进行实例分析，从而量化比较它们对于道路通行的影响。在问题4中，结合我们的分析结果，给出了对于小区开放的建议与思考。

2.5.3 基本假设

（1）假设无交通事故发生，且引道上没有因故暂停的车辆；
（2）假设行驶车辆为标准家用车，设定车长为5m；
（3）假设行驶车辆遵从国家标准安全车距，为2m；
（4）假设所有车辆通过某一交叉口时车速相同。
注：其他具体的假设在各模型中进行具体说明。

2.5.4 符号说明

符　号	定　义	符　号	定　义
$\boldsymbol{w}$	评判矩阵的权重向量	C_B	道路通行能力
$\widetilde{A}(x)$	梯度隶属函数	$\alpha_{交}$	交叉口折减系数值
$\boldsymbol{R}$	模糊关系矩阵		

注：其他具体的参数变量在各模型中进行具体说明。

2.5.5 基于层次分析-模糊综合评价法对开放小区道路通行能力的分析

1. 道路通行能力评价体系

在经典的交通流模型中，速度、流量和密度是测定交通流运行状态的三个重要参数，呈动态变化，其统计分析表达式为

$$q = uk$$

其中，u为平均车速，km/h；k为车流密度，pcu/km；q为流量，pcu/h。

为综合评价开放小区能否达到优化路网结构、改善交通状况的目的，本文设定道路通行能力为目标变量，参照已有的交通流模型，围绕上文给出的三个变量，构建了如图2-15所示的道路通行能力的评价指标体系。

基于上面的评价体系，本文将采取层次分析法与模糊综合评判方法相结合的方式对影响因素进行分析，建立模糊综合评价模型，对开放小区所达成的影响力进行可标识的分级评判。

2. 层次分析法赋权

层次分析法是一种能用来处理复杂的社会、政治和科学技术等决策问题的经典方法。因其理论内容深刻而表现形式简单，并能统一处理决策中的定性与定量因素的特点而广泛

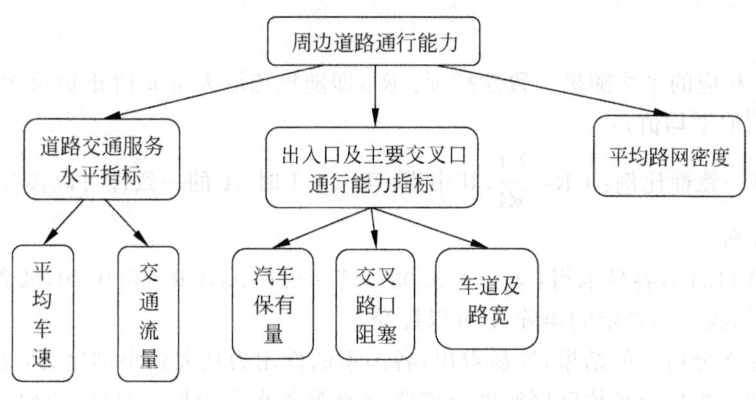

图 2-15 道路通行能力的评价体系示意图

用于许多领域。本题所涉及的道路通行能力同样是一个多因素的综合问题,应用层次分析法能够帮助我们较全面地把握各因素的作用程度。

Step1 建立层次结构

基于图 2-15 及以上分析,我们以道路通行能力作为目标层,道路交通服务水平指标、出入口及主要交叉口通行能力指标和平均路网密度为准则层,构建层次结构。

Step2 构造两两比较矩阵

依照美国运筹学家萨蒂提出的多准则评价方法,将各种因素对于上层元素的重要性做两两比较,其相对重要程度按 1~9 比例标度权重[1]。

我们把元素中 x_i 相对于 x_j 的重要性记为 a_{ij},于是,所有的比较结果可被表示为矩阵 $\mathbf{A}=(a_{ij})_{n\times n}$。显然,$a_{ji}=\dfrac{1}{a_{ij}}$。其中,$a_{ij}$ 取值为 1,2,…,9 及其倒数。

$$\mathbf{A}=\begin{bmatrix}1 & \frac{1}{5} & \frac{1}{3}\\ 5 & 1 & 3\\ 3 & \frac{1}{3} & 1\end{bmatrix}$$

Step3 方根法计算最大特征值及特征向量

(1) 计算矩阵每一行元素的乘积:$M_i=\prod_{j=1}^{n}a_{ij}$;

(2) 求出 M_i 的 n 次方根:$\bar{w}_i=\sqrt[n]{M_i}$;

(3) 对向量 $\bar{w}$ 进行归一化处理,即:$w_i=\dfrac{\bar{w}_i}{\sum_{i=1}^{n}\bar{w}_i}$,其中 $i=1,2,\cdots,n$。

于是,得到 $\boldsymbol{w}=(w_1,w_2,\cdots,w_n)^{\mathrm{T}}$ 即为判断矩阵的特征向量。

这里,利用 MATLAB 编程,实现将评判矩阵转化为因素的权重矩阵。

$$\boldsymbol{w}=(0.105\quad 0.637\quad 0.258)$$

Step4 判断矩阵的一致性检验

(1) 求解一致性指标:$\mathrm{CI}=\dfrac{\lambda_{\max}-n}{n-1}$,其中 $\lambda_{\max}$ 为矩阵的最大特征值,n 为判断矩阵的

阶数；

（2）查找相应的平均随机一致性指标：RI，即随机选取大量 n 阶正负反矩阵，计算各自一致性指标后取平均值；

（3）计算一致性比例：$CR=\frac{CI}{RI}$，其中当 $CR<0.1$ 时，$\boldsymbol{A}$ 的一致性可以接受，否则需要重新确定判断矩阵。

利用 MATLAB，容易求得：$\lambda_{\max}=3.039$，$CI=0.0193$，$CR=0.0370$，故判断矩阵的一致性检验通过，我们所设定的矩阵 $\boldsymbol{A}$ 可以接受。

由上面层次分析法的结果，容易看出，各因素的作用力从大到小排序为：出入口及主要交叉口通行能力指标→平均路网密度→道路交通服务水平指标。显然，道路交叉口的多少是限制车流量及行驶速度的主要因素。小区开放后，原封闭小区的出入口即退化为十字平面路口，大大减少了原有的交通限制。此外，参照国务院发布《关于进一步加强城市规划建设管理工作的若干意见》，政府将积极采用单行道路方式组织交通，到 2020 年，城市建成区平均路网密度提高到 $8km/km^2$。这一举措与本文所得结论也是相对吻合的，从而间接验证了层次分析法的合理性。

3. 模糊综合评价模型

模糊综合评判是对受多因子作用下的事物做出全面评价的有效方法，能较好地解决模糊的、难以量化的问题，适合各种非确定性问题的解决[2]。该方法是通过构造等级模糊子集量化反映被评事物的模糊指标（即确定隶属度），然后利用模糊变换原理对各指标加以综合。模型的建立步骤为：

Step1 建立评价因子集和评价集

设定指标集为 $U=\{u_1,u_2,u_3,\cdots,u_p\}$。因子是参与评价的评价指标。此处，因子集是各影响因素组成的模糊子集。

设定评价标准集为 $V=\{v_1,v_2,v_3,v_4,v_5\}$，相应的等级划分标准如表 2-5 所示。

表 2-5 道路通行能力（畅通程度）等级划分

评价词	严重拥堵	拥堵	不甚畅通	顺畅	非常顺畅
等级	A	B	C	D	E
畅通程度值	0～2	2～4	4～6	6～8	8～10

Step2 建立隶属函数

运用指派方法建立梯度隶属函数，隶属函数的一般形式为

$$\widetilde{A}(x)=\begin{cases}0, & x\leqslant a\\ f(x), & x>a\end{cases}$$

这里，我们以 $\alpha,\beta,\gamma,\delta$ 作为自变量的四个标度值，故将隶属函数表示为

$$\widetilde{A}(x)=\begin{cases}\dfrac{x-\alpha}{\beta-\alpha}, & \alpha\leqslant x<\beta\\ \dfrac{\delta-x}{\delta-y}, & \gamma\leqslant x\leqslant\delta\\ 1, & \beta\leqslant x<y\\ 0 & \text{其他}\end{cases}$$

Step3　构造模糊关系矩阵

$$R=\begin{bmatrix} r_{11} & r_{12} & \cdots & r_{1m} \\ r_{21} & r_{22} & \cdots & r_{2m} \\ \vdots & \vdots & & \vdots \\ r_{p1} & r_{p2} & \cdots & r_{pm} \end{bmatrix}$$

其中,矩阵元素 r_{ij} 表示从第 i 个因素着眼对某一对象作第 j 种评判的可能程度。

Step4　利用层次分析法计算各指标权重

根据层次分析法,我们得到:

$$w=(0.105\quad 0.637\quad 0.258)$$

Step5　利用合适的算子建立模糊综合评价模型

将 w 与各被评事物的模糊关系矩阵 R 合成得到各被评事物的模糊综合评价结果向量 B。R 中不同的行反映了被评事物在不同因素下对模糊子集的隶属程度,用模糊权向量将不同的行进行综合即得其对各等级模糊子集的隶属程度。

$$w\cdot R=(a_1,a_2,\cdots,a_p)\cdot\begin{bmatrix} r_{11} & r_{12} & \cdots & r_{1m} \\ r_{21} & r_{22} & \cdots & r_{2m} \\ \vdots & \vdots & & \vdots \\ r_{p1} & r_{p2} & \cdots & r_{pm} \end{bmatrix}=(b_1,b_2,\cdots,b_m)=b$$

式中,$b_i=\sum_{j=1}^{m}a_{ij}\cdot r_{ij}=a_1r_{11}+a_2r_{21}+\cdots+a_pr_{p1}$

再对所得的向量 b 进行归一化处理,得到

$$b'=(b'_1,b'_2,\cdots,b'_m)$$

Step6　对模糊综合评价结果向量进行分析,将每一个被评事物的模糊综合评价结果都表现为一个模糊向量。

我们将把该模型用于问题 3 的实例分析中,对模型进行求解,并加以验证。

2.5.6　基于车辆通行模型对小区开放前后道路通行能力的比较

1. 直行路车辆通行模型的建立

我们首先考虑在理想的道路条件下,单位时间内通过某一断面的最大车流量。作为理想的交通条件,主要是指标准车型的汽车在一条车道上以相同的速度连续不断地行驶,且车道宽度应不小于 3.65m,路旁侧向余宽不小于 1.75m[3]。

在此情境下,结合上文中对于影响因子的分析,我们着重考虑汽车行驶速度产生的作用,由此描述车流模式,计算最大交通量,建立直行路车辆通行模型。其公式如下:

$$C_B=\frac{3600}{t_0}=\frac{3600}{l_0\Big/\frac{v}{3.6}}=\frac{1000v}{l_0}\ (\text{pcu/h})$$

行驶车辆间的最小安全间距为

$$l_0=l_{反}+l_{制}+l_{安}+l_{车}=\frac{v}{3.6}t+\frac{v^2}{254\varphi}+l_{安}+l_{车}$$

式中：v——行车速度，km/h；

t_0——车头最小安全时距，s；

$l_{反}$——司机在反应时间内车辆行驶的距离，m；

$l_{制}$——车辆的制动距离，m；

$l_{安}$——车辆间的安全间距，m，依据实际经验及理论分析，此处 $l_{安}$ 取 2m；

$l_{车}$——车辆平均长度，m，为简化求解过程，我们只考虑家用车的情形，车长为 5m。

在表 2-6 中，我们给出路面与轮胎的摩擦阻力系数 φ 与车速 v 的对应值。

表 2-6　摩阻系数与车速的对应表[4]

v/(km/h)	120	100	80	60	50	40	30	20
φ	0.29	0.30	0.31	0.33	0.35	0.38	0.44	0.44

此外，我们可以参照"刺激—反应"跟车模型[5]，通过第 n 辆与第 $n+1$ 辆车的位置关系描述直行路车辆通行情况，即

$$\frac{d^2x_{n+1}(t)(t+T)}{dt^2}=\frac{a}{[x_n(t)-x_{n+1}(t)]^m}\left[\frac{dx_n(t)}{dt}-\frac{dx_{n+1}(t)}{dt}\right]$$

式中，灵敏度为$\frac{a}{[x_n(t)-x_{n+1}(t)]^m}$，$a$，$m$ 为待定参数。

上式左边为第 $n+1$ 辆车在 $t+T$ 时刻的加速度，右边为灵敏度与行车速度之差的乘积，描述了反应＝灵敏度×刺激这一动力学原理。

对等式两边进行积分，考虑初值条件，可得到

当 $m=1$ 时，$\frac{dx_n(t+T)}{dt}=a\ln[x_{n-1}(t)-x_n(t)/l_0]$；

当 $m>1$ 时，$\frac{dx_n(t+T)}{dt}=\frac{1}{1-m}a\ln[x_{n-1}(t)-x_n(t)]^{1-m}-l_0^{1-m}$。

如前文所述，我们同样采用标准的家用车确定待定参数，因而容易得到车辆通行过程中两车间距与车速的关系。下面以 $m=1$ 和 $m>1$ 时的情况为例加以说明。

取定 $m=1$，则 $a=9$，$v=9\ln h_s/7$，精度 $R=0.64$；

取定 $m=2$，则 $a=84$，$v=98\left(\frac{1}{7}-\frac{1}{h_s}\right)$，精度 $R=0.91$。

2. 交叉路口车辆通行模型的建立

两条不同方向的车流通过交叉口所能达到的最大交通量即为平面交叉口的通行能力[6]。对于某一交叉口而言，描述其进出口通行能力是相对复杂的，涉及左右转、直左右等多种情形。为此，我们选取几种常见情况，给出下面的计算方法。

(1) 1 条直行车道的通行能力为

$$C_s=\frac{3600}{T_c}\left(\frac{t_g-t_0}{t_i}+1\right)\varphi$$

式中：T_c——交通信号灯周期；

t_g——单位信号周期内绿灯时间；

φ——折减系数，此处取 0.9；

t_0——首辆汽车通过停车线的时间，取 2.3s。

(2) 直右车道通行能力为

$$C_{sr}=C_s$$

(3) 直左车道通行能力为

$$C_{st}=C_s\left(1-\frac{\beta_1}{2}\right)$$

其中，β_1 为直左车道中左转车辆所占比例。

由此，对于某一小区而言，交叉口总的通行能力是交叉口各个进出口通行能力的总和。

$$C_{交叉口}=\sum_{i=1}^{n}C_i$$

$$C_i=C_s\alpha_{交}$$

在这里，我们还要考虑交叉口折减系数 $\alpha_{交}$，即汽车通过交叉口时对车速乃至交通量所产生的副作用力。$\alpha_{交}$ 根据道路设计速度和路段交叉口间距确定，具体取值如表 2-7 所示。

表 2-7　交叉口折减系数值

车速/(km/h)	20	25	30	35	40	45	50
折减系数	0.78	0.73	0.68	0.63	0.59	0.55	0.52

3. 模型的求解——封闭式小区与开放式小区的对比分析

下面我们考虑如图 2-16 所示的封闭式小区与开放式小区的简化模型，旨在通过数值计算，求解上述模型，从而观测小区开放对周边道路通行的影响。

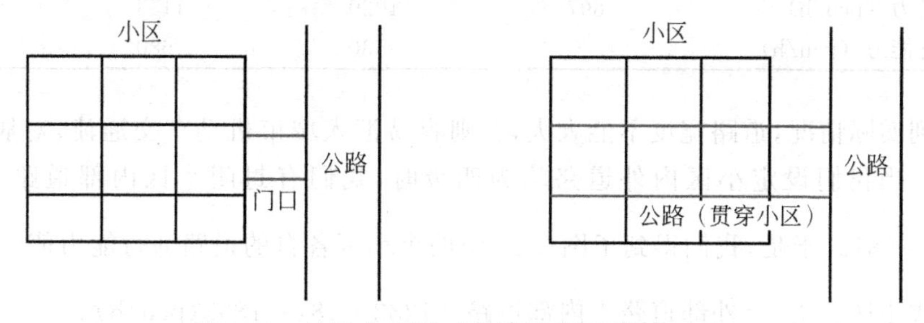

图 2-16　封闭式、开放式小区示意图(从左至右)

根据国务院发布的《关于进一步加强城市规划建设管理工作的若干意见》，“新建住宅要推广街区制，原则上不再建设封闭住宅小区，已建成的住宅小区和单位大院要逐步打开”。由图 2-16 可见，开放式结构小区突破了我国原有小区内外完全隔离、设施功能各自独立的束缚，建设贯穿小区的公路，将小区内部的交通组织结构和城市道路实现了有机结合。

在开始模型求解之前，首先考虑毗邻小区的城市公路，根据国家《城市规划定额指标暂行规定》的有关规定，我们将该道路划分为四级，如表 2-8 所示。

表 2-8 城市公路道路等级划分表

道路级别	行驶车速	单向机动车道数	道路总宽	分隔带设置
一级	60～80	≥4	40～70	必须设
二级	40～60	≥4	30～60	应设
三级	30～40	≥2	20～40	可设
四级	30	≥2	16～30	不设

根据前文建立的直行路车辆通行模型，我们对通行能力的表述为

$$C_B=\frac{1000v}{l_0}=\frac{1000v}{\frac{v}{3.6}t+\frac{v^2}{254\varphi}+l_{安}+l_{车}}=\frac{1000v}{\frac{v}{3.6}\times 1+\frac{v^2}{254\varphi}+2+5}$$

另一方面，在图 2-16 中，由于贯穿小区的道路与城市公路的交界等效于一个交叉口，故在考虑开放小区的道路通行能力时，我们引入交叉路口车辆通行模型。

$$C_i=C_s\alpha_{交}=\frac{3600}{T_c}\left(\frac{t_g-t_0}{t_i}+1\right)\varphi\alpha_{交}$$

而在封闭式小区中，门口的存在使得小区内外道路产生间断，因而我们简化处理这一过程，将车辆经过小区门口的通行能力视为 0。同时，小区的封闭性使得小区内部的行驶速度无法与外围公路一致，在计算中我们将小区内部行车速度设定为 5m/s。

同样地，贯穿小区的道路也会涉及道路等级划分问题，结合我们上面已经提到的摩擦阻力系数 φ 与车速的对应关系。这里，针对四个级别的道路，我们分别计算相应的通行能力，结果如表 2-9 所示。

表 2-9 城市公路通行能力计算结果表

道路级别	一级	二级	三级	四级
道路通行能力/(pcu/h)	807	1020	1153	1282
交叉口通行能力/(pcu/h)	—	530	680	872

考虑到实际情况，道路宽度不能太大，否则容易汇入城市机动车交通流，对居住区内部形成干扰。当我们设定小区内外道路均为四级时，我们有封闭小区内部道路通行能力，$C_B=\frac{5000}{8.61}=581$。于是，我们得到了图 2-16 中两个小区各自的道路通行能力值。

封闭式小区：C_{B1}＝外部道路＋内部道路＝1282＋581＝1863(pcu/h)；

开放式小区：C_{B2}＝城市公路＋交叉路口＝1282＋872＝2154(pcu/h)。

$$\mu=\frac{C_{B2}-C_{B1}}{C_{B1}}\times 100\%=\frac{2154-1863}{1863}\times 100\%=15.6\%$$

总体而言，按照所建立的车辆通行模型和设定的两种简易情境，我们实现了道路通行能力的计算。根据计算结果，可以看出，针对本文考虑的典型小区，平均通行能力达到 15.6%，有了明显的提高，而这一提升主要体现于以贯穿小区的公路取代小区门口。另外，即使是对于行车速度要求并不高的四级道路，道路通行能力已然达到了令人满意的数值。显然，封闭式小区在一定程度上堵塞了城市“毛细血管”，而小区开放后，路网密度提高、道路面积增加，是对这种交通割裂状况的缓解。因而，从交通通行的角度来看，小区开放这一举措是具有很强

的现实意义的。

2.5.7　对三种类型的小区开放前后道路通行的量化分析

1. 三种类型小区的选取

本节中,我们选定了三个典型的开放小区作为研究对象,分别为上海华大·梧桐城邦、深圳万科城及四川宜宾莱茵河畔。相对而言,这三座开放小区建成较早,都属于中国开放式住区的优秀案例。它们的交通体系较为完善,更有利于我们进行分析。基于前文的模糊综合评价法和车辆通行模型,我们将对这三个小区分别进行计算,以期定量比较不同类型小区在开放后对道路通行影响的差异性。

(1) 贯穿型主支路——上海华大·梧桐城邦

华大·梧桐城邦位于上海宝山区西南侧、大华社区北侧,紧邻中环,占地面积 22 万 m^2,建筑面积 32 万 m^2,是一座大型开放式街区。该开放小区的特点在于以主要支路贯穿居住地从而联系地块两侧道路,小区道路分布如图 2-17 所示。这种组织方式便于各地块之间构建支路网体系,实现近距离交通。其中,真华路是进入该社区的主要道路,其延伸段在小区中由南向北穿过。

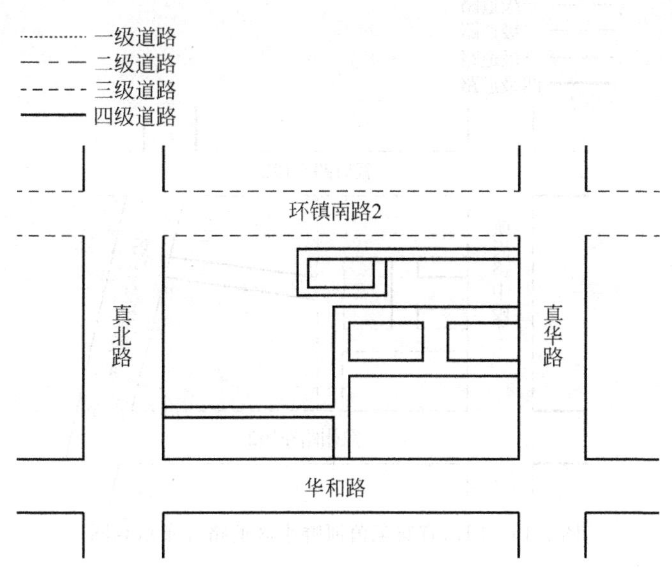

图 2-17　上海梧桐城邦小区道路分布示意图

(2) 环状支路——深圳万科城

深圳万科城占地 4 万 m^2,建筑面积 53 万 m^2。该居住区内的道路为环状支路联系,如图 2-18 所示,环线干道环绕整个小区,并将风情商业街区以及各个住宅组团连接起来,并通过多个小区出入口与外部市政道路相连,与周围道路合成支路网体系。万科城整体道路体系的设置充分结合了开放式的社区规划原则,以街区为单元,干道与支路相连,小区内部通过支路具有良好的通达性。

(3) 细密支路网——四川宜宾莱茵河畔

宜宾莱茵河畔位于宜宾市南岸东区,总建筑面积 83 万 m^2,是市区内一流的高档生活社区。该小区着重由多向的街道交汇成多个广场节点并形成由街道围合的封闭组团,从而整

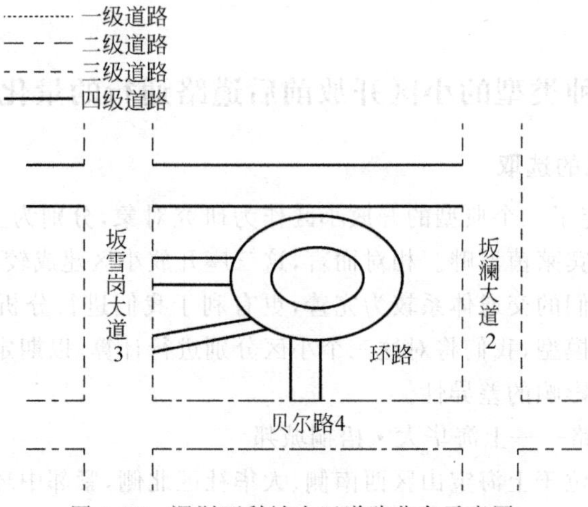

图 2-18　深圳万科城小区道路分布示意图

合成一个开放与封闭组合的动静相宜的城市格局。由图 2-19 可见，小区内有细密的支路网划分，这样的连接方式保证了住区内的支路网体系，也能够集散内部的交通流。

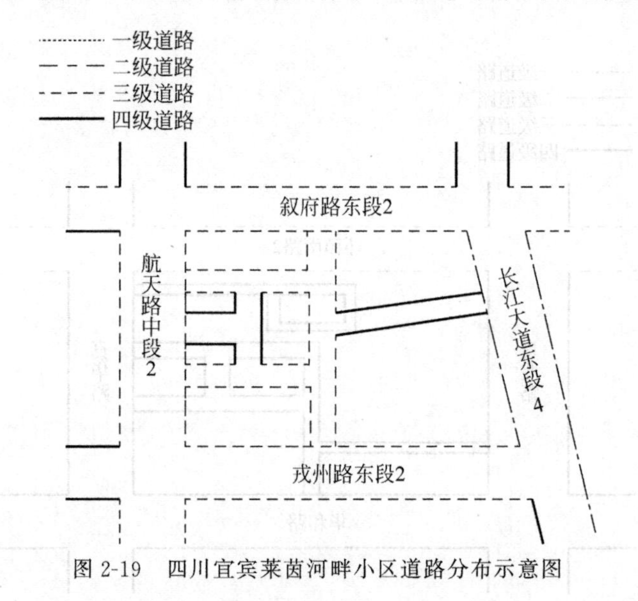

图 2-19　四川宜宾莱茵河畔小区道路分布示意图

2. 对三个小区道路通行能力的模糊综合评价

根据前文对于模糊综合评价法的论述，把道路交通服务水平指标、出入口及主要交叉口通行能力指标和平均路网密度作为主要的评价因子，并依照道路畅通程度确定评价标准集。限于篇幅，我们以上海梧桐城邦为例，给出模型的求解过程。

$$\boldsymbol{v}=(v_1,v_2,v_3,v_4,v_5)=(1\quad 3\quad 5\quad 7\quad 9)$$

基于我们所搜集的数据，根据隶属度函数公式，代入标准化处理后的数据，得到下面的模糊判断矩阵：

$$\boldsymbol{R}=\begin{pmatrix} 0.02 & 0.07 & 0.10 & 0.23 & 0.52 \\ 0 & 0.04 & 0.06 & 0.21 & 0.69 \\ 0.05 & 0.07 & 0.10 & 0.19 & 0.59 \end{pmatrix}$$

由层次分析法得到的权重向量为

$$w=(0.105\quad 0.637\quad 0.258)$$

于是,我们可以计算模糊综合评价结果向量 $\boldsymbol{b}$。

$$\boldsymbol{b}=\boldsymbol{w}\cdot\boldsymbol{R}=(a_1,a_2,\cdots,a_p)\cdot\begin{pmatrix} r_{11} & r_{12} & \cdots & r_{1m} \\ r_{21} & r_{22} & \cdots & r_{2m} \\ \vdots & \vdots & & \vdots \\ r_{p1} & r_{p2} & \cdots & r_{pm} \end{pmatrix}$$

$$=(0.0150\quad 0.0509\quad 0.0745\quad 0.2069\quad 0.6463)$$

最后,本文按照加权平均原则对模糊综合评价结果向量进行分析,即将等级看作一种相对位置,使其连续化,将 $\boldsymbol{b}$ 中各等级的秩加权求和。

$$\boldsymbol{b}=\frac{\sum_{j=1}^{m}b_j^k j}{\sum_{j=1}^{m}b_j^k}=7.81$$

类似地,我们也能够给出另外两个小区的模糊评判矩阵,从而得到各等级秩的加权求和值。此处不再对详细的计算过程加以赘述。

由上面的求解过程,根据最大隶属度原则,将所得结果回归到畅通程度的等级划分中,三个小区的道路通行能力评价结果如表 2-10 所示。

表 2-10　三个小区模糊综合评价结果表

小　区	上海梧桐城邦	深圳万科城	宜宾莱茵河畔
加权求和结果	7.81	6.98	6.41
等级	E	D	C
评价	非常顺畅	顺畅	不甚畅通

从表 2-10 可见,上海梧桐城邦的城市公路非常顺畅,深圳万科城稍次之,但基本上同样不会发生交通拥堵状况。而宜宾莱茵河畔的道路顺畅程度稍逊于前两个小区,在拥堵高峰时间段,拥堵现象时有发生。当然,模糊评价等级的判定受前文提到的众多因素的制约,为了进一步探索通行能力与开放小区道路分布的相关性,我们有必要运用所建立的车辆通行模型做进一步的衡量。

3. 基于车辆通行模型对各小区道路通行能力的计算

结合图 2-17、图 2-18、图 2-19 可见,三个小区通行能力的差别主要体现在道路分布和道路等级上。考虑到模型求解的便利,我们将图中所呈现的道路信息汇总成表 2-11。

表 2-11　各小区对应车道数、交叉口数汇总表

		四级(一车道)	三级(二车道)	二级(四车道)	四级交叉口	三级交叉口
小区道路数	梧桐城邦	3	1	0	5	0
	万科城	1	2	1	3	0
	莱茵河畔	0	3	1	2	4

在这里，我们可以将某小区道路通行能力 C 定义为各等级道路与交叉口对应的通行能力的加权平均，即

$$C=\frac{\sum_{i=1}^{n} C_{Bi} n_{i车道}+\sum_{i=1}^{n} C'_{Bi} \alpha_{交i}}{n_{车道}}$$

其中，C_{Bi} 为各道路等级下的道路通行能力，$C_{交i}$ 为对应等级下的折减系数。

结合表 2-9 城市公路通行能力计算结果表，我们只要将所需数据代入上式即可求得小区道路通行能力 C。

例如对于梧桐城邦，$C=\frac{1282\times3+1020\times2+872\times5}{10}=1025(\mathrm{pcu/h})$。

类似地，对于万科城，$C=C_{环路}+C_{外围}=1016(\mathrm{pcu/h})$。

对于宜宾莱茵河畔，$C=\frac{2\times872+680\times4+1153\times3\times2+1020\times4}{16}=967(\mathrm{pcu/h})$。

4. 对各小区道路通行能力结果的阐释

前面，我们围绕模糊综合评价法和车辆通行模型，对选定的三个开放小区的道路顺畅程度及通行能力进行了数值计算。需要注意到，在问题 2 的解答中，我们已经验证了小区开放对道路通行能力的积极作用，即小区开放后能够显著提高道路通行能力，这也足以反映城市路网密度对于缓解交通压力的重要意义。而事实上，由于开放小区本身开放程度的差异性，它们所产生的影响力也是有所不同的。

在本节的讨论中，我们重点关注了贯穿型主支路、环状支路和细密支路网三种类型的开放小区，并针对每一种找到了相应实例加以分析。根据计算结果而言，无论是道路通畅程度还是在道路通行能力方面，上海梧桐城邦都表现出了明显的优势，因而我们有理由相信，以主要支路贯穿居住地从而联系地块两侧道路的方法是可行的。然而，宜宾莱茵河畔所表现出的相对劣势从侧面说明支路网过于密集并非最优，毕竟可通行道路增多，相应地，小区周边主路上通过小区交叉路口的车辆也会增多，也可能会影响主路的通行速度。

2.5.8 关于小区开放的建议与思考

1. 对城市道路网密度的重视

结合本文从问题 1 中得到的权重向量 $\boldsymbol{w}$，不难看出，城市道路网密度过低是我国交通拥堵的重要原因。然而，这个道路网密度过低不是指城市快速路和主干道，而恰恰是城市支路这种低级别生活型道路[7]。应该承认，推广建设开放小区以提高道路通行能力、增加路网密度是缓解当前交通压力的有力举措，也是契合共享发展的新时代理念。

2. 对道路等级的选择

在本文的车辆通行模型中，从交通流的计算结果来看，四级道路对应着极高的道路通行能力。考虑到小区内部道路相对紧凑，我们应以四级单向道路为主要的街道类型；同时，四级道路对行车速度要求偏低，于是交叉口的折减系数便能得到有效减小，从而使得单向车道上可以承载更多车辆。因此，对于局部狭窄路段，我们建议优先考虑四级车道的建设。

3. 对小区类型的考虑

前文已经提到,结合本文对三种开放小区类型的探讨,我们应该鼓励建设贯穿小区的主要支路,从而实现地块两侧道路的连接。当然,可通行道路的设置应本着适度的原则,以免因交叉路口的车辆增多而影响主路的通行速度。对于目前我国居住区的路网组织,密集型的干道网组织更适用于城市中心区或城市内的商住混合区。对于城市中心的住宅小区,亦可考虑长短混连、环道贯通的组合模式。

2.5.9　模型的评价与改进

本文针对开放小区对道路通行的影响问题,建立了相应的数学模型。总体来说,我们给出了评价道路通行能力、描述车辆通行情况、量化比较各类型小区等问题的解决思路,取得了比较令人满意的结果。

本文的优点在于:

(1) 在定量比较各类型小区开放前后对道路通行的影响时,合理地引入了相对应的实例。结合实例的相关数据加以分析,更为形象地展现了各类型小区对应的道路通行能力。

(2) 在交叉路口车辆通行模型中,考虑了道路交叉口的折减系数,贴近问题的实际情形,使得原有模型更具说服力。

然而,由于数据资料有限,本文未能在评价、计算道路通行能力时引入更多的相关变量,以使模型更加精确。

参考文献

[1]　李柞泳,丁晶,彭荔红. 基于层次分析决策的环境质量评价[C]. 环境质量评价原理与方法,北京:化学工业出版社,2004,38-53.
[2]　潘峰,付强,梁川. 模糊综合评价在水环境质量综合评价中的应用研究[J]. 环境工程,2002,20(4):58-61.
[3]　李冬梅,李文权. 道路通行能力的计算方法[J]. 河南大学学报,2002,32(2):24-27.
[4]　王兆林. 低等级道路通行能力计算方法探讨[J]. 西南公路,2006,1(3):20-22.
[5]　李晓蔚. 城市道路通行效率及其影响因素的量化分析[D]. 北京:北京交通大学,2012,18-20.
[6]　徐吉谦. 交通工程总论[M]. 北京:人民交通出版社,1997,74-85.
[7]　李博. 半开放性居住小区的规划设计模式探讨[D]. 浙江:浙江大学,2013,28-31.

2.6　论文点评

文中解决第1、2个问题所用的篇幅很小。只用了半页就建立了指标体系,没有对指标的选取展开分析,直接设定了二级、三级指标。虽然提到是基于经典交通流模型,但是并没有标注所引用的文献。随后文中用大概3页篇幅介绍了层次分析法、模糊综合评价法的原理,并引入数据计算了各个指标的权重分配。

论文对前两个问题的处理存在一定缺陷。首先对于指标体系来说,如果完全采用经典模型中的设定,那么论文的创新型就无从体现了。毕竟本问题的核心是判断小区是否适合开放,不仅要考虑周边道路交通有没有改善,还应该考虑到小区内外的安全等因素。指标体系是整个问题的基础,最好能基于数学模型来讨论和分析。其次,层次分析法属于非常主观的判断、决策模型，在使用时应该尽可能消除评价的主观性。文中直接给出了两两比较结果，并没有给出相应的依据。

文中在给出了主要指标的计算方法后，针对不同的道路级别，给出了小区开放前后的道路通行能力计算公式，并将整个方法应用于讨论三个小区的道路通行能力评价。最后，论文结合了前三个问题的分析结果和一些文献资料，提出了小区开放的建议。

这篇论文缺点是在第1、2个问题的处理上，没有做更深入的挖掘，也没有注意到设法减弱建模方法的主观色彩；优点是与道路交通的现实情况结合比较紧密，比如道路的分级、车道多少、直行和交叉路口的通行能力、行业标准和规范等，而且注意到了基于多指标的综合评价。此外，纵观全文，图表、公式形式统一，公式的推导过程详细，原理和变量的解释也非常到位。摘要写的详略得当，明确说明了自己的建模思路、所用的建模方法和计算结果。这些都是值得其他参赛队学习的。

第3章　CT系统参数标定及成像（2017 A）

3.1　题目

计算层析成像(computed tomography,CT)可以在不破坏样品的情况下,利用样品对射线能量的吸收特性对生物组织和工程材料的样品进行断层成像,由此获取样品内部的结构信息。一种典型的二维CT系统如图3-1所示,平行入射的X射线垂直于探测器平面,每个探测器单元看成一个接收点,且等距排列。X射线的发射器和探测器相对位置固定不变,整个发射—接收系统绕某固定的旋转中心逆时针旋转180次。对每一X射线方向,在具有512个等距单元的探测器上测量经位置固定不动的二维待检测介质吸收衰减后的射线能量,并经过增益等处理后得到180组接收信息。

CT系统安装时往往存在误差,从而影响成像质量,因此需要对安装好的CT系统进行参数标定,即借助于已知结构的样品(称为模板)标定CT系统的参数,并据此对未知结构的样品进行成像。

请建立相应的数学模型和算法,解决以下问题:

1. 在正方形托盘上放置两个均匀固体介质组成的标定模板,模板的几何信息如图3-2所示,相应的数据文件见附件1,其中每一点的数值反映了该点的吸收强度,这里称为"吸收率"。对应于该模板的接收信息见附件2。请根据这一模板及其接收信息,确定CT系统旋转中心在正方形托盘中的位置、探测器单元之间的距离以及该CT系统使用的X射线的180个方向。

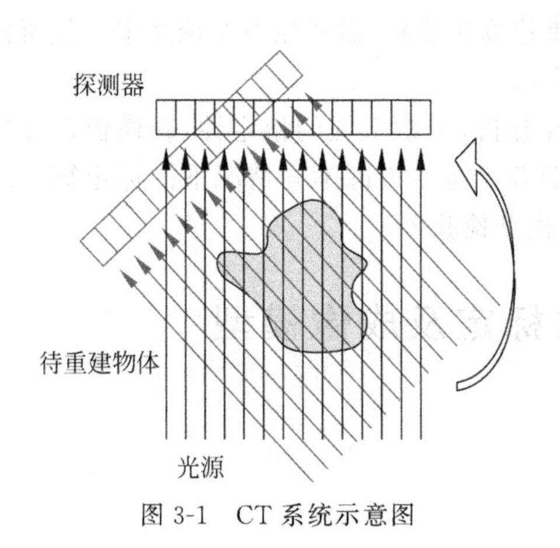

图3-1　CT系统示意图

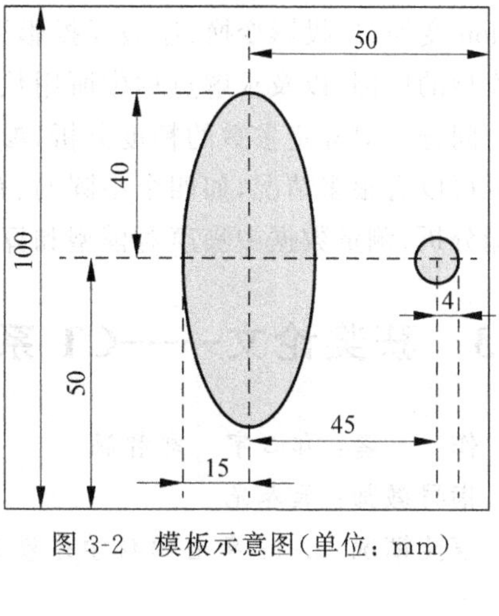

图3-2　模板示意图(单位：mm)

2. 附件 3 是利用上述 CT 系统得到的某未知介质的接收信息。利用问题 1 中得到的标定参数，确定该未知介质在正方形托盘中的位置、几何形状和吸收率等信息。另外，请具体给出图 3-3 所给的 10 个位置处的吸收率，相应的数据文件见附件 4。

3. 附件 5 是利用上述 CT 系统得到的另一个未知介质的接收信息。利用问题 1 中得到的标定参数，给出该未知介质的相关信息。另外，请具体给出图 3-3 所给的 10 个位置处的吸收率。

4. 分析问题 1 中参数标定的精度和稳定性。在此基础上自行设计新模板，建立对应的标定模型，以改进标定精度和稳定性，并说明理由。

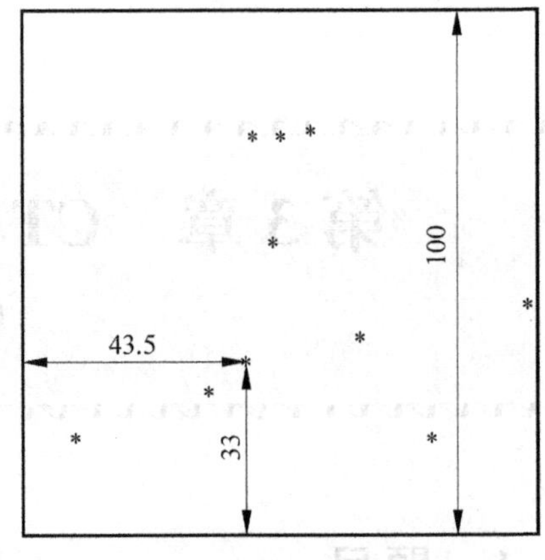

图 3-3　10 个位置示意图

问题 1～问题 4 中的所有数值结果均保留 4 位小数。同时提供问题 2 和问题 3 重建得到的介质吸收率的数据文件（大小为 256×256，格式同附件 1，文件名分别为 problem2. xls 和 problem3. xls）。

（附件数据表格可以到国赛官网往年赛题栏目下载 www. mcm. edu. cn）

3.2　问题分析与建模思路概述

本文是关于 CT 系统参数标定及成像模型的研究，通过标准模板进行 CT 系统参数标定，以标定结果为依据进行未知介质的识别，求出给定位置点的吸收率。需要参赛者综合运用图像处理、噪声处理、参数标定等方面的综合知识来解决。

问题 1 是 CT 系统参数标定，需要确定 CT 系统旋转中心在正方形托盘中的位置、探测器单元之间的距离以及该 CT 系统使用的 X 射线的 180 个方向。可以根据 Radon 变换原理直接分析变换后的数据进行建模求解，也可以通过分析利用 Radon 逆变换由附件二得到的图像与原来的模板图像的差异得到求解结果。

问题 2 和问题 3 直接利用参数标定的结果进行未知介质重构，注意到问题 3 的介质与问题 2 的不同，应该加入去噪声的处理策略；问题 2 所用的模型可选择的模型较多（如逆 Radon 变换、反投影变换、滤波反投影算法、代数重建算法等）。需要注意在论文中交代所使用模型的原因，以及求解过程中所用数学软件的介绍。

问题 4 对标定参数的精度分析，参数的灵敏性分析，考察系统的稳定性，新模板设计情况也可以有很多情况，如四个小圆的、有方形、菱形等。需要考虑不同情况下的标定算法的性能分析、测量数据中噪声对模型和算法的影响、模型检验等。

3.3　获奖论文——CT 系统参数标定及成像模型

作　　者：郑心宇　郑智涵
指导教师：熊春光
获奖情况：2017 年全国数学建模竞赛一等奖

摘要

本文通过分析已知的模板数据标定 CT 系统参数，并根据接收信息进行未知介质重建，确定了未知介质的位置、几何形状及吸收率。

针对问题 1，首先利用标定模板的几何特点计算出探测器单元间距，又根据 X 射线经过圆形介质的最大吸收量与直径之比得到介质的单位长度吸收量。再结合相应接收信息的数据找出探测器阵列所在直线与模板椭圆长、短轴平行的特殊位置，进而分别得到 CT 系统旋转中心的纵坐标与横坐标。而后建立角度与过旋转中心直线穿过标定模板的割线长度的方程组，代入最靠近旋转中心的 X 射线的 180 个接收信息，确定了 180 个探测角度，并发现近似为等距旋转。

针对问题 2、问题 3，基于滤波反投影法[1]，由未知介质的接收信息数值矩阵，通过逆 Radon 变换，结合问题 1 的初始旋转角度与旋转间隔得到介质吸收水平的空间分布矩阵，再利用问题 1 的旋转中心位置得到矩阵中有效的位于 CT 系统中正方形托盘内的部分，从而完成图像重建，获得介质的位置与几何形状信息。对于吸收率和吸收水平的换算，还差一个相应的系数。由于标定模板的吸收率已知，我们用同样的方法得到模板的吸收水平矩阵，通过相除，该系数得以确定，于是换算得到吸收率的空间分布矩阵。接下来我们找出的题中所给 10 个位置在吸收率的空间分布矩阵中的对应元素即为相应的吸收率。

针对问题 4，利用所求值的最大误差波动与实际采用值之比作为最大误差来衡量系统的稳定性，得出系统参数标定的误差参考值。基于误差产生的原因，设计出大半径均匀介质圆作为新模板，以便于制作，符合实际应用要求，并经分析能够有效改进标定精度与稳定性。

对于模型的推广，我们放眼宇宙空间，将宇宙射线作为天然的射线源，通过分析地球表面的射线接收信息，将模型加以改进后，事先估算放射源强度，可以反投影出宇宙空间的不同种类射线的吸收率分布情况，进一步能够用于寻找新天体、研究太空垃圾和星体内部结构。

关键词：介质重建，滤波反投影法，逆 Radon 变换。

3.3.1 问题的重述

1. 问题的背景

X 射线 CT 是利用围绕被测对象扫描，并使用得到的大量射线吸收数据来重建图像的装置，广泛应用于医学、地理学、生物学等领域。在上述应用领域，CT 成像的微小差异很可能会对实际问题产生质的影响，因而对 CT 系统参数标定及成像的解决及优化方案具有很强的实际意义。

2. 问题的提出

CT 系统安装与测量时往往存在误差，从而影响成像质量，因此如何标定 CT 系统的参数并据此对未知结构的样品进行成像是这项技术的核心所在。文章据此提出了以下 4 个问题：

1. 根据给出的标定模板的几何信息和 X 光吸收情况，确定 CT 系统旋转中心在正方形托盘中的位置、探测器单元之间的距离以及该 CT 系统使用的 X 射线的 180 个方向。

2. 利用问题 1 所得参数，结合某未知介质在 180 个测量方向下 512 个探测器接收到的信息，确定该未知介质在正方形托盘中的位置、几何形状和吸收率情况，并给出10个特定位置的吸收率。

3. 利用问题1所得参数，结合另一未知介质的相关接收信息，确定该未知介质在正方形托盘中的位置、几何形状和吸收率情况，并给出10个特定位置的吸收率。

4. 分析问题1中参数标定的精度和稳定性，并自行设计一个利于提升标定精度和稳定性的模板。

3.3.2 问题的分析

1. 问题1的分析

题目给出的标定模板由椭圆与圆组成。为确定探测器间距，我们制出X光吸收情况的色阶图，利用圆的几何特征找到色阶图中对应圆直径的条带，条带竖直方向的探测器排列长度即为圆的直径。于是数出条带竖直方向的探测器数目，经计算就可以得到探测器间距。接下来欲求CT系统旋转中心位置，我们发现当探测器阵列所在直线与模板椭圆长、短轴平行时，容易借助发射出的X射线不经过椭圆的探测器阵列长和探测器阵列总长度得到旋转中心与椭圆中心的相对位置，从而得到CT系统旋转中心的横、纵坐标。最后对180个探测角度的确定，由于近似通过旋转中心的X射线与模板的相交长度与对应探测器的接收信息大小成正比的关系，故可得到实际相交长度，于是可以求解角度与相交长度的方程逐一得到180个探测角度。

2. 问题2、3的分析

两题都要求由未知介质的接收信息确定该未知介质在正方形托盘中的位置、几何形状和吸收率。这是扫描物体得到接收信息的逆过程。而Radon变换可以模拟从各个角度获取接收信息的过程[2]，因此利用逆Radon法就能满足题目要求的对未知介质的重建。

3. 问题4的分析

对于参数探测器间距d，我们采用圆形模板直径对应29个接收器间距进行计算，而实际圆形模板直径可能对应间距的波动范围为28～29，存在误差。

对于参数旋转中心的位置，由于椭圆上下沿距离接收器距离等数据均靠数出传感器间距个数来计算，而题干数据均为表格数据，因此在计数时会有0～2个表格单元即传感器间距的误差。

对于180个旋转角度，误差产生的原因在于用第256个探测器近似取代过接收器中点的X射线，从而在读取某角度该射线吸收水平的时候会产生误差，最大误差即为第256个和第257个探测器吸收水平的差值。

针对上述误差并结合标定模板的已有经验，我们设计大半径均匀介质圆作为新模板，尽量减少模板线度过小造成的探测误差并尽可能使标定系数的分析过程易于展开。

3.3.3 问题的假设

(1) 探测器阵列射出的X射线为平行直线。

(2) 不考虑X射线的衍射。

(3) CT系统旋转中心与探测器阵列中点连线与探测器阵列垂直。

(4) X 射线在均匀介质中强度呈线性衰减。

(5) 介质均不超出正方形托盘边界。

3.3.4 符号说明

符　号	说　明
d	探测器间距
θ_n	X 射线的第 n 个方向
L	近似通过旋转中心的 X 射线所在直线与椭圆割线的总长度
l_1	近似通过旋转中心的 X 射线所在直线与椭圆割线在旋转中心上方部分的长度
l_2	近似通过旋转中心的 X 射线所在直线与椭圆割线在旋转中心下方部分的长度
μ	每毫米标定模板对 X 射线的吸收值
λ	吸收率为 1 的单位像素介质对 X 射线的吸收水平
α_n	第 n 个特定位置的吸收率

注：其他符号将在下文给出具体说明。

3.3.5 模型的建立与求解

1. 问题 1 的模型建立与求解

(1) 确定探测器间距 d

由于标定模板由椭圆与圆两个规则图形构成，我们使用 MATLAB 对标定模板的接收信息矩阵 $\boldsymbol{H}_1$ 制作色阶图(见图 3-4)。

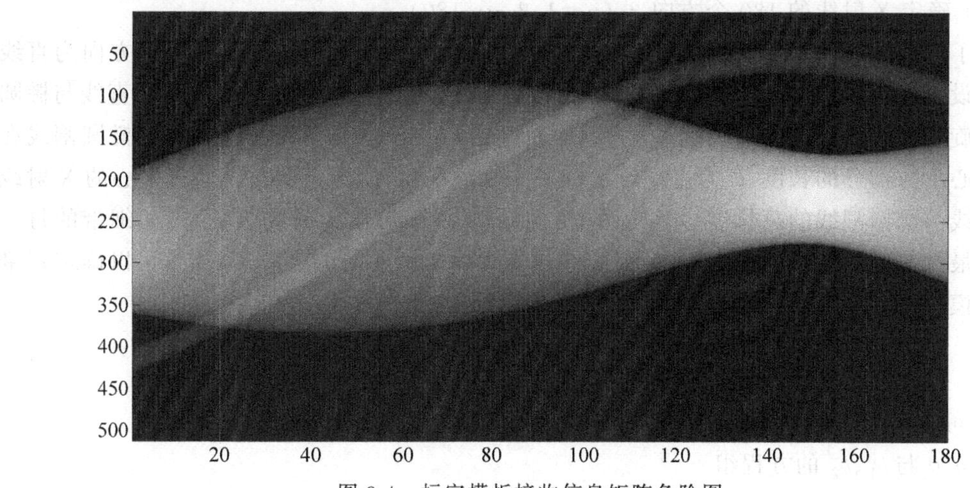

图 3-4　标定模板接收信息矩阵色阶图

从色阶图中看出，细带所在的表格代表圆形标定模板的 X 光吸收信息，观察附件 2 表格中数据发现黄(亮)色带列数有 29 和 30 两种情况，实际意义为有 29 个或 30 个探测器发出的 X 射线穿过圆形模板，所以应当将较大的，即为 29 个探测器的长度视作圆形模板的投影长度(直径长度)，从题图 3-2 读得圆形模板的直径为 8mm，因此有

$$探测器间距\ d=\frac{8}{29}\approx 0.2759\text{mm}$$

(2) 确定 CT 系统旋转中心坐标(x_0,y_0)

如图 3-5 所示，以题图 3-2 椭圆中心为坐标原点，以椭圆中心指向圆心方向为 x 轴正方向建立平面右手直角坐标系。

观察色阶图除去细带的部分，其最宽与最窄处分别对应探测器阵列平行于模板椭圆长、短轴的情形，从附件 2 表格中数据得到最宽处为 289 个探测器长度，对应椭圆长轴长，最宽处上下沿分别为 134 个探测器长度和 89 个探测器长度，这 289＋134＋89＝512 个探测器中心的纵坐标即为旋转中心的纵坐标 y_0，于是

$$y_0=\left(\frac{289}{2}-\frac{512}{2}+134\right)d\approx 6.2069\text{mm}$$

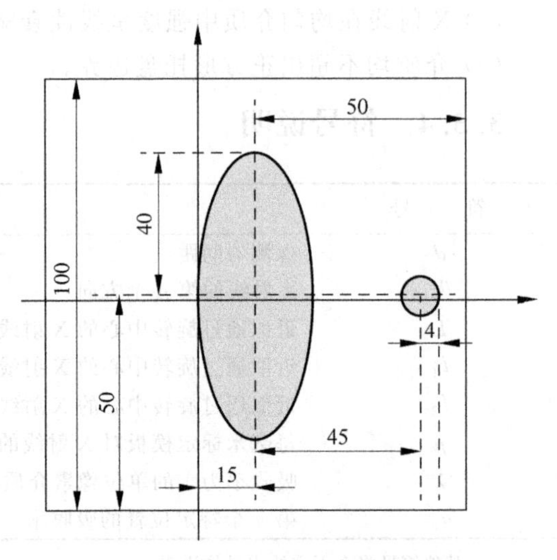

图 3-5　平面直角坐标系示意图

最窄处为 108 个探测器长度对应椭圆短轴长，最窄处上下沿分别为 169 个探测器长度和 235 个探测器长度，这 108＋169＋235＝512 个探测器中心的横坐标即为旋转中心的横坐标 x_0，于是

$$x_0=\frac{512}{2}-235-\frac{108}{2}\approx -9.1034\text{mm}$$

从而确定了 CT 系统旋转中心坐标$(x_0,y_0)=(-9.1034,6.2069)$。

(3) 确定 X 射线的 180 个方向 $\theta_n(n=1,2,\cdots,180)$

为了方程形式的简单，我们选取 180 个角度下近似过接收器中点的 X 射线方向为直线方向。设置未知数 l_1,l_2,θ，参数 L，其中 l_1 为近似通过旋转中心的 X 射线所在直线与椭圆割线在旋转中心上方部分的长度，l_2 为近似通过旋转中心的 X 射线所在直线与椭圆割线在旋转中心下方部分的长度，θ 为直线与 x 轴正半轴的夹角，L 为近似通过旋转中心的 X 射线所在直线与椭圆割线的总长度。色阶图中的细带反映圆形模板的吸收信息，而细带的每一列中的最大值约为 14.1795，应为 X 射线穿过圆形模板圆心时的吸收值，于是可以确定每毫米标定模板对 X 射线的吸收值

$$\mu=\frac{14.1730}{8}=1.7716$$

于是 L 可以通过表格中读出的数据与 μ 相除得出，180 个数据见附录。

建立 θ 与 l_1、l_2 的方程组

$$\frac{(x_0+\cos\theta)^2}{15^2}+\frac{(y_0+l_1\sin\theta)^2}{40^2}=1$$

$$\frac{(x_0-l_2\cos\theta)^2}{15^2}+\frac{(y_0-\sin\theta)^2}{40^2}=1$$

$$l_1+l_2=L$$

同理在同时穿过圆与椭圆时另立方程，将 L 的 180 个数据代入，使用 MATLAB 进行方程组求解即可得到 θ_n。可以看到，180 个探测角度近似等距排列，间隔约为 1°。所得 θ_n

数据见附录。

2. 问题2、问题3的模型建立与求解

实验表明，当投影数据较完备时，滤波反投影算法能得到较好的重建质量，由于我们有未知介质512个探测器180个间隔大致为一度的详细接收信息，因而对未知介质的重建可以采取的是滤波反投影算法。滤波反投影算法的原理是把介质各个方向的接收信息沿原路径反方向投影回与原介质单元位置相同的单元上，得到该单元在各方向上反投影值的总和，通过计算机运算，求出各单元吸收水平值，实现介质的重建。我们使用MATLAB编程进行滤波反投影运算。为了在反投影运算后所得的介质吸收水平的空间分布矩阵中，标定正方形托盘的中心位置，我们先对问题1中的标定模板的接收信息进行反投影运算。反投影初始角度选取$90°-\theta_1=29.7604°$，这样可保证反投影位形与实际一致，角度步长近似选取为1°，反投影矩阵大小设为512×512。得到吸收水平空间分布矩阵I_1，制灰度图如图3-6所示。

观察I_1数据，在图3-6的灰色部分对应单元格中数值均在0.47与0.51间分布，周边的黑色部分数值都在0.02以下，在椭圆及圆的边界都有明显的数值突变，故可以容易得确定椭圆上下左右四边界的位置，进而算得椭圆中心，也即正方形托盘中心，为278行288列，这与问题1中我们计算所得数据相吻合。为最终得到256×256的吸收率矩阵，先考虑到图3-6中椭圆长轴占289个单位，等比例先选取以椭圆中心为中心的98行至458行、108列至468列的$\frac{289\times100}{80}\times\frac{289\times100}{80}\approx361\times361$的吸收水平矩阵$\boldsymbol{J}_1$，该矩阵恰含正方形托盘上每处的吸收水平。再通过MATLAB对该吸收水平矩阵进行类似图形缩小的尺寸缩小，得到256×256的吸收水平矩阵$\boldsymbol{K}_1$。对$\boldsymbol{K}_1$制灰度图如图3-7所示。

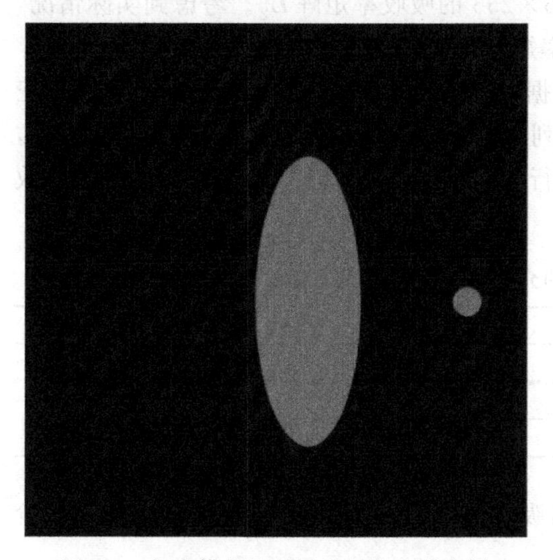

图3-6 标定模板及其周边吸收水平空间分布矩阵灰度图

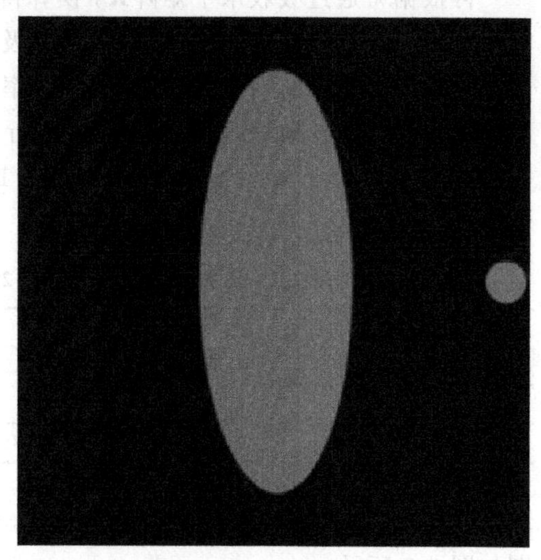

图3-7 正方形托盘放置标定模板的吸收率矩阵灰度图

图中模板位置、形状、大小符合预期，上述在吸收水平空间分布矩阵中选取有效的位于CT系统中正方形托盘内的部分点的位置的方法可以用于问题2、3。

$\boldsymbol{K}_1$ 与 256×256 的吸收率矩阵 $\boldsymbol{L}_1$ 还差一个系数 λ。编程筛选矩阵 $\boldsymbol{K}_1$ 大于 0.45 元素求得平均值为 0.4905，对应于该数值的标准吸收率为 1，因而 $\lambda=0.4905$，于是由 $\boldsymbol{K}_1$ 换算得 $\boldsymbol{L}_1$。

对于问题 2，对附件 3 进行滤波反投影，反投影初始角度选取 $90°-\theta_1=29.6914°$，这样可保证反投影位形与实际一致，角度步长近似选取为 1°，反投影矩阵大小设为 512×512。得到吸收水平空间分布矩阵 I_2。同样选取 98 行至 458 行、108 列至 468 列得到 361×361 的正方形托盘放置问题 2 中介质的吸收水平矩阵 $\boldsymbol{J}_2$，通过 MATLAB 对该吸收水平矩阵进行尺寸缩小，得到 256×256 的吸收水平矩阵 $\boldsymbol{K}_2$。对 $\boldsymbol{K}_2$ 制灰度图及色阶图如图 3-8 所示。

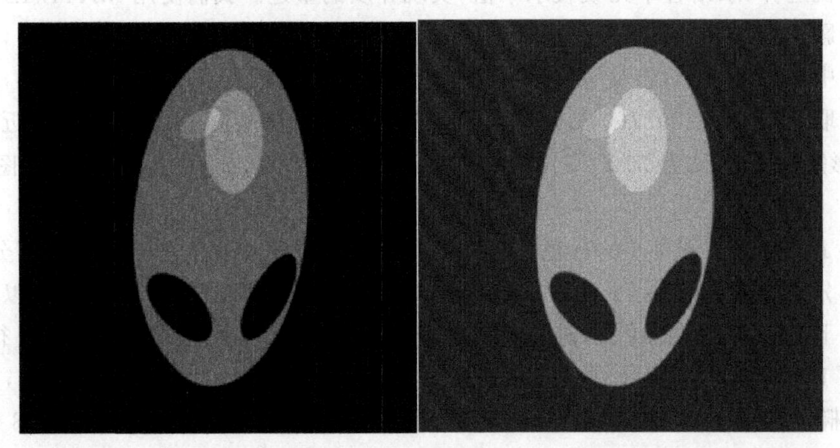

图 3-8　正方形托盘放置问题 2 中的介质时的吸收率矩阵灰度图及色阶图

该介质在正方形托盘中的位置与几何形状，及不同位置的吸收率相对情况从图 3-8 可以清晰直观地看出。

再根据 λ 通过吸收水平矩阵 $\boldsymbol{K}_2$ 换算得 256×256 的吸收率矩阵 $\boldsymbol{L}_2$。考虑到实际情况，将负吸收率置零得修正后的 256×256 的吸收率矩阵 $\boldsymbol{M}_2$。

为具体给出 10 个特定位置处的吸收率，根据附件 4 中的坐标信息，等比例换算为修正后的 256×256 的吸收率矩阵 $\boldsymbol{M}_2$ 中 210 行 26 列，192 行 88 列，172 行 111 列，63 行 115 列，114 行 124 列，63 行 128 列，60 行 143 列，161 行 168 列，210 行 204 列，145 行 252 列的数值，见表 3-1。

表 3-1　正方形托盘放置问题 2 中的介质时 10 个特定位置吸收率表

n	1	2	3	4	5
α_n	0.0000	1.0010	0.0000	1.1960	1.0719
n	6	7	8	9	10
α_n	1.5083	1.3035	0.0000	0.0000	0.0000

完全类似的，对于问题 3 得到 256×256 的吸收水平矩阵 $\boldsymbol{K}_3$。对 $\boldsymbol{K}_3$ 制灰度图与色阶图如图 3-9 所示。

该介质在正方形托盘中的位置与几何形状，及不同位置的吸收率相对情况从图 3-9 可以清晰直观地看出。

再根据 λ 通过吸收水平矩阵 $\boldsymbol{K}_3$ 换算得 256×256 的吸收率矩阵 $\boldsymbol{L}_3$。考虑到实际情况，将负吸收率置零得修正后的 256×256 的吸收率矩阵 $\boldsymbol{M}_3$。

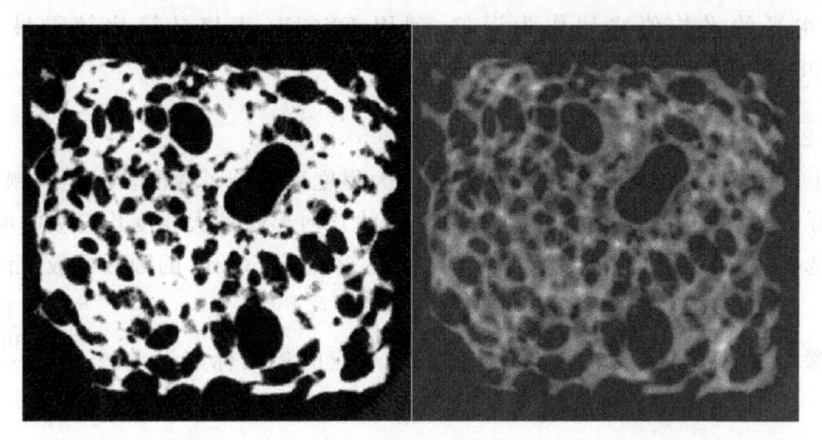

图 3-9 正方形托盘放置问题 3 中的介质时的吸收率矩阵灰度图及色阶图

同样地得到 10 个特定位置处的吸收率，见表 3-2。

表 3-2 正方形托盘放置问题 3 中的介质时 10 个特定位置吸收率表

n	1	2	3	4	5
α_n	0.0000	2.5474	7.1116	0.0100	0.00969
n	6	7	8	9	10
α_n	3.2287	6.1223	7.9986	0.0000	0.0278

3. 问题 4 的模型建立与求解

对于参数探测器间距 d 的确定，我们采用圆形模板直径对应 29 个接收器间距进行计算，而由于表格数据不能连续反映实际的吸收信息，因此实际圆形模板直径可能对应探测到 X 射线吸收的探测器数的波动范围为 29～30，从而圆形模板直径可能对应的探测器间距的波动范围为 28～29，于是产生误差。d 的最大标定误差为波动值与实际采用值之比 $\dfrac{\dfrac{8}{28}-\dfrac{8}{29}}{\dfrac{8}{29}}\approx 3.5714\%$。

对于 CT 旋转中心的位置，由于椭圆上下沿距离接收器距离等数据均靠数出传感器间距个数来计算，而题干数据均为表格数据，因此在计数时会有 0～2 个传感器间距，即最大 $2\times 0.2758=0.5516\text{mm}$ 的误差，因此横坐标的最大误差为 $\dfrac{0.5516}{6.2069}\approx 8.8869\%$，纵坐标的最大误差为 $\dfrac{0.5516}{|-9.1034|}\approx 6.0593\%$。

对于 180 个旋转角度，误差产生的原因在于用第 256 个探测器所接受到的射线近似取代假想的经过接收器阵列中点的 X 射线，从而在读取某角度该射线吸收水平的时候会产生误差。由于实际采用的射线是第 256 个 X 射线，所以假想的位于探测器阵列中点的探测器的吸收数据位于第 256、257 个探测器之间，因此最大误差即为第 256 个和第 257 个探测器吸收水平的差值，即为附件 2 中第 256 行和第 257 行的数据数值之差。我们取差值的绝对值与吸收水平的平均值之比作为误差，利用 EXCEL 表格计算比较得最大误差为 $\frac{2.0864}{\frac{108.5062-106.4198}{2}}\approx 1.9415\%$。

分析上述误差，我们发现，模板的线度在很大程度上影响了探测器间距的测定，并且对模板的实际制作与使用考虑，我们认为具有规则的几何形状的大线度均匀吸收率模板是较为合适的选择之一。具体给出为吸收率均匀为1，半径为50mm的圆形模板。该新模板直径对应的探测器间距的波动范围为362～363，相应的最大标定误差减小为 $\frac{\frac{8}{361}-\frac{8}{362}}{\frac{8}{29}}\approx$ 0.0222%，精度提升了160倍。而旋转中心位置及旋转角度的标定精度主要与探测器间距大小有关，涉及仪器本身属性，不便由模板改善。

3.3.6 模型的推广

本模型从接收信息出发反投影得出本身属性的本质，可以推广到多个其他领域。我们考虑到宇宙这一拥有天然放射源的庞大介质，可以通过在地球表面放置接收装置获取接收信号。虽然对整个宇宙空间进行成像的可能性不大，但将模型进行适当改变，比如将二维推广到三维[3]，有希望分析各个角度上射线吸收率的差异，有助于新天体的发现及太空垃圾、星体内部结构的研究。

3.3.7 模型的评价

模型的优点：

(1) 借助模板几何特征，仅用初等运算就得出了CT系统参数数据，直观快速。

(2) 利用滤波反投影算法，定量、系统地得出结果并与第一问通过初等方法得出的结论符合得相当好，表征了模型的严谨、准确。

(3) 借助数值矩阵的灰度图、色阶图来反映介质的几何形状、吸收率相对大小，清晰明了。

模型的缺点：

(1) 在标定角度时只利用了一个探测器的数据，没有充分利用题干给出的数值矩阵，存有误差隐患。

(2) 在计算10个特殊位置的吸收率时，对特定位置吸收率的选取时处理得不够严谨，仅仅使用了离目标位置最近的矩阵元素，可靠性不足。

(3) 滤波反投影算法没有经过优化，在重建效果和运算效率上有缺陷。

参考文献

[1] Joeylee1990s. MATLAB实现 shepp-Logan 头模型 X-CT 图像重建过程[OL]. http://www.jianshu.com/p/b53aab73642e，2017-09-16.

[2] nj_xb. CT技术原理及应用[OL]. https://wenku.baidu.com/view/9c1e0d5677232f60ddcca17a.html，2017-09-15.

[3] 曾筝,董芳华,陈晓,等.利用MATLAB实现CT断层图像的三维重建[J].CT理论与应用研究,2004(5):24-29.

3.4 论文点评

针对问题1,本文利用标定模板的几何特点计算出探测器单元间距,得到介质的单位长度吸收量。再结合相应接收信息的数据得到CT系统旋转中心的纵坐标与横坐标。而后建立角度与过旋转中心直线穿过标定模板的割线长度的方程组,得到题目的求解结果。

针对问题2、问题3,本文主要基于滤波反投影法,通过逆Radon变换得到介质吸收水平的空间分布矩阵,再利用问题1的旋转中心位置得到矩阵中有效的位于CT系统中正方形托盘内的部分,从而完成图像重建和吸收率的计算。

针对问题4,利用所求值的最大误差波动与实际采用值之比作为最大误差来衡量系统的稳定性。基于误差产生的原因,设计出大半径均匀介质圆作为新模板,改善了标定精度与稳定性。

综上,本文较好地回答了题目中所提出的所有问题,整篇论文结构安排合理,语言精练,不失为一篇优秀的论文。模型4的论述及模型的推广等方面稍显单调,在模型的噪声处理、模型的多种方法尝试等方面还有一定的提升空间。

第4章 “拍照赚钱”的任务定价 (2017 B)

4.1 题目

“拍照赚钱”是移动互联网下的一种自助式服务模式。用户下载APP,注册成为APP的会员,然后从APP上领取需要拍照的任务(比如上超市去检查某种商品的上架情况),赚取APP对任务所标定的酬金。这种基于移动互联网的自助式劳务众包平台,为企业提供各种商业检查和信息搜集,相比传统的市场调查方式可以大大节省调查成本,而且有效地保证了调查数据的真实性,缩短了调查的周期。因此APP成为该平台运行的核心,而APP中的任务定价又是其核心要素。如果定价不合理,有的任务就会无人问津,而导致商品检查的失败。

附件一是一个已结束项目的任务数据,包含了每个任务的位置、定价和完成情况(“1”表示完成,“0”表示未完成);附件二是会员信息数据,包含了会员的位置、信誉值、参考其信誉给出的任务开始预订时间和预订限额,原则上会员信誉越高,越优先开始挑选任务,其配额也就越大(任务分配时实际上是根据预订限额所占比例进行配发);附件三是一个新的检查项目任务数据,只有任务的位置信息。请完成下面的问题:

1. 研究附件一中项目的任务定价规律,分析任务未完成的原因。

2. 为附件一中的项目设计新的任务定价方案,并和原方案进行比较。

3. 实际情况下,多个任务可能因为位置比较集中,导致用户会争相选择,一种考虑是将这些任务联合在一起打包发布。在这种考虑下,如何修改前面的定价模型,对最终的任务完成情况又有什么影响?

4. 对附件三中的新项目给出你的任务定价方案,并评价该方案的实施效果。

附件一 已结束项目任务数据

任务号码	任务GPS纬度	任务GPS经度	任务标价	任务执行情况
A0001	22.56614225	113.9808368	66	0
A0002	22.68620526	113.9405252	65.5	0
A0003	22.57651183	113.957198	65.5	1
A0004	22.56484081	114.2445711	75	0
A0005	22.55888775	113.9507227	65.5	0
⋮	⋮	⋮	⋮	⋮
A0835	23.12329431	113.1103823	85	1

附件二 会员信息数据

会员编号	会员位置(GPS)		预订任务限额	预订任务开始时间	信誉值
B0001	22.947097	113.679983	114	6:30:00	67997.3868
B0002	22.577792	113.966524	163	6:30:00	37926.5416
B0003	23.192458	113.347272	139	6:30:00	27953.0363
B0004	23.255965	113.31875	98	6:30:00	25085.6986
B0005	33.65205	116.97047	66	6:30:00	20919.0667
⋮		⋮	⋮	⋮	⋮
B1876	22.693506	113.994101	1	8:00:00	0.0036
B1877	23.133238	113.239864	1	8:00:00	0.0001

附件三 新项目任务数据

任务号码	任务GPS纬度	任务GPS经度
C0001	22.73004117	114.2408795
C0002	22.72704287	114.2996199
C0003	22.70131065	114.2336007
C0004	22.73235925	114.2866672
C0005	22.71839144	114.2575495
⋮	⋮	⋮
C2066	23.15929622	113.3689538

4.2 问题分析与建模思路概述

本题来源于实际问题，同时也是一个非常开放的问题，各个队的做法会有很大的不同，很难给出标准做法及标准答案，各队尽量贴近实际背景给出能够自圆其说的模型、算法及相应的结果即可，这也符合近些年来命题的一个变化趋势，就是更加贴近实际、更开放和更自由。本题考虑针对基于移动互联网的自助式劳务众包平台，会员从APP上领取需要拍照的任务，赚取APP对任务所标定的酬金，题目要求对“拍照赚钱”项目中的任务进行定价，使得任务对会员有吸引力，在尽可能低成本的前提下使得任务尽可能多的完成，而不至于被会员所放弃，特别是那些处在比较偏远位置的任务。

问题1 在已经结束的项目中研究任务定价规律，分析任务未完成的原因。这一问题需要解决两个问题，一是先给出定价规律，二是分析任务未完成的原因。对第一个问题，理论上任务定价跟所有会员的限额、会员与任务之间距离等多个因素有关，在已知的定价数据上，可以采用数据函数拟合的方法来解决问题，有很多种拟合函数可以选择，而且选择哪些因素也是一个需要仔细研究的问题，要符合实际问题的逻辑关系，比如有的队只把经纬度当成相关因素而进行拟合，就不太符合实际情况，这些因素都有哪些，为什么选择相应的因素也要在论文中给予论述；对第二个问题，任务是否完成也同所有会员的限额、会员与任务之间距离和任务价格等因素有关，在已知任务完成与否的情况下，这是一个数据分类的问题。

问题2 问题2要求对上述已结束项目中的任务设计新的定价方案。这里可以结合问题1的模型和方法，给出一个合理的定价方案，不同的原则可能对应于不同的定价，一个合理的定价方案可以考虑到以下原则：(1)任务定价的主要目的是在不提高平台运行成本的前提下，尽量提高任务的完成率。(2)定价方案应该对所有会员都有一定的吸引力，均衡性是一种可能的方案；(3)定价方案需要照顾到优质会员的利益，也要对新会员保留一定的机会；题目还要求和原定价方案进行比较，这时可以采用仿真的方法，对定价方案的评价可以模拟会员抢单、统计任务完成率进行评价。

问题 3 问题 3 是考虑任务打包问题，按照一定的原则打包(比如就近打包和远近搭配打包等方式)，也可以采用某种聚类的方法进行打包，在保证任务完成率的情况下节省成本也可以作为一个评价定价方案的新维度。至于考虑打包后对最终的任务完成情况有什么影响的问题，同样可以采用仿真的方法，对打包后的定价方案模拟会员抢单、统计任务完成率和总成本进行评价。

问题 4 问题 4 就是将前面问题 2 和问题 3 的方案应用到实际任务之中，给出定价方案后仍然可以通过模拟用户抢单、统计任务完成率来对方案进行评价。

在考虑建立数学模型和解决问题的过程中要注意关注模型的合理性和正确性。

4.3 获奖论文——网络自助式服务的任务分配方式及定价策略研究

作　　者：周晖明　王　宇　王存斌

指导教师：李学文

获奖情况：2017 年全国数学建模竞赛一等奖

摘要

本文主要研究了网络自助式服务的任务分配方式以及定价策略，建立了动态圆规划模型、主成分分析模型、层次分析模型等，利用 MATLAB 进行程序编写进而求解模型，实现了任务分配方式以及定价策略的优化。

针对问题 1，我们建立了主成分回归分析模型，分析了地理位置、任务点分布密度、会员分布密度、会员信誉度对于价格的影响程度，得到相关系数矩阵的四个特征值分别为(2.0444 1.0859 0.7009 0.1688)，可知在题目所给定价方案中未考虑信誉度对于价格的影响，再以前三个因素为主成分，通过主成分回归分析得到其对于价格的函数关系式，剩余标准差为 3.0757，小于以任一因素单独作主成分时的标准差，验证了前面的结果。为了分析任务未完成的原因，我们采用层次分析模型，得到前三个因素和价格在任务完成与否这一事件中的权重为(0.3264 0.2505 0.1945 0.2286)，结合经纬度在地图上的具体位置，我们从地理位置和密集度两个方面对任务未完成原因进行了分析。

针对问题 2，我们首先建立了方案优劣的评判标准，定义变量完成度，并对现有的价格数据，利用简单的线性规划，得到了量化任务完成与否的参数：完成阈值；在这一标准下，我们利用原有数据进行检验，得到正确匹配比例为 80.1%，证明了阈值的合理性。因为问题 1 计算出题中定价方案未考虑信誉度，于是我们在新方案中进行考虑，以完成比例为目标函数，利用蒙特卡罗算法计算得到信誉度的最优解为 0.3991，进而得到价格生成函数，代入数据计算得知此方案下任务完成率为 82.78%，原方案为 62.51%，完成率提升了 20.27%，证明了我们的定价方案的可行性。

针对问题3,我们定义了新变量:筛选指数;其考虑了任务点密度和会员密度两个因素,能够有效筛选出任务密集且被争相选择的任务。在筛选出满足要求的任务点后,我们采用动态圆规划模型,对这些任务点以此进行打包,共得到97个任务包,我们将任务包看作任务点,其价格为各任务价格之和乘以捆绑系数,重新获得任务点数据,以此数据用定价函数得到各点价格,通过完成度函数计算出任务完成率为88.14%,相较于问题2的方案提高了5.36%,证明了打包方案的可行性。

针对问题4,我们综合考虑四个因素对价格的影响,采用打包模型对任务进行分配,借用文献[1]的主成分分析模型、动态圆规划模型进行计算得到,结果为:附件共有任务点数量2066个,打包后的任务包数量105个,任务包含有任务点数量1294个,打包率为62.63%,完成率为85.69%。

最后我们对模型进行了灵敏度分析,不断改变变量的数值,数据波动幅度较低,具有较小的灵敏度,证明了模型的可靠性及稳定性。

关键词:主成分分析法,层次分析法,动态圆规划模型,分配方式,定价策略。

4.3.1 问题重述

1. 问题背景

移动互联网下的自助式服务不断发展,“拍照赚钱”是这一模式之一,用户注册成为APP会员,然后从APP上领取需要拍照的任务,赚取APP对任务所标定的酬金。这种基于移动互联网的自助式劳务众包平台,为企业提供各种商业检查和信息搜集,相比传统的市场调查方式可以大大节省调查成本,而且有效地保证了调查数据的真实性,缩短了调查的周期。因此APP成为该平台运行的核心,而APP中的任务定价又是其核心要素。如果定价不合理,有的任务就会无人问津,而导致商品检查的失败。

2. 问题提出

题目已经提供三个附件的数据,我们需要充分利用已有数据,并建立合理的数学模型解决以下问题:

(1) 研究附件一中项目的任务定价规律,分析任务未完成的原因;

(2) 为附件一中的项目设计新的任务定价方案,并和原方案进行比较;

(3) 实际情况下,多个任务可能因为位置比较集中,导致用户会争相选择,若考虑将这些任务联合在一起打包发布,应如何修改前面的定价模型,对最终的任务完成情况有什么影响?

(4) 对附件三中的新项目给出我们的任务定价方案,并评价该方案的实施效果。

4.3.2 思路分析

1. 问题1的思路分析

问题1要求我们研究任务的定价规律,并且分析任务未完成的原因。针对任务定价,通过文献调研与问题分析,我们认为所定价格与四个因素有关:任务点的地理位置、任务点周围其他任务点分布的密集程度、任务点周围会员分布的密集程度、会员的信誉度。

通过查阅文献,我们发现主成分分析法能够相对客观地分析各个主成分与因变量之间的相关性，并能够得到两者之间的函数关系式；层次分析法能够根据合理的相关性得出各个变量在因变量变化中的权值分配，我们将运用这两种评价模型进行建模。

我们的思路是：

① 通过单独地分析各因素与价格之间的相关性来寻找题目所给定价方案已经考虑的因素，并通过主成分分析法计算相关度进行检验，同时计算出两者之间的函数关系式；

② 借用主成分分析法计算出的相关度数据，运用层次分析法计算出各因素与任务完成与否这一事件之间的权值分配；

③ 通过所求数据结合地图展示的实际情况进行合理分析。

2. 问题 2 的思路分析

问题 2 要求我们设计新的定价方案，并和原方案进行比较。我们认为，一个方案的优劣取决于在此方案下的任务完成率的高低，则需要为方案的评价设定标准。而且原方案未考虑信誉度这一因素，我们将进行充分考虑。

我们的思路是：

① 设定能够完成的标准：完成指数，通过分析完成率与各点的函数关系，得到完成与否的数值标准；

② 在新方案中考虑信誉度这一影响因素，采用蒙特卡罗算法对加入新因素后的权值分配进行最优解计算；

③ 利用完成指数对新旧方案进行对比分析。

3. 问题 3 的思路分析

问题 3 要求我们位置集中且用户争相选择的任务进行打包发布。对此我们首先对所有的任务进行选择，寻找满足条件的任务点打包范围，再对其进行打包，并对打包发布的任务价格进行适当调整，最后通过完成指数与原方案进行对比分析。

我们的思路是：

① 通过动态圆规划模型对所有的任务点进行筛选，并选择合适的任务包大小对任务部分满足条件的任务进行打包；

② 将一个任务包看作一个任务点，对新排列的任务点进行定价；

③ 对新方案进行分析。

4. 问题 4 的思路分析

问题 4 要求我们对附件三中的新任务匹配定价方案，我们将考虑地理位置、任务点密度、会员密度、信誉度，并且加入打包的模型，为新任务匹配最为合理的定价方案，最后对这一新方案进行分析。

4.3.3 模型假设

(1) 在考虑影响价格的因素时，忽略地形、气候以及个人因素等对价格的影响；

(2) 通过分析题中所给经纬度的位置信息发现点与点之间距离很近，所以我们假设所研究区域为平面；

(3) 因为共享经济的兴起，在短距离范围内，我们忽略会员在途中的行驶费用对任务完成率的影响；

(4) 若一个点在半径为 3km 的圆的范围内没有其他任务点,而在这之外有许多其他任务点将其包围,我们称其为"孤点";

(5) 在对任务点数据进行打包时,我们忽略"孤点"对动态圆规划模型的影响。

4.3.4 符号说明

符　号	定　义	单　位
d	两点间距离	km
W_1	已完成任务点的纬度	(°)
W_2	会员的纬度	(°)
E_1	已完成任务点的经度	(°)
E_2	会员的经度	(°)
R	半径	km
∂	单位纬度差等效的公里数	km
β	单位经度差等效的公里数	km
θ	纬度角	(°)
G	会员信誉值	无量纲
x_1	地理位置量化值	无量纲
x_2	任务点密度量化值	个/面积
x_3	会员密度量化值	个/面积
x_4	信誉值量化值	无量纲
y	价格	元
W	完成指数	无量纲
t	完成阈值	无量纲
Q	筛选指数	无量纲

4.3.5 问题1的建模与求解

1. 模型准备

通过前面的思路分析,我们归纳出影响价格的四个因素:任务地理位置、任务点分布度、会员分布密度、会员信誉度。接下来,我们将对这四个因素相对于价格进行单独拟合分析。

(1) 任务地理位置与价格

我们将各任务点的经纬度在地图中进行定位发现任务点基本分布在深圳、广州、佛山、东莞这四个城市,我们认为地理位置对于价格的影响来自这四个城市的发展程度,为了简化思路,我们通过各城市的人均 GDP 对任务地理位置进行量化,接着我们调查了 2017 年四个市的人均 GDP(见表 4-1)。

表 4-1　2017 年四个城市的人均 GDP 分布

城　市	深　圳	广　州	佛　山	东　莞
人均 GDP/元	171304.78	145254.39	116141.36	82718.53
GDP 归一化	1	0.862030	0.685500	0.478630

接下来我们将用GDP归一化数据量化各城市,完成下面的模型建立过程。

(2) 任务点分布密度与价格

对于各任务点来说,以其为圆心,R 为半径的范围内,会有若干其他任务点,我们定义任务点分布密度为:以一个任务点为圆心,以 R 为半径的圆内,其他任务点的数量为任务点分布密度。接下来我们建立任务点密度计算模型:

$$d=\sqrt{((W_{1i}-W_{1j})\partial)^2+((E_{1i}-E_{1j})\beta\cos\theta)^2} \qquad (1<i<835;\ 1<j<835)$$

$$k=\begin{cases}1, & d<R\\ 0, & d>R\end{cases}$$

式中,W_{1i} 为已完成任务点的纬度;E_{1i} 为已完成任务点的经度;∂为单位纬度差等效的公里数;β 为单位经度差等效的公里数;R 为计算密度时所取半径;θ 为纬度角。

以上模型通过简单的MATLAB编程,即可得到各个已完成任务点的周围其他任务点分布密度,通过拟合任务点分布密度(半径10km)与价格之间的关系式得到图4-1。

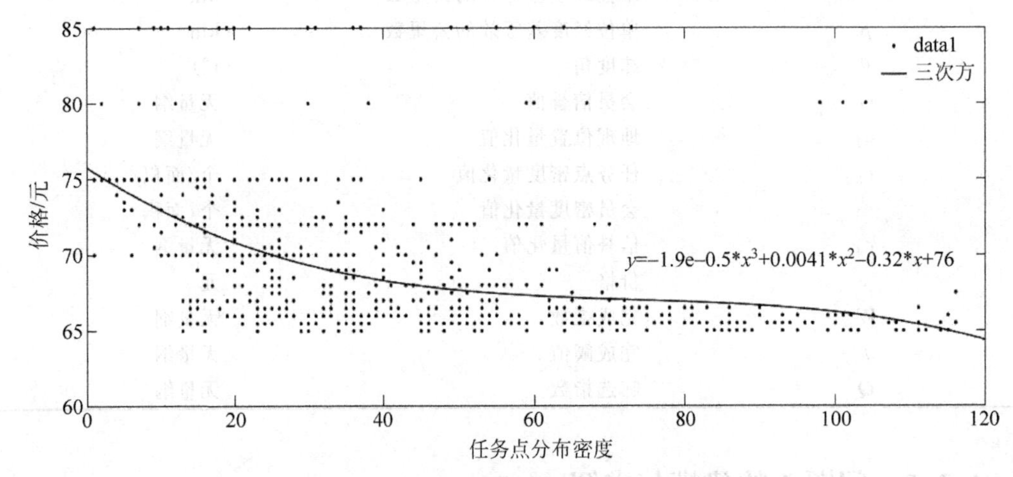

图4-1 任务点分布密度与价格拟合曲线

通过上述拟合曲线可知:价格与任务点密度呈现负相关的关系。

(3) 会员分布密度与价格

$$d=\sqrt{((W_{1i}-W_{2j})\partial)^2+((E_{1i}-E_{2j})\beta\cos\theta)^2} \qquad (1<i<835,1<j<1877)$$

$$k=\begin{cases}1, & d<R\\ 0, & d>R\end{cases}$$

式中,W_{1i} 为已完成任务点的纬度;E_{1i} 为已完成任务点的经度;W_{2j} 为会员点的纬度;E_{2j} 为会员点的经度;∂为单位纬度差等效的公里数;β 为单位经度差等效的公里数;R 为计算密度时所取半径;θ 为纬度角。

以上模型通过简单的MATLAB编程,即可得到各个已完成任务点的周围会员分布密度,通过拟合会员分布密度(半径10km)与价格之间的关系式得到图4-2。

通过上述拟合曲线可知:价格与会员密度呈现负相关的关系。

(4) 会员信誉度与价格

会员信誉度是相对于某一个任务点来说的,我们定义:对于某一个任务点,以其为圆

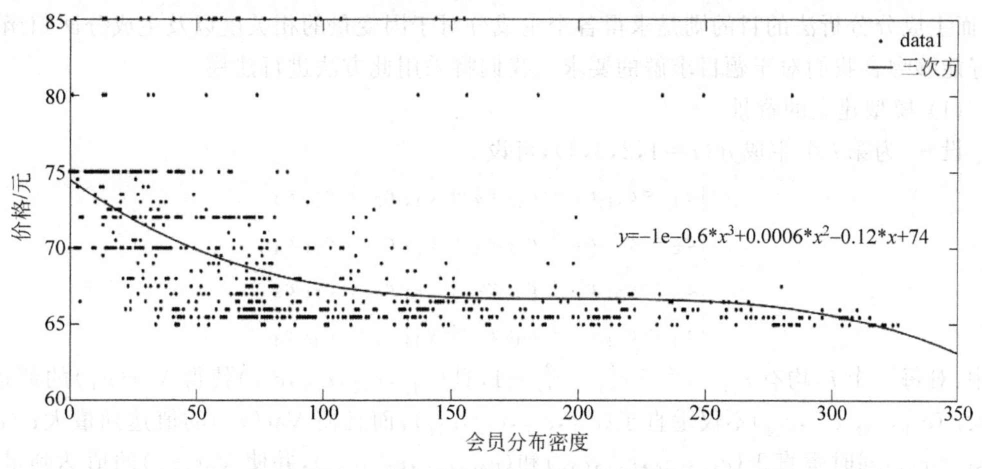

图 4-2 会员分布密度与价格拟合曲线

心,R 为半径的圆内分布的会员的信誉度的平均值为会员信誉度,以字母 G 表示。

接下来,我们将建立信誉度计算模型来得到各任务点所对应的信誉度:

$$d=\sqrt{((W_{1i}-W_{2j})\partial)^2+((E_{1i}-E_{2j})\beta\cos\theta)^2} \quad (1<i<835;\ 1<j<1877)$$

$$\text{当 } d<R,\text{赋值}\begin{cases}k=k+1\\G_{i+1}=G_i+G_j\end{cases} \quad (1<i<1877;\ 1<j<1877)$$

$$G_{\text{均}}=\frac{G}{k}$$

式中,k 为会员计数参数;G_j 为会员信誉值;$G_{\text{均}}$ 为信誉度。

通过 MATLAB 进行编程可得信誉度与价格的关系曲线,如图 4-3 所示。

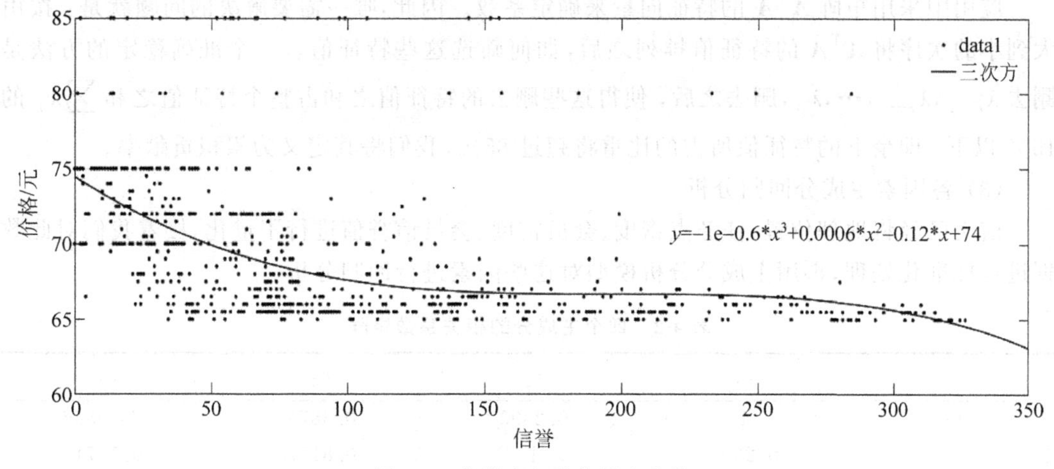

图 4-3 信誉度与价格拟合曲线

由图 4-3 可得:信誉度与价格呈负相关。

2. 模型 1 的建立:主成分分析模型

题目要求我们寻找定价规律,即寻找各因素与价格的函数关系或者是几个因素相对于价格的函数关系。通过查阅文献得知:主成分分析法中的主成分即为因变量的各个影响因素,而主成分分析法的目的则是求得各个主成分对于因变量的相关度以及主成分回归函数,正好能够吻合我们对于题目求解的要求。我们将采用此方法进行建模。

(1) 模型建立的背景

设 z_i 为第 i 个主成分($i=1,2,3,4$),可设

$$\begin{cases} z_1 = c_{11}x_1 + c_{12}x_2 + c_{13}x_3 + c_{14}x_4 \\ z_2 = c_{21}x_1 + c_{22}x_2 + c_{23}x_3 + c_{24}x_4 \\ z_3 = c_{31}x_1 + c_{32}x_2 + c_{33}x_3 + c_{34}x_4 \\ z_4 = c_{41}x_1 + c_{42}x_2 + c_{43}x_3 + c_{44}x_4 \end{cases}$$

式中,对每一个 i,均有 $c_{i1}^2+c_{i2}^2+c_{i3}^2+c_{i4}^2=1$,且 $(c_{11},c_{12},c_{13},c_{14})$ 使得 $\mathrm{Var}(z_1)$ 的值达到最大;$(c_{21},c_{22},c_{23},c_{24})$ 不仅垂直于 $(c_{11},c_{12},c_{13},c_{14})$,而且使 $\mathrm{Var}(z_2)$ 的值达到最大;$(c_{31},c_{32},c_{33},c_{34})$ 同时垂直于 $(c_{11},c_{12},c_{13},c_{14})$ 和 $(c_{21},c_{22},c_{23},c_{24})$,并使 $\mathrm{Var}(z_3)$ 的值达到最大。依次类推可得全部 4 个主成分;而且当需要不同数量的主成分时,改变方程的数量即可。

(2) 特征因子的筛选

设有 p 个指标变量 $x_1,x_2\cdots,x_p$,取其在第 i 次实验中的值是

$$a_{i1},a_{i2},\cdots,a_{ip},\quad i=1,2,\cdots,n,$$

将其转换为矩阵形式为

$$\mathbf{A}=\begin{bmatrix} a_{11} & a_{12} & \cdots & a_{1p} \\ a_{21} & a_{22} & \cdots & a_{2p} \\ \vdots & \vdots & & \vdots \\ a_{n1} & a_{n2} & \cdots & a_{np} \end{bmatrix},$$

矩阵 $\mathbf{A}$ 称作参数矩阵。

应用中采用矩阵 $\mathbf{A}^{\mathrm{T}}\mathbf{A}$ 的特征向量来确定系数。因此,唯一需要解决的问题就是:按由大到小的次序将 $\mathbf{A}^{\mathrm{T}}\mathbf{A}$ 的特征值排列之后,如何筛选这些特征值。一个准确稳定的方法是删去 $\lambda_{r+1},\lambda_{r+2},\cdots,\lambda_p$,删去之后,使得这些删去的特征值之和占整个特征值之和 $\sum\lambda_i$ 的 15% 以下,即余下的特征值所占的比重将超过 85%,我们将其定义为累积贡献率。

(3) 各因素主成分回归分析

前文已经将地理位置、任务点密度、会员密度、会员信誉值进行了量化,接着我们对此数据进行标准化处理,再用主成分分析模型对这些因素进行回归分析。

表 4-2 四个主成分的相关系数矩阵

	x_1	x_2	x_3	x_4
x_1	1	0.2393	0.3875	−0.0886
x_2	0.2393	1	0.8157	0.1871
x_3	0.3875	0.8157	1	0.1533
x_4	−0.0886	0.1871	0.1533	1

式中,x_1 代表地理位置;x_2 代表任务点密度;x_3 代表会员密度;x_4 代表会员信誉度;相关系数矩阵的四个特征值分别为 2.0444,1.0859,0.7009,0.1688。最后一个特征值接近于 0,我们先假定最后一个因素在题目所给定价方案中没有考虑,为了更加准确地分析,我们对

各因素单独进行主成分回归分析得出主成分回归方程

$$\begin{cases} y_1 = 72.983412 - 0.050715x_1 \\ y_2 = 72.291160 - 0.086797x_2 \\ y_3 = 71.588306 - 0.084705x_3 \\ y_4 = 69.814958 - 0.084292x_4 \end{cases}$$

将各主成分回归方程与所对应的实际价格点进行绘图分析，可得以下四幅图(见图 4-4、图 4-5、图 4-6、图 4-7)。

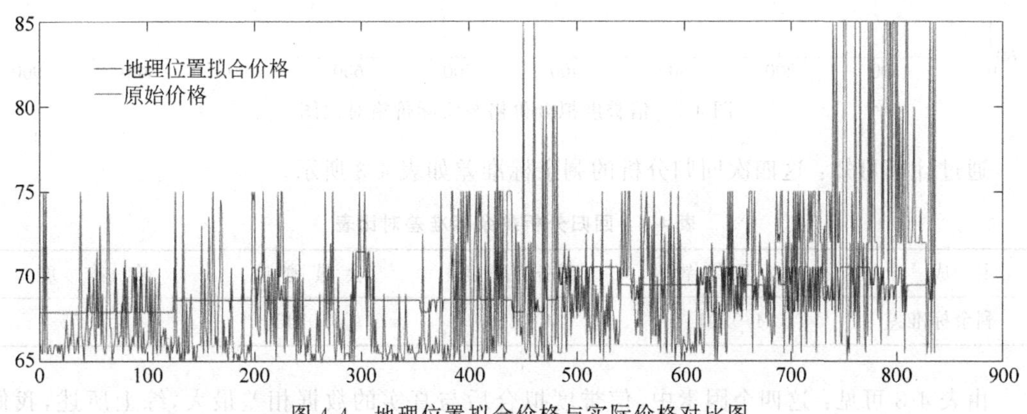

图 4-4 地理位置拟合价格与实际价格对比图

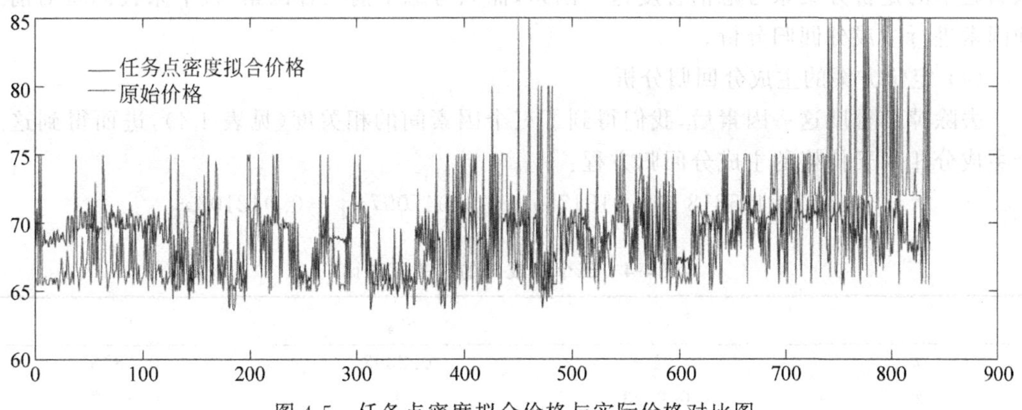

图 4-5 任务点密度拟合价格与实际价格对比图

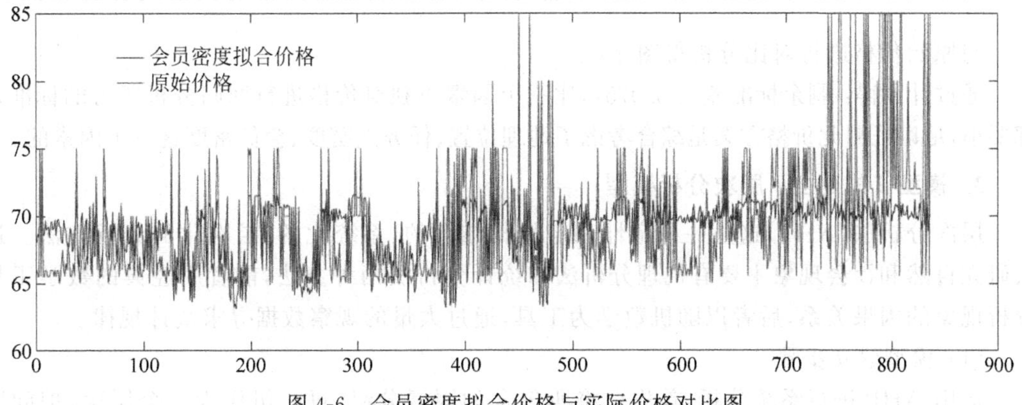

图 4-6 会员密度拟合价格与实际价格对比图

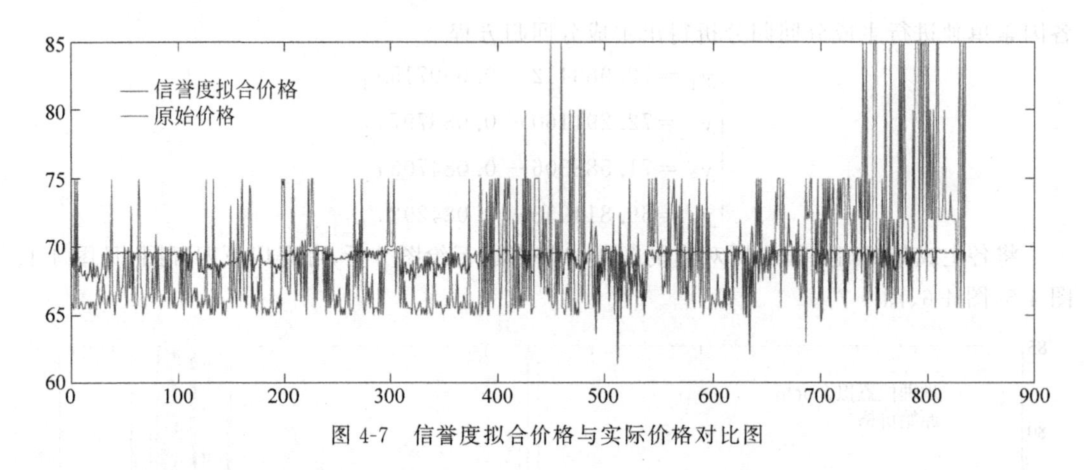

图 4-7　信誉度拟合价格与实际价格对比图

通过计算可知：这四次回归分析的剩余标准差如表 4-3 所示。

表 4-3　回归分析剩余标准差对比表

主成分	地理位置	任务点密度	会员密度	信誉度
剩余标准差	4.0991	4.0450	4.0245	5.4155

由表 4-3 可见：这四个因素中，信誉度拟合后与真实的数据相差最大，综上所述，我们认为题中的定价方案未考虑信誉度这一因素，而只考虑了前三种因素，接下来我们将对前三种因素进行主成分回归分析。

(4) 定价方案的主成分回归分析

去除掉信誉度这一因素后，我们得到了三个因素间的相关度（见表 4-4），进而得到这三个主成分相对于价格的主成分回归方程：

$$y = 73.455818 - 0.018175x_1 - 0.047097x_2 - 0.042103x_3$$

表 4-4　三个主成分的相关度对比

	x_1	x_2	x_3
x_1	1	0.2393	0.3875
x_2	0.2393	1	0.8157
x_3	0.3875	0.8157	1

与原始价格进行对比分析得图 4-8。

通过计算得：剩余标准差为 3.0757，比三个因素单独对价格进行回归分析所得的标准差都要小，足以证明此价格方案是综合考虑了地理位置、任务点密度、会员密度这三个因素的。

3. 模型 2 的建立：层次分析模型

层次分析法(AHP)这是一种定性和定量相结合的、系统化的、层次化的分析方法。过去研究自然和社会现象主要有机理分析法和统计分析法两种方法，前者用经典的数学工具分析现象的因果关系，后者以随机数学为工具，通过大量的观察数据寻求统计规律。

(1) 模型建立步骤

运用 AHP 进行系统分析，首先要将所包含的因素分组，每一组作为一个层次，把问题

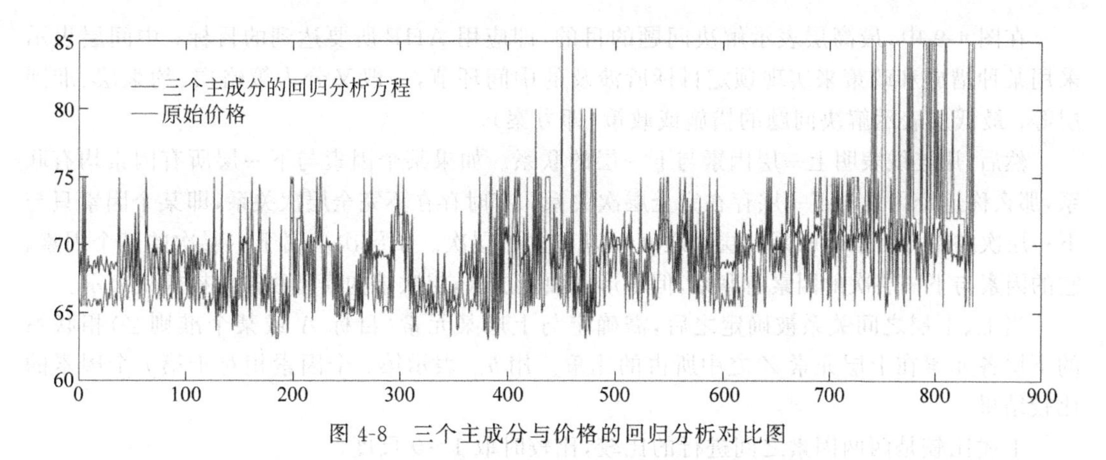

图 4-8 三个主成分与价格的回归分析对比图

条理化、层次化，构造层次分析的结构模型。这些层次大体上可分为 3 类：

① 最高层：在这一层次中只有一个元素，一般是分析问题的预定目标或理想结果，因此又称目标层；

② 中间层：这一层次包括了为实现目标所涉及的中间环节，它可由若干个层次组成，包括所需要考虑的准则、子准则，因此又称为准则层；

③ 最低层：表示为实现目标可供选择的各种措施、决策、方案等，因此又称为措施层或方案层。

层次分析结构中各项称为此结构模型中的元素，这里要注意，层次之间的支配关系不一定是完全的，即可以有元素(非底层元素)并不支配下一层次的所有元素而只支配其中部分元素。这种自上而下的支配关系所形成的层次结构，我们称之为递阶层次结构。

递阶层次结构中的层次数与问题的复杂程度及分析的详尽程度有关，一般可不受限制。为了避免由于支配的元素过多而给两两比较判断带来困难，每层次中各元素所支配的元素一般不要超过 9 个，若多于 9 个时，可将该层次再划分为若干子层。

在本题中，任务所在城市的等级、任务周围的任务密度、任务周围的会员密度以及任务周围会员信誉均值会通过同任务性质和会员性质两个方面来影响人物完成情况，如图 4-9 所示。

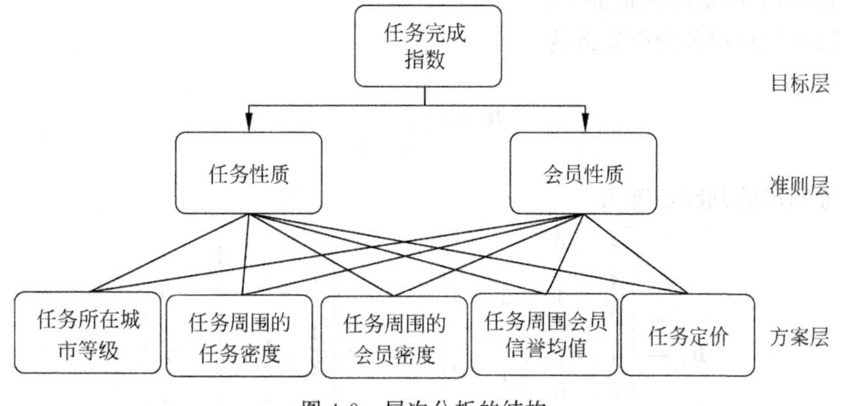

图 4-9 层次分析的结构

在图 4-9 中，最高层表示解决问题的目的，即应用 AHP 所要达到的目标；中间层表示采用某种措施和政策来实现预定目标所涉及的中间环节，一般又分为策略层、约束层、准则层等；最低层表示解决问题的措施或政策（即方案）。

然后，用连线表明上一层因素与下一层的联系。如果某个因素与下一层所有因素均有联系，那么称这个因素与下一层存在完全层次关系。有时存在不完全层次关系，即某个因素只与下一层次的部分因素有联系。层次之间可以建立子层次。子层次从属于主层次的某个因素。它的因素与下一层次的因素有联系，但不形成独立层次，层次结构模型往往由构模型表示。

当上、下层之间关系被确定之后，需确定与上层某元素（目标 A 或某个准则 Z）相联系的下层各元素在上层元素 Z 之中所占的比重。用 b_{ij} 表示第 i 个因素相对于第 j 个因素的比较结果。

上述比较是两两因素之间进行的比较，比较时取 1～9 尺度。

表 4-5　重要性标度含义表

重要性标度	含　义
1	表示两个元素相比，具有同等重要性
3	表示两个元素相比，前者比后者稍重要
5	表示两个元素相比，前者比后者明显重要
7	表示两个元素相比，前者比后者强烈重要
9	表示两个元素相比，前者比后者极端重要
2,4,6,8	表示上述判断的中间值
倒数	若元素 i 与元素 j 的重要性之比为 b_{ij}，则元素 j 与元素 i 的重要性之比为 $b_{ji}=\frac{1}{b_{ij}}$

用 b_{ij} 表示第 i 个因素相对于第 j 个因素的比较结果，设填写后的判断矩阵为 $\boldsymbol{B}=(b_{ij})_{n\times n}$，则判断矩阵具有如下性质：

(1) $b_{ij}>0$；(2) $b_{ji}=\frac{1}{b_{ij}}$；(3) $b_{ii}=1, i=1,2,\cdots,n$。

根据上面性质，判断矩阵具有某种对称性，因此在填写时，通常先填写 $b_{ii}=1$ 部分，然后仅需判断及填写上三角形或下三角形的 $n(n-1)/2$ 个元素就可以了。

在本题中，判断矩阵构造如下：

准则层对目标层的判断矩阵为

$$\boldsymbol{B}_0=\begin{bmatrix}1 & 2\\ \frac{1}{2} & 1\end{bmatrix}$$

方案层对准则层的判断矩阵为

$$\boldsymbol{B}_1=\begin{bmatrix}1 & 3 & 5 & 7\\ \frac{1}{3} & 1 & 5 & 4\\ \frac{1}{5} & \frac{1}{5} & 1 & 2\\ \frac{1}{7} & \frac{1}{4} & \frac{1}{2} & 1\end{bmatrix};\ \boldsymbol{B}_2=\begin{bmatrix}1 & 2 & \frac{1}{5} & \frac{1}{3}\\ \frac{1}{2} & 1 & \frac{1}{3} & \frac{1}{3}\\ 5 & 3 & 1 & 1\\ 3 & 3 & 1 & 1\end{bmatrix}$$

所谓层次单排序是指根据判断矩阵计算对于上一层某因素而言本层次与之有联系的因素的重要性次序的权值。它是本层次所有因素相对上一层而言的重要性进行排序的基础。

为了检验矩阵的一致性,需要计算它的一致性指标 CI,CI 的定义为

$$\mathrm{CI}=\frac{\lambda_{\max}-n}{n-1}$$

当阶数大于 2 时,判断矩阵的一致性指标 CI,与同阶平均随机一致性的指标 RI 之比 称为判断矩阵的随机一致性比率,记为 CR。当 CR≤0.01 时,判断矩阵具有满意的一致性,否则就需对判断矩阵进行调整。

$\boldsymbol{B}_1$ 的 CR=0.00031,$\boldsymbol{B}_2$ 的 CR 为 0.00056,均具有满意的一致性。

利用同一层次中所有层次单排序的结果,就可以计算针对上一层次而言本层次所有因素重要性的权值,这就是层次总排序。层次总排序需要从上到下逐层顺序进行,设已算出第 $k-1$ 层上 n 个元素相对于总目标的排序为

$$\boldsymbol{w}^{(k-1)}=(w_1^{(k-1)},w_2^{(k-1)},\cdots,w_n^{(k-1)})^{\mathrm{T}}$$

第 k 层 n_k 个元素对于第 $k-1$ 层上第 j 个元素为准则的单排序向量

$$\boldsymbol{u}_j^{(k)}=(u_{1j}^{(k)},u_{2j}^{(k)},\cdots,u_{n_kj}^{(k)})^{\mathrm{T}}$$

其中不受第 j 个元素支配的元素权重取零,于是可得到 $n_k\times n$ 矩阵

$$\boldsymbol{U}^{(k)}=(\boldsymbol{u}_1^{(k)},\boldsymbol{u}_2^{(k)},\cdots,\boldsymbol{u}_n^{(k)})=\begin{pmatrix}u_{11}^{(k)} & u_{12}^{(k)} & \cdots & u_{1n}^{(k)}\\ u_{21}^{(k)} & u_{22}^{(k)} & \cdots & u_{2n}^{(k)}\\ \vdots & \vdots & & \vdots\\ u_{n_k1}^{(k)} & u_{n_k2}^{(k)} & \cdots & u_{n_kn}^{(k)}\end{pmatrix}$$

式中,$\boldsymbol{U}^{(k)}$ 中的第 j 列为第 k 层 n_k 个元素对于第 $k-1$ 层上第 j 个元素为准则的单排序向量。记第 k 层上各元素对总目标的总排序为

$$\boldsymbol{w}^{(k)}=(w_1^{(k)},w_2^{(k)},\cdots,w_n^{(k)})^{\mathrm{T}}$$

则

$$\boldsymbol{w}^{(k)}=\boldsymbol{U}^{(k)}\boldsymbol{w}^{(k-1)}=\begin{pmatrix}u_{11}^{(k)} & u_{12}^{(k)} & \cdots & u_{1n}^{(k)}\\ u_{21}^{(k)} & u_{22}^{(k)} & \cdots & u_{2n}^{(k)}\\ \vdots & \vdots & & \vdots\\ u_{n_k1}^{(k)} & u_{n_k2}^{(k)} & \cdots & u_{n_kn}^{(k)}\end{pmatrix}\begin{pmatrix}w_1^{(k-1)}\\ w_2^{(k-1)}\\ \vdots\\ w_n^{(k-1)}\end{pmatrix}=\begin{pmatrix}\sum_{j=1}^{n}u_{1j}^{(k)}w_j^{(k-1)}\\ \sum_{j=1}^{n}u_{2j}^{(k)}w_j^{(k-1)}\\ \vdots\\ \sum_{j=1}^{n}u_{n_kj}^{(k)}w_j^{(k-1)}\end{pmatrix}$$

即有

$$w_i^{(k)}=\sum_{j=1}^{n}u_{ij}^{(k)}w_j^{(k-1)},\quad i=1,2,\cdots,n_k$$

为评价层次总排序的计算结果的一致性如何,需要计算与单排序类似的检验量。

由高层向下,逐层进行检验。设第 k 层中某些因素对 $k-1$ 层第 j 个元素单排序的一致性指标为 $\mathrm{CI}_j^{(k)}$,平均随机一致性指标为 $\mathrm{RI}_j^{(k)}$(k 层中与 $k-1$ 层的第 j 个元素无关时,不必考虑),那么第 k 层的总排序的一致性比率为

$$\mathrm{CR}^{(k)}=\frac{\sum_{j=1}^{n_k} w_j^{(k-1)}\mathrm{CI}_j^{(k)}}{\sum_{j=1}^{n_k} w_j^{(k-1)}\mathrm{RI}_j^{(k)}}$$

同样当 $\mathrm{CR}^{(k)}\leqslant 0.10$ 时,我们认为层次总排序的计算结果具有满意的一致性。

经过计算,我们的层次总排序的 $\mathrm{CR}^{(k)}=0.032$,具有很好的一致性。

所以我们得到结果,任务所在城市等级在任务指数中的权重为 0.2806,任务周围的任务密度占权重为 0.2153,任务周围会员密度占权重为 0.1672,任务周围会员信誉均值占权重为 0.1403,任务定价占权重为 0.1965。

(2) 原因分析

针对以上三个因素所反映出的权值大小,接下来进行任务未完成的原因分析:首先是地理位置,我们可以发现未完成的任务点基本集中在广州和深圳两个城市,而东莞和佛山的任务点基本完成,足以看出地理位置对于任务点未完成的影响之大,也从侧面证明了我们的结果的正确性,所以第一个原因是:地理位置的差异性,经济发展程度高的地区完成率相对较低。其次是价格,我们可以发现,在任务点和会员密集的地区,未完成的任务点最多。在经济发展水平高的地区,定价偏低,我们认为是任务分配的不合理与定价的不合理导致这些地区的未完成率上升。

4.3.6 问题 2 的建模与求解

1. 模型建立

(1) 完成指数的建立

为了能够评价定价方案的好坏,我们定义完成指数这一变量,这一变量包含了地理位置、任务点密度、会员密度、价格对完成与否的影响权重。根据前文的分析,我们已经得到了各个因素对价格的影响大小,并得到了各因素的权值大小:

$$W=0.4152x_1+0.2247x_2+0.2006x_3+0.1595y$$

式中,x_1 代表地理位置的量化数值;x_2 代表任务点密度的量化数值;x_3 会员密度的量化数值;y 代表已完成任务点的价格(元)。

通过公式 我们可以得到每个任务点的完成指数,为了寻找完成指数与完成与否之间的函数关系,我们绘制两者的图像(见图 4-10)。

通过图 4-10 可以看出未完成的点居于图像的右上方,已完成的点大多数居于左下方,通过分析我们认为两者之间存在一条明显的界限,我们把这一界限定义为完成阈值。

(2) 完成阈值的确定

完成阈值是任务点是否被完成的量化标准,需要满足的条件为:使得在这一完成阈值的划分下,任务点的完成情况与实际情况的匹配度最高,于是我们建立了完成阈值计算模型:

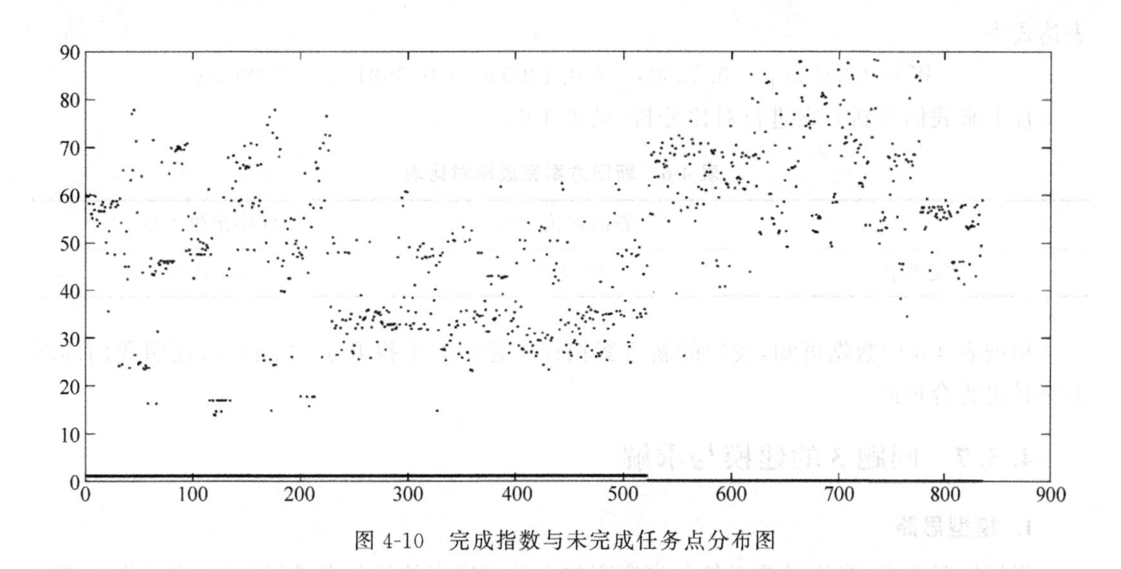

图 4-10 完成指数与未完成任务点分布图

$$\max k$$

$$\text{s.t.}\begin{cases}W(i)=0.4152x_1(i)+0.2247x_2(i)+0.2006x_3(i)+0.1595y(i);\\ W(i)>t,a=0;\text{若 } m=0,\text{则 } k=k+1;\\ W(i)>t,a=1;\text{若 } m=1,\text{则 } k=k+1。\end{cases}$$

式中，t 为完成阈值，其中 $x_1(i)$代表地理位置的量化数值；$x_2(i)$代表任务点密度的量化数值；$x_3(i)$代表会员密度的量化数值；$y(i)$代表已完成任务点的价格(元)；m 为一个常数。

(3) 定价方案的确定

完成阈值确定后我们便可以得到一个评价标准，我们可以通过计算新的定价方案下的完成率，再与原方案对比得出优劣。由于前文已经计算出了在考虑前三个因素的情况下，完成指数与其函数关系式：

$$W=0.4152x_1+0.2247x_2+0.2006x_3+0.1595y$$

前文已经分析，题目所给定价方案未考虑会员信誉度这一重要因素，存在诸多的不合理，所以我们的新方案将要加入会员信誉度这一新参数。但是我们急需解决信誉度的权值问题。我们需要为信誉度选取一个权值，让其在这一权值分配下，使完成率达到最大。这是一个常见的优化问题，因为最优解的覆盖范围较小，我们可以采用蒙特卡洛算法的思想，让变量在控制范围内随机变化，以概率的形式得到最优解。

所建模型如下：

$$\max \lambda$$

$$\text{s.t.}\begin{cases}W(i)=[0.4152x_1(i)+0.2247x_2(i)+0.2006x_3(i)+0.1595y(i)](1-\lambda)+\lambda x_4(i);\\ \text{若 } W(i)<t,k=k+1。\end{cases}$$

式中，λ 为信誉度的权值；其他量的意义同前。

2. 模型求解与对比分析

通过 MATLAB 编程可得在以上条件下，最为合理的完成阈值为 51.715，在这一阈值下，我们通过编写蒙特卡洛算法，得到最优的信誉度权值为 0.3991。所以完成指数的函数

表达式为

$$W=0.2495x_1+0.1350x_2+0.1205x_3+0.3991x_4+0.0958y$$

接下来我们对新方案进行对比分析(见表 4-6)。

表 4-6 新旧方案完成率对比表

	新的定价方案	题中定价方案
完成率	82.78%	62.51%

根据表 4-6 中数据可知,我们的新方案相较于题中方案提升了 32.43%,证明我们的新方案是更为合理的。

4.3.7 问题 3 的建模与求解

1. 模型思路

根据题目要求,我们需要对任务密度高和会员密度高的任务点进行打包,则首先是需要对满足条件的任务点进行筛选。

我们的思路:

① 考虑一个任务点周围的任务点密度和会员密度,得到一个评价指数;

② 寻找所有任务点的评价指数的最大值,这个任务点则是筛选出来的点;

③ 以筛选点为圆心,以一个变化的 R 为半径,不断地增大 R,直到在这个半径范围内出现一个会员的最大配额大于这个范围内的任务点的总数;

④ 对这个任务点的这个半径范围内的所有任务点进行打包处理。

以上则是我们打包的思路,根据这一打包思路我们建立了动态圆规划模型。

2. 动态圆规划模型

首先我们定义一个评价指数:筛选指数 Q,Q 是任务点密度与会员密度的综合标准:

$$Q=ax_2+bx_3 \quad (0<a<1,0<b<1)$$

式中,x_2 代表任务点密度的量化数值;x_3 代表会员密度的量化数值;a 代表任务点密度所占的权值;b 代表会员密度所占的权值。

对所有的任务点,均能得到一个筛选指数 Q_i,我们能够找到一个最大的筛选指数,$\max Q$,进而找到这个任务点的经纬度 $W_{1\max}$,$E_{1\max}$,接着我们将以这一经纬度的任务点进行包的大小的确定。

得到圆心后,我们开始搜索这一圆心周围可以一起打包的任务点,我们需要满足一个条件:这一个任务包必须有会员能够领取,于是我们决定让这一个包的大小小于这一任务点周围的会员的最大配额;为了搜索到这一个范围,我们决定制造两个大小不同的圆。

一个为任务圆,半径为 R;一个为会员圆,半径为 $3R$。我们让这两个圆不断地扩大,直达找到一个最大的配额的会员能够超过这个任务包的大小为止。

$$d=\sqrt{((W_{1\max}-W_{1j})\partial)^2+((E_{1\max}-E_{1j})\beta\cos\theta)^2} \quad (1<j<835)$$

若 $d<R$,则 $k=k+1$。

式中,E_1 为已完成任务点的经度;W_1 为已完成任务点的纬度;∂为单位纬度差等效的公里数;β 为单位经度差等效的公里数;R 为计算密度时所取半径。这一函数式能够计算 R 半径范围内的任务点的数量

$$d=\sqrt{((W_{1\max}-W_{2j})\partial)^2+((E_{1\max}-E_{2j})\beta\cos\theta)^2} \quad (1<j<1877)$$

$$\text{若 } d<3R,\text{则 } S=\max_j(s(j)) \quad (1<j<1877)$$

式中,E_2 为会员的经度;W_2 为会员的纬度,s 为会员的配额。这一函数式能够计算 $3R$ 范围内的会员的最大配额。

综上,可以得到满足条件的最小半径 R,模型如下:

$$\min R$$

$$\text{s.t.}\begin{cases} d=\sqrt{((W_{1\max}-W_{1j})\partial)^2+((E_{1\max}-E_{1j})\beta\cos\theta)^2} & (1<j<835) \\ \text{若 } d<R,\text{则 } k=k+1; & \\ d=\sqrt{((W_{1\max}-W_{2j})\partial)^2+((E_{1\max}-E_{2j})\beta\cos\theta)^2} & (1<j<1877) \\ \text{若 } d<3R,\text{则 } S=\max_j(s(j)) & (1<j<1877) \\ S>k。 & \end{cases}$$

当会员的最大配额大于半径内的任务点的数量时,完成计算过程,将以此任务点为圆心,R 为半径的圆内的任务点进行打包,得到最后的打包结果。

3. 模型求解

通过动态圆规划算法,我们求得了在此打包方案下的详细数据(具体代码见附录),共得到 97 个任务包,接着我们通过完成指数函数计算在此方案下的完成率,我们得到表 4-7 中的数据。

表 4-7 打包与未打包完成率对比表

	未打包方案	打包方案
完成率	82.78%	88.14%

通过上述结果反映,我们的打包方案能够提升完成率近 6.47%,能够满足题目对我们的要求。

4.3.8 问题 4 的求解

1. 求解思路

根据题目要求,我们需要对附件三中的任务点的数据进行方案设计。根据前文的分析,我们得知,通过考虑地理位置、任务点密度、会员密度、信誉度、价格等因素后,然后进行打包再发布,能够得到最大的完成率,所以对于问题 4,我们将考虑五种因素以及打包操作进行任务划分,以得到最大的完成率。

2. 动态圆规划模型的应用

根据问题 3 的动态圆规划模型,可以得到以下模型:

$$\min R$$

$$\text{s.t.}\begin{cases} d=\sqrt{((W_{1\max}-W_{1j})\partial)^2+((E_{1\max}-E_{1j})\beta\cos\theta)^2} & (1<j<835) \\ \text{若 } d<R\text{,则 } k=k+1; \\ d=\sqrt{((W_{1\max}-W_{2j})\partial)^2+((E_{1\max}-E_{2j})\beta\cos\theta)^2} & (1<j<1877) \\ \text{若 } d<3R\text{,则 } S=\max\limits_{j}(s(j)) & (1<j<1877) \\ S>k\text{。} \end{cases}$$

通过筛选可以得到满足条件的所有任务点,以及以此任务点为圆心的最小半径范围内所含的任务点的具体坐标以及个数,也就是得到附件三中新任务点的所有任务包;具体结果见(附件)。

由问题2,我们已经得到了考虑到四个因素(地理位置、任务点密度、会员密度、信誉度)的定价方案,即下述方程:

$$y=74.108493-2.331844x_1-0.037041x_2-0.012142x_3-0.001981x_4$$

其中,x_1 代表地理位置的量化数值;x_2 代表任务点密度的量化数值;x_3 会员密度的量化数值;x_4 代表信誉度的量化数值;y 代表附件三中未完成任务点的价格(元)。

3. 模型求解

求解结果见附录。

4.3.9 灵敏度分析

1. 层次分析模型的灵敏度分析

略。

2. 动态圆规划的灵敏度分析

略。

4.3.10 模型评价

1. 模型优点分析

(1) 本模型将地理位置、任务点密度、会员分布密度、信誉度都进行了量化,将一个定性问题合理地转化为定量分析,抓住了问题的关键,用我们的主成分分析模型、层次分析模型实现了结果的优化;

(2) 在任务点打包时,我们的动态圆规划模型实现了任务完成率的再一次优化,而且思路相对简便,程序编写难度得到下降;

(3) 所建的模型理论性强,且点对点地处理此类问题,能够得到更加优化的结果;

(4) 我们的模型忽略了影响相对小的因素,从而模型得到简化。

2. 模型缺点

(1) 在考虑影响价格的因素时,没有考虑地形带来的影响,交通不便带来的任务完成率降低未能考虑到模型中;

(2) 在动态圆规划模型中,没能照顾到"孤点"(小半径范围内没有相邻任务点,但是较大半径范围内有较多任务点)的打包,使得部分任务点无人问津。

3. 模型改进

在实际考虑影响价格的因素时，并不能仅考虑距离的远近，还需要考虑到交通的不同带来的相同距离下的经济成本和时间成本不同，甚至可以考虑通过统计会员作息时间来调整任务点分配情况；在任务点打包时，可以考虑到“孤点”的利用，而且在打包产品定价方面，我们可以做更多的仿真实验，以确定更好的捆绑销售的价格优化，以提升完成率。

4. 模型推广

我们的模型不仅是针对“拍照赚钱”的任务分配，还可以是其他类似信息类商品的任务点分配模型，通过对本模型进行简单的修改即可得到结果；对于我们的动态规划圆模型，可以是任务类产品打包，还可以是拼车类产品的打包服务，能够得到较大范围的推广应用。

参考文献

[1] 徐顺. 基于主成分分析的遗传神经网络换能器一致性研究[D]. 杭州：浙江大学，2016.

[2] 朱强强. 基于多尺度主成分分析的地震数据局部斜率的计算[D]. 哈尔滨：哈尔滨工业大学，2015.

[3] 袁尚南，强茂山，温祺，等. 基于模糊层次分析法的建设项目组织效能评价模型[J]. 清华大学学报(自然科学版)，2015，55(6)：616-623.

[4] 杨胜凯. 基于核主成分分析的特征变换研究[D]. 杭州：浙江大学，2014.

[5] 杨海勇，汪潇潇，张娟，等. 基于层次分析法的高校基建项目管理模式分析[J]. 清华大学学报(自然科学版)，2013，53(8)：1119-1127.

[6] 郑彦涛. 基于层次分析法的 CRH380B 动车组维修可靠性分析与研究[D]. 北京：清华大学，2013.

[7] 刘路. 联合分析法在电信捆绑定价中的应用研究[D]. 北京：北京邮电大学，2013.

[8] 刘人杰. 迭代主成分分析在差分功耗分析中的应用[D]. 上海：上海交通大学，2013.

[9] 邹志龙. 中小企业销售知识管理系统设计研究[D]. 北京：清华大学，2009.

[10] 黄德华. 基于销售战略目标的销售队伍激励问题研究[D]. 杭州：浙江大学，2008.

[11] 胡传亮. 运用层次分析法对大型养路机械综合维修质量的评价研究[D]. 北京：清华大学，2008.

[12] 张秋华. 企业销售决策支持系统设计与实现[D]. 上海：复旦大学，2008.

[13] 李翔. 基于层次灰色系统理论的高校基建项目管理模式分析[D]. 北京：清华大学，2007.

[14] 陈颖翔. 效能型销售中销售人员动态激励研究[D]. 杭州：浙江大学，2005.

[15] 介玉新，胡韬，李青云，李广信. 层次分析法在长江堤防安全评价系统中的应用[J]. 清华大学学报(自然科学版)，2004(12)：1634-1637.

[16] 董彦. 销售强度对 M 公司市场占有率及销量的影响分析——兼论营销策略制订[D]. 北京：清华大学，2004.

[17] 刘兵. 汽车销售促进效果模型研究[D]. 北京：清华大学，2004.

[18] 卢长宝. 销售促进强度与效用研究[D]. 上海：复旦大学，2004.

[19] 段玲，黄建国. 主成分分析的一个黎曼几何随机算法[J]. 上海交通大学学报，2004(1)：71-74.

[20] 张岚. 搭配销售的法律经济学分析[D]. 杭州：浙江大学，2002.

[21] 张艳坤. 捆绑销售对消费者购买意愿的影响研究[D]. 济南：山东大学，2015.

附录：略。

4.4 论文点评

本文研究了网络自助式服务的任务分配方式以及定价策略，建立了动态圆规划模型、主成分分析模型、层次分析模型等，并进行了求解，基本达到了题目的要求。

针对问题1，关于定价规律的问题，本文建立了主成分回归分析模型，分析了地理位置、任务点分布密度、会员分布密度、会员信誉度对于价格的影响程度，得到所给定价方案中未考虑信誉度对于价格的影响；再以前三个因素为主成分，通过主成分回归分析得到其对于价格的函数关系式。这一部分做得是比较好的，这里选择主成分分析法也比较恰当。接下来为了分析任务未完成的原因，本文采用层次分析模型，得到前三个因素和价格在任务完成与否这一事件中的权重，结合经纬度在地图上的具体位置，从地理位置和密集度两个方面对任务未完成原因进行分析。层次分析法是用来做综合评价的，所以用在这里不太恰当，分析求解过程和所得结果也有点牵强，不太符合题目要求。层次分析法现在在建模比赛中有点被过度滥用了，有些题目不适合用这种方法，也不能生搬硬套。

针对问题2，本文首先建立了方案优劣的评判标准，定义变量完成度，并利用现有的价格数据，得到了量化任务完成与否的参数：完成阈值；本文利用完成度函数来计算任务完成率，思路比较新颖，缺点是对具体算法及其实现方法的描述不是很清晰，毕竟是学生的参赛论文，所以还是会有一些这样那样的不足之处，这也是需要读者加以注意的。本文在新的定价方案中考虑了信誉度，进而得到价格生成函数，提升了任务的完成度。

针对问题3，本文考虑了任务点密度和会员密度两个因素，有效筛选出任务密集且被争相选择的任务，然后采用动态圆规划模型进行打包，共得到97个任务包，其价格为各任务价格之和乘以捆绑系数，再用定价函数得到各点价格，通过完成度函数计算出任务完成率为88.14%，证明了打包方案的可行性。本文方法密切结合前两问的模型与算法，勇于创新，大胆提出了自己的方法——动态圆规划模型，很好地解决了新的问题，思路也比较新颖，逻辑性强，这一部分做得还是不错的。

针对问题4，本文综合考虑四个因素对价格的影响，仍然采用打包模型对任务进行分配，利用前文的主成分分析模型、动态圆规划模型进行计算得到了相应的计算结果，得到了较高的任务完成率。这一部分的求解也是要利用前面的模型和算法解决新问题，新问题数据量更大，也更复杂，因为问题没有指明是否考虑打包，所以如果时间允许的话，可以考虑打包和不打包两种不同条件下的求解，当然也可以像本文一样选择一种情况，在文中说明一下就可以。

最后本文对模型进行了灵敏度分析，证明了模型的可靠性及稳定性。

本文总体来说思路清晰、行文流畅、格式规范，能够大胆创新，很好地解决了题目当中所提出的问题，因此是一篇值得借鉴的优秀论文。

第5章　高温作业专用服装设计（2018 A）

5.1　题目

在高温环境下工作时，人们需要穿着专用服装以避免灼伤。专用服装通常由三层织物材料构成，记为Ⅰ、Ⅱ、Ⅲ层，其中Ⅰ层与外界环境接触，Ⅲ层与皮肤之间还存在空隙，将此空隙记为Ⅳ层。

为设计专用服装，将体内温度控制在37℃的假人放置在实验室的高温环境中，测量假人皮肤外侧的温度。为了降低研发成本、缩短研发周期，请你们利用数学模型来确定假人皮肤外侧的温度变化情况，并解决以下问题：

(1) 专用服装材料的某些参数值由附件1给出，对环境温度为75℃、Ⅱ层厚度为6mm、Ⅳ层厚度为5mm、工作时间为90min的情形开展实验，测量得到假人皮肤外侧的温度(见附件2)。建立数学模型，计算温度分布，并生成温度分布的Excel文件(文件名为problem1.xlsx)。

(2) 当环境温度为65℃、Ⅳ层的厚度为5.5mm时，确定Ⅱ层的最优厚度，确保工作60min时，假人皮肤外侧温度不超过47℃，且超过44℃的时间不超过5min。

(3) 当环境温度为80℃时，确定Ⅱ层和Ⅳ层的最优厚度，确保工作30min时，假人皮肤外侧温度不超过47℃，且超过44℃的时间不超过5min。

附件1　专用服装材料的参数值

分　层	密度/(kg/m^3)	比热/[J/(kg·℃)]	热传导率/[W/(m·℃)]	厚度/mm
Ⅰ层	300	1377	0.082	0.6
Ⅱ层	862	2100	0.37	0.6～25
Ⅲ层	74.2	1726	0.045	3.6
Ⅳ层	1.18	1005	0.028	0.6～6.4

附件2　假人皮肤外侧的测量温度

时间/s	温度/℃	时间/s	温度/℃
0	37.00	3	37.00
1	37.00	⋮	⋮
2	37.00	5400	48.08

5.2 问题分析与建模思路概述

本问题看起来思路很明确，就是“高温环境—织物—空气—人体皮肤”构成的多层混合介质的热量传递问题。在外部温度一定、内部皮肤温度承受能力有限的情况下，一方面分析服装各层的温度变化情况，另一方面分析增加部分层的材料厚度对内部温度变化的影响。在这个问题上，了解数学建模经典案例的同学都会想起“双层玻璃的功效”问题来，区别是经典案例只考虑温度稳定下来之后的热量流失情况，没有考虑介质中的温度随时间、厚度变化的分布情况。学过数学物理方程的同学则会想起热传导方程来，这对于本问题来说更具有针对性。

观察本题的三问，可以看出其核心目标是根据内外温度限制，确定服装内部隔热材料的厚度。第一问是根据给定内外温度、各层隔热材料的厚度参数，要求计算不同时间服装各层的温度分布；第二、三问的内外温度条件和要求有所变化，据此计算某一层或某两层材料的最小厚度。对于上述三问，可以考虑在第一问建立多层间隔的热传导方程，或者离散的差分方程，第二、三问可以在第一问模型的基础上建立优化模型来求解。

具体来说，第一问应该建立多层介质下的热量传递模型，相对来说，偏微分方程形式的热传导方程是比较理想的形式，同时要注意根据题中所给的参数，明确给出初始条件、边界条件、两种介质转换界面条件。其中边界条件应该同时含有温度和温度的变化速度，即所谓第三类边界条件，热交换系数应根据题目所给的数据来计算得到；求解算法应该做详细解释，不能简单地用软件求解；应该注意内外温度一直在变化，不能用稳态模型来描述。

第二、三问都是优化问题，优化目标是一层或两层材料的厚度，约束条件是内层温度在一定时间内满足限定条件。从实际问题的角度出发，也可以把服装的重量等因素也设定为优化目标，建立多目标优化模型。需要注意的是，建立优化模型后的求解过程，不能简单地说明用了某个软件、某个算法或者某个命令，必须把算法的数学原理和流程说清楚。

由于涉及具体的数值计算，因此在得到最终结果之后，还应该进行误差分析、灵敏度分析等，验证论文结果的稳定性和关键影响因素等。

5.3 获奖论文——高温作业服装的热传递模型与设计研究

作　　者：李惠乾　徐梓洋　王璟慧

指导教师：李炳照

获奖情况：2018 年全国数学建模竞赛二等奖

摘要

针对高温作业服装的设计问题，本文确定了各层内部热传导方程、初始和边界条件，得到各层参数与温度分布的函数关系，根据约束条件，借助优化算法完成最优设计。

对于问题 1，本文在各层内分别建立了热传导偏微分方程，结合内层层间界面热流密度相同、皮肤外侧和外界温度已知的边界条件，运用隐式有限差分法得到严格占优的三对角方程组，利用追赶法求解得到温度分布。

对于问题 2，在问题 1 求得的温度分布上，利用最小二乘法，确定等效皮肤的参数，使其与假人皮肤具有相同的传热规律。然后建立皮肤外侧温度与Ⅱ层厚度的函数关系，借助一些已知点进行插值，求得Ⅱ层的最佳厚度为14mm。

对于问题3，以服装最薄作为目标函数，以Ⅱ、Ⅳ层厚度作为自变量，建立起皮肤外侧温度关于厚度的函数关系，以厚度限制、温度限制作为约束条件，利用粒子群算法、通过MATLAB编程求解最优化问题，得到最优的Ⅱ、Ⅳ层厚度为12.9mm和6.3mm。

最后，对模型的优缺点进行了评价，并指出了该模型在降低研发成本中的实际作用。

关键词：热传导偏微分方程，等效皮肤，粒子群算法，目标优化。

5.3.1 问题重述

1. 问题背景

在许多行业中，例如消防、炼钢、航天等，工作人员经常会身处高温高辐射环境中，这种环境对人体健康的影响非常大。

服装作为保护人体免受外界干扰的第一层屏障，在不同环境中对其性能也有不同的要求，热防护性能一直作为重要性能被广泛关注。而高温防护服的出现大大减小了高温高辐射环境对人体的伤害。目前，对防护服的热防护材料的评价主要是通过大量高温实验进行测试，这种实验耗资巨大、成本过高且不可重复，从而占用与浪费了很多资源。因此，建立高温环境下的热传递模型，通过数学建模的方法得到高温防护服的最优设计方案显得十分重要。

2. 问题提出

高温作业专用服装由三层织物材料构成，记作Ⅰ、Ⅱ、Ⅲ层，其中Ⅰ层与外界环境直接接触，Ⅲ层与皮肤间存在空隙，此空隙记作Ⅳ层。在高温环境下，用穿有该专用服装的体内温度控制在37℃的假人进行实验，测量其皮肤外侧的温度，以此对该专用服装进行设计。但实验的方法耗费巨大且研发周期长，所以可以利用数学建模确定假人皮肤外侧的温度变化情况。

建立相应的数学模型与算法，解决以下问题：

(1) 专用服装的某些材料参数由附件一给出，实验中，环境温度为75℃，Ⅱ层厚度为6mm，Ⅳ层厚度为5mm，工作时间为90min，测量得到的假人皮肤外侧温度为附件2。通过建立数学模型，计算专用服装温度分布。

(2) 若环境温度为65℃，Ⅳ层厚度为5.5mm，确定Ⅱ层的最优厚度，保证工作60min时，假人皮肤外侧温度不超过47℃，且超过44℃的时间不超过5min。

(3) 若环境温度为80℃，确定Ⅱ层及Ⅳ层的最优厚度，保证工作30min时，假人皮肤外侧温度不超过47℃，且超过44℃的时间不超过5min。

5.3.2 问题分析

1. 整体分析

本题是通过数学建模对多层材料的高温专用服装进行设计。其传热过程可抽象为一维无限长平壁的非稳态传热过程，从而建立起多层热传递模型。问题1左右两边边界条件已知，从而可计算温度分布。问题2皮肤外侧温度未知，可通过建立等效皮肤模型，运用粒子群优化算法求得等效皮肤参数,然后利用插值拟合法求解得到温度限制条件下的Ⅱ层最优厚度。问题3为两层织物的厚度未知,可通过确定目标函数与约束条件,再运用粒子群优化算法求解该最优化问题,从而得到Ⅱ层与Ⅳ层的最优厚度。

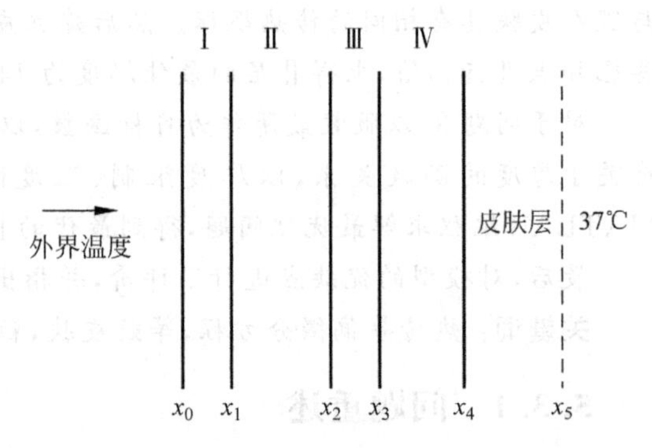

图5-1 织物层、空隙层、皮肤层示意图

2. 问题1的分析

问题1是为了得到在已知外界温度、服装厚度、工作时间、皮肤外侧温度的条件下的温度分布情况。考虑到本题的温度不仅随空间位置变化,并且也随着时间而变化,为非稳定状态下的导热问题。结合热传递规律,我们做出了合理假设对该实际导热问题做必要简化,建立起多层高温专用服装的一维非稳态导热模型。假设Ⅰ层可阻挡大部分辐射,在Ⅰ层内与皮肤外侧的热传递中可忽略热辐射。Ⅳ层厚度不大于6.4mm,热对流影响小可忽略,热传递垂直皮肤进行,可看作一维。在三层织物中的热传递可给出三组导热微分方程,左边界与接触面的边界条件及初始条件,在Ⅳ层的热传递可给出一组导热微分方程,皮肤外侧的边界条件由附件二中的实际测量温度确定。然后运用非稳态问题的有限差分解法进行数值求解,将导热物体在空间与时间上分割为单元网格,可采用显式差分格式或隐式差分格式,建立内节点及边界节点温度方程,即离散化处理,得到每个节点温度与相邻节点温度间的代数关系,整理成为一个三对角线性方程组,可用追赶法求解该方程组。最后采用计算机MATLAB程序进行迭代,得到皮肤外侧到服装表面各节点的温度分布。

3. 问题2的分析

问题2是在给定外界温度与假人皮肤外侧温度限制条件的情况下,求解得到Ⅱ层的最优厚度。考虑到皮肤外侧温度未知,而假人体内温度控制在37℃的恒温,需要建立等效的皮肤系统模型,模拟皮肤的导热规律。在问题1的模型中,给定一组皮肤参数(热导率、傅里叶数、厚度),可求出对应的温度分布。为了使模拟皮肤导热规律与真实导热规律尽可能相吻合,我们将两种方式计算出的皮肤外各节点温度的误差平方和作为目标函数,通过优化算法,让其趋近最小,即可得到近似等效的模拟皮肤,以此等效模型的皮肤参数用于后续的计算。

在问题1中一维非稳态导热模型的基础上,以Ⅱ层厚度为变量,可得到与厚度相应的温度分布,继而建立起Ⅱ层厚度与最高温度、超过44℃的时间的对应函数关系。确定目标函数为Ⅱ层厚度最小,约束条件为最高温度不大于47℃,温度超过44℃的时间不大于5min,Ⅱ层厚度范围是0.6~25mm。然后利用插值拟合法从离散解中得到整个区域上满足约束的最优近似解。

4. 问题3的分析

问题3与问题2的对假人皮肤外侧温度限制条件相同,但重新给定一个环境温度与工作时间,确定Ⅱ层与Ⅳ层的最优厚度。在问题2建立的等效皮肤系统模型与问题1中一维非稳态导热模型的基础上,以Ⅱ层与Ⅳ层厚度为变量,确定目标函数为Ⅱ层与Ⅳ层厚度之和最小，约束条件为皮肤外侧最高温度不大于 47℃，温度超过 44℃的时间不大于 5min，Ⅱ层厚度范围是 0.6～25mm，Ⅳ层厚度范围是 0.6～6.4mm。采用粒子群优化算法，从初始化一群随机粒子的位置和速度出发，计算各粒子适应度值，通过迭代，跟踪当前搜索到的最优值更新自己的速度与位置，最后检验是否符合结束条件，即当前迭代次数达到预定次数则停止迭代。通过粒子群优化算法，最后得到满足温度限制条件下的Ⅱ层与Ⅳ层最优厚度。

5.3.3　模型假设

(1) 假设热传递是垂直皮肤方向进行的，可看作一维。

(2) 假设该系统仅包括热传导以及环境的热对流现象的热传递，不包括水汽、汗液等的湿传递，即为干燥模型[1]。

(3) 由外界环境产生的热辐射对服装热传递的影响远远小于热传导与热对流，假设可忽略[4]。

(4) Ⅳ层的厚度不超过 6.4mm，热对流影响小，因此在该层不考虑热对流。

(5) 假设专用服装织物间、织物与空气层间、空气层间与假人皮肤外侧间的温度变化是连续的。

(6) 假设服装织物具有各向同性，且热传递过程中织物结构几乎不变，没有发生熔化或者分解。

5.3.4　符号说明

符　号	符 号 说 明	单　位
a	扩散率	m^2/s
$F_{O\triangle}$	傅里叶数	
k	热传导率	W/(m·℃)
ρ	介质密度	kg/m^3
c	比热容	J/(kg·℃)

5.3.5　问题 1 的解答

1. 模型的准备

热传导方程　设有一个连续介质，设置一坐标系，用 $T(x,y,z,t)$ 表示介质中 (x,y,z) 一点的 t 时刻的温度。单位时间内通过垂直 x 方向的单位面积的热量 Q 与温度的空间变化率成正比，即

$$Q=-k\frac{\partial T}{\partial x}$$

式中，Q 为热流密度；k 为热传导率。

由于介质在三个方向都有温差，同上则有

$$Q=-k\frac{\partial T}{\partial x};\quad Q=-k\frac{\partial T}{\partial y};\quad Q=-k\frac{\partial T}{\partial z}$$

在介质内分割出一个微元六面体，每个面均与坐标面重合。那么，Δt 时间内沿 x 方向流入六面体的热量为

$$\left[(Q_x)_x-(Q_x)_{x+\mathrm{d}x}\right]\Delta y\Delta z\Delta t=\left[\left(k\frac{\partial T}{\partial x}\right)_{x+\mathrm{d}x}-\left(k\frac{\partial T}{\partial x}\right)_x\right]\Delta y\Delta z\Delta t=k\frac{\partial^2 T}{\partial x^2}\Delta x\Delta y\Delta z\Delta t$$

Δt 时间内净得热量为

$$k\frac{\partial^2 T}{\partial x^2}\Delta x\Delta y\Delta z\Delta t$$

其他两个方向同理，根据能量守恒定律可知

$$(k\nabla^2 T)\Delta x\Delta y\Delta z\Delta t=\rho\Delta x\Delta y\Delta z\cdot c\Delta T$$

由此得到均匀各向同性介质的导热微分方程

$$\frac{\partial T}{\partial t}=a\nabla^2 T$$

式中，$a=\dfrac{k}{\rho c}$，ρ 为介质密度，c 为比热容，a 为扩散率（温度传导率）。则一维热传导方程为

$$\frac{\partial T}{\partial t}=a\frac{\partial^2 T}{\partial x^2}\tag{1}$$

2. 模型的建立

（1）服装织物中的一维非稳态导热模型

该高温专用服装由Ⅰ、Ⅱ、Ⅲ层组成，根据假设，在Ⅰ层内的热传递中可忽略热辐射。由式(1)建立织物中的一维非稳态导热模型：

$$\begin{cases}\dfrac{\partial T}{\partial t}=a_1\dfrac{\partial^2 T}{\partial x^2}\\[2ex]\dfrac{\partial T}{\partial t}=a_2\dfrac{\partial^2 T}{\partial x^2}\\[2ex]\dfrac{\partial T}{\partial t}=a_3\dfrac{\partial^2 T}{\partial x^2}\end{cases}\tag{2}$$

式中，$a_i(i=1,2,3)$为各层的热扩散率，为定值。

初始条件：

$$T(x,0)=273\mathrm{K}+37\mathrm{K}\tag{3}$$

织物的左边界条件：

$$-k_{\mathrm{I}}\left.\frac{\partial T}{\partial x}\right|_{x=x_0}=h_c(T_e-T_{x_0})\tag{4}$$

式中，h_c 为环境与Ⅰ层外表面之间的热对流系数；T_e 为外界环境温度；T_{x_0} 为Ⅰ层表面温度。

Ⅰ层与Ⅱ层接触面 x_1：

$$-k_{\mathrm{I}}\left.\frac{\partial T}{\partial x}\right|_{x=x_1}=-k_{\mathrm{II}}\left.\frac{\partial T}{\partial x}\right|_{x=x_1}\tag{5}$$

Ⅱ层与Ⅲ层接触面 x_2：

$$-k_{\mathrm{II}}\left.\frac{\partial T}{\partial x}\right|_{x=x_2}=-k_{\mathrm{III}}\left.\frac{\partial T}{\partial x}\right|_{x=x_2}\tag{6}$$

Ⅲ层与Ⅳ层接触面 x_3：

$$-k_{\text{Ⅲ}} \left.\frac{\partial T}{\partial x}\right|_{x=x_3} = -k_{\text{Ⅳ}} \left.\frac{\partial T}{\partial x}\right|_{x=x_3} \tag{7}$$

(2) Ⅳ层中的一维非稳态导热模型

基于盖层厚度小于 6.4mm，热对流影响较小可忽略的假设，运用式(1)建立空隙层的一维非稳态导热模型：

$$\frac{\partial T}{\partial t} = a_4 \frac{\partial^2 T}{\partial x^2} \tag{8}$$

皮肤外侧边界条件：

$$T(x_4, t) = T_0$$

T_0 由附件 2 中实际测量温度确定。

将式(2)到式(8)做如下整理：

$$\begin{cases} \begin{cases} \dfrac{\partial T}{\partial t} = a_1 \dfrac{\partial^2 T}{\partial x^2} \\ \dfrac{\partial T}{\partial t} = a_2 \dfrac{\partial^2 T}{\partial x^2} \\ \dfrac{\partial T}{\partial t} = a_3 \dfrac{\partial^2 T}{\partial x^2} \end{cases} \\ \begin{cases} T(x, 0) = 273 + 37 \\ -k_{\text{Ⅰ}} \left.\dfrac{\partial T}{\partial x}\right|_{x=x_0} = h_c (T_e - T_{x_0}) \\ -k_{\text{Ⅰ}} \left.\dfrac{\partial T}{\partial x}\right|_{x=x_1} = -k_{\text{Ⅱ}} \left.\dfrac{\partial T}{\partial x}\right|_{x=x_1} \\ -k_{\text{Ⅱ}} \left.\dfrac{\partial T}{\partial x}\right|_{x=x_2} = -k_{\text{Ⅲ}} \left.\dfrac{\partial T}{\partial x}\right|_{x=x_2} \\ -k_{\text{Ⅲ}} \left.\dfrac{\partial T}{\partial x}\right|_{x=x_3} = -k_{\text{Ⅳ}} \left.\dfrac{\partial T}{\partial x}\right|_{x=x_3} \end{cases} \\ \begin{cases} \dfrac{\partial T}{\partial t} = a_4 \dfrac{\partial^2 T}{\partial x^2} \\ T(x_4, t) = T_0 \end{cases} \end{cases} \tag{9}$$

得到以上偏微分方程组。

3. 模型的求解与分析

(1) 算法的基本思想

我们采用有限差分解法来求解非稳态导热问题。其基本思想是将连续区域用有限个节点构成的网格代替，区域离散化既要把导热物体在空间上划分单元网格，也要将时间分割，用网格上的离散变量函数近似连续区域上的变量函数，用差商代微商，求和代积分，即可得到有限差分离散方程组[3]。求解此方程组就可以得到原问题在离散点上的近似解。

(2) 算法步骤

设步长 $\Delta x = 0.0002\text{m}, \Delta t = 1\text{s}$，将原始矩形划分为长方形网格。

① 内节点温度方程的建立

采用显式差分格式[4]，内节点(i,k)的温度对时间t的一阶偏导数用一阶向前差分表达：

$$\left.\frac{\partial T}{\partial t}\right|_{(x_i,t_k)} \approx \frac{T_i^{k+1}-T_i^k}{\Delta t} \tag{10}$$

内节点(i,k)的温度对空间坐标x的二阶偏导用二阶中心差分表达：

$$\left.\frac{\partial^2 T}{\partial x^2}\right|_{(x_i,t_k)} \approx \frac{T_{i+1}^k+T_{i-1}^k-2T_i^k}{(\Delta x)^2} \tag{11}$$

将式(10)与式(11)代入式(1)得到

$$\frac{T_i^{k+1}-T_i^k}{\Delta t}=a\,\frac{T_{i+1}^k+T_{i-1}^k-2T_i^k}{(\Delta x)^2}$$

移项整理得

$$T_i^{k+1}=F_{O\triangle}(T_{i+1}^k+T_{i-1}^k)+(1-2F_{O\triangle})T_i^k \tag{12}$$

式中，$F_{O\triangle}=\dfrac{a\cdot\Delta t}{(\Delta x)^2}$，$F_{O\triangle}$为网格傅里叶数。 (13)

Δt与Δx越小则计算精度越高，但求解过程耗时巨大。并且当$F_{O\triangle}$为定值时，Δt与Δx有限制关系，$F_{O\triangle}$必须满足$F_{O\triangle}\leqslant\dfrac{1}{2}$的条件。若取$\Delta x=0.0002\text{m}$，$\Delta t=1\text{s}$，经计算三层织物的$F_{O\triangle}$均远大于$\dfrac{1}{2}$。要使$F_{O\triangle}$变小，可减小$\Delta t$或者增大$\Delta x$，由于Ⅰ层厚度为0.0006m，则$\Delta x$最大为0.0006m，但此时$F_{O\triangle}$仍大于$\dfrac{1}{2}$，而$\Delta t$改变会影响皮肤外侧边界条件的使用，故显式差分不能满足求解过程。由于隐式差分格式对$F_{O\triangle}$的值无限制条件，所以，接下来采用隐式差分格式进行求解。

采用隐式差分格式，内节点(i,k)的温度对时间t的一阶导数用向后差分表达：

$$\left.\frac{\partial T}{\partial t}\right|_{(x_i,t_k)} \approx \frac{T_i^k-T_i^{k-1}}{\Delta t} \tag{14}$$

内节点(i,k)的温度对空间坐标x的二阶偏导用二阶中心差分表达：

$$\left.\frac{\partial^2 T}{\partial x^2}\right|_{(x_i,t_k)} \approx \frac{T_{i+1}^k+T_{i-1}^k-2T_i^k}{(\Delta x)^2} \tag{15}$$

将式(14)与式(15)代入式(1)得到

$$\frac{T_i^k-T_i^{k-1}}{\Delta t}=a\,\frac{T_{i+1}^k+T_{i-1}^k-2T_i^k}{(\Delta x)^2}$$

移项整理得

$$T_i^{k-1}=-F_{O\triangle}(T_{i+1}^k+T_{i-1}^k)+(1+2F_{O\triangle})T_i^k \tag{16}$$

② 边界节点温度方程的建立

对左边界$-k_{\mathrm{I}}\left.\dfrac{\partial T}{\partial x}\right|_{x=x_0}=h_c(T_e-T_{x_0})$向前差分得到

$$\left(h_c+\frac{k_{\mathrm{I}}}{\Delta x}\right)T_1^k-\frac{k_{\mathrm{I}}}{\Delta x}T_2^k=h_cT_e \tag{17}$$

Ⅰ层与Ⅱ层接触面x_1：

$$(k_{\mathrm{I}}+k_{\mathrm{II}})T_4^k-k_{\mathrm{I}}T_3^k-k_{\mathrm{II}}T_5^k=0 \tag{18}$$

Ⅱ层与Ⅲ层接触面 x_2：

$$(k_{\mathrm{II}}+k_{\mathrm{III}})T_{34}^k-k_{\mathrm{II}}T_{33}^k-k_{\mathrm{III}}T_{35}^k=0 \tag{19}$$

Ⅲ层与Ⅳ层接触面 x_3：

$$(k_{\mathrm{III}}+k_{\mathrm{IV}})T_{52}^k-k_{\mathrm{III}}T_{51}^k-k_{\mathrm{IV}}T_{53}^k=0 \tag{20}$$

式(14)到式(20)可化为三对角矩阵：

$$\begin{bmatrix} h_c+\frac{k_{\mathrm{I}}}{\Delta x} & -\frac{k_{\mathrm{I}}}{\Delta x} & 0 & 0 & 0 & 0 & \cdots & 0 \\ -F_{O\triangle\mathrm{I}} & 1+2F_{O\triangle\mathrm{I}} & -F_{O\triangle\mathrm{I}} & 0 & 0 & 0 & \cdots & 0 \\ 0 & -F_{O\triangle\mathrm{I}} & 1+2F_{O\triangle\mathrm{I}} & -F_{O\triangle\mathrm{I}} & 0 & 0 & \cdots & 0 \\ 0 & 0 & -k_{\mathrm{I}} & k_{\mathrm{I}}+k_{\mathrm{II}} & -k_{\mathrm{II}} & 0 & \cdots & 0 \\ 0 & 0 & 0 & -F_{O\triangle\mathrm{II}} & 1+2F_{O\triangle\mathrm{II}} & -F_{O\triangle\mathrm{II}} & \cdots & 0 \\ \vdots & \vdots & \vdots & \vdots & \vdots & \vdots & & \vdots \\ 0 & 0 & 0 & 0 & 0 & 0 & \cdots & 1 \end{bmatrix} \cdot$$

$$\begin{bmatrix} T_1^k \\ T_2^k \\ T_3^k \\ T_4^k \\ T_5^k \\ \vdots \\ T_{77}^k \end{bmatrix} = \begin{bmatrix} h_cT_e \\ T_2^{k-1} \\ T_3^{k-1} \\ 0 \\ T_5^{k-1} \\ \vdots \\ T_{77}^{k-1} \end{bmatrix} \tag{21}$$

(3) 求解结果

取 $h_c=18\mathrm{W}/(\mathrm{m}^2\cdot\mathrm{K})$，用追赶法求解该三对角方程组，利用 MATLAB 编程，解方程组(21)。数据量较大，具体数值见附件中 Excel 文件(文件名为 problem1. xlsx)。其温度分布图像如图 5-2 所示。

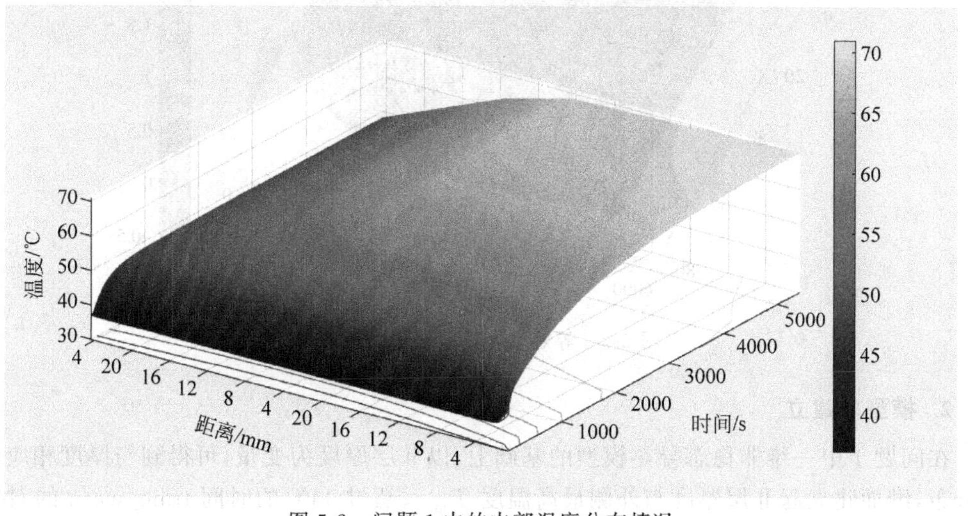

图 5-2 问题 1 中的内部温度分布情况

5.3.6 问题 2 的解答

1. 模型的准备

(1) 等效皮肤层

考虑到皮肤外侧温度未知，而假人体内温度控制在 37℃的恒温，所以需要建立等效皮肤模型确定皮肤层的导热规律。

我们将皮肤层的热导率、傅里叶数、厚度作为自变量，可以利用问题 1 中服装材料的各项参数，以两侧分别为 75℃与 37℃的温度为边界条件，在问题 1 中加入皮肤层，重新计算织物层、空隙层、皮肤层中的温度分布情况，将此计算结果中皮肤外各节点的温度分布与问题 1 求出的各节点的温度进行对比，以最小误差平方和为目标函数，采用粒子群优化算法进行求解(粒子群优化算法详细描述见问题 3 的解答)，得到误差最小时等效皮肤层的各项参数。

经 MATLAB 编程计算，得到表 5-1 中的等效皮肤层的参数。

表 5-1 等效皮肤模型的皮肤参数

厚度 Δx_V/mm	热导率 k/[W/(m·℃)]	傅里叶数 $F_{O\triangle}$
7.889	0.051	32.494

(2) 等效皮肤层的误差分析

对该模型进行检验，用该皮肤参数重新计算温度分布情况，将得出的计算结果中皮肤外侧的温度与附件一中实际测得的温度作差，得到其绝对误差如图 5-3 所示。可以看出利用等效皮肤层计算出来的温度分布误差非常小，可以用来与真实情况等效。

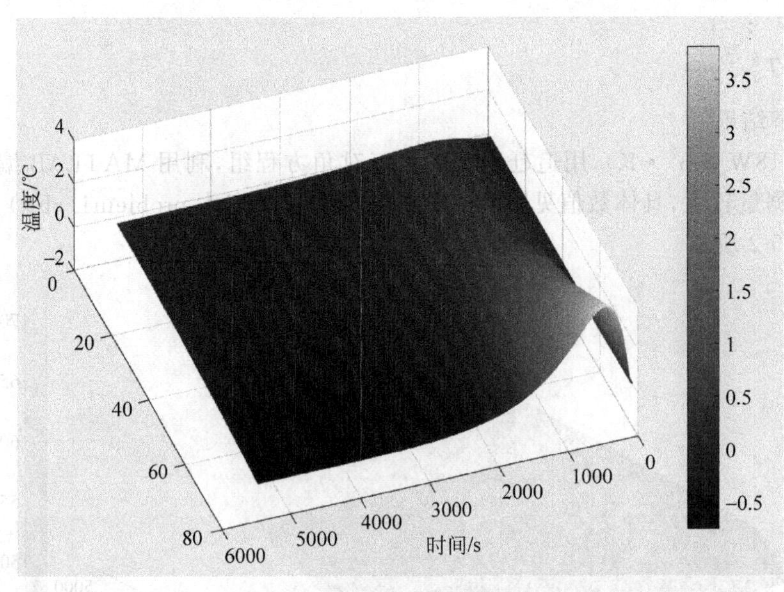

图 5-3 等效皮肤模型绝对误差分布

2. 模型的建立

在问题 1 中一维非稳态导热模型的基础上，以Ⅱ层厚度为变量，可得到与厚度相应的温度分布，继而建立起Ⅱ层厚度与外侧最高温度 T_{max}、超过 44℃的时间 time_warn 的对应函数关系。我们希望在满足最高温度 $T_{\max}(\Delta x_{\mathrm{II}})$ 不大于 47℃，温度超过 44℃的时间 time_warn(Δx_{II})不大于 5min 的前提下，取得Ⅱ层厚度尽可能小的最优参数。

$$
\text{即}\begin{cases}\min \Delta x_{\mathrm{II}} \\ \text{s. t.}\begin{cases}T_{\max}(\Delta x_{\mathrm{II}}) \leqslant 47℃ \\ \text{time\_warn}(\Delta x_{\mathrm{II}}) \leqslant 5\text{min} \\ 0.6\text{mm} \leqslant \Delta x_{\mathrm{II}} \leqslant 25\text{mm}\end{cases}\end{cases} \tag{22}
$$

然后利用插值拟合法从离散解中得到整个区域上满足约束的最优近似解。每隔 0.2mm 进行一次插值，由于Ⅱ层厚度范围为 0.6mm 到 25mm，最后可得到 123 组最高温度与超过 44℃时间的数据。将这些点拟合成一条曲线，从中选择最高温度小于 47℃，超过 44℃的时间小于 5min 的最小厚度作为本题最优解。

3. 模型的求解

经 MATLAB 编程计算，得到以下结论：

由图 5-4 及图 5-5 可以看出，在该温度条件下，对于不同Ⅱ层厚度，其皮肤外侧最高温

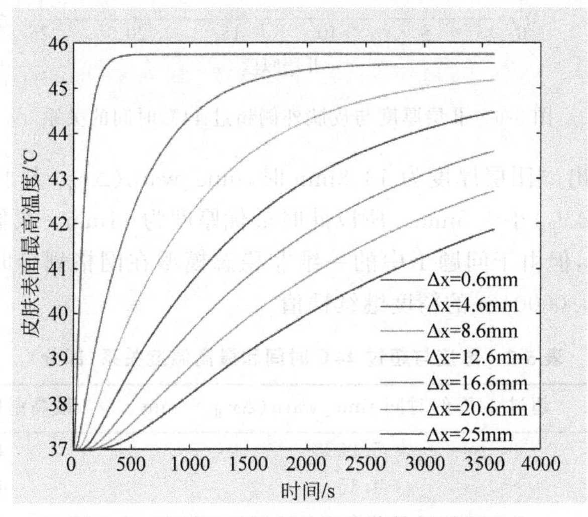

图 5-4　不同Ⅱ层厚度对应皮肤外侧温度变化

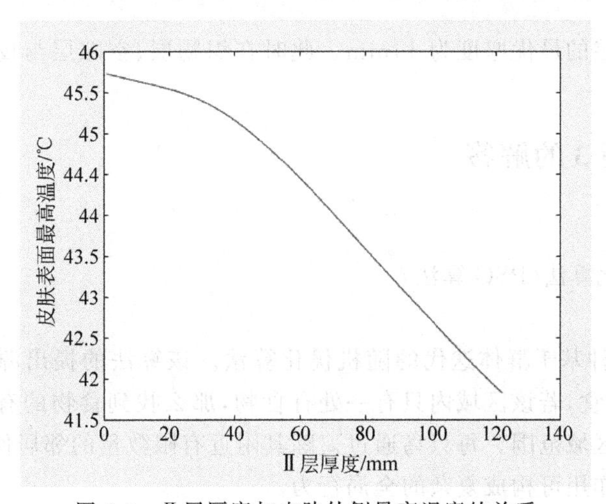

图 5-5　Ⅱ层厚度与皮肤外侧最高温度的关系

度均未达到47℃,且随着厚度的增加,其超过44℃的时间逐渐缩短。

由图5-6中厚度与时间的曲线,我们能得到在time_warn(Δx_{II})小于5min时的最小厚度。从所有数据中(附件中Excel文件,命名为problem2. xlsx),我们筛选出以下重要数据。

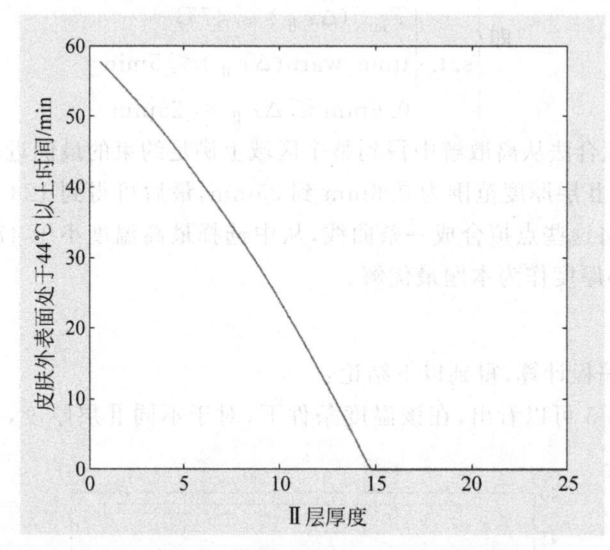

图5-6 Ⅱ层厚度与皮肤外侧超过44℃时间的关系

从表5-2可以看出,当Ⅱ层厚度为13.8mm时,time_warn(Δx_{II})大于5min,当Ⅱ层厚度为14mm时time_warn(Δx_{II})小于5min。所以此时最优厚度为14mm。我们继续在13.8mm与14mm之间进行插值,但由于问题1中的一维非稳态模型在网格划分时$\Delta x=0.0002$m,导致当前无法以$\Delta x=0.00001$m的精度继续插值。

表5-2 厚度与超过44℃时间和最高温度关系(部分)

厚度 Δx_V/mm	超过44℃的时间 time_warn(Δx_{II})/min	最高温度 $T_{\max}(\Delta x_{\mathrm{II}})$/℃
13.8	5.2333	44.20485076
14	4.15	44.16200828
14.2	3.05	44.11894592

故问题2中Ⅱ层的最优厚度为14mm。此时在织物层、空隙层与皮肤层的温度分布如图5-7所示。

5.3.7 问题3的解答

1. 模型的准备

(1) 粒子群优化算法(PSO算法)

a. 基本原理

PSO算法是一种基于群体迭代的随机优化算法。该算法的提出源于对鸟群觅食行为的研究,鸟群随机觅食,若该区域内只有一处有食物,那么找到食物的有效方法是追踪当前离食物最近的鸟的区域范围。每只鸟通过追踪其附近有限数量的邻居使得鸟群整体在控制下。即简单的相互作用可构成复杂的全局行为。[5]

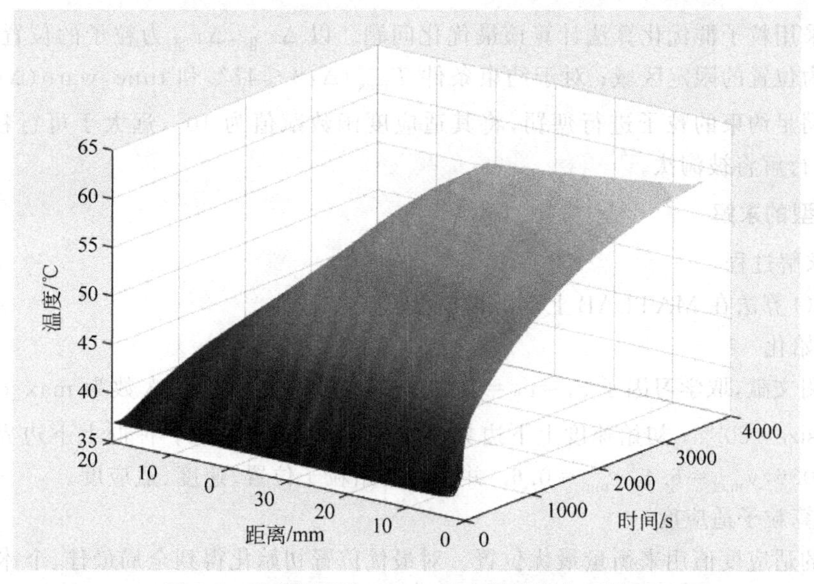

图 5-7 Ⅱ层厚度为 14mm 的内部温度分布情况

b. 算法步骤

Step1 初始化。运用 PSO 算法求解优化问题时，从初始化一群随机粒子的位置和速度出发，产生 N 个粒子的粒子群，其速度与位置分别为 v_i 和 p_i，$i=1,2,\cdots,N$。将每个粒子的当前位置设置为 dbest 坐标，计算出个体极值点的适应度值，个体极值中最好的设置为全局极值点的适应度值，将该最好粒子的当前位置设置为 gbest。

Step2 计算粒子适应度。若计算出的适应度值好于该粒子当前适应度，则该粒子位置为 dbest。若所有粒子的个体极值中有好于当前全局极值的，则将最好的粒子位置设置成 gbest。

Step3 更新。用下面的式(23)与式(24)更新粒子的速度与位置。

$$v_{id}^{k+1}=v_{id}^{k}+c_1\mathrm{rand}_1^k(\mathrm{dbest}_{id}^k-x_{id}^k)+c_2\mathrm{rand}_2^k(\mathrm{gbest}_{id}^k-x_{id}^k) \tag{23}$$

$$x_{id}^{k+1}=x_{id}^{k}+v_{id}^{k} \tag{24}$$

其中，v_{id}^k 为第 i 个粒子在第 k 次迭代中第 d 维的速度，x_{id}^k 为第 i 个粒子在第 k 次迭代中第 d 维的位置，c_1，c_2 为学习因子，常数 rand_1^k，rand_2^k 为[0,1]上均匀分布的随机数。

Step4 检验结束条件。若当前迭代次数达到预定次数，则停止迭代，输出最优解，否则继续。

2. 模型的建立

在问题 2 建立的等效皮肤系统模型与问题 1 中一维非稳态导热模型的基础上，以Ⅱ层与Ⅳ层厚度为变量，确定目标函数为Ⅱ层与Ⅳ层厚度之和最小，约束条件为皮肤外侧最高温度不大于 47℃，温度超过 44℃的时间不大于 5min，Ⅱ层厚度范围为 0.6～25mm，Ⅳ层厚度范围为 0.6～6.4mm。

$$\text{即}\begin{cases}\min\ \Delta x_{\mathrm{II}}+\Delta x_{\mathrm{IV}}\\ \text{s. t.}\begin{cases}T_{\max}(\Delta x)\leqslant 47℃\\ \text{time\_warn}(\Delta x)\leqslant 5\text{min}\\ 0.6\text{mm}\leqslant \Delta x_{\mathrm{II}}\leqslant 25\text{mm}\\ 0.6\text{mm}\leqslant \Delta x_{\mathrm{III}}\leqslant 6.4\text{mm}\end{cases}\end{cases} \tag{25}$$

然后采用粒子群优化算法计算该最优化问题。以 $\Delta x_{\text{Ⅱ}}$，$\Delta x_{\text{Ⅲ}}$ 为粒子的位置坐标，厚度的上下限为位置的限定区域；对于约束条件 $T_{\max}(\Delta x)\leqslant 47℃$ 和 time_warn$(\Delta x)\leqslant 5$min，我们对不满足约束的粒子进行惩罚，将其适应度函数赋值为 10^9，远大于可行粒子的适应度，故不可行解将被淘汰。[6]

3. 模型的求解

(1) 求解过程

用 PSO 算法在 MATLAB 上求解该模型。

① 初始化

经查阅文献，取学习因子 $c_1=c_2=1.49445$[7]；选取最大迭代次数为 max_diedai=50；种群规模 size=80[6]；初始速度上下边界值 $v_{\max}=1$，$v_{\min}=-1$；种群上下边界值 $x_{\max}=25$，$x_{\min}=0.6$，$y_{\max}=6.4$，$y_{\min}=0.6$. 并产生初始粒子位置、速度、适应度。

② 计算粒子适应度

粒子的适应度值用来衡量最优位置。对最优位置初始化得到全局最佳、个体最佳、个体最佳适应度、全局最佳适应度

③ 更新

运用式(23)与式(24)对每一个粒子的速度及位置更新，再计算每一粒子的适应度值，之后再选出新的个体最佳与全局最佳。

④ 结束条件

重复上述过程，直到迭代次数 max_diedai=50，停止迭代，输出最优解。否则继续。

(2) 求解结果

利用 MATLAB 编程，经过 50 次迭代后，从图 5-8 可以看出，适应度值收敛，即找到了最优解。

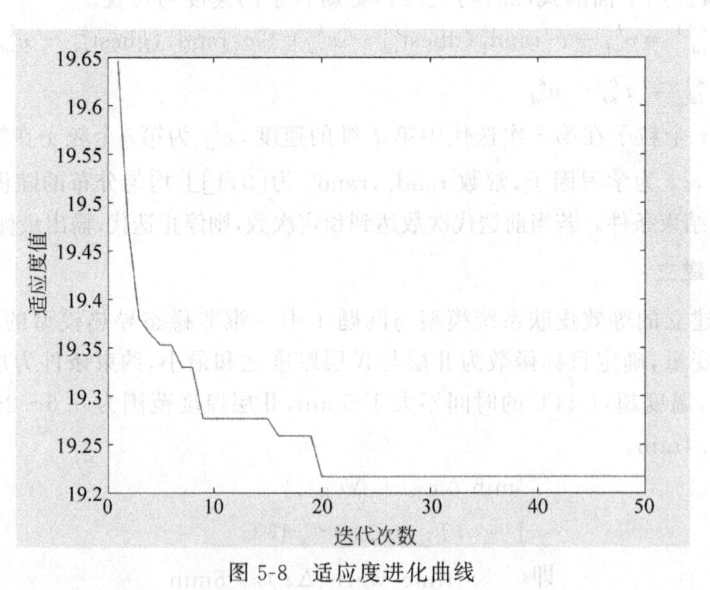

图 5-8 适应度进化曲线

此时程序运行结果为 $\Delta x_{\text{Ⅱ}}=12.9$mm，$\Delta x_{\text{Ⅳ}}=6.3$mm。

此时在织物层、空隙层与皮肤层的温度分布如图 5-9 所示。

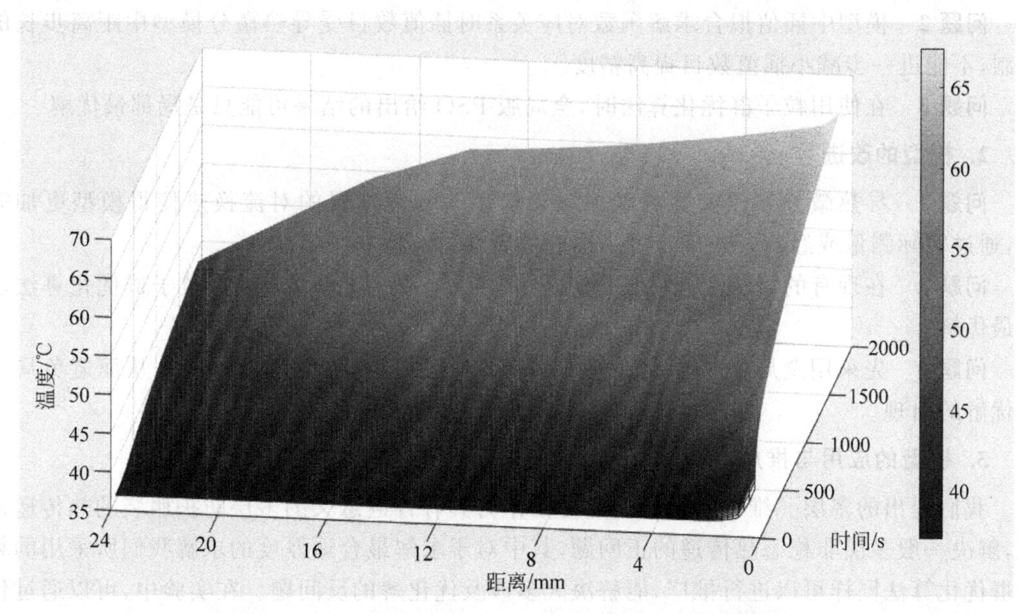

图 5-9 $\Delta x_{\text{II}}=12.9\text{mm}$，$\Delta x_{\text{IV}}=6.3\text{mm}$ 的温度分布情况

5.3.8 模型的评价、改进及推广

1. 模型的评价与改进

(1) 模型的优点

问题 1 采用有限差分法的隐式差分格式求解，不受显式差分法的网格划分限制，此模型可以采取更为细致的网格划分，从而使结果更为精确。通过追赶法来求解隐式差分方程组也比显式差分方程组的直接求解法更为高效，大大降低运算次数和提高运算效率。

问题 2 采用插值拟合的方法寻找第二层厚度与约束中所要求的温度之间的对应函数关系，利用 MATLAB 进行插值拟合运算，调整插值数目使得精度合理可靠，从而方便直观地得到了满足所需温度条件的最小厚度。而利用粒子群优化算法建立皮肤等效模型，使得边界条件得以完善。通过检验，皮肤等效模型的等效性较高，从而可以很好地代入原有模型从而得到较为精确的解。

问题 3 采用了粒子群优化算法求解目标函数。运用粒子群算法可以较好地解决双变量的目标函数优化问题，并且粒子群算法有着鲁棒性强收敛速度较快的优势[5]。

(2) 模型的缺点

问题 1

(1) 模型中忽略环境辐射对织物传热，织物内层与皮肤表面的空气对流换热，没有考虑湿传递，使计算结果与实际情况可能存在一定偏差。

(2) 织物外表面与空气的对流换热系数未知，通过插值拟合得到对流换热系数由 5～25 范围内变化所对应的温度分布关系，由对流换热系数的选取范围对温度分布的影响程度选取了处于 15～25 较稳定区间的 18 作为本模型中的对流换热系数，与实际对流换热系数相比可能存在偏差，从而影响结果准确性。

问题 2 模型中插值拟合求解函数对应关系时插值数目受导热微分模型中距离步长的限制,不能进一步减小插值数目提高精度。

问题 3 在使用粒子群优化算法时,全局版 PSO 给出的结果可能只是局部最优解[5]。

2. 模型的改进

问题 1 导热微分方程模型可以加入辐射换热和空气层的对流换热使得模型更加完善,通过实际测量或经验公式确定更为准确的表面对流换热系数。

问题 2 在现有的算法上,改用以Ⅱ层的厚度最小为目标函数,通过粒子群优化算法求解最优解。

问题 3 先采用全局 PSO 找到大致的结果,再选用局部 PSO 进行搜索,从而避免局部最优解的出现。

3. 模型的应用与推广

我们提出的多层一维导热微分模型可以作为具有普遍意义的多层防护服装的热传递模型,解决一般多层非稳态热传递的正问题,其中对于求解最合适厚度的求解我们所采用的粒子群优化算法同样可以进行推广,能解决大多涉及优化解的反问题。在实验中,可以通过仅测量模型中的关键参数来借助该模型计算大致的温度分布,免去了恒温假人实验。

参考文献

[1] 卢琳珍. 多层热防护服装的热传递模型及参数最优决定[D]. 浙江:浙江理工大学,2018.

[2] 苏云,王云仪,李俊,等. 消防服衣下空气层热传递机制研究进展[J]. 纺织学报,2016,37(1):167-172.

[3] 史策. 热传导方程有限差分法的 MATLAB 实现[J]. 咸阳师范学院学报,2009,24(4):27-29.

[4] 姚仲鹏,王瑞军. 传热学[M]. 北京:北京理工大学出版社,1995.

[5] 杨维,李歧强. 粒子群优化算法综述[J]. 中国工程科学,2004,6(5):87-94.

[6] 张雯雰,王刚,朱朝晖,等. 粒子群优化算法种群规模的选择[J]. 计算机系统应用,2010,19(5):125-128.

[7] 王先超,韩波,张开银,等. 粒子群算法在求解数学建模最优化问题中的应用[J]. 阜阳师范学院学报(自然科学版),2016,33(2):117-121.

5.4 论文点评

对于问题 1,论文给出了明确的一维多层介质热传导方程,以及相应的初始条件、边界条件、交界面条件。随后,论文中给出了求解方程的有限差分算法,并分别介绍了显式、隐式两种差分格式。应该说,作者对问题 1 的回答是非常完善的。

对于问题 2,文中给出了优化模型,不足之处是没有应用有针对性的算法,而是选取了一系列厚度,来计算相应的皮肤层温度变化曲线,据此确定材料厚度。这种算法存在较大的误差,而且所建的优化模型事实上并没有发挥作用。

对于问题 3,论文也建立了相应的优化模型,并运用粒子群算法进行求解。文中在这一部分详细介绍了粒子群算法原理,在一定程度上弥补了问题 2 的不足。需要指出的是,在这一问的优化模型中,作者将两层的材料厚度之和作为优化目标,没有体现出两层的差异来。这里应该根据防热服的工业设计原理,适当地区分内外隔热层厚度的优缺点差异来,并体现在目标函数中,从而获得更理想的优化结果。

总体来说,这篇论文所建的模型都非常有针对性,比较好地吻合了每一问的要求,而且注意到了对每一个模型的详细解释,对计算结果也做了比较详尽的分析和说明。存在的问题有两个:一是问题 2 的求解算法过于简单粗略,问题 3 对双目标优化的处理过于简单;二是计算完成后,没有注意做误差分析、灵敏度分析,而这应该是数值计算中的必备流程。

值得一提的是,论文的排版很漂亮,图表清晰、直观,而且都是有利于读者理解论文结果和思想的图表,并不显得繁杂。本文的摘要也是一个非常好的范例,没有任何多余的文字,明确说明了自己的建模思路、所用的建模方法和计算结果。

5.5 获奖论文——针对各织物层厚度对热防护服防护性能的研究

作　　者:徐　健　李　浪　杜嘉明

指导教师:熊春光

获奖情况:2018 年全国数学建模竞赛二等奖

摘要

为设计并测试专用耐高温服装,可将体内温度控制在 37℃的假人放置在实验室的高温环境中,测量假人皮肤外侧的温度。不过为了降低研发成本、缩短研发周期,我们将首先利用数学模型来确定假人皮肤外侧的温度变化情况。

现已知耐高温专用服装通常由三层织物材料构成,记为Ⅰ、Ⅱ、Ⅲ层,第一层与外界环境接触,第三层与皮肤之间还存在空隙,将空隙记为Ⅳ层。各层传热学参数已知。由于热传导方向沿材料分界面法向,分析假定该问题可以抽象为一维模型进行分析。

对于问题 1,首先分析附件所给数据,进行特异值检验,根据数据插值拟合情况分析可知数据拟合情况良好,无特异值。接下来我们通过傅里叶定理构建传热偏微分方程组,分析得出其边界条件和初始条件,利用有限元法对每层材料所对应方程的边界条件进行简化,再使用有限差分法,利用 MATLAB 编程求出方程组的数值解,并作出温度随空间坐标 x 和时间坐标 t 的分布曲面,并将数据记录到 Excel 表格中。

通过分析温度分布情况可以发现,温度分布趋势为在非稳态先上升达到稳态时稳定不变,而各层的厚度越大,隔热效果越好,但厚度会影响穿着体验,因次需要找到符合要求的最小厚度。

对于问题 2,假定假人内部一定距离处有一热源维持假人温度 37℃,即在前四层基础上引入了第五层的模型,利用 MATLAB 编写粒子群算法,可求出第五层对应的传热学参数。基于问题 1 中的方程组即可列出适应问题 2 的方程组,再次进行有限差分求解,同时利用问题要求的假人表面温度分布特点构建约束条件,使用粒子群算法即可求出最优的第二层厚度。

针对问题 3,仍可采用问题 2 的模型进行求解但转变为双变量优化问题,为了得到更优的结果,利用 COMSOL 物理场建模软件进行建模与仿真,即可得到最优解。

随后对模型进行了评价,模型优势在于求解偏微分方程组时使用了有限元法、有限差分法，使得求解简单易行，提高了计算效率；通过设立“虚拟距离”的方式解决边界条件缺失的问题，使两端具有稳定的边界条件；采用粒子群算法可以很好解决寻优问题，节省时间；采用仿真建模软件得到直观可信的结果。缺陷在于偏微分方程数值解法精度不够高；粒子群算法易陷入局部最优；抽象出的一维传热模型不能与实际相符，过于理想化。

最后，对模型的缺点提出了改进优化的手段：使用高阶差分提高偏微分方程组数值解精度，采用模拟退火算法解决局部最优问题，使用柱坐标模型进行计算求解。希望通过更多实验数据对模型进行不断检验修正，提高模型的适应性。

关键词：傅里叶定理，有限差分法，有限元法，粒子群算法，目标优化。

5.5.1 问题的背景和重述

服装作为人和外界环境的分隔区，有着第二皮肤的功能，是人们从事各种活动的基本保障。当人不得不在复杂、极端环境下工作时，对服装的保护功能提出了很高的要求。例如，在高温环境下工作时，人们需要穿着专用服装以避免高温灼伤。

耐高温专用服装通常由三层织物材料构成，记为Ⅰ、Ⅱ、Ⅲ层，第一层与外界环境接触，第三层与皮肤之间还存在空隙，将空隙记为Ⅳ层。

为设计并测试专用服装，可以将体内温度控制在37℃的假人放置在实验室的高温环境中，测量假人皮肤外侧的温度。不过为了降低研发成本、缩短研发周期，我们将首先利用数学模型来确定假人皮肤外侧的温度变化情况，并提出了以下三个问题：

(1) 在已知服装各层材料相关参数及当实验室环境温度为75℃，工作时间为90min时测得的假人皮肤外侧温度时，计算这一情况下服装各层的温度随工作时间和厚度的分布。

(2) 在确定环境温度为65℃，其他层厚度均已确定，Ⅱ层厚度在0.6～25mm范围内时，找到该层的最优厚度使得工作60min时，测得假人皮肤外侧温度不超过47℃且超过44℃的时间不超过5min。

(3) 在确定环境温度为80℃，Ⅰ、Ⅲ层厚度已确定，Ⅱ层厚度在0.6～25mm范围内、Ⅳ层厚度在0.6～6.4mm范围内时，找到这两层的最优厚度使得工作30min时，测得假人皮肤外侧温度不超过47℃且超过44℃的时间不超过5min。

5.5.2 基本假设

1. 织物材料均为辐射灰体，质量输运传递可忽略不计。
2. 不考虑辐射热流量。
3. 温度的改变不会使材料发生物理变形。
4. 各材料均为均匀材料，具有各向同性的特点。
5. 因空气层(Ⅳ层)的厚度值不超过6.4mm，热对流影响小，不考虑热对流。
6. 该实验中的热流密度不会出现极大的瞬时值，不会出现瞬态加热的情况。
7. 不考虑能量向外界流失，该系统满足能量守恒定律。
8. 系统热传递仅考虑热辐射、热传导的传热，忽略水汽的影响，即不考虑热湿传递。
9. 假人内部存在一点热源，用来维持假人温度为37℃。
10. 热传递沿假人表面法向，故可视为一维问题。

5.5.3　符号约定

c	比热	t	时间
ρ	密度	x	距离(从外界与第一层交界处为原点)
λ	热传导率	q_{conv}	热辐射密度
Φ	热流量	q_{rad}	热对流密度
l_i	第 i 层厚度	$t_{外}$	外界温度
T	温度	k_i	第 i 层的热传导系数

5.5.4　问题的分析

对于问题 1,首先对附件中给出的假人皮肤外侧温度数据进行预处理,通过拟合确定是否存在特异值。由此获得该处的温度随时间变化曲线,以此作为此处的边界条件。本题要求通过该数据计算各层温度分布情况,要点在于建立热传导偏微分方程模型。并找到对应的初值条件和边界条件。通过有限元法将边界条件全部变为第一类边界以简化运算再通过有限差分法进行偏微分方程组的求解。该问题用到热传导方程、傅里叶定理、有限元法、有限差分法。

对于问题 2,此时外界温度与问题 1 相比有了变化,但整个传热过程相同。但假人皮肤外表面的温度信息不再已知,因此我们假设假人内部有一 37℃热源,通过粒子群算法找到合适的距离和热传导系数,即构建了第五段热传导方程。在问题 1 所建立的偏微分方程的基础上,可以很快列出问题 2 的热传导微分方程组。考虑问题所要求的条件,以此建立约束模型,采用粒子群算法求解该确定厚度的服装设计反问题。

对于问题 3,外界温度再次变化,约束条件与问题 2 相同,此时仍可采用问题 2 的模型,但所需要优化求解的量变为两个,结合该模型我们可以得到相应的最优解,为了使得问题得到直观准确的解,我们使用了传热学模拟软件 COMSOL 进行模型模拟,即可得到最优结果。

5.5.5　模型的建立与求解

1. 问题 1 的模型建立与求解

(1) 数据预处理

首先对附件所给假人皮肤外侧温度数据进行预处理,使用 MATLAB 进行拟合,进行傅里叶拟合(见图 5-10),发现拟合度为 0.8889,拟合度较好,且所有点均在拟合曲线上,由此可以判定没有特异值需要剔除。

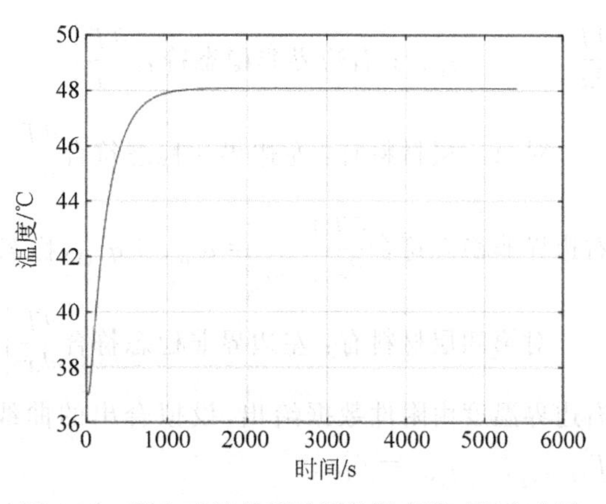

图 5-10　假人皮肤外侧的测量温度随时间变化图

(2) 微分方程模型的建立

为求得物体的温度分布,必须建立描述温度场的一般性规律的微分方程——导热微分方程。

由微元体的能量守恒和傅里叶定律可以导出该方程。直角坐标系下三维非稳态导热微分方程为

$$\rho c\ \frac{\partial T}{\partial t}=\frac{\partial}{\partial x}\left(\lambda\ \frac{\partial T}{\partial x}\right)+\frac{\partial}{\partial y}\left(\lambda\ \frac{\partial T}{\partial y}\right)+\frac{\partial}{\partial z}\left(\lambda\ \frac{\partial T}{\partial z}\right)+\Phi$$

由于该问题导热系数为常数,内无热源且为一维导热问题,则该方程可简化为

$$\frac{\partial T}{\partial t}=a^2\ \frac{\partial}{\partial x}\left(\frac{\partial T}{\partial x}\right)\quad \left(\text{其中 } a^2=\frac{\lambda}{\rho c}\right)$$

为了完整描述具体的导热过程,除了建立如上的微分方程模型外,还需要给出该方程的两个边界条件和一个初值条件。这两组条件与微分方程一起构成具体的导热过程的完整数学描述。

附件一　专用服装材料的参数值

分　层	密度 ρ/(kg/m³)	比热 c/[J/(kg·℃)]	热传导率 λ/[W/(m·℃)]	厚度/mm
Ⅰ层	300	1377	0.082	$l_1=0.6$
Ⅱ层	862	2100	0.37	$l_2=0.6\sim25$
Ⅲ层	74.2	1726	0.045	$l_3=3.6$
Ⅳ层	1.18	1005	0.028	$l_4=0.6\sim6.4$

根据上表所示及附件所给数据,可以将该服装按材料分开进行分析。显然各层材料均满足上述导热微分方程,但各层方程系数 a^2 各不相同。根据题目条件可知初值条件为

$$T_{(x,0)}=37℃,\quad 0<x<l_1+l_2+l_3+l_4$$

下面对各层边界条件进行分析。

对于第一层材料,左边界与外界接触,根据假设可知外界温度恒定不变设为 $t_{外}$,则左边界为第一类边界条件 $T_{(0,t)}=t_{外}$。右边界与第二层材料接触,根据傅里叶定理可知该处符合第二类边界条件:非稳态时符合$\left.\frac{\partial T}{\partial x}\right|_{x=l_1}=q_{\text{conv}}+q_{\text{rad}}$,稳态时符合$\left.\frac{\partial T}{\partial x}\right|_{x=l_1}=q_{\text{conv}}$。

对第二层材料同理分析有:左边界非稳态符合$\left.\frac{\partial T}{\partial x}\right|_{x=l_1}=q_{\text{conv}}+q_{\text{rad}}$,稳态时符合$\left.\frac{\partial T}{\partial x}\right|_{x=l_1}=q_{\text{conv}}$;右边界非稳态符合$\left.\frac{\partial T}{\partial x}\right|_{x=l_2}=q_{\text{conv}}+q_{\text{rad}}$,稳态符合$\left.\frac{\partial T}{\partial x}\right|_{x=l_2}=q_{\text{conv}}$。

对第三层材料有:左边界非稳态符合$\left.\frac{\partial T}{\partial x}\right|_{x=l_2}=q_{\text{conv}}+q_{\text{rad}}$,稳态符合$\left.\frac{\partial T}{\partial x}\right|_{x=l_2}=q_{\text{conv}}$;右边界非稳态符合$\left.\frac{\partial T}{\partial x}\right|_{x=l_3}=q_{\text{conv}}+q_{\text{rad}}$,稳态符合$\left.\frac{\partial T}{\partial x}\right|_{x=l_3}=q_{\text{conv}}$。

对第四层材料有:左边界非稳态符合$\left.\frac{\partial T}{\partial x}\right|_{x=l_3}=q_{\text{conv}}+q_{\text{rad}}$,稳态符合$\left.\frac{\partial T}{\partial x}\right|_{x=l_3}=q_{\text{conv}}$;右边界温度由附件数据给出,设拟合出的曲线为 $f_{(t)}$,则右边界条件为第一类边界条件:$T_{(l_1+l_2+l_3+l_4,t)}=f_{(t)}$。

根据上述分析即可列出该问题的偏微分方程组:

$$
\begin{cases}
\dfrac{\partial T}{\partial t}=a_1^2\dfrac{\partial}{\partial x}\left(\dfrac{\partial T}{\partial x}\right), & (x,t)\in(0,l_1)\times(0,t)\\
\dfrac{\partial T}{\partial t}=a_2^2\dfrac{\partial}{\partial x}\left(\dfrac{\partial T}{\partial x}\right), & (x,t)\in(0,l_1+l_2)\times(0,t)\\
\dfrac{\partial T}{\partial t}=a_3^2\dfrac{\partial}{\partial x}\left(\dfrac{\partial T}{\partial x}\right), & (x,t)\in(0,l_1+l_2+l_3)\times(0,t)\\
\dfrac{\partial T}{\partial t}=a_4^2\dfrac{\partial}{\partial x}\left(\dfrac{\partial T}{\partial x}\right), & (x,t)\in(0,l_1+l_2+l_3+l_4)\times(0,t)\\
T(0,t)=t_{外},\quad \left.\dfrac{\partial T}{\partial x}\right|_{x=l_1}=q_{\text{conv}}+q_{\text{rad}}\\
\left.\dfrac{\partial T}{\partial x}\right|_{x=l_1}=q_{\text{conv}}+q_{\text{rad}},\quad \left.\dfrac{\partial T}{\partial x}\right|_{x=l_1+l_2}=q'_{\text{conv}}+q'_{\text{rad}}\\
\left.\dfrac{\partial T}{\partial x}\right|_{x=l_1+l_2}=q'_{\text{conv}}+q'_{\text{rad}},\quad \left.\dfrac{\partial T}{\partial x}\right|_{x=l_1+l_2+l_3}=q''_{\text{conv}}+q''_{\text{rad}}\\
\left.\dfrac{\partial T}{\partial x}\right|_{x=l_1+l_2+l_3}=q''_{\text{conv}}+q''_{\text{rad}},\quad T(l_1+l_2+l_3+l_4,t)=f(t)\\
T(x,0)=37℃,\quad x\in(0,l_1+l_2+l_3+l_4)
\end{cases}
$$

(3) 微分方程模型的数值解法

根据上述模型,可使用有限差分的方法,求出该偏微分方程组的数值解。

通过有限差分法对空间和时间分别进行离散处理,将空间区间 M 等分,时间区间 N 等分,那么在时间方向和空间方向的离散分别为

$$
t_{(j)}=j\tau_0,\quad j=0,1,2,\cdots,N\quad \left(\tau_0=\frac{t-0}{N}\right)
$$

$$
x_{(i)}=ih,\quad i=0,1,2,\cdots,M\quad \left(h=\frac{l_1+l_2+l_3+l_4}{M}\right)
$$

即可使用差分公式:

$$
\left.\frac{\partial^2 T}{\partial x^2}\right|_{(x_i,t_j)}=\frac{T_{(x_i-h,t_j)}-2T_{(x_i,t_j)}+T_{(x_i+h,t_j)}}{h^2}+O_{(h^2)}\approx\frac{T_{(i-1,j)}-2T_{(i,j)}+T_{(i+1,j)}}{h^2}
$$

$$
\left.\frac{\partial T}{\partial t}\right|_{(x_i,t_j)}=\frac{T_{(x_i,t_j+k)}-T_{(x_i,t_j)}}{k}+O_{(k)}\approx\frac{T_{(i,j+1)}-T_{(i,j)}}{k}
$$

代入热传导方程和边界条件即可求出方程组的数值解。[1]

(4) 有限元法数值分析

将求解区域看作是只在节点处相连接的一组有限个单元的组合体,把节点温度作为基本未知量,利用变分原理建立用以求解节点未知量(温度)的有限元法方程,通过求解这些方程组,得到求解域内有限个离散点上的温度近似解,并以这些温度近似解代替实际物体内连续的温度分布。随着单元数目的增加,单元尺寸的减小,单元满足收敛要求,近似解就可收敛于精确解。[2]

① 单元分析

根据傅里叶定理可建立热流量 Φ 与节点温度的关系:

$$\Phi_1=\frac{\lambda_i A}{l_i}T_a-\frac{\lambda_i A}{l_i}T_b=K_iT_a-K_iT_b$$

$$\Phi_2=-\frac{\lambda_i A}{l_i}T_a+\frac{\lambda_i A}{l_i}T_b=-K_iT_a+K_iT_b$$

写成矩阵表示，得

$$\begin{pmatrix}\Phi_1\\ \Phi_2\end{pmatrix}=\begin{pmatrix}K_i & -K_i\\ -K_i & K_i\end{pmatrix}\begin{pmatrix}T_a\\ T_b\end{pmatrix}$$

② 整体分析

将公共一个节点的两个单元组合起来，即可建立整体方程。由能量守恒定律可得，流入节点的热流量与流出节点的热流量代数和为零。因此可得如下矩阵（上角标为单元号，下角标为节点号）：

$$\begin{bmatrix}\Phi_1^1+\Phi_1^{外}\\ \Phi_2^1+\Phi_2^2\\ \Phi_3^2+\Phi_3^3\\ \Phi_4^3+\Phi_4^4\\ \Phi_5^4+\Phi_5^{外}\end{bmatrix}=\begin{bmatrix}\Phi_1^1\\ \Phi_2^1\\ \Phi_3^1\\ \Phi_4^1\\ \Phi_5^1\end{bmatrix}+\begin{bmatrix}\Phi_1^2\\ \Phi_2^2\\ \Phi_3^2\\ \Phi_4^2\\ \Phi_5^2\end{bmatrix}+\begin{bmatrix}\Phi_1^3\\ \Phi_2^3\\ \Phi_3^3\\ \Phi_4^3\\ \Phi_5^3\end{bmatrix}+\begin{bmatrix}\Phi_1^4\\ \Phi_2^4\\ \Phi_3^4\\ \Phi_4^4\\ \Phi_5^4\end{bmatrix}+\begin{bmatrix}\Phi_1^{外}\\ \Phi_2^{外}\\ \Phi_3^{外}\\ \Phi_4^{外}\\ \Phi_5^{外}\end{bmatrix}=\begin{bmatrix}0\\0\\0\\0\\0\end{bmatrix}$$

将单元分析中的矩阵代入上式，得

$$\begin{bmatrix}K_1 & -K_1 & 0 & 0 & 0\\ -K_1 & K_1 & 0 & 0 & 0\\ 0 & 0 & 0 & 0 & 0\\ 0 & 0 & 0 & 0 & 0\\ 0 & 0 & 0 & 0 & 0\end{bmatrix}\begin{bmatrix}T_1\\T_2\\T_3\\T_4\\T_5\end{bmatrix}+\begin{bmatrix}0 & 0 & 0 & 0 & 0\\ 0 & K_2 & -K_2 & 0 & 0\\ 0 & -K_2 & K_2 & 0 & 0\\ 0 & 0 & 0 & 0 & 0\\ 0 & 0 & 0 & 0 & 0\end{bmatrix}\cdot$$

$$\begin{bmatrix}T_1\\T_2\\T_3\\T_4\\T_5\end{bmatrix}+\begin{bmatrix}0 & 0 & 0 & 0 & 0\\ 0 & 0 & 0 & 0 & 0\\ 0 & 0 & K_3 & -K_3 & 0\\ 0 & 0 & -K_3 & K_3 & 0\\ 0 & 0 & 0 & 0 & 0\end{bmatrix}\begin{bmatrix}T_1\\T_2\\T_3\\T_4\\T_5\end{bmatrix}+\begin{bmatrix}0 & 0 & 0 & 0 & 0\\ 0 & 0 & 0 & 0 & 0\\ 0 & 0 & 0 & 0 & 0\\ 0 & 0 & 0 & K_4 & -K_4\\ 0 & 0 & 0 & -K_4 & K_4\end{bmatrix}\begin{bmatrix}T_1\\T_2\\T_3\\T_4\\T_5\end{bmatrix}=-\begin{bmatrix}\Phi_1^{外}\\ \Phi_2^{外}\\ \Phi_3^{外}\\ \Phi_4^{外}\\ \Phi_5^{外}\end{bmatrix}$$

即 $\begin{bmatrix}k_1 & -k_1 & 0 & 0 & 0\\ -k_1 & k_1+k_2 & -k_2 & 0 & 0\\ 0 & -k_2 & k_2+k_3 & -k_3 & 0\\ 0 & 0 & -k_3 & k_3+k_4 & -k_4\\ 0 & 0 & 0 & -k_4 & k_4\end{bmatrix}\begin{bmatrix}T_1\\T_2\\T_3\\T_4\\T_5\end{bmatrix}=\begin{bmatrix}\Phi_1^{外}\\ \Phi_2^{外}\\ \Phi_3^{外}\\ \Phi_4^{外}\\ \Phi_5^{外}\end{bmatrix}$。这就是有限元法的整体方程。

③ 边界条件的处理及求解

根据实际情况可知该问题的边界条件存在第一类和第二类边界条件，对于第一类边界，相当于节点温度已知,外界流入热流量未知;对于第二类边界,相当于温度未知但外界流入热量为零。因此可将整体分析中左侧矩阵进行处理:将矩阵中与已知温度对应的主对角线元素置为1,对应行其他元素置为0;将Φ中与已知温度对应的元素设为该温度值。[2]由此可得

$$\begin{bmatrix} 1 & 0 & 0 & 0 & 0 \\ -k_1 & k_1+k_2 & -k_2 & 0 & 0 \\ 0 & -k_2 & k_2+k_3 & -k_3 & 0 \\ 0 & 0 & -k_3 & k_3+k_4 & -k_4 \\ 0 & 0 & 0 & 0 & 1 \end{bmatrix} \begin{bmatrix} T_1 \\ T_2 \\ T_3 \\ T_4 \\ T_5 \end{bmatrix} = -\begin{bmatrix} t_{外} \\ 0 \\ 0 \\ 0 \\ t_{表} \end{bmatrix}$$

因$t_{表}$即为附件中所给数据,则可解得各层连接处(节点)的温度分布情况。此时即获得了每层的左右两端温度分布,将所有边界条件均转化为第一类边界,使问题得到了简化。

④ 问题1的结果

使用MATLAB实现上述偏微分方程组的数值算法,所求出的温度分布如图5-11所示。

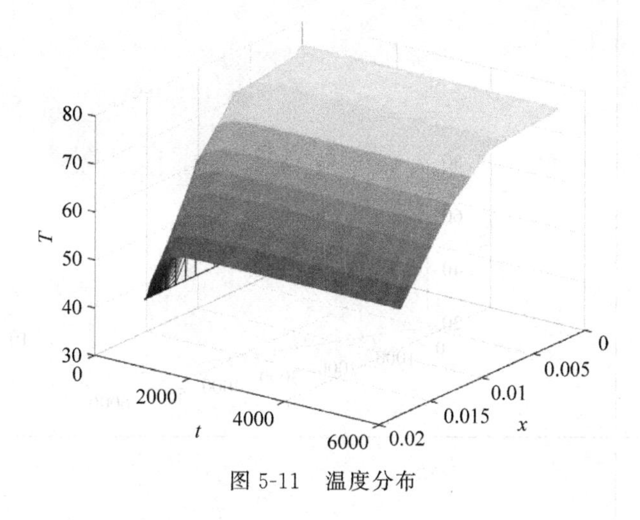

图5-11 温度分布

另外截取每一层材料的温度分布如下表所示。

分　层	温度分布
Ⅰ层	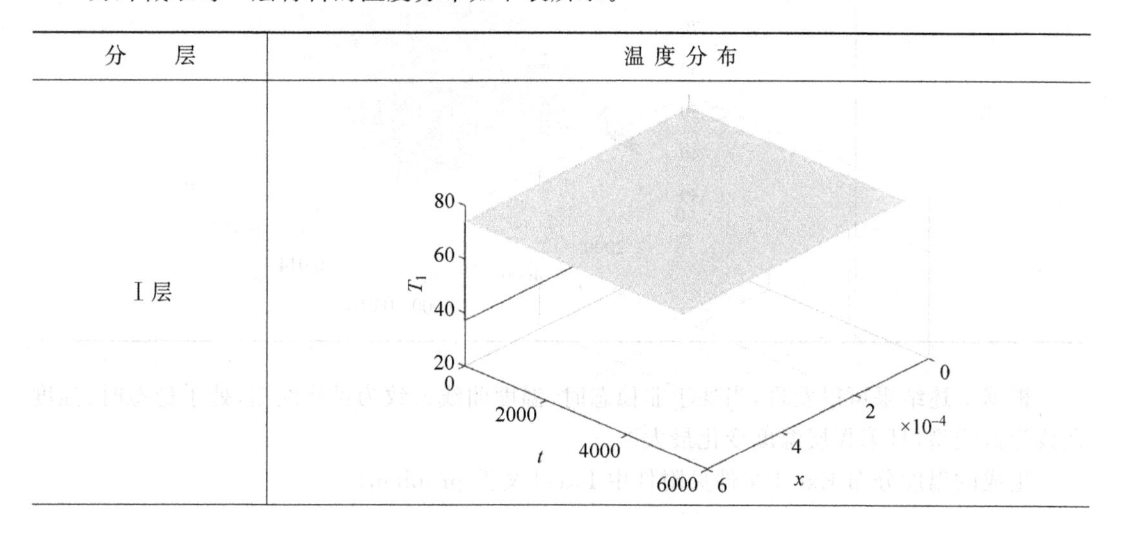

续表

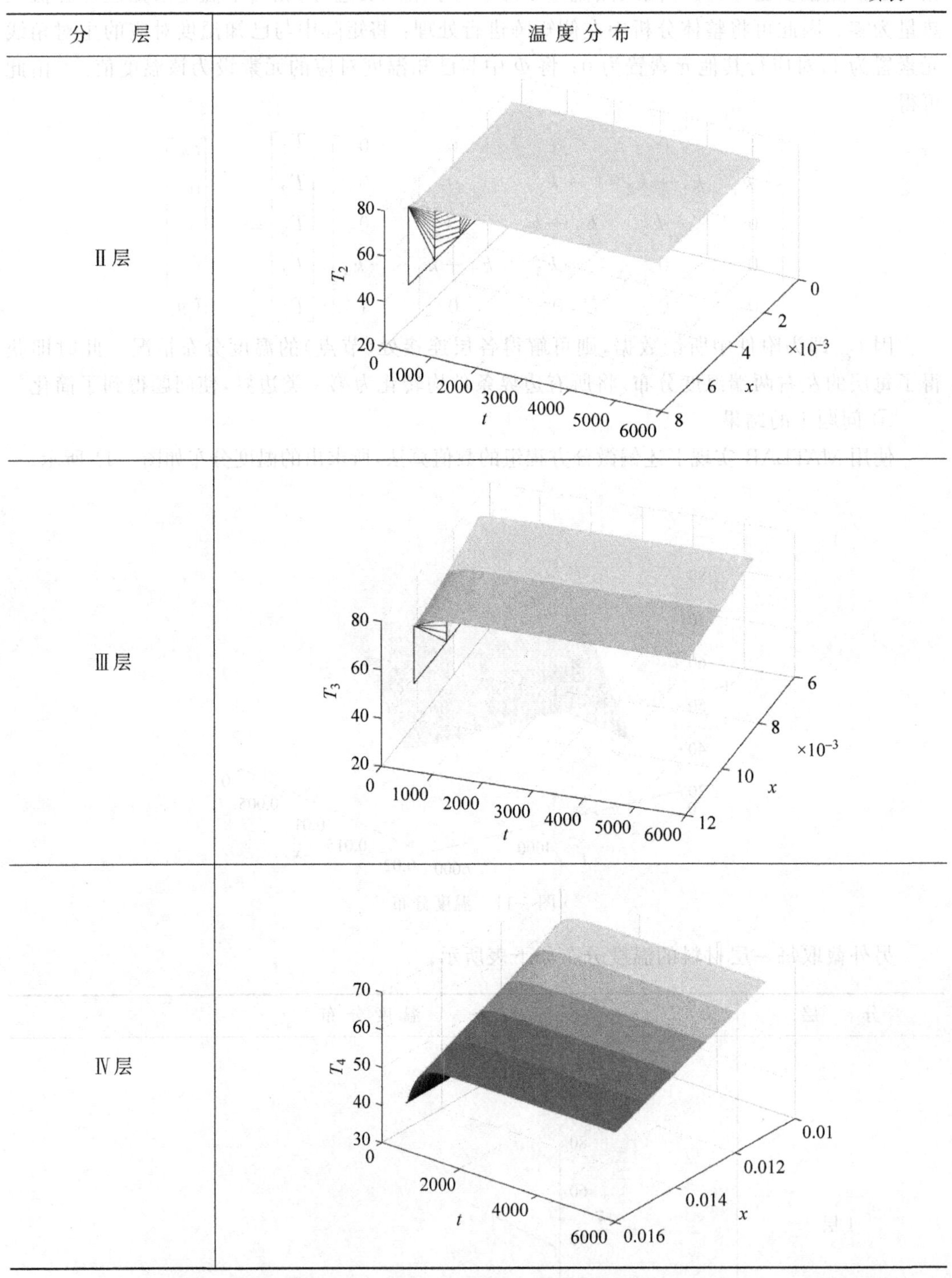

分　层	温 度 分 布
Ⅱ层	
Ⅲ层	
Ⅳ层	

根据上述结果可以发现，当处于非稳态时，温度曲线大致为抛物线型，处于稳态时，温度曲线为折线型，且第Ⅳ层温度变化最大。

生成的温度分布 Excel 文件见附件中 Excel 文件 problem1。

2. 问题 2 的建模和求解

(1) 基于粒子群算法的寻优

粒子群优化(PSO)算法是一种进化计算技术(evolutionary computation),源于对鸟群捕食的行为研究。粒子群算法在对动物集群活动行为观察的基础上,利用群体中的个体对信息的共享使整个群体的运动在问题求解空间中产生从无序到有序的演化过程,从而获得最优解。

算法中,每一个优化问题的解都可以视为搜索空间中的一只鸟(称为"粒子")。所有的粒子都有一个适应值(该适应值由被优化的函数决定),每个粒子还有一个速度决定它们飞翔的方向和距离。然后粒子们就追随当前的最优粒子在解空间中搜索。

算法的过程为:设定一群随机的粒子作为初态,然后通过迭代找到最优解。在每一次迭代中,粒子通过两个"极值"来更新自己的值。第一个就是粒子本身所找到的最优解,这个解叫做个体极值。另一个极值是整个粒子群目前找到的最优解,这个极值就是全局极值。[3]

根据要求即可设定出最优解的限定条件:$T(l_1+l_2+l_3+l_4,t)=f(t)$。

(2) 热传导方程组的建立

由于问题 1 中给出的热传导微分方程具有普适性,因此在问题 2 中该基本模型仍然适用,但由于条件的改变,需要将其方程的左边界条件的 $t_{外}$ 进行更改,同时 l_2 取值不定但 $l_2\in[0.6,25]$。

另外,此时第四层右边界条件不再已知,则不可通过简单的四段偏微分方程求解。由于假设人温度保持 37℃恒定,通过计算我们发现,防护服的稳态温度分布主要与厚度有关,因此我们设定一个虚拟距离 l_5 作为皮肤外侧到恒温源的距离(见图 5-13),其结果为 $l_5=7\text{mm}$,之后我们利用前面提到的粒子群算法,代入限定条件:

$$T_{(l_1+l_2+l_3+l_4,t)}=f_{(t)}$$

计算出最优的热传导系数,其结果为 $k_5=2.507\times10^{-7}$,此时温度随时间变化的对比见图 5-12。

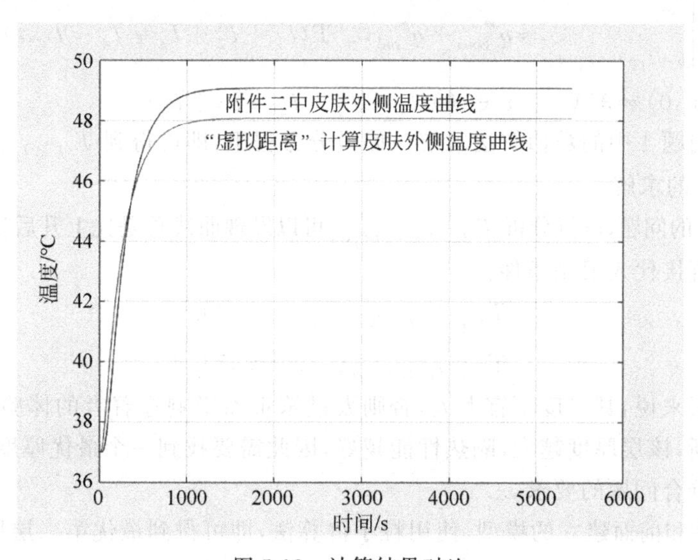

图 5-12 计算结果对比

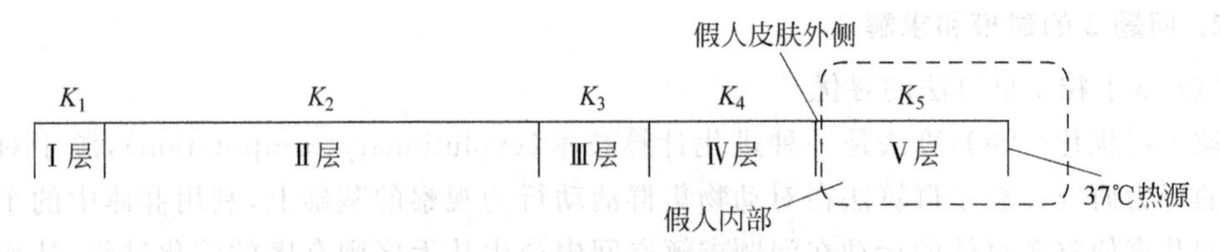

图 5-13　服装分层示意图

这时我们即可建立问题 2 的热传导偏微分方程组：

$$\begin{cases}
\dfrac{\partial T}{\partial t}=a_1^2\dfrac{\partial}{\partial x}\left(\dfrac{\partial T}{\partial x}\right), \quad (x,t)\in(0,l_1)\times(0,t) \\
\dfrac{\partial T}{\partial t}=a_2^2\dfrac{\partial}{\partial x}\left(\dfrac{\partial T}{\partial x}\right), \quad (x,t)\in(0,l_1+l_2)\times(0,t) \\
\dfrac{\partial T}{\partial t}=a_3^2\dfrac{\partial}{\partial x}\left(\dfrac{\partial T}{\partial x}\right), \quad (x,t)\in(0,l_1+l_2+l_3)\times(0,t) \\
\dfrac{\partial T}{\partial t}=a_4^2\dfrac{\partial}{\partial x}\left(\dfrac{\partial T}{\partial x}\right), \quad (x,t)\in(0,l_1+l_2+l_3+l_4)\times(0,t) \\
\dfrac{\partial T}{\partial t}=a_5^2\dfrac{\partial}{\partial x}\left(\dfrac{\partial T}{\partial x}\right), \quad (x,t)\in(0,l_1+l_2+l_3+l_4+l_5)\times(0,t) \\
T(0,t)=t_{外}, \quad \left.\dfrac{\partial T}{\partial x}\right|_{x=l_1}=q_{\text{conv}}+q_{\text{rad}} \\
\left.\dfrac{\partial T}{\partial x}\right|_{x=l_1}=q_{\text{conv}}+q_{\text{rad}}, \quad \left.\dfrac{\partial T}{\partial x}\right|_{x=l_1+l_2}=q'_{\text{conv}}+q'_{\text{rad}} \\
\left.\dfrac{\partial T}{\partial x}\right|_{x=l_1+l_2}=q'_{\text{conv}}+q'_{\text{rad}}, \quad \left.\dfrac{\partial T}{\partial x}\right|_{x=l_1+l_2+l_3}=q''_{\text{conv}}+q''_{\text{rad}} \\
\left.\dfrac{\partial T}{\partial x}\right|_{x=l_1+l_2+l_3}=q''_{\text{conv}}+q''_{\text{rad}}, \quad \left.\dfrac{\partial T}{\partial x}\right|_{x=l_1+l_2+l_3+l_4}=q'''_{\text{conv}}+q'''_{\text{rad}} \\
\left.\dfrac{\partial T}{\partial x}\right|_{x=l_1+l_2+l_3+l_4}=q'''_{\text{conv}}+q'''_{\text{rad}}, \quad T(l_1+l_2+l_3+l_4+l_5,t)=37 \\
T(x,0)=37℃, \quad x\in(0,l_1+l_2+l_3+l_4+l_5)
\end{cases}$$

再次采用问题 1 中的数值解法求解该偏微分方程组，即可得到 $T_{(l_1+l_2+l_3+l_4,t)}$。

(3) 问题 2 的求解

对于该确定的问题，进行分析 $T_{(l_1+l_2+l_3+l_4,t)}$ 可以发现曲线总是先上升后稳定(见图 5-12)，因此我们可以直接代入限制条件：

$$T_{(l_1+l_2+l_3+l_4,t\leqslant 3300)}\leqslant 44℃$$

$$T_{(l_1+l_2+l_3+l_4,t=3600)}\leqslant 47℃$$

对于第二层来说，其厚度不宜太大，否则太过笨重而影响穿着者的体验，显然由第一问的结论可以判断，该层厚度越大，隔热性能越好，因此需要找到一个最优厚度，并使在该厚度下的实验结果符合问题的要求。

利用该条件和前面建立的模型，使用粒子群算法，即可得到最优第二层厚度。如图 5-14 所示，$l_2=11.8\text{mm}$。

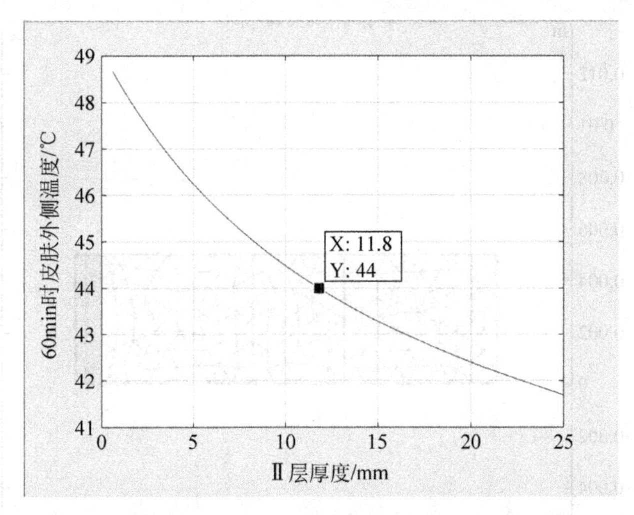

图 5-14 第 60min 时的皮肤外侧温度随Ⅱ层厚度变化曲线

3. 问题 3 的建模和求解

(1) 模型的准备

针对问题 3 所提出的问题，我们不难看出这是一个包含两个变量的多目标优化问题，在本问中，我们利用 COMSOL 软件进行模拟，通过该软件建立导热模型，并利用内置的优化器来对该问题进行优化。

(2) 模型的建立

首先我们提出几条针对热防护服的评价标准，对于第二层，一方面要求具有一定厚度来满足防护要求，另一方面也不能过于厚重，影响穿着体验并且提升造价。对于空隙层的要求与此类似，需要有一定厚度来减少热传递，同时也不能过于宽大导致穿着不舒适、行动不方便。针对以上要求，我们可以列出限定方程：

$$T(l_1+l_2+l_3+l_4, t\leqslant 1500)\leqslant 44℃,\qquad T(l_1+l_2+l_3+l_4, t=1800)\leqslant 47℃$$

目标方程：

$$l=l_1+l_2+l_3+l_4,\qquad m=12\rho$$

要求两个值达到最小，我们使用 COMSOL 来进行多目标优化。首先依然按照题意建立模型，设定 l_2 和 l_4 为变量，然后建立基础模型。

图 5-15 中从左至右分别是人体表皮，空隙层，以及三、二、一层，以及外部空气层。

利用软件设定其他层的厚度和环境温度，并设定四周绝热，利用优化工具箱开始键入目标方程及限定方程求解。经过选择优化工具箱来进行优化，得出以下结果见图 5-16。

COMSOL 软件给出了当第二层厚度约为 0.0163mm，空气层厚度为 0.064mm 时，以上方程取得最优解，在此情况下，1800s 时皮肤表面温度为 47.91℃，1500s 时皮肤表面为 44.87℃。

5.5.6 模型的评价及改进

1. 模型评价

(1) 模型的优点

① 利用了有限元法求解出每层材料的边界条件，进而建立热传导偏微分方程组，逐层

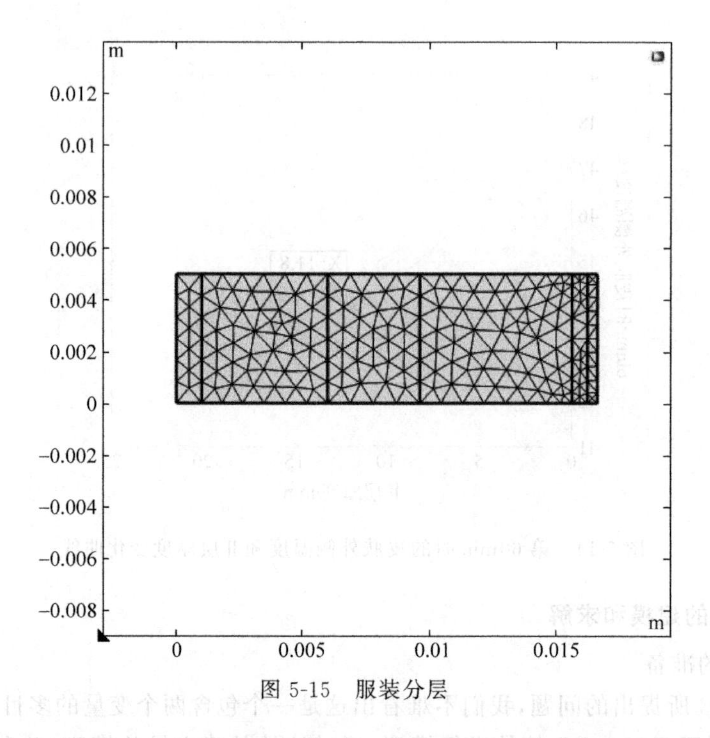

图 5-15　服装分层

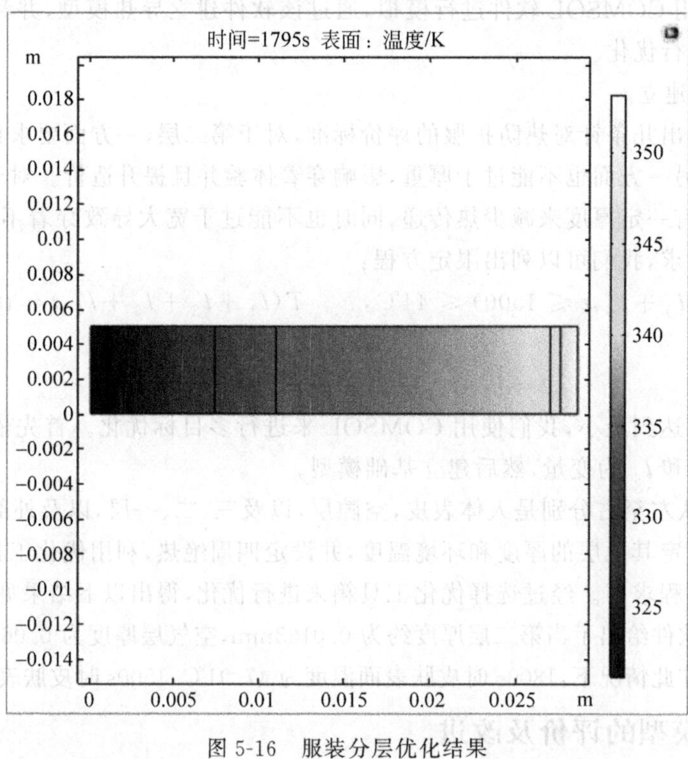

图 5-16　服装分层优化结果

对温度进行求解，更加准确。

② 通过设立“虚拟距离”的方式解决边界条件缺失的问题，使两端具有稳定的边界条件。

③ 借助计算机，使用有限差分法解偏微分方程组，提高计算效率。

④ 使用了粒子群算法等优化算法来寻找最优解，节省大量时间。

(2) 模型的缺点

① 粒子群算法虽然简单易行，但其容易陷入局部最优解在一些约束条件下会出现空集不能收敛的情况。

② 由于数据量较为庞大，为节省运算时间，本模型所计算的“虚拟距离”的精度并不高，计算出的结果误差较大。

③ 本文将该实际问题抽象为一维模型进行计算，实际上可能与实验值吻合度不佳。

④ 对于偏微分方程的数值解法精度不够高。

2. 模型的改进

① 可以使用更高阶的有限差分法或采用更细网格提高方程组数值计算结果的精度。

② 针对问题 2 进行算法的改进，可以使用模拟退火算法解决粒子群算法的陷入局部最优解的问题。

③ 将物理模型改为二维柱形模型，与实际情况更加符合。

3. 模型的扩展方向

通过更多的实验数据，对建立的数学模型进行不断修正，并与仿真软件对比，逐步提升该模型的鲁棒性。

参考文献

[1] 李萍，张磊，王垚廷. 基于 MATLAB 的偏微分方程数值计算[J]. 齐鲁工业大学学报，2017(4)：39-43.

[2] 孙彩华. 传热学中的有限元法数值分析[J]. 青海师范大学学报(自然科学版)，2013(1)：31-33，44.

[3] 余静飞，姜波，胡申华. 基于改进型粒子群算法的板式换热器优化设计[J]. 新疆大学学报(自然科学版)，2013(1)：106-109.

[4] 洪晓雪. 数学建模在传热学中的应用[J]. 求知导刊，2016(3)：127-127.

[5] 卢琳珍，徐定华，徐映红. 应用三层热防护服热传递改进模型的皮肤烧伤度预测[J]. 纺织学报，2018(1)：111-118.

[6] 司守奎. 数学建模算法与程序[M]. 北京：国防工业出版社，2013.

5.6 论文点评

论文中给出了一维热传导方程作为基础模型，并根据题目所给条件和数据确定了相应的定解条件，这些都较好地满足了题目的要求。接着论文介绍了求解偏微分方程的有限差分方法和有限元方法，并给出了相应的求解结果。这一部分作图质量不太好。

对第二、三问，论文注意到了条件和参数有所变化，据此重新建立了热传导方程模型。作者注意到了这两问都是最优化问题，提到了目标是实现厚度的最小化，也给出了相应的约束条件，但是没有建立明确的最优化模型，这是一个不小的缺憾。另外，论文这一部分表示使用了粒子群算法来计算优化结果，但是并没有详细说明粒子群算法的数学原理，以及在本问题上适用性。

总体来说，这篇论文的优点是建立了完善的一维热传导模型，对模型的变量、原理都做了正确描述，对相关算法的描述也很完善。在后两问的材料厚度问题上，也大致给出了相应的优化模型，所给的算法也具有较好的针对性。缺点是对优化问题求解算法的数学原理解释不够，而这方面的文献资料其实非常多，补充进来并不困难。另一方面，论文也没有注意到误差分析和灵敏度分析，说明对数值计算的整个逻辑过程没有很好的把握。

文中对第一、二问的分析比较全面，对第三问的论述较少，然而第三问其实更加复杂，有更多的自由发挥空间。这提示我们，在参加竞赛时要均衡分配时间和精力。

从论文写作的角度来看，整篇论文的结构很清楚，论述也很简洁，公式、图表整齐划一。不过摘要不够简洁，比如第一段完全是题目所给的条件，没有必要放在摘要里；关于模型评价的介绍内容也太多。

第6章 智能RGV的动态调度策略（2018 B）

6.1 题目

图6-1是一个智能加工系统的示意图，由8台计算机数控机床(computer number controller,CNC)、1辆轨道式自动引导车(rail guide vehicle,RGV)、1条RGV直线轨道、1条上料传送带、1条下料传送带等附属设备组成。RGV是一种无人驾驶、能在固定轨道上自由运行的智能车。它根据指令能自动控制移动方向和距离，并自带一个机械手臂、两只机械手爪和物料清洗槽，能够完成上下料及清洗物料等作业任务(见附件1)。

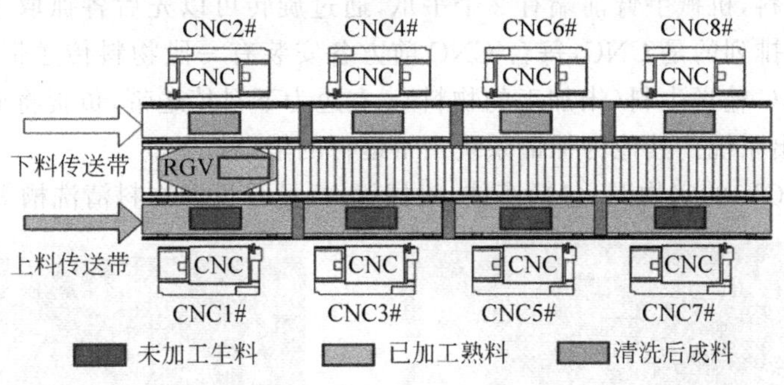

图6-1 智能加工系统示意图

针对下面的三种具体情况：

(1) 一道工序的物料加工作业情况，每台CNC安装同样的刀具，物料可以在任一台CNC上加工完成；

(2) 两道工序的物料加工作业情况，每个物料的第一道和第二道工序分别由两台不同的CNC依次加工完成；

(3) CNC在加工过程中可能发生故障(据统计：故障的发生概率约为1%)的情况，每次故障排除(人工处理，未完成的物料报废)时间介于10～20min，故障排除后即刻加入作业序列。要求分别考虑一道工序和两道工序的物料加工作业情况。

请你们团队完成下列两项任务：

任务1：对一般问题进行研究，给出RGV动态调度模型和相应的求解算法。

任务2：利用表6-1中系统作业参数的3组数据分别检验模型的实用性和算法的有效性，给出RGV的调度策略和系统的作业效率，并将具体的结果分别填入附件2的Excel表中。

表 6-1 智能加工系统作业参数的 3 组数据　　　时间单位：秒

系统作业参数	第 1 组	第 2 组	第 3 组
RGV 移动 1 个单位所需时间	20	23	18
RGV 移动 2 个单位所需时间	33	41	32
RGV 移动 3 个单位所需时间	46	59	46
CNC 加工完成一个一道工序的物料所需时间	560	580	545
CNC 加工完成一个两道工序物料的第一道工序所需时间	400	280	455
CNC 加工完成一个两道工序物料的第二道工序所需时间	378	500	182
RGV 为 CNC1＃、3＃、5＃、7＃一次上下料所需时间	28	30	27
RGV 为 CNC2＃、4＃、6＃、8＃一次上下料所需时间	31	35	32
RGV 完成一个物料的清洗作业所需时间	25	30	25

注：每班次连续作业 8h。

附件 1：智能加工系统的组成与作业流程

附件 2：模型验证结果的 Excel 表（完整电子表作为附件放在支撑材料中提交）

附件 1：智能加工系统的组成与作业流程

1. 系统的场景及实物图说明

在附图 1 中，中间设备是自带清洗槽和机械手的轨道式自动引导车 RGV，清洗槽每次只能清洗 1 个物料，机械手臂前端有 2 个手爪，通过旋转可以先后各抓取 1 个物料，完成上下料作业。两边排列的是 CNC，每台 CNC 前方各安装有一段物料传送带。右侧为上料传送带，负责为 CNC 输送生料（未加工的物料）；左边为下料传送带，负责将成料（加工并清洗完成的物料）送出系统。其他为保证系统正常运行的辅助设备。

附图 2 是 RGV 的实物图，包括车体、机械臂、机械手爪和物料清洗槽等。

附图 1 RGV—CNC 车间布局图

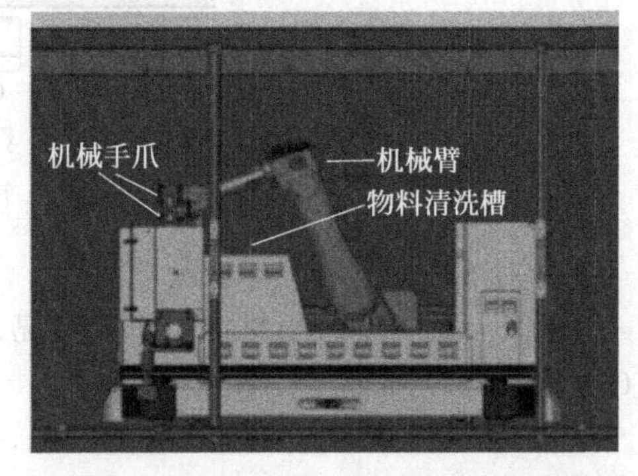

附图 2 带机械手臂和清洗槽的 RGV 实物图

在附图 3(a)中，机械臂前端上方手爪抓有 1 个生料 A，CNC 加工台上有 1 个熟料 B。RGV 机械臂移动到 CNC 加工台上方，机械臂下方空置的手爪准备抓取熟料 B，在抓取了熟料 B 后即完成下料作业。在附图 3(b)中，RGV 机械臂下方手爪已抓取了 CNC 加工台上的熟料 B 抬高手臂，并旋转手爪，将生料 A 对准加工位置，安放到 CNC 加工台上，即完成上料作业。

2. 系统的构成及说明

智能加工系统由 8 台 CNC、1 台带机械手和清洗槽的 RGV、1 条 RGV 直线轨道、1 条上

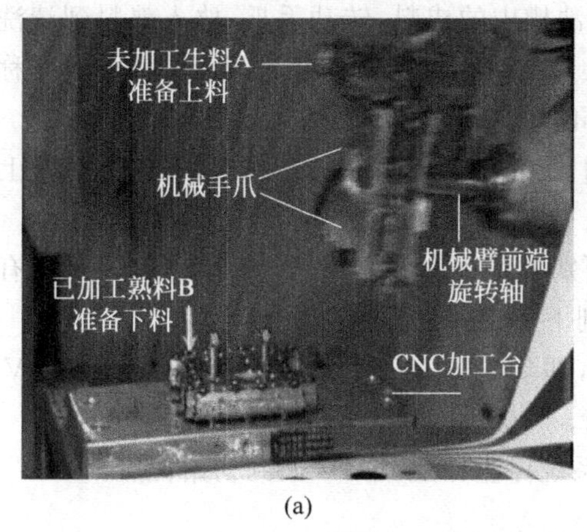

(a)

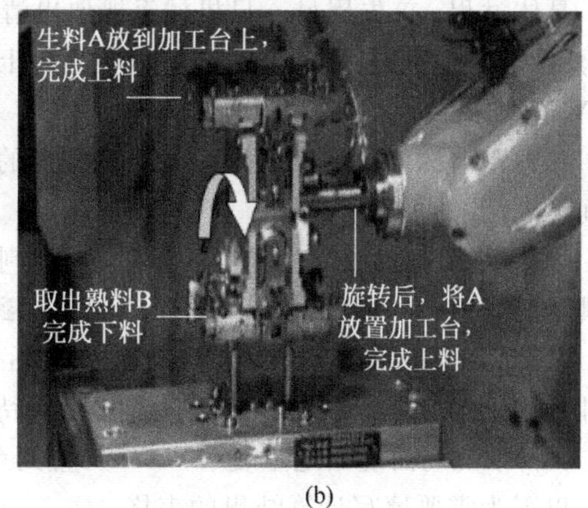

(b)

附图 3 RGV 机械手臂前端的 2 个手爪实物图

料传送带和 1 条下料传送带等附属设备构成。

(1) CNC：在上料传送带和下料传送带的两侧各安装 4 台 CNC，等距排列，每台 CNC 同一时间只能安装 1 种刀具加工 1 个物料。

如果物料的加工过程需要两道工序，则需要有不同的 CNC 安装不同的刀具分别加工完成，在加工过程中不能更换刀具。第一道和第二道工序需要在不同的 CNC 上依次加工完成，完成时间也不同，每台 CNC 只能完成其中的一道工序。

(2) RGV：RGV 带有智能控制功能，能够接收和发送指令信号。根据指令能在直线轨道上移动和停止等待，可连续移动 1 个单位(两台相邻 CNC 间的距离)、2 个单位(三台相邻 CNC 间的距离)和 3 个单位(四台相邻 CNC 间的距离)。RGV 同一时间只能执行移动、停止等待、上下料和清洗作业中的一项。

(3) 上料传送带：上料传送带由 4 段组成，在奇数编号 CNC1＃、3＃、5＃、7＃前各有 1 段。由系统传感器控制，只能向一个方向传动，既能连动，也能独立运动。

(4) 下料传送带：下料传送带由 4 段组成，在偶数编号 CNC2＃、4＃、6＃、8＃前各有 1 段。由传感器控制，只能向一个方向传动，既能连动，也能独立运动。

3. 系统的作业流程

(1) 智能加工系统通电启动后，RGV 在 CNC1＃和 CNC2＃正中间的初始位置，所有 CNC 都处于空闲状态。

(2) 在工作正常情况下，如果某 CNC 处于空闲状态，则向 RGV 发出上料需求信号；否则，CNC 处于加工作业状态，在加工作业完成即刻向 RGV 发出需求信号。

(3) RGV 在收到某 CNC 的需求信号后，它会自行确定该 CNC 的上下料作业次序，并依次按顺序为其上下料作业。根据需求指令，RGV 运行至需要作业的某 CNC 处，同时上料传送带将生料送到该 CNC 正前方，供 RGV 上料作业。

RGV 为偶数编号 CNC 一次上下料所需时间要大于为奇数编号 CNC 一次上下料所需时间。

(4) 在 RGV 为某 CNC 完成一次上下料作业后，就会转动机械臂，将一只机械手上的熟料移动到清洗槽上方，进行清洗作业(只清洗加工完成的熟料)。

具体过程：首先用另一只机械手抓取出清洗槽中的成料、转动手爪、放入熟料到清洗槽中，然后转动机械臂，将成料放到下料传送带上送出系统。这个作业过程所需要的时间称为RGV清洗作业时间，并且在这个过程中RGV不能移动。

熟料在清洗槽中的实际清洗时间是很短的，远小于机械手将成料放到下料传送带上的时间。

(5) RGV在完成一项作业任务后，立即判别执行下一个作业指令。此时，如果没有接到其他的作业指令，则RGV就在原地等待直到下一个作业指令。

某CNC完成一个物料的加工作业任务后，即刻向RGV发出需求信号。如果RGV没能即刻到达为其上下料，该CNC就会出现等待。

(6) 系统周而复始地重复(3)～(5)，直到系统停止作业，RGV回到初始位置。

以下为需要填写计算结果的表格：

表6-2　一道工序一个班次用第1(2/3)组参数的加工作业数据结果

加工物料序号	加工CNC编号	上料开始时间	下料开始时间
1			
2			
⋮			

注：要求给出一道工序一个班次(即8h)分别用3组参数的加工作业数据结果，共有3个表单。

表6-3　两道工序一个班次用第1(2/3)组参数的加工作业数据结果

加工物料序号	工序1的CNC编号	上料开始时间	下料开始时间	工序2的CNC编号	上料开始时间	下料开始时间
1						
2						
⋮						

注：要求给出两道工序一个班次(即8h)分别用3组参数的加工作业数据结果。此表共有3个表单。

表6-4　有故障时一道工序一个班次用第1(2/3)组参数的加工作业数据结果

加工物料序号	加工CNC编号	上料开始时间	下料开始时间
1			
2			
⋮			

表6-5　有故障时一道工序一个班次用第1(2/3)组参数的故障发生情况

故障时的物料序号	故障CNC编号	故障开始时间	故障结束时间

注：表6-4和表6-5要求给出一道工序一个班次(即8h)分别用3组参数的作业CNC故障时的数据结果，此表共有6个表单。

表 6-6　有故障时两道工序一个班次用第 1(2/3)组参数的加工作业数据结果

加工物料序号	工序 1 的 CNC 编号	上料开始时间	下料开始时间	工序 2 的 CNC 编号	上料开始时间	下料开始时间
1						
2						
⋮						

表 6-7　有故障时两道工序一个班次用第 1(2/3)组参数的故障发生情况

故障时的物料序号	故障 CNC 编号	故障开始时间	故障结束时间

要求给出两道工序一个班次(即 8h)分别用 3 组参数的作业 CNC 故障时的数据结果，此表共有 6 个表单。

6.2　问题分析与建模思路概述

随着现代科学技术的发展，在制造和物流等领域出现了越来越多的优化调度和优化控制的问题，本题就是来源于这样一个自动化物料加工系统的实际问题。问题考虑一个物料加工系统，由 8 台计算机数控机床(CNC)、一辆智能轨道式自动引导车(RGV)等设备构成，RGV 按系统的控制指令完成上料、下料、移动、等待和清洗等一系列的作业流程. 题目要求通过建立动态调度的数学模型和求解算法，给出系统的智能动态调度策略，以提高系统的总体作业效率。该问题的任务 1 要求针对无故障一道工序和两道工序的加工流程，以及有故障的一道工序和两道工序的加工流程的 4 种情况，给出 RGV 的调度模型和求解算法；任务 2 要求利用给出的 3 组确定的时间参数来检验调度模型和求解算法的有效性，并给出 RGV 的调度策略和系统的作业效率。

考虑任务 1，对于一道工序无故障情况，让 RGV 按次序周期性运行是一种较好的可行方案，关键是周期和路径的选择与确定；这可以建立问题的优化模型，目标函数是加工的物料最多或者 CNC 等待时间最短，约束条件是各种时间约束，要满足现实运行的可行性，模型通常比较复杂，是一个 0-1 规划，求解时可采用启发式算法得到前述的让 RGV 周期性运行的方案即可。对两道工序的无故障调度模型需要首先分配 CNC 给两道工序，先根据两道工序的时长算出两道工序各需要几台 CNC，这个按比例直接确定即可，再考虑各个 CNC 具体完成哪个工序，这一步可以建立优化模型进行求解，也可以用枚举法或启发式算法进行求解。在此基础上再建立具体调度问题的优化模型，求解时类似一道工序的情况同样可采用启发式算法得到 RGV 周期性运行的方案。对于有故障的情况，可以按照题目给出的故障概率利用计算机产生随机数的概率分布是确定的随机数给出故障开始的时间和持续的时间，然后在算法中加入对故障的处理步骤就可以了。

考虑任务 2，利用题目中给定的系统作业参数的 3 组数据分别检验模型的实用性和算法的有效性,给出 RGV 的调度策略和系统的作业效率。这里直接代入前面的算法进行计算就可以,要注意对将计算结果返回到实际问题验证算法的实用性和有效性。如果实际问题的考虑不够全面,某些必要的约束条件出现了错漏和求解算法的失当,从而导致了结果的不可行或作业效率过低的问题,比如,加工完成的物料数超过了上限值,或者某台 CNC 的加工时间出现了冲突等情况,这说明模型或是算法出现了错误,这时候要修正模型和算法直到符合实际情况。

6.3 获奖论文——基于 MCTAP 模型与 SLE 算法的 RGV 动态调度策略研究

作　　者:江子昊　欧阳巧琳　周星宇

指导教师:熊春光

获奖情况:2018 年全国数学建模竞赛一等奖

摘要

随着控制技术的快速发展与日趋成熟,数控机床(CNC)在工业制造领域越发得到广泛的应用。受限于单个数控机床工作能力的限制,协同多个数控机床组成流水线系统进行智能加工已经成为当前工业制造的流行做法。数控机床、计算机、电子电路技术的更新换代为智能加工提供了硬件基础,而系统的动态调度方法作为智能加工亟待突破的技术"瓶颈",对流水线智能加工的效果起着至关重要的作用。

针对问题 1,对于一道工序的 RGV 调度策略问题,建立物料-机床任务分配模型(material-CNC task assignment problem,MCTAP),通过决策向量 $\boldsymbol{X}$ 表示物料与 CNC 的一一对应关系,进而描述 RGV 的工作流程。根据 MCTAP 模型的特点给出专门的优化求解算法——逐次局部枚举(successive local enumeration,SLE)。通过局部枚举,逐次产生下一步决策,并最终得出一个班次内的最多加工数目。将数据代入模型得到三个测试用例的最优 RGV 调度策略,相应的完成物料加工数分别为 382,358,391。为了说明 SLE 算法的优势,对测试用例一再采用遗传算法(GA)进行优化,将优化结果与 SLE 结果对比发现:对于该问题 SLE 不仅优化结果优于 GA,且在时间效率方面占有优势。

针对问题 2,对于 8 台 CNC 与两道工序的分配情况进行枚举。对于每一种 CNC 分配情况,改进问题 1 中物料-机床任务分配模型(improved-MCTAP,iMCTAP),并使用逐次局部枚举(SLE)算法进行优化求解,求得该情况下 RGV 最优策略。从所有 CNC 分配情况中选择完成数目最多的情况作为两道工序的最终 CNC 分配方式。将模型应用于三个测试用例,得到最优 CNC 工序分配方式与 RGV 调度策略,相应的完成物件数目分别为 252,211,237。

针对问题 3,考虑故障发生的情况,在 MCTAP 与 iMCTAP 模型中加入故障因素,并使用 SLE 算法进行优化求解。代入数据进行计算,得到的三个测试用例的计算结果与问题 1、问题 2 中没有故障的计算结果对比,显示所提出的模型算法能够有效应对设备故障情况,同时在故障概率不太大(如 1%)的情况下能够保证系统的作业效率,保持系统的高速运转生产。

综上所述,经过测试,所建立的模型具有较高的准确性、灵活性,对于突发情况自适应能力强，所提出的算法计算效率高，计算结果准确。

关键词：物料-机床任务分配模型(MCTAP)，逐次局部枚举(SLE)，优化算法，任务分配，动态调度。

6.3.1　问题重述

1. 背景

从工业时代开始，如何提高机器效率、品质并降低成本成为制造型企业生产管理过程中遇到的最主要的问题。在诸多生产方式中，流水线系统由于其较高的生产效率与低廉的生产成本，在制造业中占有举足轻重的地位。1913 年福特建立了世界上第一条流水线，短短十年，流水线传播到世界各地。随着控制技术的进步与发展，流水线也由单一产品的流水线转变为自动化流水线。进入 21 世纪，宝马、奔驰等工业制造企业相继建立具备自主规划、自主生产的智能流水生产线。而随着中国制造业自动化水平的不断提高，越来越多的企业开始也采用自主性更高的流水线生产工具来替代原始的手工劳动。

在流水线系统的运作过程中，设备受到上游供应、下游输出以及设备自身状态的影响而间断性地进行生产。作为流水线最重要的两个指标，平衡率和生产线速衡量了流水线在工作中的效率。在单一产品线的情况下，工厂在规定生产计划的时间内，可根据具体进程安排求出分配给每一台生产机器的工作时间，尽可能使每一台机器的工作时间达到均衡，避免出现浪费。但是，面对多品类产品生产时，问题将变得非常复杂，除了要考虑到多级工序处理时设备的分工问题，还要考虑多品种加工先后顺序的问题。除此之外，生产设备的故障问题也直接影响了生产效率。在诸多的复杂的环境中，如何寻求最佳效率，是问题的难点。

因此，流水线的动态调度与任务分配是流水线系统中的重要组成部分，是流水线自主化与智能化的关键。由于自动化流水线无人操控的特性，为了保证制造过程的安全性和产品制造效能，自动化流水线对于动态调度与任务分配的要求比有人操控的流水线更加严格。由此，为实现多台生产设备可靠高效地完成生产任务，必须对流水线智能加工系统的动态调度进行建模与深入研究。

2. 问题重述

问题要求对于给定的的智能加工系统，考虑计算机数控机床(computer number controller，CNC)性能和任务执行时间等约束，协调多任务(上下料、加工、清洗)、多目标(多个工料的加工)和计算机数控机床之间的匹配关系，给出轨道式自动引导车(rail guide vehicle，RGV)的动态调度策略，以实现对资源的合理调配，使该系统能在规定的时间内尽可能多地完成既定任务，使得任务效能最大化、数控机床消耗最小化。

对于给出的三种情况分别讨论：

情况 1：一道工序物料的加工情况

根据附件描述，当 RNG 为某一个 CNC 进行上下料作业后，就会转动机械臂进行清洗作业，即清洗与上下料是绑定的操作，则唯一需要确定的 RGV 是何时在哪台 CNC 上进行上下料作业，而这又可以由作业的 CNC 编号序列确定。若假设编号为 i 的物料一定在编号为 $i+1$ 的物料之前加工，则问题转化为物料与 CNC 的对应问题，即决定每个物料在哪台 CNC 上加工，以此为基础，我们给出物料-机床任务分配模型(MCTAP)，并因为给出全局最优解要求的时间复杂度过高,选择使用逐次局部枚举(SLE)给出该模型下的局部最优解。

情况 2:两道工序物料的加工情况

当物料需要有两道加工工序时,需要决定的除了物料与 CNC 的对应,还需要确定各台 CNC 应完成第几道工序。

对于物料与 CNC 的对应,类似于情况 1,我们将每个物料对应于两台分别可以执行工序一与工序二的机器,建立改进的 MCTAP 模型(iMCTAP),并利用逐次局部枚举(SLE)给出局部最优解。

由于只有 8 台 CNC,即 CNC 与工序的对应一共只有 256 种可能。因此我们选择枚举在各个 CNC 分布下的所有可能,计算在该情况下通过 iMCTAP 模型计算出的 8h 内最多加工物料件数,选择最优作为最终的 CNC 分布。

情况 3:CNC 在加工过程中可能发生故障的情况

在该情况下沿用在情况 1 与情况 2 的 MCTAP 与 iMCTAP 模型,随机产生故障信息,使用 SLE 给出故障情况下的局部最优解。

6.3.2 模型假设

基于实际情况以及模型分析需要,提出如下假设:

1. 轨道式自动引导车(RGV)采取"强制任务顺序"任务执行模式,即对于一系列给定的任务,RGV 必须按照给定任务的顺序执行相关操作,若前一任务没有完成,不能开始执行下一任务;

2. 上下料传送带采取"有求必应"运作模式,即当 RGV 需要进行上料工作时,当前位置上料传送带能够及时提供生料,当 RGV 需要进行下料工作时,下料传送带必能及时将熟料传送离开生产线,即不会因为传送带问题产生等待时间;

3. 故障时间在 10~20min 内均匀分布;

4. 故障只有在 RGV 做出决策并执行该决策后才会发生,因此若故障发生在最后一件物料的加工过程中,对于 RGV 的决策调度将不产生影响;

5. RGV 动态调度策略的优劣与生产速率、平衡度、CNC 工作效率、RGV 工作效率有关,四个指标的优先级为生产速率>平衡度>CNC 工作效率>RGV 工作速率。

6.3.3 一道工序的 MCTAP-SLE 模型

针对只有一道工序的情况,建立物料-机床任务分配模型(material-CNC task assignment problem,MCTAP),并根据 MCTAP 模型的特点给出专门的优化求解算法——逐次局部枚举(successive local enumeration,SLE)。

1. 相关模型汇总

智能 RGV 的动态调度本质上是一种任务分配,从数学角度来看是一类组合优化问题。常见的任务分配模型包括车辆路由问题(vehicle routing problem,VRP)、旅行商问题(travelling salesmen problem,TSP)及多旅行商问题(multiple travelling salesmen problem,MTSP)、网络流优化问题(network flow optimization,NFO)、混合整数线性规划(mixed integer linear programming,MILP)、协同多任务分配问题(cooperative multiple task assignment problem,CMTAP)等。

对于单一类型的任务分配问题，例如最大流、最短路径问题，常常使用 VRP、TSP 和 MTSP 模型[1-2]。针对具体的任务需求以及任务约束，常常需要在基本的 VRP、TSP 模型的基础上建立相应的扩展模型，如考虑时间窗的 VRPTW 和 TW-MTSP 模型[3-4]。

NFO 以及动态 NFO 模型最早产生于邮递行业的任务分配[5-6]。其受实际物流网的启发，以任务执行者为供应商，将待分配、执行的任务作为网格中的物流，以任务代价作为网络流中流动的代价，建立商业供需网格并通过最小化网络流的总代价实现多任务的协同分配。

MILP 模型[7] 和 CMTAP 模型[8] 主要适用于任务关系复杂、多种约束下的任务分配。MILP 模型中的问题是由二进制变量和连续变量共同描述的，可以有效解决任务分配中的约束问题，CMTAP 是一种建立在 NFO 和 MILP 模型基础上的组合优化模型，能够处理不同任务间的时序关系与促进关系，广泛应用于多类型任务分配问题。

2. 物料-机床任务分配模型(MCTAP)

MCTAP 模型的核心思想为任务(命令)导向型调度策略，即不从 RGV 本身出发，而是通过建立物料-机床的对应任务匹配机制——为每一项任务(物料)匹配相应的任务执行者(计算机数控机床，CNC)，并按照物料的编号一一执行相应的任务(并向 RGV 发送相应的任务执行命令)，从而得出智能加工系统 RGV 的调度策略。

(1) MCTAP 的模型描述

MCTAP 模型需要对物料(任务)、机床(任务执行者)建立匹配，该匹配通过一个决策向量 $\boldsymbol{X}$ 表示：

$$\boldsymbol{X}=[x_1,x_2,\cdots,x_n]$$

其中，n 为需要匹配的物料总数，$x_i\ (i=1,2,\cdots,n)$ 表示加工第 i 件物料所使用的 CNC 编号，即 $x_i\in\{1,2,3,4,5,6,7,8\}$。例如 $\boldsymbol{X}_{\text{example}}=[1,3,4,3]$ 表示一共需要加工 4 件物料，其中第一件由 CNC1＃完成，第二件由 CNC3＃完成，第三件由 CNC4＃完成，第四件由 CNC3＃完成。

MCTAP 模型通过 location_t 记录 t 时刻 RGV 的位置，其初始位置设为 0，在 t_1 时刻与 t_2 时刻之间 RGV 移动的距离(时刻 t_1 与时刻 t_2 之间 RGV 只存在单向的移动)为

$$\Delta s=|\text{location}_{t_1}-\text{location}_{t_2}|$$

由于 RGV 为整数格的移动，location_{t_i} 关于 CNC 编号 x_i 的关系式为

$$\text{location}_{t_i}=[(x_i-1)/2]$$

其中，[ ]表示高斯取整函数，即 CNC1＃、CNC2＃对应 location＝0，CNC3＃、CNC4＃对应 location＝1，CNC5＃、CNC6＃对应 location＝2，CNC7＃、CNC8＃对应 location＝3。

同时 MCTAP 模型使用 machineEndTime 记录上次任务结束时间，用一个 8 维向量表示：

$$\text{machineEndTime}=[m_1,m_2,m_3,m_4,m_5,m_6,m_7,m_8]$$

其中，$m_i\ (i=1,2,\cdots,8)$ 表示编号为 i 的 CNC 上次任务结束时间，用于和当前时间作对比以判断 RGV 的下一步是否需要等待。

(2) MCTAP 模型的 RGV 工作流程表示及时间输出

根据 MCTAP 模型以及上述符号描述，按照物料的编号一一执行相应的任务，则 RGV 的工作流程如下：

步骤 1 初始化 location＝0、machineEndTime＝[0,0,0,0,0,0,0,0]、上料开始时间 Begin＝$[b_1,b_2,\cdots,b_n]$、下料开始时间 End＝$[e_1,e_2,\cdots,e_n]$，输入需要完成加工的物料总数 n 以及任务分配决策向量 $\boldsymbol{X}=[x_1,x_2,\cdots,x_n]$，令当前时间 Time＝0，当前处理物料编号 $id=0$。

步骤 2 $id \leftarrow id+1$，开始处理第 id 件物料，按照决策向量 $\boldsymbol{X}$ 该物件的任务执行者(机床)为编号为 x_{id} 的 CNC。判断该 CNC 所处位置是否为当前 RGV 位置，如果不是则 Time← Time＋$\text{time}_{\text{move}}$ 并更新 location，其中 $\text{time}_{\text{move}}$ 为移动到目标位置所需时间。

步骤 3 判断 CNC 是否空闲(即判断是否还在进行加工，已经加工完成但是未下料算作空闲)，如果 CNC 不空闲[即 Time＜machineEndTime(x_{id})]则等待并更新 Time。

步骤 4 判断 CNC 是否有完成的熟料，如果有则进行上下料、清洗并更新 Time、machineEndTime 以及 Begin 和 End，如果没有则进行上下料并更新 Time、machineEndTime 及 Begin。

步骤 5 判断 id 是否等于 n，如果是，转步骤 2，如果不是，转步骤 6。

步骤 6 上述所有步骤完成后由于最后几个物料所在 CNC 没有相应的后续物料进行顶替，故在步骤 2 到步骤 5 中没有进行下料清洗工作。对所有待下料、清洗的熟料的完成时间(即 machineEndTime 中相应的数据)进行排序，按照完成时间从早到晚作为下料清洗顺序，即为 RGV 的最后工作策略。同时更新 Time、location 及 End。

步骤 7 判断当前位置是否为初始位置(即 location＝0)，如果不是返回初始位置并更新 Time。

通过该流程最后计算得到的 Time 即为完成 n 个物料的上料加工及下料清洗并最终回到起点所需的时间。MCTAP 模型相应流程图见图 6-2(a)。

以 $\boldsymbol{X}_{\text{example}}=[1,3,4,3]$ 为例，对于第一件物料，需要在 CNC1＃进行加工。该位置是当前位置，无须移动。对 CNC1＃上料，Time＝28，location＝0，此时 CNC1＃的上次任务(已经上料后该工作视为上次任务)完成时间变为 28＋560＝578，即 machineEndTime＝[578,0,0,0,0,0,0,0]。第二件物料需要在 CNC3＃上加工，需移动，上料，Time＝28＋20＋28＝76，machineEndTime＝[578,0,636,0,0,0,0,0]。第三件在 CNC4＃上加工，无须移动，上料，Time＝76＋31＝109。完成时间为 109＋560＝669，machineEndTime＝[578,0,636,669,0,0,0,0]。第四件物料在 CNC3＃上加工，无须移动，由于 Time＝109＜636，需要等待，更新 Time＝636。上下料，Time＝636＋28＝664，machineEndTime＝[578,0,1224,669,0,0,0,0]，清洗，Time＝664＋25＝679。此时决策向量 $\boldsymbol{X}_{\text{example}}$ 全部读取完成，进入步骤 6。需要对 CNC1＃、CNC3＃、CNC4＃的下料清洗顺序进行选择，即对 machineEndTime 中相应的完成时间{578,1224,669}进行排序，得到{578,669,1224}，即按照顺序{1,4,3}进行下料清洗，其下料清洗时间为 598s，加上返回初始位置时间 20s，总时间为 1297s。

可以看出对于四件物料的安排，$\boldsymbol{X}_{\text{example}}=[1,3,4,3]$ 并不是一个最佳的决策，而相较于另外一个决策向量 $\boldsymbol{X}_{\text{newexample}}=[1,2,3,4]$ 只需要 826s，$\boldsymbol{X}_{\text{example}}$ 甚至可以说是一个很差的决策。

由此，RGV 的调度策略转变为寻求一个最大的 n 使得其最佳决策向量所计算出的时间 Time 少于 8h。至于如何优化 n 与决策向量 $\boldsymbol{X}$，在前文有具体的算法及流程。

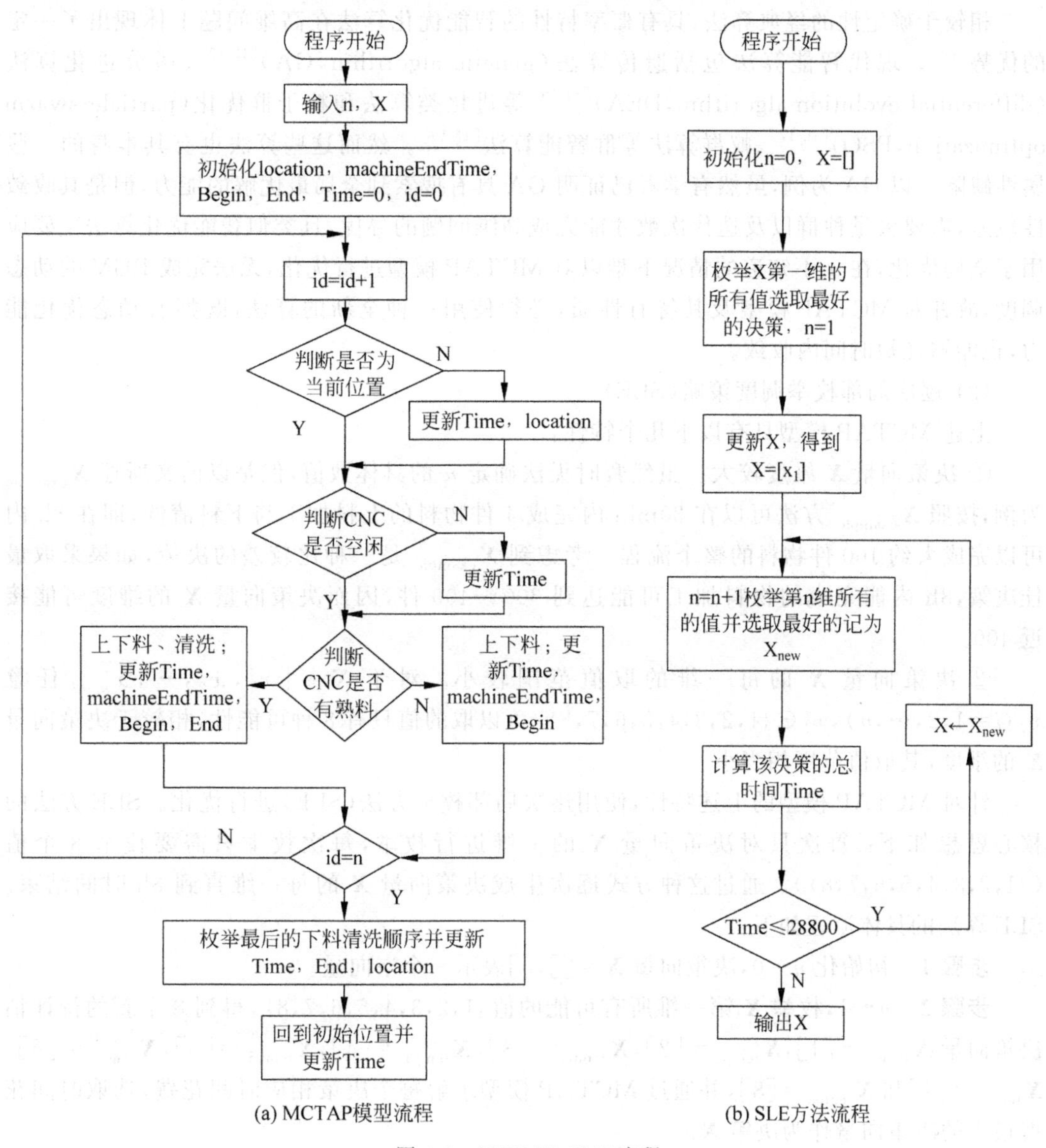

图 6-2　MCTAP-SLE 流程

3. 基于 MCTAP 模型的逐次局部枚举调度策略（MCTAP-SLE）

（1）相关算法汇总

任务分配与调度策略，即对建立的组合优化模型，直接利用组合优化算法进行求解。这类组合优化方法主要包括经典整数规划与现代智能算法。

分支定界方法（branch and bound，BNB）[9]是任务分配中应用最广泛的一种经典整数规划方法。BNB 方法通过分枝-定界-剪枝，逐步缩小搜索区域，对于小规模的问题可以在较短时间内获得满意的可行解[10]，适用于 MTSP、VRP 等任务分配模型。然而由于任务分配问题的 NP（non-deterministic polynomial）特性，随着问题约束以及维度的增加，以 BNB 为首的经典整数规划算法难以获得较好的可行解。

相较于确定性的经典算法,具有概率特性的智能优化算法在高维问题上体现出了一定的优势[11]。现代智能算法包括遗传算法(genetic algorithm,GA)[12-13]、微分进化算法(differential evolution algorithm,DEA)[14-15]等进化类算法和粒子群优化(particle swarm optimization,PSO)[16-17]、蚁群算法等群智能算法[18-19]。然而这些算法也有其本身的一些属性缺陷。以GA为例,虽然有学者已证明GA具有搜索到全局最优解的能力,但是其收敛性较差,需要大量种群以及迭代次数才能完成高维问题的寻优,且类似智能优化算法主要应用于全局优化,在 n 不知道的情况下难以对MCTAP模型进行优化,无法完成RGV的动态调度,故针对MCTAP模型及其特有性质,必须使用一种全新的算法,既拥有动态优化能力,也能够在短时间内收敛。

(2) 逐次局部枚举调度策略(SLE)

上述MCTAP模型具有以下几个特性:

① 决策向量 $\boldsymbol{X}$ 维度较大。虽然暂时无法确定 n 的具体数值,但是以前文所述 $\boldsymbol{X}_{\text{example}}$ 为例,按照 $\boldsymbol{X}_{\text{example}}$ 方法可以在20min内完成4件物料的上料加工与下料清洗,即在8h内可以完成大约100件物料的整个流程。考虑到 $\boldsymbol{X}_{\text{example}}$ 是一种比较差的决策,如果采取最佳决策,8h内能完成的物料加工可能达到300～400件,因而决策向量 $\boldsymbol{X}$ 的维度可能接近400。

② 决策向量 $\boldsymbol{X}$ 的每一维的取值范围较小。对于 $\boldsymbol{X}=[x_1,x_2,\cdots,x_n]$,任意 $x_i(i=1,2,\cdots,n)$,$x_i\in\{1,2,3,4,5,6,7,8\}$,可以取的值只有8种可能性,相较于决策向量 $\boldsymbol{X}$ 的维度,其取值范围相当小。

针对MCTAP模型的上述特性,使用逐次局部枚举方法(SLE)进行优化。SLE方法的核心思想如下:每次只对决策向量 $\boldsymbol{X}$ 的一维进行枚举,每次枚举只需要枚举8个值($\{1,2,3,4,5,6,7,8\}$)。通过这种方式逐次生成决策向量 $\boldsymbol{X}$ 的每一维直到8h时间结束。SLE算法的具体流程如下:

步骤1　初始化 $n=0$,决策向量 $\boldsymbol{X}=[\,]$,$[\,]$ 表示一个空向量。

步骤2　$n\leftarrow 1$,枚举 $\boldsymbol{X}$ 第一维所有可能的值 $\{1,2,3,4,5,6,7,8\}$,得到8个新的待评估决策向量 $\boldsymbol{X}_{\text{temp1}}=[1]$,$\boldsymbol{X}_{\text{temp2}}=[2]$,$\boldsymbol{X}_{\text{temp3}}=[3]$,$\boldsymbol{X}_{\text{temp4}}=[4]$,$\boldsymbol{X}_{\text{temp5}}=[5]$,$\boldsymbol{X}_{\text{temp6}}=[6]$,$\boldsymbol{X}_{\text{temp7}}=[7]$ 和 $\boldsymbol{X}_{\text{temp8}}=[8]$,并通过MCTAP模型求解每个决策相应时间花费,选取时间花费最少的决策向量作为决策 $\boldsymbol{X}$。

步骤3　$n\leftarrow n+1$,此时决策向量 $\boldsymbol{X}$ 的前 $n-1$ 维的数值(决策)已经确定了,有 $\boldsymbol{X}=[x_1,x_2,\cdots,x_{n-1},\#]$,其中#为需要确定第 n 维的值。枚举第 n 维所有可能的值,得到8个新的待评估的决策向量 $\boldsymbol{X}_{\text{tempi}}=[x_1,x_2,\cdots,x_{n-1},i]$,$i\in\{1,2,3,4,5,6,7,8\}$。通过MCTAP模型求得每个决策相应的时间花费,其中时间花费最少的待评估决策向量记为 $\boldsymbol{X}_{\text{new}}$,相应的时间为 Time_{new}。

步骤4　如果总时间超过8h,即 $\text{Time}_{\text{new}}>28800$,则决策向量 $\boldsymbol{X}=[x_1,x_2,\cdots,x_{n-1}]$,不更新,转步骤5;否则 $\boldsymbol{X}\leftarrow\boldsymbol{X}_{\text{new}}$,转步骤3。

步骤5　输出决策向量 $\boldsymbol{X}$。

SLE方法相应的流程图如图6-2(b)所示。SLE通过枚举得到局部最优解,虽然最终结果可能不是全局最优解,但是有学者研究[20]认为通过逐次枚举得到的优化结果不逊于全局优化,且在时间效率方面存在优势。

4. 一道工序的 MCTAP-SLE 模型计算结果

(1) 测试算例 RGV 的调度策略

对于一道工序的物料加工情况，每台 CNC 安装相同的刀具，物料可以在任一台 CNC 上加工完成。三组测试用例的 RGV 的调度策略部分展示于表 6-8～表 6-10。

表 6-8 情况 1 测试用例 1 的部分数据结果

加工物料序号	加工 CNC 编号	上料开始时间/s	下料开始时间/s
1	1	0	588
2	2	28	641
3	3	79	717
4	4	107	770
5	5	158	846
6	6	186	899
7	7	237	975
8	8	265	1028
⋮	⋮	⋮	⋮
377	1	27725	28316
378	2	27827	28418
379	3	27903	28494
380	4	27956	28547
381	5	28032	28623
382	6	28085	28676

表 6-9 情况 1 测试用例 2 的部分数据结果

加工物料序号	加工 CNC 编号	上料开始时间/s	下料开始时间/s
1	1	0	610
2	2	30	670
3	3	88	758
4	4	118	818
5	5	176	906
⋮	⋮	⋮	⋮
356	4	27822	28450
357	5	27910	28538
358	6	27970	28598
356	4	27822	28450

表 6-10 情况 1 测试用例 3 的部分数据结果

加工物料序号	加工 CNC 编号	上料开始时间/s	下料开始时间/s
1	1	0	572
2	2	27	624
3	3	77	699
4	4	104	751
5	5	154	826

续表

加工物料序号	加工 CNC 编号	上料开始时间/s	下料开始时间/s
⋮	⋮	⋮	⋮
388	4	27870	28447
389	5	27945	28522
390	6	27997	28574
391	7	28072	28649

三组测试用例的具体 RGV 的调度策略填于附件 Case_1_result. xls 文件中。

从最终结果来看,三个测试用例的最终决策向量 $\boldsymbol{X}$ 都是 1～8 的轮回序列([1,2,3,4,5,6,7,8,1,2,3,4,5,6,7,8,…]),即对于第一种情况,从 CNC1＃到 CNC8＃轮流进行上下料是最佳选择。从实际情况来看也是合理的。以测试用例一为例:每台 CNC 加工时间为 560s,而 RGV 按顺序走过 CNC1＃到 CNC8＃再回到 CNC1＃,并完成上下料、清洗的总时间为 $20\times3+46+31\times4+28\times4+25\times8=542$s,少于 CNC 加工时间。即 RGV 走完一圈完成上下料后 CNC1＃还在加工中,此时 RGV 必须进行等待。因此考虑在加工物件数目一定的情况下,其总加工时间是一定的,且占据系统运作的绝大部分时间,这种情况下需要尽量使得 RGV 的移动、上下料和清洗过程在 CNC 加工时间之内,而上述 1～8 的轮回可以完美地达成上述要求,即 1～8 的决策是所有决策中在 8h 内完成加工物料数目最多的,是所有决策效能的上限。

(2) 测试算例的系统作业效率

设定系统的作业效率由以下几个指标衡量:

指标 1:系统生产速率:即单位时间内加工完成的物料数目。可以用每班次(8h)完成加工的总物料数目来衡量。总物料数目越多,系统生产速率越快,系统的作业效率越高。

指标 2:系统的平衡度:即是否能够给各个生产设备尽量安排相近的工作量。各个生产设备工作量越均衡,系统的平衡度越好,系统的作业效率越高。这里用 8 台 CNC 在 8h 内完成的加工数目的方差来表示,方差越大,平衡度越差。

指标 3:生产设备的工作效率:即一个周期内运行时间在整个周期内的占比。比例越大,任务分配效果越好,生产设备的工作效率越高,系统的作业效率也越高。这里用每台 CNC 的总加工时间除以 8h 来衡量工作效率。

指标 4:RGV 的工作效率:RGV 的工作由上下料、清洗、移动和等待四个部分组成。效率由上下料及清洗时间的和除以总时间衡量。如果 RGV 在移动和等待上花费时间越多,则其调度策略和任务匹配方式越不合理。

对于测试用例一,系统每班次能够完成加工 382 件物料,各个 CNC 完成加工的物件数目分别为[48,48,48,48,48,48,47,47],方差为 0.1875。8 台 CNC 的生产效率分别为[93.33%,93.33%,93.33%,93.33%,93.33%,93.33%,91.39%,91.39%]。RGV 总的上下料时间为 11505s,清洗时间为 9550s,移动时间为 5055s,等待时间为 2690s[见图 6-3(a)],RGV 效率为 73.11%。

对于测试用例二,系统每班次能够完成加工 358 件物料,各个 CNC 完成加工的物件数目分别为[45,45,45,45,45,45,44,44],方差为 0.1875。8 台 CNC 的生产效率分别为[90.63%,90.63%,90.63%,90.63%,90.63%,90.63%,88.61%,88.61%]。RGV 总的上下料时间

为 11910s,清洗时间为 10740s,移动时间为 5719s,等待时间为 431s[见图 6-3(b)],RGV 效率为 78.65%。

对于测试用例三,系统每班次能够完成加工 391 件物料,各个 CNC 完成加工的物件数目分别为[49,49,49,49,49,49,49,48],方差为 0.1094。8 台 CNC 的生产效率分别为[92.73%,92.73%,92.73%,92.73%,92.73%,92.73%,92.73%,90.83%]。RGV 总的上下料时间为 11768s,清洗时间为 9775s,移动时间为 4886s,等待时间为 2371s[见图 6-3(c)],RGV 效率为 74.80%。

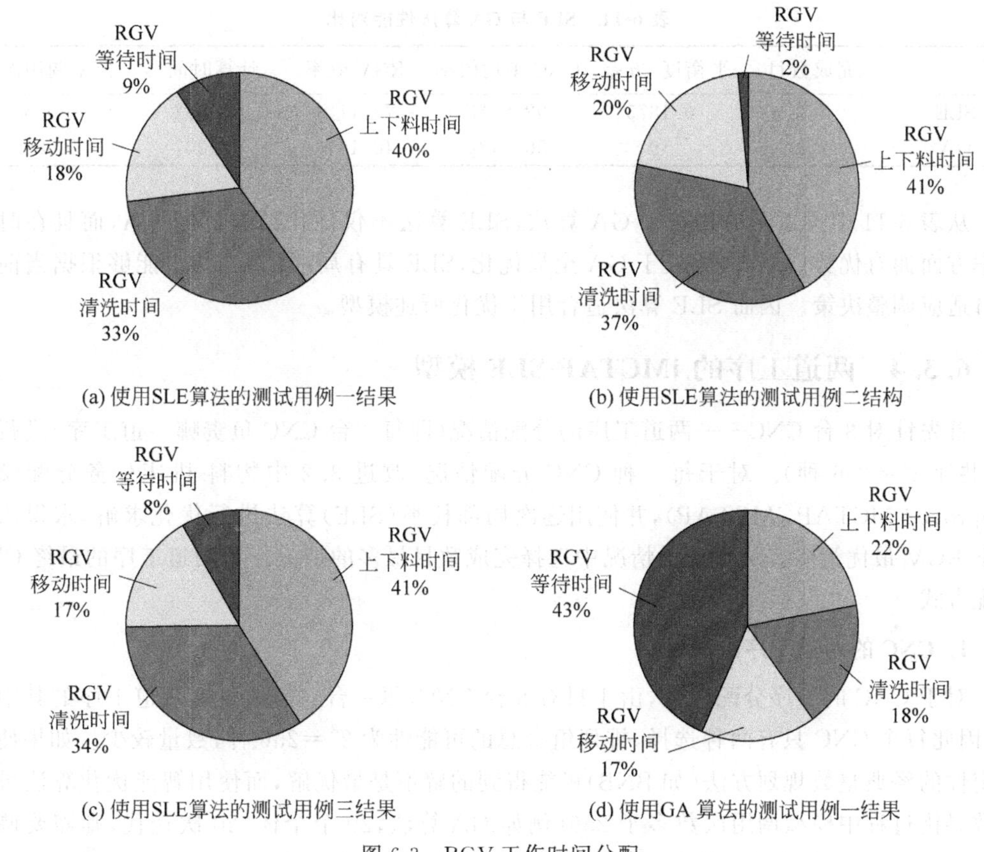

图 6-3　RGV 工作时间分配

综上所述,三个测试用例结果显示该系统生产速率快、各个 CNC 工作量均衡、CNC 工作效率高、RGV 工作效率高,表明系统作业效率高,即所建立的 MCTAP-SLE 模型描述准确,结果优良。

(3) SLE 算法与 GA 算法性能对比

为了进一步说明 SLE(逐次局部枚举)在优化 MCTAP 模型中的优势,以情况 1、测试用例一为例,对比 SLE 算法与 GA(遗传算法)算法的结果与相应的性能。

对于 GA 算法,设置种群数目为 100,进化代数为 5000。同时设置决策向量 $\boldsymbol{X}$ 维度为 400,并截取 8h 内的结果作为 GA 优化结果。优化得到的决策向量 $\boldsymbol{X}$ 的具体数据填于 problem.xlsx 文件的 sheet1 工作簿 D 列。

在这种情况下系统每班次完成加工 208 件物料,各个 CNC 完成加工的物件数目为[25,

33,26,27,26,30,24,17],方差为19。8台CNC的生产加工效率分别为[48.61%,64.17%,50.56%,52.50%,50.56%,58.33%,46.53%,33.06%],RGV上下料时间为6350s,清洗时间为5200s,移动时间为4780s,等待时间为12470s[见图6-3(d)],RGV效率为40.10%。

GA与SLE算法在优化MCTAP模型中各个性能指标对比如表6-11所示,其中模型调用次数计算方式为:SLE:完成物件数目×每次枚举数目;GA:种群数目×遗传代数。进行该对比的笔记本电脑配置为:处理器:Intel(R) Core(TM) i7-6600U CPU @ 2.60GHz 2081Ghz 内存:16.0GB。编译环境为C语言,编译器为Dev-C++。

表6-11 SLE与GA算法性能对比

	完成数目	平衡度(方差)	CNC平均效率	RGV效率	计算时间/s	模型调用次数
SLE	382	0.1875	92.85%	73.11%	0.682	3056
GA	208	19	50.54%	40.10%	2.307	500000

从表6-11中可以看出相较于GA算法,SLE算法不仅优化结果优于GA,而且在时间效率方面拥有优势。同时,相较于GA全局优化,SLE具有局部优化能力,能够根据当前情况自适应调整决策。因而SLE算法适合用于优化所述模型。

6.3.4 两道工序的iMCTAP-SLE模型

首先针对8台CNC——两道工序的分配情况(即每一台CNC负责哪一道工序)进行枚举(共计$2^8=256$种)。对于每一种CNC分配情况,改进3.2中物料-机床任务分配模型(improved-MCTAP,iMCTAP),并使用逐次局部枚举(SLE)算法进行优化求解,求得该情况下RGV最优策略。从256种情况中选择完成数目最多的情况作为两道工序的最终CNC分配方式。

1. CNC的两道工序的分配

对于CNC的工序分配问题,由于只有8台CNC,每一台只需要负责两道工序的其中之一,因此每个CNC只有两种选择,排列组合总的可能性为$2^8=256$种,数量较少。如果使用确定性的经典整数规划方法(如BNB)可能得到的解不是最优解,而使用智能优化算法可能导致寻优过程中模型调用次数多于256(例如GA算法,20个个体,20次迭代,则需要调用400次模型)。因此从时间效率以及寻优能力方面考虑,该分配问题适合使用枚举方法进行优化。

2. 改进的MCTAP模型(iMCTAP)

针对各个CNC功能已知,改进6.3.3节第2部分中的MCTAP模型。在iMCTAP模型的描述中,保留MCTAP模型描述的location与machineEndTime两个参量,新加入记录CNC工作类别的参量machineCategory:

$$\text{machineCategory}=[c_1,c_2,c_3,c_4,c_5,c_6,c_7,c_8]$$

其中,$c_i(i=1,2,\cdots,8)$表示第i台CNC的加工类别,$c_i=0$表示负责第一道工序,$c_i=1$表示负责第二道工序。例如$\text{machineCategory}_{\text{example}}=[1,1,1,1,0,0,0,0]$表示CNC1#、CNC2#、CNC3#和CNC4#负责第二道工序,CNC5#、CNC6#、CNC7#和CNC8#负责第一道工序。

同时变 MCTAP 模型中的决策向量 $\boldsymbol{X}$ 为 $2n$ 维决策向量：

$$\boldsymbol{X}=[x_{11},x_{21},\cdots,x_{n1};x_{12},x_{22},\cdots,x_{n2}]$$

其中 n 为需要匹配的物料总数，$x_{i1}(i=1,2,\cdots,n)$表示第 i 件物料第一道工序加工的机床编号，$x_{i2}(i=1,2,\cdots,n)$表示第 i 件物料第二道工序加工的机床编号。以在 $\text{machineCategory}_{\text{example}}$ 情况下 $\boldsymbol{X}_{\text{example}}=[5,6;1,2]$为例：$\boldsymbol{X}_{\text{example}}$ 表示一共加工 2 件物料，其中第一件先由 CNC5＃加工再由 CNC1＃加工，第二件先由 CNC6＃加工再由 CNC2＃加工。

在 iMCTAP 模型中，RGV 的工作流程如下：

步骤 1　初始化 location＝0，machineEndTime＝[0,0,0,0,0,0,0,0]，第一、二道工序上料开始时间 $\text{Begin}_1=[b_{11},b_{12},\cdots,b_{1n}]$、$\text{Begin}_2=[b_{21},b_{22},\cdots,b_{2n}]$、第一、二道工序下料开始时间 $\text{End}_1=[e_{11},e_{12},\cdots,e_{1n}]$、$\text{End}_2=[e_{21},e_{22},\cdots,e_{2n}]$，输入需要完成加工的物料总数 n 以及任务分配 $2n$ 维决策向量 $\boldsymbol{X}=[x_{11},x_{21},\cdots,x_{n1};x_{12},x_{22},\cdots,x_{n2}]$，令当前时间 Time＝0，当前处理物料编号 $id=0$。

步骤 2　$id\leftarrow id+1$，开始处理第 id 件物料的第一道工序，按照决策矩阵 $\boldsymbol{X}$ 的第一行 $\boldsymbol{X}(1,:)$，该物件的第一道工序的任务执行者(机床)为编号为 $x_{id,1}$ 的 CNC。判断该 CNC 所处位置是否为当前 RGV 的位置，如果不是则 $\text{Time}\leftarrow\text{Time}+\text{time}_{\text{move}}$ 并更新 location，其中 $\text{time}_{\text{move}}$ 为移动到目标位置所需的时间。

步骤 3　判断 CNC 是否空闲(即判断是否还在进行加工，已经加工完成但是未下料算作空闲)，如果 CNC 不空闲[即 $\text{Time}<\text{machineEndTime}(x_{id,1})$]则等待并更新 Time。

步骤 4　判断 CNC 是否有完成的熟料，如果有则进行上下料并更新 Time、machineEndTime 以及 Begin_1 和 End_1，转步骤 5；如果没有则进行上下料并更新 Time、machineEndTime 及 Begin_1，转步骤 8。

步骤 5　对于该 CNC 上已经完成第一道工序并下料的物料，按照决策矩阵找寻其第二道工序的 CNC 编号，假设其为 x_0。判断该 CNC 所处位置是否为当前 RGV 的位置，如果不是则 $\text{Time}\leftarrow\text{Time}+\text{time}_{\text{move}}$ 并更新 location，其中 $\text{time}_{\text{move}}$ 为移动到目标位置所需时间。

步骤 6　判断 CNC 是否空闲(即判断是否还在进行加工，已经加工完成但是未下料算作空闲)，如果 CNC 不空闲[即 $\text{Time}<\text{machineEndTime}(x_0)$]则等待并更新 Time。

步骤 7　判断 CNC 是否有完成的熟料，如果有则进行上下料并更新 Time、machineEndTime 以及 Begin_2 和 End_2；如果没有则进行上下料并更新 Time、machineEndTime 及 Begin_2。

步骤 8　判断 id 是否等于 n，如果是，转步骤 2，如果不是，转步骤 9。

步骤 9　上述所有步骤完成后由于最后几个物料所在 CNC 没有相应的后续物料进行顶替，故在步骤 2 到步骤 8 中没有进行下料工作。这些未完成的物料有两种状态：一是处于工序一或者完成工序一，等待工序二加工；二是处于工序二或者工序二完成，等待下料清洗。对于上述所有未完成物料，计算其特征值。对于第二类未完成物料，特征值为其第二道工序的完成时间。对于第一类未完成物料，对比其第一道工序的完成时间与相应的第二道工序的 CNC 上次任务完成时间，取较晚的时间作为其特征值。将上述特征值进行排序，执行特征值最小的物料相应的任务。更新特征值并重复上述过程，直到所有的物料完成下料清洗。更新 Time、location 及 End_1、Begin_2、End_2。

步骤 10　判断当前位置是否为初始位置(即 location＝0)，如果不是返回初始位置并更新 Time。

为了进一步说明上述流程，以 machineCategory＝[0,1,0,1,0,1,0,1]、决策矩阵 $\boldsymbol{X}$＝[1,1;2,4]、作业参数取第一组数据为例。RGV 初始位置为 location＝0，第一件物料的第一道工序的对应机床为 CNC1＃，是当前的位置；上料，Time＝28；第二件物料的第一道工序对应的机床为 CNC1＃，是当前的位置，当前 CNC1＃正在加工，等待，Time＝400＋28＝428；对 CNC1＃上下料，Time＝428＋28＝456；此时第二件物料在 CNC1＃加工第一道工序，读取第一件物料的第二道工序加工机床为 CNC2＃，是当前的位置；上料，Time＝456＋31＝487；全部读取完成，各个机床上剩余未完成加工的物料为 CNC2＃上的物料 1、CNC1＃上的物料 2，进入步骤 9；计算各个物料的特征值，对于第一件物料，处于第二道工序，特征值为第二道工序完成时间 834，对于第二件物料，处于第一道工序，第一道工序完成时间为 887，第二道工序对应机床 CNC4＃的上次任务完成时间为 0，取较晚的时间作为第二件物料的特征值，为 887；按照步骤 9 对特征值进行排序，并执行特征值最小物料所对应的任务，即对 CNC2＃上的物料 1 进行下料清洗，由于不是当前位置，需移动，此时更新 Time＝834＋31＋25＋20＝910；继续计算剩余物料（只剩物料 2）特征值为 887，对第二件物料进行下料并前往 CNC4＃进行上料，更新 Time＝910＋20＋28＋31＝989；继续计算剩余物料特征值，为 1367，对第二件物料下料清洗，更新 Time＝1367＋31＋25＝1423；返回初始位置，Time＝1443，即完成上述流程。

3. 基于 iMCTAP 模型的逐次局部枚举调度策略（iMCTAP-SLE）

对于 6.3.4 节第 2 部分中 iMCTAP 模型的优化求解，使用类似 6.3.3 节第 3 部分中的逐次局部枚举方法（SLE）。不同于该方法的 1～8 的枚举，iMCTAP-SLE 的枚举将随着各个 CNC 任务分配的不同而不同。

例如 machineCategory＝[0,0,1,1,1,1,1,1]，即 CNC1＃、CNC2＃负责第一道工序，CNC3＃、CNC4＃、CNC5＃、CNC6＃、CNC7＃和 CNC8＃负责第二道工序，则需要枚举{(1,3),(1,4),(1,5),(1,6),(1,7),(1,8),(2,3),(2,4),(2,5),(2,6),(2,7),(2,8)}共计 12 种。

4. 两道工序的 iMCTAP-SLE 模型计算结果

(1) 测试算例 RGV 的调度策略

对于两道工序的物料加工作业情况，每个物料的第一道和第二道工序分别由两台不同的 CNC 依次加工完成。

对于三个测试用例，通过枚举 CNC 工序匹配的 256 种方式并对每一种方式计算相应的 iMCTAP-SLE 模型的最优调度策略，选取 8h 完成加工物料数目最多的 CNC 工序匹配方式如下：

测试用例一：machineCategory＝[0,1,0,1,0,1,0,1]，即 CNC1＃、CNC3＃、CNC5＃和 CNC7＃负责工序一，CNC2＃、CNC4＃、CNC6＃和 CNC8＃负责第二道工序。

测试用例二：machineCategory＝[0,1,0,1,0,1,0,1]，即 CNC1＃、CNC3＃、CNC5＃和 CNC7＃负责工序一，CNC2＃、CNC4＃、CNC6＃和 CNC8＃负责第二道工序。

测试用例三：machineCategory＝[0,0,1,0,0,1,1,0]，即 CNC3＃、CNC6＃、CNC7＃负责工序一，CNC1＃、CNC2＃、CNC4＃、CNC5＃和 CNC8＃负责第二道工序。

三个测试用例具体的 RGV 调度策略填于 Case_2_result. xls 文件中。

(2) 测试系统的作业效率

按照前文四个指标进行系统的作业效率衡量。

对于测试用例一，系统每班次能够完成加工 252 件物料，各个 CNC 完成加工的物件数目分别为[63,63,63,63,63,63,63,63]，方差为 0。8 台 CNC 的平均生产效率为 85.09%。RGV 总的上下料时间为 15104s，清洗时间为 6300s，移动时间为 6844s，等待时间为 552s[见图 6-4(a)]，RGV 效率为 74.32%。

对于测试用例二，系统每班次能够完成加工 211 件物料，各个 CNC 完成加工的物件数目分别为[53,53,53,53,53,53,52,52]，方差为 0.1875。8 台 CNC 的平均生产效率为 71.43%。RGV 总的上下料时间为 13975s，清洗时间为 6330s，移动时间为 6958s，等待时间为 1537s[见图 6-4(b)]，RGV 效率为 70.50%。

对于测试用例三，系统每班次能够完成加工 237 件物料，各个 CNC 完成加工的物件数目分别为[48,47,95,47,48,95,47,47]。8 台 CNC 的平均生产效率为 65.52%。RGV 总的上下料时间为 14214s，清洗时间为 5925s，移动时间为 8132s，等待时间为 529s[见图 6-4(c)]，RGV 效率为 69.93%。

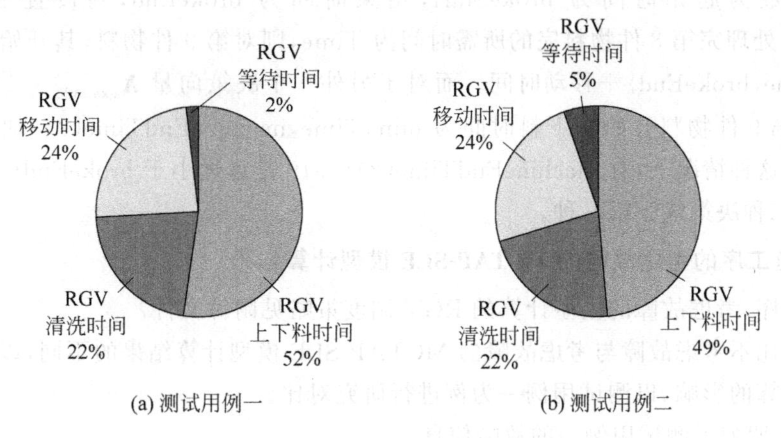

(a) 测试用例一 (b) 测试用例二

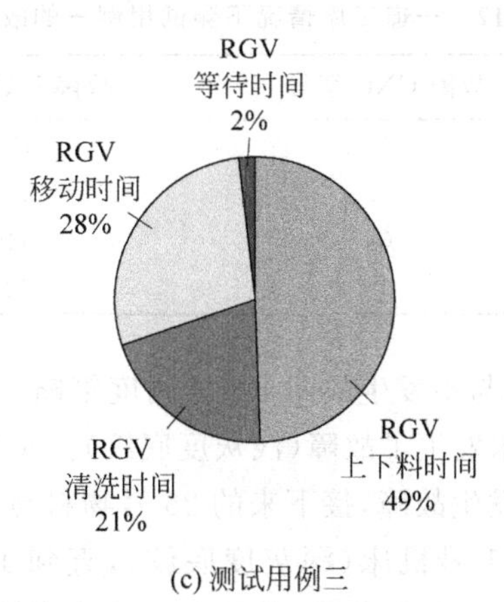

(c) 测试用例三

图 6-4 RGV 工作时间分配

上述各个参数的计算以及其余具体的数据列于 problem2. xlsx 文件中。

从四个指标来看，该系统生产速率快、各个 CNC 工作量较为均衡、CNC 工作效率高、RGV 工作效率高，表明系统作业效率高，即所建立的 iMCTAP－SLE 模型描述准确，结果优良。

6.3.5 考虑设备故障的 MCTAP-SLE 与 iMCTAP-SLE 模型

1. 一道工序的考虑故障的 MCTAP-SLE 模型

RGV 的工作流程为在 6.3.3 节第 2 部分的“MCTAP 模型的 RGV 工作流程表示及时间输出”部分描述的流程基础上增加一个记录机器故障结束时间的数组 broke 与一个故障识别应对的步骤。故障识别应对步骤处于步骤 4 与步骤 5 之间。首先判断在刚刚上料的物料的执行过程中是否会存在故障，若存在故障（即 brokeJudge[id]不为 0)，则找出对应故障的开始时间与结束时间。将机器置为空闲（machineEndTime[x_{id}]置 0)，将 broke[id]置为故障结束时间。而在步骤 3 中，Time 应更新为 machineEndTime[x_{id}]与 broke[id]中较大的数。

为了更好地说明上述考虑故障的 MCTAP-SLE 流程，以在第二组机床数据下的决策向量 $\boldsymbol{X}_{\text{example}_1}=[1,2,3,4,5,6,7,8,1]$为例，若在第一个物料在 CNC＃1 上处理时机器发生故障，故障参数为起始时间为 brokeStart，结束时间为 brokeEnd，则设置 broke[1]＝brokeEnd。处理完第 8 件物料完的所需时间为 Time，则对第 9 件物料，其开始上下料时间为 min{Time，brokeEnd}＋移动时间。而对于另外一个决策向量 $\boldsymbol{X}_{\text{example}_2}=[1,2,3,4,5,6,7,8,2]$，第 9 件物料开始上下料时间为 min{Time，machineEndTime(2)}加上相应的移动时间。在这种情况下，有 machineEndTime(2)＝619 是远远小于 brokeEnd∈(628，1228)的，使得第二种决策优于第一种。

2. 一道工序的考虑故障的 MCTAP-SLE 模型计算结果

一道工序、考虑故障的模型计算的 RGV 调度策略见附件文件。

为了对比不考虑故障与考虑故障的 MCTAP-SLE 模型计算结果的不同，以及研究故障对于模型计算的影响，以测试用例一为例进行研究对比。

表 6-12 罗列了测试用例一的故障信息。

表 6-12 一道工序情况下测试用例一的故障情况

故障时的物料序号	故障 CNC 编号	故障开始时间/s	故障结束时间/s
17	1	1260	3059
37	7	2971	4639
66	6	5467	6750
222	4	17252	18664

表 6-13 对比了发生故障与不发生故障 RGV 调度策略。在考虑故障的情况下，在加工 17 号与 37 号物料的时候机床发生了故障（浅灰度底纹）。左半表格与右半表格对比可以看出，当加工 17 号的 CNC1＃发生故障，接下来的 25 号物料与 32 号物料的加工决策选择时，MCTAP-SLE 模型均规避了 1 号机床（深灰度底纹），直到 1 号机床修理完成后才重新为 CNC1＃安排任务（数字加粗）。由此表明，对于未知的故障情况，MCTAP-SLE 模型具有根据当前情况动态调整下一步决策的能力，在真实流水线应用中具有实际意义。

表 6-13 发生故障与不发生故障 RGV 调度策略对比

考虑故障的 MCTAP-SLE 模型				不考虑故障的 MCTAP-SLE 模型			
加工物料序号	CNC 编号	上料开始时间	下料开始时间	加工物料序号	CNC 编号	上料开始时间	下料开始时间
16	8	1028	1619	16	8	1005	1582
17	1	1176	0	17	1	1144	1716
18	2	1232	1823	18	2	1201	1778
19	3	1308	1899	19	3	1276	1853
20	4	1361	1952	20	4	1328	1905
21	5	1437	2028	21	5	1403	1980
22	6	1490	2081	22	6	1455	2032
23	7	1566	2157	23	7	1530	2107
24	8	1619	2210	24	8	1582	2159
25	2	1823	2414	25	1	1716	2288
26	3	1899	2490	26	2	1778	2355
27	4	1952	2543	27	3	1853	2430
28	5	2028	2619	28	4	1905	2482
29	6	2081	2672	29	5	1980	2557
30	7	2157	2748	30	6	2032	2609
31	8	2210	2801	31	7	2107	2684
32	2	2414	3005	32	8	2159	2736
33	3	2490	3109	33	1	2288	2860
34	4	2543	3162	34	2	2355	2932
35	5	2619	3238	35	3	2430	3007
36	6	2672	3291	36	4	2482	3059
37	7	2748	0	37	5	2557	3134
38	8	2801	3392	38	6	2609	3186
39	2	3005	3596	39	7	2684	3261
40	**1**	**3061**	**3652**	40	8	2736	3313

为了进一步对比不考虑故障与考虑故障的 MCTAP-SLE 模型计算结果，表 6-14 以前文中的四个指标为参考对比了有故障和无故障模型的计算结果(具体计算过程与其余具体数据列于 problem3_1. xlsx 文件中)。从表中可以看出，除了平衡度以外，其余指标两者十分接近。这是由于当某个机床发生故障，会导致一段时间内无法使用，进而拉大各个机床任务量的差距，从而使得方差变大。

表 6-14 有无故障的 MCTAP-SLE 模型计算结果的四个指标对比

		完成数目	平衡度(方差)	CNC 平均效率/%	RGV 效率/%
测试用例一	有故障	368	1.75	89.44	70.86
	无故障	382	0.1875	92.85	73.11
测试用例二	有故障	346	2.4375	87.10	76.41
	无故障	358	0.1875	90.13	70.65
测试用例三	有故障	375	1.5	88.70	72.31
	无故障	391	0.1093	92.49	74.80

总体来看，当出现故障时候，MCTAP-SLE 模型能够根据当前状况自适应调整任务安排策略，并且在故障率比较小的情况下（如 1%）能够保证系统的作业效率，保持系统的高速运转生产。

3. 两道工序的考虑故障的 iMCTAP-SLE 模型

两项工序的 RGV 工作流程是在 6.3.4 节第 2 部分中流程的基础上添加一个故障记录结构数组 brokeData，负责记录所有机器的故障数据以及该次机器代表的故障机器下一次故障数据的编号；一个 brokeFlag 数组，标记每台机器下一次故障数据的编号；一个 broke 数组，标记每台机器当前故障修复时间；以及一个故障识别应对步骤。

故障识别应对步骤处于 6.3.4 节第 2 部分中步骤 4 与步骤 5 以及步骤 7 与步骤 8 之前。首先判断当前是不是在处理当前决策向量中最后一位，若是最后一位，则依据假设不执行故障识别环节，直接进入下一步骤。然后判断在刚刚上料的过程中是否会发生故障，若是则将机器置为空闲，将 broke(id)置为故障结束时间，并另 brokeFlag 指向该机器下一故障的故障编号。而在步骤 3 与步骤 6 中，Time 应更新为 machineEndTime(x_{id})与 broke(x_{id})中较大的数。

4. 两道工序的考虑故障的 iMCTAP-SLE 模型计算结果

通过与 6.3.4 节第 4 部分相同的方式，在加入故障考虑得到 8 台 CNC 工序匹配方式为：

测试用例一：machineCategory=[0,1,0,1,0,1,0,1]，即 CNC1#、CNC3#、CNC5#和 CNC7#负责工序一，CNC2#、CNC4#、CNC6#和 CNC8#负责第二道工序。

测试用例二：machineCategory=[0,1,0,1,0,1,0,1]，即 CNC1#、CNC3#、CNC5#和 CNC7#负责工序一，CNC2#、CNC4#、CNC6#和 CNC8#负责第二道工序。

测试用例三：machineCategory=[0,0,1,0,0,1,1,0]，即 CNC3#、CNC6#、CNC7#负责工序一，CNC1#、CNC2#、CNC4#、CNC5#和 CNC8#负责第二道工序。

即当考虑故障计算得到的 8 台 CNC 工序匹配方式与不考虑故障计算结果相同。

两道工序、考虑故障的模型计算的 RGV 调度策略见附件 Case_3_result_2.xls 文件。

为了进一步对比不考虑故障与考虑故障的 iMCTAP-SLE 模型计算结果，表 6-15 以 6.3.3 节第 4 部分中的四个指标为参考对比了有故障和无故障模型的计算结果（具体计算过程与其余具体数据列于 problem3_2.xlsx 文件中）。

表 6-15 有无故障的 MCTAP-SLE 模型计算结果的四个指标对比

		完成数目	平衡度（方差）	CNC 平均效率/%	RGV 效率/%
测试用例一	有故障	248	0.25	83.74	73.47
	无故障	252	0	85.19	74.32
测试用例二	有故障	207	1.5	69.98	69.41
	无故障	211	0.1875	71.43	70.50
测试用例三	有故障	222	342.5	61.38	66.12
	无故障	237	426.18	65.52	69.93

从表 6-15 中可以看出，四个指标两者十分接近（浅灰度底纹中的数据）。虽然测试用例三的平衡度两者均较大（深灰度底纹中的数据），但是由于测试用例三中 5 台 CNC 负责工序一，三台负责工序二，两类机床完成物料加工数目相差较大，方差较大也情有可原。

总体来看,当出现故障时候,iMCTAP-SLE 模型能够根据当前状况自适应调整任务安排策略,并且在故障率比较小的情况下(如 1%)能够保证系统的作业效率,保持系统的高速运转生产。

6.3.6 MCTAP-SLE 与 iMCTAP-SLE 模型讨论与总结

1. 模型优点

(1) MCTAP-SLE 与 iMCTAP-SLE 能够通过简单的决策向量(矩阵)$\boldsymbol{X}$ 准确描述系统的作业流程;

(2) 针对一道工序的 MCTAP-SLE 模型可以通过简单的修改变为针对两道工序的 iMCTAP-SLE 模型,模型可塑性强,具有较强的灵活性;

(3) 通过 SLE 方法对模型进行寻优,通过逐次局部枚举,可以根据当前情况优化下一步决策,有规避故障及应对突发事件的能力,自适应能力强;

(4) SLE 算法相较于 GA 算法计算效率高,计算时间少,计算结果准确。

2. 模型缺点

逐次局部枚举产生的结果为局部最优解,总体来看可能不是全局最优解。

3. 模型改进方向

由于 MCTAP-SLE 以及 iMCTAP-SLE 模型的每一维度可以枚举的数目较少,如果每一维度需要枚举的数目过多,可以将枚举方法变为一维的整数规划方法(如 BNB 方法)以减少计算时间。

参考文献

[1] Secrest B R. Traveling salesman problem for surveillance mission using particle swarm optimization [D]. Ohio: Air Force Institute of Technology, 2001.

[2] Ororke K P, Carlton W B, Bailey T G, et al. Dynamic routing of unmanned aerial vehicles using reactive tabu search[J]. Military Operations Research.

[3] Ryan J L, Bailey T G, Moore J T, et al. Reactive tabu search in unmanned aerial vehicles using reconnaissance simulations[C]. Winter Simulation Conference, Washington, D. C., Dec. 13-16 1998.

[4] Brown D T. Routing unmanned aerial vehicles while considering general restricted operating zones [D]. Wright-Patterson AFB: Air Force Institute of Technology, 2001.

[5] Schumaker C, Chandler P R, Rasmussen S R. Task allocation for wide area search munitions via network flow optimization[C]. AIAA Guidance, Navigation, and Control Conference and Exhibit, Montreal, Aug. 6-9, 2001.

[6] Nygard K E, Chandker P, Pachter M. Dynamic network flow optimization models for air vehicle resource allocation[C]. American Control Conference, Arlington, Jun. 25-27, 2001.

[7] Darrah M A, Niland W M, Stolarik B M. Multiple UAV dynamic task allocation using mixed integer liner programming in a SEAD mission[C]. AIAA InfoTech@ Aerospace, Arlington, Sep. 26-29, 2005.

[8] Shima T, Rasmussen S, Sparks A G, et al. Multiple task assignments for cooperating uninhabited aerial vehicle using genetic algorithms [J]. Computers & Operations Research, 2006, 33 (11): 3252-3269.

[9] Rasmussen S J, Shima T. Branch and bound tree search for assigning cooperating UAVs to multiple tasks[C]. American Control Conference. IEEE Xplore, 2006: 6.

[10] Thi H A L. Globally solving a nonlinear UAV task assignment problem by stochastic and deterministic optimization approaches[J]. Optimization Letters,2012,6(2):315-329.

[11] 潘峰,陈杰,任智平,等.基于计算智能方法的无人机任务指派约束优化模型研究[J].兵工学报,2009,30(12):1706-1713.

[12] Eun Y,Bang H. Cooperative task assignment/path planning of multiple unmanned aerial vehicles using genetic algorithm[J]. Journal of Aircraft,2012,46(1):338-343.

[13] Shima T,Schumacher C. Assigning cooperating UAVs to simultaneous tasks on consecutive targets using genetic algorithms[J]. Journal of the Operational Research Society,2009,60(7):973-982.

[14] Jing D,Jian C,Min S. Cooperative task assignment for heterogeneous multi-UAVs based on differential evolution algorithm[J]. Journal of System Simulation,2010,2(7):163-167.

[15] 宋敏,魏瑞轩,冯志明.基于差分进化算法的异构多无人机任务分配[J].系统仿真学报,2010,22(7):1706-1710.

[16] Sujit P B,Georget J M,Beard R. Multiple UAV task allocation using particle swarm optimization [C]. AIAA Guidance,Navigation and Control Conference and Exhibit,Honolulu,Aug. 18-21,2008.

[17] 李炜,张伟.基于粒子群算法的多无人机任务分配方法[J].控制与决策,2010,25(9):1359-1363.

[18] 苏菲,陈岩,沈林成.基于蚁群算法的无人机协同多任务分配[J].航空学报,2008(b05):184-191.

[19] Xiaoxuan Hu,Huawei Ma,Qingsong Ye,et al. Hierarchical method of task assignment for multiple cooperating UAV teams [J]. Journal of Systems Engineering and Electronics, 2015, 26 (5): 1000-1009.

[20] Huaguang Zhu,Li Liu,Teng Long et al. A novel algorithm of maximum latin hypercube design using successive local enumeration[J]. Engineering Optimization,2012,44(5):551-564.

附件文件:略。

6.4 论文点评

本文研究了智能 RGV 的动态调度策略,针对一道工序、两道工序的不同情况分别在有故障和无故障的条件下建立了相应的调度模型并给出了逐步局部枚举法等算法,对问题进行了求解,得到了具体的调度策略,很好地解决了问题。

首先,对于一道工序的 RGV 调度策略问题,本文建立物料-机床任务分配模型(MCTAP),定义了 RGV 的工作流程,根据 MCTAP 模型的特点给出专门的优化求解算法——逐次局部枚举算法(SLE),并计算得出一个班次内的最多加工数目。将数据代入模型得到三个测试用例的最优 RGV 调度策略,相应的完成物料加工数分别为 382,358,391。本文还对测试用例一采用遗传算法(GA)进行优化,将优化结果与 SLE 结果对比发现:对于该问题 SLE 不仅仅优化结果优于 GA,且在时间效率方面也占有优势。这一部分本文没有给出通用的 0-1 规划模型,但是建立了自己的物料-机床任务分配模型(MCTAP),同样可以解决问题,本文的逐次局部枚举算法(SLE)也是一种非常实用的启发式算法,对问题的求解也是非常有效的,遗传算法在这种情况下效率不高,通过本文的对比也可以看出来,所以大家做建模也不要盲目追求听上去高大上的新算法,比如遗传算法之类,有些时候可能还不如针对问题设计简单易行的启发式算法有效。

其次,本文对于 8 台 CNC 与两道工序的分配情况进行枚举。对于每一种 CNC 分配情况,改进问题 1 中物料-机床任务分配模型(iMCTAP),并使用逐次局部枚举(SLE)算法进行优化求解，求得该情况下 RGV 最优策略。从所有 CNC 分配情况中选择完成数目最多的情况作为两道工序的最终 CNC 分配方式。将模型应用于三个测试用例，得到最优 CNC 工序分配方式与 RGV 调度策略，相应的完成物件数目分别为 252，211，237。本文对于进行两道工序的 CNC 台数分配问题采用了枚举的方法，理论上是可行的，但是计算结果不尽合理，对第二组和第三组测试用例，CNC 的分配比例与两道工序的加工时间不吻合，可能是计算出了问题，这也导致了 CNC 比较低的生产效率。

最后，考虑故障发生的情况，在一道工序的 MCTAP 模型与两道工序的 iMCTAP 模型中加入故障因素，并使用 SLE 算法进行优化求解。代入数据进行计算，得到的三个测试用例的计算结果与问题 1、问题 2 中没有故障的计算结果对比显示所提出的模型算法能够有效应对设备故障情况，同时在故障概率不太大(如 1%)的情况下能够保证系统的作业效率，保持系统的高速运转生产。这一部分的思路和求解方法也是非常有效的。

最后本文对模型和算法的优缺点进行了讨论。

本文总体来说思路清楚、格式规范，能够大胆创新，针对问题设计了高效的启发式算法，解决了题目当中所提出的问题，因此是一篇值得借鉴的优秀论文。

第7章 高压油管的压力控制(2019 A)

7.1 题目

燃油进入和喷出高压油管是许多燃油发动机工作的基础,图7-1给出了某高压燃油系统的工作原理,燃油经过高压油泵从A处进入高压油管,再由喷口B喷出。燃油进入和喷出的间歇性工作过程会导致高压油管内压力的变化,使得所喷出的燃油量出现偏差,从而影响发动机的工作效率。

图7-1 高压油管示意图

问题1 某型号高压油管的内腔长度为500mm,内直径为10mm,供油入口A处小孔的直径为1.4mm,通过单向阀开关控制供油时间的长短,单向阀每打开一次后就要关闭10ms。喷油器每秒工作10次,每次工作时喷油时间为2.4ms,喷油器工作时从喷油嘴B处向外喷油的速率如图7-2所示。高压油泵在入口A处提供的压力恒为160MPa,高压油管内的初始压力为100MPa。如果要将高压油管内的压力尽可能稳定在100MPa左右,如何设置单向阀每次开启的时长?如果要将高压油管内的压力从100MPa增加到150MPa,且分别经过约2s、5s和10s的调整过程后稳定在150MPa,单向阀开启的时长应如何调整?

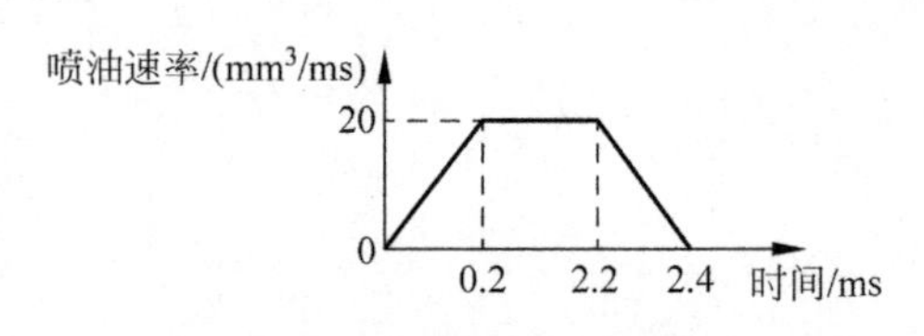

图7-2 喷油速率示意图

问题2 在实际工作过程中,高压油管A处的燃油来自高压油泵的柱塞腔出口,喷油由喷油嘴的针阀控制。高压油泵柱塞的压油过程如图7-3所示,凸轮驱动柱塞上下运动,凸轮边缘曲线与角度的关系见附件1。柱塞向上运动时压缩柱塞腔内的燃油,当柱塞腔内的压力大于高压油管内的压力时,柱塞腔与高压油管连接的单向阀开启,燃油进入高压油管内。柱塞腔内直径为5mm,柱塞运动到上止点位置时,柱塞腔残余容积为$20mm^3$。柱塞运动到下止点时,低压燃油会充满柱塞腔(包括残余容积),低压燃油的压力为0.5MPa。喷油器喷嘴结构如图7-4所示,针阀直径为2.5mm、密封座是半角为9°的圆锥,最下端喷孔的直径为1.4mm。针阀升程为0时,针阀关闭;针阀升程大于0时,针阀开启,燃油向喷孔流动,通过喷孔喷出。在一个喷油周期内针阀升程与时间的关系由附件 2 给出。在问题 1 中给出的喷油器工作次数、高压油管尺寸和初始压力下，确定凸轮的角速度，使得高压油管内的压力尽量稳定在 100MPa 左右。

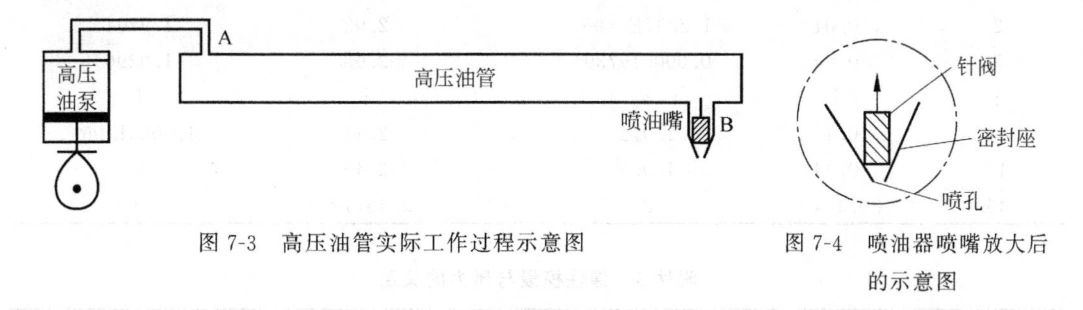

图 7-3　高压油管实际工作过程示意图

图 7-4　喷油器喷嘴放大后的示意图

问题 3　在问题 2 的基础上，再增加一个喷油嘴，每个喷油嘴喷油规律相同，喷油和供油策略应如何调整？为了更有效地控制高压油管的压力，现计划在 D 处安装一个单向减压阀(见图 7-5)。单向减压阀出口为直径为 1.4mm 的圆，打开后高压油管内的燃油可以在压力下回流到外部低压油路中，从而使得高压油管内燃油的压力减小。请给出高压油泵和减压阀的控制方案。

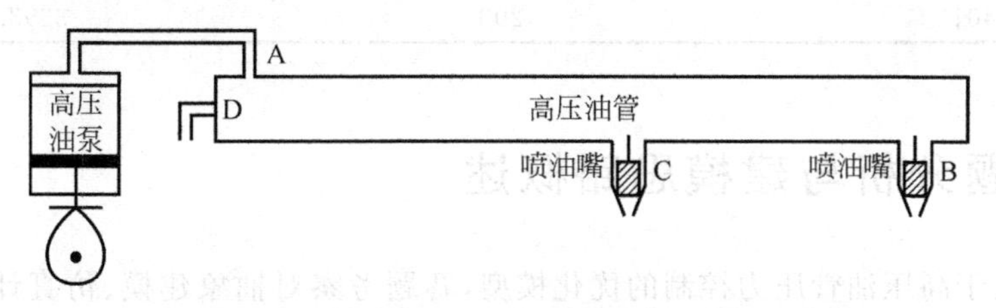

图 7-5　具有减压阀和两个喷油嘴时高压油管示意图

注 1　燃油的压力变化量与密度变化量成正比，比例系数为 $\frac{E}{\rho}$，其中 ρ 为燃油的密度，当压力为 100MPa 时，燃油的密度为 0.850mg/mm^3。E 为弹性模量，其与压力的关系见附件 3。

注 2　进出高压油管的流量为 $Q=CA\sqrt{\frac{2\Delta P}{\rho}}$，其中 Q 为单位时间流过小孔的燃油量(mm^3/ms)，$C=0.85$ 为流量系数，A 为小孔的面积(mm^2)，ΔP 为小孔两边的压力差(MPa)，ρ 为高压侧燃油的密度(mg/mm^3)。

附件 1　凸轮边缘曲线

序　　号	极角/rad	极径/mm
1	0	7.239
2	0.01	7.2389
3	0.02	7.2385
⋮	⋮	⋮
628	6.27	7.2388

附件 2 针阀运动曲线

序号	时间/ms	距离/mm	时间/ms	距离/mm
1	0	0	2.01	1.9942
2	0.01	1.2337E−06	2.02	1.9704
3	0.02	0.000019739	2.03	1.9296
⋮	⋮	⋮	⋮	⋮
44	0.43	1.972	2.44	1.0005E-06
45	0.44	1.995	2.45	0
46	[0.45,2]	2	[2.46,100]	0

附件 3 弹性模量与压力的关系

序号	压力/MPa	弹性模量/MPa
1	0	1538.4
2	0.5	1540.8
3	1	1543.3
⋮	⋮	⋮
400	199.5	3384.3
401	200	3393.4

7.2 问题分析与建模思路概述

本题是关于高压油管压力控制的优化模型，赛题考察对抽象建模、仿真计算、相对基础的数据分析等综合实践能力，兼具基础性与挑战性。需要参赛者综合运用数据分析、优化算法、计算方法等方面的知识来解决问题。

问题 1 比较简单，设定在恒定的油泵输油外压、每个输油周期内单向阀关闭时长的前提下，对注油时长进行优化，设计最优的输油控制策略。在刻画高压油管油压平稳性方面，可以考虑高压油管油压与设定值的最大偏差值、偏差值的积分、偏差值平方的积分、油压均值与设定值的偏差值等因素。总体上最优的注油周期关于注油时限单调递减且应收敛，极限应对应油压设定在 150MPa 时稳压调节的最优控制策略。

问题 2 则更接近于实际，油泵在向高压油管注油时外压不再恒定，随凸轮的外形、转速和位姿等因素而变化；喷油嘴的喷油速率，应当考虑针阀升程与高压油管油压动态变化等方面的影响；在固定凸轮转速的情况下，需要给出凸轮柱塞腔内和高压油管内压力和密度随时间变化的模型和计算方法，问题的解决需要娴熟数据拟合或插值方法、差分法与计算机仿真等。

问题 3 是进一步的扩展，喷油嘴有 2 个或多个，多个喷油嘴可以是同步喷油（喷油口增大，油管释压更不平稳），也可以异步喷油（如何异步），尝试安装减压阀，而减压阀的安装则使系统的机构发生质的改变。当具有两个喷油嘴时，在模型和算法中应明确指出每个喷油嘴开始喷油的时间，给出凸轮转速的最优模型、算法和结果；在考虑减压阀时，应给出确定减压阀开启时间和凸轮转速的优化模型、算法和结果。

7.3　获奖论文——基于差分方程对高压油管压力波动控制的求解模型

作　　者：王正坤　何雨卿　肖焙匀

指导教师：王宏洲

获奖情况：2019 年全国数学建模竞赛二等奖

摘要

针对该问题，我们基于差分方程模型并综合各个模型进行迭代求解。

对于问题 1，在求解使高压油管内压力稳定在 100MPa 时高压油泵处单向阀的打开规律时，我们利用压力和密度之间的微分关系得到了燃油密度与压力的关系式，并利用微元法，使得在高压油管内压力约为 100MPa 时，高压油泵的平均供油量与喷油器的平均出油量相等，计算得到为达稳定，高压油泵处的单向阀开启时间为 $t=0.2831$ms。在求解为使高压油管内压力从 100MPa 升高至 150MPa 并保持稳定时单向阀的开启时间，我们将求解过程分为压力上升和压力稳定两个阶段。在压力上升阶段，我们利用高压油管内压力变化量与燃油密度变化量的关系式，运用向前欧拉公式将变化过程离散化，并进行迭代。迭代过程中分别考虑高压油泵泵油和喷油器喷油前后对高压油管压力的影响，以目标时间结尾第一次达到 150MPa 的单向阀开启时间为目标最优解，逐渐缩小步长以及搜索范围，最终得到在步长为 0.000001 下，使高压油管经过约 2s、5s 和 10s 调整而稳定在 150MPa 的单向阀开启时间分别为 0.949993ms，0.812008ms，0.691610ms。在稳定阶段套用之前高压油管内压力稳定在 100MPa 时的模型，计算得到单向阀的开启时间为 $t'=0.6940$ms。

对于问题 2，我们将高压油泵和喷油器两部分分开进行讨论。高压油泵部分运用压缩系数，得到燃油压力变化量与燃油体积变化量的关系，进而解出二者的函数关系式，求出单向阀打开时，即柱塞腔内压力与高压油管压力相等时柱塞腔的体积。在单向阀开启后将柱塞腔与高压油管视作一个整体，柱塞对这一整体进行压缩，再次运用燃油压力变化量与燃油体积变化量的关系，得到压缩一次后高压油管内的压力变化量。喷油器部分根据针阀运动情况及喷油嘴下端的几何关系，我们求出了喷油时的有效面积，套用问题 1 中的差分方程，求得喷油后高压油管内的压力变化量。联立二者，以相当长一段时间后高压油管内压力稳定在 100MPa 为终止目标进行精度为 0.0001 的迭代，最终求得高压油泵的供油周期，即凸轮转动周期为 128.1162ms，即凸轮转动的角速度为 49.0429rad/s。

对于问题 3，我们使喷油器均按照问题 2 的已知数据进行工作，在对喷油器部分的模型根据题意进行更改后，我们套用问题 2 的模型，求得高压油泵的供油周期，即凸轮转动周期为 65.00005ms。并计算出初始阶段供油和喷油前后高压油管内的压力，根据这些数据以及供油和喷油的周期，我们使减压阀以 600ms 为工作周期，每次工作使得高压油管内压力减小约 1MPa 为目标，建立模型，最终求得减压阀在工作周期为 600ms 时的开启时间为 0.9ms。

关键词：差分方程，迭代算法，MATLAB，压力波动。

7.3.1　问题重述

问题背景：本题的研究对象是高压油管。燃油进入和喷出高压油管使得燃油发动机工作，而燃油间歇性的进出会导致油管内压力变化而影响发动机的工作效率。本题中高压油管的内腔长度为500mm，内直径为10mm，供油入口A处小孔的直径为1.4mm；控制供油时间的单向阀每打开一次要关闭10ms；B处喷油器每秒工作10次，每次工作时喷油时间为2.4ms；高压油管内的初始压力为100MPa。

问题1 高压油泵在入口A处提供的压力恒为160MPa，如何设置单向阀开启的时长使高压油管内压力恒定？又如何在2s、5s、10s内通过设置单向阀开启时长，使得高压油管的压力从100MPa调整至150MPa？

问题2 高压油泵为高压油管供油，凸轮驱动柱塞运动以改变高压油泵中燃油压力；当腔内压力高于管内压力时，燃油由高压油泵柱塞腔流出口A流入高压油管；B口由喷油嘴的针阀控制，针阀做周期运动使燃油喷出，试确定凸轮的角速度使高压油管内保持100MPa。

问题3 当喷油嘴数量改变，为保证发动机工作效率，如何调整喷油和供油策略。若增加减压阀（出口直径为1.4mm）使燃油流回低压油路中以平衡压力，请设计高压油泵和减压阀的控制方案。

7.3.2 模型假设

由于实际高压燃油系统的影响因素十分复杂，模型计算时如果考虑所有的影响因素是不现实也是不必要的。为了减少计算量，使模型更加精简，本文将对高压燃油系统性能影响较小的因素进行了忽略和简化，模型假设如下：

1. 除了高压油管，假定其余各腔均为集中容积，不考虑压力传播时间，燃油在各容积中的状态变化瞬时达到平衡，同一集体容积内同一瞬时的压力、密度处处相等。[3]

2. 不考虑密封面因加工问题造成的泄漏。

3. 忽略系统中各高压部件的弹性变形。[3]

4. 燃油在高压管路中做非定常层流流动。[3]

5. 整个模型为绝热模型，且燃料的温度及密度保持恒定，燃油密度使用压强为100MPa状态下的密度。[2]

6. 喷油嘴的喷孔以外的外界压强为标准大气压强，即101kPa。

7. 假设A处的单向阀门和B处的针阀交错运行，二者不同时工作，排除二者同时工作对高压油管内压强产生影响的情况。

7.3.3 符号说明

符号	说明
P	压强（MPa）
$\rho(P)$	压强为P状态下燃油的密度（mg/mm^3）
E	弹性模量（MPa）
u_P	高压油泵在一个工作周期内的出油量（mm^3）
u_B	喷油器在一个工作周期内的出油量（mm^3）
A_0	A处小孔的面积（mm^2）
A_p	柱塞面积（mm^2）
A_{nozzle}	喷嘴处有效流通面积（mm^2）

续表

Q_p	柱塞瞬时压入油量,即几何供油率(mm^3/ms)
Q_{vp}	柱塞腔内压力变化所引起的压缩油量变化率(mm^3/ms)
Q_B	通过喷油嘴向外部排出的流量(mm^3/ms)
Q_{back}	流回到低压油路的流量(mm^3/ms)
V_0	高压油管的体积(mm^3)
$V(P)$	高压油泵在压强为 P 状态下的容积
H_p	活塞的升程(mm)
H_B	针阀的升程(mm)

7.3.4 数据预处理

在正式建立模型解决问题之前,我们先处理题目所给附件中的数据,并进行数据拟合。

对于附件 3 中弹性模量与压力,我们先将数据导入 MATLAB 中并作出弹性模量-压力关系图(见图 7-6)。

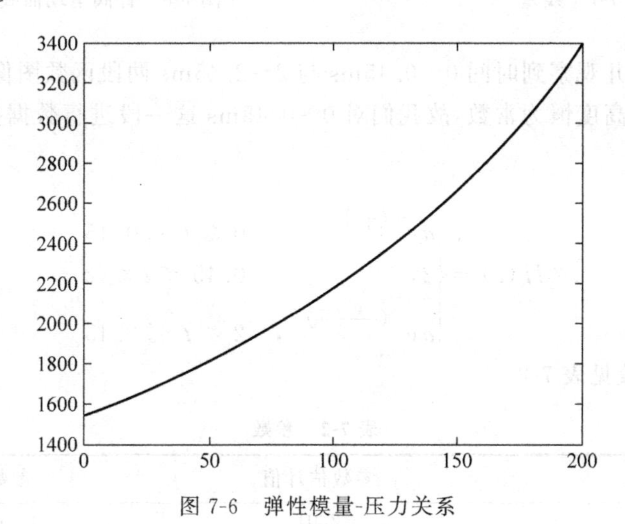

图 7-6 弹性模量-压力关系

经查阅,我们了解到液体弹性模量与压力二者大致为二次函数的关系[1],而二次函数也与图像大致吻合,故我们考虑用以下关系式进行拟合。

$$E_k = aP_k^2 + bP_k + c$$

运用 MATLAB 中 Polyfit 函数,我们得到了拟合系数(见表 7-1)以及残差图(见图 7-7)。

表 7-1 拟合系数

参　数	参数估计值	参数置信区间
a	0.02893	(0.02842,0.02944)
b	3.077	(2.971,3.182)
c	1572	(1567,1576)
	$r^2=0.9991$	

其中,a,b,c 的置信区间都不包含 0 点且相关系数 $r^2=0.9991$ 十分接近 1,故我们有理由相

信拟合是有效的。

对于附件2中针阀运动曲线与时间的关系,我们画出其关系图(见图7-8)。

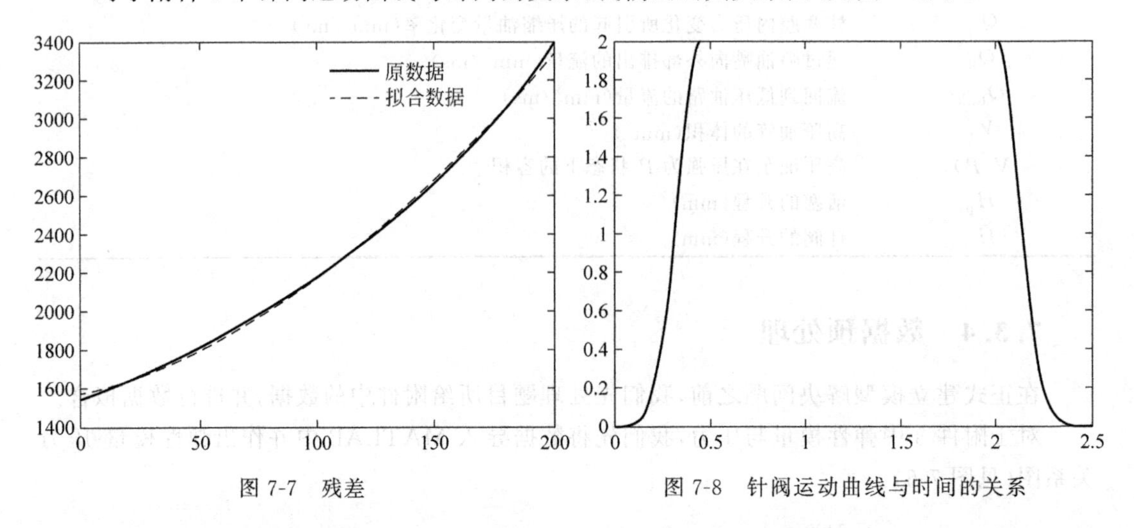

图7-7 残差　　　　图7-8 针阀运动曲线与时间的关系

结合表格数据并观察到时间0～0.45ms与2～2.45ms两段函数图像完全对称,以及在0.45～2ms时针阀高度恒为常数,故我们对0～0.45ms这一段进行数据拟合。从而得到关系式:

$$H(t)=\begin{cases} a\mathrm{e}^{-\left(\frac{t-b}{c}\right)^2}, & 0\leqslant t\leqslant 0.45 \\ 2, & 0.45<t\leqslant 2 \\ a\mathrm{e}^{-\left(\frac{2.45-t-b}{c}\right)^2}, & 2<t\leqslant 2.45 \end{cases}$$

其中,各项参数见表7-2。

表7-2 参数

参　　数	参数估计值	参数置信区间
a	2.01	(2.003,2.017)
b	0.4543	(0.453,0.4555)
c	0.1655	(0.1645,0.1666)
$r^2=0.9999$ SSE=0.001186		

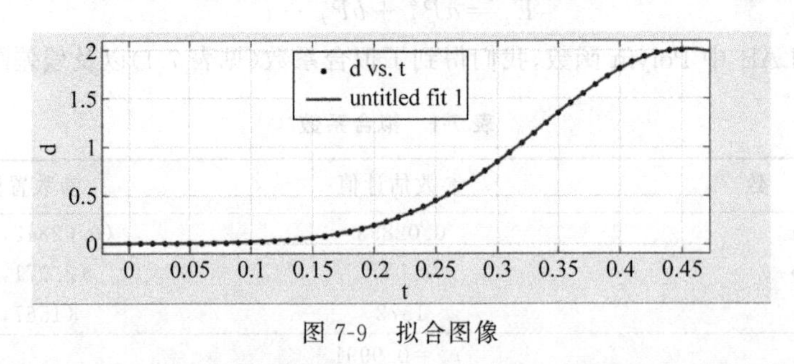

图7-9 拟合图像

拟合图像见图7-9。由于相关系数 $r^2=0.9999$ 十分接近1以及SSE=0.001186接近于0,则我们有理由认为拟合是有效的。

7.3.5　模型的建立与求解

1. 问题1

(1) 针对问题1所给出的高压油管的模型，在不考虑密封面因加工问题造成燃油泄漏的情况下，要使高压油管内压力尽可能稳定在100MPa左右，我们只需使高压油泵的出油量与喷油嘴B处出油量在一个公共周期内大致相等即可，即

$$u_P T(\min)/10 = u_B \times T(\min)/100$$

我们可以先对 u_B 进行求解。为此我们先将喷油速率-时间图转化为分段函数，其表达式为

$$Q_B(t)=\begin{cases}100t, & 0<t\leqslant 0.2\\ 20, & 0.2<t\leqslant 2.2\\ -100t+240, & 2.2<t\leqslant 2.4\\ 0, & 2.4<t<100\end{cases}$$

通过对上述分段函数进行积分，积分区间为B处喷油嘴的一个工作周期，从而我们得到了喷油器每工作一次的喷油量：

$$u_B=\int_0^{2.4} Q_B(t)\,\mathrm{d}t = 44\text{mm}^3$$

之后，我们对 u_P 进行求解。单位时间流过小孔的燃油量：

$$Q_{喷入}=CA\sqrt{\frac{2\Delta P}{\rho}}$$

由燃油的压力变化量与密度变化量间的正比关系：

$$\Delta P=\frac{E}{\rho}\Delta\rho$$

以及

$$E=aP^2+bP+c$$

和初始条件 $P=100, \rho(100)=0.85$，我们得到了微分方程：

$$\mathrm{d}P=\frac{aP^2+bP+c}{\rho}\mathrm{d}\rho$$

解得：

$$\ln\rho=\frac{2}{\sqrt{4ac-b^2}}\arctan\left[\frac{2a}{\sqrt{4ac-b^2}}\left(P+\frac{b}{2a}\right)\right]+C_{常}$$

(其中 $a=0.02893\quad b=3.077\quad c=1572\quad C_{常}=-0.25294$)

通过公式，我们计算出了当 $P=150$MPa 时，密度 $\rho(100)=0.871$，这时

$$\frac{|\rho_1-\rho_0|}{\rho_0}=2.47\%$$

变化幅度很小，故在之后的计算中，我们均将高压油管内的燃油密度视作0.85。

我们再对喷油及泵油前后高压油管内压力变化进行估算：

$$\Delta P=\frac{E}{\rho}\Delta\rho=\frac{E}{\rho}\frac{u_{\mathrm{B}}\rho}{V_0}=\frac{Eu_{\mathrm{B}}}{V_0}$$

则喷油前后高压油管内压力变化约为 2.433MPa。

考虑到为保持稳定时周期内总泵油和总喷油大致相等，即

$$\frac{Q-Q_{估}}{Q_{估}}=\frac{\left|CA\sqrt{\frac{2(60+\Delta P)}{\rho}}-CA\sqrt{\frac{2\times 60}{\rho}}\right|}{CA\sqrt{\frac{2\times 60}{\rho}}}=\frac{\left|\sqrt{60+\Delta P}-\sqrt{60}\right|}{\sqrt{10}}<2.2\%$$

故我们在 A 处计算进入高压油管的流量 Q 时，始终将高压油管内的压力视作 100MPa，则 $Q_{喷入}=15.55\mathrm{mm}^3$。

不妨设单向阀每次开启时间为 t，则为保持稳定，须有：

$$\frac{Q_{喷入}\cdot t}{10}=\frac{u_{\mathrm{B}}}{100}$$

解得：$t=0.2831\mathrm{ms}$。即当单向阀每次开启时间为 0.2831ms 时，高压油管内的压力可大致稳定在 100MPa。

(2) 为使高压油管内压力从 100MPa 增加到 150MPa，并且经过一定时间的调整过程后稳定在 150MPa，我们需要增加单向阀每次开启的时长。考虑到 P 与 ρ 表达式复杂，以及泵油口和喷油口的间断性和周期性，此问题我们使用差分方程进行求解。我们设单向阀每次开启时间为 t，由

$$\Delta P=\frac{E}{\rho}\Delta\rho$$

$$\Delta\rho=\frac{\Delta Qt\rho}{V_0}$$

$P(0)=100$，$\rho_{(100)}=0.85$，利用差分方程进行求解，高压油泵出油后：

$$\begin{cases}\rho_{k+1}=\rho_k+u_{\mathrm{B}}\dfrac{\rho_k}{V_0}\\ P_{k+1}=P_k+E_k(\rho_{k+1}-\rho_k)/\rho_k\end{cases}$$

喷油嘴喷油后：

$$\begin{cases}\rho_{k+1}=\rho_k-u_{\mathrm{B}}\dfrac{\rho_k}{V_0}\\ P_{k+1}=P_k+E_k(\rho_{k+1}-\rho_k)/\rho_k\end{cases}$$

其中

$$E_k=aP_k^2+bP_k+c$$

以高压油泵工作周期 10ms 为单位记录工作总时长 $T=10n$，当高压油泵和高压油管完成给定的调整过程(2s，5s，10s)时，记录末时刻高压油管内压强。

我们初始值取 $t=0$，并逐步缩小 t 的取值范围，最终取 t 的步长精度为 0.0001，使用 $|P-150|<0.0005$ 作为判断条件进行迭代，最终求得解：0.949993(2)，0.812008(5)，0.691610(10)。即当给定的调整时间为 2s 时，为在 2s 的时间内，使高压油管内的压力从

100MPa 增加到 150MPa，单向阀每次要开启 0.949993ms；给定的调整时间为 5s 时，单向阀每次要开启 0.812008ms；给定的调整时间 10s，单向阀每次要开启的时间为 0.691610ms。

在高压油管内压力达到 150MPa 后，与上述同理，为达到稳定，由于：

$$\frac{Q-Q_{估}}{Q_{估}}=\frac{\left|CA\sqrt{\frac{2(10+\Delta P)}{\rho}}-CA\sqrt{\frac{2\times 10}{\rho}}\right|}{CA\sqrt{\frac{2\times 10}{\rho}}}=\frac{\left|\sqrt{10+\Delta P}-\sqrt{10}\right|}{\sqrt{10}}<13\%$$

故我们在 A 处计算进入高压油管的流量 Q 时，始终将高压油管内的压力视作 150MPa。则有：

$$\frac{Q_P t'}{10}=\frac{u_B}{100}$$

解得：$t'=0.6940\text{ms}$，即当高压油管内的压力稳定在 150MPa 时，单向阀每次开启的时长应保持在 0.6940ms。

2. 问题 2

与问题 1 类似，为使高压油管内压力尽可能稳定在 100MPa，我们只需在长时间达到平衡后，使得高压油泵处的供油量 u_P 与喷油嘴 B 处喷油量 u_B 在一个周期内大致相等即可。但不同于问题 1 所给的情况的是，问题 2 讨论在实际工作过程中的情况，且当柱塞腔内的压力大于高压油管内的压力时，柱塞腔与高压油管连接的单向阀开启，在这种情况下，需要装置对压强较高的灵敏度，因此，在问题 2 中，我们不再像问题 1，把高压油管内压强设为固定值，而是考虑了压强随时间变化的情况。

在 t 到 $t+\mathrm{d}t$ 时刻内，柱塞腔内燃油量平衡的关系为[2]

$$Q_P=Q_{VP}+Q_B$$

其中：

$$Q_P=A_P\frac{\mathrm{d}H_P}{\mathrm{d}t}$$

$$Q_{VP}=\frac{V_{(P)}}{E}\frac{\mathrm{d}P}{\mathrm{d}t}$$

$$Q_B=CA\sqrt{\frac{2\Delta P}{\rho}}$$

若使系统保持稳定，则只需使得在高压油泵与针阀的一个最小公共周期内：

$$\int_0^T(Q_P-Q_{VP})\mathrm{d}t=\int_0^T Q_B\mathrm{d}t$$

首先，我们对左侧的高压油泵进行分析。

由附件 1，结合凸轮与活塞的连接方式，我们得到在极径最小 $L_{min}=2.413\text{mm}$ 时，活塞升程 $H=0$，在极径最大 $L_{max}=7.239\text{mm}$ 时，活塞升程：

$$H=L_{max}-L_{min}=4.826\text{mm}$$

高压油泵内的柱塞在活塞运动过程中，腔内容积的变化量只与柱塞腔内直径和柱塞升程有关。则柱塞腔内容积变化量的最大值为 94.76mm^3。则高压油泵在活塞运动时的最大体积：

$$V = V_{\min} + \Delta V = 114.76\text{mm}^3$$

我们考虑凸轮从极径最小处转动一周时高压油泵内的变化。

当凸轮从极径最小处转动到极径最大处时，活塞由下止点运动到上止点，在活塞上升过程中，高压油泵内的燃油压力从 0.5MPa 逐渐上升，并在某一升程处达到高压油管内的压力 P 后，单向阀打开，此时柱塞腔与高压油管连通，可以视作一个整体进行考虑，柱塞腔内气体压力始终与高压油管压力一致，直至运动到上止点。

当凸轮从极径最大处回转到极径最小处时，由于活塞向下运动，使柱塞腔体积变大，气压降低，导致单向阀关闭。

由于柱塞腔内压力与时间关系复杂，导致 Q 求解难度较大，我们将平衡时的流量关系转化为压力关系，即将

$$\int_0^T (Q_P - Q_{\text{VP}} - Q_{\text{B}})\,\text{d}t = 0$$

转化为

$$\sum_{t=0}^{T} (\Delta P_{\text{增}} - \Delta P_{\text{减}}) = 0$$

接着，我们考虑了高压油泵部分。

在压缩燃油的过程中，对于体积 V 与压力 P 的关系[4]：

$$\frac{\text{d}V}{\text{d}P} = -\alpha V$$

其中

$$\alpha = \frac{1}{E}$$

结合初始条件，我们得到了常微分方程

$$\frac{\text{d}V}{\text{d}P} = -\frac{1}{aP^2 + bP + c}V, \quad V(0.5) = 114.76\text{mm}^3$$

解得

$$V = \text{e}^{-\left(\frac{2}{\sqrt{4ac-b^2}}\arctan\left[\frac{2a}{\sqrt{4ac-b^2}}\left(P+\frac{b}{2a}\right)\right]+C_{\text{常}}\right)}$$

（其中 $a = 0.02893, b = 3.077, c = 1572, C_{\text{常}} = -4.7782$）

则当单向阀打开时，柱塞腔内体积 $V = 108.6116\text{mm}^3$。此后，由于柱塞腔内压力与高压油管内压力相等，则活塞相当于对柱塞腔与高压油管这一整体进行压缩，又由于

$$\frac{\Delta V}{V_{\text{总}}} = \frac{V - V_{\text{残余}}}{V_0 + V} = 0.00225 < 0.3\%$$

比值很小，则我们直接使用公式 $\Delta P = -\frac{1}{V\alpha}\Delta V$ 对泵入油后高压油管内的压力进行求解。

最后，我们考虑喷油嘴部分，由拟合我们得到了针阀升程与时间的关系：

$$H(t) = \begin{cases} a\text{e}^{-\left(\frac{t-b}{c}\right)^2}, & 0 \leqslant t < 0.45 \\ 2, & 0.45 < t \leqslant 2 \\ a\text{e}^{-\left(\frac{2.45-t-b}{c}\right)^2}, & 2 < t \leqslant 2.45 \end{cases}$$

则针阀底部与圆锥喷油嘴 d 在等高处形成的有效流通面积公式为[1]

$$A=\pi\left[\left(\frac{D}{2}+d\tan\frac{\pi}{20}\right)^2-\left(\frac{D}{2}\right)^2\right]$$

由于

$$Q=CA\sqrt{\frac{2\Delta P}{\rho}}$$
$$A=\min(A_{\text{nozzle}},S_{\text{喷孔}})$$
$$S_{\text{喷孔}}=1.539\text{mm}^3$$
$$A_{\text{nozzle}}(\max)=1.3229\text{mm}^3$$

则 $A=A_{\text{nozzle}}$，那么

$$\Delta P=\frac{E}{\rho}\Delta\rho=\frac{E}{\rho}\frac{U_{\text{B}}\rho}{V_0}=\frac{EU_{\text{B}}}{V_0}=\frac{E}{V_0}CA\Delta t\sqrt{\frac{2\Delta P}{\rho}}$$

下面，我们将时间以 0.05ms 为一段，使用差分有

$$P_{k+1}=P_k-\frac{E_k}{\rho_k}\frac{Q_k t\rho}{V_0}=P_k-\frac{Et}{V_0}Q_k$$

其中

$$Q_k=CA_k\sqrt{\frac{2\Delta P}{\rho}}$$

联立高压油泵与喷油嘴处压力变化规律

$$P_{k+1}=P_k+\frac{V-2V}{V+V_0}E$$

使用计算机进行迭代，求出不同转速下高压油管内达到稳定时的压力。通过对转速进行步长精度达 0.0001 的搜索，我们最终求得到稳定压力为 100MPa 时凸轮转动周期为 128.1162ms，即角速度为 49.0429rad/s。

3. 问题 3

(1) 若在问题 2 的基础上再增加一个喷油嘴 C 且与喷油嘴 B 工作规律相同，则在喷油时，总有效面积 $A'=2A$(其中 A 为喷油嘴 B 的有效面积)。套用问题 2 的模型，可解出当喷油嘴 B 和 C 同时按照问题 2 中喷油嘴 B 工作规律工作时，为保持高压管内压力稳定在 100MPa，高压油泵供油周期需减少到 $T=63.1741$ms。

(2) 观察到高压油管内压力并不能在短时间内达到 100MPa 的稳定压力，且在初始段过程中，即使喷出油后高压油管内压力也基本在 100MPa 之上，我们考虑在喷油嘴喷出油之后使单向减压阀开始工作。又高压油泵工作周期为 63.1741ms，喷油嘴工作周期为 100ms，我们取单向减压阀工作周期 $T=600$ms，且每次使得单项减压阀开启后高压油管内压力减小约 1MPa。在减压过程中，由于高压油管内压力与燃油密度变化十分的小，我们在计算时将压力与燃油密度均视为高压油管在 100MPa 时的常数。则由

$$\Delta P=\frac{E}{\rho}\Delta\rho=\frac{E}{\rho}\frac{U_{\text{B}}\rho}{V_0}=\frac{EU_{\text{B}}}{V_0}=\frac{E}{V_0}CA\Delta t\sqrt{\frac{2\Delta P}{\rho}}$$

解得 $t=0.9\text{ms}$。

我们将增加减压阀前后压力与时间数据导入到 MATLAB 中，画出前 500 组散点图的图像（见图 7-10）。

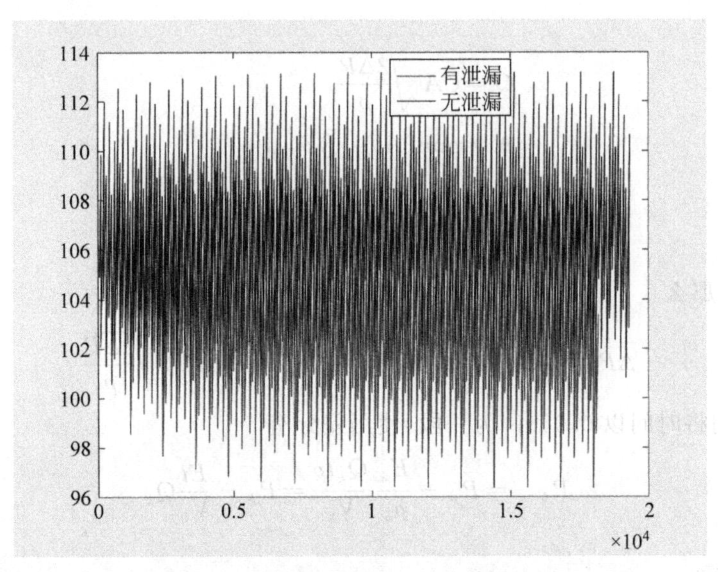

图 7-10 减压阀前后压力与时间散点图

由图像可以看出，在增加了减压阀后，高压油管内的压力明显在 100MPa 左右更加平稳。因此，在增加一个喷油嘴 C，且在 D 处安装一个单向减压阀的情况下，高压油泵的周期应为 63.1741ms，减压阀的工作周期应为 600ms，且减压阀每次开启的工作时间为 0.9ms。

7.3.6 模型改进与建议

1. 模型优缺点

模型优点：

(1) 应用该模型所需要的数据，皆可通过观察或测量得到，易于实现且可以在实际工作中进行应用；

(2) 高压油管内压力的变化有明显的阶段性，此模型采用了最适合求解此类问题的差分方程，即对离散的动态过程建模；

(3) 在对差分方程进行求解的过程中，迭代的步长为 0.000001ms，迭代过程精度很高。

模型缺点：

(1) 求解差分方程的过程采用的是向前欧拉公式，相较于向后欧拉公式，在求解过程中精度更低；

(2) 将常微分方程转化为差分方程进行求解，即将连续函数离散化，进行求解会引起误差；

(3) 在求解过程中，一直把燃油的密度当做常量进行计算，与实际情况有偏差。

2. 模型的改进

在动态的求解高压油管内的压力时，可以将压力、燃油密度等与时间的关系看作连续函数，通过对连续函数的求导、积分等过程，可得到比差分方程方法更加精确的解。同时，在进行迭代的过程中，还可以完善搜索范围的确定以及步长的确定，通过使用如改善后的模拟退火等方法，从而减小迭代的误差。

参考文献

[1] 白云.高压共轨燃油系统循环喷油量波动特性研究[D].哈尔滨：哈尔滨工程大学，2017.
[2] 杜少东.缸内直喷 LNG/柴油双燃料供给系统和电控策略的研究开发[D].镇江：江苏科技大学，2014.
[3] 晓辰.高压共轨系统高压管路压力波动特性仿真研究及结构优化[D].北京：北京交通大学，2016.
[4] 刘艳峰，刘竹琴.基于 SV—DH 声速测试仪研究液体的压缩系数[J].科学技术与工程，2012，16.

7.4 论文点评

针对问题1，本文利用压力和密度之间的微分关系得到了燃油密度与压力的关系式，计算出高压油泵的平均供油量与喷油器的平均出油量相等时单向阀的开启时间，在压力上升阶段，利用高压油管内压力变化量与燃油密度变化量的关系式，利用迭代方法得到单向阀的开启时间。

针对问题2，本文将高压油泵和喷油器两部分分开进行讨论。高压油泵部分运用压缩系数，得到燃油压力变化量与燃油体积变化量的关系，进而解出二者的函数关系式，求出单向阀打开时，即柱塞腔内压力与高压油管压力相等时柱塞腔的体积。喷油器部分根据针阀运动情况及喷油嘴下端的几何关系，求出了喷油时的有效面积。

针对问题3，本文使喷油器均按照问题2的已知数据进行处理，在对喷油器部分的模型根据题意进行更改后，求得高压油泵的供油周期。并计算出初始阶段供油和喷油前后高压油管内的压力，根据这些数据以及供油和喷油的周期建立模型，最终求得减压阀的工作周期。

总体来说，本文在现有研究成果的基础上，建立相关数学模型，解决了题目要求中的所有问题，摘要、论文结构安排、相关模型的描述等方面都是安排得很好，是一篇优秀的数学建模论文。本文在相关模型创新点、图形的精细化处理、各个问题之间的衔接等方面还有提升空间。

第8章 “同心协力”策略研究(2019 B)

8.1 题目

“同心协力”(又称“同心鼓”)是一项团队协作能力拓展项目。该项目的道具是一面牛皮双面鼓,鼓身中间固定多根绳子,绳子在鼓身上的固定点沿圆周呈均匀分布,每根绳子长度相同。团队成员每人牵拉一根绳子,使鼓面保持水平。项目开始时,球从鼓面中心上方竖直落下,队员同心协力将球颠起,使其有节奏地在鼓面上跳动。颠球过程中,队员只能抓握绳子的末端,不能接触鼓或绳子的其他位置。

图片来源:https://yjs.syu.edu.cn/_mediafile/yjs/2017/10/26/32yuesec78.png。

项目所用排球的质量为270g。鼓面直径为40cm,鼓身高度为22cm,鼓的质量为3.6kg。队员人数不少于8人,队员之间的最小距离不得小于60cm。项目开始时,球从鼓面中心上方40cm处竖直落下,球被颠起的高度应离开鼓面40cm以上,如果低于40cm,则项目停止。项目的目标是使得连续颠球的次数尽可能多。

试建立数学模型解决以下问题:

1. 在理想状态下,每个人都可以精确控制用力方向、时机和力度,试讨论这种情形下团队的最佳协作策略,并给出该策略下的颠球高度。

2. 在现实情形中,队员发力时机和力度不可能做到精确控制,存在一定误差,于是鼓面可能出现倾斜。试建立模型描述队员的发力时机和力度与某一特定时刻的鼓面倾斜角度的关系。设队员人数为8人,绳长为1.7m,鼓面初始时刻是水平静止的,初始位置较绳子水平时下降11cm,表8-1中给出了队员们的不同发力时机和力度,求0.1s时鼓面的倾斜角度。

表 8-1 发力时机(单位：s)和用力大小(单位：N)取值

序号	用力参数	1	2	3	4	5	6	7	8	鼓面倾角(度)
1	发力时机	0	0	0	0	0	0	0	0	
	用力大小	**90**	80	80	80	80	80	80	80	
2	发力时机	0	0	0	0	0	0	0	0	
	用力大小	**90**	**90**	80	80	80	80	80	80	
3	发力时机	0	0	0	0	0	0	0	0	
	用力大小	**90**	80	80	**90**	80	80	80	80	
4	发力时机	**−0.1**	0	0	0	0	0	0	0	
	用力大小	80	80	80	80	80	80	80	80	
5	发力时机	**−0.1**	**−0.1**	0	0	0	0	0	0	
	用力大小	80	80	80	80	80	80	80	80	
6	发力时机	**−0.1**	0	0	**−0.1**	0	0	0	0	
	用力大小	80	80	80	80	80	80	80	80	
7	发力时机	**−0.1**	0	0	0	0	0	0	0	
	用力大小	**90**	80	80	80	80	80	80	80	
8	发力时机	0	**−0.1**	0	0	**−0.1**	0	0	0	
	用力大小	**90**	80	80	**90**	80	80	80	80	
9	发力时机	0	0	0	0	**−0.1**	0	0	**−0.1**	
	用力大小	**90**	80	80	**90**	80	80	80	80	

3. 在现实情形中，根据问题 2 的模型，你们在问题 1 中给出的策略是否需要调整？如果需要，如何调整？

4. 当鼓面发生倾斜时，球跳动方向不再竖直，于是需要队员调整拉绳策略。假设人数为 10 人，绳长为 2m，球的反弹高度为 60cm，相对于竖直方向产生 1 度的倾斜角度，且倾斜方向在水平面的投影指向某两位队员之间，与这两位队员的夹角之比为 1∶2。为了将球调整为竖直状态弹跳，请给出在可精确控制条件下所有队员的发力时机及力度，并分析在现实情形中这种调整策略的实施效果。

8.2 问题分析与建模思路概述

本题看起来就是一个简单的物理学问题，涉及碰撞、受力、角度等因素，不过从题目的要求来看，这实际上是一个基于物理学规则的决策优化问题。在这里空气阻力、绳子形变、碰撞时球和鼓的形变、碰撞中的能量损失等因素都可以视为次要环境因素，不予考虑，只考虑人的操控力度、发力时间等因素。

第一问明确说明是在理想状态下，这时需要通过假设来澄清把哪些因素纳入考虑，把哪些因素排除在外。比如为简化问题，忽略空气阻力、球鼓碰撞时的形变等，即假设碰撞时完全弹性碰撞；拉绳过程中人的用力会发生变化，为简化模型，可以假设每次发力的力量都是恒定的。

在具体建模时，要考虑每个人用力大小折算在垂直方向上后，带给鼓的速度变化，并给出鼓球碰撞时的能量、动量变化，从而建立起用力大小、时间与人数、绳长、颠球高度等因素之间的关系。这些环节都属于物理学的范畴，根据物理学定律来建立计算方法即可。需要注意人的拉力虽然恒定，但绳子角度一直在变化，导致鼓的垂直方向受力也会随角度变化，所以我们需要建立鼓在变力影响下的运动方程。

按照第一问的要求，需要确定团队操作的最佳策略，包括以发力的大小、时间为决策变量，以颠球高度、人数、绳长为约束条件，以颠球次数最大化或者做功最小化为目标函数，建立明确的优化模型。

第二问考虑部分队员的发力时机和力度出现偏差时，鼓面出现的倾角。由于受力不均匀，鼓面在运动过程中会出现平移、旋转等动作，所以在这一问里我们需要给出与每个人用力大小、发力时机有关的鼓面运动方程。然后代入第二问所给的数据，确定某个时刻鼓面的倾斜角度。

第三问所提的要求看起来似乎很模糊，不过归根结底，就是考虑在第一问的模型中每个人的用力大小、时间各不相同的情况下，重新计算优化结果。因此我们可以设置多种不同的情况，比如力度、时间出现较大、较小偏差，出现偏差的人员数量、相互位置等，来观察计算结果的差异。这实际上类似于考虑模型的稳定性，或者灵敏度分析。由于第三问并没有针对某种特殊情况，因此在回答时也应该尽量覆盖宽泛的情况。

第四问首先要考虑在给定条件下的调整策略，包括各个队员的力度、用力时机，可以引入第二问中建立的模型来解决。要注意的是，第四问最后又要求分析“现实情形”下的实施效果，这实际上要求考虑力度、时间有偏差的情况，类似于第三问。对此可以做一些稳定性、灵敏度方面的理论分析，也可以做一些数值计算试验，分析调整的平均效果。

8.3 获奖论文——“同心鼓”问题的最优策略模型

作　　者：徐德轩　袁瑞泽　周云龙

指导教师：王宏洲

获奖情况：2019 年全国数学建模竞赛一等奖

摘要

“同心鼓”是一个考验技巧与配合的游戏，参与游戏的队员的站位方式，各队员发力的时机、发力的大小、方向以及队员们面对鼓面倾斜等情况的应对策略都将对最终的成绩造成影响。本文结合理论力学相关知识，利用刚体多轴转动定律建立微分方程，以及自适应优化遗传算法进行模型设计。

在问题 1 中，我们先假设好一个理想状态，通过对鼓和球整个运动状态的力学分析，建立微分方程，求解出最佳的颠球高度，并使用 Adams 模拟出它们的运动过程进行实验验证。明确了最佳颠球策略下，队员们发力情况具有节奏周期性。

在问题 2 中，我们对现实情形中区别于理想条件的几个因素进行分析，分别对施力不均衡、发力时机不统一等情况提出相应的解决方案。对于某些复杂情况，利用刚体多轴转动模型进行求解。最后建立描述队员发力时机和力度与某一特定时刻鼓面倾斜角度的关系模型。针对题干中的 9 种具体情况，我们利用建立好的模型解出了各组数据对应的鼓面倾角。

在问题 3 中，我们为了将鼓面精确调整到特定角度，需要调整队员的发力大小，以此修正实际情况中排球在竖直方向上产生的偏移角度。但由于发力大小受到之前建立的多个微分方程的约束，传统算法搜索最优解的复杂性较高，我们采用自适应优化遗传算法提出鼓面产生倾角后的解决方案：倾斜方向在水平面投影指向的几名队员加大一定的发力大小。将问题1中鼓的均匀受力情况改为不均匀受力以完善最佳协作策略。

在问题4中，我们将题目中给出的数据与问题1、问题3中的模型相结合，计算得出鼓均匀受力情况下每名队员的拉力大小为75.35N。为使排球恢复在竖直方向上的运动，倾斜方向在水平面投影指向的两名队员需要分别增大至98.95N和113.93N。

关键词：刚体多轴转动模型，自适应优化遗传算法，动力学微分方程。

8.3.1 问题重述

“同心鼓”作为一项团队协作能力拓展项目，由于其操作难度较高，十分考验团队成员之间的能力配合而广泛见于各种团建活动之中。“同心鼓”构型奇特，鼓身中间固定有多根长度相等且不可拉伸的绳子，绳子在鼓身上的固定点沿圆周呈均匀分布，即固定点之间的距离是相等且确定的。其玩法较为特殊，虽然鼓身上有多根绳子，但是并不要求每一根绳子都得有人牵引，因为最少参与人数仅为8人而绳数远多于此，因此“同心鼓”游戏给了游戏参与人员更多设置队员站位方式的机会。这听起来好像没有太大的用处，因为很多人第一想法都是队员均匀对位站立效果最佳，不过，当参与队员力量差距较为悬殊的时候，例如一位成年人与多位小朋友组成参与队伍时，突破常规的站位方式，可能也会使队员之间的力量配合达到最佳的效果。为减少项目中的人员体力消耗，以更好地考验团队之间的配合，项目中使用质量为270g的排球，直径40cm、鼓身高度22cm、质量3.6kg的牛皮双面鼓进行游戏。除此之外，为使参加项目人员能够获得较好的成绩，也可能只是想增加难度，“同心鼓”项目还有一些别的要求：队员人数不少于8人；队员之间的距离不得小于60cm；球被颠起的高度应离开鼓面40cm以上，低于40cm则项目停止。为了获得更好的成绩，增强游戏体验，我们将建立数学模型分析研究以下问题：

(1) 在理想状态下，即每个人都可以精准控制用力方向、时机和力度时，讨论团队的最佳协作策略，然后给出该策略下的颠球高度。

(2) 在现实情境中，队员发力时机和力度不可能做到精确控制，存在一定误差，于是鼓面可能因受力不均出现倾斜。我们将根据题目中给定的各位队员的用力参数、发力时机、用力大小等数据，在绳长1.7m、队员人数为8人、鼓面初始时刻水平且较绳子水平时下降11cm的前提下，建立数学模型来描述队员的发力时机和力度与某一特定时刻的鼓面倾角之间的关系。

(3) 在现实情境中，根据(2)中考虑队员发力时机等因素建立好的模型，来分析(1)中给出的最佳协作策略是否需要调整以及具体的调解方案以保证策略依旧是最佳的。

(4) 当鼓面发生倾斜时，排球的跳动方向不再是竖直的了，这时候就需要队员进行一定的力度及用力方向上的调整，使得排球的跳动重新回到竖直方向上来。题中假定人数为10人，绳长为2m，球的反弹高度为60cm，相对于竖直方向产生1度的倾斜角度，且倾斜方向在水平面的投影指向某两位队员之间，与这两位队员的夹角之比为1∶2。在此前提下，我们将结合上面建立好的模型并进行一定程度上的修改，然后给出精确控制条件下所有队员的发力时机以及力度，最后再分析现实情况下的实施效果。

8.3.2 问题分析

我们发现，关于“同心鼓”游戏的现有研究资料几乎没有，而其运动过程中需要考虑到的各种能量损失以及在实际情况下面对鼓面倾斜等问题该如何处理，也使得整个分析过程的难度大大提升。

对于问题1，我们先假设好了一个理想状态，然后分别给鼓和排球建立好物理模型并进行受力分析。通过计算，我们能够得出整个运动过程中鼓和球的运功状态以及确切的运动位置，从而得出最佳的协作策略以及该情况下颠球的高度。

对于问题2，因为是基于现实情形，所以就得将问题1中忽略掉的一些因素重新加以考虑。题目意思是要求我们研究"同心鼓"的倾斜角度与队员发力时机、大小之间的关系。这从题中给出的数据表格也可以看到，每个人的发力时机是有差异的，甚至一个人在用同等大小力度的时候发力时机也会变化，受力的不均必然导致鼓面产生一定的倾角。我们假设队员沿圆周均匀排列，通过力矩与角加速度关系列出并求解微分方程，从而得到题中描绘的研究倾角的关系等式，然后再将表格中的数据代入以完成表格内容的填写。

对于问题3，题目要求我们在现实情形下利用问题2中建立好的模型对问题1中的策略进行修正。显而易见的是，问题1中的策略肯定是需要被修改的，因为我们在处理问题1的时候，是直接将其放在理想情形下解决的。在现实情形下，无论是参与人员的发力时机、发力大小还是发力方向等都不是一成不变且完全能够凭借发力人自己能够控制的。所以我们需要将鼓面受力不均匀导致产生倾角的情况加入到考虑中。但我们认为，最终问题1中所得到的最优策略并不会发生太大的改变，毕竟问题4中提到过"相对于竖直方向产生1度的倾斜角度"。不过具体的情况还是得看最终的建模结果才能得知。

对于问题4，由于问题2能够得出一定的有效结论，则相对容易处理得多。但存在一个细节就是，当鼓面向一个方向倾斜θ度并与球碰撞完时，队员首先需要将鼓向反方向倾斜$\dfrac{\theta}{2}$度，与球碰撞完之后，再次将鼓面调整至水平，这样才能完成整个调整过程，使得排球重新回到竖直状态上跳动。

8.3.3 基本假设

1. 鼓绳不会因为受到外力而发生长度上的变化。
2. 将鼓面与球的碰撞看作完全弹性碰撞。
3. 游戏过程中，每位参与人员的位置是固定不动的，即队员不会移动位置。
4. 为方便分析鼓的受力与运动，我们假设参与游戏的人数是偶数个。
5. 在整个建模过程中，我们将绳子处于水平位置时所在的水平面作为各种距离表示的参考面。

8.3.4 符号说明

符　号	含　义
n	队员数量(假设为偶数，$n\geqslant 8$)
F	每位队员施加的力，方向始终沿绳方向
L	绳子长度
g	重力加速度
m_{drum}	鼓的质量

续表

符　号	含　义
m_{ball}	球的质量
h	绳末端距水平面的距离
x	鼓沿垂直方向的位移
t	队员拉动的时间
α	绳子与水平方向形成的夹角(会随着鼓位移的距离而变化)
V_{drum}	碰撞前鼓的速度
V_{ball}	碰撞前球的速度
V'_{drum}	碰撞后鼓的速度
V'_{ball}	碰撞后球的速度
H	颠球的高度
F_{iy}	i 号队员在竖直方向的分力
l_i	i 号队员的施力力矩

8.3.5 模型的建立与求解

1. 问题1(理论情形下的最优协作策略)

(1) 建立问题的数学模型

题目要求我们在理想状态下,即在每个人都可以精准控制用力方向、用力时机和用力力度的前提条件下,讨论团队的最佳协作策略,然后给出该策略下的颠球高度。首先我们先假定好一个理想状态。

我们假设,在比赛开始之前,n 名参赛队员($n\geqslant 8$,n 为偶数)均匀对位站立,然后将鼓拿起,此时鼓面是水平静止的,初始位置较绳子水平时下降 11cm,绳长记为 L。在开始游戏之后,我们假定排球与鼓面的接触时刻正好是绳子处于水平位置的时刻。在球与鼓面碰撞的过程中,球与鼓的速度大小均不改变,但速度方向均改为反向。而当排球上升到达最高点处(记此刻球心与绳子处于水平位置的距离为 H),即速度为 0 时,鼓面也恰好位于最低点。整个运动过程就类似于简谐运动。而在排球与鼓面碰撞的过程中,根据两者材料的杨氏模量计算能量损失。在运动过程中的各个时刻,我们认为各参赛队员能够同时发力,发力大小也相同并且具有相同的击球节奏。

根据实际生活中的经验和题目中的理想假设,我们规定这个节奏的周期如下:n 个队员们以大小为 F、方向沿绳向外的力拉动“同心鼓”,当“同心鼓”到达水平高度时,速度为 V_{drum},此时排球正好落下,速度为 V_{ball},二者发生完全弹性碰撞。设碰撞后排球的速度为 V'_{ball},“同心鼓”的速度为 V'_{drum}。此时排球上升,“同心鼓”下落,队员们的力大小仍为 F、方向仍沿绳向外,为了保证击球的节奏周期性,需要确保下一次击球时,仍然与上一次击球在同一位置处,所以,我们需要让“同心鼓”下落的过程是队员们拉动“同心鼓”上升过程的逆过程。因此,在队员们施加力 F 大小方向均不变的情况下,“同心鼓”下落时的速度需与其上升碰撞前的速度大小相等,方向相反,即 $V_{drum}=-V'_{drum}$。所以,整个过程的节奏周期即为队员们拉动“同心鼓”上升和下落的周期时间,同时也是排球自由下落和竖直上抛的周期时间。我们假设队员数量、施力大小等因素均已知,便可以计算出“同心鼓”上升至最高处的速度和时间，进一步可以计算得到排球下落的时间，根据自由落体便可以得到按照这种节奏周期进行“同心鼓”项目的最佳颠球高度。

（2）问题的公式计算

在理想情形下分析问题的过程中，由于我们让队员均匀对位站立，故水平方向的分力相互抵消，在竖直方向上，同心鼓会受到 n 位队员的拉力的分量，根据牛顿第二定律：

$$nF \cdot \sin\alpha - m_{\text{drum}} g = m_{\text{drum}} a$$

其中：

$$\sin\alpha = \frac{h-x}{L}$$

联立两个公式，可以得到鼓上升距离 x 关于时间 t 的常微分方程：

$$\begin{cases} nF \cdot \dfrac{h-x}{L} - m_{\text{drum}} g = m_{\text{drum}} \dfrac{\mathrm{d}^2 x}{\mathrm{d}t^2} \\ x\big|_{t=0} = 0 \\ \dfrac{\mathrm{d}x}{\mathrm{d}t}\bigg|_{t=0} = 0 \end{cases}$$

解此二次非齐次常微分方程，可以得到鼓上升距离 x 随时间 t 上升的通解为

$$x = C_1 \cos\left(2\sqrt{\frac{nF}{m_{\text{drum}} L}}t\right) + C_2 \sin\left(2\sqrt{\frac{nF}{m_{\text{drum}} L}}t\right) + \frac{nFh - gm_{\text{drum}} L}{nF}$$

其中，C_1，C_2 为任意常数，代入初始条件 $x\big|_{t=0}=0$，$\dfrac{\mathrm{d}x}{\mathrm{d}t}\bigg|_{t=0}=0$，解得最终 x 与 t 的关系式为

$$x = \frac{nFh - gm_{\text{drum}} L}{nF} - \frac{nFh - gm_{\text{drum}} L}{nF} \cdot \cos\left(2\sqrt{\frac{nF}{m_{\text{drum}} L}}t\right)$$

根据假设，排球与同心鼓碰撞是一个完全弹性碰撞，可以列出动量守恒和能量守恒方程（速度方向以竖直向下为正方向）：

$$\begin{cases} m_{\text{ball}} V_{\text{ball}} - m_{\text{drum}} V_{\text{drum}} = -m_{\text{ball}} V'_{\text{ball}} + m_{\text{drum}} V'_{\text{drum}} \\ \dfrac{1}{2} m_{\text{ball}} V_{\text{ball}}^2 + \dfrac{1}{2} m_{\text{drum}} V_{\text{drum}}^2 = \dfrac{1}{2} m_{\text{ball}} V'^2_{\text{ball}} + \dfrac{1}{2} m_{\text{drum}} V'^2_{\text{drum}} + E_{\text{loss}} \\ V_{\text{drum}} = V'_{\text{drum}} \\ E_{\text{loss}} = \dfrac{1}{2} k_{\text{drum}} \cdot \Delta x_{\text{drum}}^2 + \dfrac{1}{2} k_{\text{ball}} \cdot \Delta x_{\text{ball}}^2 \end{cases}$$

通过查阅资料[1]，我们得到 $k_{\text{drum}} = 0.943$，$k_{\text{ball}} = 0.672$，解得

$$\frac{V_{\text{drum}}}{V_{\text{ball}}} = \frac{m_{\text{ball}}}{m_{\text{drum}}}$$

即当排球与同心鼓碰撞时，它们的速度之比等于质量之比的倒数。

再根据自由落体公式，将其与前面公式联立：

$$\begin{cases} V_{\text{ball}} = gt_0 \\ V_{\text{drum}} = \dfrac{\mathrm{d}x}{\mathrm{d}t}\bigg|_{t=t_0} = \dfrac{nFh - gm_{\text{drum}} L}{nF} \cdot 2\sqrt{\dfrac{nF}{m_{\text{drum}} L}} \cdot \sin\left(2\sqrt{\dfrac{nF}{m_{\text{drum}} L}} t_0\right) \\ \dfrac{V_{\text{drum}}}{V_{\text{ball}}} = \dfrac{m_{\text{ball}}}{m_{\text{drum}}} \end{cases}$$

得到二者碰撞的时刻 t_0(从初始时刻 $t=0$ 开始计算)为下面方程的解:

$$\frac{nFh-gm_{\text{drum}}L}{nF}\cdot 2\sqrt{\frac{nF}{m_{\text{drum}}L}}\cdot m_{\text{drum}}\sin\left(2\sqrt{\frac{nF}{m_{\text{drum}}L}}t_0\right)=gm_{\text{ball}}t_0$$

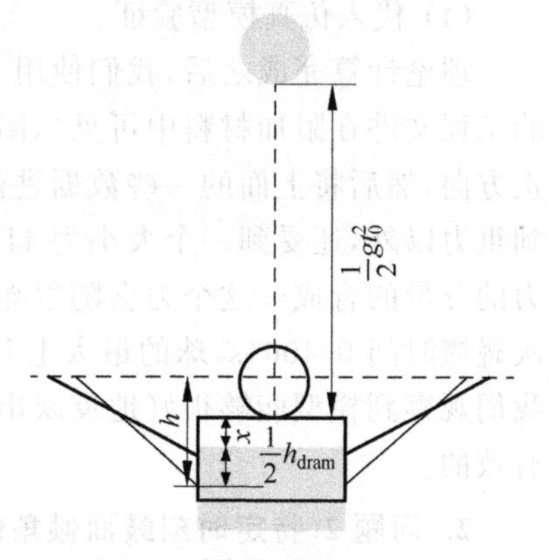

图 8-1 球与鼓碰撞时的位置关系示意图

方程可能会有多组解,需要在解集中找到满足颠球高度 $H>0.4\text{m}$ 的可行解。由图 8-1 知

$$H=\frac{1}{2}gt_0^2+x(t_0)+\frac{1}{2}h_{\text{drum}}-h>0.4\text{m}$$

综上:$H=\frac{1}{2}gt_0^2+x(t_0)+\frac{1}{2}h_{\text{drum}}-h$ 即为满足条件的最佳颠球高度,其中

$$\begin{cases}\frac{nFh-gm_{\text{drum}}L}{nF}\cdot 2\sqrt{\frac{nF}{m_{\text{drum}}L}}\cdot m_{\text{drum}}\sin\left(2\sqrt{\frac{nF}{m_{\text{drum}}L}}t_0\right)=gm_{\text{ball}}t_0\\ x(t_0)=\frac{nFh-gm_{\text{drum}}L}{nF}-\frac{nFh-gm_{\text{drum}}L}{nF}\cdot\cos\left(2\sqrt{\frac{nF}{m_{\text{drum}}L}}t_0\right)\\ H=\frac{1}{2}gt_0^2+x(t_0)+\frac{1}{2}h_{\text{drum}}-h\end{cases}$$

(3) 代入具体问题进行分析

为了验证模型的正确性,我们将一些已知的变量以特定的数值代入进行计算,以求得到问题的定量答案。我们代入前提条件和问题 2 中的一些已知变量的值,计算颠球的最佳高度:

$$n=8,\quad F=80\text{N},\quad L=1.7\text{m},\quad g=9.8\text{N/kg}$$
$$m_{\text{drum}}=3.6\text{kg},\quad m_{\text{ball}}=0.27\text{kg},\quad h=0.11\text{m}$$

首先根据式:

$$\frac{nFh-gm_{\text{drum}}L}{nF}\cdot 2\sqrt{\frac{nF}{m_{\text{drum}}L}}\cdot m_{\text{drum}}\sin\left(2\sqrt{\frac{nF}{m_{\text{drum}}L}}t_0\right)=gm_{\text{ball}}t_0$$

通过 MATLAB 求解方程,得到方程的可行解为

$$t_0=0.4064\text{s}$$

计算此情况下的最佳点球高度为

$$\begin{aligned}H&=\frac{1}{2}gt_0^2+x(t_0)+\frac{1}{2}h_{\text{drum}}-h\\&=0.5\times 9.8\times 0.4064^2+\frac{8\times 80\times 0.11-9.8\times 3.6\times 1.7}{8\times 80}\times\\&\quad\left[1-\cos\left(2\sqrt{\frac{8\times 80}{3.6\times 1.7}}\times 0.4064\right)\right]\\&=0.832\end{aligned}$$

合计约为 83cm,所以在此条件下最佳的颠球高度为 83cm。

(4) 代入仿真模型验证

理论计算完成之后,我们使用 Adams 软件制作了一个鼓与小球相撞过程的模型(生成的工程文件在附加材料中可见),图 8-2 是运动中的一个截图。我们将重力方向设置为 z 轴正方向,然后将上面的一些数据进行代入。在初始位置的时候,根据我们的计算,鼓除了受到重力以外,还受到一个大小为 41.14N 的竖直向上的力,即 8 个人对鼓的在竖直方向上的力的分量的合成。这个力会随着绳与鼓面的夹角的变化而发生变化。再代入鼓面与球的首次碰撞时间 0.4064s,球的最大上升高度 83cm,鼓与球的杨氏模量 k_{drum} 和 k_{ball} 确定之后,我们观察到模型能够很好地反映出整个运动过程,这也意味着我们计算得到的理论数据是有效的。

2. 问题 2(特定时刻鼓面倾角的确定)

(1) 理论基础

① 刚体的转动

刚体的定轴转动:此时刚体上各质点均绕同一轴作圆周运动

力矩:外力对刚体转动的影响,不仅与力的大小有关,而且与力的作用点的位置和方向都有关。即,只有力矩才能改变刚体的转动。

$$\boldsymbol{M}=\boldsymbol{r}\times\boldsymbol{f}$$

刚体的定轴转动定律:刚体所受的对于某固定转轴的合外力矩等于刚体对同一转轴的转动惯量与它所获得的角加速度的乘积

$$M_{外_Z}=J_Z\beta$$

② 刚体多轴转动模型

问题介绍:假设刚体的转动分为两个过程(见图 8-37),其转动轴线分别为 A 与 B,若刚体绕轴线 B 转动 α 度角,求这个刚体绕轴线 A 转动的角度 β。

假设 A,B 两轴线形成夹角为 $\theta\left(0<\theta<\frac{\pi}{2}\right)$,可以建立如图 8-3 所示的坐标系,假设 Z 轴与 A 轴重合,XY 坐标系平面为刚体绕 B 轴旋转所在的平面,即动平台平面,B 轴在 YZ 平面内,那么 $Z(A)$ 轴即为动平台法线,绕 B 轴旋转 α 度角后,根据旋转变换公式,可以得到

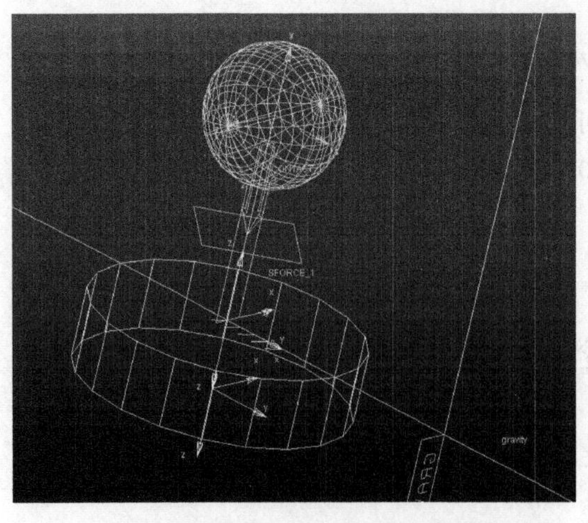

图 8-2 鼓与球整个运动过程的截图

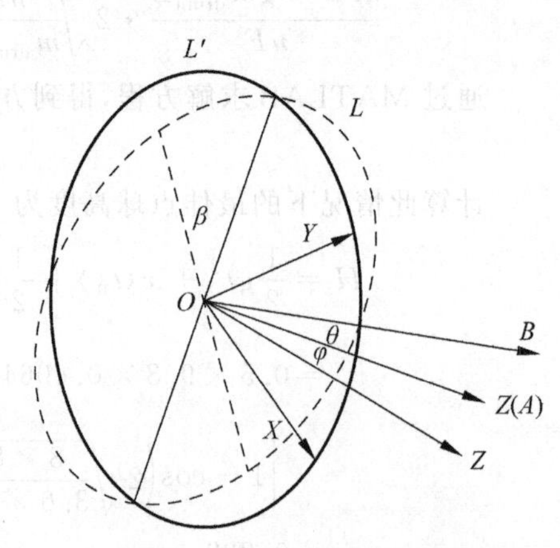

图 8-3 多轴转动模型示意图

旋转变换矩阵[2]如下：

$$\mathrm{Rot}(B,\alpha)=\begin{pmatrix}\cos\alpha & -\cos\theta\sin\alpha & \sin\theta\sin\alpha\\ \cos\theta\sin\alpha & \sin^2\theta(1-\cos\alpha)+\cos\alpha & \sin\theta\cos\theta(1-\cos\alpha)\\ -\sin\theta\sin\alpha & \sin\theta\cos\theta(1-\cos\alpha) & \cos^2\theta(1-\cos\alpha)+\cos\alpha\end{pmatrix}$$

刚体转动后最终姿态和最初姿态的交线(脊线)能够反映动平面的方位[3]，将脊线作为旋转轴时，可以得到刚体相对于其法线的耦合转角。设脊线 OL 矢量为 $\boldsymbol{l}=(l_x,l_y,0)$，所以，动平台最终姿态也可以通过先绕该交线转动 φ，然后再绕动平台法线转动角度 β 得到，即前面公式与下面公式等价：

$$\mathrm{Rot}(L,\varphi)\mathrm{Rot}(Z,\beta)$$

$$=\begin{pmatrix}l_x^2(1-\cos\varphi)+\cos\varphi & l_xl_y(1-\cos\varphi) & l_y\sin\varphi\\ l_xl_y(1-\cos\varphi) & l_y^2(1-\cos\varphi)+\cos\varphi & -l_x\sin\varphi\\ -l_y\sin\varphi & l_x\sin\varphi & \cos\varphi\end{pmatrix}\begin{pmatrix}\cos\beta & -\sin\beta & 0\\ \sin\beta & \cos\beta & 0\\ 0 & 0 & 1\end{pmatrix}$$

$$=\begin{pmatrix}(l_x^2(1-\cos\varphi)+\cos\varphi)\cos\beta+l_xl_y\sin\beta(1-\cos\varphi) & -(l_x^2(1-\cos\varphi)+\cos\varphi)\cos\beta+l_xl_y\cos\beta(1-\cos\varphi) & l_y\sin\varphi\\ (l_y^2(1-\cos\varphi)+\cos\varphi)\sin\beta+l_xl_y\cos\beta(1-\cos\varphi) & (l_y^2(1-\cos\varphi)+\cos\varphi)\cos\beta-l_xl_y\sin\beta(1-\cos\varphi) & -l_x\sin\varphi\\ l_x\sin\varphi\sin\beta-l_y\sin\varphi\cos\beta & l_x\sin\varphi\cos\beta+l_y\sin\varphi\sin\beta & \cos\varphi\end{pmatrix}$$

故有 $\mathrm{Rot}(B,\alpha)=\mathrm{Rot}(L,\varphi)\mathrm{Rot}(Z,\beta)$，比较两个矩阵 A_{ij}，B_{ij} 的对应项，令其中第三行第三列元素对应相等，得到

$$\cos^2\theta(1-\cos\alpha)+\cos\alpha=\cos\varphi$$

可以解得：

$$\varphi=\arccos(\cos^2\theta(1-\cos\alpha)+\cos\alpha)$$

又因为

$$a_{21}-a_{12}=b_{21}-b_{12},\quad l_x^2+l_y^2=1$$

联立上述三式，可以解得

$$\beta=\arcsin\left(\frac{2\cos\theta\sin\alpha}{1+\cos^2\theta+\sin^2\theta\cos\alpha}\right)$$

综上，刚体多轴转动模型的映射分析建立完毕。

(2) 数学物理模型的建立

与第一问有所不同，第二问的前提条件是在现实情形下。研究内容也不再是整个运动过程了，而是要求我们分析队员的发力时机和力度与某一特定时刻鼓面倾角之间的关系。因此，整个鼓面的受力情况分析就显得比较重要。

首先，我们还是将队员按照 1～8 的顺序顺时针均匀对立排放。在求解问题的过程中，我们发现，想要将题目给出的表格填写完整，可以采取先建立好关系模型再将 9 组数值分别代入的方式求解。因为在某一特定时刻，我们已经知道了每个人是否发力以及发力大小的情况了，所以能够将整个鼓面的受力情况进行一个比较准确的分析。在此基础上，我们可以计算出令同心鼓发生转动的力矩，根据转动定律，列出同心鼓转动角加速度与转动角的微分方程，计算出在不同情况下特定时刻同心鼓转动的角度。

我们先是根据每个人的出力大小找到使鼓面产生倾角的人的具体号码(也可以说是对

应队员的具体位置)，然后再根据这几个人的号码在鼓面上找到整个鼓面倾斜后的最低位置，我们将整个鼓面与水平面相切的那个点称为“支点”。举个例子，如果1号和8号队员因为使用同等大小的力导致鼓面倾斜的话，那么我们想要的支点就落在他们两人的对面，即4号和5号队员之间的中点。当然不排除存在更多人的共同作用导致鼓面倾斜的情况，这在正式开始建立模型时会加以考虑。

① 同心鼓模型的转动惯量

由于同心鼓的组成比较复杂，为便于量化分析，我们在这里将同心鼓近似视为一个在鼓体中心位置的圆盘。在同心鼓转动时，由于产生的力矩一定偏向某一方向，我们将发生转动的中心视为圆盘上距离合外力矩最远的一端(见图8-4)。

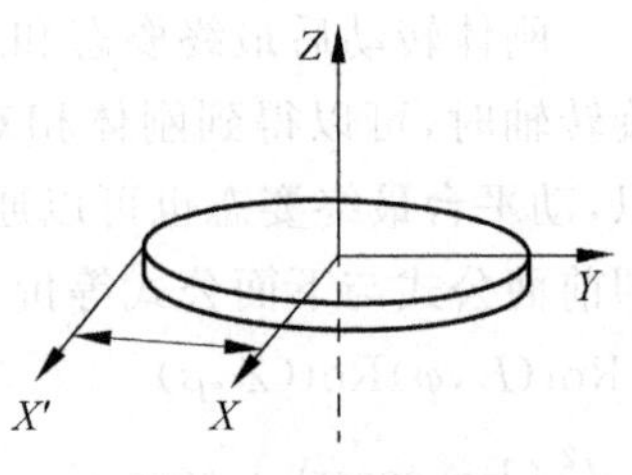

图8-4 模型示意图

圆盘绕中心轴的转动惯量为：$J_z=\frac{1}{2}m_{\text{drum}}R^2$

根据相交轴定理，圆盘绕x方向和y方向的转动惯量有如下关系：

$$J_x+J_y=J_z$$

由对称性知：

$$J_x=J_y$$

故

$$J_x=\frac{1}{2}J_z=\frac{1}{4}m_{\text{drum}}R^2$$

再根据平行轴定理，同心鼓绕某一端点旋转的转动惯量为

$$J=J_x+m_{\text{drum}}R^2=\frac{5}{4}m_{\text{drum}}R^2$$

② 力度对同心鼓转动的影响情况

当初始状态同心鼓倾斜角度为0，队员们施加的合外力对同心鼓产生令其发生转动的力矩时，记此时的合力矩为

$$\boldsymbol{M}=\sum \boldsymbol{l}_i\times \boldsymbol{F}_i-R\times m_{\text{drum}}g$$

其中，$\boldsymbol{l}_i$为同心鼓转动角度$\boldsymbol{\gamma}$的函数。

再根据转动定律，可以列出转动角度γ关于时间t的二阶微分方程：

$$\sum \boldsymbol{l}_i\times \boldsymbol{F}_i-R\times m_{\text{drum}}g=J\beta=J\ \frac{\mathrm{d}^2\gamma}{\mathrm{d}t^2}$$

根据具体状态的初始值，即可计算出0.1s时刻同心鼓倾斜角度。

③ 发力时刻对同心鼓转动的影响情况

由于队员们的发力时机不同，同心鼓受到的力也会不平衡，产生旋转的力矩。我们根据队员们的不同发力时机，可以把整个大过程分解为若干个小过程。在所有队员均未发力的时候，视为所有人拉力的竖直分量与同心鼓的重力平衡。在第一个人发力的时刻，由于时间很短，视为其他人的拉力均不变，只有这个人的拉力发生了变化，因此会产生一个合外力矩，利用转动定律，可以列出在第二个人发力之前的这个小过程中，同心鼓转动角度γ关于时间t的二阶微分方程。同理，对于之后的每一个过程，均可以得到一个微分方程Γ_i。而后

一个微分方程 Γ_{i+1} 的初始条件便是其前一个微分方程 Γ_i 在时刻 t_i 的角度 γ_i 和角速度 ω_i。

因此，我们可以得到一个递推微分方程组：

$$\begin{cases} M_i = J\dfrac{\mathrm{d}^2\gamma_i}{\mathrm{d}t^2} \\ \gamma_i\big|_{t=t_i} = \gamma_{i-1}\big|_{t=t_i} \\ \dfrac{\mathrm{d}\gamma_i}{\mathrm{d}t}\Bigg|_{t=t_i} = \dfrac{\mathrm{d}\gamma_{i-1}}{\mathrm{d}t}\Bigg|_{t=t_i-1} \end{cases}$$

其中，$0<i\leqslant n$（n 为总共分的小过程数），且 $\gamma_0\big|_{t=t_0}=0$，$\dfrac{\mathrm{d}\gamma_0}{\mathrm{d}t}\Bigg|_{t=t_0}=0$。

④ 在力度与发力时机共同影响下的同心鼓转动情况

如果同心鼓受到了不均衡力的作用，且队员们的发力时机也不尽相同，那么此时同心鼓的运动状态会较为复杂。我们可以通过运动的合成与分解，将整个同心鼓旋转的原因分成两部分的影响：不同发力时机对同心鼓造成的旋转影响和力度不均对同心鼓造成的旋转影响。

显然，这两种情况下同心鼓的旋转轴不一定相同，通过对运动的合成与分解，我们可以把问题归结成为：同心鼓先后绕两个不同的轴（轴 A，轴 B）进行旋转，之后将同心鼓在轴 A 上旋转的角度映射到轴 B 上，即可得到最终同心鼓相对于初始时刻倾斜的角度。

我们在前文中已经求出了刚体多轴旋转模型的解析解，参见如下公式：

$$\beta = \arcsin\left(\frac{2\cos\theta\sin\alpha}{1+\cos^2\theta+\sin^2\theta\cos\alpha}\right)$$

至此，我们已经讨论完所有同心鼓旋转角度的影响因素，并提出了相应的计算方式。

(3) 问题的数值计算

① 施力不均衡的情况

情况 1

序号	用力参数	1	2	3	4	5	6	7	8
1	发力时机	0	0	0	0	0	0	0	0
	用力大小	90	80	80	80	80	80	80	80

针对情况 1，我们画出了受力分析图（见图 8-5）。

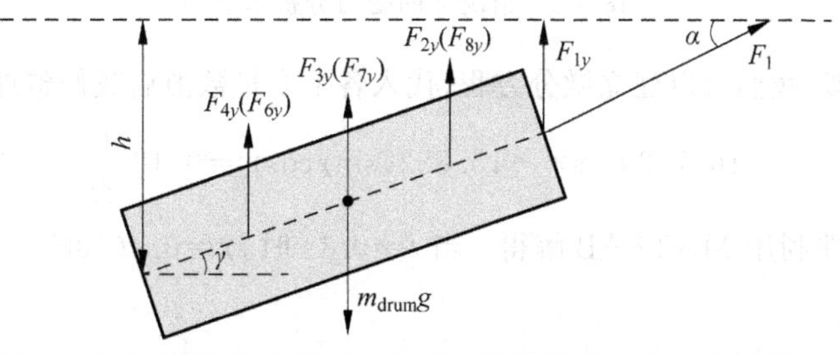

图 8-5　情况 1 的受力分析示意图

在整个过程中，α 是一个随 γ 的变化而变化的函数，其关系如下：

$$\sin\alpha = \frac{h - R\sin\gamma}{L}$$

由于 $L\gg h$,我们可以假设每一位队员拉绳子的角度都为 α,所以,我们可以根据前面公式,列出如下方程:

$$\begin{cases}\sum_{i=1}^{8} l_iF_i\sin\alpha\cdot\cos\gamma - m_{\mathrm{drum}}gR\cos\gamma = J\dfrac{\mathrm{d}^2\gamma}{\mathrm{d}t^2}\\ \gamma\big|_{t=0}=0\\ \dfrac{\mathrm{d}\gamma}{\mathrm{d}t}\bigg|_{t=0}=0\\ \sin\alpha=\dfrac{h-R\sin\gamma}{L}\\ J=\dfrac{5}{4}m_{\mathrm{drum}}R^2\end{cases}$$

将代入各个变量的数值,我们得到:

$$14.8518\cos\gamma-31.6471\sin\gamma\cos\gamma=0.18\frac{\mathrm{d}^2\gamma}{\mathrm{d}t^2}$$

加上初始条件利用 MATLAB 解得:当 $t=0.1\mathrm{s}$ 时,$\gamma=0.41184°$。

情况 2

序号	用力参数	1	2	3	4	5	6	7	8
2	发力时机	0	0	0	0	0	0	0	0
	用力大小	90	90	80	80	80	80	80	80

针对情况 2,我们画出了受力分析图(见图 8-6)。

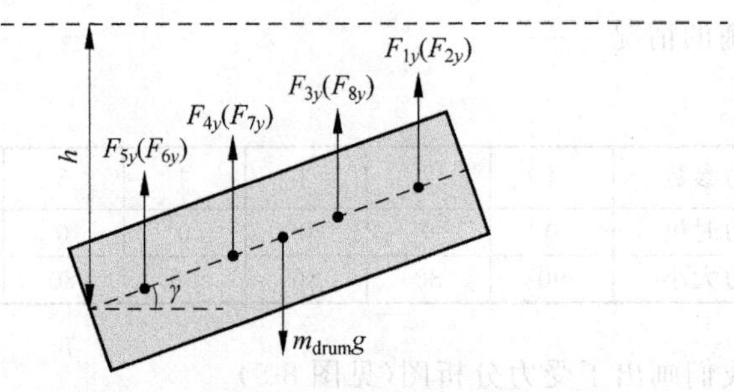

图 8-6　情况 2 的受力分析示意图

与情况 1 类似,我们可以建立微分方程,代入各个变量数值后我们整理得到如下的方程:

$$16.7929\cos\gamma-15.8824\sin\gamma\cos\gamma=0.18\frac{\mathrm{d}^2\gamma}{\mathrm{d}t^2}$$

加上初始条件利用 MATLAB 解得:当 $t=0.1\mathrm{s}$ 时,$\gamma=0.46588°$。

情况 3

序号	用力参数	1	2	3	4	5	6	7	8
3	发力时机	0	0	0	0	0	0	0	0
	用力大小	90	80	80	90	80	80	80	80

针对情况 3,我们画出了受力分析图(见图 8-7)。

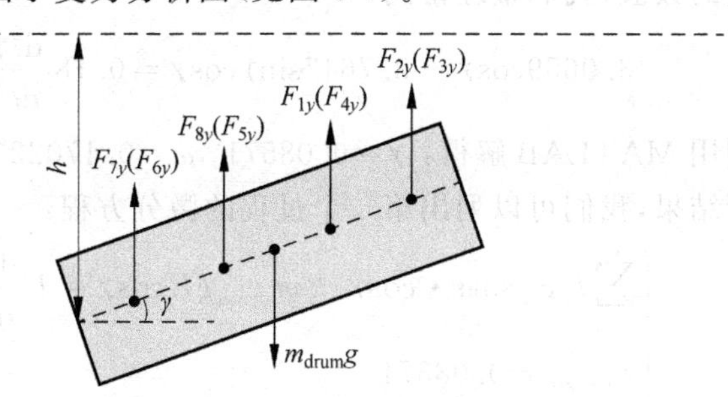

图 8-7 情况 3 的受力分析示意图

与情况 2 类似,我们可以建立微分方程,代入各个变量数值后我们整理得到方程:

$$15.4988\cos\gamma - 15.6471\sin\gamma\cos\gamma = 0.18\,\frac{\mathrm{d}^2\gamma}{\mathrm{d}t^2}$$

加上初始条件利用 MATLAB 解得:当 $t=0.1\mathrm{s}$ 时,$\gamma=0.42998°$。

② 发力时机不同的情况

情况 4

序号	用力参数	1	2	3	4	5	6	7	8
4	发力时机	−0.1	0	0	0	0	0	0	0
	用力大小	80	80	80	80	80	80	80	80

我们将整个过程分为两个小过程,第一个过程是从时刻 $-0.1\mathrm{s}$ 到 0 时刻,此时只有 1 号队员在施力,由于时间短暂,我们设其他人的拉力仍然处于平衡重力的状态,即大小为 $\frac{m_{\rm drum}g}{8}$,我们画出受力分析图(见图 8-8)。

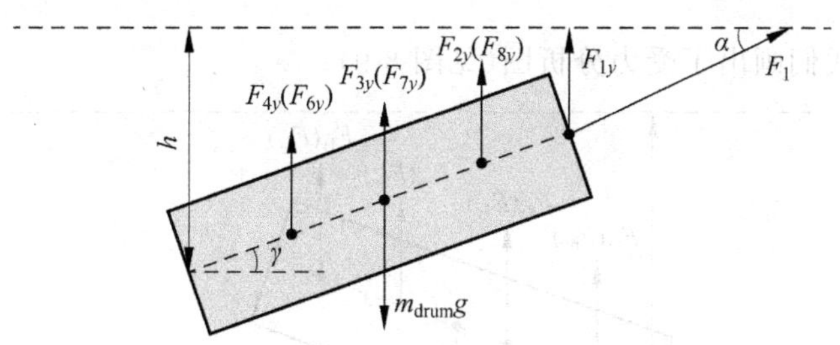

图 8-8 情况 4 的受力分析示意图

我们可以列出第一个过程的微分方程:

$$\begin{cases} \displaystyle\sum_{i=1}^{8} l_i F_i \sin\alpha \cdot \cos\gamma - m_{\rm drum} g R\cos\gamma = J\,\frac{\mathrm{d}^2\gamma}{\mathrm{d}t^2} \\ \gamma\big|_{t=-0.1} = 0 \\ \dfrac{\mathrm{d}\gamma}{\mathrm{d}t}\bigg|_{t=-0.1} = 0 \\ \sin\alpha = \dfrac{h - R\sin\gamma}{L} \\ J = \dfrac{5}{4} m_{\rm drum} R^2 \end{cases}$$

代入各个变量的数值，我们整理得到：

$$3.0659\cos\gamma - 3.7647\sin\gamma\cos\gamma = 0.18\frac{\mathrm{d}^2\gamma}{\mathrm{d}t^2}$$

根据初始值利用 MATLAB 解得：$\gamma=0.08571°$，$\omega=0.17022°/\mathrm{s}$。

由前文中分析结果，我们可以列出第二个过程的微分方程：

$$\begin{cases}\sum_{i=1}^{8} l_i F_i \sin\alpha \cdot \cos\gamma - m_{\mathrm{drum}} g R \cos\gamma = J\dfrac{\mathrm{d}^2\gamma}{\mathrm{d}t^2} \\ \gamma\big|_{t=0} = 0.08571 \\ \dfrac{\mathrm{d}\gamma}{\mathrm{d}t}\Big|_{t=0} = 0.17022 \\ \sin\alpha = \dfrac{h - R\sin\gamma}{L} \\ J = \dfrac{5}{4} m_{\mathrm{drum}} R^2 \end{cases}$$

代入各个变量的数值，我们整理得到：

$$12.2635\cos\gamma - 15.0588\sin\gamma\cos\gamma = 0.18\frac{\mathrm{d}^2\gamma}{\mathrm{d}t^2}$$

附以初始条件利用 MATLAB 解得：当 $t=0.1\mathrm{s}$ 时，$\gamma=0.59456°$。

情况 5

序号	用力参数	1	2	3	4	5	6	7	8
5	发力时机	−0.1	−0.1	0	0	0	0	0	0
	用力大小	80	80	80	80	80	80	80	80

针对情况 5，我们画出了受力分析图（见图 8-9）。

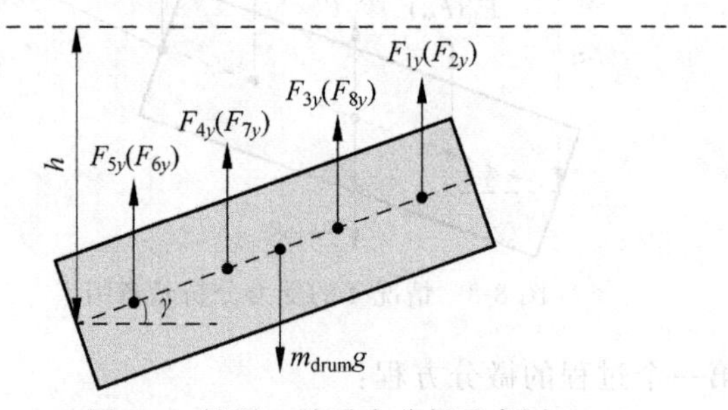

图 8-9　情况 5 的受力分析示意图

与情况 4 类似，我们仍然将整个过程分为两个小过程，这两个小过程的微分方程及相应的初始条件，利用 MATLAB 求出的解分别为

过程 1：$5.36529\cos\gamma - 6.58823\sin\gamma\cos\gamma = 0.18\dfrac{\mathrm{d}^2\gamma}{\mathrm{d}t^2}$

解得：$\gamma=0.14896°$，$\omega=0.29775°/\mathrm{s}$。

过程 2：$12.2635\cos\gamma - 15.0588\sin\gamma\cos\gamma = 0.18\dfrac{\mathrm{d}^2\gamma}{\mathrm{d}t^2}$

解得：当 $t=0.1\mathrm{s}$ 时，$\gamma=0.78514°$。

情况 6

序号	用力参数	1	2	3	4	5	6	7	8
6	发力时机	−0.1	0	0	−0.1	0	0	0	0
	用力大小	80	80	80	80	80	80	80	80

针对情况 6，我们画出了受力分析图(见图 8-10)。

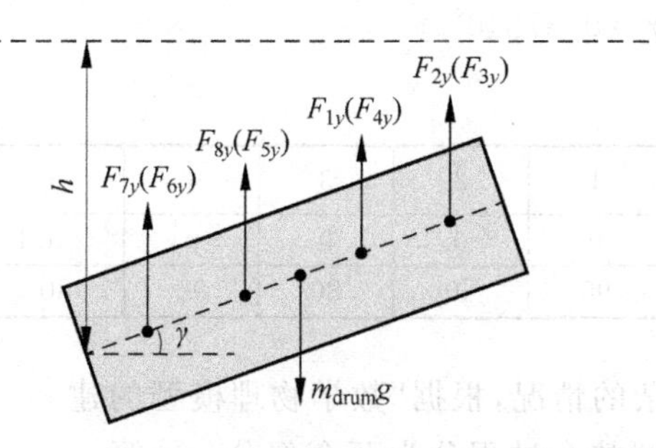

图 8-10 情况 6 的受力分析示意图

与情况 4 类似，我们仍然将整个过程分为两个小过程，这两个小过程的微分方程和利用 MATLAB 求出的解分别为

过程 1：$3.8324\cos\gamma-4.7059\sin\gamma\cos\gamma=0.18\dfrac{\mathrm{d}^2\gamma}{\mathrm{d}t^2}$

解得：$\gamma=0.10641°$，$\omega=0.21275°/\mathrm{s}$。

过程 2：$12.2635\cos\gamma-15.0588\sin\gamma\cos\gamma=0.18\dfrac{\mathrm{d}^2\gamma}{\mathrm{d}t^2}$

解得：当 $t=0.1\mathrm{s}$ 时，$\gamma=0.65811°$。

③ 两种因素共同影响的情况

情况 7

序号	用力参数	1	2	3	4	5	6	7	8
7	发力时机	−0.1	0	0	0	0	0	0	0
	用力大小	90	80	80	80	80	80	80	80

因为发力时机过早和力度过大发生在同一个人身上，所以这种情况比较简单，可以画出受力分析图(见图 8-11)。

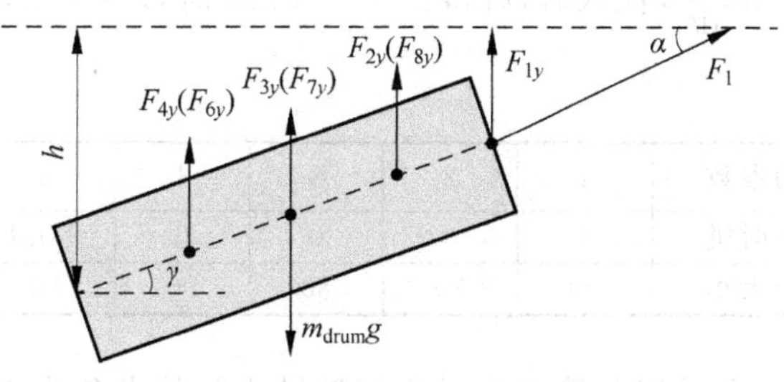

图 8-11 情况 7 的受力分析示意图

我们仍然按照情况4～情况6的方法，将整个过程分为两个小过程，它们的微分方程和求解结果如下：

过程1：$5.6541\cos\gamma - 4.2353\sin\gamma\cos\gamma = 0.18\dfrac{d^2\gamma}{dt^2}$

解得：当$t=0$时，$\gamma=0.15701°$，$\omega=0.31390°/s$。

过程2：$14.8518\cos\gamma - 31.6471\sin\gamma\cos\gamma = 0.18\dfrac{d^2\gamma}{dt^2}$

解得：当$t=0.1s$时，$\gamma=0.87840°$。

情况8

序号	用力参数	1	2	3	4	5	6	7	8
8	发力时机	0	−0.1	0	0	−0.1	0	0	0
	用力大小	90	80	80	90	80	80	80	80

此种情况属于较为复杂的情况，根据“数学物理模型的建立”中④的分析，我们需要把整个过程分为两个部分——第一部分是从−0.1s时刻到0时刻，2号和5号队员发力，设此过程中旋转轴为轴A。第二部分是从0时刻到0.1s时刻，1号和4号队员施力为90N，其余队员施力为80N，设此过程中旋转轴为轴B。两个轴的俯视示意图如图8-12所示。

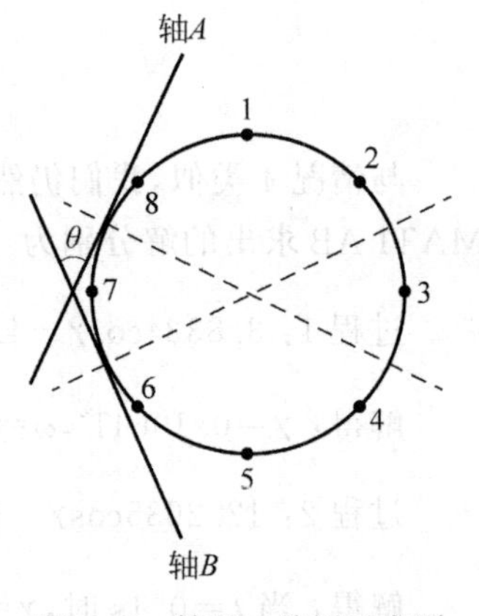

图8-12 情况8俯视示意图

两轴夹角$\theta=45°$。

我们通过之前的讨论，针对过程1，代入数值后可以得到如下方程：

$$3.8324\cos\gamma - 4.7059\sin\gamma\cos\gamma = 0.18\frac{d^2\gamma}{dt^2}$$

解得：$\gamma=0.10641°$，$\omega=0.21275°/s$。

根据公式，我们可以算出γ对于轴B的映射角γ'大小为

$$\gamma' = \arcsin\left(\frac{2\cos\theta\sin\gamma}{1+\cos^2\theta+\sin^2\theta\cos\gamma}\right) = 0.07524°$$

针对过程2，代入数值后我们可以化简得到如下方程：

$$15.4988\cos\gamma - 15.6471\sin\gamma\cos\gamma = 0.18\frac{d^2\gamma}{dt^2}$$

其中初值为γ'和$\dfrac{d\gamma'}{dt}$，代入后，解得：当$t=0.1s$时，$\gamma=0.52587°$。

情况9

序号	用力参数	1	2	3	4	5	6	7	8
9	发力时机	0	0	0	0	−0.1	0	0	−0.1
	用力大小	90	80	80	90	80	80	80	80

此情况下，第一个过程与第二个过程旋转轴之间的夹角为180°，所以在算出第一个过

程的末角度和末角速度后，只需将其绝对值相反的结果作为第二个过程的初值条件即可。列出微分方程如下：

过程 1：$3.8324\cos\gamma - 4.7059\sin\gamma\cos\gamma = 0.18\dfrac{d^2\gamma}{dt^2}$

解得：当 $t=0$ 时，$\gamma=0.10641°$，$\omega=0.21275°/s$。

过程 2：$15.4988\cos\gamma - 15.6471\sin\gamma\cos\gamma = 0.18\dfrac{d^2\gamma}{dt^2}$

代入 $\gamma=-0.10641°$，$\omega=-0.21275°/s$，解得：当 $t=0.1s$ 时，$\gamma=0.39820°$。

④ 结果总结

统计算出的结果，汇总成表 8-2。

表 8-2　9 种情况下鼓面 0.1s 时倾斜角度

序号	用力参数	1	2	3	4	5	6	7	8	鼓面倾角(度)
1	发力时机	0	0	0	0	0	0	0	0	0.41184°
	用力大小	90	80	80	80	80	80	80	80	
2	发力时机	0	0	0	0	0	0	0	0	0.46588°
	用力大小	90	90	80	80	80	80	80	80	
3	发力时机	0	0	0	0	0	0	0	0	0.42998°
	用力大小	90	80	80	90	80	80	80	80	
4	发力时机	−0.1	0	0	0	0	0	0	0	0.59456°
	用力大小	80	80	80	80	80	80	80	80	
5	发力时机	−0.1	−0.1	0	0	0	0	0	0	0.78514°
	用力大小	80	80	80	80	80	80	80	80	
6	发力时机	−0.1	0	0	−0.1	0	0	0	0	0.65811°
	用力大小	80	80	80	80	80	80	80	80	
7	发力时机	−0.1	0	0	0	0	0	0	0	0.87840°
	用力大小	90	80	80	80	80	80	80	80	
8	发力时机	0	−0.1	0	0	−0.1	0	0	0	0.52587°
	用力大小	90	80	80	90	80	80	80	80	
9	发力时机	0	0	0	0	−0.1	0	0	−0.1	0.39820°
	用力大小	90	80	80	90	80	80	80	80	

3. 问题 3(现实情形下对最优协作策略的调整)

(1) 问题分析

在第一问中，我们可以处理理想情况下，也就是队员发力方向、时机和力度都能保持稳定的情况下，使得队员发力变动最小的周期时间，以及在这个周期下，排球所颠起的高度。而在第二问中，我们发现实际情况下，队员的发力力度和时机等可能会存在不稳定因素，造成鼓面的倾斜，从而使得排球上升方向与竖直方向产生倾斜角度。为此，我们需要对模型进行修正和补充，消除排球在竖直方向上产生的倾斜角度，将球调整为竖直状态弹跳。

对于排球已经产生的竖直方向上的偏移角度，根据理论力学中刚体以及力矩的相关知识，我们可以采取两种措施。一种是在鼓面较低的位置上施加向上更大的力矩，使得鼓面转动达到水平；另一种是在鼓面较低的位置上，减小原有力矩的大小，使得鼓面水平。而减小动力矩的方式，涉及原先该位置上的力矩大小，如果原先该位置上力矩大小过小，可能造成即使修正时该点产生力矩减小到零，也无法在一次周期操作中使得鼓面调整到水平状态，这样仍会在碰撞过程中使排球发生偏移，所以不采取减小力矩的方式。

现考虑增大力矩的修正方式，其情况也分为两种。一种是排球偏移的水平面投影恰好指向一名队员，此时仅需要处于鼓面较低位置的那名队员在下一提升鼓的阶段，给予鼓更大的作用力；而另一种情况是排球偏移的水平面投影位于两名队员之间，这种情况仅一名队员更改发力大小无法使得鼓面沿偏移平面转动，至少需要两名队员同时在下一次提升鼓的阶段，增大发力的力度，使得其合力矩等效使鼓面在排球偏移的水平面上转动。

（2）模型改进

由于模型涉及微分方程的求解，且微分方程无法解出解析解，故考虑现代算法用以求得方程的数值解。考虑到可能同时涉及多个力的求解，且由于微分方程较为复杂，为了提高数值解的搜索效率。所以选取遗传算法作为求解工具。

遗传算法是一种基于自然遗传机制的搜索算法。通过模拟自然界中适者生存的法则，模拟基因的交叉变异及选择遗传。我们采用遗传算法的原因如下：

① 由于遗传算法不是从局部单个解开始逐一求解，而是从整体上对数据进行分析。这是遗传算法相较于传统算法的优越所在。从整体上寻找适合问题的解，其所计算得出的数据更具有可靠性。其自适应性，消除了算法设计的一大障碍。本模型需要同时计算多个受力，遗传算法的这一优点正适用于这一问题。

② 遗传算法可以同时分析群体中的多个个体，并同时计算这多个个体对整个群体的影响，从而减少了陷入局部最优解而非整体最优解的风险。本题目中需要计算多个力，这些力作用于不同的点位，同时又作用在同一个鼓上，其之间既存在独立又存在相互制约。采用遗传算法不但不会忽略各个力之间的约束联系，而且不会只关注于某一个力的作用而忽略了其他力的影响。

为了更方便队员进行操作，我们假定队员发力的时间仍然一致，只有其中位于鼓倾斜方向最低位置处的一或二名队员会对力的大小做出改变。通过建立关于这两个力的目标函数及其约束方程，利用遗传算法进行求解。

（3）遗传算法在同心鼓拉力分析上的应用

生物遗传概念	遗传算法中的应用	本题中的具体应用
染色体	可行解的编码	拉力大小对应的二进制编码
基因	可行解中的每一分量的特征	拉力大小二进制编码中的每一位编码
适应性	适应度函数值	设定目标函数，使得微分方程计算得出的角度与目标角度差值最小
种群	根据适应度函数数值选取的一组可行解	可行解的取值范围及约束函数
交配	通过交配原则产生的一组新可行解的过程	得到新的可行解的过程
变异	编码的某一分量发生变化的过程	新产生的特殊情况

（4）遗传算法的改进

为了提高遗传算法的效率，防止其出现“退化”现象，增强其局部搜索能力，可对于其编码方式、适应函数以及交叉算子等进行优化改进。[4]

我们在本问题中对其自适应值进行优化。假设遗传算法中交叉概率为 P_c、变异概率为 P_m，它们会直接影响遗传算法的收敛性。由于 P_c 越大，遗传算法中的新个体的生成速度也就更快，P_c 过大可能会导致较优解也就是有更好适应性的解因为新个体生成速度过快而被很快破坏。而 P_m 越小，新个体的产生速度就会减缓，不容易产生新个体，而 P_m 过大，遗传算法就会退化为传统的搜索算法。前人提出了一种自适应遗传算法[5]（AGA）。当种群中个体适应值区域一致时，P_c，P_m 增加，而种群中个体适应值较为分散时，P_c，P_m 减小。P_c，P_m 按照如下公式调整：

$$\begin{cases} P_c = \dfrac{k_1(f_{\max} - f_{c\max})}{f_{\max} - f_{\text{avg}}}, & f_{c\max} \geqslant f_{\text{avg}} \\ P_c = k_2, & f_{c\max} < f_{\text{avg}} \end{cases}$$

$$\begin{cases} P_m = \dfrac{k_3(f_{\max} - f_m)}{f_{\max} - f_{\text{avg}}}, & f_m \geqslant f_{\text{avg}} \\ P_m = k_4, & f_m < f_{\text{avg}} \end{cases}$$

其中，$f_{\max}$ 为群体中自适应值的最大值，$f_{c\max}$ 为交叉的两个个体中较大的自适应值，f_{avg} 为群体中自适应值的平均值，f_m 为变异个体的自适应值。通过在(0,1)区间设定 $k_i(i=1,2,3,4)$ 的值，即可调整遗传算法的自适应性。

(5) 目标函数及约束函数分析与建立

$$\min f(F_1,F_2)=\text{abs}(\gamma(F_1,F_2)-\gamma_0)$$

$$\text{s.t.}\begin{cases} \boldsymbol{l}_1\times\boldsymbol{F}_1+\boldsymbol{l}_2\times\boldsymbol{F}_2+\sum\limits_{i>2}\boldsymbol{l}_i\times\boldsymbol{F}_i-R\times m_{\text{drum}}g=J\beta=J\dfrac{\mathrm{d}^2\gamma}{\mathrm{d}t^2} \\ \gamma\big|_{t=0}=0 \\ \dfrac{\mathrm{d}\gamma}{\mathrm{d}t}\bigg|_{t=0}=0 \\ \gamma\big|_{t=t_0}=\gamma_0 \\ \boldsymbol{M}_1=\boldsymbol{l}_1\times\boldsymbol{F}_1 \\ \boldsymbol{M}_2=\boldsymbol{l}_2\times\boldsymbol{F}_2 \\ M_1\sin\beta=M_2\sin\alpha \\ \dfrac{\sum F_ih-gm_{\text{drum}}L}{\sum F_i}\cdot 2\sqrt{\dfrac{\sum F_i}{m_{\text{drum}}L}}\cdot m_{\text{drum}}\sin\left(2\sqrt{\dfrac{\sum F_i}{m_{\text{drum}}L}}t_0\right)=gm_{\text{ball}}t_0 \\ F_1,F_2>F_0 \end{cases}$$

符号说明：γ_0 为碰撞时鼓面需要转动的角度，t_0 为鼓面从最低点上升到碰撞点时所用的时间，F_0 为除去 1,2 两名队员，其他队员所用的力度大小。

模型假设已知鼓面需要转动的角度为 γ_0，已知鼓面需要转动角度的平面位于队员 1 与队员 2 之间，与队员 1 夹角为 α，与队员 2 夹角为 β，如图 8-13 所示。其中队员 1 相对于转动点产生的力矩大小为 $\boldsymbol{M}_1$，队员 2 产生的力矩大小为 $\boldsymbol{M}_2$，根据合成的三角形法则，力矩 $\boldsymbol{M}_1$、$\boldsymbol{M}_2$ 的合成力矩为 $\boldsymbol{M}'$，三个力矩大小关系可以根据正弦定理计算得到。

已知小球上升高度，可以根据问题 1 中解法列出同心鼓受力与小球上升高度的方程，从而计算得出小球从最高点到与鼓面发生碰撞的时间 t_0。其他队员沿绳方向拉力大小恒为 F_0。

利用优化后的遗传算法即可计算得出队员 1 与队员 2 所需要拉力大小。

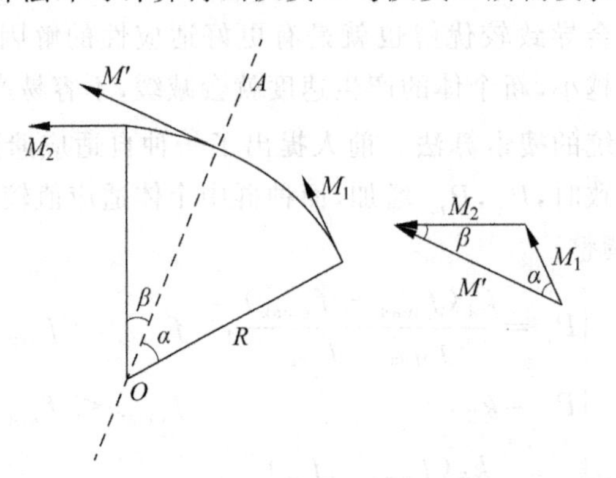

图 8-13　同心鼓上需要改变力对应力矩及其合成示意图

4. 问题 4(修改后模型的实例验证)

(1) 问题分析及假设

当鼓面发生倾斜时,排球会在与鼓面发生碰撞后发生竖直方向偏移。对于已知排球在竖直方向上的偏移量,我们可以通过问题 3 中建立的优化遗传算法模型进行修正。我们假设初始状态时鼓面保持水平,且同心鼓初始状态时鼓面距离绳子水平时的水平面的距离仍然为 11cm 也就是鼓高的一半距离。并且假设鼓面最低点位于队员 1 及队员 2 之间。根据排球偏移量计算鼓面需要旋转的角度,利用遗传算法计算需要改变的拉力大小。并且假设在这一次同心鼓上升过程中,队员都能精准控制发力时机及力度大小,可继续计算在下一次鼓面上升过程中,队员需要发力大小,使得鼓面水平。之后即可继续沿用问题 1 中的理想模型。

(2) 数据代入及模型验证

题目中给定人数为 10 人,绳长为 2m,我们仍然假设这 10 人沿鼓面四周均匀分布,即任意两人之间夹角为 36°。而鼓面倾斜方向指向两名队员之间,与两名队员夹角比为 1∶2。由此我们可以计算得出队员 1 与队员 2 拉力对于旋转点的力矩比值:

$$M_1 \sin(24^\circ) = M_2 \sin(12^\circ)$$

同时我们可以分别计算出 10 人在倾斜面上投影到旋转点距离。如图 8-14 及表 8-3 所示。

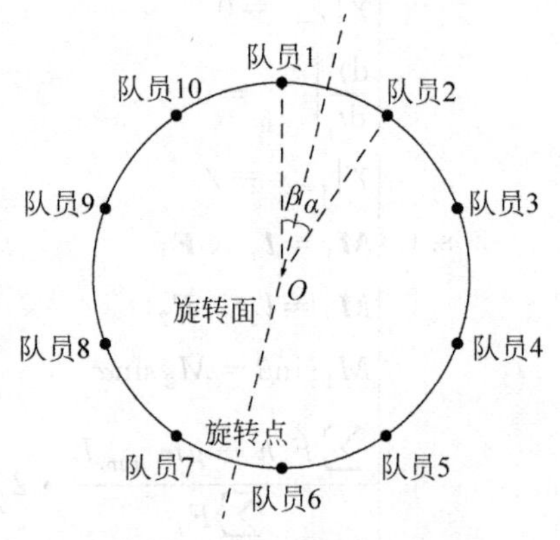

图 8-14　10 名队员站位俯视

表 8-3　10 名队员在旋转平面投影到旋转点距离

	队员 1	队员 2	队员 3	队员 4	队员 5	队员 6	队员 7	队员 8	队员 9	队员 10
距离/cm	0.3956	0.3827	0.3000	0.1791	0.0662	0.0044	0.0273	0.1000	0.2209	0.3338

已知排球弹起高度为 60cm,代入问题 1 中的模型,计算可以得出排球从最高点到与鼓面碰撞需要的时间 $t_0 = 0.34993$s。t_0 同样也是同心鼓从最低点到碰撞时所需要的时间。

代入方程：$\dfrac{10F_0h-gm_{\text{drum}}L}{10F_0}\cdot 2\sqrt{\dfrac{10F_0}{m_{\text{drum}}L}}\cdot m_{\text{drum}}\sin\left(2\sqrt{\dfrac{10F_0}{m_{\text{drum}}L}}t_0\right)=gm_{\text{ball}}t_0$

得理想情况鼓面水平、队员拉力时机力度一致情况下每个队员应发力的力度 $F_0=75.35108\text{N}$。

图 8-15 是各个队员拉力的竖直分量在旋转平面上的投影。结合图 8-15 和表 8-3 中队员在旋转平面上投影到旋转点的距离可以算出每个队员拉力作用在同心鼓上相对于旋转点的力矩大小。根据问题 3 中的模型假设，我们令队员 3 至队员 10，共 8 名队员的拉力大小仍为 F_0(75.35108N)。而队员 1 和队员 2 的拉力大小是需要求解的未知量。

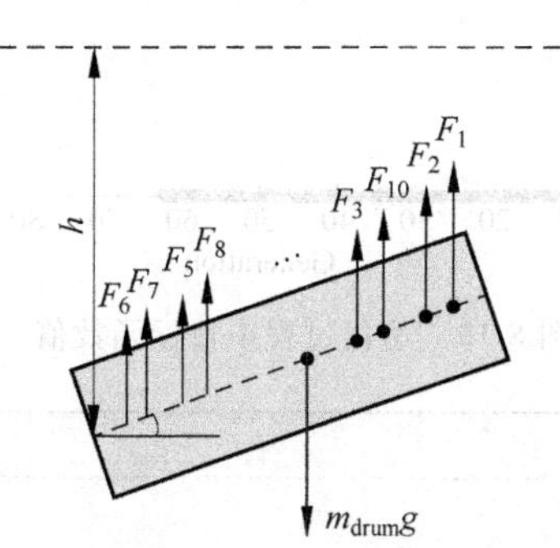

图 8-15 同心鼓受力分析在旋转平面上的投影

综合以上分析我们可以得到优化模型当中的目标函数和约束方程如下：

$$\min f(F_1,F_2)=\text{abs}(\gamma(F_1,F_2)-0.5)$$

$$\text{s.t.}\begin{cases}\boldsymbol{l}_1\times\boldsymbol{F}_1+\boldsymbol{l}_2\times\boldsymbol{F}_2-1.95161\cos(\gamma)-9.280706\sin(\gamma)\cos(\gamma)=0.18\dfrac{\mathrm{d}^2\gamma}{\mathrm{d}t^2}\\ \gamma\big|_{t=0}=0\\ \dfrac{\mathrm{d}\gamma}{\mathrm{d}t}\bigg|_{t=0}=0\\ \gamma\big|_{t=t_0}=0.5\\ \boldsymbol{M}_1=\boldsymbol{l}_1\times\boldsymbol{F}_1,\boldsymbol{M}_2=\boldsymbol{l}_2\times\boldsymbol{F}_2\\ M_1\sin(24^\circ)=M_2\sin(12^\circ)\\ t_0=0.34993\text{s}\\ F_1,F_2>75.35108\text{N}\end{cases}$$

(3) 结果分析

利用优化后的遗传算法解决上述目标函数和约束方程。得到队员 1 与队员 2 拉力相对旋转点的合力矩为 155.729Nm。

图 8-16 及图 8-17 为每次遗传迭代时计算得到的目标函数值以及最终结果，遗传经过 62 次迭代完成运算，得到最优解 155.729。该最优解计算得出的目标函数的值与实际需要同心鼓转动的角度偏差为 2.9×10^{-7}，在可接受的范围内，满足题目要求。根据力 F_1 的力矩 M_1 与力 F_2 的力矩 M_2 以及其合力矩 M'之间关系：

$$\frac{M'}{\sin(\pi-\beta-\alpha)}=\frac{M_1}{\sin\alpha}=\frac{M_2}{\sin\beta}$$

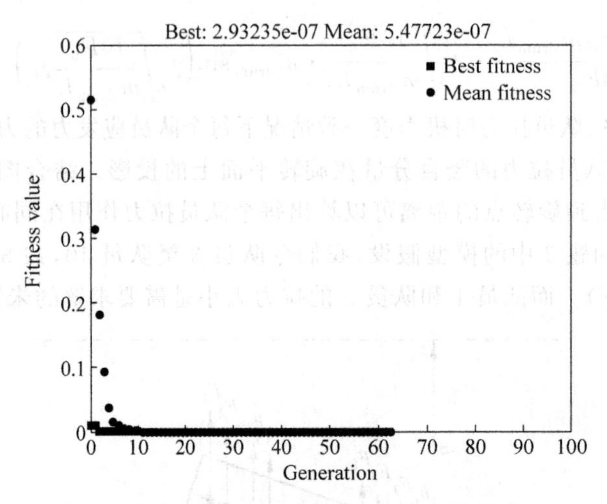

图 8-16 迭代过程中目标函数值

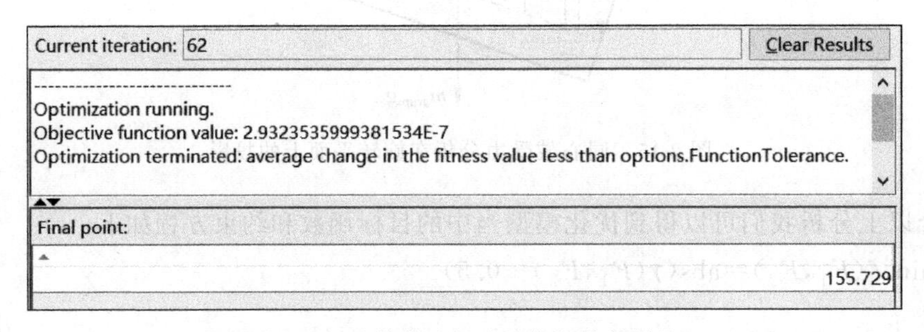
Current iteration: 62 Clear Results

Optimization running.
Objective function value: 2.9323535999381534E-7
Optimization terminated: average change in the fitness value less than options.FunctionTolerance.

Final point:

155.729

图 8-17 遗传算法得出最优解及其误差

计算得出力矩 M_1,M_2 的值,再计算得出队员 1 需要使用的力 F_1 的大小为 98.952N,队员 2 需要使用的力 F_2 的大小为 113.933N。

现实中如果队员能够保证精准控制发力力度及时机,这种方案就可以顺利执行,从而调整鼓面的角度,使得下一次碰撞后消除排球与竖直方向的夹角。这种方案只涉及两名队员的改动,涉及的变化较小,易于操作。且队员的最大拉力力度在 100N 左右,在身体健康的成年人均可完成操作的范围之内。所以这种策略在实际中是可行的。

8.3.6 模型的评价和改进

1. 模型的优点

(1) 建立的模型能够很好地分析出特定时刻下鼓的状态,即是否倾斜以及倾斜角度等。

(2) 当鼓面已经倾斜之后,利用我们建立的模型,可以快速且准确地分析能够使鼓面重新回到水平面上的具体操作。

(3) 使用刚体多轴转动模型,让我们在多影响因素的分析上更加的清晰,在面对施力不均衡和发力时机不统一共同影响下的复杂情况下,能够把前一状态转过的角度映射到后一状态中,将复杂的问题简单化、具体化。

(4) 为了将鼓面精确调整到特定角度,我们需要调整队员的发力大小,以此修正实际情况中排球在竖直方向上产生的偏移角度。但由于发力大小受到之前建立的多个微分方程的约束,传统算法搜索最优解的复杂性较高,我们采用自适应优化遗传算法提出鼓面产生倾角后的解决方案。这样做不仅避开了传统算法的弊端,也大大提高了解决方案的实用性。

(5) 由于遗传算法不是从局部单个解开始逐一求解,而是从整体上对数据进行分析。这是遗传算法相较于传统算法的优势所在。从整体上寻找适合问题的解,其所计算得出的数据更具有可靠性。其自适应性,消除了算法设计的一大障碍。本模型需要同时计算多个受力,遗传算法的这一优点正适用于这一问题。

(6) 遗传算法可以同时分析群体中的多个个体,并同时计算这多个个体对整个群体的影响,从而减少了陷入局部最优解而非整体最优解的风险。本题目中需要计算的多个力,这些力作用于不同的点位,同时又作用在同一个鼓上,其之间既存在独立又存在相互制约。采用遗传算法不但不会忽略各个力之间的约束联系,而且不会只关注于某一个力的作用而忽略了其他力的影响。

2. 模型的不足

(1) 当鼓面因各个受力大小有所差异而产生倾角的时候,鼓在一定程度上也会发生水平方向上的平移,但经过我们的计算,鼓的平移距离非常小,又考虑到队员能够根据鼓与球的相对位置而移动自己的站位,所以在分析问题的过程中我们并没有考虑平移所带来的影响。

(2) 问题 3 中的模型仅考虑了同时更改两名队员发力大小时的情形,未考虑同时更改更多队员发力大小的情况是否存在更优解。

参考文献

[1] 卢子兴,高镇同.含空心球复合材料有效模量的确定[J].北京航空航天大学学报,1997(4):57-62.

[2] 张东胜,姚建涛,许允斗,等.刚体两次转动姿态描述方法的内在联系[J].机械工程学报,2015,51(13):86-94.

[3] 黄真,李艳文,高峰.空间运动构件姿态的欧拉角表示[J].燕山大学学报,2002(3):189-192.

[4] 葛继科,邱玉辉,吴春明,等.遗传算法研究综述[J].计算机应用研究学报,2008(10):2911-06.

[5] 张国强,彭晓明.自适应遗传算法的改进与应用[J].舰船电子工程学报,2010(1):30-183.

8.4 论文点评

从问题分析部分可以看出,本文作者对题目要求理解正确,并且抓住了鼓的运动状态、发力时机、大小等核心要素,同时对每一问的理解也都基本没有偏差,这就为后续的建模分析奠定了扎实的基础。

对于第一问,论文根据物理分析建立了二阶常微分方程,并算出了最佳颠球高度与碰撞时间、碰撞时的高度和一些长度的关系公式。需要指出,作者对公式中的参变量解释不够清楚。随后文中先给出最佳的碰撞时间,据此算出最佳颠球高度。在第一问结束时,论文作者又自制了仿真程序,验证了结果的有效性。应当说,第一问兼有理论计算和仿真验证,解决得非常好。

在回答第二问时,论文给出了明确的多轴转动模型,并分别讨论了力度不同、发力时机不同、力度和时机都不同情况下鼓的运动方程。这一部分讨论详细而且完整,显示出作者在此类问题领域有良好知识积累和分析能力。随后代入数据计算时，论文也都做了很详细的分析和解释。

对于第三、四问，论文都提出了明确的优化模型，并给出了求解的遗传算法。针对第三问的优化模型放在第一问可能会更合适一些。值得一提的是，作者对第四问也给出了详细的模型和算例，这一点做得非常好。不少参赛队对第三、四问往往不建模型，只做泛泛的说明，这会导致论文评价不高。事实上，对于数学建模竞赛中的每一个小问题，都应该尽量用数学模型或数据分析来解答，不要用简单的文字论述来代替。

本文的优点在于对受力、运动的分析非常详细，表现出了很好的基础知识功底。物理问题是根本，能把根本问题分析清楚，剩余的问题都没有太大的难度。在第一、二问虽然没有给出优化模型，但是在第三、四问补上了这个漏洞。在论文的写作上，条理清晰，前后的递进关系也非常明确，表明作者的思路是非常清楚的。另外，摘要写得非常好，将自己对题目的理解、所用的建模思路和方法、计算结果等都用简洁的语言做了介绍，值得大家借鉴。

第9章　机场的出租车问题(2019 C)

9.1　题目

大多数乘客下飞机后要去市区(或周边)的目的地,出租车是主要的交通工具之一。国内多数机场都是将送客(出发)与接客(到达)通道分开的。送客到机场的出租车司机都将会面临两个选择:

(A) 前往到达区排队等待载客返回市区。出租车必须到指定的“蓄车池”排队等候,依“先来后到”排队进场载客,等待时间长短取决于排队出租车和乘客的数量多少,需要付出一定的时间成本。

(B) 直接放空返回市区拉客。出租车司机会付出空载费用和可能损失潜在的载客收益。

在某时间段抵达的航班数量和“蓄车池”里已有的车辆数是司机可观测到的确定信息。通常司机的决策与其个人的经验判断有关,如在某个季节与某时间段抵达航班的多少和可能乘客数量的多寡等。如果乘客在下飞机后想“打车”,就要到指定的“乘车区”排队,按先后顺序乘车。机场出租车管理人员负责“分批定量”放行出租车进入“乘车区”,同时安排一定数量的乘客上车。在实际中,还有很多影响出租车司机决策的确定和不确定因素,其关联关系各异,影响效果也不尽相同。

请你们团队结合实际情况,建立数学模型研究下列问题:

(1) 分析研究与出租车司机决策相关因素的影响机理,综合考虑机场乘客数量的变化规律和出租车司机的收益,建立出租车司机选择决策模型,并给出司机的选择策略。

(2) 收集国内某一机场及其所在城市出租车的相关数据,给出该机场出租车司机的选择方案,并分析模型的合理性和对相关因素的依赖性。

(3) 在某些时候,经常会出现出租车排队载客和乘客排队乘车的情况。某机场“乘车区”现有两条并行车道,管理部门应如何设置“上车点”,并合理安排出租车和乘客,在保证车辆和乘客安全的条件下,使得总的乘车效率最高。

(4) 机场的出租车载客收益与载客的行驶里程有关,乘客的目的地有远有近,出租车司机不能选择乘客和拒载,但允许出租车多次往返载客。管理部门拟对某些短途载客再次返回的出租车给予一定的“优先权”,使得这些出租车的收益尽量均衡,试给出一个可行的“优先”安排方案。

9.2 问题分析与建模思路概述

该问题是一个现实生活中的实际问题，这道题目也是一道开放性和自由度比较大的建模赛题，要求针对某个机场和相关城市的实际情况进行研究，需要考虑与实际问题相关的多种因素的影响，并给出具体的结果。不同的机场或城市，不同的模型和方法会有不同的结果，具有较大的发挥创造空间。

通常出租车司机送客到机场后都将会面临两个选择：一是前往到达区排队等待载客返回市区，等待时间长短取决于排队出租车和乘客的数量，需要付出一定的时间成本。二是直接空车返回市区，会付出空载费用，司机的决策与其个人的经验判断有关。如果乘客在下飞机后想"打车"，就要到指定的"乘车区"排队，按先后顺序乘车，机场管理人员负责"分批定量"放行出租车进入"乘车区"。

问题 1 要考虑影响出租车司机决策的相关因素和关系机理，包括乘客数量的变化规律和司机的收益，出租车空载返回的直接成本和间接损失，以及排队等待载客的时间成本，依据二者的大小给出选择模型和策略。该问题不宜用综合加权评价方法来处理。

问题 2 要针对某个具体的机场收集与模型相关的数据，如不同时间段的到达航班、大巴车（地铁）的运行时间、相关城市至机场的距离、出租车行驶时间、成本费用等，以及城市出租车的运价、运营和管理等相关数据，给出具体的选择策略，并根据实际分析说明模型的合理性。

问题 3 对于两条并行车道的乘车区"上车点"的设置方案，应考虑其个数、位置或布局等，相关因素应考虑车辆的到达方式（数量、次序）、停车位置和乘客的排队方式等，给出具体的设置方案。对于乘车区的运行效率应考虑上车所需的时间、前后车的相互影响等因素。要求针对实际建立模型，给出具体的方案，最好能给出相应的模拟检验结果，并充分说明其合理性和高效性。

问题 4 应考虑出租车司机等待时间、载客后行驶距离和收益的差异性、往返时间长度等，给出一个短途返回出租车的"优先"安排模型。要针对具体的机场和城市建立模型，给出合理可行的方案，使得出租车的收益尽量均衡。

建模求解中要关注假设的合理性、分析过程的翔实性、模型的针对性和结果的合理性。

9.3 获奖论文——机场的出租车问题

作　　者：杨思程　翁博熙　邓一楠

指导教师：史大威

获奖情况：2019 年全国数学建模竞赛二等奖

摘要

出租车是机场疏运旅客的重要途径，减少出租车排队长度，优化上车点布局，均衡长、短途载客收益能够有效提高机场集散能力、提升旅客体验。本文通过建立数学模型，就机场出租车的相关问题进行分析，给出了司机面对排队问题时的正确选择、机场上车点的最佳布局以及长、短途载客收益均衡化的最优策略。

针对问题1,出租车司机做出的选择主要取决于二者利润的多少,我们设定机场到市区的收益、机场客流量、出租车对乘客吸引度三者决定司机收益,其中考虑航班数量、节假日因子、天气因子、季节因子对机场客流量的影响和天气因子、决策因子对吸引度的影响,定义单位时间成本、每公里油耗数来决定司机成本。最后根据司机等待载客的阈值进行选择。

针对问题2,使用上海强生出租汽车行车数据集SODA样本和FlightStats数据公司关于上海虹桥机场与上海浦东机场到港的历史航班信息,代入问题1的模型中,使用MATLAB计算,得到"蓄车池"饱和量与实际排队车辆数的关系,给出了司机应该做出的选择。结果表明能正确做出选择的司机比随机做出选择的司机利润多8.9968%。

针对问题3,对纵列式、并列式和矩阵式出租车排队服务系统进行分析,对传统排队论进行改进,提出用司机等待系数、单位时间内离开的人数、道路交通通畅系数三个参数来评判模型的优劣,并使用SPSS进行主成分分析,用一个新参数评价机场出租车排队系统的优劣程度。分析计算后得到虹桥机场采用8个纵列式乘车点乘车效率最高的结论。

针对问题4,用肖维勒法剔除出租车经纬度异常数据,用k-means聚类分析,发现目的地距机场距离服从正态分布,定义单位时间收益来衡量模型是否标准,建立收益均衡化规划模型,模型较复杂,采用穷举法得到了整数解。结果是浦东机场23km内认为是短途,且短途平均等待时间应比优化前缩短86.67%。基于模拟退火算法的单目标规划改进模型,最优临界值是22.2188km,与实际符合很好。最后对该模型进行鲁棒性分析,结果显示模型鲁棒性好且符合实际。

最后,对每个模型进行优缺点分析及模型推广。

关键词:出租车上客区,GPS定位,排队论,主成分分析,模拟退火。

9.3.1　问题重述

1. 问题的背景

中国经济的增长及居民消费水平的提升刺激了航空客运需求的急速增长,这为大型机场的发展提供了重要的人群基础。与此同时,航空客运总量的急速增长对国内机场而言,既是机遇也是考验[1]。机场大多地处市郊,周边交通干道存在过境交通量大、短途借道车辆多的情况。出租车系统在机场承担30%~70%的旅客集散量[2],其服务水平、质量以及运输效率是机场ACI测评的重要指标之一。

作为一种具有较好灵活性的交通工具,出租车可以进行全天候的客流数量分散。送客到机场的出租车司机都将会面临两个选择:前往到达区排队等待载客返回市区或者直接放空返回市区拉客。如果排队进场载客,司机需要付出一定的时间成本,等待时间长短取决于排队出租车和乘客的数量多少;如果直接返回市区,出租车司机则会付出空载费用和可能损失潜在的载客收益。

在很多情况下,机场的乘客需要排队等待乘车,相应地,出租车也往往需要在"蓄车池"里等待很长时间才能接到乘客,上车点如何设置成为困扰很多机场陆侧交通的难题。机场出租车司机因为乘客目的地太近而拒载的情况屡见不鲜,为短途出租车返回机场给予一定的"优先权"很大程度上解决了机场出租车司机收益不均衡的问题,为乘客拥有更好的服务体验提供了帮助。

2. 问题的提出

根据以上背景，需要结合实际情况，建立数学模型解决以下问题：

问题1 综合考虑机场乘客数量的变化规律、排队车辆数和出租车司机的收益，分析影响出租车司机决策的确定和不确定因素，给出司机的选择策略。

问题2 收集国内某一机场及其所在城市出租车的相关数据，给出该机场出租车司机的选择方案，并分析模型的合理性和对相关因素的依赖性。

问题3 合理规划"乘车区"车道"上车点"与"下车点"的数量和位置，在保证车辆和乘客安全的条件下，使得总的乘车效率最高。

问题4 合理安排对某些短途载客再次返回的出租车给予一定的"优先权"，使得这些出租车的收益尽量均衡。

9.3.2 问题分析

1. 问题1的分析

问题1要求我们分析相关因素对出租车司机在机场选择的影响机理，给出司机的决策模型。司机做出选择取决于等待载客和返回市区拉客的利润多少，即收益与运营成本之差。从这两个角度我们可以进一步分析，收益即为出租车载客直接收入，运营成本则包括油耗和时间成本，其中时间成本受各因素影响最大，且对司机决策起到关键性作用。

因此，首先可以认为司机决策的自变量主要包括"蓄车池"中等待的出租车数量和某时刻前一段时间的航班数量，在此基础上，分析天气、季节、节假日、司机选择误差等因素和乘客对出租车的偏好程度等因素的影响。判断各种因素对出租车司机选择的影响作用效果，求解其影响因子，从而得到各个变量的表达式，最终得到出租车司机的选择模型。

2. 问题2的分析

问题2要求我们根据某一机场和其所在城市的相关数据得到具体的出租车司机选择模型，给出司机在面对具体情况时的决策方案。为此我们要收集某一城市机场航班信息、出租车时空分布、天气情况等数据，通过预处理筛除噪声数据，根据问题1中求得的出租车司机决策模型，可以得到"蓄车池"饱和量与实际排队车辆数的变化关系并给出司机应做出的选择。

3. 问题3的分析

问题3中对于"上车点"的设置和出租车乘客的安排实际上是一个基于排队论的选择模型。乘客是顾客源，出租车可以看作移动的服务台，顾客源的到来时间满足泊松分布，服务时间可以近似确定为常数，满足排队模型。考虑到该机场"乘车区"有两条并行车道，能够以此为基础模拟出上车点的排列方式和个数不同的排队模型。

为使总乘车效率最高，需要若干个影响乘车效率的指标来评判，如等待系数和交通舒畅系数等，并拟定出定义式，使之与乘车效率满足一定的关系。对于多个判断指标难以整合的问题，可以采用主成分分析法，求解出一个或两个主成分来表征不同排队模型的乘车效率，进而提供出一个最优化的解决方案。

4. 问题4的分析

问题4要求我们针对出租车长、短途载客收益失衡问题，通过给予短途载客的出租车一定的“优先权”,使长、短途出租车的载客收益尽可能均衡。在出租车载客收益与载客里程直接相关的情况下,短途载客收入必然较低,为了提高净收益,就要减少其时间成本,即减少短途出租车的排队时间。

因此,我们可以建立目标函数为长、短途载客收益差的优化模型。我们可以通过为短途出租车开辟一条独立排队入口实现时间成本的减少[3],那么模型要解决的核心问题就是计算区别长、短途的临界里程值。首先可以利用聚类分析得到乘客目的地空间分布特征,从而给出乘客里程的概率分布。再构造以长、短途载客单位时间期望收益之差为因变量的函数,求解得出使函数值最小的临界值,即可得出使出租车的收益均衡的“优先”安排方案。

9.3.3 基本假设

1. 假设机场到目的地均为直线路程,不考虑等候红灯、堵车、过桥过路费等因素。
2. 假设每辆车的驾驶速度相同,乘客的上车时间也相同;
3. 假设乘车区的并行车道足够长,同一侧可以设置多个上车点;
4. 假设乘客目的地距机场距离存在最大值。
5. 假设查找到的数据真实可靠。

9.3.4 符号说明

本文所用部分数学符号如表 9-1 所示。

表 9-1 符号说明

符号	说明	符号	说明
λ_1	前一小时抵达的客流量	γ	司机选择等待载客的阈值
ξ	出租车司机运营成本	W_q	等待时间
λ_2	出租车对乘客的吸引度	W_s	逗留时间
P_A	司机等待载客的利润	ρ	服务强度
P_B	放空返回市区拉客的利润	s	服务台个数
d_{AB}	A,B 两点间的距离	X_1	司机等待系数
L	机场到市区的距离	X_2	单位时间内从机场坐出租车离开的人数
t	司机排队等待时间或者放空返回拉客时间	X_3	道路交通通畅系数
		d	乘客目的地距机场的距离
Y	机场到市区的收益	d_0	长途和短途的分界距离
ε_1	司机经验误差	t_s	优化前等待时间
K_S	出租车司机单位时间成本	$\overline{d}^s$	短途平均距离
β	乘客选择出租车的决策因子	$\overline{d}^l$	长途平均距离
ε_2	乘客选择交通方式误差		

注:未列出符号及重复的符号以出现处为准。

9.3.5 模型的建立与求解

1. 问题 1

(1) 确定影响因子

问题 1 首先要求综合考虑机场乘客数量的变化规律、排队车辆数和出租车司机的收益,分析影响出租车司机决策的确定和不确定因素，给出司机的选择策略。

① 前一小时抵达的客流量 λ_1

(a) 司机可观察到的航班数量 n

显然客流量与航班数量满足一定的比例关系，设比例因子为 c，则有

$$\lambda_1 = cn$$

(b) 航班上客率的节假日因子 $h_1(d)$

考虑司机观察到的航班数量是到港航班数，而实际航班上客率往往受天气等其他因素影响。根据滴滴公司《2019 年 Q1 城市交通出行报告》，是否放假对上客率影响如表 9-2 所示。

表 9-2　是否放假对上客率影响

当前日期 t	法定节假日及周六、周日	其他日期
节假日因子	$h_1(d)$	1

(c) 航班上客率的天气因子 w_1

天气对客流量的影响表现在目的地机场所在城市的天气状况，能见度低、机场起飞、降落航道附近有低云、雷雨区，以及强侧风等恶劣天气都会影响航班，这里不考虑此极端情况。将天气对客流量影响分为四个等级，具体如表 9-3 所示。

表 9-3　天气对客流量影响的四个等级

天气状况	晴朗无风	小雨积云	中雨大风	恶劣天气
w_1	1	0.86	0.74	—

(d) 航班上客率的季节因子 $h_2(d)$

对于机场客流来说，每年机场客流会呈现一个增长的趋势，具体表现在航班数增加；同时机场客流也呈现周期性，表现在客机上客率有旺季、淡季之分，夏季和早春是旺季，客流量会比较多，另外每年的 8 月都是当年客流量最多的月份。季节对上客率影响如表 9-4 所示。

表 9-4　季节对上客率影响

当前日期 d	2 月、6 月、7 月、8 月	其他月份
季节因子	$h_2(d)$	1

综合以上因素，前一小时抵达的客流量可表示为

$$\lambda_1 = cw_1h_1(d)h_2(d)n + \varepsilon_1 \tag{1}$$

② 出租车司机运营成本 ξ

(a) 出租车司机等待载客或返回市区的单位时间成本 K_S

首先需要分析出租车司机。运营成本主要是出租车司机定期支付给出租车公司的和运输量无关的固定成本，以及随着车辆运行时间数的增加而发生变化的变动成本，变动成本主要包含了车辆的维修费、维护费、停车费等其他杂费。由于变动成本在出租车司机运营成本中所占比例较大[4]，可近似认为出租车司机此部分运营成本与时间成正比。

(b) 出租车司机选择返回市区的每公里油耗数 Q_S

目前国内较常见的出租车大部分以桑塔纳、捷达为主,以及起亚、丰田、花冠等车型,一般百公里油耗为6L。考虑到出租车司机驾驶技术可以缩减10%~15%,且实验所得数据是8.5%[5],同时开空调会加大5%~25%的油耗。综合分析以上因素,我们取每公里油耗数为

$$Q_S = 0.6$$

综合以上因素,出租车司机运营成本可表示为

$$\xi = \begin{cases} k_S t_1, & \gamma > 0 \\ LQ_S + k_S t_2, & \gamma < 0 \end{cases} \tag{2}$$

③ 出租车对乘客的吸引度 λ_2

(a) 乘客选择出租车的天气因子 w_2

有时大风大雨不会影响飞机正常起降,反而会促使乘客选择出租车作为交通工具。将天气对乘客选择出租车的影响分为四个等级,具体如表9-5所示。

表9-5 天气对乘客选择出租车的影响的四个等级

天气状况	晴朗无风	小雨积云	中雨大风	恶劣天气
w_2	1	1.2	1.5	—

(b) 乘客选择出租车的决策因子 β

不同机场交通方式的分担比例也有不同,所以乘客到达机场是否选择出租车取决于年龄组成、出行目的、与机场航班的关联性、经济状况、到达机场所用时间与行李重量,我们将此相关项定义为决策因子 β。

综合以上因素,出租车对乘客的吸引度可表示为

$$\lambda_2 = w_2 \beta + \varepsilon_2 \tag{3}$$

至此,综合考虑机场乘客数量的变化规律、乘客的选择规律、出租车运营成本和出租车司机的收益,分析影响出租车司机决策的确定和不确定因素,得到影响司机决策的四大因子,建立起司机的选择模型(见图9-1)。

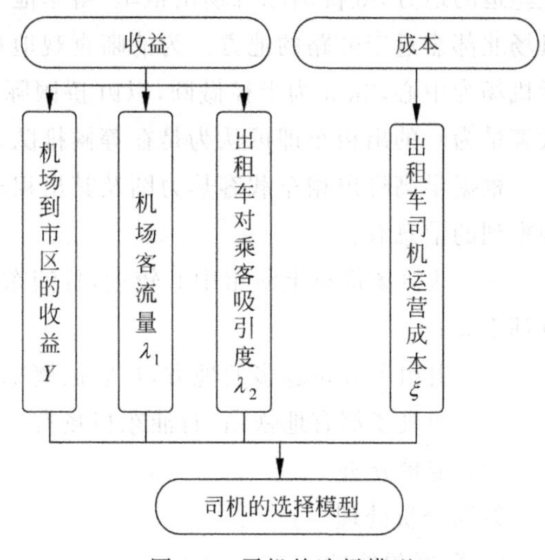

图9-1 司机的选择模型

(2) 问题1的模型建立

① 司机等待载客的利润 p_A

综合以上影响因素,同时考虑等待时间 t_A 与"蓄车池"里已有的车辆数 N,前一小时抵达的航班数量 n 的关系,我们给出司机排队等待载客的利润

$$p_A = Y - [aN - b\lambda_2 \ln\lambda_1]k_S \tag{4}$$

将式(1)、式(2)、式(3)代入上式可得

$$p_A = Y - [aN - b(w_2\beta + \varepsilon_2)\ln(cw_1 h_1(d)h_2(d)n + \varepsilon_1)]k_S$$

其中，a，b，c 为与不同城市和机场有关的未知数。

② 放空返回市区拉客的利润 p_B

若司机付出空载费用和可能损失潜在的载客收益放空返回市区拉客，则司机的利润为

$$p_B = Y - LQ_S - \frac{L}{v}K_S \tag{5}$$

所以有

$$\begin{cases} \gamma > 0, & p_A > p_B \\ \gamma \leqslant 0, & p_A \leqslant p_B \end{cases} \tag{6}$$

当 $\gamma>0$ 时，我们认为司机应该前往"蓄车池"等待载客，否则我们认为司机应该放弃等待并返回市区拉客，这样出租车司机的收益是最大的。

2. 问题 2

(1) 问题 2 的基于地图拟合的定性分析

问题 2 实质上就是收集机场及其所在城市出租车的相关数据，用来证明问题 1 模型的可行性与合理性。这里使用 2017 年 2 月 20 日上海强生出租汽车行车数据集 SODA 样本和 FlightStats 数据公司关于上海虹桥机场与上海浦东机场到港的历史航班信息[6]。

出租车数据集特征包括出租车 ID、时间、经度、纬度、夹角角度、出租车的瞬时速度和出租车载客状态，数据集是以 3min 为间隔记录每辆出租车的经纬度信息。以早高峰 3198 辆出租车的 GPS 数据为例，将得到的出租车经纬度数据，通过"地图无忧"网页建立图层，并导入百度地图中，得出出租车的载客信息热力图。

由载客信息热力图可以看出，浦东国际机场的出租车"蓄车池"位于围场河路靠近机场主跑道的地方，虹桥国际机场出租车"蓄车池"主要位于机场南部靠近迎宾三路的地方以及机场北部靠近宁虹路的地方。为清晰直观地观察到两个机场排队处的位置信息，以浦东国际机场为中心，2km 为半径做圆，以虹桥国际机场为中心，1.5km 为半径做圆，该范围内的载客量为 0 的出租车即可认为是在等候排队。

根据早高峰出租车载客热力图及其出租车在地图上的分布情况与两机场的关系，可以观察到的信息有：

一、两机场都离上海市中心较远，且浦东机场更远离市区，两机场周围的出租车数量比例都不高；

二、出租车分布越多的地方，拉客的概率越大，且集中在市中心处；

三、两机场都有地铁站，且浦东机场有磁悬浮列车。

(2) 定量分析

数据分析处理

① 数据预处理

为了得到出租车与机场的直线距离，我们需要对经纬度进行转换。

地球上任意一点地理坐标都可以用有序数对表示为 (u,v)，其中 u 为经度，v 为纬度。以地心 O 为坐标原点，赤道平面为 xOy 平面，0 度经线圈所在的平面为 xOz 平面建立三维直角坐标系，则可得以下公式：

$$\begin{cases} x = R\cos u\cos v \\ y = R\sin u\cos v \\ z = R\sin v \end{cases}$$

其中,$R=6370\text{km}$ 为地球的半径。

根据解析几何的知识,任意两点 $A(u_A, v_A)$,$B(u_B, v_B)$间实际距离为

$$d = R\arccos\left(\frac{OA \cdot OB}{|OA| \cdot |OB|}\right)$$

代入上式化简可得

$$d = R\arccos[\cos(u_A - u_B)\cos v_A \cos v_B + \sin v_A \sin v_B] \tag{7}$$

② 模型数据处理

(a) 机场相关数据

Step1　机场到市中心距离 L_1,L_2

上海虹桥机场 1 号航站楼到市中心人民广场距离为 16km,上海虹桥机场 2 号航站楼到市中心人民广场 20km,出租车"蓄车池"大致在二者中间,我们取 $L_1=18\text{km}$。上海浦东机场到市中心人民广场 48km,即 $L_2=48\text{km}$。

Step2　机场到市区的收益 Y_1,Y_2

根据上海出租车日间(5:00—23:00)起步价为 14 元,单价 2.4 元/km,夜间(23:00—5:00)起步价为 18 元,单价为 3.1 元/km,超过 10km 日间 3.6 元/km,夜间 4.7 元/km。这里我们不考虑等候红灯、堵车、过桥过路费等因素,可以算出虹桥机场到市区收益约为 $Y_1=45$,耗时大约 $T_1=0.5\text{h}$;浦东机场到市区收益约为 $Y_2=168$,耗时大约 $T_2=1.12\text{h}$。

(b) 出租车相关数据

Step1　出租车司机单位时间成本 K_S

依据《2019—2025 年中国出租车行业现状分析与发展趋势研究报告》,司机每月大约需要有 8200 元作为工作成本,且每天平均工作 13h,所以我们取 $K_S=21$。

Step2　某时刻出租车总数与机场"蓄车池"中数量

因为出租车数据较多,这里选取夜间(子夜一点)、早高峰(上午八点)、中午(下午两点)、晚高峰(晚上六点半)作为示例,具体数据集见附录。

出租车数据集形式如表 9-6 所示。

表 9-6　出租车数据集(部分)

出租车 ID	时间		经度	纬度	夹角角度	瞬时速度	是否载客
1	2017/2/20	8:30:18	121.4466	31.24	0	45	0
2	2017/2/20	8:29:44	121.465	31.28	0	90	0
3	2017/2/20	8:30:22	121.4625	31.30	0	0	0
4	2017/2/20	8:30:03	121.5013	31.26	62	112	1
5	2017/2/20	8:29:37	121.5018	31.39	0	90	0

整理可得四个时刻出租车总数与机场"蓄车池"中数量如表 9-7 所示。

同时 2017 年上海出租车总数为 4.5 万台,我们可以根据比例估算出实际两机场"蓄车池"的排队数量。

表 9-7 四个时刻出租车总数与机场"蓄车池"中数量

	出租车总数	上海虹桥机场等待车辆数	上海浦东机场等待车辆数
夜间	3176	4	3
早高峰	3325	5	7
晚高峰	3198	8	10
中午	3241	10	11

Step3 乘客选择出租车的决策因子 β

调查显示,上海虹桥机场的乘客选择交通方式 38%会选择出租车,基于 AHP 结构模型运用层次分析法,得到出租车优先权值为 0.113[7]。所以我们取 $\beta=0.113$。

(c) 航班信息数据

FlightStats 是一家数据公司,是全球实时航班状态数据的领先供应商。我们只考虑国内到达的情况,不考虑国际到达、港澳台乘坐出租车的情况;且夜间由于子夜一点前一个小时航班数较少而前一小时五分航班数较多,我们认为前一天晚上 23:55 之后计入夜间统计范围中。得到当天具体航班数据统计如表 9-8 所示。

表 9-8 航班数据统计

	上海虹桥机场	上海浦东机场
午夜到一点到达航班数	4	10
早高峰前一小时到达航班数	5	5
晚高峰前一小时到达航班数	21	19
下午一点到两点到达航班数	25	20

(d) 其他信息

2017 年 2 月 20 日是星期一,正月廿四 $h_2(d)\neq 1$,非法定节假日 $h_1(d)=1$,天气 5~14℃,小雨阴,$w_1=0.86$,$w_2=1.2$。

(3) 问题 2 司机选择模型的建立

根据以上数据进行整理,将数值代入式中进行分析。我们给出上海虹桥机场出租车司机选择等待载客的利润为 $p_A=45-21[0.04254N-1587\ln(0.6467n)]$,$P_B=23.7$,上海浦东机场出租车司机选择等待载客的利润为 $p_A=168-21[0.05493N-1.755\ln(1.0919n)]$,$P_B=115.68$。所以司机可以由两种选择的利润确定阈值,当 $\gamma>0$ 时,司机应该前往"蓄车池"等待载客,否则司机应该放弃等待并返回市区拉客,这样收益是最大的。

(4) 模型的求解

以早高峰时浦东机场为例来说明结果,如果此时有一辆出租车在那天早上八点来到浦东机场,此时到达的航班数 $n=5$,"蓄车池"内排队的车辆数 $N=94$,代入选择模型中 $P_A=122.12>P_B$,所以司机应该选择前往"蓄车池"等待载客。

做出几个时刻在虹桥机场与浦东机场不同选择的利润 P_A 与 P_B,见图 9-2、图 9-3。

所以司机在这四个时刻送乘客去机场之后应该做出如表 9-9 所示的选择。

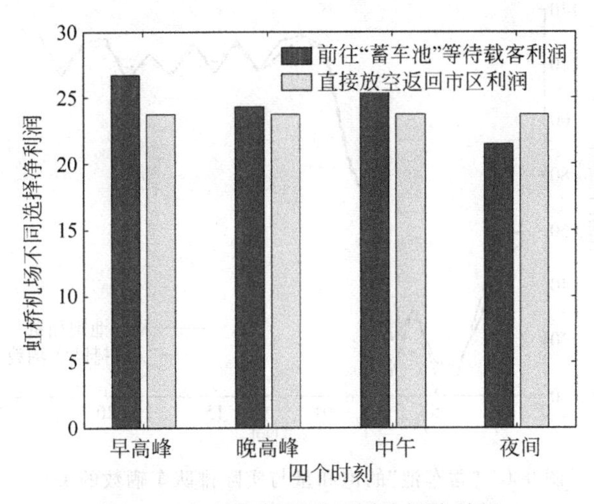

图 9-2 虹桥机场司机不同选择的利润

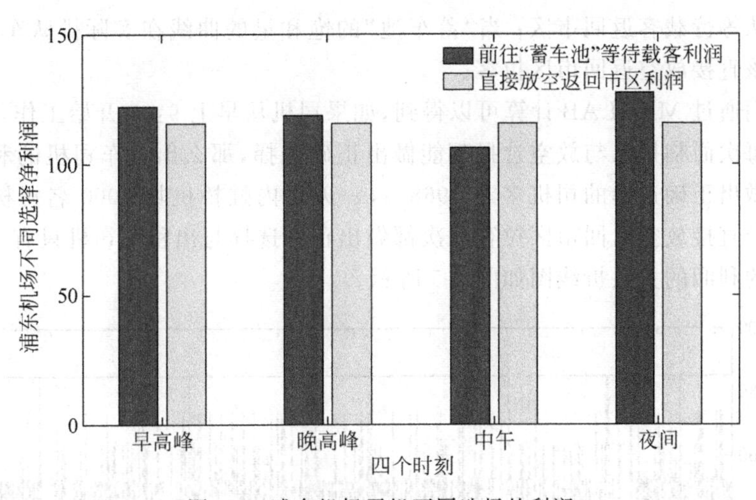

图 9-3 浦东机场司机不同选择的利润

表 9-9 四个时刻司机的正确选择

时　　刻	机　　场	选　　择
早高峰	虹桥机场	等待载客
	浦东机场	等待载客
晚高峰	虹桥机场	等待载客
	浦东机场	等待载客
中午	虹桥机场	等待载客
	浦东机场	返回市区
夜间	虹桥机场	返回市区
	浦东机场	等待载客

根据问题 1 司机的选择模型，给出一天之内虹桥机场"蓄车池"的饱和量(等待载客返回市区利润比直接放空返回市区拉客大的车辆数量临界值)与实际排队车辆数的关系，绘制折线图如图 9-4 所示。

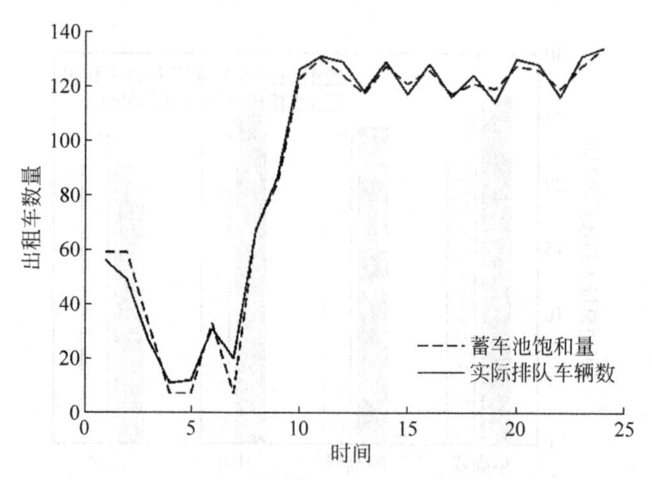

图 9-4 “蓄车池”的饱和量与实际排队车辆数的关系

由图 9-4 可知，当“蓄车池”的饱和量的曲线在实际排队车辆数上方时，司机此时应该前往到达区排队等待载客返回市区；当“蓄车池”的饱和量的曲线在实际排队车辆数下方时，司机此时应该直接放空返回市区拉客。

最后我们通过 MATLAB 计算可以得到，如果司机从早上 9:00 开始工作，一天(13h)送客到机场后每次面临排队与放空选择都能做出正确选择，那么出租车司机的利润将会比只有一半概率做出正确选择的司机多 8.9968%，一天之内虹桥机场 1000 名司机面对等待载客返回市区与直接放空返回市区拉客每次都做出正确选择与出租车司机只有一半的概率做出正确选择的利润的关系折线图如图 9-5 所示。

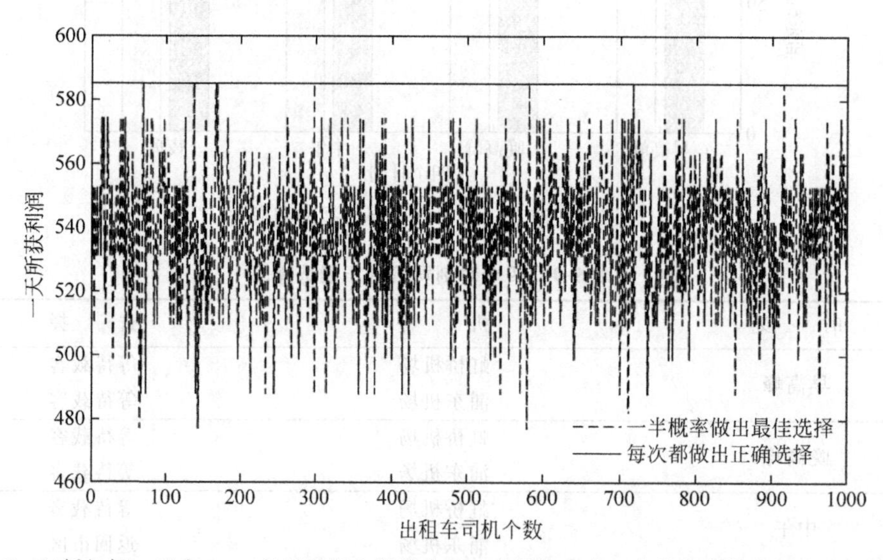

图 9-5 虹桥机场一天内 1000 名司机每次都做出正确选择与只有一半的概率做出正确选择的利润

3. 问题 3

(1) 问题 3 的模型建立

① 出租车上客点布局分类

枢纽内出租车上客点的布局形式分类，主要分为纵列式出租车排队服务系统、并列式出租车排队服务系统和矩阵式出租车排队服务系统三类[8]。纵列式出租车排队服务系统，乘客按照一定的到达规律到达排队系统后，排在队伍前端的乘客可以根据当前上车点的出租车服务状态分散到纵向排列的多个“服务台”接受服务。出租车由内侧车道驶入港湾式上车点进行载客服务，服务结束后驶离上车点，然后由后面的出租车补位。此大致示意图如图 9-6 所示。

并列式出租车排队服务系统，与多点纵列式类似，但系统内各上车点的布置形式呈并列式。在一定程度上提高了乘客离站的效率，但是容易产生客流干扰及人车冲突，继而使得靠近乘客等待队伍的内侧出租车上车点的服务时间延长，进而对乘客离站效率会产生一定的影响(见图 9-7)。

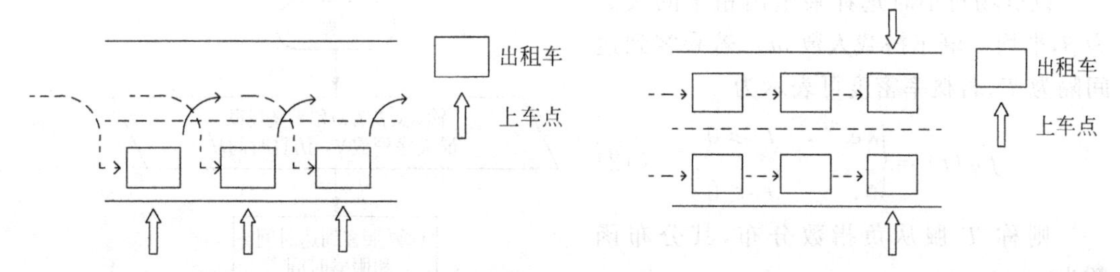

图 9-6 纵列式出租车排队服务系统示意图　　图 9-7 并列式出租车排队服务系统示意图

矩阵式出租车排队服务系统，机场出租车管理人员“分批定量”放行出租车进入“乘车区”(例如一次进六辆车，六辆车再一起开出机场)，同时安排一定数量的乘客上车(见图 9-8)。

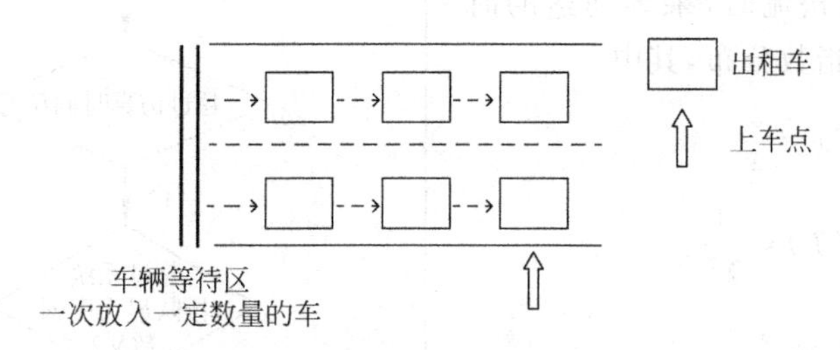

图 9-8 矩阵式出租车排队服务系统示意图

② 模型的建立

Step1 传统排队系统优劣衡量标准

机场出租车上客问题是一个典型的 M/D/1 排队论问题，M 指机场排队等出租车的人数，近似服从泊松分布，D 是每个“服务台”的服务时间，它是满足确定型分布的，1 表示只有一个服务台。将乘客在系统中的全部停留时间的期望值定义为逗留时间 W_s，将乘客在系统中的排队等待时间的期望值定义为等待时间 W_q，一般评价一个排队系统的优劣就取决于逗留时间 W_s 与等待时间 W_q。定义 E 为服务时间，则有

$$W_s = W_q + E \tag{8}$$

Step2 其他排队论关键指标

设乘客平均等待时间为 t，服务强度为 ρ，单位时间内乘客达到人数 λ，服务台个数，即出租车个数 s，单个服务台单位时间服务人数 μ。则有

$$\rho = \frac{\lambda}{s\mu} \tag{9}$$

Step3 机场出租车排队系统优劣衡量标准

由于机场出租车上客问题与一般排队问题相比较为复杂，我们定义三个参数来衡量排队系统的好坏，即乘车效率的高低，分别是司机等待系数 X_1，单位时间内从机场坐出租车离开的人数 X_2，道路交通通畅系数 X_3。其中

$$X_1=\frac{100}{t} \tag{10}$$

$$X_3=\frac{1}{s^2} \tag{11}$$

Step4 问题模型

设机场每小时选择乘坐出租车的人数为 β，平均一辆车搭载人数 m。若乘客到达间隔为 T，若概率密度可表示为

$$f_T(t)=\begin{cases}\lambda e^{-\lambda t}, & t\geqslant 0\\ 0, & t<0\end{cases} \tag{12}$$

则称 T 服从负指数分布，其分布函数为

$$F_T(t)=\begin{cases}1-\lambda e^{-\lambda t}, & t\geqslant 0\\ 0, & t<0\end{cases} \tag{13}$$

若乘客流是泊松流时，乘客到达的时间间隔服从上述负指数分布，其中

$$E(T)=\frac{1}{\lambda}$$

$$\mathrm{Var}(T)=\frac{1}{\lambda^2}$$

$$\sigma(T)=\frac{1}{\lambda}$$

(2) 模型的求解

假设总时间设为 $H=2\text{h}$，观察此时间段内不同排队系统的优劣程度。因为不同的排队系统和不同的上下车点具有相似性，这里以纵列式、停车点数目为1为例求解模型。

停车点数目为1，即 $s=1$，假设机场每小时选择乘坐出租车的人数为 $\beta=500$，将司机等待时间，即前一辆车出发到后一辆车离开时间设为 $t'=0.01\text{h}$，设平均一辆出租车搭载人数为 $m=2$。

机场出租车排队论算法流程如图9-9所示。

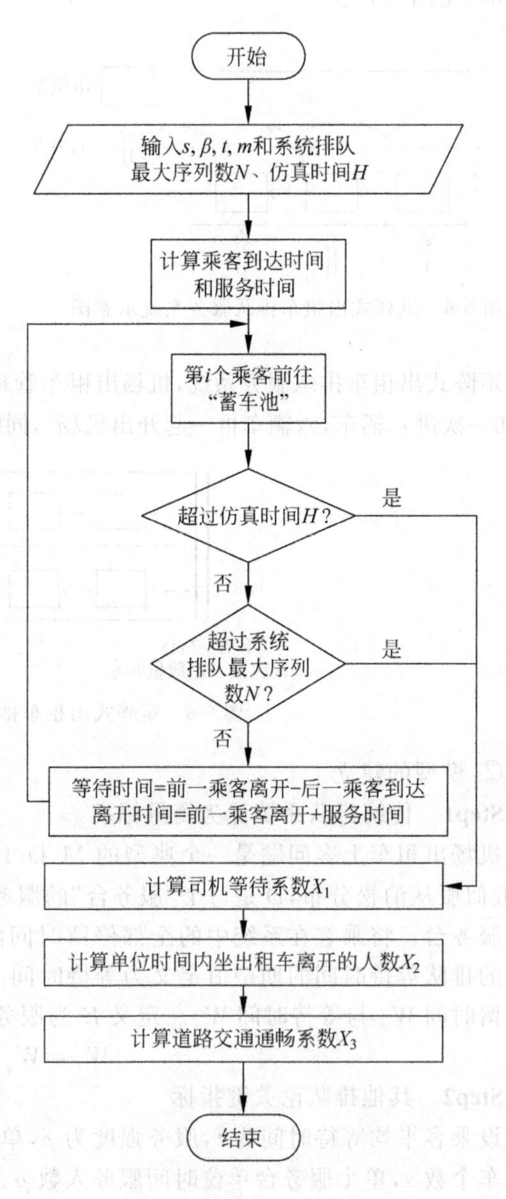

图9-9 机场出租车排队论算法流程

(3) 模型的结果

① 模型的结果定性分析

给出 4 个纵列式排队系统的结果,如图 9-10 至图 9-17 所示。左半部分图表示随着乘客数的增加,等车时间与停留时间的关系,右半部分图表示随着时间的推移,乘客到达时间与乘客乘车离开时间的关系。

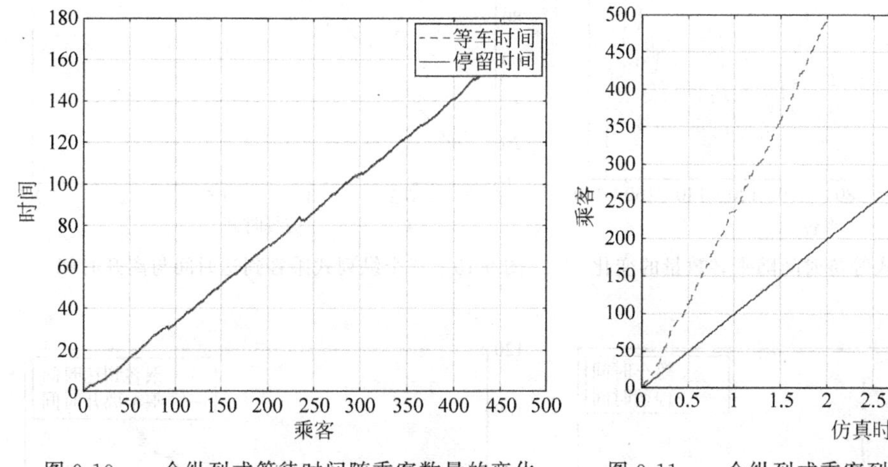

图 9-10　一个纵列式等待时间随乘客数量的变化

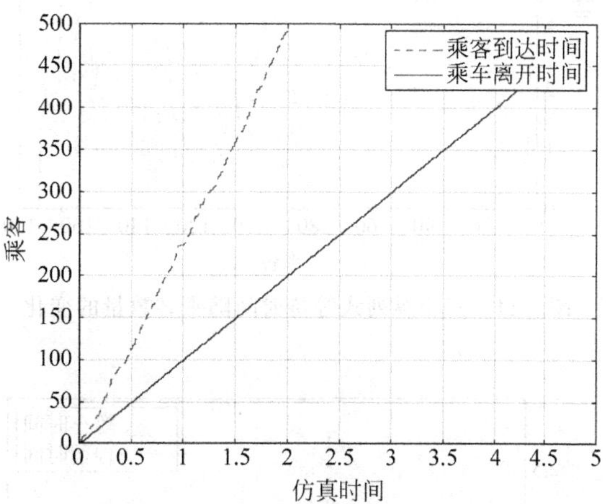

图 9-11　一个纵列式乘客到达时间与离开时间

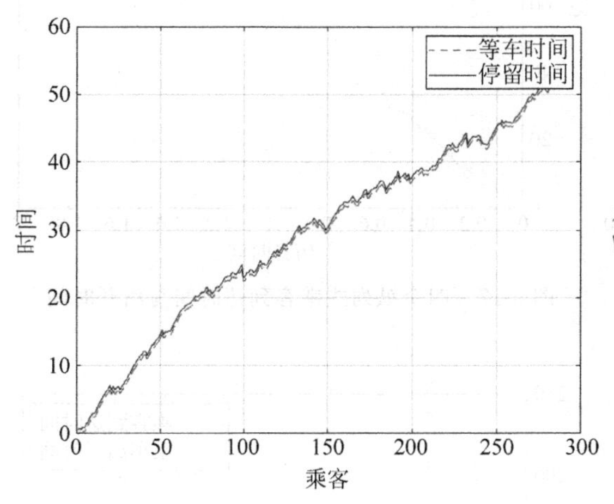

图 9-12　两个纵列式等待时间随乘客数量的变化

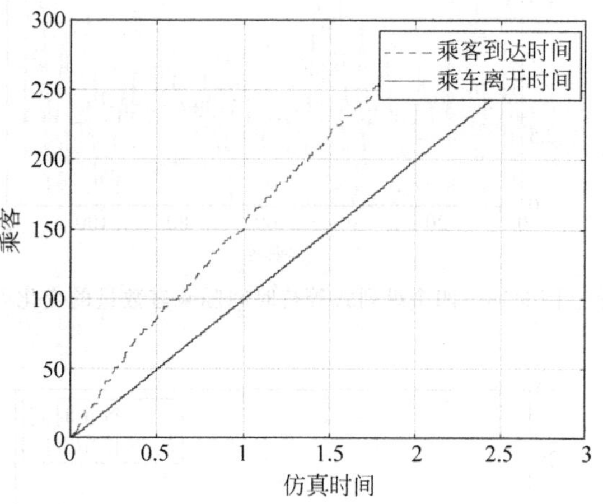

图 9-13　两个纵列式乘客到达时间与离开时间

可以发现,当采用纵列式出租车排队服务系统时,当上车点个数为 1 和 2 时,左半部分图大致呈现一次正相关,表示随着乘客数量增加,等候的时间逐渐变长;右半部分图当纵坐标一定时,横坐标的差值越来越大,表示当乘客到达得越晚,等候时间越长。当上车点个数为 3 和 4 时,出租车停留时间在乘客等待时间之上,表示主要是出租车在等待乘客,由右半部分图也可看出乘客几乎是不需要等待出租车的。

下面给出并列式排队系统的结果(见图 9-18 至图 9-19)。

可以发现,并列式排队系统在机场的出租车上下客的模型中并不理想,表现在随着乘客数量增加,等候的时间逐渐变长;乘客到达得越晚,等候时间越长。

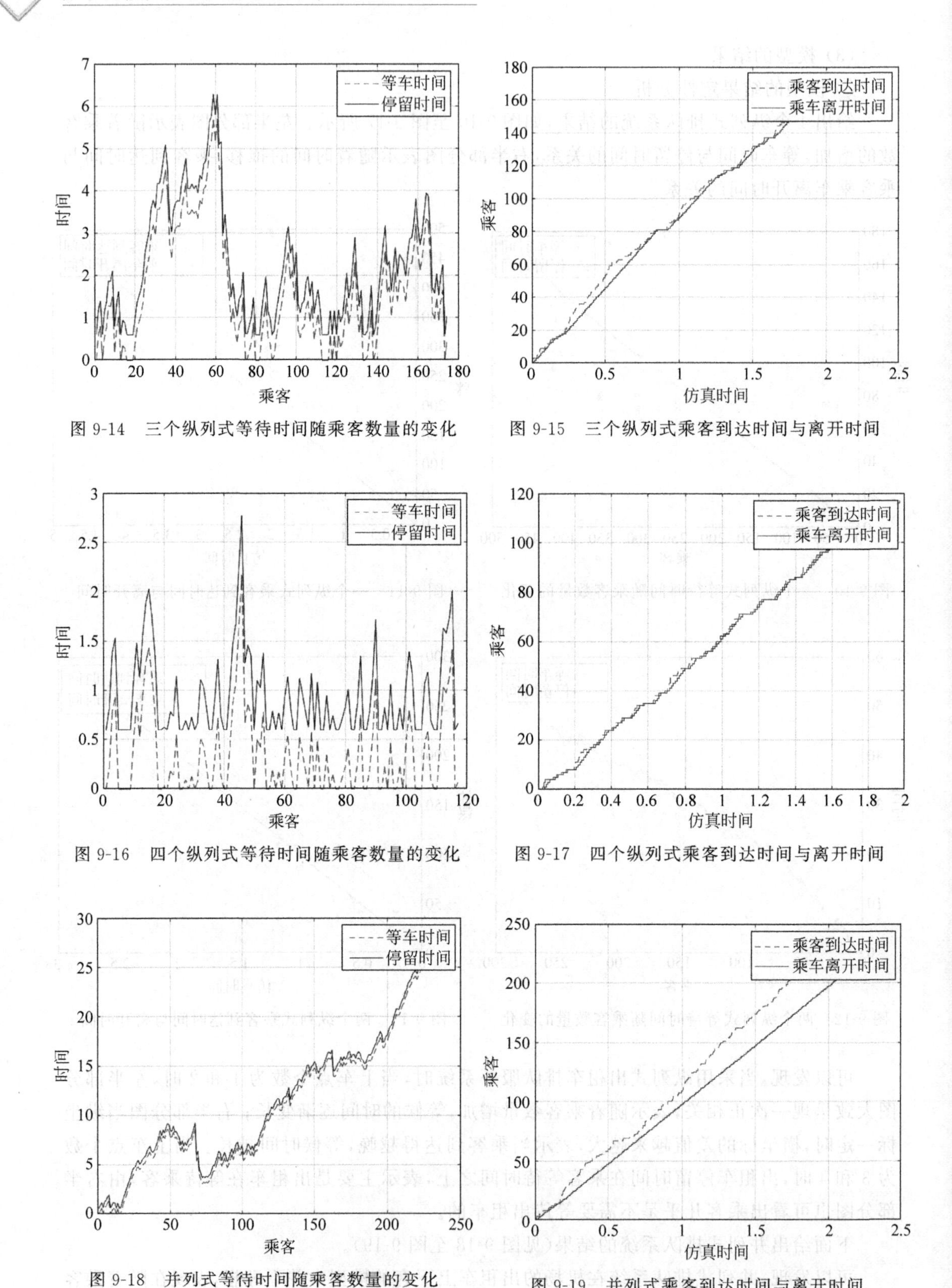

图 9-14 三个纵列式等待时间随乘客数量的变化

图 9-15 三个纵列式乘客到达时间与离开时间

图 9-16 四个纵列式等待时间随乘客数量的变化

图 9-17 四个纵列式乘客到达时间与离开时间

图 9-18 并列式等待时间随乘客数量的变化

图 9-19 并列式乘客到达时间与离开时间

下面给出矩阵式排队系统的结果(见图 9-20 至图 9-29)。

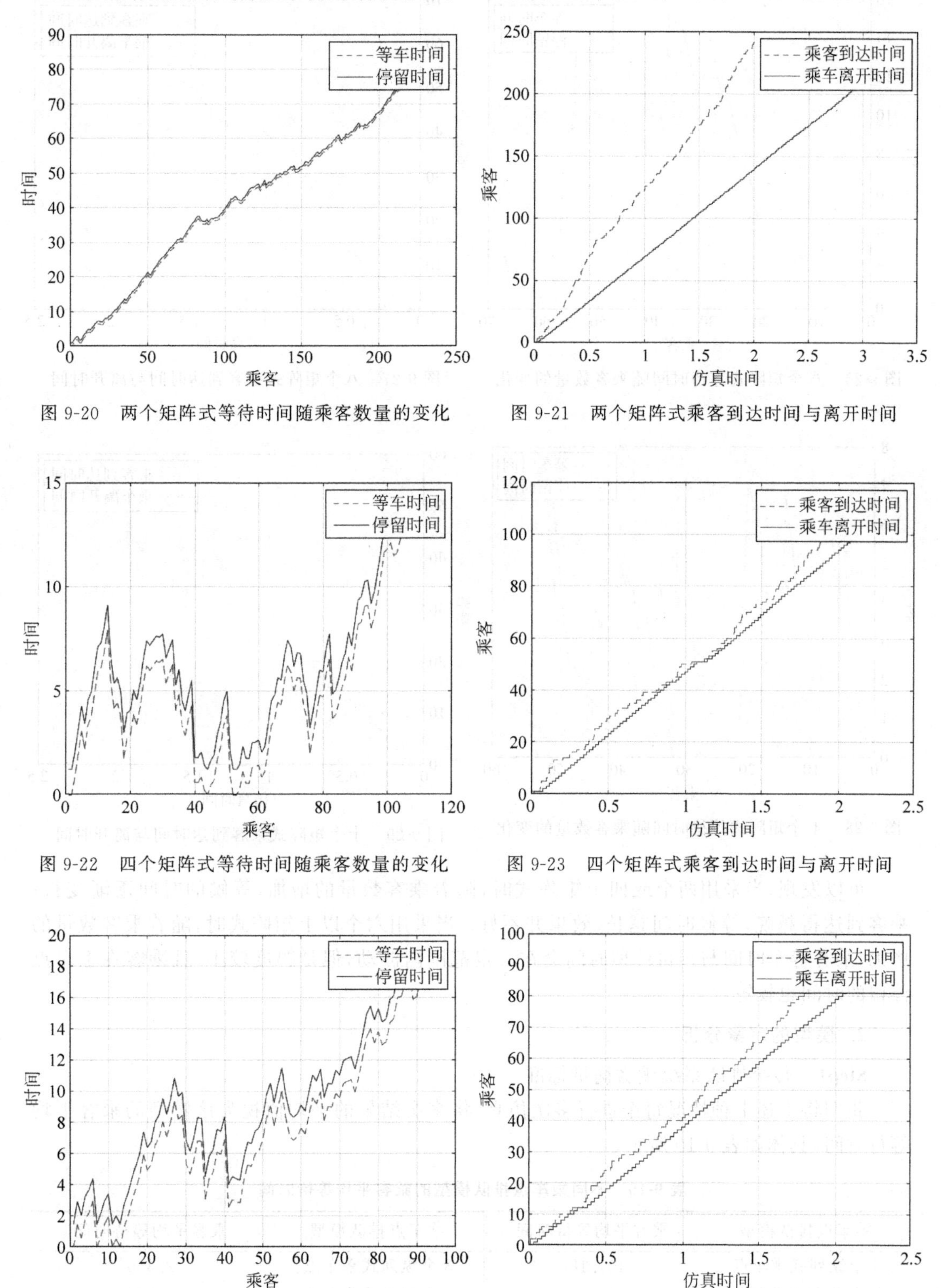

图 9-20 两个矩阵式等待时间随乘客数量的变化

图 9-21 两个矩阵式乘客到达时间与离开时间

图 9-22 四个矩阵式等待时间随乘客数量的变化

图 9-23 四个矩阵式乘客到达时间与离开时间

图 9-24 六个矩阵式等待时间随乘客数量的变化

图 9-25 六个矩阵式乘客到达时间与离开时间

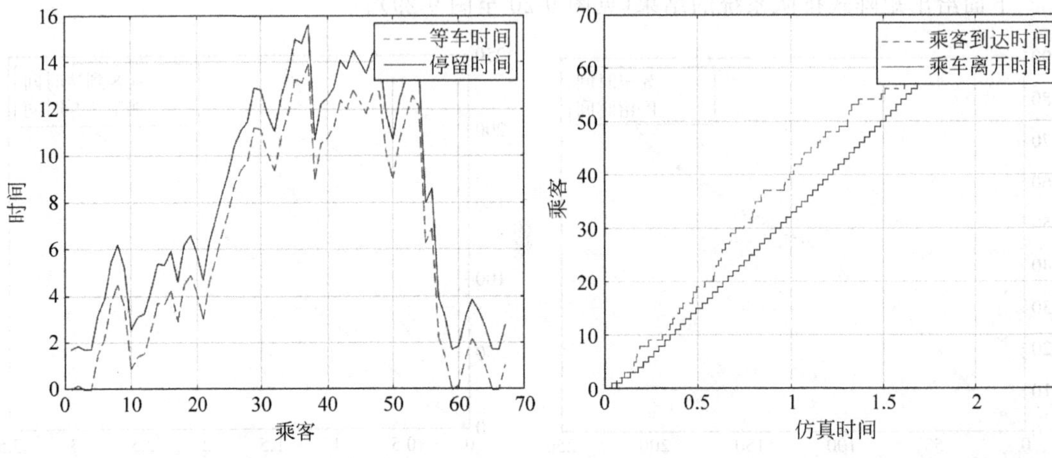

图 9-26　八个矩阵式等待时间随乘客数量的变化

图 9-27　八个矩阵式乘客到达时间与离开时间

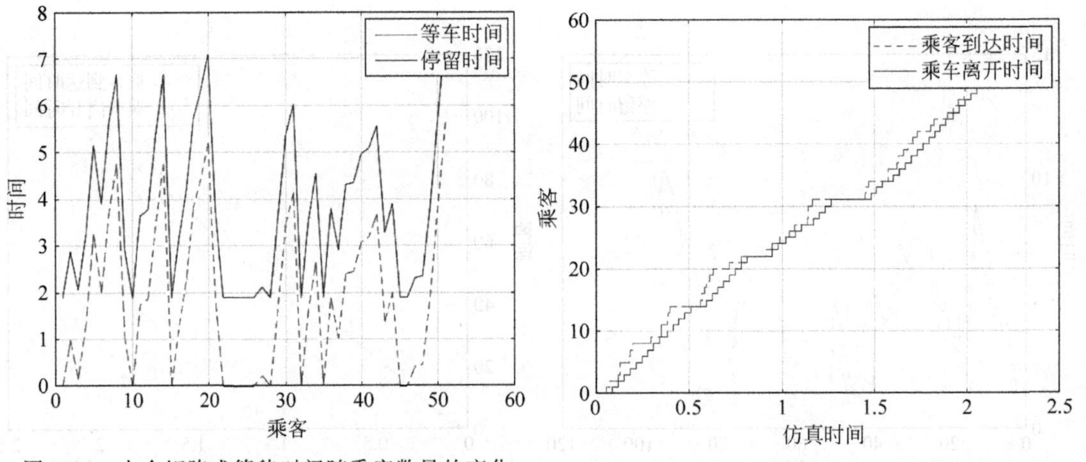

图 9-28　十个矩阵式等待时间随乘客数量的变化

图 9-29　十个矩阵式乘客到达时间与离开时间

可以发现，当采用两个或四个矩阵式时，随着乘客数量的增加，等候的时间逐渐变长；乘客到达得越晚，等候时间越长，效果并不好；当采用六个以上矩阵式时，随着乘客数量的增加，乘客等车时间与司机停留时间会在一定范围内波动，但是幅度较小，且乘客在上车点停留的时间也较短。

2. 模型的定量分析

Step1　传统排队系统优劣衡量标准

我们将上述十种情况每个进行多次仿真，将多次结果的平均值视为该模型的乘客平均等待时间，具体如表 9-10 所示。

表 9-10　不同乘车点排队模型的乘客平均等待时间

乘车点排队模型	乘客平均等待时间	乘车点排队模型	乘客平均等待时间
1 个纵列式乘车点	101.186	3 个纵列式乘车点	2.336
2 个纵列式乘车点	18.753	4 个纵列式乘车点	1.12

续表

乘车点排队模型	乘客平均等待时间	乘车点排队模型	乘客平均等待时间
并列式乘车点	23.514	6 个矩阵式乘车点	10.043
2 个矩阵式乘车点	52.547	8 个矩阵式乘车点	6.867
4 个矩阵式乘车点	18.643	10 个矩阵式乘车点	4.815

做出矩阵式乘车点等待时间与乘车点数目关系图与纵列式乘车点等待时间与乘车点数目关系图，如图 9-30 及图 9-31 所示。

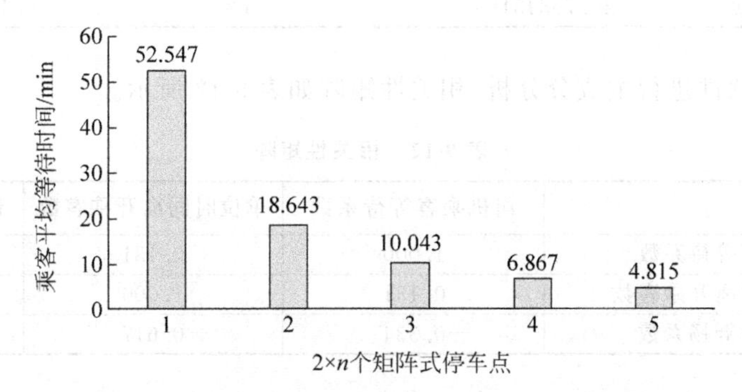

图 9-30 矩阵式乘车点等待时间与乘车点数目关系

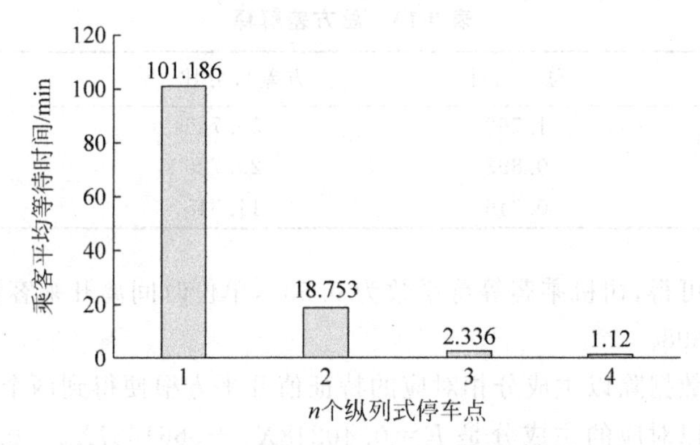

图 9-31 纵列式乘车点等待时间与乘车点数目关系

按照传统的排队论模型，为使该模型更符合要求，需要等待时间尽可能少，显然放在此题中不可能无限增加乘车点的个数，故采用机场出租车载客排队模型。

Step2 机场出租车排队系统模型

给出多次计算得到的司机等待系数 X_1，单位时间离开乘客数 X_2，道路交通通畅系数 X_3 的平均值如表 9-11 所示。

表 9-11 不同乘车点排队模型的三个关键系数

	等待系数 X_1	单位时间离开乘客数 X_2	交通通畅系数 X_3
1 个纵列式乘车点	0.988279011	3	10
2 个纵列式乘车点	5.332480137	6	2.5
3 个纵列式乘车点	42.80821918	9	1.111111111

续表

	等待系数 X_1	单位时间离开乘客数 X_2	交通通畅系数 X_3
4个纵列式乘车点	89.28571429	12	0.625
并列式乘车点	4.252785575	6	2.5
2个矩阵式乘车点	1.903058215	6	2.5
4个矩阵式乘车点	5.363943571	12	0.625
6个矩阵式乘车点	9.957184108	18	0.277777778
8个矩阵式乘车点	14.56239988	24	0.15625
10个矩阵式乘车点	20.76843198	30	0.1

运用SPSS软件进行主成分分析,相关性矩阵如表9-12所示。

表9-12 相关性矩阵

		司机乘客等待系数	单位时间离开乘客数	道路交通舒畅系数
相关性	司机乘客等待系数	1.000	0.131	−0.334
	单位时间离开乘客数	0.131	1.000	−0.617
	道路交通舒畅系数	−0.334	−0.617	1.000

总方差解释如表9-13所示。

表9-13 总方差解释

成分	总计	方差百分比/%	累积/%
1	1.762	58.729	58.729
2	0.892	29.726	88.455
3	0.346	11.545	100.000

提取成分矩阵可得,司机乘客等待系数为0.534,单位时间离开乘客数为0.819,道路交通舒畅系数为−0.898。

成分矩阵中的数据除以主成分相对应的特征值开平方根便得到两个主成分中每个指标所对应的系数。所以对应的主成分是 $F=0.40248X_1+0661687X_2-0.67631X_3$,上述10种出租车乘坐点排队模型对应的 F 如表9-14所示。

表9-14 不同乘车点排队模型的主成分值

排队系统模型	F	排队系统模型	F
1个纵列式乘车点	−4.51476098	2个矩阵式乘车点	2.776398559
2个纵列式乘车点	4.15666476	4个矩阵式乘车点	9.138663604
3个纵列式乘车点	39.15305412	6个矩阵式乘车点	14.92341831
4个纵列式乘车点	33.98674208	8个矩阵式乘车点	20.56035238
并列式乘车点	3.722111665	10个矩阵式乘车点	26.79743118

由定义的司机乘客等待系数 X_1,X_1 越大等待的时间越长,对于道路交通舒畅系数 X_3,X_3 越大道路越通畅,所以显然 F 越大认为模型越优化,所以当每小时大约有500名乘客排队时,设置3个纵列式乘车点总的乘车效率最高。

例如对于上海虹桥机场，一天国内到达的航班大约 350 班，每班飞机人数大约 250，由问题 1 的模型，大约 50%的乘客会选择出租车作为交通工具，平均到每小时大约有 1800 名乘客，由机场出租车排队模型，可求出设置 8 个纵列式乘车点时总的乘车效率最高。

4. 问题 4

(1) 模型的建立

① 乘客目的地距机场距离 d 的概率密度函数

选取上海晚高峰的出租车分布进行分析，出租车的分布近似可以看作乘客目的地的分布。首先使用肖维勒方法剔除掉其中的异常数据，如图 9-32 所示，我们认为出租车分布点全部在上海市的范围内。

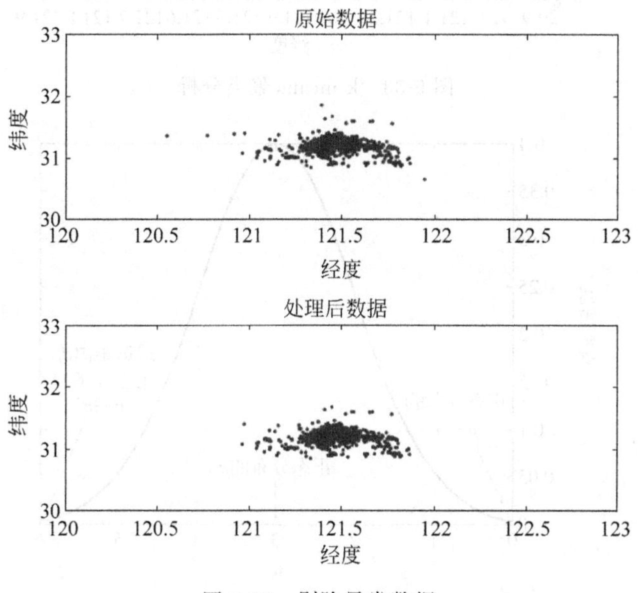

图 9-32　剔除异常数据

利用 k-means 聚类分析，找出三个中心点的位置(见图 9-33)。不难看出三个点中，一个位于机场附近，一个位于市中心，一个位于机场相距很远的郊区。其中第二个中心点周围的点密度相对于其他两个点很高，观察机场不同半径的点密度，满足正态分布的特性。

我们认为乘客目的地距机场的距离服从正态分布，即 $d \sim N(\mu, \sigma^2)$，则其密度函数为

$$f(d)=\frac{1}{\sqrt{2\pi}\sigma}\mathrm{e}^{-\frac{(d-\mu)^2}{2\sigma^2}} \tag{14}$$

现构建 d 的概率密度函数。正态分布自变量的取值是可以无限接近 0 和趋于无穷大的，由 3σ 准则，服从正态分布的函数自变量落在区间$[\mu-3\sigma, \mu+3\sigma]$概率为 99.74%，这里我们认为乘客目的地与机场距离在区间$[\mu-3\sigma, \mu+3\sigma]$区间外的概率可以忽略不计。为便于计算，以正态分布横坐标 $d=\mu-3\sigma$ 的点为原点，构造一个新坐标系同时再构建出乘客目的地距机场距离 d 的概率密度函数，原正态分布横坐标 $d=\mu+3\sigma$ 的点即为新概率密度函数最远距离 d_m 点的坐标，如图 9-34 所示。

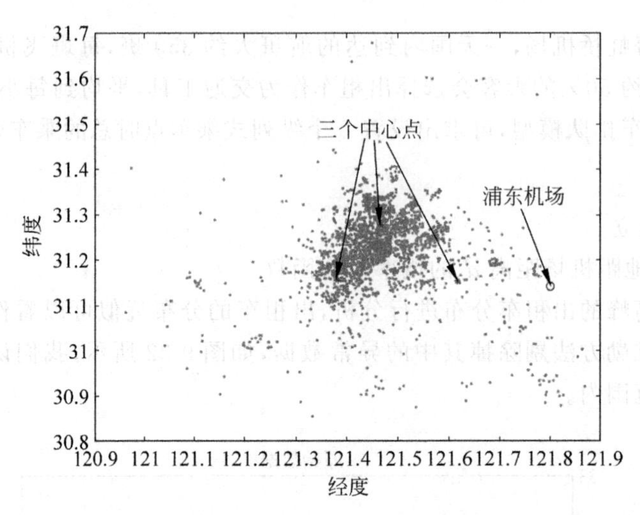

图 9-33　k-means 聚类分析

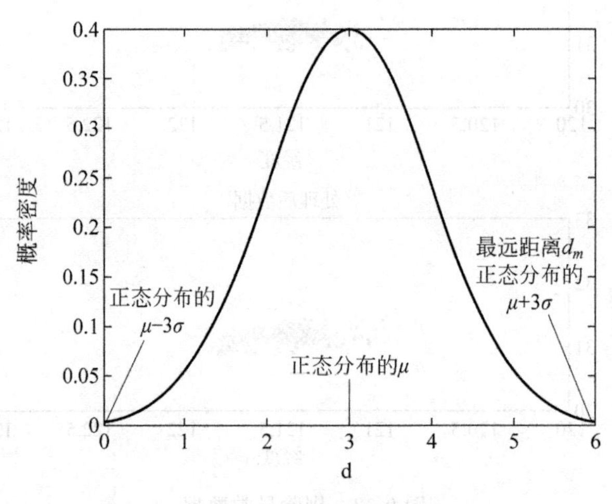

图 9-34　新概率密度函数

所以有关系式：

$$\begin{cases}\mu - 3\sigma = 0 \\ \mu + 3\sigma = d_m\end{cases}$$

将其代入正态分布的密度函数中，可得乘客目的地距机场距离的概率密度函数为

$$f(d) = \frac{6}{\sqrt{2\pi}\, d_m} \mathrm{e}^{-\frac{72(2d-d_m)^2}{d_m^2}} \tag{15}$$

② 单位时间收益

为使短途载客出租车和长途载客出租车的收益尽量均衡，我们需要一个参数来衡量出租车司机的收益。设单位时间收益为 Q_s，单次驾驶收益为 Q，等待时间为 t_w，等待时间的大小与问题 1 中“蓄车池”中等待的出租车数目成正比，设驾驶时间为 t_c，驾驶时间与出租车司机驾驶的距离成正比，与驾驶速度成反比，其中单位时间收益满足：

$$Q_s = \frac{Q}{t_w + t_c} \tag{16}$$

③ 长、短途收益的均衡化规划模型

需要建立一个短途平均收益与长途平均收益的均衡化模型。分析造成长途乘客和短途乘客的收益不均最主要的原因在于二者消耗了相同的时间成本，而长途客车却能获得更大的收益。短途司机的单次驾驶收益 Q 较小，为了使二者单位收益均衡，由式(16)可知，需要减小短途司机的等待时间 t_w，使短途单位时间收益 Q_s^s 和长途单位时间收益 Q_s^l 求得的数值相等或相近。建立如下规划模型：

$$\min(|Q_s^l - Q_s^s|)$$

$$\begin{cases} t_w + t_c = t_s \\ t_w \propto \int_0^{d_0} f(x)\mathrm{d}x \\ t_c \propto \int_{d_0}^{d_m} f(x)\mathrm{d}x \\ 0 < d_0 < d_m \end{cases} \tag{17}$$

管理部门拟对某些短途载客再次返回的出租车给予一定的“优先权”。查阅资料显示，机场乘客的目的地为短途的概率平均为13%[9]，我们认为短途乘客在总乘客的占比较少，只需为短途出租车建立一个通道来缩短司机等待时间即可。

2. 模型的求解

(1) 基于穷举法的长、短途收益的均衡化规划模型

Step1 长、短途平均距离

在已知距离密度函数的条件下，对长、短途的距离平均求解。有公式$\bar{d}^s = \int_0^{d_0} xf(x)\mathrm{d}x$，$\bar{d}^l = \int_{d_0}^{d_m} xf(x)\mathrm{d}x$。

Step2 长、短途平均单次驾驶收益

由问题2可知，上海出租车的起步价、每公里价格、日间价、夜间价，为便于计算，我们将日间价和夜间价统一起来，制定了新的定价策略：起步(距离小于等于3km)价格为14元；距离超过3km但不超过15km，除去起步价格外，超出3km的部分每公里价格2.5元；距离超过15km，除去15km内应付的价格，超过15km的部分每公里价格3.6元。建立价格与距离函数为

$$f_1(x) = \begin{cases} 14, & 0 < d \leqslant 3 \\ 2.5x + 6.5, & 3 < d \leqslant 15 \\ 3.6x + 44, & d > 15 \end{cases} \tag{18}$$

Step3 长、短途平均等待时间

由问题1建立的数学模型可知，等待时间与排队的出租车数目成正比。通过距离的概率密度函数可解出短途乘客所占比重为$\int_0^{d_0} f(x)\mathrm{d}x$，同理，长途乘客所占比重为$\int_{d_0}^{d_m} f(x)\mathrm{d}x$。假设没有“优先”安排方案的等待平均时间为 t_s，则短途 $t_w = t_s\int_0^{d_0} f(x)\mathrm{d}x$，长途 $t_w = t_s\int_{d_0}^{d_m} f(x)\mathrm{d}x$。

Step4 长、短途平均驾驶时间

根据速度定义公式，可得长、短途的平均驾驶时间分别为

$$t_c = 2\frac{\bar{d}^l}{v} \tag{19}$$

$$t_c = 2\frac{\bar{d}^s}{v} \tag{20}$$

Step5 模型求解

将以上结果代入 $Q_s = \dfrac{Q}{t_w + t_c}$ 中，可以得到

$$Q_s^s = \frac{f_1\left(\int_0^{d_0} x f(x)\mathrm{d}x\right)}{t_s\int_0^{d_0} f(x)\mathrm{d}x + 2\dfrac{\int_0^{d_0} x f(x)\mathrm{d}x}{v}} \tag{21}$$

$$Q_s^l = \frac{f_1\left(\int_{d_0}^{d_m} x f(x)\mathrm{d}x\right)}{t_s\int_{d_0}^{d_m} f(x)\mathrm{d}x + 2\dfrac{\int_{d_0}^{d_m} x f(x)\mathrm{d}x}{v}} \tag{22}$$

其中，t_s, v, d_m 为已知参数，用于 d_0 的求解，使得满足目标 $\min(|Q_s^l - Q_s^s|)$。考虑到式子的复杂程度，难以推导出解析解。所以在可给定参数的条件下，使用穷举法进行求解，并用模拟仿真来验证。

(2) 基于模拟退火算法的单目标规划模型

Sep1 模拟退火算法简介

模拟退火算法是三大非经典算法之一，由自然界退火现象而得，利用物理中固体物质的退火过程与一般优化问题的相似性从某一初始温度开始，伴随温度的不断下降，结合概率突跳特性在解空间中随机寻找全局最优解。相关数学公式如下：

$$\begin{cases} T_{k+1} = \alpha T_k \\ p = \begin{cases} 1, & E(x_j) - E(x_i) < 0 \\ \mathrm{e}^{-\frac{E(x_j)-E(x_i)}{T}}, & E(x_j) - E(x_i) > 0 \end{cases} \\ T \geqslant T_f \end{cases} \tag{23}$$

$T_{k+1} = \alpha T_k$ 表示温度以一定的衰减因子进行衰减，p 表示当新函数值与旧函数差小于 0，即新解优于旧解时接受，当新解劣于旧解时以概率 $\mathrm{e}^{-\frac{\Delta E}{T}}$ 接受这个解，最后表示终止温度的条件。

Step2 模拟退火算法的单目标规划模型的建立

在上述计算的基础上，考虑到穷举法求解所需参数限定条件过多，且为了提高计算效率只能得到整数结果，我们进一步使用基于模拟退火算法的单目标规划模型。通过程序模拟一定数量的两种出租车司机一天正常的工作状态，计算出两种司机一天的平均收益之差，并将该值作为目标函数，利用模拟退火方法求解优化模型，具体思路流程如图 9-35 所示。

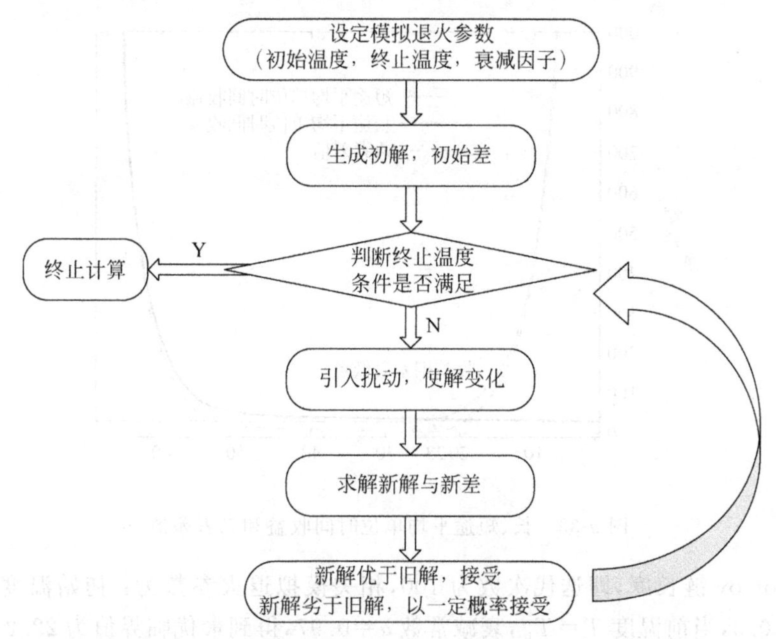

图 9-35　模拟退火算法的单目标规划模型思路流程

3. 模型求解结果

(1) 基于穷举法的长、短途收益的均衡化规划模型结果

等待时间设为 2h，出租车平均速度取 $v=60\text{km/h}$，目的地离浦东机场最远距离为 $d_m=70\text{km}$。利用 MATLAB 计算，遍历最近到最远所有的点，求解出长途与短途出租车司机利润差值最小的点，部分结果如表 9-15 所示。

表 9-15　穷举法求解结果(部分)

d_0/km	短途单位时间收益	长途单位收益	长、短途单位时间收益差值
20	57.39525504	34.10525612	23.28999892
21	48.8964577	34.27028728	14.62617043
22	41.93006638	34.44750213	7.482564249
23	36.18830128	34.63667656	1.55162472
24	31.82953089	34.83746738	3.007936485
25	30.55898374	35.04941742	4.490433688
26	29.57090026	35.27196221	5.701061946

可以看出，当乘客目的地距离浦东机场为 23km 内时，可以认为是短途，如出租车司机再次返回浦东机场，给予一定的“优先权”。为更直观显示结果，画出长、短途平均单位时间收益，并求两者的差值，如图 9-36 所示。

从图 9-36 中可以看出，若将 d_0 设置得过小，则短途平均时间收益更高；若将 d_0 设置得过大，则长途平均时间收益更高，这与事实符合得很好。

将 $d_0=23$ 代入模型中可以求出短途出租车司机等待时间应该比优化前缩短 104min。

(2) 基于模拟退火算法的单目标规划模型结果

由于上述数学模型较为复杂，MATLAB 只能求解整数，所以运算较复杂且结果可能不

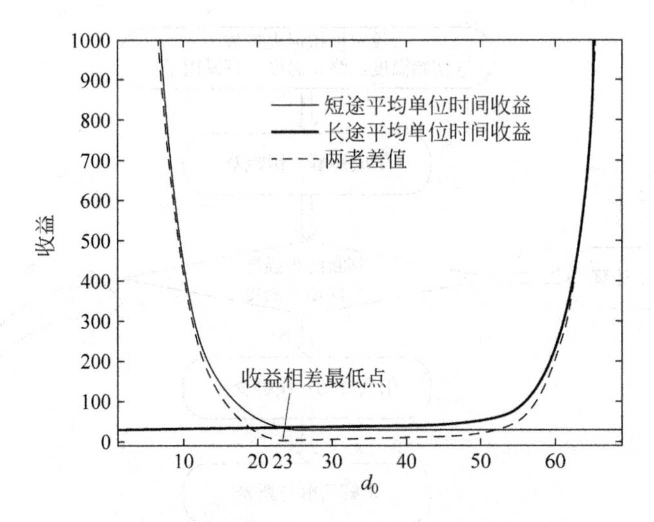

图 9-36 长、短途平均单位时间收益和二者差值

准确。设 Morcov 链长度,即迭代次数为 100,相关模拟退火参数为:初始温度 $T_0=10$,终止温度 $T_f=0.3$,当前温度 $T=T_0$,衰减常数 $\alpha=0.97$,得到最优临界值为 22.2188km,最小收益差为 0.0031,与穷举法的模型符合得较好。

出租车司机的利润由问题 1 的模型给出,用 MATLAB 画出浦东机场是否对短途载客再次返回的出租车给予一定的"优先权",1000 名司机一天利润的数目(见图 9-37 及图 9-38)。

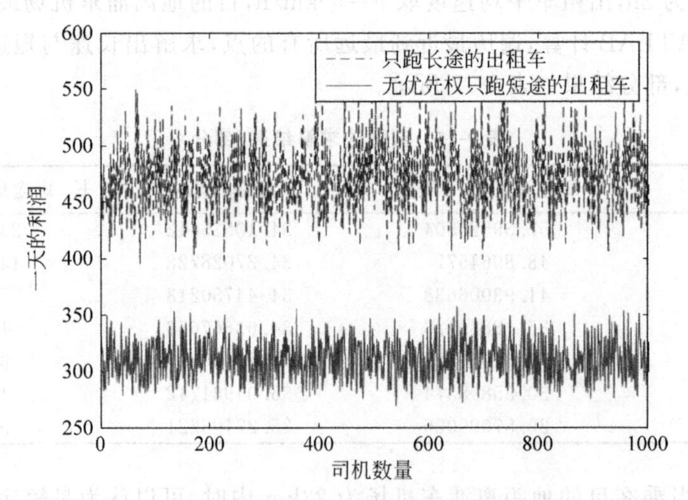

图 9-37 无"优先权"只跑短途的出租车与只跑长途的出租车一天利润对比

由图 9-37 及图 9-38 可以清楚地发现,合理指定短途离机场的距离并给予一定的"优先权"后,与只跑长途的出租车一天的利润大致相同。

4. 模型鲁棒性检验

长、短途收益的均衡化规划模型主要变量是优化前出租车平均等待时间 t_s、出租车平均速度 v 和定义乘客最远目的地到机场的距离 d_m。当平均等待时间 t_s、速度 v 不变时,改变乘客最远目的地到机场的距离,相关结果如表 9-16 所示。

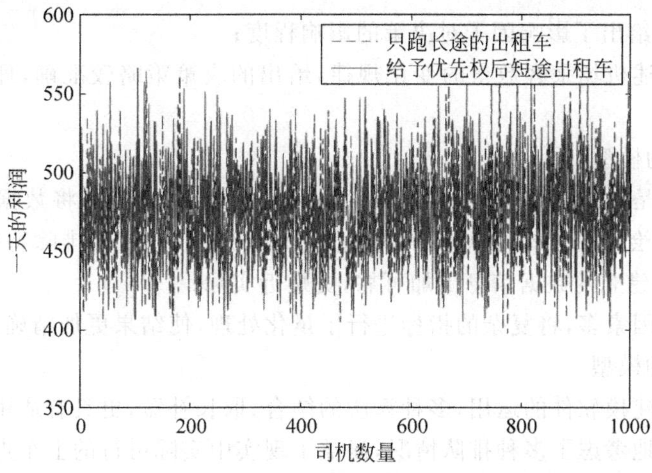

图 9-38 有"优先权"只跑短途的出租车与只跑长途的出租车一天利润对比

表 9-16 目的地到机场的距离 d_m 变化对结果的影响

d_m 相对大小	临界值 d_0	减少等待时间 t
+10%	8.7%	+0.98%
+5%	4.3%	+0.98%
1	1	1
−5%	1	−2.94%
−10%	−4.3%	−3.92%

当出租车平均速度 v、乘客最远目的地到机场的距离 d_m 不变时,改变平均等待时间 t_s,相关结果如表 9-17 所示。

表 9-17 平均等待时间 t_s 变化对结果的影响

t_s 相对大小	临界值 d_0	减少等待时间 t
+10%	1	+4.90%
+5%	1	+1.96%
1	1	1
−5%	1	−2.94%
−10%	1	−4.90%

当平均等待时间 t_s、乘客最远目的地到机场的距离 d_m 不变时,改变出租车平均速度 v,发现临界值 d_0 和减少等待时间 t 不变。

综上所述,临界值 d_0 受定义的乘客最远目的地到机场的距离 d_m 影响较大,比较符合实际,对平均等待时间 t_s、速度 v 鲁棒性很好;减少等待时间 t 随 d_m、t_s 变化较小。所以该模型鲁棒性很好。

9.3.6 模型的评价与推广

1. 模型优点

(1) 问题 1 的模型

① 充分考虑了决策模型的影响因子,适应性强,且深入分析了各因素对决策的影响机

理，定性且定量地给出了影响因子对决策的影响程度；

② 能客观描述机场乘客数量的变化规律，给出的决策策略较准确，理论推测结果与实际数据相近。

（2）问题2的模型

① 选择模型是在对大量数据进行分析和处理后实现的，通过将数据点用百度地图显示、用MATLAB绘图等方式可以更加方便直观地观察分析，帮助排除特殊情况，寻找普遍使用规律，使模型建立的数据信息更加可靠，更贴近实际；

② 模型考虑因素多，将复杂的指标进行了量化处理，使结果更加精确，可信度高。

（3）问题3的模型

① 多种数学建模软件的运用，多种算法的结合、取长补短，更具有适用性；

② 充分全面地考虑了多种排队情况，涵盖了现实中实际可行的上车点设置方案；

③ 综合定义了多种评价指标，确保了所建模型的全方面优势。

（4）问题4的模型

① 理论的参数的分析，使得建立的模型更具有广泛性；

② 通过程序仿真模拟现实情况，对理论分析得到的结果进行验证，完善了模型的检验，确保了模型的精确建立。

2. 模型缺点

数据来源有限，定量数据较少，有些参数选择时具有较强的主观性，模型准确度无法进行进一步的评估，模型可能具有一定的局限性。

本文假设每辆车的驾驶速度相同，乘客的上车时间也相同且出租车驾驶不考虑等候红灯、堵车、过桥过路费等因素。实际上这种假设是不正常的，需要进一步考虑各种其他的因素。

3. 模型推广

可将模型推广到机场、火车站、汽车站等交通枢纽的排队出租车数量预测，便于管理部门提高服务效率和安全性。对出租车司机的选择策略和机场出租车调度分析，有益于机场出租车整体运营环境进一步改善，具体表现在：

（1）本文将GPS定位与聚类分析法结合使用，得到出租车的时空分布及乘客目的地的时空特征的方法，可广泛用于城市公共交通资源的配置和调度。

（2）本文改进的机遇排队论的排队系统优化模型可用于帮助客流量较大的交通枢纽改善乘车点布局，提高其集散能力。同时也对大型商场的服务台布局、大型售票厅的窗口设置等有启发作用。

（3）本文将模拟退火算法与现实问题的模拟仿真相结合，可以灵活提取现实优化问题的机理特征，高效、精确地得到单目标或多目标的优化模型。

参考文献

[1] 广州机场高速公路交通拥堵原因分析及改善对策[J]. 交通与运输，2019，35(2)：10-13.

[2] 黄岩，王光裕. 虹桥机场T2航站楼出租车上客系统组织管理优化探讨[J]. 城市道桥与防洪，2014(12)：7-9.

[3] 林思睿. 机场出租车运力需求预测技术研究[D]. 成都：电子科技大学，2018.

[4] 迟骋，秦四平. 出租车司机工作时间过长经济分析[J]. 交通科技与经济，2007(3)：98-100.

[5]　范立飞.影响汽车油耗的主要因素与驾驶技术分析[J].科学与财富,2013,(12):205-205,204.DOI:10.3969/j.issn.1671-2226.2013.12.175.
[6]　https://sodachallenges.com/datasets/taxi-gps/.苏打数据创新平台[EB/OL].2019-09-13.
[7]　乔俊杰.上海虹桥机场陆侧客流的研究与分析[J].甘肃科技纵横,2012,41(2):20-23.
[8]　魏中华,王琳,邱实.基于排队论的枢纽内出租车上客区服务台优化[J].公路交通科技(应用技术版),2017,13(10):298-300.
[9]　胡稚鸿,董卫,曹流,等.大型交通枢纽出租车智能匹配管理系统构建与实施[J].创新世界周刊,2019(7):90-95.
[10]　司守奎,孙兆亮,孙玺菁.数学建模算法与应用[M].北京:国防工业出版社,2015.
[11]　姜启源,谢金星,叶俊.数学模型[M].4版.北京:高等教育出版社,2011.

9.4　论文点评

本文通过建立数学模型,就机场出租车的相关问题进行分析和计算,给出了司机送客到机场后的选择策略、机场上车点的最佳布局以及机场如何平衡长、短途载客收益的策略,很好地解决了题目所提出的问题。

问题1　出租车司机做出的选择主要取决于在机场等待客人和空车返回市区两种选择所获得的利润的多少,我们设定机场到市区的收益、机场客流量、出租车对乘客吸引度三者决定司机收益,其中考虑航班数量、节假日因子、天气因子、季节因子对机场客流量的影响和天气因子、决策因子对吸引度的影响,定义单位时间成本、每公里油耗数来决定司机成本,最后根据司机等待载客的阈值进行选择。这一问采用的方法看上去比较简单,但是非常具有实用性,也很有效地解决了问题。

问题2　本文使用上海强生出租汽车行车数据集SODA样本和FlightStats数据公司关于上海虹桥机场与上海浦东机场到港的历史航班信息,代入问题1的模型中,得到"蓄车池"饱和量与实际排队车辆数的关系,给出了司机应该做出的选择。本文给出的结果如果司机的选择策略与时间和当时机场排队的出租车数量等因素相关就更符合实际情况了。

问题3　本文对纵列式、并列式和矩阵式出租车排队服务系统进行分析,对传统排队论进行改进,并使用SPSS进行主成分分析,分析计算后得到虹桥机场采用8个纵列式乘车点乘车效率最高的结论。这一问首先已经说明前提是出租车和乘客都在排队而且乘车区是两条并行车道的前提下如何设置上车点的问题,所以这里采用排队论和主成分分析法就不太合理,得出的结论也不是很符合题目的要求。

问题4　本文先剔除出租车经纬度异常数据,用k-means聚类分析,发现目的地距机场距离服从正态分布,然后建立收益均衡化规划模型,计算结果是浦东机场23km内认为是短途,基于模拟退火算法的单目标规划改进模型,最优临界值是22.2188km,与实际符合得很好。

最后对该模型进行鲁棒性分析,结果显示模型鲁棒性好且符合实际。

本文总体来说思路清楚、格式规范,解决了题目当中所提出的问题,因此是一篇值得借鉴的优秀建模论文。

第10章 炉温曲线(2020 A)

10.1 题目

在集成电路板等电子产品生产中,需要将安装有各种电子元件的印刷电路板放置在回焊炉中,通过加热,将电子元件自动焊接到电路板上。在这个生产过程中,让回焊炉的各部分保持工艺要求的温度,对产品质量至关重要。目前,这方面的许多工作是通过实验测试来进行控制和调整的。本题旨在通过机理模型来进行分析研究。

回焊炉内部设置若干个小温区,它们从功能上可分成4个大温区:预热区、恒温区、回流区、冷却区(见图10-1)。电路板两侧搭在传送带上匀速进入炉内进行加热焊接。

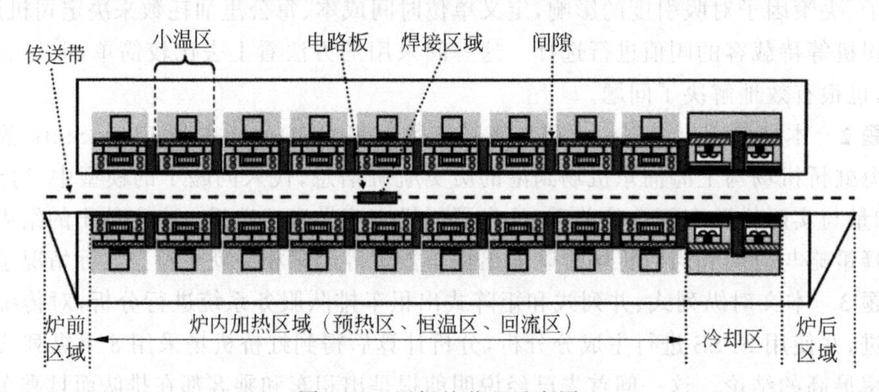

图10-1 回焊炉截面示意图

某回焊炉内有11个小温区及炉前区域和炉后区域(见图10-1),每个小温区长度为30.5cm,相邻小温区之间有5cm的间隙,炉前区域和炉后区域长度均为25cm。

回焊炉启动后,炉内空气温度会在短时间内达到稳定,此后,回焊炉方可进行焊接工作。炉前区域、炉后区域以及小温区之间的间隙不做特殊的温度控制,其温度与相邻温区的温度有关,各温区边界附近的温度也可能受到相邻温区温度的影响。另外,生产车间的温度保持在25℃。

在设定各温区的温度和传送带的过炉速度后,可以通过温度传感器测试某些位置上焊接区域中心的温度,称为炉温曲线(焊接区域中心温度曲线)。附件是某次实验中炉温曲线的数据,各温区设定的温度分别为175℃(小温区1～5)、195℃(小温区6)、235℃(小温区7)、255℃(小温区8～9)及25℃(小温区10～11);传送带的过炉速度为70cm/min;焊接区域的厚度为 0.15mm。温度传感器在焊接区域中心的温度达到 30℃时开始工作，电路板进入回焊炉开始计时。

实际生产时可以通过调节各温区的设定温度和传送带的过炉速度来控制产品质量。在上述实验设定温度的基础上，各小温区设定温度可以进行±10℃范围内的调整。调整时要求小温区 1～5 中的温度保持一致，小温区 8～9 中的温度保持一致，小温区 10～11 中的温度保持 25℃。传送带的过炉速度调节范围为 65～100cm/min。

在回焊炉电路板焊接生产中，炉温曲线应满足一定的要求，称为制程界限(见表 10-1)。

表 10-1　制程界限

界限名称	最低值	最高值	单位
温度上升斜率	0	3	℃/s
温度下降斜率	−3	0	℃/s
温度上升过程中在 150～190℃的时间	60	120	s
温度大于 217℃的时间	40	90	s
峰值温度	240	250	℃

请你们团队回答下列问题：

问题 1　请对焊接区域的温度变化规律建立数学模型。假设传送带过炉速度为 78cm/min，各温区温度的设定值分别为 173℃(小温区 1～5)、198℃(小温区 6)、230℃(小温区 7)和 257℃(小温区 8～9)，请给出焊接区域中心的温度变化情况，列出小温区 3、小温区 6、小温区 7 中点及小温区 8 结束处焊接区域中心的温度，画出相应的炉温曲线，并将每隔 0.5s 焊接区域中心的温度存放在提供的 result.csv 中。

问题 2　假设各温区温度的设定值分别为 182℃(小温区 1～5)、203℃(小温区 6)、237℃(小温区 7)、254℃(小温区 8～9)，请确定允许的最大传送带过炉速度。

问题 3　在焊接过程中，焊接区域中心的温度超过 217℃的时间不宜过长，峰值温度也不宜过高。理想的炉温曲线应使超过 217℃到峰值温度所覆盖的面积(图 10-2 中阴影部分)最小。请确定在此要求下的最优炉温曲线，以及各温区的设定温度和传送带的过炉速度，并给出相应的面积。

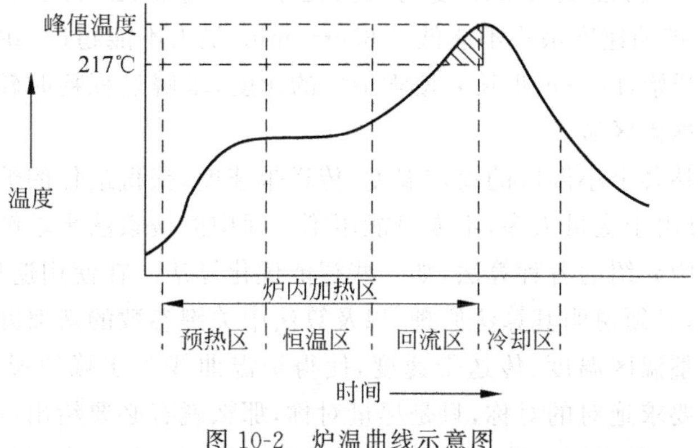

图 10-2　炉温曲线示意图

问题 4　在焊接过程中，除满足制程界限外，还希望以峰值温度为中心线的两侧超过 217℃的炉温曲线应尽量对称(见图 10-2)。请结合问题 3，进一步给出最优炉温曲线，以及各温区设定的温度及传送带过炉速度，并给出相应的指标值。

10.2 问题分析与建模思路概述

集成电路板的生产是一个非常复杂的过程，有很多流程和环节，本问题是选择了其中的元器件焊接环节。电路板上安装了各种电子元器件后，需要由传送带送入回焊炉，通过加热将元器件焊在电路板上。回焊炉中的热源做不到理想的连续、均匀分布，相互之间存在一定间隙，所以有小温区的划分；电路板进炉之后，会逐渐升温，在中间一定区域和时间内达到理想作业温度，最后离开焊炉前有一个散热冷却环节。

在整个焊接过程中，各部分的温度控制要求很高，这在很大程度上决定了产品质量。题目的核心要求是优化电路板在回焊炉中的传送速度、炉温的设定，为焊接提供最理想的环境条件。绝大多数大学生对电路板制造工艺都一无所知，所以单纯看题目本身，可能无法理解其中的逻辑关系，甚至会混淆题目中的名词。不过如果找一些电路板焊接的文献、视频等看一看，就会发现这个问题并不像想象的那样复杂。

首先，炉温会导致电路板的温度持续变化，这需要引入热传导方程，而且必须注意到求解热传导方程需要定解条件，我们需要根据题目条件来确定定解条件，包括初始条件和边界条件。求解热传导方程需要用数值方法，可以用有限差分方法，即把微分方程转变为差分方程。这一部分应该详细解释算法流程，不能简单地用软件命令求解。

对于电路板在回焊炉内的温度变化，鉴于传送带是匀速前进，可以以进炉起点为原点，用进炉时间来代替炉中的位置，以此计算加热时间。小温区内可以认为是恒温的，但是小温区之间的间隙温度分布却可能是变化的。对此可以简单用相邻两个温区的温度来估计，做插值、拟合，或者直接用直线来代替均可。

第一问给定了传送带速度、各个小温区的温度，要求计算电路板的温度变化。将数据代入上面建立的模型，求解方程即可。

第二问给定了各个小温区的温度，要求在表 10-1 所列的制程界限下求传送带的最大速度。要注意温度的变化速度(导数)不能超过 3 度，温度上升过程中处于 150～190 度之间的时间应该在 60～120s，温度超过 217 度的时间处于 40～90s 之间，最高温度需要在 240～250 度。另外，传送带的速度最小不能低于 65cm/min，最大不能超过 100cm/min。求解时，可以从 65cm/min 开始，以一定步长来搜索最佳的速度，求解过程耗时较多；也可以根据实际运行情况来缩小搜索区域。

第三问要求调整各个小温区的设定温度、传送带速度，获得最佳的炉温曲线。这同样是一个优化问题，不过由于变量太多，不太可能用第二问中的搜索法来求解。这时应该考虑引入最优化方法课程中介绍的各种算法，如一些智能优化算法。在使用遗传算法、粒子群算法等智能优化算法时，必须说明其算法原理，以及算法中关键参数的选取办法。

第四问要求调整温区温度、传送带速度，使得炉温曲线关于峰值温度具备一定的对称性。由于题目并不要求绝对的对称，只是尽量对称，那么就有必要给出一个对称程度的衡量办法。对称程度，加上第三问中确定的优化目标，我们得到的是一个多目标的优化模型。在具体处理的时候，可以根据多目标优化的处理原则来确定求解办法。

由于本问题包含大量求解计算环节，所以在计算过后，都应该考虑误差、灵敏度分析。

10.3 获奖论文——回流焊炉温特征研究与参数优化设计

作　　者：潘　炯　陈龙飞　张乐怡
指导教师：王宏洲
获奖情况：2020年全国数学建模竞赛二等奖

摘要

回焊炉是以回流焊的方法生产电子产品的重要设备，通过控制各环节的加热参数，将元件自动焊接到电路板上。本题要求我们从回焊炉传热机理入手，重点在于根据已知数据推导出各温区参数、过炉速度对炉温曲线的影响，并且给出满足炉温曲线制程界限的最优参数值。

对于问题1，首先基于傅里叶定律、牛顿冷却定律等经典传热学理论，根据不同温区特点分别建立传热模型。需要说明的是，由于各温区参数变化范围小，我们认为该传热模型适用于后续所有问题。对于炉温恒定区域，由于温区与焊件的温差较大且存在焊膏相变等噪声，不符合牛顿冷却定律的适用条件，因此结合相关文献对其进行了非线性修正，得到更精确的函数模型。对于特殊间隙区域，由于环境温度随位置变化，无法基于傅里叶定律得到连续的温度变化速率，于是将微分方程离散化，转为差分方程，利用迭代算法求解。然后，将新的温区参数和过炉速度代入传热模型，分段求解焊接点温度函数，得到炉温曲线。

对于问题2，首先依据制程界限设置五个约束参量，然后分别算出符合约束条件的五个过炉速度v的变化范围，最后求所有取值范围的交集，最大值即为所求。由于完整的焊件温度T是关于时间t的分段函数，在全局求解是复杂低效的。分析已有传热模型特性，我们发现约束参量必定在特定区间内取到极值，极大程度地降低了运算难度。于是在特定区间内将原函数对T求导，进而得出焊件温度上升和下降速率的极大值。利用假设检验法确定T达到某一特定温度时焊件所在温区，而后求解隐函数得到此温度时的时间，进行验证。通过理论推导得出峰值温度在间隙9-10内出现，该段温度为差分迭代模型，运用循环比较算法可得峰值温度。综合以上五个参数对v的约束范围，得到最大传送带过炉速度为78cm/min。

对于问题3，采用数值积分的方法计算炉温曲线超过217℃部分至峰值处的面积S。看作约束条件下多因素优化问题，用浮点数编码的遗传算法(FGA)进行求解。原本的制程界限约束条件为"满足条件则选，不满足则弃"，为了将约束条件融入适应度函数，松弛化处理约束条件，将其转化为误差函数，使得不满足约束但是邻近约束条件的个体有繁殖机会，提高后代回到最优解的可能性。获得满足收敛条件的最优解情况：小温区1～5、小温区6、小温区7、小温区8～9温度分别为168.57℃、190.64℃、225.97℃、263.98℃，过炉速度为83.59cm/min，此时覆盖面积最小，为437.16℃・s。

对于问题4，是基于问题3的多目标优化问题，沿用问题3的思路。为了衡量以峰值温度为中心线的两侧超过217℃的炉温曲线的对称程度，构造了曲线对称程度量化指标，并将其增设为已有遗传算法的优化目标。多次尝试改变权重和参量程序结果为：小温区1～5、小温区6、小温区7、小温区8～9温度分别为169.31℃、190.48℃、237.24℃、263.23℃，过炉速度为86.73cm/min，此时最小覆盖面积为438.67℃・s，曲线对称程度量化指标为0.831。

关键词：回流焊，炉温曲线，牛顿冷却定律，傅里叶定律，遗传算法，优化建模。

10.3.1 问题重述

1. 问题背景

回流焊接是表面贴装技术（SMT）中最主要的工艺技术，将贴装有元器件的PCB板放入回流焊的轨道内，经过升温、保温、焊接、冷却等环节，使锡膏从膏状经高温变为液体，再经冷却变成固体状，从而实现贴片电子元器件与PCB板焊接的作用。而本题核心炉温曲线提供了一种直观的方法，分析某个元件在整个回流焊中的温度变化情况。调整回流焊各温区温度设定值与传送带过炉速度均会影响炉温曲线的相关参数，从而影响焊接整体效果[1]。

2. 问题内容

回焊炉是生产集成电路板等电子产品的重要设备，通过控制各环节的加热参数，将电子元件自动焊接到印刷电路板上，完成集成板的元件安装。在生产过程中，要保证焊接区域满足工艺要求的温度（制程界限），关键在于通过机理分析和数据拟合，找出炉内各温区的温度、传送带的过炉速度、元件特性和焊膏材料等因素对焊接区域中心的温度（炉温曲线）的影响规律。

本题有以下要求：

(1) 已知炉内各温区温度和过炉速度，求解炉温曲线；

(2) 已知炉内各温区温度和制程界限，求解最大过炉速度；

(3) 已知制程界限，求解炉温曲线（温度—时间）与直线 $T=217$℃所围面积最小时，各温区温度和过炉速度；

(4) 在第三问的基础上，为了使以峰值温度为中心线的两侧超过217℃的炉温曲线尽量对称，求解此时各温区温度和过炉速度。

10.3.2 问题分析

1. 问题1的分析

问题1要求我们根据已知的回焊炉工作数据，找出焊接区域的温度变化的规律并建立数学模型，以描述焊接点温度和回焊炉温度、传送带过炉速度的函数关系。在此基础上，问题1给出了新的各温区温度参数和传送带过炉速度，要求我们利用已有模型计算焊接点在各时间节点的温度情况并绘制炉温曲线。

由傅里叶定律和牛顿冷却定律可知：在恒温区域内部，当系统和环境的温差较小时，系统由热对流引起的热量变化与系统温度和环境温度的差值成正比；在两个非等温的无限大平行平板之间，当系统达到准稳态时，温度与距离呈线性关系。我们可以将回焊炉按温度情况分成多个部分，分段建立模型并求解焊接点温度关于时间的函数，视其中参数为仅与生产设备有关的定值，再代入新的设备数据进行计算。

2. 问题2的分析

由问题1已经得出焊接区域温度变化的模型，可直接应用于后续问题中。

问题2给出了各温区的温度参数以及炉温曲线的制程界限，要求我们确定传送带的最大过炉速度。这是典型的规划问题，首先依据制程界限设置约束参量，然后分别算出符合约束条件的过炉速度的变化范围，最后求所有取值范围的交集，最大值即为所求。

3. 问题3的分析

问题3要求我们求解炉温曲线超过217℃所覆盖的面积最小时的炉温曲线，以及各温区的设定温度和传送带的过炉速度，并给出相应的面积。其中，炉温曲线超过217℃所覆盖的面积需要利用数值积分算出。本题是约束条件下多因素优化建模问题，约束条件为制程界限要求，优化目标为炉温曲线超过217℃所覆盖的面积尽量小，自变参量为各温区温度和过炉速度。因为遗传算法是随机性优化方法，具有很强的鲁棒性，通过对整个种群反复进行选择、交叉、变异等遗传算法使整个种群朝最优值方向前进。又因为二进制编码的遗传操作清晰，且有图式理论引导，因此选择浮点数编码的遗传算法(FGA)进行求解。

4. 问题4的分析

问题4是问题3的延伸，在问题3的基础上增加了“以峰值温度为中心线的两侧超过217℃的炉温曲线应尽量对称”的要求，将原有的单目标优化问题转化为多目标优化问题，其核心在于建立衡量曲线对称性的评价标准。我们构造了曲线对称程度量化指标，并将其增设为已有遗传算法的优化目标，利用计算机程序求解各温区设定的温度及传送带过炉速度，绘制最优炉温曲线。

10.3.3 模型假设

(1) 实验和模型计算中整个生产车间无风；

(2) 不考虑温度传感器的感应延迟时间；

(3) 炉内各处时刻处于动态热平衡状态，PCB板的进入与移动不影响炉内原有温度分布；

(4) 影响环境温度分布的影响因素仅考虑热传导；

(5) 在间隙区内部，两侧小温区视为无限大平板热源；

(6) 由于回焊炉空间截面相对整个生产车间尺度极小，认为在回焊炉外(炉前区域和炉后区域)，回焊炉边缘处为点热源；

(7) 经过时间步长0.5s后焊接中心温度变化极小，以至于可以在误差允许范围内用差分方程代替微分方程。

10.3.4 符号说明

序　号	符　号	符号说明
1	q	热流密度
2	T	焊件温度
3	T_0	焊件初始温度
4	T_l, T_r	炉前区、炉后区焊件温度
5	T_{ij}	小温区 i 到小温区 j 的温度
6	E	环境温度
7	t	焊件进炉时间
8	x	焊件经过的距离
9	d	间隙宽度

续表

序　号	符　号	符号说明
10	v	传送带过炉速度
11	y_i	制程界限的约束参量($i=1,2,3,4,5$)
12	K	温度恒定区域焊接点温度函数参数
13	τ	间隙区域焊接点温度函数参数
14	S	炉温曲线超过217℃部分的面积

10.3.5　模型准备

1. 理论分析

(1) 传热方式

传热的基本方式有热传导、热对流、热辐射三种[2]。

① 热传导：是介质内无宏观运动时的传热现象，其在固体、液体和气体中均可发生，主要基于傅里叶定律计算；

② 热对流：是流体中质点发生相对位移而引起的热量传递过程，主要基于牛顿冷却定律计算；

③ 热辐射：是物体由于具有温度而辐射电磁波的现象，不需要任何介质。

(2) 边界条件

① Dirichlet 边界条件：规定边界上的温度值

$$T(x,y,z,t)\big|_{(x,y,z)\in\Gamma}=f(x,y,z,t) \tag{1}$$

② Neumann 边界条件：规定边界上的热流密度(热通量)

$$\left.\frac{\partial T}{\partial \boldsymbol{n}}\right|_{(x,y,z)\in\Gamma}=g(x,y,z,t) \tag{2}$$

③ Robin 边界条件：规定边界上物体与周围流体的对流传热系数和周围流体的温度[3]

$$\left(\frac{\partial T}{\partial \boldsymbol{n}}+\sigma T\right)\Big|_{(x,y,z)\in\Gamma}=h(x,y,z,t) \tag{3}$$

(3) 傅里叶定律

傅里叶定律是传热学中的一个基本定律，指单位时间内通过给定截面的热量，正比例于垂直于该截面方向上的温度变化率和截面面积[2]。

一维情况下的傅里叶定律可表示为

$$q=-\lambda\frac{\mathrm{d}T}{\mathrm{d}x} \tag{4}$$

其中，q 为热流密度，λ 为热导率，$\frac{\mathrm{d}T}{\mathrm{d}x}$ 为温度随空间的变化速率，“$-$”指热量传递的方向与温度升高的方向相反。

达到热平衡时截面单位时间流入热量 Q_i 与单位时间流出热量 Q_o 相等，即

$$Q_\mathrm{i}-Q_\mathrm{o}=0 \tag{5}$$

(4) 牛顿冷却定律

牛顿冷却定律描述了物体自然冷却情况下，当实验系统温度 T 与外界环境温度 E 之差

较小时(根据文献,当满足 $|T-E| \leqslant 26℃$,$\frac{dQ}{dt}$ 与 $T-E$ 成良好的线性关系[2]),系统由热对流引起的热量变化与 $T-E$ 成正比[2],牛顿冷却定律的微分形式为

$$\frac{dQ}{dt}=-\frac{T-E}{\tau} \tag{6}$$

τ 为时间常数,($\tau=RC$,其中 R 为热阻,C 为热容)。以上为牛顿冷却定律的微分形式。当物体在运动过程中,环境温度恒定时,上式可以很容易积分。

$$\int \frac{dT}{T-E}=-\int \frac{dt}{\tau} \tag{7}$$

取时刻 $t=t_0$ 时物体温度 $T=T_0$,将上式两端同时积分,可得恒温环境下牛顿冷却定律的积分形式为

$$\ln \frac{T-E}{T_0-E}=-\frac{t-t_0}{\tau} \tag{8}$$

(5) 斯泰潘—玻尔兹曼定律

斯泰潘—玻尔兹曼定律描述一个黑体表面单位面积在单位时间内辐射出的总能量 E 与黑体本身的热力学温度 T 的四次方成正比[3],即

$$E=\sigma\varepsilon T^4 \tag{9}$$

其中,ε 为黑度,σ 为黑体辐射常数,$\sigma=6.67\times10^{-8}$。

2. 基本模型

(1) 回焊炉区域模型

针对题设回焊炉,研究各区域特征,绘制如下区域示意图(见图 10-3)。

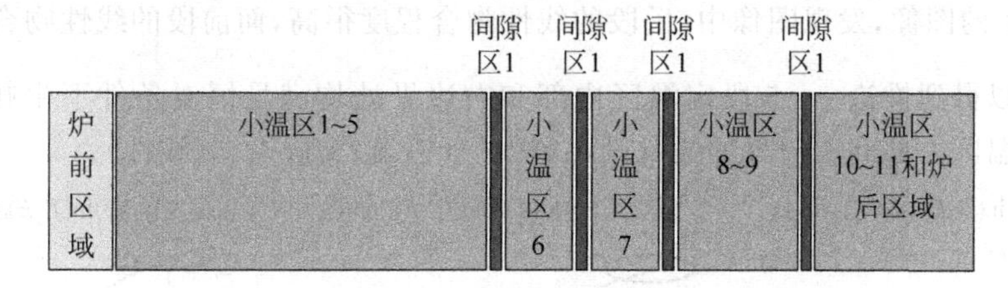

图 10-3　炉内温区分布示意图

定温区环境温度分别记为 E_1,E_2,E_3,E_4,E_5。(E_5 在本文中为 25℃恒定值)

(2) 各时间节点分析

由题目可知,回焊炉内部共有 11 个小温区(每个小温区长度为 30.5cm)、10 个间隔区(间隙 5cm)、炉前炉后两个缓冲带(均为 25cm),故回焊炉总长度为 $30.5\times11+5\times10+25\times2=435.5$cm。

附件中传送带过炉速度为 70cm/min,附件中结束计时时间为 373s,在此段时间内电路板共走过 $373\times70\div60\simeq435.17$cm。

因为以上两计算结果可近似相等,故本文认为附件中的计时从电路板进入炉前区域开始,到离开炉后区域结束。

电路板在各温度区域的时间区间如表 10-2 所示。

表 10-2　电路板在各温度区域的时间区间

温度/℃	25	175	175～195	195	195～235
时间/s	19～21	21.5～169	169.5～173.5	174～199.5	200～204
温度/℃	235	235～255	255	255～25	25
时间/s	204.5～230	230.5～234	234.5～291	291.5～295	295.5～373

（3）定温区（包括边缘）温度分布分析

建立定温区内温度分布模型前，定温区内与边界处是否恒温为未知，即环境温度未知；焊接中心温度与时间 t、定温区环境温度 E 的关系也为未知，未知量大于已知条件数，因此不能用直接方法求解模型。本命题为典型的 NP 难问题，用求解 NP 难问题的方法分析求解，首先不加证明地做出如下 2 个假设：

假设一：定温区内（包括边缘）的环境温度恒定且处处相等；

假设二：定温区内焊接点温度满足线性牛顿冷却定律。

下面用实验结果验证以上假设正确与否。

根据式(8)可知，代入恒温条件下牛顿冷却定律的积分形式，有

$$\ln\frac{T-E}{T_0-E}=-\frac{t-t_0}{\tau} \tag{10}$$

其中，E 为炉内温度，T 为焊接点温度，T_0 为焊件进入温区时的初始温度，t 为时间，t_0 对应于 T_0。

由式(10)可知，当 $\ln\frac{T-E}{T_0-E}$ 与 t 线性相关时，炉内温度 E 为定值。通过绘制各温区内 $\ln\frac{T-E}{T_0-E}-t$ 的图像，发现图像中、后段的线性吻合程度很高，而前段的线性吻合程度较差。

由此可以得到推论一：5 段定温区内部和右边界处均满足恒温条件下牛顿冷却定律，因此 5 段定温区内部和右边界处同时满足假设一（恒温）和假设二（线性）。

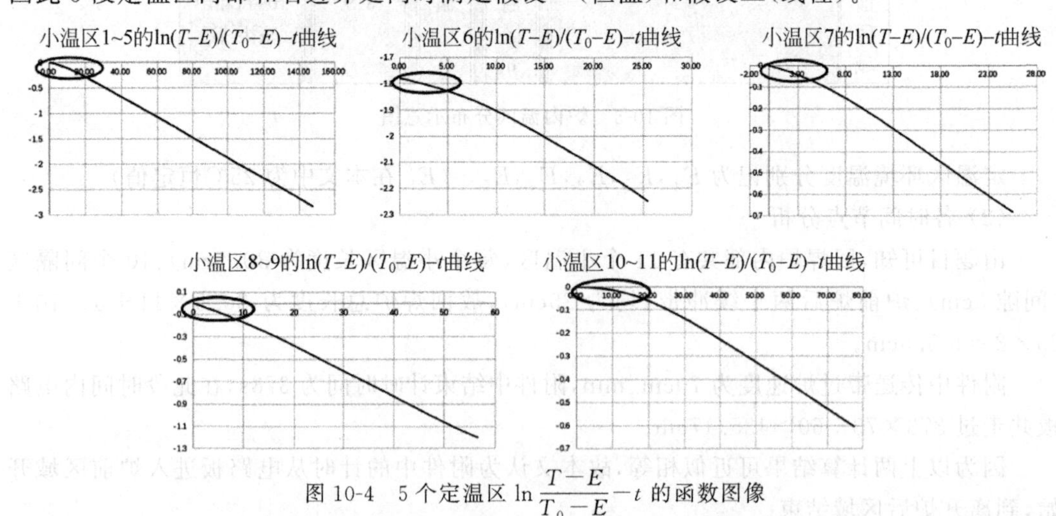

图 10-4　5 个定温区 $\ln\frac{T-E}{T_0-E}-t$ 的函数图像

由于各温区两侧边界处与相邻温区均存在温度差，因此两侧边界处环境温度分布应体现相对一致性。若温区左边界温度不等于内部温度，那么右侧温度也不等于内部温度，而由

推论一，温区右边界温度等于内部温度，因此左边界温度必定等于内部温度，由此得到推论二：定温区内部(包括边界)温度处处相等。即假设一处处成立。

既然假设一处处成立，温区左边界不符合线性条件是假设二不成立导致的。由此可得推论三：假设二在焊接中心刚进入定温区时不成立，经过一段时间缓冲后逐渐成立。

导致 $\ln\dfrac{T-E}{T_0-E}-t$ 图像前端的线性吻合度较低的原因可能有如下几点：

第一，焊件和焊膏的比热容发生变化。

根据已有文献，元器件和焊膏的比热容均随温度和焊接阶段变化[5]。五个定温区在焊接过程中承担不同任务，每经过一个温区，组成焊膏的某个化学成分会发生相变，导致热阻和比热容明显改变[3]。同时由于温度变化较快，即使未发生相变，比热容依然有宏观变化[4]。因此当焊件刚进入新的温区时，牛顿冷却定律中时间常数 τ 不是恒定值，而是随时间变化的量 $\tau(t)$，从而导致线性牛顿冷却定律不成立，需要添加非线性项调整。

第二，物体急速冷却时不满足牛顿冷却定律的线性结论。

在热力学过程中，系统与环境间存在的热量交换常用牛顿冷却定律修正，即$\dfrac{\mathrm{d}Q}{\mathrm{d}t}=k(T-E)$。实际上，当物体所处环境经历巨大温度变化时，常常需要对牛顿冷却定律的微分形式本身添加非线性项进行调整，即并不完全满足线性结论[6]。

第三，热辐射引起的能量损失。

根据斯泰潘—玻尔兹曼定律，物体在单位时间内辐射出的总能量与自身的温度 T 的四次方成正比。在焊件进入新温区的初期，由于环境改变，可能引起热辐射强度变化。

(4) 环境温度模型

① 炉前区域环境温度模型

由于回焊炉的空间尺度远小于厂房环境，不妨将回焊炉边缘视为空间中的质点(见基本假设 6)，通过球坐标系下的傅里叶定律求解空间温度分布情况。

炉前区域中，设回焊炉入口处 $r=r_0$，温度(预热区温度)为 E_1，空间某无穷远点处 $r=+\infty$，温度(环境温度)为 E_2。显然，$E_1>E_2$。

取球面上任意一点 P，设流入和流出热量分别为 Q_i，Q_o，热导率 λ。热平衡时，根据能量守恒和傅里叶定律可知

$$Q_\mathrm{i}-Q_\mathrm{o}=-4\pi r^2\lambda\frac{\mathrm{d}T}{\mathrm{d}r}\bigg|_r+4\pi(r+\mathrm{d}r)^2\lambda\frac{\mathrm{d}T}{\mathrm{d}r}\bigg|_{r+\mathrm{d}r}=0 \tag{11}$$

化简得

$$(2r\mathrm{d}r+(\mathrm{d}r)^2)\frac{\mathrm{d}T}{\mathrm{d}r}\bigg|_{r+\mathrm{d}r}+r^2\left(\frac{\mathrm{d}T}{\mathrm{d}r}\bigg|_{r+\mathrm{d}r}-\frac{\mathrm{d}T}{\mathrm{d}r}\bigg|_r\right)=0 \tag{12}$$

忽略二阶小量，可得

$$r^2\mathrm{d}r\frac{\mathrm{d}^2T}{\mathrm{d}r^2}\bigg|_r+2r\mathrm{d}r\frac{\mathrm{d}T}{\mathrm{d}r}\bigg|_{r+\mathrm{d}r}=0 \tag{13}$$

解微分方程得到

$$E=\frac{C_1}{r}+C_2=(E_1-E_2)\frac{r_0}{r}+E_2,\quad (r>r_0) \tag{14}$$

由于小温区 10～11 与炉后区域、生产车间温度相等，因此范围内均为 25℃。

② 小温区间隙环境温度模型

由于本题小温区之间缝隙的宽度远小于各温区的宽度和流水线高度，不妨将间隔区视为厚度为 d 的薄板，将区域内的温度分布问题转化为无限大平行平板的准稳态分析（见基本假设 5）[7]。

将平板沿平行于表面方向分为无穷多个厚度为 Δx 的等厚薄层，取任意薄层 V_i，设热量流入侧、流出侧的坐标分别为 $x, x+\mathrm{d}x$，流入和流出热流密度分别为 $q_{\mathrm{i}}, q_{\mathrm{o}}$，热导率 λ。

根据能量守恒和一维傅里叶公式可知

$$q_{\mathrm{i}}-q_{\mathrm{o}}=-\lambda\frac{\mathrm{d}T}{\mathrm{d}x}\bigg|_{x}+\lambda\frac{\mathrm{d}T}{\mathrm{d}x}\bigg|_{x+\mathrm{d}x}=\lambda\left(\frac{\mathrm{d}T}{\mathrm{d}x}\bigg|_{x+\mathrm{d}x}-\frac{\mathrm{d}T}{\mathrm{d}x}\bigg|_{x}\right)=0 \tag{15}$$

$$\frac{\mathrm{d}^2T}{\mathrm{d}x^2}\bigg|_{x}=0 \tag{16}$$

对上式进行两次积分，得

$$T=ax+b \tag{17}$$

由薄层 V_i 的任意性，可将上式结论推广至整个薄板，即无限大平行平板系统趋向且稳定于热流密度随 x 线性变化的状态。

因此，对于两非等温小温区的间隔区域，设前侧温区和后侧温区的温度分别为 $E_{\mathrm{f}}, E_{\mathrm{b}}$，间隔宽度 d，以区域起点为坐标原点，则其温度分布满足

$$T=\frac{E_{\mathrm{b}}-E_{\mathrm{f}}}{d}x+E_{\mathrm{f}} \tag{18}$$

特别地，当间隔区域左右的温度相等，即 $E_{\mathrm{f}}=E_{\mathrm{b}}=E_{\mathrm{const}}$ 时（如小温区 1～5 间的间隔区），通过式(18)可知，区域内部温度 $T=E_{\mathrm{const}}$，为定值，即整个小温区 1～5、小温区 8～9、小温区 10～炉后区域均分别恒温。

综上，回焊炉内环境温度分布大致如图 10-5 所示。

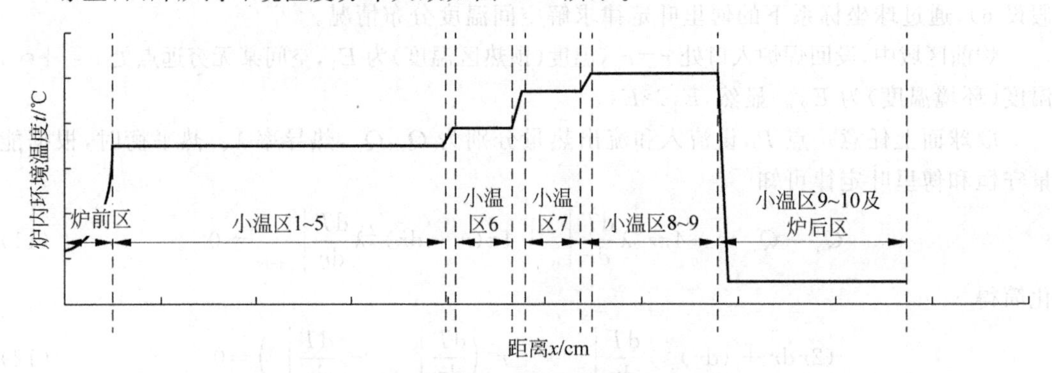

图 10-5　回焊炉内环境温度分布示意图

(5) 焊接处温度模型

① 炉前区域焊接处温度模型

由于电路板进入回焊炉开始计时，而温度传感器在焊接区域中心的温度达到 30℃时开始工作，本段以焊件温度是否达到 30℃为临界条件，分为两部分讨论焊接处温度模型。

当焊件温度未达到 30℃时，由于过炉速度越大，环境温度升高越快，过炉时间越短，不妨假设焊件在炉前区达到 30℃所经过的距离为定值。根据已知数据，计算得该距离约为 22cm。

当焊件温度达到 30℃后，焊件在炉前区还需经过 3cm。根据一维情况下的傅里叶定律，得

$$q=\lambda \frac{\mathrm{d}T}{\mathrm{d}x}=\frac{\lambda}{v}\frac{\mathrm{d}T}{\mathrm{d}t} \tag{19}$$

即

$$\mathrm{d}T=\frac{vq}{\lambda}\mathrm{d}t \tag{20}$$

其中，q 为热流密度，λ 为热导率，v 为过炉速度。

由于焊件热导率在炉前区域基本不变，过炉速度 v 和热流密度 q 的变化范围较小，因此可以将 $a=\frac{vq}{\lambda}$ 视为定值，即 $\frac{\mathrm{d}T}{\mathrm{d}t}=a$。此时焊接处温度的增量与经过炉前区的时间成正比，与过炉速度成反比，满足 $T=at+b$。

值得一提的是，后文中模型求解的数据拟合结果也表明，焊件在炉前区域且温度高于 30℃时，温度增量 ΔT 基本正比于时间增量 Δt，也印证了该猜想的合理性。

② 定温区焊接处温度模型

根据式(8)和推论三，由于牛顿冷却定律 $\ln\frac{T-E}{T_0-E}=-\frac{t}{\tau}$ 拟合的图像在缓冲区内是非线性的，不能较好地描述图像特征。因此对式(8)进行非线性修正。由于任意函数都能泰勒展开成多项式形式，采用多项式拟合的方法，得到如下公式：

$$\ln\frac{T-E}{T_0-E}=K_1t^n+K_2t^{n-1}+\cdots+K_nt+K_{n+1} \tag{21}$$

其中，$K_1,K_2,\cdots,K_{n+1}$ 是与焊件材料和回焊炉性质有关的参数，与炉温设置和过炉速度无关，可以沿用在后续模型中。由于已知当 $t=0$ 时 $T=T_0$，则易得 $K_{n+1}=0$，即上式修改为

$$\ln\frac{T-E}{T_0-E}=K_1t^n+K_2t^{n-1}+\cdots+K_nt \tag{22}$$

实际操作中发现用三次多项式对图像进行拟合时，R^2 均大于 0.99，于是本文在此处采用三次多项式对牛顿冷却定律进行修正，即

$$\ln\frac{T-E}{T_0-E}=K_1t^3+K_2t^2+K_3t \tag{23}$$

当焊件刚进入温区时，上式等号右边 2、3 次项发挥作用，经过一段时间后，2、3 次项相互抵消，函数关系逐渐接近线性形式。

③ 几个特殊间隙区焊接处温度模型

(a) 间隙 5-6、间隔 6-7、间隙 7-8

根据上文可知，两相邻非等温小温区的间隙内部，温度为两侧边界线性插值。设 E_f 为前侧小温区温度，E_b 为后侧小温区温度，d 为间隔区宽度，v 为过炉速度

由于间隙 5-6、间隔 6-7、间隙 7-8 的温差较小，为了简化计算，本文将该三段间隙区的环境温度视为两侧小温区的温度平均值，即 $E=\frac{E_\mathrm{b}+E_\mathrm{f}}{2}$。代入牛顿冷却定律，得

$$\ln\frac{T-E}{T_0-E}=-\frac{t}{\tau} \tag{24}$$

$$T=(T_0-E)\mathrm{e}^{-\frac{t}{\tau}}+E=\left(T_0-\frac{E_\mathrm{b}+E_\mathrm{f}}{2}\right)\mathrm{e}^{-\frac{t}{\tau}}+\frac{E_\mathrm{b}+E_\mathrm{f}}{2} \tag{25}$$

其中 T_0 是焊件进入间隔区时的温度，τ 是与炉温、过炉速度无关的参数。可以通过已知数据求出参数 τ 的值，并在后续模型中沿用。

在实际运算中，发现以原始数据为参考，用上式模型拟合得到的曲线与实际值吻合度很高，相关系数均大于 0.99，因此认为上述模型适用于本文情况。图 10-6 为间隙 5-6、间隙 6-7、间隙 7-8 的拟合图像。

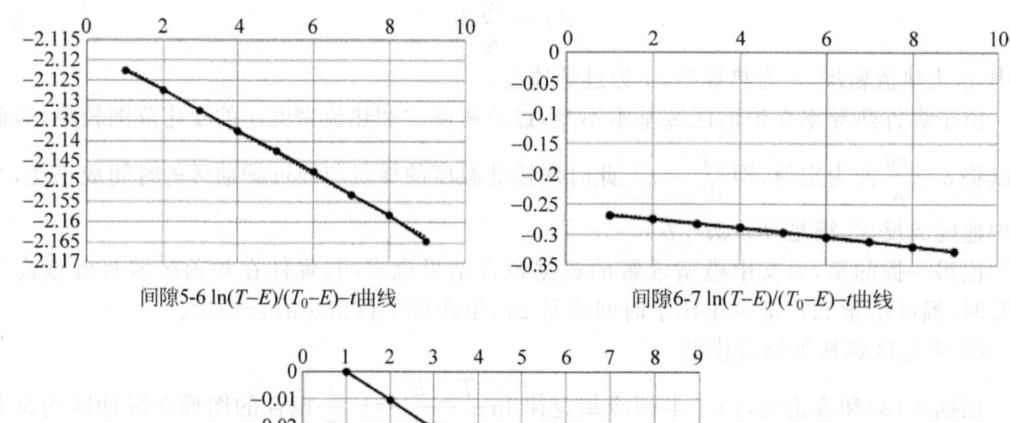

图 10-6　间隙 5-6、间隙 6-7、间隙 7-8 的拟合图像

根据题目已知，温度传感器每隔 0.5s 测定一次焊接点温度，那么焊件在间隙 9-10 内共有 $n=\frac{2d}{v}$ 次测温数据。设测温数据 $T_1 \sim T_n$，相邻两次测温数据的差 $\Delta T = T_{i+1} - T_i\,(0<i<n)$。

（b）间隙 9-10

因为间隙 9-10 的温差较大，无法将间隙区温度简化为两侧小温区的温度平均值，因此仍沿用前文结论，设间隙区环境温度为

$$E(t)=\frac{E_{\mathrm{b}}-E_{\mathrm{f}}}{d}x+E_{\mathrm{f}}=\frac{v(E_{\mathrm{b}}-E_{\mathrm{f}})}{d}t+E_{\mathrm{f}} \tag{26}$$

又因为牛顿冷却定律 $\frac{\mathrm{d}T}{\mathrm{d}t}=\frac{T-E}{\tau}$，仅在环境温度 E 是定值时，焊接点温度 T 才是关于时间 t 的连续函数。当 E 随 t 变化时，无法通过求积分的方法求解 T。所以本文将微分方程离散化，通过求解差分方程 $\left.\frac{\Delta T}{\Delta t}\right|_{t=i\Delta t}=a(T_i-E|_{t=i\Delta t})+b$ 得到与炉温、过炉速度无关的参数 a，b，并在后续模型中沿用。

下面对差分方程 $\left.\frac{\Delta T}{\Delta t}\right|_{t=i\Delta t}=a(T_i-E|_{t=i\Delta t})+b$ 简单变形，可得

$$T_{i+1}=a(T_i-E|_{t=i\Delta t})+b+T_i \tag{27}$$

所以每个测温数据 T_{i+1} 都能通过上一时刻 T_i 求得。

10.3.6　模型的建立与求解

1. 问题1的模型建立与求解

(1) 问题分析

为了求解炉温曲线，需要从传热学的机理分析入手，确定影响焊接区域温度的因素，并结合已知的回焊炉工作参数和传感器数据，构建各自因变量之间的函数模型。由于焊接材料不变，只需分析温区温度、过炉速度与炉温曲线的函数关系。

(2) 焊接中心温度模型的建立

根据前文，炉前区域内焊接中心温度模型：

$$T_l = 30 + k_f(t - 17.05) \tag{28}$$

小温区1～5内焊接中心温度模型(式(23))：

$$T_{15} = (T_{02} - E_1)\,e^{K_{11}t^3 + K_{21}t^2 + K_{31}t} + E_1 \tag{29}$$

间隙5-6内焊接中心温度模型(式(25))：

$$T_{5\text{-}6} = \left(T_{03} - \frac{E_1 + E_2}{2}\right)e^{-\frac{t}{\tau_1}} + \frac{E_1 + E_2}{2} \tag{30}$$

小温区6内焊接中心温度模型(式(23))：

$$T_6 = (T_{04} - E_2)\,e^{K_{12}t^3 + K_{22}t^2 + K_{32}t} + E_2 \tag{31}$$

间隙6-7内焊接中心温度模型(式(25))：

$$T_{6\text{-}7} = \left(T_{05} - \frac{E_2 + E_3}{2}\right)e^{-\frac{t}{\tau_2}} + \frac{E_2 + E_3}{2} \tag{32}$$

小温区7内焊接中心温度模型(式(23))：

$$T_7 = (T_{06} - E_3)\,e^{K_{13}t^3 + K_{23}t^2 + K_{33}t} + E_3 \tag{33}$$

间隙7-8内焊接中心温度模型(式(25))：

$$T_{7\text{-}8} = \left(T_{07} - \frac{E_3 + E_4}{2}\right)e^{-\frac{t}{\tau_3}} + \frac{E_3 + E_4}{2} \tag{34}$$

小温区8～9内焊接中心温度模型(式(23))：

$$T_{8\text{-}9} = (T_{08} - E_4)\,e^{K_{14}t^3 + K_{24}t^2 + K_{34}t} + E_4 \tag{35}$$

间隙9-10内焊接中心温度模型(式(26))：

$$T_{i+1} = a\left(T_i - \frac{v(E_0 - E_7)}{d}t - E_7\right) + b + T_i \tag{36}$$

小温区10～11至炉后区域内焊接中心温度模型(式(23))：

$$T_{xr} = (T_{0x} - E_0)\,e^{K_{15}t^3 + K_{25}t^2 + K_{35}t} + E_0 \tag{37}$$

(3) 焊接中心温度模型的求解

通过机理分析可知，炉内各温区的温度、传送带的过炉速度、元件特性和焊膏材料等因素均会影响炉温曲线。而炉温曲线的部分参数与炉内温度和过炉速度无关，只受仪器和焊件特性影响，可以视为定值。因此问题1的模型求解的核心在于通过已知的生产数据求出此类固定参数，然后代入新的炉温和过炉速度求解出对应的炉温曲线。

① 参数求解

(a) 炉前区参数求解

通过前文对炉前区的焊接点温度分析，可以将焊件温度视为过炉时间 t 的线性相关量，即焊件单位时间升高的温度恒定。

设焊件在炉前区温度变化速率 k_f（单位℃/s），将焊件在炉前区的数据（19～21s）导入 Excel 表格进行数据拟合，拟合结果如图 10-7 所示。

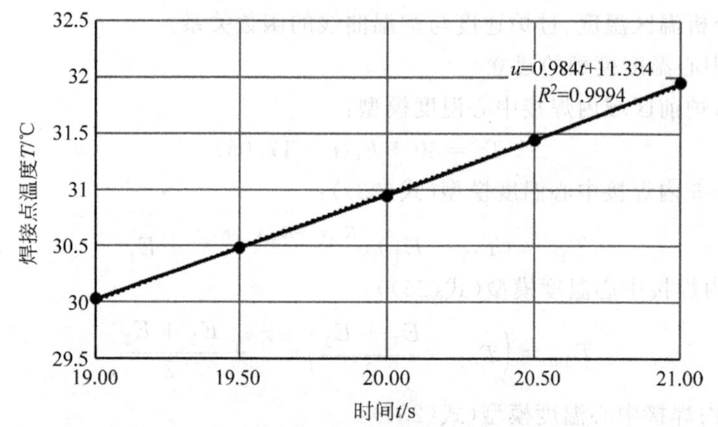

图 10-7　炉前区焊接点温度随时间变化函数图像

通过拟合发现，炉前区的炉温曲线的线性拟合程度很高，直线斜率即温度变化速率，解得 $k_f=0.984$。

(b) 定温区参数求解

拟合式(29)、式(31)、式(33)、式(35)、式(37)得到各式参数值。

以小温区 1～5 为例（式(2)）说明拟合过程。以时间 t 为自变量，$\ln\dfrac{T-E}{T_0-E}$ 为因变量，拟合结果如图 10-8 所示。

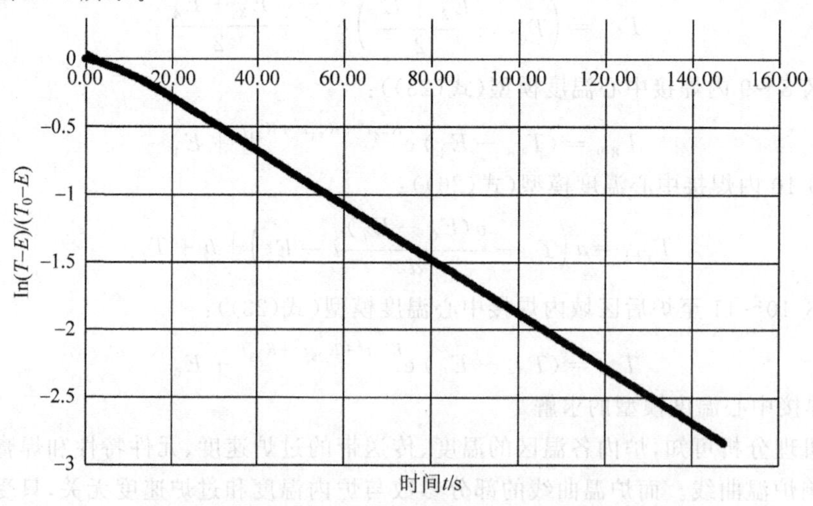

图 10-8　小温区 1～5 $\ln\dfrac{T-E}{T_0-E}$ 随时间变化函数图像

得到参数为 $K_{11}=1.6\times10^{-7}$,$K_{21}=-4.23\times10^{-5}$,$K_{31}=-0.016712768$,此时 $R^2=0.998$。所有定温区求解结果如表 10-3 所示。

表 10-3 小温区 1-5、小温区 6、小温区 7、小温区 7-8 和小温区 10-11 至炉后区参数求解结果

	K_1	K_2	K_3	R^2
小温区 1-5	$K_{11}=1.6\times10^{-7}$	$K_{21}=-4.23\times10^{-5}$	$K_{31}=-0.01671277$	0.998
小温区 6	$K_{12}=9.27\times10^{-6}$	$K_{22}=-0.000705$	$K_{32}=-0.006324$	0.999
小温区 7	$K_{13}=2.07\times10^{-5}$	$K_{23}=-0.001143$	$K_{33}=-0.011091$	0.997
小温区 8-9	$K_{14}=1.98\times10^{-6}$	$K_{24}=-2.13\times10^{-4}$	$K_{34}=-0.015596$	0.999
小温区 10-11 和炉后区	$K_{15}=1.10\times10^{-6}$	$K_{25}=-1.83\times10^{-4}$	$K_{35}=-1.89\times10^{-4}$	0.998

(c) 间隙区的参数求解

拟合式(30)、式(32)、式(34)、式(36)得到各式参数值。

将间隙 5-6、间隙 6-7、间隙 7-8 的数据分别用 Excel 拟合,得到参数 $\tau_1\sim\tau_3$。

将间隙 9-10 的数据代入差分方程计算,得到参数 a,b。

参数计算结果如下:

$$\tau_1=96.251,\quad \tau_2=67.117,\quad \tau_3=47.537 \tag{38}$$

$$a=-0.001027,\quad b=0.2157721 \tag{39}$$

② 温度函数求解

将所有参数分别代入新的炉温和过炉速度,分段求解炉温曲线,运算结果如下:

表 10-4 焊接中心温度的分段函数

名　称	环境温度 E/℃	焊件初始温度 T_0/℃	焊接中心温度函数
炉前区	$E_0=25$	$T_{01}=25$	$T_l=30+0.984(t-17.05)$
小温区 1~5	$E_1=173$	$T_{02}=31.9188$	$T_{15}=(T_{02}-E_1)e^{K_{11}t^3+K_{21}t^2+K_{31}t}+E_1$
间隙 5-6	$\frac{E_1+E_2}{2}=185.5$	$T_{03}=162.4652$	$T_{5\text{-}6}=\left(T_{03}-\frac{E_1+E_2}{2}\right)e^{-\frac{t}{\tau_1}}+\frac{E_1+E_2}{2}$
小温区 6	$E_2=198$	$T_{04}=163.4029$	$T_6=(T_{04}-E_2)e^{K_{12}t^3+K_{22}t^2+K_{32}t}+E_2$
间隙 6-7	$\frac{E_2+E_3}{2}=214$	$T_{05}=174.9426$	$T_{6\text{-}7}=\left(T_{05}-\frac{E_2+E_3}{2}\right)e^{-\frac{t}{\tau_2}}+\frac{E_2+E_3}{2}$
小温区 7	$E_3=230$	$T_{06}=177.2023$	$T_7=(T_{06}-E_3)e^{K_{13}t^3+K_{23}t^2+K_{33}t}+E_3$
间隙 7-8	$\frac{E_3+E_4}{2}=243.5$	$T_{07}=201.689$	$T_{7\text{-}8}=\left(T_{07}-\frac{E_3+E_4}{2}\right)e^{-\frac{t}{\tau_3}}+\frac{E_3+E_4}{2}$
小温区 8~9	$E_4=257$	$T_{08}=205.0632$	$T_{89}=(T_{08}-E_4)e^{K_{14}t^3+K_{24}t^2+K_{34}t}+E_4$
间隙 9-10	$E(v,t)$	$T_{09}=239.2883$	$T_{i+1}=a\left(T_i-\frac{v(E_0-E_4)}{d}t-E_4\right)+b+T_i$ 其中,v 为过炉速度,d 为间隔宽度
小温区 10~11 及炉后区	$E_0=25$	$T_{0x}=239.6656$	$T_{xr}=(T_{0x}-E_0)e^{K_{15}t^3+K_{25}t^2+K_{35}t}+E_0$

以下为问题 1 的结果。

根据上述函数，得到新的温度设定值和过炉速度下的炉温曲线，如图 10-9 所示。

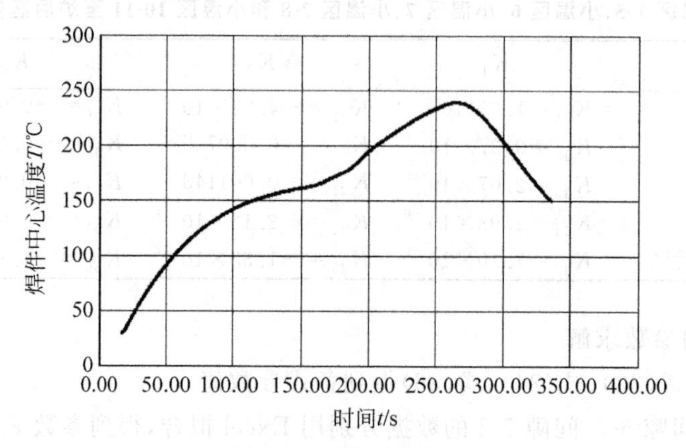

图 10-9 炉温曲线

注：(T,t)散点数据可扫描后面的二维码码获取(九. 2 result. csv)。

将 $x=vt$ 代入上述函数，得到焊接点温度 T 随传送带位置 x 的变化情况，求解小温区 3，小温区 6，小温区 7 中点及小温区 8 结束处焊接区域中心的温度，如表 10-5 所示。

表 10-5 问题 1 所求焊接区中心温度结果

	小温区 3 中点	小温区 6 中点	小温区 7 中点	小温区 8 终点
t/s	85.50	167.50	195.00	234.00
T/℃	132.6370	168.2787	189.3681	224.1619

2. 问题 2 的模型建立与求解

(1) 问题分析

问题 2 中改变各温区温度的设定值后，由于各温区温度变化不大，可以认为问题 1 中对于各温区内炉温曲线构建的模型仍然适用，且沿用依据附件中已知数据拟合求出的各段函数模型参数。

值得注意的是，当各温区温度值设定完成且 v 在 $[65,100]$(cm/min)范围内取定某一值时，便可以通过已有模型推导得出焊件在回焊炉中运动时完整的炉温 T 关于 t 的函数及曲线图像，由此可以计算得到此时制程界限中五个约束参量的值。最后，通过约束条件便可以圈定出 v 的可取范围，从而得到允许的最大传送带过炉速度。

表 10-6 制程界限

界限名称	最低值	最高值	单位
温度上升斜率	0	3	℃/s
温度下降斜率	−3	0	℃/s
温度上升过程中在 150～190℃的时间	60	120	s
温度大于 217℃的时间	40	90	s
峰值温度	240	250	℃

(2) 模型建立

不妨将制程界限中的五个约束参量分别命名为 y_1,y_2,y_3,y_4,y_5,其中 y_1 为温度上升斜率,y_2 为温度下降斜率,y_3 为温度上升过程中在 150～190℃的时间,y_4 为温度大于217℃的时间,y_5 为峰值温度。结合问题1中得到的炉温曲线模型,给出五个约束参量的求解模型如下:

$$y_1=\max\left(\frac{\mathrm{d}T}{\mathrm{d}t}\right)(℃/\mathrm{s}) \tag{40}$$

$$y_2=\min\left(\frac{\mathrm{d}T}{\mathrm{d}t}\right)(℃/\mathrm{s}) \tag{41}$$

其中 $\frac{\mathrm{d}T}{\mathrm{d}t}$ 表示炉温函数 T 对时间 t 的导数。

$$y_3=t_{190}-t_{150}\ (\mathrm{s}) \tag{42}$$

其中 t_{150} 和 t_{190} 分别表示温度上升过程中 $T=190℃$和 $T=150℃$时对应的时刻。

$$y_4=t_{217b}-t_{217a}\ (\mathrm{s}) \tag{43}$$

其中 t_{217a} 和 t_{217b} 分别表示炉温函数中 $T=217℃$时对应的两个时刻。

$$y_5=\max(T)\ (℃) \tag{44}$$

(3) 模型求解

由问题1中建立的炉温函数模型可知,完整的焊件温度 T 是关于 t 的复杂分段函数,所以在完整的分段函数上分别直接求解 $y_1 \sim y_5$ 是十分复杂低效的。通过观察原题附件和问题1中求解得到的已有数据,不难发现这五个约束参量分别在某个特定区间内取到极值,由此可以大大缩小 $y_1 \sim y_5$ 的求解范围。

① y_1 和 y_2 的求解

通过对已有炉温曲线进行分析,不难看出温度上升斜率和温度下降斜率均在焊件温度与环境温度相差较大时取到极值,即在小温区1～5内温度上升斜率取到最大值,在小温区8～9内温度下降斜率取到最小值。因此,只需利用 MATLAB 中 diff 函数分别对两端区间内焊件温度函数求导并用 max 函数和 min 函数分别对其求最大值与最小值,便可得到 v 取某一定值时 y_1 和 y_2 的值。最后,通过在[65,100](cm/min)范围内不断调整 v 的取值画出在问题2温度设定条件下 y_1,y_2 与 v 的关系图像如图10-10及图10-11所示。

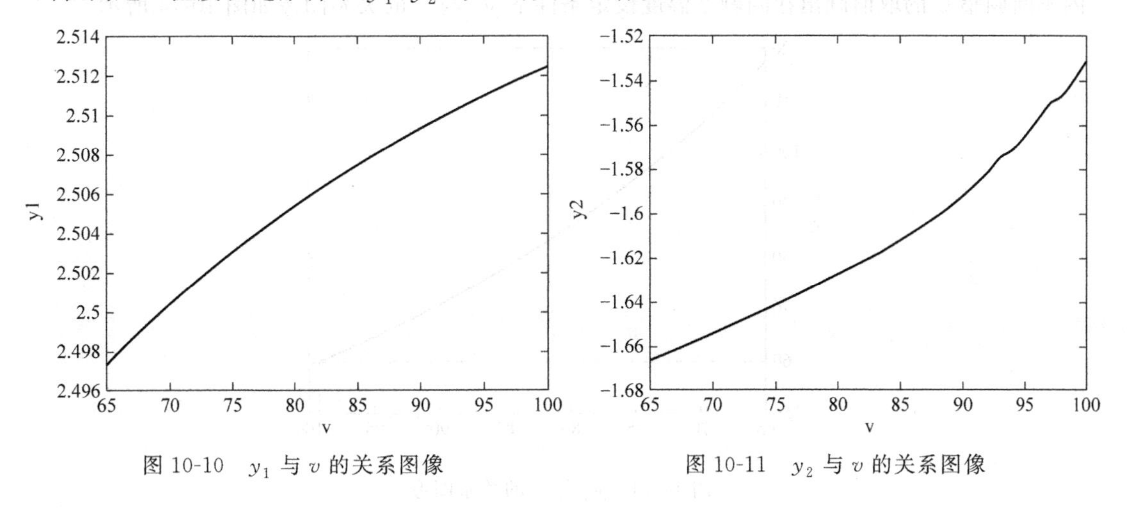

图10-10　y_1 与 v 的关系图像　　图10-11　y_2 与 v 的关系图像

制程界限要求 $y_1 \in [0,3]$(℃/s)，$y_2 \in [-3,0]$(℃/s)，由图像不难看出，当 v 在[65,100](cm/min)内取值时，y_1 和 y_2 均处于制程界限要求范围内。

② y_3 的求解

运用假设检验法求解。通过观察已有数据和图像，假设焊件温度达到 150℃时一定在小温区 1～5 内运动，焊件温度达到 190℃时一定在小温区 7 内运动，再利用 MATLAB 中 fzero 函数对假设进行验证。

当 v 在[65,100](cm/min)内取某一定值时，利用 fzero 函数可以计算得出焊件温度达到 150℃和 190℃时在炉内所处的位置，并绘制 x_{150} 和 x_{190} 与 v 的关系图像如图 10-12 及图 10-13 所示。

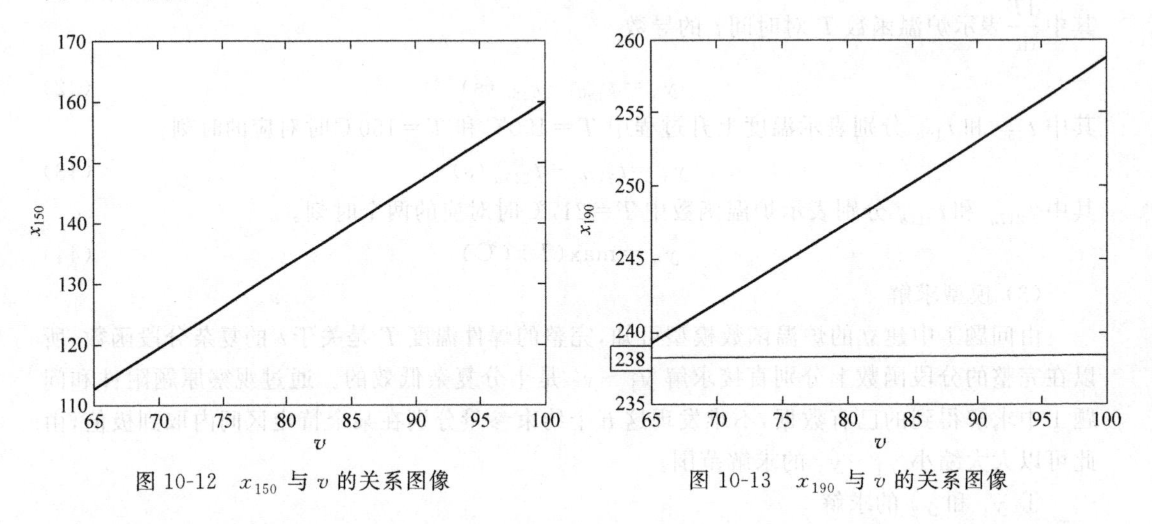

图 10-12 x_{150} 与 v 的关系图像　　图 10-13 x_{190} 与 v 的关系图像

已知小温区 1～5 包含的 x 范围为[25,197.5](cm)，小温区 7 包含的 x 范围为[238,268](cm)。由图像不难看出，当 v 在[65,100](cm/min)内取值时，焊件温度达到 150℃时均在小温区 1～5 内运动且焊件温度达到 190℃时均在小温区 7 内运动，因此假设成立。

利用 fzero 函数对温度上升过程中 $T=150$℃和 $T=190$℃时对应的时刻 t_{150} 和 t_{190} 进行隐函数求解，通过模型 $y_3=t_{190}-t_{150}$ 对 y_3 进行求解。最后，通过在[65,100](cm/min)范围内不断调整 v 的取值画出在问题 2 温度设定条件下 y_3 与 v 的关系图像如图 10-14 所示。

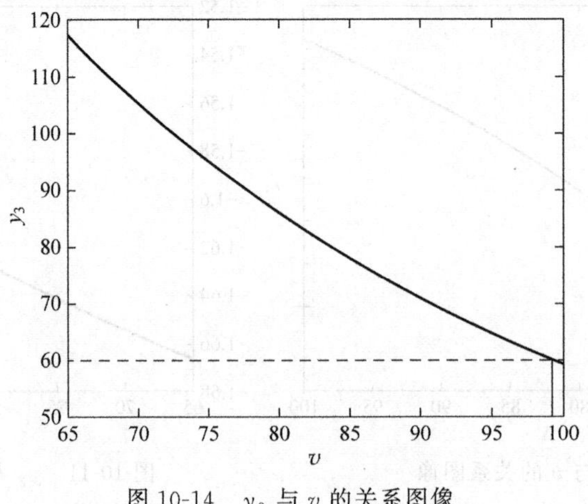

图 10-14 y_3 与 v 的关系图像

制程界限要求 $y_3 \in [60,120]$(s),由图像可以看出,当 $v \leqslant 99$(cm/min)时,y_3 满足制程界限要求。

③ y_4 的求解

运用假设检验法求解与求解 y_3 时同理,假设温度上升过程中 $T=217$℃时一定在小温区 8～9 内运动,温度下降过程中 $T=217$℃时一定在小温区 10～11 内运动,再利用 MATLAB 中 fzero 函数对假设进行验证。

当 v 在 $[65,100]$(cm/min)内取某一定值时,利用 fzero 函数可以计算得出焊件温度达到 217℃时在炉内所处的位置,并绘制 x_{217a} 和 x_{217b} 与 v 的关系图像如图 10-15 及图 10-16 所示。

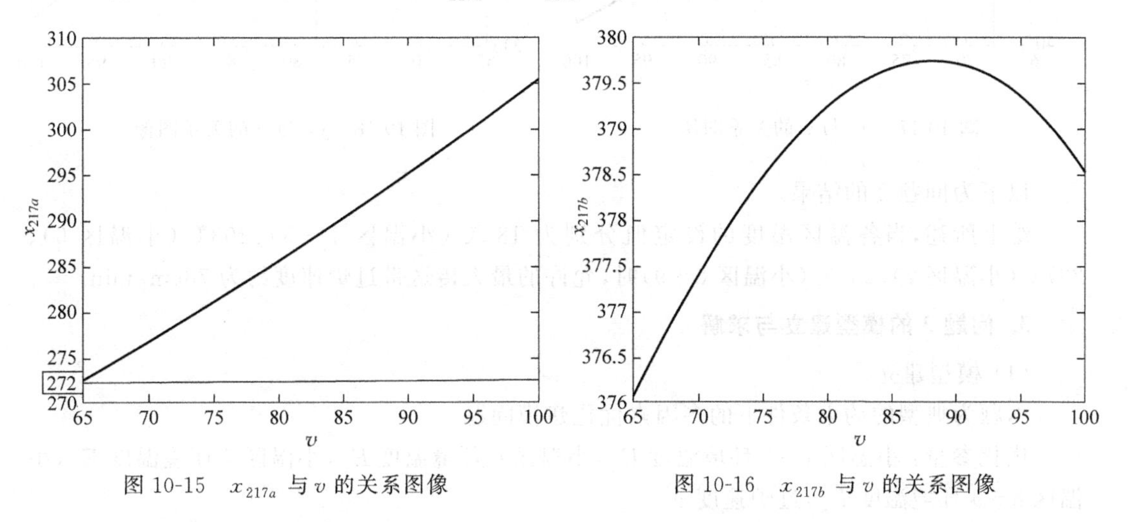

图 10-15 x_{217a} 与 v 的关系图像

图 10-16 x_{217b} 与 v 的关系图像

已知小温区 8～9 包含的 x 范围为 $[272,339.5]$(cm),小温区 10～11 包含的 x 范围为 $[344.75,410]$(cm)。由图像不难看出,当 v 在 $[65,100]$(cm/min)内取值时,焊件温度上升过程中 $T=217$℃时均在小温区 8～9 内运动,温度下降过程中 $T=217$℃时均在小温区 10～11 内运动,因此假设成立。

利用 fzero 函数对 $T=217$℃时对应的两个时刻 t_{217a} 和 t_{217b} 进行隐函数求解,通过模型 $y_4=t_{217b}-t_{217a}$ 对 y_4 进行求解。最后,通过在 $[65,100]$(cm/min)范围内不断调整 v 的取值画出在问题 2 温度设定条件下 y_4 与 v 的关系图像如图 10-17 所示。

制程界限要求 $y_4 \in [40,90]$(s),由图像可以看出,当 $v \geqslant 68$(cm/min)时,y_4 满足制程界限要求。

④ y_5 的求解

根据各温区温度设定值可知,焊件在小温区 8～9 运动时自身温度一定低于环境温度,在 10～11 运动时自身温度一定高于环境温度,因此无论 v 在 $[65,100]$(cm/min)内取何值,温度均在焊件运动到间隙 9-10 范围内时达到峰值。由于问题 1 中研究间隙 9-10 内温度变化时采用了差分迭代模型,在迭代时运用循环比较算法便可得到所有 T 中的最大值,即为 y_5。最后,通过在 $[65,100]$(cm/min)范围内不断调整 v 的取值画出在问题 2 温度设定条件下 y_5 与 v 的关系图像如图 10-18 所示。

制程界限要求 $y_5 \in [240,250]$(℃),由图像可以看出,当 $v \leqslant 78$(cm/min)时,y_5 满足制程界限要求。

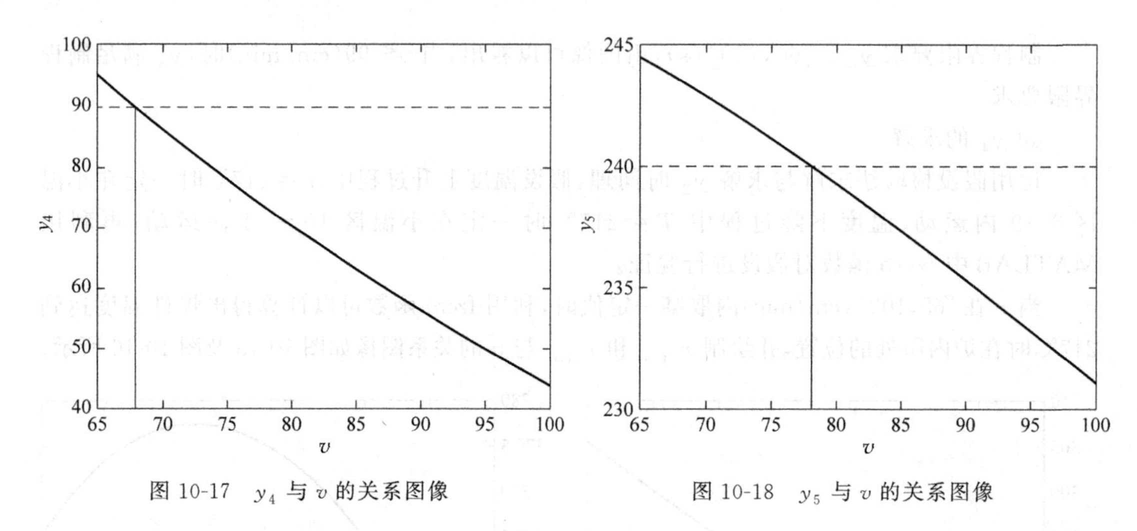

图 10-17 y_4 与 v 的关系图像　　图 10-18 y_5 与 v 的关系图像

以下为问题 2 的结果。

综上所述,当各温区温度的设定值分别为 182℃(小温区 1～5)、203℃(小温区 6)、237℃(小温区 7)、254℃(小温区 8～9)时,允许的最大传送带过炉速度约为 78cm/min。

3. 问题 3 的模型建立与求解

(1) 模型建立

本题为典型的约束条件下的多因素优化建模问题。

优化参量:小温区 1～5 环境温度 E_1,小温区 6 环境温度 E_2,小温区 7 环境温度 E_3,小温区 8～9 环境温度 E_4,过炉速度 v.

各参量取值范围如下:

表 10-7 问题 3 的模型参量取值范围

E_1	165～185℃
E_2	185～205℃
E_3	225～245℃
E_4	245～265℃
v	65～100cm/min

优化目标:使超过 217℃到峰值温度所覆盖的面积最小。

约束条件:制程界限,见表 10-6。

对上述问题,利用浮点数编码的遗传算法(FGA)进行求解[8]。其步骤如下:

STEP1 将 E_1,E_2,E_3,E_4,v 归一化为[0,1]区间上的变量,作为种群的 5 个变量,随机产生 n 个这样的个体作为初始种群。

$$x_i,\quad i=1,2,\cdots,n \tag{45}$$

对于一个个体,设 $x_i^t(t=1,2,\cdots,5)$分别为此个体的 5 个变量值。

STEP2 计算每个个体适应度函数 $f_i,i=1,2,\cdots,n$。

STEP3 使用轮盘赌法作为选择算子并对这 n 个个体进行排序筛选。基于个体适应度计算种群中每个个体的出现概率

$$q_i=\frac{f_i}{\sum_{k=1}^{n}f_i} \tag{46}$$

接着计算累积概率

$$g_i=\sum_{k=1}^{i}q_i \tag{47}$$

产生[0,1]区间上均匀分布的随机数 rand,若 $g_{i-1}<\text{rand}<g_i$,则选择个体 i 进入下一代新种群。重复这一步直到新种群个体数与父代相等。

STEP4 变量值索引 t 从 1～5 循环,将个体随机两两配对(不重复),按照交叉概率 P_c,交叉因子 β_c 进行交叉操作。针对个体 A 和 B,交叉运算规则为

$$x_A^t=x_B^t+(1-\beta_c)x_A^t \tag{48}$$

$$x_B^t=x_A^t+(1-\beta_c)x_B^t \tag{49}$$

STEP5 变量值索引 t 从 1～5 循环,对每一个个体中的每一个参数,按照变异概率 P_v,交叉因子 β_v 进行变异操作。针对个体 A,变异运算规则为

$$x_A^t=\begin{cases}x_A^t+\beta_c(x_{\max}^t-x_A^t)\cdot \text{rand}_2, & \text{rand}_1\geqslant 0.5\\ x_A^t-\beta_c(x_A^t-x_{\min}^t)\cdot \text{rand}_2, & \text{rand}_1< 0.5\end{cases} \tag{50}$$

其中 $\text{rand}_1,\text{rand}_2$ 分别为[0,1]中的随机数,$x_{\max}^t,x_{\min}^t$ 分别为变量取值的上、下限。

STEP6 若满足收敛条件则输出最优解,否则继续进行选择、交叉和变异等操作。

(2) 覆盖面积计算方法

求解 217℃到峰值温度的面积,需要将焊点温度 T 对时间 t 积分。由于炉温曲线不是解析函数,因此采用数值积分的方法近似求解。

如图 10-19 所示,取时间步长 $\Delta t=0.5\text{s}$,用区间$[t_1,t_n]$的下达布和代替覆盖面积。设炉温曲线上升沿达到 217℃的时间为 t_{217a},达到峰值温度的时间为 t_{peak}。则有

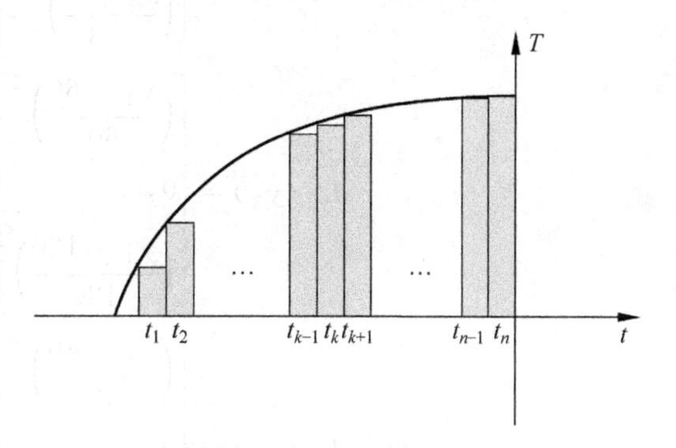

图 10-19 数值积分计算原理示意图

$$S=\int_{t=t_{217a}}^{t_{\text{peak}}}T(t)\mathrm{d}t\approx\sum_{i=1}^{n}T(t_i)\Delta t \tag{51}$$

(3) 适应度函数构建

本题要求在满足约束条件的同时 217℃到峰值温度覆盖面积最小。令 217℃到峰值温度覆盖面积为 S,自然有优化目标 A 为

$$\min\frac{S}{S_0} \tag{52}$$

由于各参量的量级相差较大,寻优过程中可能会导致有效位数的丢失,因此式(52)采取了归一化处理,从而提高计算精度。其中 S_0 为归一化常量,实际计算过程中 S 的合理取值范围均小于或接近 800℃·s,因此取 $S_0=800$℃·s。

遗传算法运算过程中,若某个体不满足约束条件,但其在之后迭代中变异、交叉出的子代有可能出现满足约束条件的最优解,因此不能直接将此个体淘汰,而是构建误差函数 $L_k(y_k)$,降低不满足约束条件的个体被选择的概率。因此有优化目标 B 为

$$\min\sum_{k=1}^{5}L_k(y_k) \tag{53}$$

解决回焊炉特征优化问题通常采用的误差函数基本形式为

$$L(y)=\begin{cases}\left(\dfrac{y-a}{a}\right)^2, & y<a\\ 0, & a\leqslant y\leqslant b\\ \left(\dfrac{y-b}{b}\right)^2, & y>b\end{cases}$$

其中，a，b 分别为约束参量 y 的左右限。上式同样采用归一化处理。

基于上式定义 5 个约束参量的误差函数分别为

$$L_1(y_1)=\begin{cases}0, & y_1\leqslant 3\\ \left(\dfrac{y_1-3}{3}\right)^2, & y_1>3\end{cases}\tag{54}$$

$$L_2(y_2)=\begin{cases}0, & y_2\geqslant -3\\ \left(\dfrac{y_2+3}{-3}\right)^2, & y_2<-3\end{cases}\tag{55}$$

$$L_3(y_3)=\begin{cases}\left(\dfrac{y_3-60}{60}\right)^2, & y_3<60\\ 0, & 60\leqslant y_3\leqslant 120\\ \left(\dfrac{y_3-120}{120}\right)^2, & y_3>120\end{cases}\tag{56}$$

$$L_4(y_4)=\begin{cases}\left(\dfrac{y_4-40}{40}\right)^2, & y_4<40\\ 0, & 40\leqslant y_4\leqslant 90\\ \left(\dfrac{y_4-90}{90}\right)^2, & y_4>90\end{cases}\tag{57}$$

$$L_5(y_5)=\begin{cases}\left(\dfrac{y_5-240}{240}\right)^2, & y_5<240\\ 0, & 240\leqslant y_5\leqslant 250\\ \left(\dfrac{y_5-250}{250}\right)^2, & y_5>250\end{cases}\tag{58}$$

结合优化目标 A 和 B，得到总体优化目标为

$$\min\left(\frac{S}{S_0}+\lambda\sum_{k=1}^{5}L_k(y_k)\right)\tag{59}$$

其中 λ 衡量两个优化目标的参考权重。由于遗传操作通常为取最大值过程，因此将目标函数进行适当转换，变换得到如下适应度函数

$$F=\frac{1}{1+\left(\dfrac{S}{S_0}+\lambda\displaystyle\sum_{k=1}^{5}L_k(y_k)\right)}\tag{60}$$

(4) 模型求解

经过实际测试，针对本题，遗传算法中各参量取以下值时效果较优。

运行遗传算法，算法结果 S 随迭代次数的变化如图 10-20 所示。

表 10-8 问题 3 的最优模型参数

种群大小 N	20
交叉概率 P_c	0.6
交叉因子 β_c	0.01
变异概率 P_v	0.05
变异因子 β_v	0.8
面积归一化常数 S_0	800℃·s
约束条件误差损失权重 λ	8000

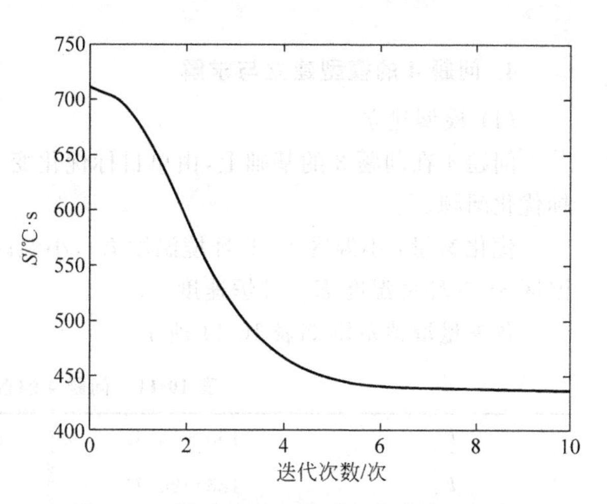

图 10-20 算法结果 S 随迭代次数的变化情况

可以看到迭代 5 次以上时结果 S 变化不大,继续迭代的优化值已经小于模型本身存在的误差。因此取迭代次数为 10 的结果作为问题 3 的结果。

以下为问题 3 的结果。

超过 217℃到峰值温度所覆盖的面积最小值,与取最小值时各温区的设定温度和传送带的过炉速度取值如表 10-9 所示。

此时最优炉温曲线如图 10-21 所示。

表 10-9 问题 3 的最优模型的炉温和过炉速度参数设置

最小覆盖面积 S	437.16℃·s
小温区 1～5 温度 E_1	168.57℃
小温区 6 温度 E_2	190.64℃
小温区 7 温度 E_3	225.97℃
小温区 8～9 温度 E_4	263.98℃
过炉速度 v	83.59cm/min

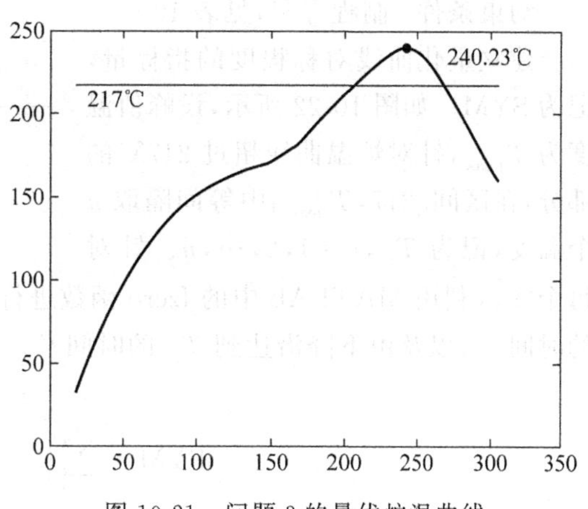

图 10-21 问题 3 的最优炉温曲线

制程界限值如表 10-10 所示。

表 10-10 问题 3 的最优模型的制程界限值

界限名称	数值
最大温度上升斜率	2.28℃/s
最小温度下降斜率	−1.63℃/s
温度上升过程中在 150～190℃的时间	67.75s
温度大于 217℃的时间	59.58s
峰值温度	240.23℃

4. 问题 4 的模型建立与求解

(1) 模型建立

问题 4 在问题 3 的基础上,由单目标优化变为多目标优化,是约束条件下的多变量多目标优化问题。

优化参量:小温区 1~5 环境温度 E_1,小温区 6 环境温度 E_2,小温区 7 环境温度 E_3,小温区 8~9 环境温度 E_4,过炉速度 v。

各参量取值范围如表 10-11 所示。

表 10-11 问题 4 的各参量取值范围

E_1	165~185℃	E_4	245~265℃
E_2	185~205℃	v	65~100cm/min
E_3	225~245℃		

优化目标:

① 217℃到峰值温度覆盖面积尽量小;

② 以峰值温度为中心线的两侧超过 217℃的炉温曲线应尽量对称。

约束条件:制程界限,见表 10-6。

建立量化曲线对称程度的指标量,记为 SYM。如图 10-22 所示,设峰值温度为 T_{peak},针对炉温曲线超过 217℃的部分,在区间$[217,T_{\text{peak}}]$中等间隔取 n 个温度,记为 T_k,$i=1,2,\cdots,n$。针对每个 T_k,利用 MATLAB 中的 fzero 函数进行隐函数求解,计算焊接中心由上升沿达到 T_k 的时间 t_k,以及由下降沿达到 T_k 的时间 t'_k。令:

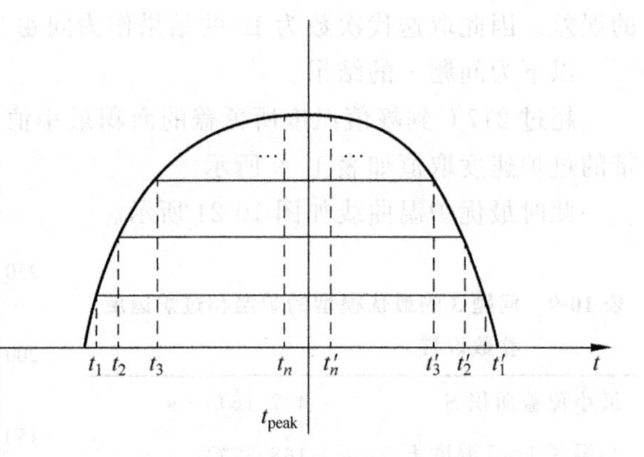

图 10-22 量化曲线对称程度指标示意

$$\text{SYM}=\sum_{k=1}^{n}\left(\frac{\dfrac{t_k+t'_k}{2}-t_{\text{peak}}}{t_{\text{peak}}-t_k}\right)^2 \tag{61}$$

为了消除尺度造成的影响,突显相对对称程度,上式计算过程采用归一化方法,SYM 为对称偏移量除以 $t_{\text{peak}}-t_k$ 的累加值。若曲线相对峰值处完全对称,则 SYM=0,对称程度越低,SYM 越大。因此设优化目标 C 为

$$\min \text{SYM} \tag{62}$$

结合问题 3 的模型,采用浮点数编码的遗传算法求解。问题 4 中适应度函数在此基础上更改为

$$F=\frac{1}{\dfrac{S}{S_0}+\mu\text{SYM}+\lambda\sum_{k=1}^{5}L_k(y_k)} \tag{63}$$

其中 μ 为曲线对称程度的影响权重。

(2) 模型求解

经过实际测试,针对本题,遗传算法中各参量取以下值时效果较优。

表 10-12　问题 4 的最优模型参量数值

参量	数值	参量	数值
种群大小 N	40	变异因子 β_v	0.8
交叉概率 P_c	0.6	面积归一化常量 S_0	4000℃·s
交叉因子 β_c	0.01	约束条件误差损失权重 λ	30000
变异概率 P_v	0.05	曲线对称程度的影响权重 μ	0.1

运行遗传算法,算法结果 S,SYM 随迭代次数的变化如图 10-23 及图 10-24 所示。

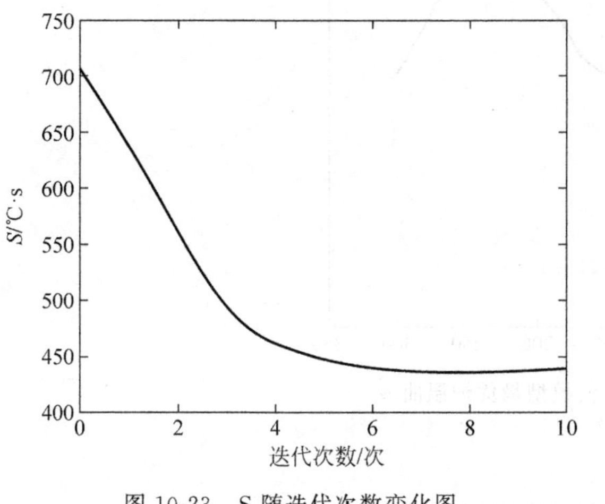

图 10-23　S 随迭代次数变化图

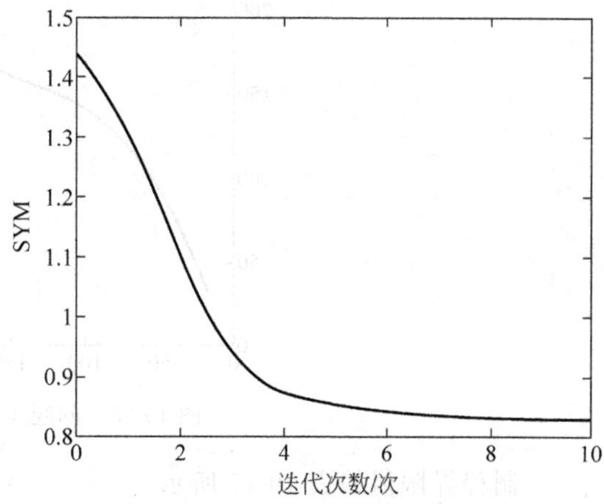

图 10-24　SYM 随迭代次数变化图

表 10-13　问题 4 的模型迭代次数随 SYM 变化情况

迭代次数	S	SYM
0	705.68	1.439
1	640.01	1.317
3	479.70	0.896
5	444.90	0.854
7	434.91	0.834
10	438.67	0.831

可以看到迭代 5 次以上时结果 S 变化不大,继续迭代的优化值已经小于模型本身存在的误差。因此取迭代次数为 10 的结果作为问题 4 的结果。

以下为问题 4 的结果。

所求段炉温曲线尽量对称的条件下,且超过 217℃ 到峰值温度所覆盖的面积取最小值时各温区的设定温度和传送带的过炉速度取值,以及最小面积、最优指标值如表 10-14 所示。

表 10-14　问题 4 的最优模型的温区温度、过炉速度、最小面积、最优指标参数

最小覆盖面积 S	438.67℃·s
最优曲线对称程度指标值 SYM	0.831
小温区 1～5 温度 E_1	169.31℃
小温区 6 温度 E_2	190.48℃
小温区 7 温度 E_3	237.24℃
小温区 8～9 温度 E_4	263.23℃
过炉速度 v	86.73cm/min

此时最优炉温曲线如图 10-25 所示。

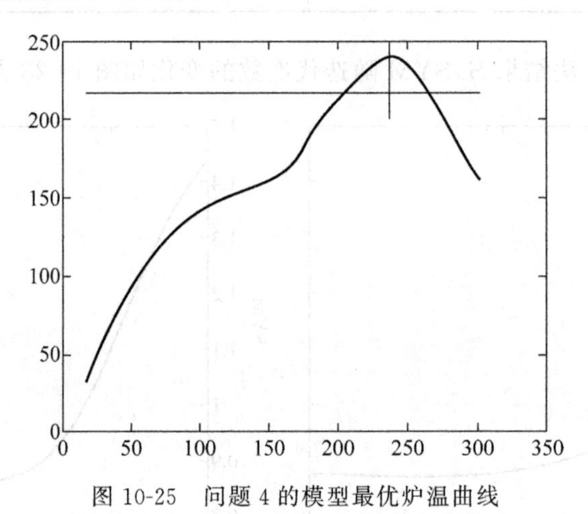

图 10-25　问题 4 的模型最优炉温曲线

制程界限值如表 10-15 所示。

表 10-15　问题 4 的最优模型的制程界限值

界限名称	数　值
最大温度上升斜率	2.30℃/s
最小温度下降斜率	−1.63℃/s
温度上升过程中在 150～190℃的时间	61.31s
温度大于 217℃的时间	60.18s
峰值温度	240.18℃

10.3.7　模型评价

1. 模型优点

（1）建立了回焊炉环境温度分布基本模型，给定各温区温度可以得到回焊炉中各个位置的环境温度，弥补了金属学的现有研究中忽略间隙区和回焊炉前后区域影响的漏洞。

（2）建立了焊接中心温度基本模型，输入各温区温度和过炉速度可以得到焊接过程中焊接中心各个时刻的温度。利用原始数据验证，结果误差很小，证明模型精确度很高。

（3）问题 2 中，通过假设检验法，得到计算 5 个制程界限的特征点均分别落在特定区间内，搜索范围大大减小，提高计算效率，可以作为类似寻优问题的参考方法。

(4) 问题3中,利用遗传算法解决优化问题,比传统方法效率和准确度更高。将制程界限约束条件松弛化,转化为线性误差函数,使得不满足约束但是邻近约束条件的个体有繁殖机会,提高后代取到最优解的可能性。

(5) 问题4中,针对双目标优化动态选取优化权重,通过观察曲线结果迭代修改权重值,达到所求区段曲线对称性好、且所求覆盖面积小的优化结果。

2. 模型缺点

(1) 焊接中心温度与环境温度关系方程式有一定误差。查阅相关文献,当温差大于26℃时,冷却定律方程式变为

$$(T-E)^{\alpha}=-\frac{\mathrm{d}T}{\mathrm{d}t}$$

其中α也与温差有关。由于未知量过多,题目仅给了一次实验中炉温曲线的数据,数据量过少,因此无法用这一更精确的模型求解,导致温区温度变化时沿用问题1所得模型可能产生一定误差。

(2) 认为小温区内部及边界处处恒温且没有考虑热辐射等热力学因素对环境温度影响。

(3) 问题3中,由于时间有限,种群数量、迭代次数、遗传算法所取的交叉率、变异率,以及制程界限约束条件的误差函数权重的选取值可能并非最优值,导致运算结果与真实的最优解有一定偏差。

(4) 问题4中,衡量曲线对称度的指标不唯一,人眼对对称程度的感知有所不同,导致优化模型存在主观因素影响,得到的结果不唯一。

3. 模型改进

(1) 有条件的情况下改变温区温度,实际进行多次实验,得到多个炉温曲线,套用更精确模型得到焊接中心温度与环境温度关系。

(2) 针对现实中小温区热力学结构和发热器位置,并引入热辐射、热对流因素,计算得到温区环境温度分布更精确的模型。

(3) 在问题3、4的遗传算法中,运用更优化的算法、借鉴前人经验,从而得到最佳的参数、权重的取值,代入这些取值得到更好的结果。

参考文献

[1] 夏建亭.回流焊温度分布曲线图[J].电子工艺技术,1998(3):3-5.

[2] 李昂,王岳,陶然.傅里叶热传导方程和牛顿冷却定律在流体热学研究中的数学模型应用[J].工业技术创新,2016,03(3):498-502.

[3] 黄丙元.SMT再流焊温度场的建模与仿真[D].天津:天津大学,2005.18-28.

[4] 冯志刚,郁鼎文,朱云鹤.回流焊工艺参数对温度曲线的影响[J].电子工艺技术,2004(6):243-246+251.

[5] 徐海涛,陈飞.回流焊炉温操作过程中热容温度曲线研究[J].现代职业教育,2017(2):44.

[6] 詹士昌.牛顿冷却定律适用范围的探讨[J].大学物理,2000(5):36-37.

[7] 罗宏.用傅里叶定律分析无限大平行平板中的准稳态[J].物理实验,2014,34(8):31-33.

[8] 郭瑜,孙志礼,袁哲,等.基于神经网络-遗传算法的回流焊参数设定[J].机械科学与技术,2013,32(8):1211-1214.

10.4 论文点评

文中开始对焊炉内热传导方程讨论很详细，并给出了相应的模型简化思路和求解算法。对于第一问，文中代入已有数据来获取参数，以此建立炉温曲线，求解思路很明确。第二问建立了约束条件，并利用搜索法寻求最佳的速度。这里的计算思路很好，不过作者没有详细说明速度的搜索规则。

对于第三问，文中给出了明确的优化模型和遗传算法的详细解释。不过对于遗传算法中的参数选取，论文没有做解释。实际上对于遗传算法来说，初始种群的规模和选择、变异概率、交叉概率、进化代数等的设定都是有一定规则的，应该结合本问题的实际情况来设定。

对于第四问，文中也认为这是一个多目标优化问题，并给出了对称程度的评价指标，以此作为新增的目标函数。在多目标的处理上，文中采用了设定权重的方式，这是一种经典的处理方式，需要说明权重设定的规则。

在论文中，没有注意到误差分析和灵敏度分析。

这篇论文的作者都是刚刚升入二年级的本科生，参加竞赛时学过的数学课程很少，论文中涉及的数学物理方程、计算方法、最优化方法及其算法等都是通过短期自学才有了大致了解，因此在计算、求解的过程中有所疏漏在所难免。不过难得的是论文的思路非常清楚，开始的热传导方程，后面的优化模型，都很好地满足了题目的要求。论文的写作也很规范，图表、公式的格式统一，注意到了参考文献的引用和规范标注，解释所用的算法的数学原理等。在问题重述部分，作者没有简单复制原题，而是根据自己的理解作了描述，有这样的意识非常好。

10.5 获奖论文——基于一维非稳态导热的炉温曲线探究

作　　者：娄春妮　徐小雯　徐容恺

指导教师：王宏洲

获奖情况：2020 年全国数学建模竞赛二等奖

摘要

本文主要研究回焊炉内部温度设定以及过炉速度引起的炉温曲线变化，以热传导方程为基础建立温度分布模型，利用向后差分和追赶法求解模型。

在建立模型的过程中，首先基于傅里叶定律得出焊接区域的一维非稳态热传导模型。同时考虑到回焊炉内部温度达到稳定时属于稳态热传导模型，因而求出稳定时的回焊炉内部温度，作为求解焊接区域中心温度的边界条件。求解焊接区域模型时采用了网格剖分，离散化和向后差分的方法，得到三对角线性方程组，利用追赶法求解，得出模型。

其次在求解问题 2、3 时，建立单目标优化模型，优化目标分别为速度和面积。根据所设定的各个温区的温度，计算出整个回焊炉各处的温度，作为边界条件。然后在符合制程界限的前提下，采用变步长枚举法逐步搜索得到最优解。

再次在求解问题 4 时，建立双目标优化模型，为了衡量曲线对称的程度，引入新变量 E 来描述。计算出各个温度点和其对称点的温度的差值的平方平均作为 E 的值，再将优化目标设置为面积和新变量 E,边界条件在设定好温度后求出,然后仍然采用变步长枚举法搜索最优解。

最后对本文所建立的模型及采用的方法进行分析讨论,综合评价模型。

关键词:非稳态一维热传导,稳态一维热传导,有限差分,离散化。

10.5.1 问题重述

1. 问题背景

在生产集成电路板等电子产品的过程中,需要在回焊炉中加热装有各种电子元件的印刷电路板,使电子元件焊接到电路板上。在上述过程中,对回焊炉各部分温度的控制,是影响产品质量的关键因素。目前,已有很多相关实验测试对此进行了控制和调整。本问题有以下要求和前提:

(1) 回焊炉内部有 11 个小温区,它们从功能上分为 4 个大温区:预热区、恒温区、回流区、冷却区。还设有炉前区域和炉后区域。

(2) 每个小温区长 30.5cm,相邻小温区间隔 5cm,炉前、炉后区域长度均为 25cm。

(3) 炉前、炉后区域及小温区之间间隙不做温度控制,车间温度保持 25℃。

(4) 温度设定:175℃±10℃(小温区 1~5)、195℃±10℃(小温区 6)、235℃±10℃(小温区 7)、255℃±10℃(小温区 8~9)、25℃(小温区 10~11);传送带的过炉速度为 65~100cm/min;焊接区域的厚度为 0.15mm。温度传感器在焊接区域中心的温度达到 30℃时开始工作,电路板进入回焊炉开始计时。

(5) 要求小温区 1~5 中的温度保持一致,小温区 8,9 中的温度保持一致,小温区 10,11 中的温度保持 25℃。

(6) 炉温曲线有制程界限的限制。

2. 求解问题

问题 1 综合附件中给出的数据,建立焊接区域温度变化的数学模型。根据给出的传送带过炉速度、各温区温度的设定值,给出焊接区域中心的温度变化以及小温区 3,6,7 中点、小温区 8 结束处焊接区域中心的温度,画出炉温曲线,并给出每隔 0.5s 焊接区域中心的温度。

问题 2 在制程界限的限制下,根据给定的各温区温度的设定值,确定允许的最大传送带过炉速度。

问题 3 确定超过 217℃到峰值温度所覆盖的面积最小的最优炉温曲线,各温区的设定温度和传送带的过炉速度,并计算相应的面积。

问题 4 在问题 3 的基础上还要使炉温曲线关于峰值中心线尽量对称,求出各温区的设定温度和传送带的过炉速度。

10.5.2 问题分析

(a) 问题 1 的分析

附件中已给出某次设定条件下的炉温曲线。综合考虑三大传热方式,先建立基于热传导方程的温度分布模型,借助傅里叶定律和能量守恒定律列出热传导方程,得到一个偏微分方程，再联立初始条件和边界条件求解方程中的未知参数，应用找到的规律得到电焊区的中心温度。

(b) 问题 2 的分析

问题 2 是个约束条件下的优化问题。给定温度设置后，在制程界限限制下求最大过炉速度。用 MATLAB 从最大速度开始向下穷举，并依次检验是否满足制程界限，一旦满足条件即可得到唯一最优解。

(c) 问题 3 的分析

同样的优化问题，在制程界限要求下改变了最优解的定义，且增加了各温区的设定温度为未知数，要使面积最小。先遍历温度再对过炉速度穷举，利用微元法求解面积，通过大步长的结果确定最优解的范围，再缩短步长提高精度最后得解。

(d) 问题 4 的分析

在问题 3 的基础上额外增加了曲线两侧对称的条件。为了量化对称性，引入新的变量，综合考虑上述所有因素，建立多目标优化模型。

10.5.3 模型假设

假设 1　只考虑焊接区域的厚度，将其上下表面等效成无限大的均匀平面；
假设 2　假设温度都是空间的连续函数；
假设 3　假设介质均匀且热传导率相同；
假设 4　假设各小温区内部空气温度相同；
假设 5　假设焊接区域的表面温度和环境温度一致；
假设 6　假设无外界辐射。

10.5.4 符号说明

符　号	说　明
$u(x,t)$	时间为 t 时 x 处的温度
d	焊接区域的厚度
T	温度
t	时间

10.5.5 模型建立与求解

1. 传热学背景

早期，导热和对流两种基本热量传递方式为人们所熟知，后来辐射作为一种传热方式也被人们发现，以上为三大基本传热方式。傅里叶在导热实验研究时，运用了求解偏微分方程的分离变量法，将解表示成了一系列任意函数，奠定了导热的理论基础。后期科学家进行对流实验时，对强制对流和自然对流的对流基本微分方程及其边界条件进行量纲分析，求解了对流换热问题。本文由于辐射作用微小，可忽略不计，故主要考虑热传导和对流带来的影响[1]。

热传导方程的推导过程

关于热传导的傅里叶定律，在 $\mathrm{d}t$ 时间内，沿着某个面积元 $\mathrm{d}s$ 的外法线方向流过的热量 $\mathrm{d}\boldsymbol{q}$ 与该面积元两侧的温度变化率$\frac{\partial u}{\partial \boldsymbol{n}}$成正比，比例系数为 k，即

$$\mathrm{d}\boldsymbol{q}=-k\frac{\partial u}{\partial \boldsymbol{n}}\boldsymbol{e}_n\,\mathrm{d}s\,\mathrm{d}t=-k\nabla u\,\mathrm{d}s\,\mathrm{d}t$$

其中，k 为导热系数，设为常数，单位：$\mathrm{W/m^2}$，$\boldsymbol{e}_n$ 为该面元的外法向单位向量。

对于一个封闭的体积元 Ω，在 $\mathrm{d}t$ 时间内其内部的热量变化为 $\mathrm{d}Q$，通过对体积元的闭合面积分，即可以得到

$$\mathrm{d}Q=\oiint_{\Sigma}\mathrm{d}\boldsymbol{q}\,\mathrm{d}s=-\oiint_{\Sigma}k\nabla u\,\mathrm{d}\boldsymbol{s}$$

接着对时间积分，导出从 $t_1\sim t_2$ 时刻流入体积元内部的热量 Q_1，则

$$Q_1=\int_{t_1}^{t_2}(-\mathrm{d}Q)\,\mathrm{d}t=\int_{t_1}^{t_2}\oiint_{\Sigma}k\nabla u\,\mathrm{d}\boldsymbol{s}\,\mathrm{d}t$$

根据高斯公式

$$Q_1=\int_{t_1}^{t_2}\oiint_{\Sigma}k\nabla u\,\mathrm{d}\boldsymbol{s}\,\mathrm{d}\boldsymbol{t}=\int_{t_1}^{t_2}\iiint_{\Omega}\nabla(k\nabla u)\,\mathrm{d}v\,\mathrm{d}t=\int_{t_1}^{t_2}\iiint_{\Omega}k\ \nabla^2 u\,\mathrm{d}x\,\mathrm{d}y\,\mathrm{d}z\,\mathrm{d}t$$

根据比热容定义，物体所吸收的热量等于其比热容、质量与温度增量的乘积，可以得出

$$Q_2=cm\Delta u=\iiint_{\Omega}c\rho\frac{\partial u}{\partial t}\mathrm{d}x\,\mathrm{d}y\,\mathrm{d}z\,\mathrm{d}t$$

根据热量守恒定律：$Q_1=Q_2$，可以推出

$$\int_{t_1}^{t_2}\iiint_{\Omega}k\Delta u\,\mathrm{d}x\,\mathrm{d}y\,\mathrm{d}z\,\mathrm{d}t=\int_{t_1}^{t_2}\iiint_{\Omega}c\rho\frac{\partial u}{\partial t}\mathrm{d}x\,\mathrm{d}y\,\mathrm{d}z\,\mathrm{d}t$$

$$k\Delta u=c\rho\frac{\partial u}{\partial t}$$

$$\frac{\partial u}{\partial t}=\frac{k}{c\rho}\left(\frac{\partial^2 u}{\partial x^2}+\frac{\partial^2 u}{\partial y^2}+\frac{\partial^2 u}{\partial z^2}\right)$$

本文考虑在一维空间下温度分布，即可简写为

$$\frac{\partial u}{\partial t}=a^2\frac{\partial^2 u}{\partial x^2},\quad a^2=\frac{k}{c\rho}$$

傅里叶定律

$$\frac{Q}{S}\sim\frac{\partial u}{\partial x}\Leftrightarrow Q=-\lambda S\frac{\partial u}{\partial x}$$

$$q=-\lambda\frac{\partial u}{\partial x}$$

“$-$”表示热量传递方向与温度上升方向相反，$u(\boldsymbol{x},t)$表示坐标 $\boldsymbol{x}$ 处，时间为 t 时的温度，$\frac{\partial u}{\partial x}$表示温度沿 x 轴方向的变化率，λ 表示热传导率，为一常数[1]。

牛顿冷却定律

具体的表述为：当物体表面与周围存在温差时，单位时间从单位面积散失的热量与温

度差成正比，比例系数为热传导率[1]。

$$-\lambda\frac{\partial u}{\partial \boldsymbol{n}}=h\nabla T$$

2. 问题 1

(1) 模型建立

回焊炉结构中，忽略各小温区内部的热对流影响，认为内部空气温度处处相等。各小温区存在 5cm 的间隙，且未做任何温度设定。显然，间隙中的空气温度会受相邻小温区空气温度的影响，三者之间存在热对流的热传递模型。又因回焊炉启动后空气温度会在短时间内达到稳定，即温度不再随时间发生变化，可知是个稳态模型。忽略空气在竖直方向上温度的改变，仅考虑热量沿水平方向的传递，建立一个一维稳态传热模型。先根据给定的长度将回焊炉各区域坐标化。

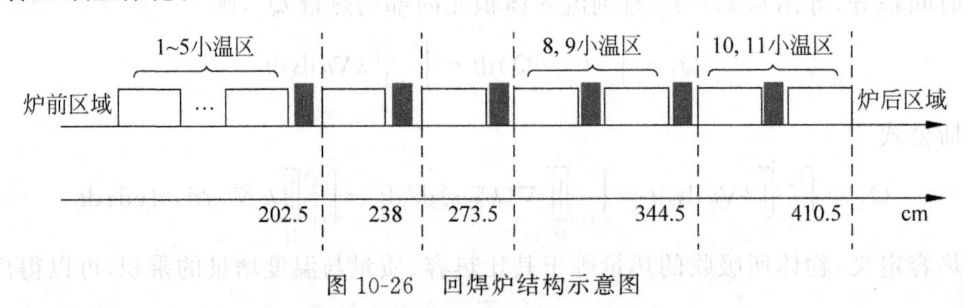

图 10-26　回焊炉结构示意图

热阻分析法适用于一维、稳态、常物性、无内热源的系统，此空气对流系统满足上述条件。由于温度不随时间变化，所以温度对时间的偏导为 0，即温度对距离的二阶偏导为 0，由此可知，温度关于距离呈线性分布。间隙温度满足

$$T=\frac{T_2-T_1}{\delta}x+T_1$$

整个回焊炉区域内的温度分布得解，用给定数据绘制出对应坐标的温度曲线如图 10-27 所示。

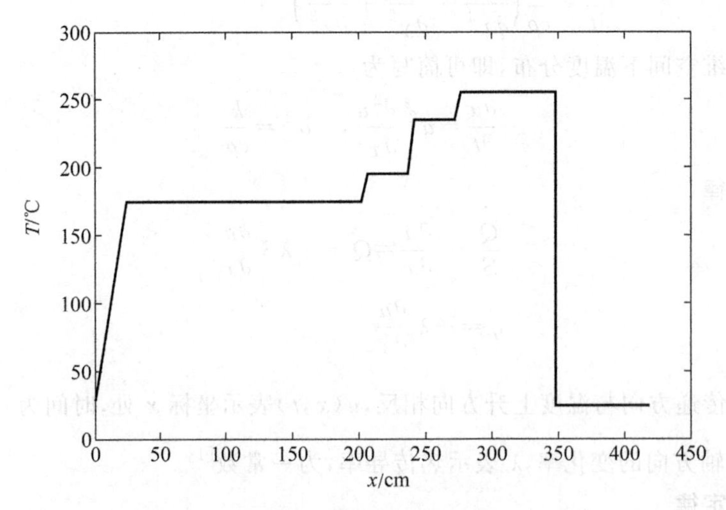

图 10-27　温度—坐标曲线

在焊接区域系统中，焊膏上下均匀受热，建立一个合理等效模型，即不考虑空气与焊接区域表面的热传递，将焊膏上下表面的温度等效为当前空气的温度。又因回焊炉启动后空气温度会在短时间内达到稳定，则在相关区域可直接等效成设定温度。

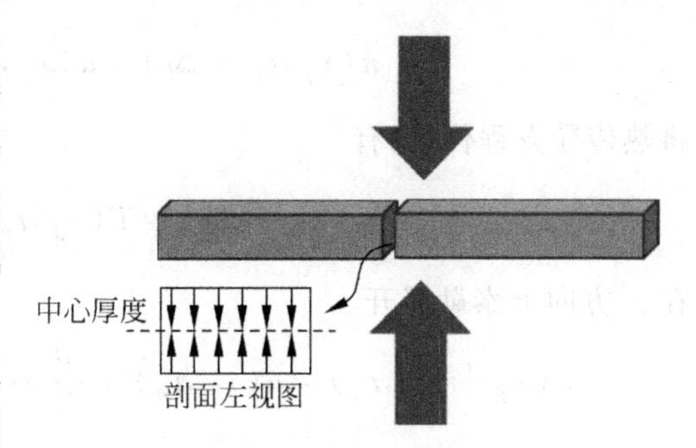

图 10-28 焊接区域受热示意图

认为热量在水平方向上是处处相等的，仅考虑热量在竖直方向上的传递，以其中一个剖面为典型进行模型建立，研究其在厚度上的传热学模型。

由于各处温度随时间不断变化，即时间也作为变量，建立一维非稳态传热模型。

根据上述背景，列出热传导方程为

$$\frac{\partial}{\partial t}u(x,t)=a^2\frac{\partial^2}{\partial x^2}u(x,t)$$

边界条件和初始条件

区域 1

$$u(0,0)=T_0,\quad u(d,0)=T_0$$

$$u(x,0)=T_0,\quad 0<x<d$$

对应区域 $i=2,3,\cdots$

$$u(0,t_{i+1})=Tt_i,\quad u(d,t_{i+1})=Tt_i$$

$$u(x,t_{i+1})=u(x,t_i),\quad 0<x<d$$

(2) 模型求解

模型求解流程如图 10-29 所示。

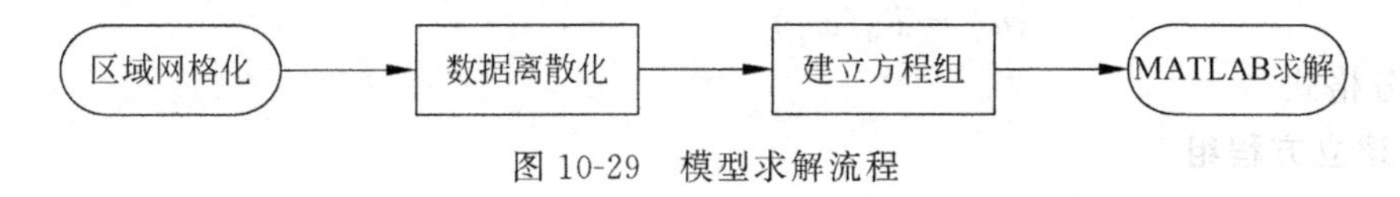

图 10-29 模型求解流程

• **网格化**

分别在时间和空间维度上做等分处理，将以 x 轴为横轴，时间 t 为纵轴的平面网格化，分别记 $\Delta x=\dfrac{d}{M}$，$\Delta t=\dfrac{t}{N}$表示步长，反映了计算的精确度(见图 10-30)。

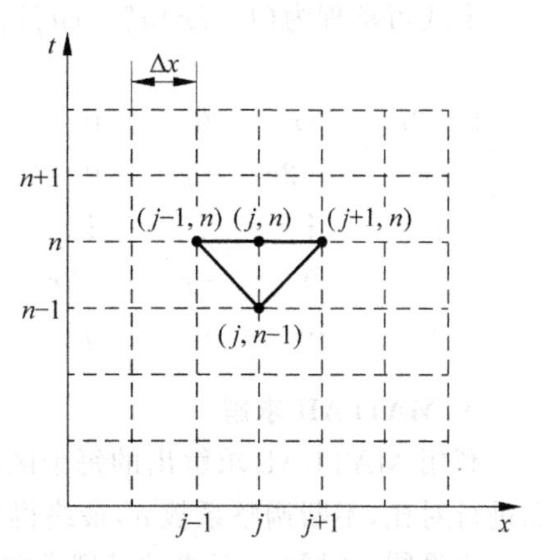

图 10-30 网格化处理

• **离散化**

把 x 离散化

$$\begin{cases}x_j=a+(j-1)\Delta x\\ t_n=(n-1)\Delta t\end{cases}$$

根据 Taylor 展开有

$$u(x_j,t_n+\Delta t)=u(x_j,t_n)+\frac{\partial}{\partial t}u(x_j,t_n)\Delta t+\cdots$$

将热传导方程代入,有

$$T(x_j,t_n+\Delta t)=T(x_j,t_n)+a^2\frac{\partial^2}{\partial x^2}u(x_j,t_n)\Delta t+\cdots$$

在 x 方向上泰勒展开

$$u(x_j+\Delta x,t_n)=u(x_j,t_n)+\frac{\partial}{\partial x}u(x_j,t_n)\Delta x+\frac{1}{2}\frac{\partial^2}{\partial x^2}u(x_j,t_n)(\Delta x)^2+\frac{1}{6}\frac{\partial^3}{\partial x^3}u(x_j,t_n)(\Delta x)^3+O(\Delta x)^4$$

$$u(x_j-\Delta x,t_n)=u(x_j,t_n)-\frac{\partial}{\partial x}u(x_j,t_n)\Delta x+\frac{1}{2}\frac{\partial^2}{\partial x^2}u(x_j,t_n)(\Delta x)^2-\frac{1}{6}\frac{\partial^3}{\partial x^3}u(x_j,t_n)(\Delta x)^3+O(\Delta x)^4$$

联立二式,可以得到

$$\frac{\partial^2}{\partial x^2}u(x,t)=\frac{u(x_j+\Delta x,t_n)+u(x_j-\Delta x,t_n)-2u(x_j,t_n)}{(\Delta x)^2}+O(\Delta x)^2$$

为了便于阅读,将形如 $u(x_j+\Delta x,t_n)$记作 u_{j+1}^n,则上式可化为

$$\frac{\partial^2}{\partial x^2}u(x,t)\approx\frac{u_{j+1}^n+u_{j-1}^n-2u_j^n}{(\Delta x)^2}$$

再次代入热传导方程,可得

$$\begin{cases}\dfrac{u_j^n-u_j^{n-1}}{\Delta t}=a^2\dfrac{u_{j+1}^n+u_{j-1}^n-2u_j^n}{(\Delta x)^2}\\ u_j^0=T_0(x_j)\end{cases}$$

此即差分格式

• **建立方程组**

上式可整理为$(1+2r)u_j^n-ru_{j+1}^n-ru_{j-1}^n=u_j^{n-1}$,其中 $r=\dfrac{a^2\Delta t}{(\Delta x)^2}$将其写成矩阵形式

$$\begin{bmatrix}1+2r & -r & 0 & 0 & \cdots & 0\\ -r & 1+2r & -r & 0 & \cdots & 0\\ \vdots & \vdots & \vdots & \vdots & & \vdots\\ 0 & 0 & -r & 1+2r & -r & 0\\ 0 & \cdots & 0 & 0 & -r & 1+2r\end{bmatrix}_{(M-1)\times(M-1)}\begin{bmatrix}u_1^n\\ u_2^n\\ \vdots\\ u_{M-2}^n\\ u_{M-1}^n\end{bmatrix}=\begin{bmatrix}u_1^{n-1}+ru_0^n\\ u_2^{n-1}\\ \vdots\\ u_{M-2}^{n-1}\\ u_{M-1}^{n-1}+ru_M^n\end{bmatrix}$$

• **MATLAH 求解**

利用 MATLAB 求解出的每个区域的系数 a,得到对应的拟合曲线,与问题 1 给定的数据进行对比,不断调整系数 a,最终得到符合给定数据的 a[3]。

假设同一时间 n 下通过模型求解得到的温度是 u_i^n,给定的温度为 v_i,则定义偏差指数 f 为两温度差值的平方平均,开根号后得到标准化偏差 $\bar{f}$。

计算得偏差 $\bar{f}$ 为 1.8623，说明通过模型求解得到的温度分布与附件中给定的温度分布较为接近，求解得到的 a 具有较好的正确性。

通过拟合曲线和实际温度曲线的对比也可以看出两者的拟合程度较高。

将问题 1 设定的温度数据代入上述求解得到的模型，得到炉温曲线如图 10-32 所示，同时将结果保存在 result.csv 中。

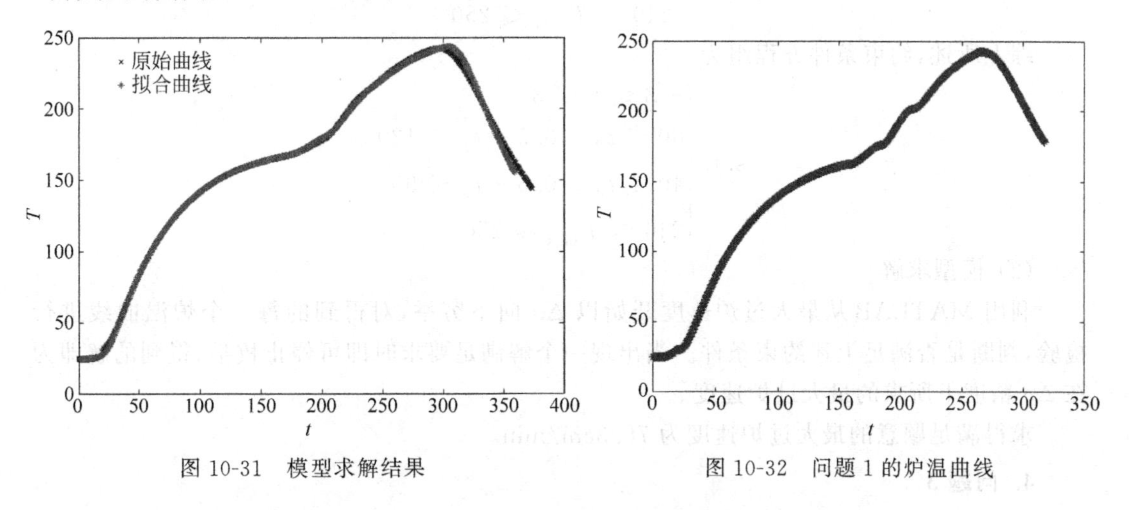

图 10-31 模型求解结果　　图 10-32 问题 1 的炉温曲线

表 10-16 特定点焊接区域中心的温度

区　　域	小温区 3 中点	小温区 6 中点	小温区 7 中点	小温区 8 结束
温度(℃)	127.7	203.8	235.6	237.4

3. 问题 2

(1) 模型建立

问题 2 是典型的优化问题，传送带过炉速度 v 为要求的最优解。通过问题 2 给定的回焊炉温度设定，首先可以得到温度沿坐标的分布。对于每一个给定的过炉速度，可以得到相应的炉温曲线。每个数据可用坐标 (t,T) 表示。在此基础上，我们列出制程界限控制的约束条件。

- **温度上升/下降斜率**

对每一个离散化的数据 (t_i, T_i)，用 $\dfrac{T_{i+1}-T_{i-1}}{t_{i+1}-t_{i-1}}$ 近似替代该点的温度上升/下降斜率 k，进而求得所有点的斜率，且需满足以下约束条件

$$-3 \leqslant k \leqslant 3$$

- **时间**

记录第一个温度大于 150℃数据点的时间为 t_1，第一个温度大于 190℃数据点的时间为 t_2，则相应温度范围的时间区间为 $t_2-0.5-t_1$（数据点时间间隔为 0.5s），需满足以下约束条件

$$60 \leqslant t_2 - 0.5 - t_1 \leqslant 120$$

记录第一个温度大于 217℃数据点的时间为 t_3，此后再记录第一个温度小于 217℃数据

点的时间为 t_4，则相应温度范围的时间区间为 $t_4-0.5-t_3$（数据点时间间隔为 0.5s），需满足以下约束条件

$$40 \leqslant t_4-0.5-t_3 \leqslant 90$$

• **峰值**

找到炉温曲线温度的最大值，记作 $T_{\max}$，需满足以下约束条件

$$240 \leqslant T_{\max} \leqslant 250$$

综上所述，约束条件方程组为

$$\text{s.t.}\begin{cases}-3 \leqslant k \leqslant 3 \\ 60 \leqslant t_2-0.5-t_1 \leqslant 120 \\ 40 \leqslant t_4-0.5-t_3 \leqslant 90 \\ 240 \leqslant T_{\max} \leqslant 250\end{cases}$$

（2）模型求解

利用 MATLAB 从最大过炉速度开始以 Δv 向下穷举，对得到的每一个炉温曲线进行检验，判断是否满足上述约束条件。当出现一个解满足要求时即可停止枚举，得到的解即为在 Δv 精度下所求的最大过炉速度。

求得满足题意的最大过炉速度为 76.3cm/min。

4. 问题 3

（1）模型建立

问题 3 还是约束条件下的优化问题，目标解为面积。对于每一个特定的设定温度以及过炉速度，皆可得到相应的炉温曲线。为了表示面积，我们用微元法，以 217℃ 为横轴参考线，将每个数据散点记作 (t, T_i)，其中 $0<i<n+1$，$\begin{cases}T_0<217℃ \\ T_1 \geqslant 217℃\end{cases}$，$\begin{cases}T_{n+1}<217℃ \\ T_n \geqslant 217℃\end{cases}$

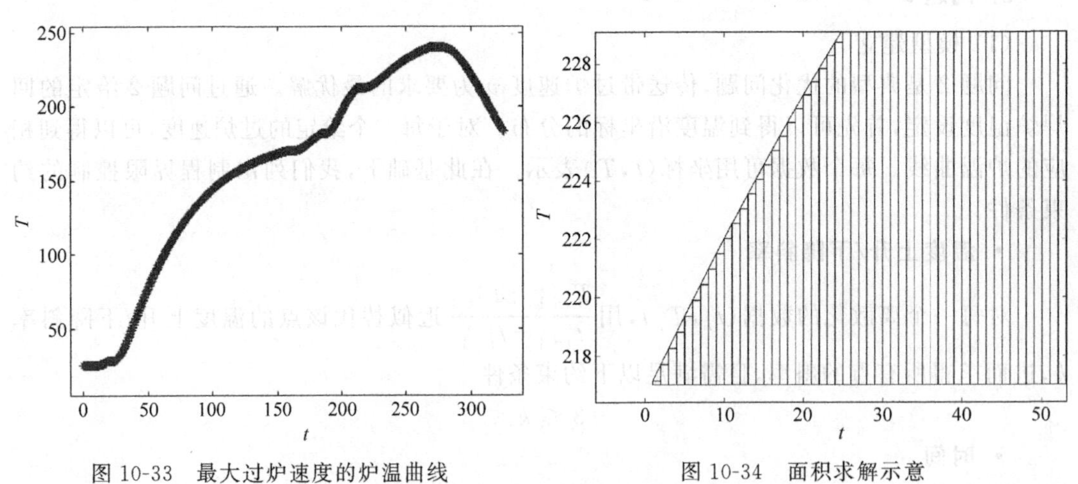

图 10-33 最大过炉速度的炉温曲线　　　图 10-34 面积求解示意

将所求区域分成若干个小四边形，求出两相邻数据散点之间的面积，求和即可得到所求的整个区域面积，最终结果的精度取决于划分的步长。

$$S=\sum_{i=1}^{n}(t_i-t_{i-1})T_{n-1}$$

优化目标：$\min(S)$

$$\text{s.t.}\begin{cases}-3\leqslant k\leqslant 3\\ 60\leqslant t_2-0.5-t_1\leqslant 120\\ 40\leqslant t_4-0.5-t_3\leqslant 90\\ 240\leqslant T_{\max}\leqslant 250\end{cases}$$

(2) 模型求解

由于小温区的温度设置分为四个区域，且温度变化区间不大，故使用四层嵌套循环遍历每个设定的温度。在某个特定温度下，对可能的所有过炉速度进行穷举，计算出相应的区域面积。为了缩短计算时间且不影响结果精度，先通过较大步长遍历从而确定大致的范围，范围缩小后再进一步减小步长，逐渐增加结果可靠性。利用 MATLAB 得到结果。

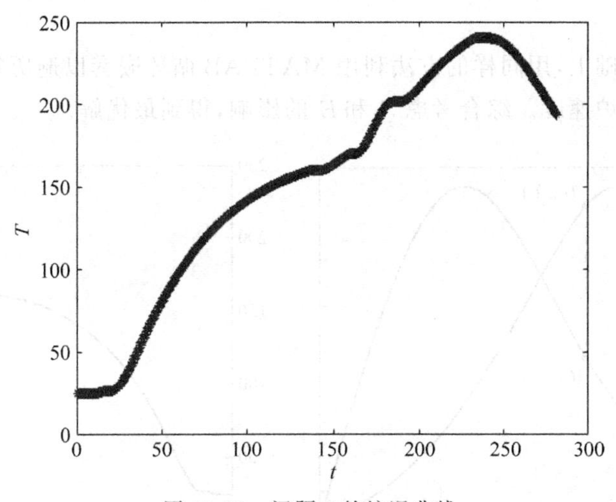

图 10-35　问题 3 的炉温曲线

表 10-17　问题 3 的结果

小温区 1～5	小温区 6	小温区 7	小温区 8,9	过炉速度	最小面积
176.6℃	197.3℃	235.8℃	265.0℃	88.5cm/min	334.6137

5. 问题 4

(1) 模型建立

在问题 3 的基础上，综合考虑面积最小以及曲线对称，建立多目标优化模型。为了量化曲线对称性这一指标，引入新的变量 $\bar{E}$。

同样地，在炉温曲线中以 217℃为横轴参考线建立坐标系，中线为纵轴，两侧的数据记作(t_i,T_i)，其中$-(n+1)<i<n+1$，$\begin{cases}T_{-(n+1)}<217℃\\ T_{-n}\geqslant 217℃\end{cases}$，$\begin{cases}T_{n+1}<217℃\\ T_n\geqslant 217℃\end{cases}$要使曲线在温度超过 271℃区域内以峰值温度为中心线尽量对称，曲线也应尽可能关于该区域中线对称，故可将模型合理简化为关于区域中线对称，使得上式两端 n 必存在且对称。

通过翻转

$$(t_{-i},T_{-i})\xrightarrow{\text{水平翻转}}(t_i,T_{-i})$$

$$(t_i, T_i) \xrightarrow{\text{水平翻转}} (t_{-i}, T_i)$$

定义 $\overline{E}=\overline{\sum_{i=1}^{n}(T_i-T_{-i})^2}$，用来定量地表示曲线的对称性

$$\text{列出目标函数：}\begin{cases}\min(\overline{E})\\ \min(S)\end{cases}$$

$$\text{s.t.}\begin{cases}-3\leqslant k\leqslant 3\\ 60\leqslant t_2-0.5-t_1\leqslant 120\\ 40\leqslant t_4-0.5-t_3\leqslant 90\\ 240\leqslant T_{\max}\leqslant 250\end{cases}$$

（2）模型求解

在问题 3 的基础上，用同样的方法利用 MATLAB 循环嵌套以遍历每一个温度设置，再穷举可能的所有过炉速度。综合考虑 S 和 $\overline{E}$ 的影响，得到最优解。

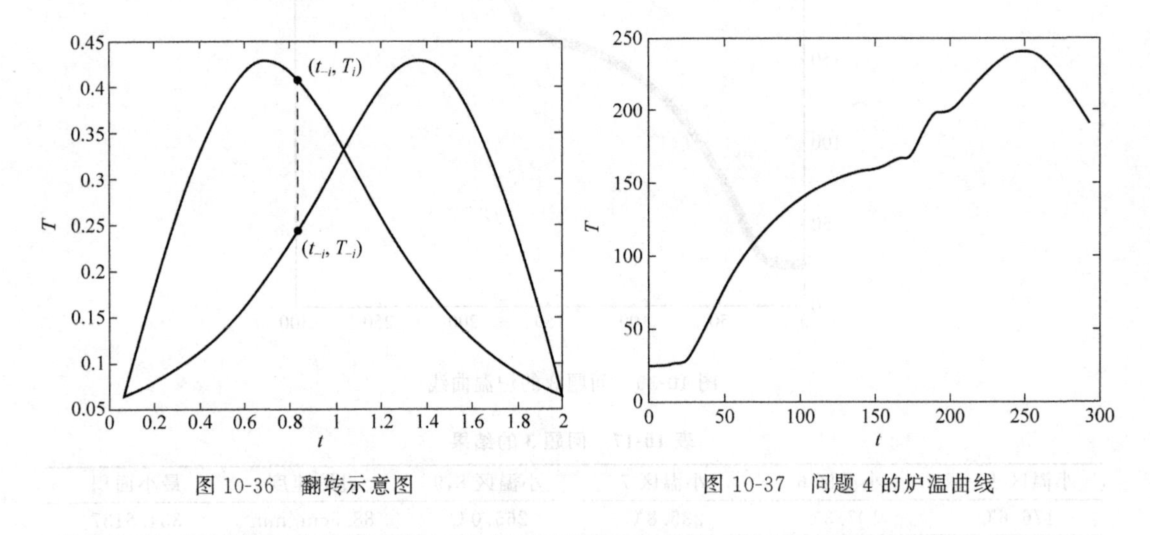

图 10-36　翻转示意图　　　图 10-37　问题 4 的炉温曲线

表 10-18　问题 4 的结果

小温区 1～5	小温区 6	小温区 7	小温区 8,9	过炉速度	最小面积	$\overline{E}$
174.1℃	185.6℃	230.5℃	264.8℃	85cm/min	337.6138	6.6229

10.5.6　模型评价

1. 模型的优点

（1）问题 2～4 中求最优解时采用变步长多次枚举法，避免了直接采用小步长时所带来的大量时间消耗，同时还能保留一定的精确度，使得求解速度快、精度高。

（2）求解问题 3,4 中的面积时，采用微元的思想，将面积分割为若干个矩形面积的求和，从而避免了利用积分计算面积，降低计算的复杂度。

（3）引入指标 E 用于衡量曲线的对称程度，该指标能准确反映曲线对称程度，而且在计

算时不需要大量的时间开销，简单可行。

2. 模型的缺点

模型求解时，由于采用的是遍历寻找最优解的方法，当追求较高精度采用较小步长时，程序运行需要耗费较长时间。

3. 模型改进方案

(1) 可以考虑回焊炉各小温区内部空气热对流，不同种类回焊炉采用的加热方式不同，对各种主流型号的回焊炉都建立相应的模型。

(2) 可以采用误差更小的差分格式求解热传导方程。

10.5.7 模型推广

随着现代化建设的不断开展，集成电路产业得到了迅猛发展。回流焊工艺在

这种趋势下变得越发重要，运用此模型可实现生产工艺中对温度的精确控制，有着广阔的应用前景。

参考文献

[1] 杨世铭，陶文铨. 传热学[M]. 4 版. 北京：高等教育出版社，2006.

[2] 高金刚. 表面贴装工艺生产线上回流焊曲线的优化与控制[D]. 上海交通大学，2007.

[3] 史策. 热传导方程有限差分法的 MATLAB 实现[J]. 咸阳师范学院学报，2009，24(4)：28-29.

[4] 李灿，高彦栋，黄素逸. 热传导问题的 MATLAB 数值计算[J]. 华中科技大学学报(自然科学版)，2002(09)：91-93.

[5] 蔡海涛，李威，王浩. 回流焊接温度曲线控制研究[J]. 微处理机，2008，29(05)：24-26.

[6] 金启胜. 利用 Fourier 变换求解热传导方程的定解问题[J]. 上饶师范学院学报，2011，31(3)：54-55.

10.6 论文点评

论文在引入热传导方程模型时，介绍了该模型的推导过程。对于这样一个经典模型来说，这并不是必要的，但是应该提倡作者的思路和意识，即在建立模型的过程中，尽可能把其推导过程、原理讲清楚。

对于第一问，论文给出了明确的热传导方程和相应的定解条件，并给出了详细的离散化求解算法模型，这一环节做得非常好。

回答第二问时，文中点明这是一个优化问题，随后列出了温度变化速度、时间、峰值等约束条件，求解时使用的是逐步搜索法。这一部分稍显不足，没有给出自己在搜索过程中的发现和采取的对策。

对于第三问，文中选择了离散化的求面积方法，以此为目标函数，加上已有的约束条件，给出了优化模型。由于目标函数将整个炉内时间分成了若干个分段，相当于简化了问题，因此在算法上论文依然采用了搜索法。这里的简化并不是必要的，表明作者可能并不了解非线性优化问题的处理方法。

文中针对第四问所做的示意图有点问题，容易让读者误解。论文也提出了对称性的评价指标，但是这个指标的计算公式看起来并不合理，对此论文中应该做一些更详细的解释。

作者意识到第四问的模型是一个多目标的优化问题，但是并没有详细解释如何处理多个目标函数，在求解算法上也继续采用遍历算法。这对于这样一个变量较多的优化问题来说，遍历算法肯定是力不从心的。

最后，本文没有注意做误差分析、灵敏度分析，而这对于数值计算来说是必须具备的环节。

本文的优点很明确，一方面给出了基于热传导方程的电路板温度计算方法，另一方面给出了基于工艺流程和限制条件的优化模型，这些都非常吻合题目的要求，而且对建模依据的论述很详细，做到了有理有据。论文的缺点主要集中在优化模型的计算求解方面，对复杂的最优化问题的求解算法不够熟悉。这要归因于赛前准备不足，竞赛期间也没有查阅充足的学术文献，如果能把这些短板补齐，本论文应该能得到更好的成绩。

第 11 章　穿越沙漠(2020 B)

11.1　题目

考虑如下的小游戏：玩家凭借一张地图，利用初始资金购买一定数量的水和食物(包括食品和其他日常用品)，从起点出发，在沙漠中行走。途中会遇到不同的天气，也可在矿山、村庄补充资金或资源，目标是在规定时间内到达终点，并保留尽可能多的资金。

游戏的基本规则如下：

(1) 以天为基本时间单位，游戏的开始时间为第 0 天，玩家位于起点。玩家必须在截止日期或之前到达终点，到达终点后该玩家的游戏结束。

(2) 穿越沙漠需水和食物两种资源，它们的最小计量单位均为箱。每天玩家拥有的水和食物质量之和不能超过负重上限。若未到达终点而水或食物已耗尽，视为游戏失败。

(3) 每天的天气为“晴朗”“高温”“沙暴”三种状况之一，沙漠中所有区域的天气相同。

(4) 每天玩家可从地图中的某个区域到达与之相邻的另一个区域，也可在原地停留。沙暴日必须在原地停留。

(5) 玩家在原地停留一天消耗的资源数量称为基础消耗量，行走一天消耗的资源数量为基础消耗量的 2 倍。

(6) 玩家第 0 天可在起点处用初始资金以基准价格购买水和食物。玩家可在起点停留或回到起点，但不能多次在起点购买资源。玩家到达终点后可退回剩余的水和食物，每箱退回价格为基准价格的一半。

(7) 玩家在矿山停留时，可通过挖矿获得资金，挖矿一天获得的资金量称为基础收益。如果挖矿，消耗的资源数量为基础消耗量的 3 倍；如果不挖矿，消耗的资源数量为基础消耗量。到达矿山当天不能挖矿。沙暴日也可挖矿。

(8) 玩家经过或在村庄停留时可用剩余的初始资金或挖矿获得的资金随时购买水和食物，每箱价格为基准价格的 2 倍。

请根据游戏的不同设定，建立数学模型，解决以下问题。

1. 假设只有一名玩家，在整个游戏时段内每天天气状况事先全部已知，试给出一般情况下玩家的最优策略。求解附件中的“第一关”和“第二关”，并将相应结果分别填入 Result. xlsx。

2. 假设只有一名玩家，玩家仅知道当天的天气状况，可据此决定当天的行动方案，试给出一般情况下玩家的最佳策略，并对附件中的“第三关”和“第四关”进行具体讨论。

3. 现有 n 名玩家，他们有相同的初始资金，且同时从起点出发。若某天其中的任意 $k(2\leqslant k\leqslant n)$ 名玩家均从区域 A 行走到区域 $B(B\neq A)$，则他们中的任一位消耗的资源数量均为基础消耗量的 $2k$ 倍；若某天其中的任意 $k(2\leqslant k\leqslant n)$ 名玩家在同一矿山挖矿，则他们中的任一位消耗的资源数量均为基础消耗量的 3 倍，且每名玩家一天可通过挖矿获得的资金是基础收益的 $\frac{1}{k}$；若某天其中的任意 $k(2\leqslant k\leqslant n)$ 名玩家在同一村庄购买资源，每箱价格均为基准价格的 4 倍。其他情况下消耗资源数量与资源价格与单人游戏相同。

（1）假设在整个游戏时段内每天天气状况事先全部已知，每名玩家的行动方案需在第 0 天确定且此后不能更改。试给出一般情况下玩家应采取的策略，并对附件中的“第五关”进行具体讨论。

（2）假设所有玩家仅知道当天的天气状况，从第 1 天起，每名玩家在当天行动结束后均知道其余玩家当天的行动方案和剩余的资源数量，随后确定各自第二天的行动方案。试给出一般情况下玩家应采取的策略，并对附件中的“第六关”进行具体讨论。

附件

第一关

参数设定：

负重上限		1200kg	初始资金	10000 元	
截止日期		第 30 天	基础收益	1000 元	
资源	每箱质量/kg	基准价格(元/箱)	基础消耗量(箱)		
			晴朗	高温	沙暴
水	3	5	5	8	10
食物	2	10	7	6	10

天气状况：

日期	1	2	3	4	5	6	7	8	9	10
天气	高温	高温	晴朗	沙暴	晴朗	高温	沙暴	晴朗	高温	高温
日期	11	12	13	14	15	16	17	18	19	20
天气	沙暴	高温	晴朗	高温	高温	高温	沙暴	沙暴	高温	高温
日期	21	22	23	24	25	26	27	28	29	30
天气	晴朗	晴朗	高温	晴朗	沙暴	高温	晴朗	晴朗	高温	高温

地图：

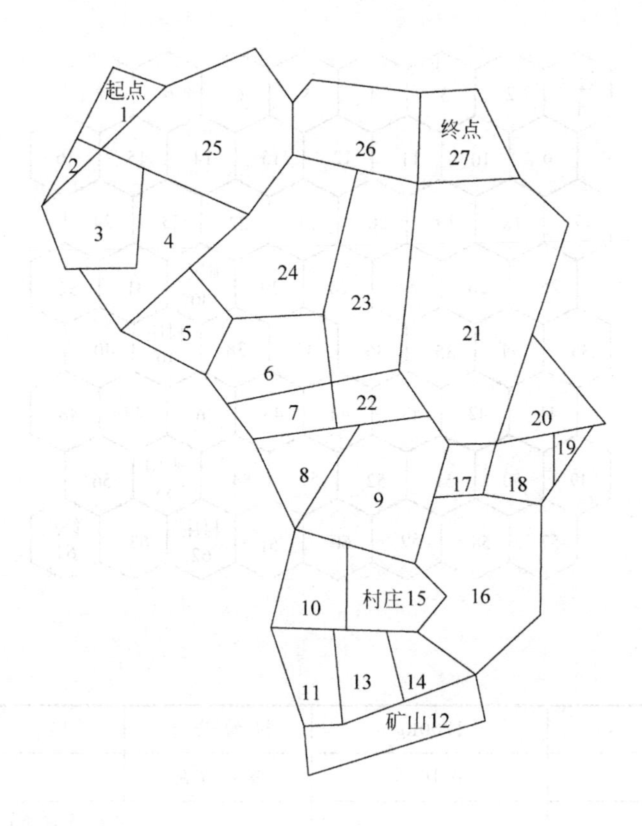

第二关

参数设定：

负重上限		1200kg	初始资金	10000元	
截止日期		第30天	基础收益	1000元	
资源	每箱质量/kg	基准价格(元/箱)	基础消耗量(箱)		
			晴朗	高温	沙暴
水	3	5	5	8	10
食物	2	10	7	6	10

天气状况：

日期	1	2	3	4	5	6	7	8	9	10
天气	高温	高温	晴朗	沙暴	晴朗	高温	沙暴	晴朗	高温	高温
日期	11	12	13	14	15	16	17	18	19	20
天气	沙暴	高温	晴朗	高温	高温	高温	沙暴	沙暴	高温	高温
日期	21	22	23	24	25	26	27	28	29	30
天气	晴朗	晴朗	高温	晴朗	沙暴	高温	晴朗	晴朗	高温	高温

地图：

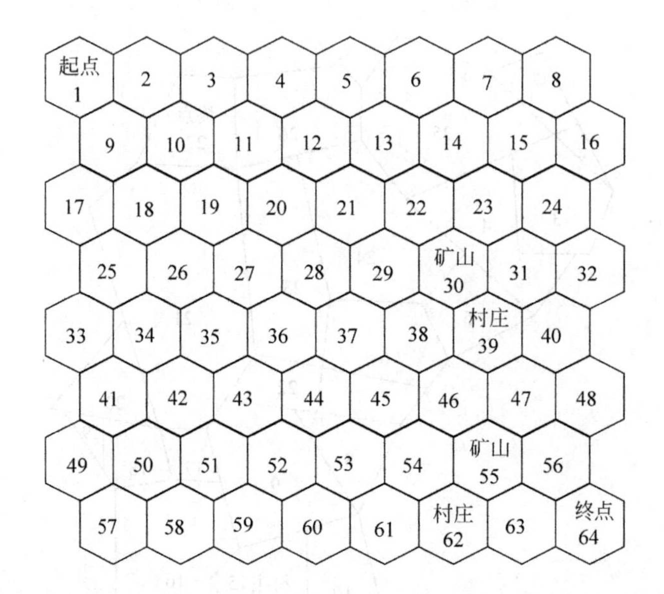

第三关

参数设定：

负重上限		1200kg	初始资金	10000 元	
截止日期		第 10 天	基础收益	200 元	
资源	每箱质量/kg	基准价格(元/箱)	基础消耗量(箱)		
			晴朗	高温	沙暴
水	3	5	3	9	10
食物	2	10	4	9	10

天气状况：玩家仅知道当天的天气状况，但已知 10 天内不会出现沙暴天气。

地图：

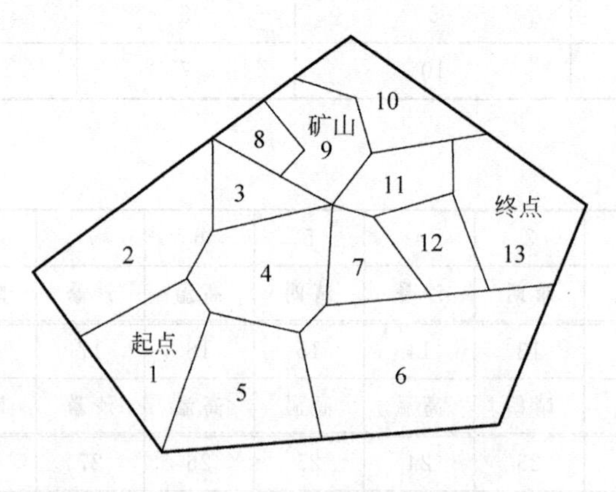

第四关

参数设定：

负重上限		1200kg	初始资金	10000 元	
截止日期		第 30 天	基础收益	1000 元	
资源	每箱质量/kg	基准价格(元/箱)	基础消耗量(箱)		
			晴朗	高温	沙暴
水	3	5	3	9	10
食物	2	10	4	9	10

天气状况：玩家仅知道当天的天气状况，但已知 30 天内较少出现沙暴天气。

地图：

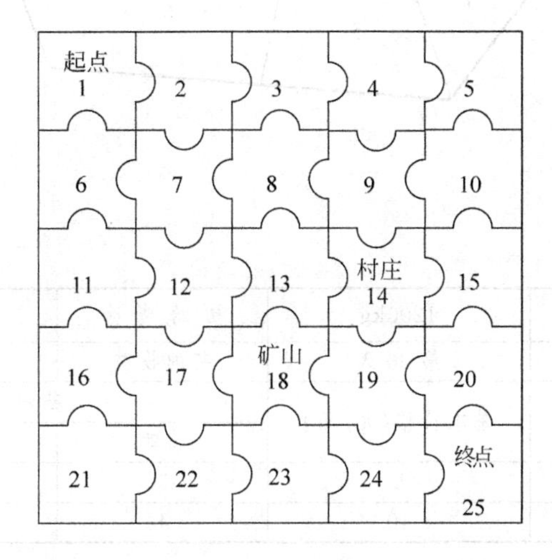

第五关

玩家个数：$n=2$

参数设定：

负重上限		1200kg	初始资金	10000 元	
截止日期		第 10 天	基础收益	200 元	
资源	每箱质量/kg	基准价格(元/箱)	基础消耗量(箱)		
			晴朗	高温	沙暴
水	3	5	3	9	10
食物	2	10	4	9	10

天气状况：

日期	1	2	3	4	5	6	7	8	9	10
天气	晴朗	高温	晴朗	晴朗	晴朗	晴朗	高温	高温	高温	高温

地图：

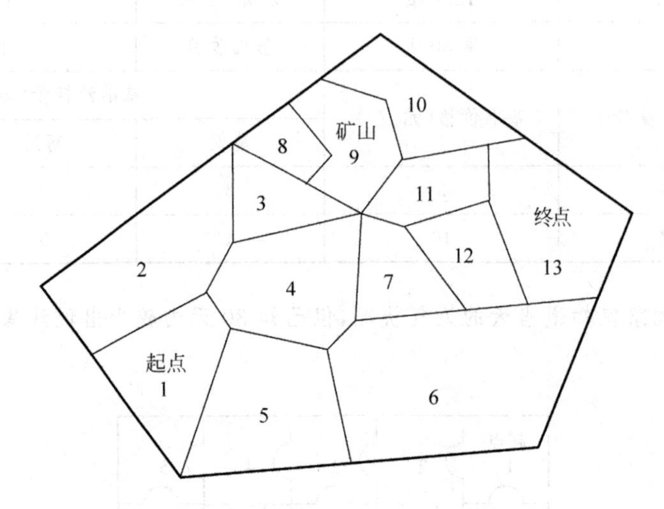

第六关

玩家个数：$n=3$

参数设定：

负重上限		1200kg	初始资金	10000 元	
截止日期		第 30 天	基础收益	1000 元	
资源	每箱质量/kg	基准价格(元/箱)	基础消耗量(箱)		
			晴朗	高温	沙暴
水	3	5	3	9	10
食物	2	10	4	9	10

天气状况：玩家仅知道当天的天气状况，但已知 30 天内较少出现沙暴气候。

地图：

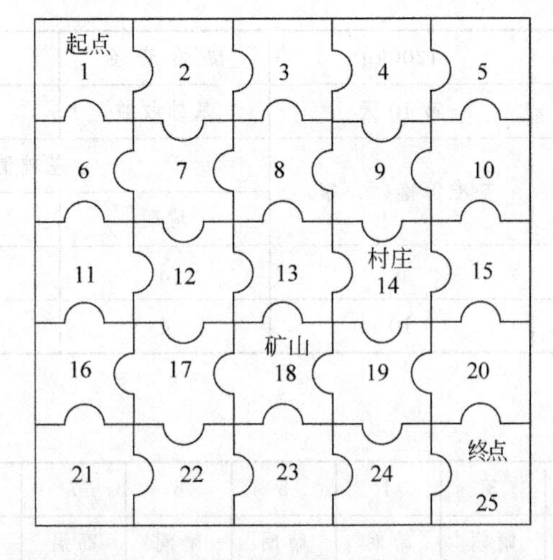

注 1：附件所给地图中，有公共边界的两个区域称为相邻，仅有公共顶点而没有公共边界的两个区域不视作相邻。

2：Result.xlsx 中剩余资金数(剩余水量、剩余食物量)指当日所需资源全部消耗完毕后的资金数(水量、食物量)。若当日还有购买行为，则指完成购买后的资金数(水量、食物量)。

11.2 问题分析与建模思路概述

本题考察学生利用各种方法解决不同类型离散优化问题的能力，3 问分属离线、在线、博弈 3 类。每问中既需要给出一般情形的求解方案，也需要给出具体实例的计算结果。表 1 给出了 3 个问题中 6 个关的信息，对比分析 6 个关之间的关系，各个问题一般模型的建立和算法求解是关键。

本题目来源于网络游戏《沙漠掘金》。玩家凭借一张地图，利用初始资金购买一定数量的水和食物(包括食品和其他日常用品)，从起点出发，在沙漠中行走。途中会遇到不同的天气，也可在矿山、村庄补充资金或资源，目标是在规定时间内到达终点，并保留尽可能多的资金。为简化模型的建立，设定了游戏的 8 条基本规则。

问题 1、2 都要求给出一般情况下玩家的最优策略，表达要求清晰，涉及的行为决策包括行进、停留、购买、挖矿，涉及约束包括天数、负重、资源、资金等。所用建模方法可以是枚举、分析、仿真、优化(最短路，动态规划，整数规划，博弈等)等，对常见模型的了解和熟练使用是解决问题的关键环节。

问题 3 是讨论多个玩家的最优行为策略以获得最大收益，它是一个博弈问题。第一种情景在决策方式上类似于第一问，但玩家最终的资金会受到其他玩家策略的影响。在第二种情景下，玩家的策略可以在每天给出。题目的求解比较有开放性，特别是第六关的难度较大，可以根据一定的思路，给出一些可行的方案。

11.3 获奖论文——穿越沙漠游戏最优策略探究

作　　者：邱凡朔　冯凯拓　张行健

指导教师：王宏洲

获奖情况：2020 年全国数学建模竞赛一等奖

摘要

在穿越沙漠的小游戏中，玩家需合理安排，思考不同关卡的最佳策略，在保证存活的情况下，尽可能获得更多收益。本文通过合理建立数学模型及运用相关算法，得到不同条件下穿越沙漠的最佳策略。

首先，我们得到地图模型的一般化简规律，利用“点×线”连接方式及该规律可将每一关的具体地图简化为“最简地图”形式，从而删除多余区域，便于简化计算的时间复杂度。

其次，对于问题 1，单玩家、天气状况已确定的情况，可以设计出合理的状态使问题具有最优子结构性质和无后效性性质，而每一天的最优策略可以通过前驱状态回溯得到，我们构建基于动态规划的计算决策模型进行求解。随后，我们将第一关和第二关的地图输入编写好的 C++程序，得到了第一关和第二关的最优策略，并分别得到两关剩余资金的最大值。

再次，对于问题 2，相比于问题 1，主要引入了天气的不确定性，即玩家对于未来的天气以及出现各类天气的概率均是未知的。在问题 2 中，我们引入条件概率，分析不同天气出现的概率对于总收益及单一部分收益的影响。建立“基于条件概率的逐步决策模型”，分步决定是否进行挖矿、是否在第一次遇到高温时停留，并分析出水与食物携带量以及挖矿天数的最优期望值，从而给出天气未知情况下完成游戏的最优策略。

对于问题3，第五关中双玩家、天气状况已知且玩家的方案在初始确定后不能更改的情况，建立非零和博弈模型，利用数学期望选择最优方案，即计算出对称的二维收益矩阵，利用矩阵每行的平均值计算方案收益的数学期望，最终选择的最优策略即为数学期望最高的方案。对于天气在初始时全部未知的第六关，玩家只可以知道当天的天气状况以及其余玩家当天的行动方案和剩余的资源数量，因此我们需要利用当前已知的所有信息，动态地计算下一天的最优策略。我们引入加入时间轴的四维收益矩阵，以此选择下一天收益期望最高的方案得出下一天的最优策略。

最后，我们对于模型的优点与不足进行了评价。

关键词：动态规划，条件概率，分布优化，非零和博弈模型，多维收益矩阵。

11.3.1 问题重述

考虑如下的小游戏：玩家凭借一张地图，利用初始资金购买一定数量的水和食物（包括食品和其他日常用品），从起点出发，在沙漠中行走。途中会遇到不同的天气，也可在矿山、村庄补充资金或资源，目标是在规定时间内到达终点，并保留尽可能多的资金。

游戏的基本规则如下：

(1) 以天为基本时间单位，游戏的开始时间为第0天，玩家位于起点。玩家必须在截止日期或之前到达终点，到达终点后该玩家的游戏结束。

(2) 穿越沙漠需水和食物两种资源，它们的最小计量单位均为箱。每天玩家拥有的水和食物质量之和不能超过负重上限。若未到达终点而水或食物已耗尽，视为游戏失败。

(3) 每天的天气为"晴朗""高温""沙暴"三种状况之一，沙漠中所有区域的天气相同。

(4) 每天玩家可从地图中的某个区域到达与之相邻的另一个区域，也可在原地停留。沙暴日必须在原地停留。

(5) 玩家在原地停留一天消耗的资源数量称为基础消耗量，行走一天消耗的资源数量为基础消耗量的2倍。

(6) 玩家第0天可在起点处用初始资金以基准价格购买水和食物。玩家可在起点停留或回到起点，但不能多次在起点购买资源。玩家到达终点后可退回剩余的水和食物，每箱退回价格为基准价格的一半。

(7) 玩家在矿山停留时，可通过挖矿获得资金，挖矿一天获得的资金量称为基础收益。如果挖矿，消耗的资源数量为基础消耗量的3倍；如果不挖矿，消耗的资源数量为基础消耗量。到达矿山当天不能挖矿。沙暴日也可挖矿。

(8) 玩家经过或在村庄停留时可用剩余的初始资金或挖矿获得的资金随时购买水和食物，每箱价格为基准价格的2倍。

根据游戏的不同设定，建立数学模型，解决以下问题。

问题1 假设只有一名玩家，在整个游戏时段内每天天气状况事先全部已知，试给出一般情况下玩家的最优策略。求解"第一关"和"第二关"。

问题2 假设只有一名玩家，玩家仅知道当天的天气状况，可据此决定当天的行动方案，试给出一般情况下玩家的最佳策略，并对"第三关"和"第四关"进行具体讨论。

问题3 现有 n 名玩家，他们有相同的初始资金，且同时从起点出发。若某天其中的任

意 $k(2\leqslant k\leqslant n)$名玩家均从区域 A 行走到区域 $B(B\neq A)$，则他们中的任一位消耗的资源数量均为基础消耗量的 $2k$ 倍；若某天其中的任意 $k(2\leqslant k\leqslant n)$名玩家在同一矿山挖矿，则他们中的任一位消耗的资源数量均为基础消耗量的 3 倍，且每名玩家一天可通过挖矿获得的资金是基础收益的 $\frac{1}{k}$；若某天其中的任意 $k(2\leqslant k\leqslant n)$名玩家在同一村庄购买资源，每箱价格均为基准价格的 4 倍。其他情况下消耗资源数量与资源价格与单人游戏相同。

(1) 假设在整个游戏时段内每天天气状况事先全部已知，每名玩家的行动方案需在第 0 天确定且此后不能更改。试给出一般情况下玩家应采取的策略，并对"第五关"进行具体讨论。

(2) 假设所有玩家仅知道当天的天气状况，从第 1 天起，每名玩家在当天行动结束后均知道其余玩家当天的行动方案和剩余的资源数量，随后确定各自第二天的行动方案。试给出一般情况下玩家应采取的策略，并对"第六关"进行具体讨论。

11.3.2　模型假设

1. 假设玩家严格按照游戏规则进行游戏；
2. 玩家均足够聪明且理性，都会寻求最优策略以最大化自身的利益，而不关心其他玩家的利益；
3. 每个玩家都知道其他玩家都是足够聪明且理性的。

11.3.3　符号说明

符　　号	符号含义
$dp_{i,j,w,f}$	到第 i 天，在第 j 个节点，身上有 w 箱水和 f 箱食物的状态下，能够保证存活下去的情况下所拥有的最大资金
$pre_{i,j,w,f}$	转移到 $dp_{i,j,w,f}$ 状态的上一个状态下标值的集合
day_i	在最优决策下第 i 天的状态值的集合
cw_i	第 i 天的基础耗水量(箱)
cf_i	第 i 天的基础耗食物量(箱)
e_i	节点 i 的邻接点集合
$maxn$	总节点数
$maxd$	最大天数
$maxw$	最大负载水量(箱)
$maxf$	最大负载食物量(箱)
$maxv$	在终点的最大收益
dw	每次在村庄购买的水量(箱)
df	每次在村庄购买的食物量(箱)
$endw$	在终点得到最大收益时剩下的水量(箱)
$endf$	在终点得到最大收益时剩下的食物量(箱)
$endi$	在终点得到最大收益时对应的天数
F	玩家拥有的总金额
T	游戏全程总天数
t	挖矿总天数

续表

符　号	符号含义
v_{in}	挖矿基础收益
$d_{i,j,k}$	第 i 天天气状况为 j、行动方式为 k 时的当日消耗资金数
p_1	晴朗天气出现概率
p_2	高温天气出现概率
p_3	沙暴天气出现概率
γ_i	第 i 步决策决定参数
ΔB	第一步决策 B 选择不挖矿时间段多走所花的总消耗
φ_{B1}	第一步决策中 B 选择中挖矿时间段所得的总收益
φ_{B2}	第一步决策中 B 选择中挖矿时间段所得的总消耗
$\boldsymbol{A}$	玩家 A 的多维收益矩阵
$\boldsymbol{B}$	玩家 B 的多维收益矩阵
$\boldsymbol{C}$	玩家 C 的多维收益矩阵
$E(\boldsymbol{v})$	保证存活方案的收益数学期望向量

11.3.4 模型建立与求解

1. 问题1：单玩家天气全部已知情况下最优策略分析及第一关与第二关求解

(1) 问题1的分析

首先，我们得到地图模型的一般化简规律，利用“点×线”连接方式及该规律可将每一关的具体地图简化为“最简地图”形式，从而删除多余区域，便于简化计算的时间复杂度。

对于第一关和第二关，在整个游戏时段内每天天气状况事先全部已知的情况下，最大收益存在唯一的最优解。同时，在合理设计状态后，问题1具有最优子结构性质和无后效性性质[1]。

对此，我们引入动态规划模型计算最优解，并在状态转移的过程中记录路径，最后回溯路径得到玩家的最优决策。

(2) 图模型的一般化简规律

① 具体地图到化简地图的转换

对于某一具体图模型，我们均可以将其简化为“点×线”连接方式，从而形象表现地图中各区域的相邻关系。

以第一关的地图为例，题目所给的具体地图如图11-1所示。

根据具体地图中不同区域的相邻关系，我们利用“点×线”连接方式绘制其化简图，如图11-2所示。

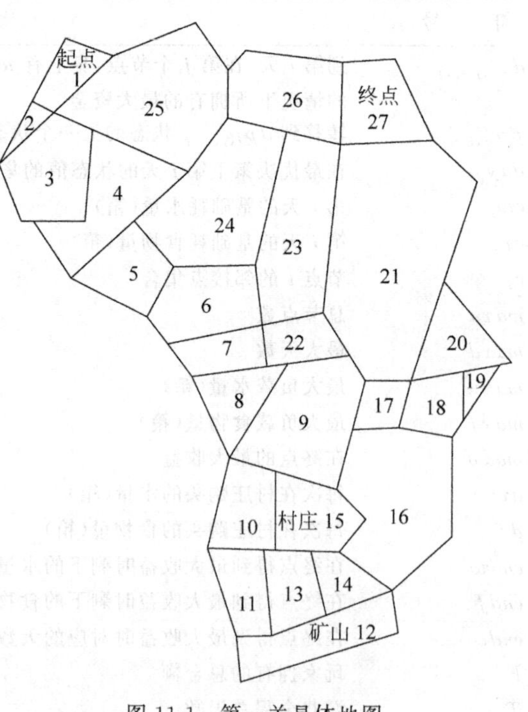

图11-1　第一关具体地图

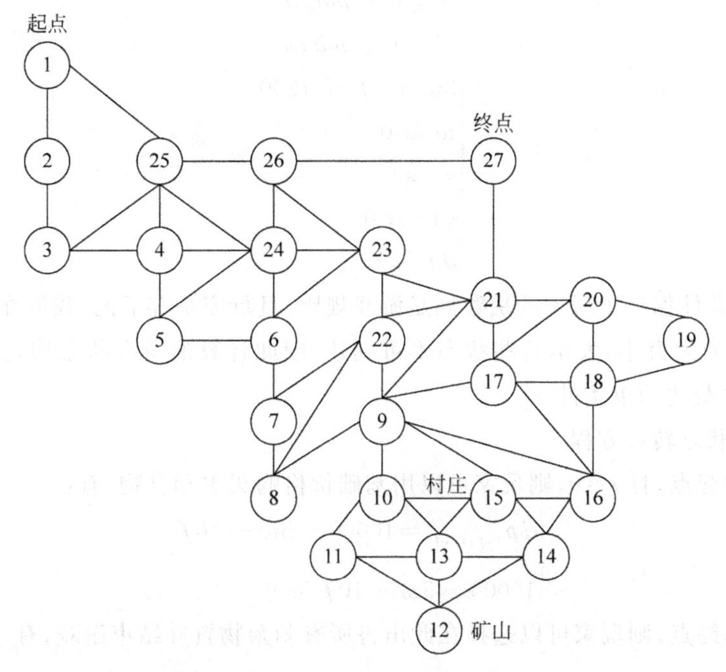

图 11-2 第一关化简地图

② 化简地图到最简地图的转换

考虑到化简地图中存在多余的节点，影响后续计算的复杂程度，我们需要对化简地图进行“最简化”，考虑以下几点：

- 对于某一节点 v，在删除 v 及其邻接的边后，起点、村庄、矿山、终点之间的最短路径距离不变，我们认为节点 v 及其邻接边可以删除。
- 假设全部节点集合 $V=\{v_1,v_2,\cdots,v_k\}$，对于 V 中某一节点 v_i，设其邻边所连接的全部点集合 $V_1=\{v_{11},v_{12},\cdots,v_{1m}\}$，存在 V 中另一节点 v_j，设其邻边所连接的全部点集合 $V_2=\{v_{21},v_{22},\cdots,v_{2n}\}$，有 $V_1 \subseteq V_2$，我们认为节点 v_i 及其邻接边可以删除。

当某一节点 v 满足以上条件之一时，我们认为节点 v 及其邻接边可以删除。以图 11-2 为例，我们在最简化后得到第一关的最简地图，如图 11-3 所示。

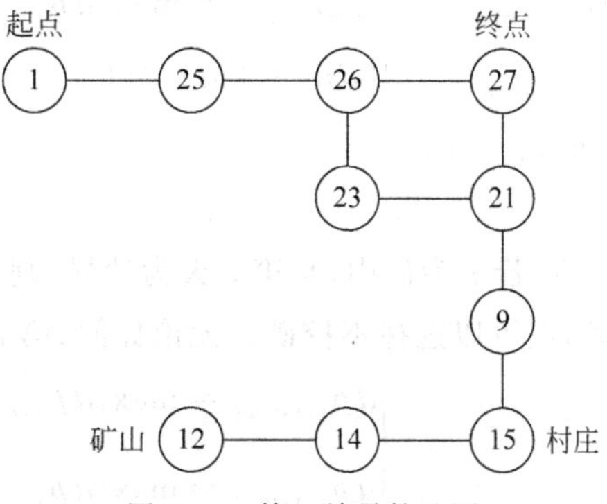

图 11-3 第一关最简地图

对于此后的任意具体地图，我们都可以使用以上化简规律得到最简地图，我们称该规律为“化简规律”，下文中将对该术语进行直接引用。

(3) 基于动态规划的计算决策模型建立

首先，对于每个状态 $dp_{i,j,w,f}$，应满足题目所要求的约束关系：

$$\begin{cases} 0 \leqslant i \leqslant maxd \\ 0 \leqslant j \leqslant maxn \\ 3w + 2f \leqslant 1200 \\ w \geqslant 0 \\ f \geqslant 0 \\ dw \geqslant 0 \\ df \geqslant 0 \end{cases} \tag{1}$$

以上约束条件保证了玩家的决策满足游戏规则,且玩家是存活的,我们在初始化时将不合法状态赋值为无穷小,表示这些状态不可到达,因此计算的所有状态均是满足约束条件的,下文便不再赘述约束条件。

下面引入状态转移方程:

① 若 j 为起点,且 $i=0$,则玩家可以用基础价格购买水和食物,有:

$$\begin{cases} dp_{i,j,w,f} = 10000 - 5w - 10f \\ 10000 - 5w - 10f \geqslant 0 \end{cases} \tag{2}$$

② 若 j 为终点,则玩家可以选择在此出售所有剩余物资并结束游戏,有

$$dp_{i,j,0,0} = \max\left\{dp_{i,j,0,0}, dp_{i,j,w,f} + \frac{5w}{2} + \frac{10f}{2}\right\} \tag{3}$$

③ 若 j 为村庄,且第 i 天为沙暴,则在条件允许的情况下,玩家可以用 2 倍的基础价格购买水和食物,但第 i 天必须停留在村庄,有

$$\begin{cases} dp_{i,j,w+dw-cw_i,f+df-cf_i} = \max\{dp_{i,j,w+dw-cw_i,f+df-cf_i}, dp_{i-1,j,w,f} - 10dw - 20df\} \\ dp_{i-1,j,w,f} - 10dw - 20df \geqslant 0 \end{cases} \tag{4}$$

④ 若 j 为村庄,且第 i 天不为沙暴,则在条件允许的情况下,玩家可以用 2 倍的基础价格购买水和食物,且第 i 天可以停留在村庄,也可以去相邻的节点,有

$$\begin{cases} dp_{i,j,w+dw-cw_i,f+df-cf_i} = \max\{dp_{i,j,w+dw-cw_i,f+df-cf_i}, dp_{i-1,j,w,f} - 10dw - 20df\} \\ dp_{i,v,w+dw-2cw_i,f+df-2cf_i} = \max\{dp_{i,v,w+dw-2cw_i,f+df-2cf_i}, dp_{i-1,j,w,f} - 10dw - 20df\} \\ dp_{i-1,j,w,f} - 10dw - 20df \geqslant 0 \\ v \in e_j \end{cases} \tag{5}$$

⑤ 若 j 为矿山,且第 i 天为沙暴,则在条件允许的情况下,玩家可以用 3 倍的基础消耗挖矿,也可以选择不挖矿。无论如何,第 i 天都必须停留在矿山,有

$$\begin{cases} dp_{i,j,w,f} = \max\{dp_{i,j,w,f}, dp_{i-1,j,w+3cw_i,f+3df_i} + 1000\} \\ dp_{i,j,w,f} = \max\{dp_{i,j,w,f}, dp_{i-1,j,w+cw_i,f+cf_i}\} \end{cases} \tag{6}$$

⑥ 若 j 为矿山,且第 i 天不为沙暴,则在条件允许的情况下,玩家可以用 3 倍的基础消耗挖矿,且第 i 天也可以选择不挖矿停留在矿山,也可以去相邻的节点,有

$$\begin{cases} dp_{i,j,w,f}=\max\{dp_{i,j,w,f},dp_{i-1,j,w+3cw_i,f+3df_i}+1000\} \\ dp_{i,j,w,f}=\max\{dp_{i,j,w,f},dp_{i-1,j,w+cw_i,f+cf_i}\} \\ dp_{i,v,w,f}=\max\{dp_{i,v,w,f},dp_{i-1,j,w+2cw_i,f+2cf_i}\} \\ v\in e_j \end{cases} \tag{7}$$

⑦ 若 j 不为矿山，j 不为村庄，且第 i 天为沙暴，则玩家在第 i 天必须停留在原地休息，有

$$dp_{i,j,w,f}=\max\{dp_{i,j,w,f},dp_{i-1,j,w+cw_i,f+cf_i}\} \tag{8}$$

⑧ 若 j 不为矿山，j 不为村庄，且第 i 天不为沙暴，则在条件允许的情况下，玩家可以选择停留在原地休息，也可以选择去相邻的节点，有

$$\begin{cases} dp_{i,j,w,f}=\max\{dp_{i,j,w,f},dp_{i-1,j,w+cw_i,f+cf_i}\} \\ dp_{i,v,w,f}=\max\{dp_{i,v,w,f},dp_{i-1,j,w+2cw_i,f+2cf_i}\} \\ v\in e_j \end{cases} \tag{9}$$

(4) 基于动态规划的计算决策模型求解

利用计算机遍历更新每种状态，并在状态转移时更新每个状态 $dp_{i,j,w,f}$ 的前驱状态集合 $pre_{i,j,w,f}$，即若有状态转移发生：

$$dp_{i,j.w.f}=dp_{i-1,j',w',f'} \tag{10}$$

则更新其前驱状态集合[2]：

$$pre_{i,j,w,f}=\{i-1,j',w',f'\} \tag{11}$$

在遍历更新完毕后，设终点编号为 end，则取位于终点状态的最大值再加上在终点出售剩余资源的收益为最大收益 $maxv$，即

$$maxv=\max_{i,w,f}\{dp_{i,end,w,f}\} \tag{12}$$

并同时记录最大收益所对应的状态 $\{endi,end,endw,endf\}$。

接着，我们便可以将最大收益所对应的状态置于 $pre_{i,j,w,f}$ 中不断向前迭代，得到每一天的最优策略和状态：

$$\begin{cases} day_{\text{maxi}}=\{endi,end,endw,endf\} \\ day_{i-1}=pre_{day_i} \end{cases} \tag{13}$$

由此，我们可以通过此模型计算得到最优策略。该求解过程的时间复杂度为 $O(maxd\cdot maxn\cdot maxf^2\cdot maxw^2)$，在一个可接受范围内，我们认为该算法在实际应用中是可行的。

(5) 第一关与第二关求解

类似于 11.3.4 节中对于第一关地图的化简方式，我们利用化简规律对于第二关的地图进行简化，其化简地图与最简地图如图 11-4 和图 11-5 所示。

使用 C++语言，利用编写好的动态规划计算决策模型，将第一关和第二关的地图以及题目所给天气作为输入，所得结果输出如表 11-1 和表 11-2 所示。

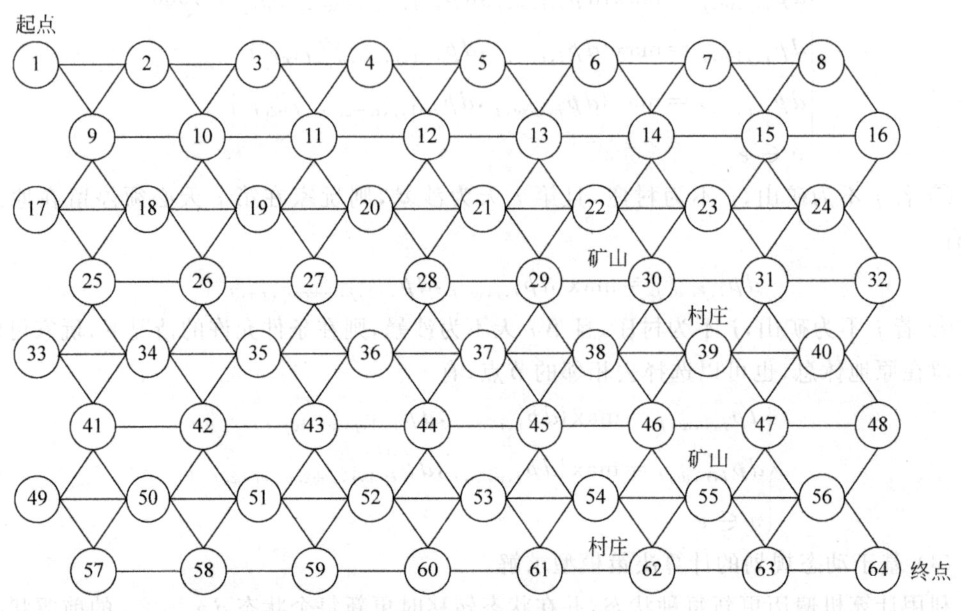

图 11-4　第二关化简地图

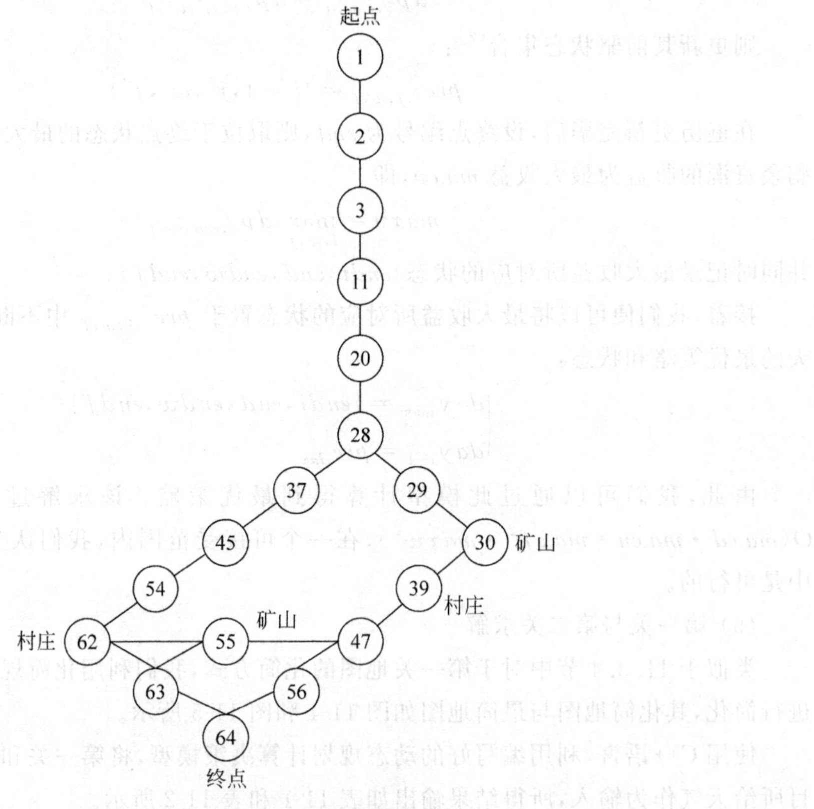

图 11-5　第二关最简地图

表 11-1　第一关求解结果

日期	所在区域	剩余资金数/元	剩余水量/箱	剩余食物量/箱
0	1	5780	178	333
1	25	5780	162	321
2	26	5780	146	309
3	23	5780	136	295
4	23	5780	126	285
5	21	5780	116	271
6	9	5780	100	259
7	9	5780	90	249
8	15	4150	243	235
9	14	4150	227	223
10	12	4150	211	211
11	12	5150	181	181
12	12	6150	157	163
13	12	7150	142	142
14	12	8150	118	124
15	12	9150	94	106
16	12	10150	70	88
17	12	10150	60	78
18	12	10150	50	68
19	12	11150	26	50
20	14	11150	10	38
21	15	11150	36	40
22	9	10470	26	26
23	21	10470	10	14
24	27	10470	0	0

表 11-2　第二关求解结果

日期	所在区域	剩余资金数/元	剩余水量/箱	剩余食物量/箱
0	1	5300	130	405
1	2	5300	114	393
2	3	5300	98	381
3	11	5300	88	367
4	11	5300	78	357
5	20	5300	68	343
6	28	5300	52	331
7	28	5300	42	321
8	29	5300	32	307
9	30	5300	16	295
10	39	3190	211	283
11	39	3020	218	273
12	30	3020	202	261

续表

日期	所在区域	剩余资金数/元	剩余水量/箱	剩余食物量/箱
13	30	4020	187	240
14	30	5020	163	222
15	30	6020	139	204
16	30	7020	115	186
17	30	8020	85	156
18	30	9020	55	126
19	39	5730	196	200
20	47	5730	180	188
21	55	5730	170	174
22	55	6730	155	153
23	55	7730	131	135
24	55	8730	116	114
25	55	9730	86	84
26	55	10730	62	66
27	55	11730	47	45
28	55	12730	32	24
29	63	12730	16	12
30	64	12730	0	0

由此可见，第一关的剩余资金最大值为10470元，第二关的剩余资金最大值为12730元。相应结果在文件 Result. xlsx 中。

2. 问题2：单玩家当天天气状况已知时最优策略分析及第三关与第四关求解

(1) 问题2的分析

依照题意，玩家仍要在保证存活的情况下获得最大收益。对比问题2与问题1，发现问题2的特点为玩家仅知道当天天气状况，且挖矿的基础收益出现变化。引入条件概率的计算，分析不同天气出现的概率，建立“基于条件概率的逐步决策模型”。

第一步决策，通过引入决策参数 γ_1 来将挖矿收益与各类天气出现概率联系起来，通过计算 γ_1 的正负，来判断挖矿获得收益的概率，以此决定是否挖矿。

第二步决策，当玩家在第一次遇到高温天气时，通过引入决策参数 γ_2 将高温天气停留的消耗与各类天气出现概率联系起来，通过计算 $\gamma_2-0.5$ 的正负，来决定途中遇到高温天气是否选择停留。

第三步决策，将水和食物的消耗量与各类天气出现概率联系起来，依照各类天气出现概率计算水与食物携带的最优期望值。

第四步决策，如果第一步决策决定挖矿，那么将讨论获得最大收益时挖矿的天数。

(2) “基于条件概率的逐步决策模型”的建立

设玩家拥有的总金额为 F，全程共 T 天，途中共挖矿 t 天，挖矿的基础收益为 v_{in}。定义状态参量 $d_{i,j,k}$ 表示第 i 天天气状况为 j、行动方式为 k 时的当日消耗资金数，$i=1,2,\cdots,T$；$j=1,2,3$，分别代表晴朗、高温与沙暴；$k=1,2,3$，分别代表停留、行进与挖矿。发现在高温天气的基础消耗量大于晴朗天气基础消耗量的两倍，即有如下情况：

$$d_{i,2,1}+d_{i+1,1,2}>d_{i,2,2} \tag{14}$$

故在考虑最优策略时，需要考虑是否要在高温天气时停留。

设天气情况为晴朗的概率为 p_1，天气情况为高温的概率为 p_2，天气情况为沙暴的概率为 p_3，三者有关系：

$$p_1+p_2+p_3=1 \tag{15}$$

第一步决策为讨论是否选择挖矿，选择 A 为不挖矿，选择 B 为挖矿。引入决定参数 γ_1，定义 γ_1 为

$$\gamma_1=\Delta B-\varphi_{B1}+\varphi_{B2} \tag{16}$$

其中 ΔB 表示不挖矿时间段 B 选择多走所花的总消耗，φ_{B1}，φ_{B2} 分别表示 B 选择中挖矿时间段所得的总收益与总消耗。ΔB，φ_{B2} 均与 p_1，p_2，p_3 相关。

若 $\gamma_1>0$，则说明选择 A 收益大于选择 B，可以理解为选择 A 优于选择 B；

若 $\gamma_1=0$，则说明选择 A 和选择 B 总收益相同；

若 $\gamma_1<0$，则说明选择 A 收益小于选择 B，可以理解为选择 B 优于选择 A。

第二步决策为讨论是否选择在高温天气停留，假定第 i 天的天气为高温，选择 A 为第 i 天不停留，选择 B 为第 i 天停留。引入决定参数 γ_2：

$$\gamma_2=(1+p_2)^{t_{\min}-i}p_1^{\;t_{\min}+1-i},\quad i=1,2,\cdots,t_{\min} \tag{17}$$

$t_{\min}$ 为中途不主动停留(沙暴天气停留为被迫停留)完成最短路径天数。γ_2 的含义为第 i 天已知天气为高温，且在前 $i-1$ 天均为晴朗的条件下，选择 B 优于选择 A 的概率。

若 $\gamma_2>0.5$，则说明选择 A 优于选择 B 的概率更大；

若 $\gamma_2=0.5$，仅有有限个 p 的取值可以满足 $\gamma_2=0.5$，而 p 的取值总可能数量为无限个，故不考虑这种情况；

若 $\gamma_2<0.5$，则说明选择 B 优于选择 A 的概率更大。

接下来考虑水与食物携带的最优期望值。由题目条件得，考虑到在村庄购置水及食物时需花费基准价格的两倍，故需尽量少在村庄购买食物，即尽量多在起点处购置食物；考虑到在终点退回水及食物时仅能获得基准价格的一半，故需尽量少在终点退回食物。

(3) 第三关求解

利用化简规律，我们得到第三关的化简地图和最简地图，如图 11-6 和图 11-7 所示。

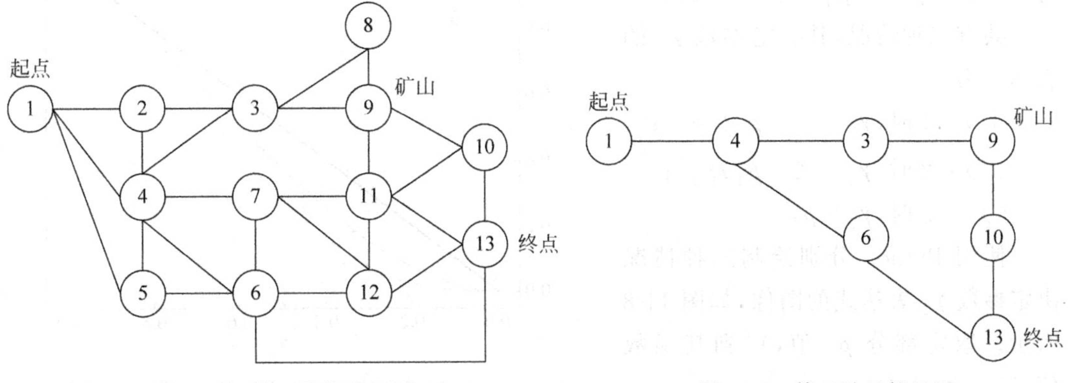

图 11-6　第三关化简地图　　图 11-7　第三关最简地图

第三关内没有村庄，故不考虑从村庄补给的情况，行程所需消耗的全部水及食物均从起点处购买，分析天气为晴朗和高温时不同行动方式每天所花费的资金，如表 11-3 所示。

表 11-3　不同行动方式每天需要消耗的资金

	停留/元	行进/元	挖矿/元
晴朗	55	110	165
高温	135	270	405

首先分析是否需要挖矿，对简化图进行分析，易得对于选择 A，从起点到终点最少需要 3 天，最短路径为：

$$1(\text{起点}) \to 4 \to 6 \to 13(\text{终点})$$

对于选择 B，从起点到矿山最少需要 3 天，从矿山到终点至少需要 2 天，最短路径为

$$1(\text{起点}) \to 4 \to 3 \to 9(\text{矿山}) \to 10 \to 13(\text{终点})$$

对比两种情况的路径，可以发现，两种情况第一步均为跨越三块区域，且跨越前三块区域最优行进方式相同，故在比较两种情况时不必考虑跨越前三块区域，仅对情况二到达矿山开始挖矿至到达终点这一部分的收益与消耗进行讨论。考虑 γ_1 的最小情况，即最小消耗及最大收益同时发生的情况。假设每日天气均为晴朗，且可以在矿区挖矿 5 天，即有

$$\Delta B_{\min} = 110 \times 2 = 220, \quad \varphi_{B1_{\max}} = 200 \times 5 = 1000, \quad \varphi_{B2_{\min}} = 165 \times 5 = 1000$$

计算该情况下的决定参数 $\gamma_{\min}$，可得

$$\gamma_{\min} = 110 \times 2 - 200 \times 5 + 165 \times 5 = 45$$

可以发现 γ_1 的最小值仍大于零，故可得出 γ_1 恒大于零的结论，从而可以说明选择 A 在任何条件下优于选择 B。故对于第三关，可以发现直接从起点沿最短路径前往终点为最优选择。

接下来讨论在直接从起点沿最短路径前往终点时，研究第一次遇到高温天气为第 i 天时是否要停留。通过前文分析可得第三关的 $t_{\min}=3$，且第三关不会出现沙暴天气，故有晴朗天气概率为 p_1，高温天气概率为 $1-p_1$。

$$\gamma_2 = (2-p_1)^{3-i} p_1^{\,4-i}, \quad i=1,2,3$$

共有三种情况，其决定参数 γ_2 的表达式为

① $i=1$ 时，$\gamma_2=(2-p_1)^2 p_1^{\,3}$；

② $i=2$ 时，$\gamma_2=(2-p_1)p_1^{\,2}$；

③ $i=3$ 时，$\gamma_2=p_1$。

使用 Python 分别绘制三种情况决定参数 γ_2 表达式的图像，如图 11-8 所示。取定部分 p_1 值，得到其函数值，记入表 11-4。

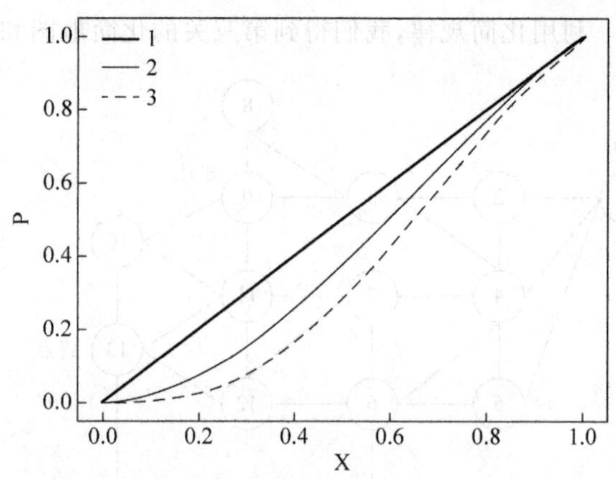

图 11-8　不同天气情况下决定参数 γ_2 表达式图像

表 11-4 特定晴朗概率 p_1 对应 γ_2 值

p_1	γ_{21}	γ_{22}	γ_{23}
0.2	0.0259	0.0720	0.2000
0.4	0.1638	0.2560	0.4000
0.6	0.4233	0.5040	0.6000
0.8	0.7372	0.7680	0.8000
1.0	1.0000	1.0000	1.0000

通过对图 11-8 的观察及对表 11-4 中给出的部分具体数值的分析，可以发现，决定参数 γ_2 与晴朗天气出现的概率 p_1 呈正相关，且 i 越大，选择 B 优于选择 A 的可能性越大。

(4) 第四关求解

利用化简规律，我们得到第四关的化简地图和最简地图，如图 11-9 和图 11-10 所示。

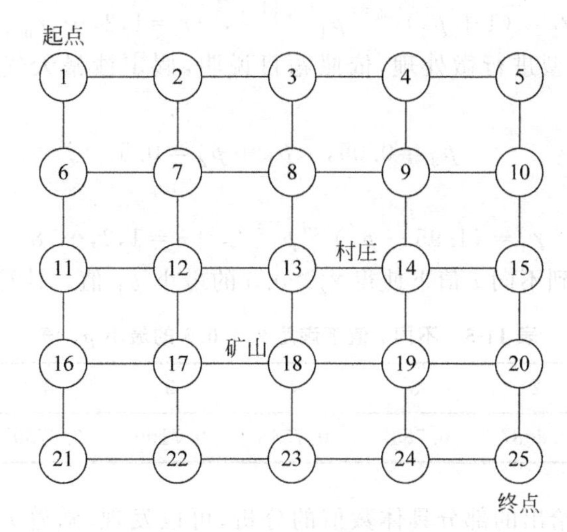

图 11-9 第四关化简地图

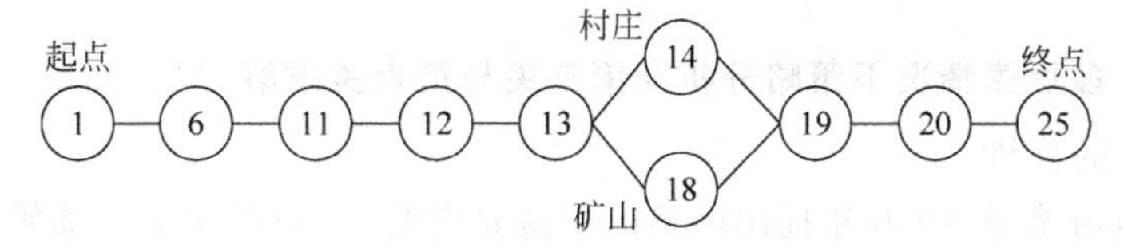

图 11-10 第四关最简地图

对于题目中已知 30 天内较少出现沙暴天气，认为 30 天之内最多出现 1 次沙暴天气，首先分析是否需要挖矿，对简化图进行分析，易得对于选择 A，从起点到终点最少需要 8 天，最短路径为

$$1(\text{起点}) \to 6 \to 11 \to 12 \to 13 \to 18 \to 19 \to 20 \to 25(\text{终点})$$

对于选择 B，从起点到矿山最少需要 5 天，从矿山到终点至少需要 3 天，总必须行进路程为 8 天，最短路径为：

$$1(\text{起点}) \to 4 \to 3 \to 9(\text{矿山}) \to 10 \to 13(\text{终点})$$

上述把两种情况总必须行进路程均为 8 天，同第三关，可将两种选择的该部分抵消，仅分析在剩余 22 天中选择 B 能否通过挖矿获得收益，即有决定参数 $\gamma_1<0$。代入 $T=30$，$V_{\text{in}}=1000$。给出选择 B 可能遇到的最糟糕情况，即全部 22 天均无晴朗天气，考虑到高温天气及沙暴天气所需水及食物水量均相同，根据假设沙暴天气最多出现一次，选择 B 最少可以挖矿 6 天，即有

$$\varphi_{B1_{\min}}=1000\times 6=6000$$

运用问题 1 中所选择的动态规划模型，随机选择一天为沙暴天气，剩余均为高温天气，得到最优结果中

$$\gamma_1=\Delta B_{\max}+\varphi_{B2_{\max}}-\varphi_{B1_{\min}}<0 \tag{18}$$

可以发现 γ_1 的最大值仍小于零，故可得出 γ_1 恒小于零的结论，从而可以说明选择 B 在任何条件下优于选择 A。故对于第四关，可以发现挖矿为最优选择。

接下来分析是否需要在高温天气停留，在第四关中，$t_{\min}=8$，代入

$$\gamma_2=(1+p_2)^{t_{\min}-i}p_1^{\,t_{\min}+1-i},\quad i=1,2,\cdots,t_{\min} \tag{19}$$

为简化计算，对模型进行微处理，依照题目说明，假定沙暴天气出现的概率是 0.05，即有

$$p_3=0.05,\quad p_1+p_2=0.5 \tag{20}$$

化简决策公式得

$$\gamma_2=(1.95-p_1)^{8-i}p_1^{\,9-i},\quad i=1,2,\cdots,8 \tag{21}$$

代入每一 i 值，得到不同 i 值下使得 $\gamma_2>0.5$ 的最小 p_1 值。计算结果如表 11-5 所示。

表 11-5　不同 i 值下满足 $\gamma_2>0.5$ 的最小 p_1 值

i	1	2	3	4	5	6	7	8
p_1	0.8312	0.8087	0.7837	0.7548	0.7199	0.6750	0.6110	0.4999

通过对表 11-5 中给出的部分具体数值的分析，可以发现，随着 i 值增大，p_1 的最小值不断减小。故第一次遇到高温天气时，前期晴朗天数越多，停留在原地等待为更优决策的概率越大。

3. 问题 3：多玩家情况下策略分析及第五关与第六关求解

(1) 问题 3 的分析

AlbertTucker 曾在 1950 年提出囚徒困境博弈模型[3]，以此来研究非零和博弈，探究理性人在博弈中为何会达成合作以及如何达成合作。

第五、六关是类似于囚徒困境的非零和博弈，博弈中各方的收益或损失的总和不是零值，玩家也不是完全对立的，一位玩家的获利并不意味着另一位玩家会遭受相同的损失，玩家之间处于时而合作时而对立的状态，个人的最优策略也并不一定是整体的最优策略。因此，在这种情况下，足够理性的每位玩家均会选择在所有情况下收益的数学期望最高的策略。

对于该模型，我们引入以下假设：

假设 1　玩家均足够聪明且理性，都会寻求最优策略以最大化自身的利益，而不关心其他玩家的利益。

假设 2　每个玩家都知道其他玩家都是足够聪明且理性的。

基于以上假设,我们开始对于第五、六关进行分析。

对于第五关中双玩家、天气状况已知且玩家的方案在初始确定后不能更改的情况,我们可以建立非零和博弈模型,利用数学期望选择最优方案。先求出二维收益矩阵,利用此矩阵便可计算出数学期望最高的方案,选择此方案即为最优策略。

对于天气在初始时全部未知的第六关,玩家只可以知道当天的天气状况以及其余玩家当天的行动方案和剩余的资源数量的情况。我们需要加入时间轴,引入四维收益矩阵,动态地计算出每一天数学期望最高的方案,选择此方案即为该日的最优策略。

(2) 二维收益矩阵的建立

对于第五关,玩家数 $n=2$,记为玩家 A、B,整个游戏时间段内每天天气状况事先全部已知,每名玩家的行动方案需在第 0 天确定且此后不能更改。我们首先给出每名玩家收益的整体分析,提出有效博弈策略,由此延伸至第五关的具体讨论。

考虑某一特定地图,在有限的游戏时长内,两名玩家可以选择的行为完全“对称”,即均可以列出一套有限的游戏方案,使得自己成功存活。对于双方均存活的情形,我们不妨设为 m^2 种可能,每一种可能中玩家 A、B 都具有游戏结束后的特定收益值。对此,我们建立二维收益矩阵,将每一种可能的收益存放至矩阵元素中,便于利用矩阵进行后续策略分析。

对于玩家 A,建立二维收益矩阵 $\boldsymbol{A}$:

$$\boldsymbol{A}=\begin{bmatrix} a_{11} & a_{12} & \cdots & a_{1m} \\ a_{21} & a_{22} & \cdots & a_{2m} \\ \vdots & \vdots & & \vdots \\ a_{m1} & a_{m2} & \cdots & a_{mm} \end{bmatrix} \tag{22}$$

其中,矩阵元素 a_{ij} $(i,j\in\{1,2,\cdots,m\})$表示玩家 A 选择方案 i、玩家 B 选择方案 j 时玩家 A 的最终收益。

同理,对于玩家 B,建立二维收益矩阵 $\boldsymbol{B}$:

$$\boldsymbol{B}=\begin{bmatrix} b_{11} & b_{12} & \cdots & b_{1m} \\ b_{21} & b_{22} & \cdots & b_{2m} \\ \vdots & \vdots & & \vdots \\ b_{m1} & b_{m2} & \cdots & b_{mm} \end{bmatrix} \tag{23}$$

其中,矩阵元素 b_{ij} $(i,j\in\{1,2,\cdots,m\})$表示玩家 A 选择方案 i、玩家 B 选择方案 j 时玩家 B 的最终收益。

根据对称性,不难得到

$$a_{ij}=b_{ji} \tag{24}$$

即有

$$\boldsymbol{B}=\boldsymbol{A}^{\mathrm{T}} \tag{25}$$

通过二维收益矩阵的建立,我们得以将有限种情形中某玩家的具体收益存放在矩阵元素中表示。

(3) 第五关分析

利用化简规律,我们得到第五关的化简地图和最简地图,如图 11-11 和图 11-12 所示。

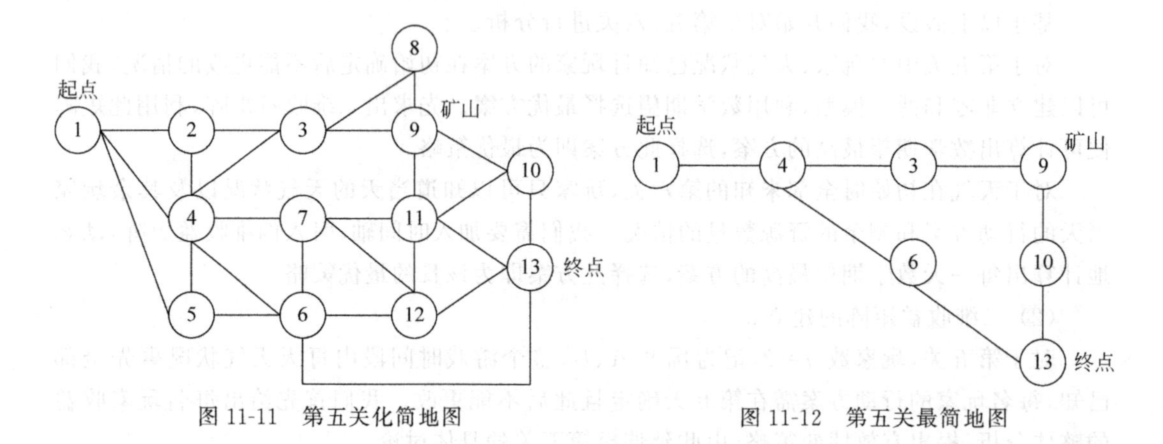

图 11-11　第五关化简地图　　　图 11-12　第五关最简地图

对于第五关，天气事先全部已知，玩家需在第 0 天确定方案且游戏过程中不能修改，因此玩家可选择的保证存活的方案是有限的，可以建立二维收益矩阵 $\boldsymbol{A}$，并计算玩家在每种保证存活的方案下收益的数学期望向量 $E(\boldsymbol{v})$：

$$\begin{cases} E(\boldsymbol{v})=(E(v_1),E(v_2),\cdots,E(v_m)) \\ E(v_i)=\dfrac{\sum\limits_{j=1}^{m}a_{ij}}{m} \end{cases} \tag{26}$$

其中 $E(v_i)$即为玩家选择第 i 种方案收益的数学期望[4]，因此选择 $E(\boldsymbol{v})$中的最大值对应的方案即为玩家的最优方案，记为$\{i \mid \max\limits_{i}\{E(v_i)\}\}$。

（4）四维收益矩阵的建立

对于第六关，玩家数 $n=3$，记为玩家 A、B、C。与第五关中二维收益矩阵相类似，我们在三人博弈的游戏当中引入“三维收益矩阵”。考虑到第六关中所有玩家仅知道当天的天气状况，应当在原有三维矩阵的基础上再增加一个“时间”维度，即“四维收益矩阵”。

考虑某一特定地图，在有限的游戏时长内，三名玩家可以选择的行为呈现出“轮换对称性”，即均可以列出一套有限的游戏方案，使得自己成功存活。对于三方均存活的情形，我们不妨设为 m^3 种可能，每一种可能中玩家 A、B、C 都具有游戏结束后的特定收益值。对此，我们建立四维收益矩阵，将每一种可能的收益存放至矩阵元素中，便于利用矩阵进行后续策略分析。

对于玩家 A，建立四维收益矩阵 $\boldsymbol{A}$：

$$\boldsymbol{A}=\begin{bmatrix} \boldsymbol{A}_{11} & \boldsymbol{A}_{12} & \cdots & \boldsymbol{A}_{1m} \\ \boldsymbol{A}_{21} & \boldsymbol{A}_{22} & \cdots & \boldsymbol{A}_{2m} \\ \vdots & \vdots & & \vdots \\ \boldsymbol{A}_{m1} & \boldsymbol{A}_{m2} & \cdots & \boldsymbol{A}_{mm} \end{bmatrix} \tag{27}$$

其中，$\boldsymbol{A}_{ij}=\begin{bmatrix} a_{ij10} & a_{ij11} & \cdots & a_{ij1(30)} \\ a_{ij20} & a_{ij21} & \cdots & a_{ij2(30)} \\ \vdots & \vdots & & \vdots \\ a_{ijm0} & a_{ijm1} & \cdots & a_{ijm(30)} \end{bmatrix}$ $(i,j\in\{1,2,\cdots,m\})$，矩阵元素 a_{ijkt} $(i,j,k\in\{1,2,\cdots,m\},t\in\{0,1,2,\cdots,30\})$表示在日期 t，玩家 A 选择方案 i、玩家 B 选择方案 j、玩家 C

选择方案 k 时玩家 A 的最终收益。

同理，对于玩家 B，建立四维收益矩阵 $\boldsymbol{B}$：

$$\boldsymbol{B}=\begin{bmatrix}\boldsymbol{B}_{11} & \boldsymbol{B}_{12} & \cdots & \boldsymbol{B}_{1m}\\ \boldsymbol{B}_{21} & \boldsymbol{B}_{22} & \cdots & \boldsymbol{B}_{2m}\\ \vdots & \vdots & & \vdots\\ \boldsymbol{B}_{m1} & \boldsymbol{B}_{m2} & \cdots & \boldsymbol{B}_{mm}\end{bmatrix} \tag{28}$$

其中，$\boldsymbol{B}_{ij}=\begin{bmatrix}b_{ij10} & b_{ij11} & \cdots & b_{ij1(30)}\\ b_{ij20} & b_{ij21} & \cdots & b_{ij2(30)}\\ \vdots & \vdots & & \vdots\\ b_{ijm0} & b_{ijm1} & \cdots & b_{ijm(30)}\end{bmatrix}$ $(i,j\in\{1,2,\cdots,m\})$，矩阵元素 b_{ijkt} $(i,j,k\in\{1,2,\cdots,m\},t\in\{0,1,2,\cdots,30\})$表示在日期 t，玩家 A 选择方案 i、玩家 B 选择方案 j、玩家 C 选择方案 k 时玩家 B 的最终收益。

对于玩家 C，建立四维收益矩阵 $\boldsymbol{C}$：

$$\boldsymbol{C}=\begin{bmatrix}\boldsymbol{C}_{11} & \boldsymbol{C}_{12} & \cdots & \boldsymbol{C}_{1m}\\ \boldsymbol{C}_{21} & \boldsymbol{C}_{22} & \cdots & \boldsymbol{C}_{2m}\\ \vdots & \vdots & & \vdots\\ \boldsymbol{C}_{m1} & \boldsymbol{C}_{m2} & \cdots & \boldsymbol{C}_{mm}\end{bmatrix} \tag{29}$$

其中，$\boldsymbol{C}_{ij}=\begin{bmatrix}c_{ij10} & c_{ij11} & \cdots & c_{ij1(30)}\\ c_{ij20} & c_{ij21} & \cdots & c_{ij2(30)}\\ \vdots & \vdots & & \vdots\\ c_{ijm0} & c_{ijm1} & \cdots & c_{ijm(30)}\end{bmatrix}$ $(i,j\in\{1,2,\cdots,m\})$，矩阵元素 c_{ijkt} $(i,j,k\in\{1,2,\cdots,m\},t\in\{0,1,2,\cdots,30\})$表示在日期 t，玩家 A 选择方案 i、玩家 B 选择方案 j、玩家 C 选择方案 k 时玩家 C 的最终收益。

根据轮换对称性，不难得到

$$a_{ijkt}=b_{jkit}=c_{kijt} \tag{30}$$

通过四维收益矩阵的建立，我们得以将有限种情形中某玩家的具体收益存放在矩阵元素中表示。

(5) 第六关分析

利用化简规律，我们得到第六关的化简地图和最简地图，与第四关的化简地图和最简地图一致，如图 11-13 和图 11-14 所示。

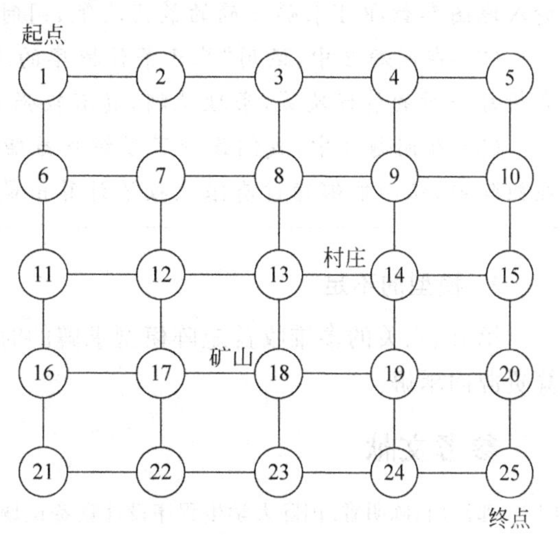

图 11-13　第六关化简地图

对于第六关，和第五关不同的是，第六关天气初始时全部未知，玩家只可以知道当天的天气状况以及其余玩家当天的行动方案和剩余的资源数量，且可以据此来决定下一天的行动方案。因此，期望最高的方案对于每一天来说都是不同的，所以我们采用了加入

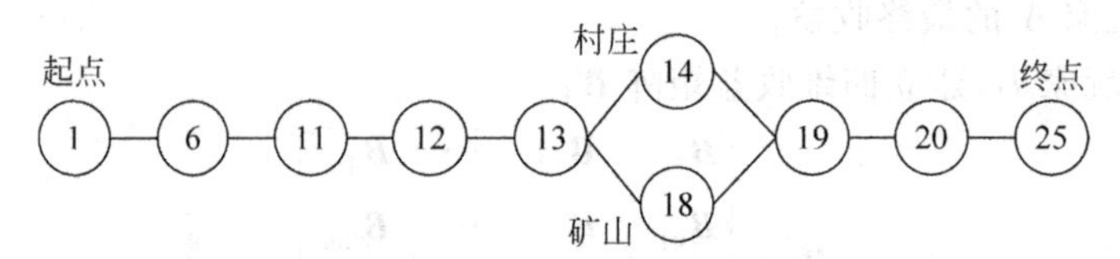

图 11-14　第六关最简地图

时间轴的四维收益矩阵进行决策分析。

玩家的最优策略如下：

在每一天行动结束后，利用当天以及之前的天气状况以及其余玩家当天的行动方案和剩余的资源数量，计算出下一天的收益矩阵，在下一天的收益矩阵中选择收益数学期望最高的方案执行

$$\begin{cases} E(\boldsymbol{v}_t)=(E(v_{t1}),E(v_{t2}),\cdots,E(v_{tm})) \\ E(v_{ti})=\dfrac{\sum\limits_{j=1}^{m}\sum\limits_{k=1}^{m}a_{ijkt}}{m^2} \end{cases} \tag{31}$$

其中 $E(v_{ti})$ 即为玩家在第 t 天选择第 i 种方案收益的数学期望，因此选择 $E(\boldsymbol{v}_t)$ 中的最大值对应的方案即为玩家的最优方案，记为 $\{i \mid \max\limits_{i}\{E(v_{ti})\}\}$。

该模型的求解时间复杂度为 $O(m^n \cdot maxd)$，其中 n 为玩家个数，m 为方案数，考虑到时间复杂度过高，因此在有限的时间和有限的计算资源内计算出最终的具体结果较为困难。我们在此给出一般情况下玩家应采取的策略，只需设计算法并将关卡六中数据作为输入即可得到最佳策略。

11.3.5　模型的评价

1. 模型的优点

(1) 在问题 1 中，我们设计的基于动态规划的计算决策模型具有通用性和准确性，只要输入地图参数即可求解准确的最优决策，同时时间复杂度在一个可以接受的范围内。

(2) 在问题 2 中，运用“基于条件概率的逐步决策模型”，按照玩家的优先考虑顺序逐步分析每一步的最优决策，条理清晰，具有较强的逻辑性。

(3) 在问题 3 中，我们设计了多维收益矩阵模型，使得有限种收益情况能够被全部包含在矩阵内，从而能够通过有限次枚举计算出最优策略。

2. 模型的不足

第五、六关的多维收益矩阵模型求解的时间复杂度过高，难以在有限的时间和有限的计算资源内求解。

参考文献

[1] 郭嵩山，陈明睿. 国际大学生程序设计竞赛试题与算法分析(三)——动态规划及其应用——最短路问题[J]. 现代计算机，2000(4)：87-93.

[2]　贾萍.信息学竞赛中动态规划类程序设计的算法分析及解题方法初探[J].科技经济导刊,2019,27(10):159-160.
[3]　刘小山,唐晓嘉.基于囚徒困境博弈的理性、信息与合作分析[J].西南大学学报:社会科学版,2019,45(1):21-30.
[4]　李南,田颖杰,朱陈平.基于小世界网络的重复囚徒困境博弈[J].管理工程学报,2005(2):143-145.

11.4　论文点评

本文根据题目的要求,在解决给出的问题前将每一关的地图简化为"最简地图"的形式,从而删除多余区域,便于简化计算的时间复杂度,这是本文的非常重要的创新之处。

对于问题1,作者设计了合理的状态使问题具有最优子结构性质和无后效性性质,构建基于动态规划的计算决策模型进行求解。

对于问题2,本文引入条件概率,分析不同天气出现的概率对于总收益及单一部分收益的影响。建立了"基于条件概率的逐步决策模型",从而给出天气未知情况下完成游戏的最优策略。

对于问题3,第五关中双玩家、天气状况已知且玩家的方案在初始确定后不能更改的情况,建立非零和博弈模型,利用数学期望选择最优方案;对于天气在初始时全部未知的第六关,利用当前已知的所有信息,动态地计算下一天的最优策略,引入加入时间轴的四维收益矩阵,以此选择下一天收益期望最高的方案得出下一天的最优策略。

总体来说,本论文是一篇优秀的论文,从论文的结构安排,模型的建立及求解等方面都处理得比较好。

第12章　中小微企业的信贷决策（2020 C）

12.1　题目

在实际中，由于中小微企业规模相对较小，也缺少抵押资产，因此银行通常是依据信贷政策、企业的交易票据信息和上下游企业的影响力，向实力强、供求关系稳定的企业提供贷款，并可以对信誉高、信贷风险小的企业给予利率优惠。银行首先根据中小微企业的实力、信誉对其信贷风险做出评估，然后依据信贷风险等因素来确定是否放贷及贷款额度、利率和期限等信贷策略。

某银行对确定要放贷企业的贷款额度为10万～100万元；年利率为4%～15%；贷款期限为1年。附件1～3分别给出了123家有信贷记录企业的相关数据、302家无信贷记录企业的相关数据和贷款利率与客户流失率关系的2019年统计数据。该银行请你们团队根据实际和附件中的数据信息，通过建立数学模型研究对中小微企业的信贷策略，主要解决下列问题：

1. 对附件1中123家企业的信贷风险进行量化分析，给出该银行在年度信贷总额固定时对这些企业的信贷策略。

2. 在问题1的基础上，对附件2中302家企业的信贷风险进行量化分析，并给出该银行在年度信贷总额为1亿元时对这些企业的信贷策略。

3. 企业的生产经营和经济效益可能会受到一些突发因素影响，而且突发因素往往对不同行业、不同类别的企业会有不同的影响。综合考虑附件2中各企业的信贷风险和可能的突发因素（例如，新冠病毒疫情）对各企业的影响，给出该银行在年度信贷总额为1亿元时的信贷调整策略。

附件

附件1　123家有信贷记录企业的相关数据

附件2　302家无信贷记录企业的相关数据

附件3　银行贷款年利率与客户流失率关系的2019年统计数据

附件中数据说明：

(1) 进项发票：企业进货(购买产品)时销售方为其开具的发票。

(2) 销项发票：企业销售产品时为购货方开具的发票。

(3) 有效发票：为正常的交易活动开具的发票。

(4) 作废发票：在为交易活动开具发票后，因故取消了该项交易，使发票作废。

(5) 负数发票：在为交易活动开具发票后，企业已入账计税，之后购方因故发生退货并退款，此时，需开具的负数发票。

(6) 信誉评级：银行内部根据企业的实际情况人工评定的，银行对信誉评级为D的企业原则上不予放贷。

(7) 客户流失率：因为贷款利率等因素银行失去潜在客户的比率。

附表1—附表3是附件1的123家有信贷记录企业的相关数据的三个表格

附表1　企业信息

企业代号	企业名称	信誉评级	是否违约
E1	***电器销售有限公司	A	否
E2	***技术有限责任公司	A	否
⋮	⋮	⋮	⋮
E123	***创科技有限责任公司	D	是

附表2　进项发票信息

企业代号	发票号码	开票日期	销方单位代号	金额	税额	价税合计	发票状态
E1	3390939	2017/7/18	A00297	−943.4	−56.6	−1000	有效发票
E1	3390940	2017/7/18	A00297	−4780.24	−286.81	−5067.05	有效发票
E1	3390941	2017/7/18	A00297	943.4	56.6	1000	有效发票
E1	3390942	2017/7/18	A00297	4780.24	286.81	5067.05	有效发票
⋮	⋮	⋮	⋮	⋮	⋮	⋮	⋮
E123	54469883	2019/12/18	A03626	264.15	15.85	280	有效发票

注：附表2共10947行数据

附表3　销项发票信息

企业代号	发票号码	开票日期	销方单位代号	金额	税额	价税合计	发票状态
E1	11459356	2017/8/4	B03711	9401.71	1598.29	11000	有效发票
E1	5076239	2017/8/9	B00844	8170.94	1389.06	9560	有效发票
⋮	⋮	⋮	⋮	⋮	⋮	⋮	⋮
E1	11459358	2017/8/9	B10763	−12307.69	−2092.31	−14400	有效发票
⋮	⋮	⋮	⋮	⋮	⋮	⋮	⋮
E123	8887704	2019/12/25	B13093	6660.19	199.81	6860	有效发票

注：附表3共162484行数据

附表4—附表6是附件2的302家无信贷记录企业的相关数据的三个表格

附表4　企业信息

企业代号	企业名称
E124	个体经营E124
E125	个体经营E125
⋮	⋮
E425	***商贸有限公司

附表5 进项发票信息

企业代号	发票号码	开票日期	销方单位代号	金额	税额	价税合计	发票状态
E124	15212483	2017/9/1	D00585	839350.55	92328.56	931679.11	有效发票
E124	15212484	2017/9/1	D00585	900900.90	99099.10	1000000.00	有效发票
⋮	⋮	⋮	⋮	⋮	⋮	⋮	
E124	06089619	2017/9/8	D00672	−900900.90	−99099.10	−1000000.00	有效发票
⋮	⋮	⋮	⋮	⋮	⋮	⋮	⋮
E425	21803472	2019/6/11	D02126	4854.37	145.63	5000	有效发票

注:附表5共330835行数据

附表6 销项发票信息

企业代号	发票号码	开票日期	销方单位代号	金额	税额	价税合计	发票状态
E124	18891676	2017/9/1	C00014	338.46	57.54	396.00	有效发票
E124	18691267	2017/9/1	C00480	230.10	6.90	237.00	有效发票
⋮	⋮	⋮	⋮	⋮	⋮	⋮	⋮
E124	06038116	2017/9/1	C00332	−92347.75	−10158.25	−102506.00	有效发票
⋮	⋮	⋮	⋮	⋮	⋮	⋮	⋮
E425	5666299	2020/1/10	C23112	132.04	3.96	136	有效发票

注:附表6共395175行数据

附表7 银行贷款年利率与客户流失率关系的2019年统计数据

贷款年利率	客户流失率		
	信誉评级 A	信誉评级 B	信誉评级 C
0.04	0	0	0
0.0425	0.094574126	0.066799583	0.068725306
0.0465	0.135727183	0.13505206	0.122099029
0.0505	0.224603354	0.20658008	0.181252146
0.0545	0.302038102	0.276812293	0.263302863
0.0585	0.347315668	0.302883401	0.290189098
0.0625	0.41347177	0.370215852	0.34971559
0.0665	0.447890973	0.406296668	0.390771683
0.0705	0.497634453	0.458295295	0.45723807
0.0745	0.511096612	0.508718692	0.492660433
0.0785	0.573393087	0.544408837	0.513660239
0.0825	0.609492115	0.548493958	0.530248706
0.0865	0.652944774	0.588765696	0.587762408
0.0905	0.667541843	0.625764576	0.590097045
0.0945	0.694779921	0.635605146	0.642993656
0.0985	0.708302023	0.673527424	0.658839416
0.1025	0.731275401	0.696925431	0.696870573
0.1065	0.775091405	0.705315993	0.719103552
0.1105	0.798227368	0.742936326	0.711101237
0.1145	0.790527266	0.776400729	0.750627656

续表

贷款年利率	客户流失率		
	信誉评级 A	信誉评级 B	信誉评级 C
0.1185	0.815196986	0.762022595	0.776816043
0.1225	0.814421029	0.791503697	0.784480512
0.1265	0.854811097	0.814998933	0.795566274
0.1305	0.870317343	0.822297861	0.820051434
0.1345	0.871428085	0.835301602	0.832288422
0.1385	0.885925945	0.845747745	0.844089875
0.1425	0.874434682	0.842070844	0.836974326
0.1465	0.902725909	0.868159536	0.872558957
0.15	0.922060687	0.885864919	0.895164739

题目中的全部数据可到竞赛官网 www.mcm.edu.cn 下载。

12.2　问题分析与建模思路概述

中小微企业对国家的经济发展起着重要的作用,银行给予信贷支持对这类企业的发展非常重要.但部分企业规模小,缺少抵押资产,不适合按传统的“税金贷”模式发放贷款.对这些企业探索“发票贷”是一种新的信贷模式,也就是以企业的交易票据为核心,向盈利能力强且供求关系表现稳定的企业提供贷款服务,对信誉评级高、信贷风险低的企业可以给予较低贷款利率优惠,这对银行和企业都是有利的。本题来源于实际问题,也是一个非常开放的问题,不同的模型算法结果也会有所不同,各队发挥的空间很大。

问题 1　要求对 123 家企业信贷风险进行量化分析,给出年度信贷总额固定时对它们的信贷策略。这一问需要解决两个子问题,一是先对企业的信贷风险进行量化分析,二是在此基础上给出对这 123 家企业的信贷策略。对第一个子问题,理论上信贷风险的量化分析应该综合考虑企业的经营实力和信誉。要给出经营实力就需要对附件中的数据进行处理,得到需要的关键数据指标,比如企业上下游业务的交易量、毛利润或直接收益与成本及其变化率,处理时要注意到发票中除了正常有效发票还有一些是作废发票、负数发票,也要注意不同企业数据量的差异性及异常数据的处理和数据的标准化处理等。信誉要考虑信誉评级和是否违约。然后再综合考虑企业经营实力和信誉两个方面,给出各企业的信贷风险的具体量化模型和结果。对第二个子问题可以根据各企业的信贷风险指标将企业分类,针对不同类别的企业综合考虑贷款额度、利率、以及利率和客户流失率的关系等建立信贷决策优化模型,使得信贷风险尽可能小而信贷收益尽可能大。合理的信贷策略应该是对不同信贷风险的企业的贷款利率和额度不同,有违约记录的企业不予放贷。

问题 2　基于问题 1 的分析,对 302 家企业信贷风险进行量化分析,给出年度信贷总额为 1 亿元时对它们的信贷策略。这一问同样需要解决两个子问题,前一个子问题可以先利用附件 1 中 123 家企业的数据确定企业信誉评级与其实力指标的关系(机器学习或回归拟合等方法),用来确定附件 2 中 302 家无信贷记录企业的信誉评级。再参照问题 1 的方法综合企业的经营实力和信誉两个方面建立信贷风险量化模型并给出量化分析结果。后一个子问题可以类似问题1综合考虑各相关因素建立信贷优化决策模型,给出银行总额1亿元对这些企业的信贷策略。

问题3 综合考虑问题2中各企业信贷风险和可能的突发因素(如新冠疫情)对各企业影响,给出年度信贷总额为1亿元时的信贷调整策略。这一问要考虑不确定的突发因素的处理方法,可能的突发因素对不同行业的正负两个方面的影响,只考虑负面影响是不全面的,在突发因素影响下,要给出企业信贷风险、银行信贷决策量化模型与信贷策略的影响及效果。

在考虑建立数学模型和解决问题的过程中要注意关注模型的合理性和正确性,对这个竞赛题目来说简单主观的使用综合评价方法不是一个好的做法。

12.3 获奖论文——基于运筹学和聚类算法的中小微企业信贷决策

作　　者:吴佳蔚　杨烨如　钟若涵

指导教师:姜海燕

获奖情况:2020年全国数学建模竞赛北京赛区一等奖

摘要

由于中小微企业的自身限制,银行往往在对其进行信贷决策的过程中难以做出最优判断。所以如何对企业的信贷风险进行量化分析,正成为社会焦点之一。本文围绕银行对于中小微企业的信贷策略优化问题,借助运筹学、聚类分析算法等手段给出银行对企业信贷策略的建议。

针对问题1,首先通过层次分析法建立起科学的信贷风险指标评价体系,然后确定各指标的打分准则,建立起一套针对企业信贷风险的百分制评分体系,并计算附件1中各企业信贷风险量化评分。而后通过对信贷策略影响因素(企业信贷风险等级、企业信誉评级、客户流失率等)的分析,确定决策变量、目标函数与约束条件,以构建最优化模型,最后得出银行年度信贷总额固定在不同数值时的最优化方案。

针对问题2,借助 k 均值聚类算法,对于无信贷记录的企业进行信誉评级。其中,A级企业34家,B级企业83家,C级企业95家,D级企业90家。此次对于各企业信贷风险量化评分的过程中,通过筛选不具有普遍意义的指标,优化了问题1中所建立的评分准则。然后在固定年度信贷总额的前提下通过优化模型取得了信贷策略的最优解。

针对问题3,本文将新冠病毒疫情作为突发因素考虑,首先将行业分为八类,再将疫情对各类行业经营状况的影响进行量化打分,列入评分准则中,然后重新计算各企业信贷风险量化评分,运用优化模型,对疫情之下的最优信贷策略进行了进一步调整。

关键词:信贷决策,层次分析法,最优化模型,k 均值聚类算法,新冠病毒疫情。

12.3.1 问题重述

一、问题背景

近年来,中小微企业因为能够增加产业活力,完善市场制度等特点,逐渐在国民经济和社会发展中发挥出巨大作用[1]。但是由于中小微企业规模相对较小,缺少抵押金等原因,也面临着日益严重的信贷融资困难问题。实际上,资金链断裂已经成为中小微企业健康发展的重大威胁。

资料显示绝大部分中小微企业都会选择银行贷款融资。但是银行业竞争日益激烈,趋同性的投资对象选择往往导致资源向大型企业集中。除此之外,银行通常是依据信贷政策、企业的交易票据信息和上下游企业的影响力等因素来提供贷款和优惠,缺少直观有效的中小微企业风险评估方法,难以及时合理地做出信贷决策。

与此同时,大数据时代的到来为开发出合适的模型用以准确给出信贷策略提供了新途径。大数据技术收集、处理信息的能力很好地适应了中小微企业的特点。

综上所述,建立起科学的信贷风险量化分析机制有利于合理调配资源,使得中小微企业和银行实现共赢。

二、问题要求

基于上述背景,我们需要通过建立数学模型解决以下问题:

1. 通过对企业的信誉、实力、供求关系等因素对信贷风险进行量化分析,在综合考虑了信贷风险等因素的基础上,建立起银行的信贷决策模型并给出其信贷策略。

2. 建立合理的指标体系,以预测无信贷记录企业的信誉评级,据此通过信贷风险的量化分析对所给金额分配策略进行优化,最终得到银行对企业的最优信贷策略。

3. 考虑可能的突发因素(例如,新冠病毒疫情)对各企业的影响,分析突发因素对各企业信贷风险的影响,并依此作出信贷策略调整,达到企业与银行的共赢。

12.3.2 问题分析

1. 问题1的分析

问题1要求在信誉评级已知的条件下对企业的信贷风险进行量化分析并给出年度信贷总额固定时的信贷策略。

首先,根据题目信息和文献查阅,需要选取信贷风险量化指标用以衡量企业的综合实力及信誉水平。其次根据各指标的并列和从属关系建立起企业信贷风险指标评价体系。因为各个指标所产生的影响不同,所以我们需要找到合理的模型以确定各个指标的权重,并建立起各个指标的量化标准,以得到各企业信贷风险的量化评分结果。

最后在得到各企业信贷风险量化结果后,为确定银行针对不同企业的信贷策略,还需要考虑客户流失率、额度范围等多个因素,以获得最高的利润收入。因此我们将这一问题视作一个优化问题。

2. 问题2的分析

问题2要求对无信贷记录企业进行信誉评级,并在问题1的基础上对企业进行信贷风险量化分析,然后将银行的1亿元年度信贷总额合理调配做出决策。

首先,若需要得出企业信誉评级,可对附件中相关数据进行挖掘研究。那么通过寻找已知123家有信贷记录企业的信誉评级和其他数据信息的关系,可以获得信誉评级的预测方法,并以此对302家无信贷记录企业判定信誉评级。

在确定信誉评级的条件下,借助问题1所建立的信贷风险量化分析模型对企业信贷风险进行打分,挖掘出更有价值的结果,最终使银行对企业的信贷策略效果达到最优。

3. 问题 3 的分析

问题 3 要求将突发因素(例如,新冠病毒疫情)对企业的影响列入考虑项,并做出信贷调整策略。

首先,为获得新冠病毒疫情对企业影响的数值化结果,我们需要查询有关 2020 年上半年中国各类企业的生产经营和经济效益因疫情影响而产生的真实数据变化。经过合理的数据处理和分析,将这一因素放入问题 1 中所建立的信贷风险量化分析模型中,根据重新获得的评分结果,调整银行的信贷策略,以最终实现银行和企业的共赢。

12.3.3 问题假设

1. 销项发票的价税总计作为企业成本的唯一衡量指标。
2. 在附件中所涉及时间内,无其他突发因素对企业产生影响。
3. 在受突发因素影响的时段内,所有企业都没有破产。

12.3.4 符号说明

变　量	说　明
$\lambda_{\max}$	判断矩阵的最大特征值
n	判断矩阵阶数
CI	一致性指标
CR	一致性比例
$A_x, A_{xy}, A_{xyz}(x=1,2;y=1,2,3;z=1,2)$	企业信贷风险评价指标
$n_x(x=1,2,3,4,5)$	风险等级为 x 的企业总数
$n_{xy}(x=1,2,3,4,5;y=\mathrm{A,B,C,D})$	风险等级为 x,信誉评级为 y 的企业数目
X_i	某企业某项指标数值
$X_{\max}$	在所有企业中某项指标的最大值
$X_{\min}$	在所有企业中某项指标的最小值
$x_{m1}(m=1,2,3,4,5)$	风险等级为 m 级的企业获得的贷款额度
$x_{n2}(n=1,2,3,4,5)$	风险等级为 n 级的企业获得的贷款年利率
P	银行所获利润
sum	银行的年度信贷总额

12.3.5 问题 1 的模型建立和求解

为确定信贷风险分析量化模型,我们计划选取适当的指标,进行权重分析后,建立起一套百分制的打分体系。其中分数越高,企业的信贷风险则越低。考虑到企业数量的众多,我们将对获得不同分数的企业进行等级评定,并在最终对企业进行信贷决策时对同一等级的企业提供同等的贷款额度和利率优惠。

在年度信贷总额固定的情况下,为使银行尽可能获得更高的利润,我们将综合考虑企业信贷风险、贷款额度、年利润等因素,建立银行信贷决策的最优化模型,通过求解规划问题得到最优信贷策略。

1. 层次分析法

层次分析法是一种层次权重决策分析方法，属于运筹学的范畴，其基本思想是用目标、准则、方案等层次来系统表达与决策有关的元素，从而进行定性和定量分析。应用层次分析法解决实际问题一般分为以下四个步骤[2]：

(1) 建立递阶层次结构模型。层次一般分为目标层、准则层、指标层。

(2) 构造各层的判断矩阵。在准则层中，各准则对于目标评价来说重要程度不尽相同，因此所占重要性权重不同，通常用数字1,2,…,9及其倒数作为标度来定义判断矩阵$\mathbf{A}=(a_{ij})_{n\times n}$。

表 12-1　判断矩阵标度定义

标　度	含　义
1	表示两个因素相比，具有相同重要性
3	表示两个因素相比，前者比后者稍重要
5	表示两个因素相比，前者比后者明显重要
7	表示两个因素相比，前者比后者强烈重要
9	表示两个因素相比，前者比后者极端重要
2,4,6,8	表示上述相邻判断的中间值
a_{ij}	若因素i与因素j的重要性之比为a_{ij}，则因素j与因素i重要性之比为$a_{ji}=\dfrac{1}{a_{ij}}$

(3) 计算判断矩阵的最大特征值与对应的特征向量，进行层次单排序和一致性检验。

① 计算一致性指标CI：

$$CI=\frac{\lambda_{\max}-n}{n-1} \tag{1}$$

式中，$\lambda_{\max}$为判断矩阵的最大特征值；n为判断矩阵阶数。

② 查找平均随机一致性指标(见表12-2)

表 12-2　平均随机一致性指标

n	1	2	3	4	5	6	7	8	9	10	11	12	13	14
RI	0	0	0.52	0.89	1.12	1.24	1.36	1.41	1.46	1.49	1.52	1.54	1.56	1.58

③ 计算一致性比例CR：

$$CR=\frac{CI}{RI} \tag{2}$$

当$CR<0.10$时，可认为判断矩阵满足一致性要求；若$CR>0.10$，则应适当修改判断矩阵，使其满足一致性要求。

(4) 当一致性检验通过以后，最大特征值所对应的特征向量即为权重向量，将权重向量进行归一化处理，得到的数值即为各个指标的权重。

2. 指标选取

为了根据中小微企业的实力、信誉对其信贷风险做出评估，首先需要确定分别表征企业实力与信誉的各种指标。

(1) 企业的实力水平主要体现为自身的财务指标，而财务指标包括盈利能力和发展能力。

a. 盈利能力

盈利能力指企业利用经济资源获取利润的能力，通常表现为在一定时期内收益总额的大小和水平高低[3]。因此，我们用销售净利率表征企业的盈利能力，即企业相对于营业收入的获取利润的水平，该指标越高，企业盈利能力越强[4]。

其计算公式如下：销售净利率＝净利润/销售收入×100％。

通过对附件1中数据的分析，我们将销项发票价税合计作为销售收入，进项发票价税合计作为成本，销项发票价税合计与进项发票价税合计之差作为净利润。

b. 发展能力

发展能力强的企业一般具有较好的发展前景、还款能力[4]，而净利润增长额可以直观反映企业的发展潜力，所以我们用净利润增长额表征企业的发展能力，该指标越大则企业具有更好的发展实力[4]。综合考虑之后我们将2019年净利润与2017年净利润之差作为净利润增长额。

(2) 企业的信誉水平主要体现为自身的非财务指标，而非财务指标包括企业类型、行业类型与企业信用。

a. 企业类型

由于附件中企业信息量的限制，我们仅将企业类型分为公司与非公司两类。公司由于具有良好的监督和制衡机制，违约风险相对较小；非公司主要包括独资企业、合伙企业，其违约风险相对较大[3]。

b. 行业类型

行业类型决定了产品是否有稳定的供求关系，我们将行业类型分为支柱产业与非支柱产业两类。支柱产业在国民经济体系中占有重要的战略地位与份额，其行业发展前景较好，有稳定的供求关系，更不易违约；非支柱产业行业发展前景较差，违约风险更大[5]。

企业信用由信誉评级和历史违约情况决定，其对未来的违约概率有一定的预测性，信用水平高的企业违约风险较小[3]。

综上所述，我们本文确定的企业信贷风险评价指标体系如图12-1所示。

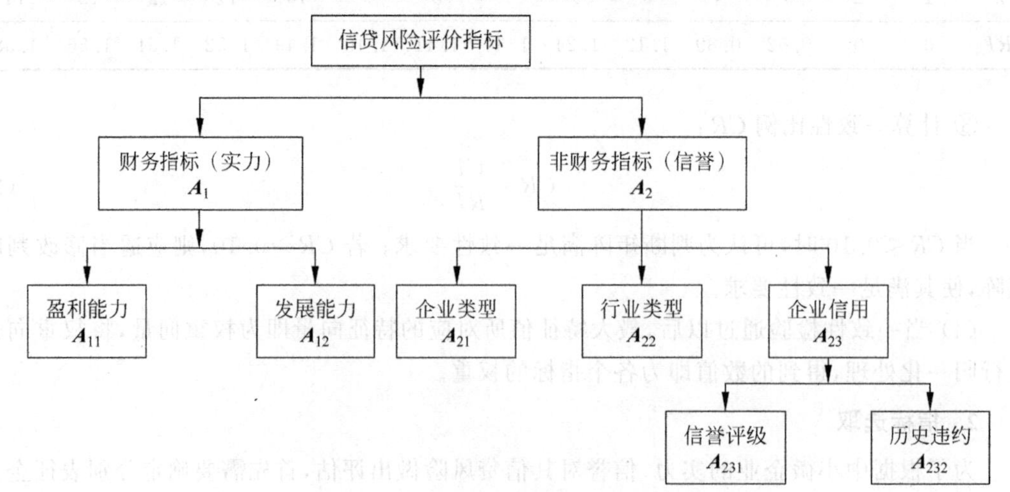

图12-1 企业信贷风险评价指标体系

3. 指标权重求解

采用层次分析法计算各指标评分过程中所占权重，相关专业文献[3]～[5]在构造判断矩阵时邀请了权威专家进行指标重要性两两比较得出了合理结果，我们参考以上文献构造判断矩阵，并使用 MATLAB 计算各项指标权重。

表 12-3　财务指标与非财务指标判断矩阵

	$\boldsymbol{A}_1$	$\boldsymbol{A}_2$
$\boldsymbol{A}_1$	1	1/2
$\boldsymbol{A}_2$	2	1

表 12-4　财务指标与非财务指标权重

指标	权重
$\boldsymbol{A}_1$	0.3333
$\boldsymbol{A}_2$	0.6667

表 12-5　各财务指标判断矩阵

	$\boldsymbol{A}_{11}$	$\boldsymbol{A}_{12}$
$\boldsymbol{A}_{11}$	1	4
$\boldsymbol{A}_{12}$	1/4	1

表 12-6　各财务指标权重

指标	权重
$\boldsymbol{A}_{11}$	0.8000
$\boldsymbol{A}_{21}$	0.2000

表 12-7　各非财务指标判断矩阵

	$\boldsymbol{A}_{21}$	$\boldsymbol{A}_{22}$	$\boldsymbol{A}_{23}$
$\boldsymbol{A}_{21}$	1	1/3	1/5
$\boldsymbol{A}_{22}$	3	1	1/4
$\boldsymbol{A}_{23}$	5	4	1

表 12-8　各非财务指标权重

指标	权重
$\boldsymbol{A}_{21}$	0.1007
$\boldsymbol{A}_{22}$	0.2255
$\boldsymbol{A}_{23}$	0.6738

特别地，因为非财务指标超过了两个，故需要利用 MATLAB 计算一致性指标：$CR=0.0825<0.1$。结果表明该判断矩阵的一致性可以接受，两两比较系数分配合理。

表 12-9　信誉评级与历史违约判断矩阵

	$\boldsymbol{A}_{231}$	$\boldsymbol{A}_{232}$
$\boldsymbol{A}_{231}$	1	7
$\boldsymbol{A}_{232}$	1/7	1

表 12-10　各财务指标权重

指标	权重
$\boldsymbol{A}_{231}$	0.8750
$\boldsymbol{A}_{232}$	0.1250

综上，企业信贷风险量化指标权重汇总如表 12-11 所示：

表 12-11　企业信贷风险量化指标汇总

<table>
<tr><td rowspan="2">财务指标 $\boldsymbol{A}_1$</td><td rowspan="2">0.3333</td><td>盈利能力 $\boldsymbol{A}_{11}$</td><td colspan="3">0.8000</td></tr>
<tr><td>发展能力 $\boldsymbol{A}_{12}$</td><td colspan="3">0.2000</td></tr>
<tr><td rowspan="4">非财务指标 $\boldsymbol{A}_2$</td><td rowspan="4">0.6667</td><td>企业类型 $\boldsymbol{A}_{21}$</td><td colspan="3">0.1007</td></tr>
<tr><td>行业类型 $\boldsymbol{A}_{22}$</td><td colspan="3">0.2255</td></tr>
<tr><td rowspan="2">企业信用 $\boldsymbol{A}_{23}$</td><td rowspan="2">0.6738</td><td>信誉评级 $\boldsymbol{A}_{231}$</td><td>0.8750</td></tr>
<tr><td>历史违约 $\boldsymbol{A}_{232}$</td><td>0.1250</td></tr>
</table>

4. 进行信贷风险打分与等级评定

（1）财务指标打分标准

由于所选用的财务指标均为极大型定量指标，因此采用打分公式如下：

$$A = 100 \times \frac{X_i - X_{\min}}{X_{\max} - X_{\min}} \tag{3}$$

其中，X_i 表示某企业该项指标数值，$X_{\max}$ 表示在所有企业中该项指标的最大值，$X_{\min}$ 表示在所有企业中该项指标的最小值。

（2）非财务指标打分标准

我们所选取的非财务指标为定性指标，其打分标准如下：

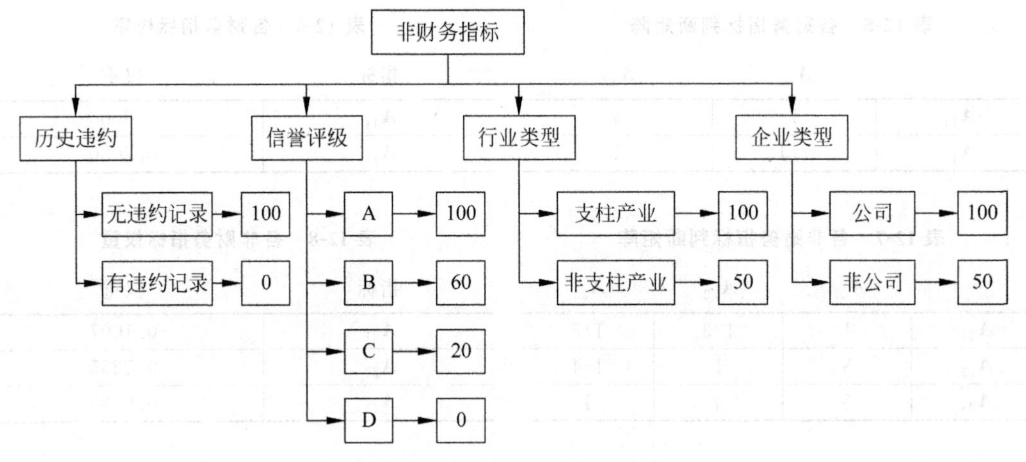

图 12-2 非财务指标打分标准

（3）企业信贷风险评级标准

根据文献[6]可以将信贷风险量化评分分为以下几个等级：

表 12-12 中小微企业信贷风险评价等级

风险等级	综合分值区间	说明
一级	85～100	企业经营状况优秀，整体结构和生产模式也能适应市场的发展，有较强的竞争力。
二级	75～85	企业经营状况良好，但在某一方面存在不足
三级	65～75	企业经营状况明显不足，但大概率能偿还贷款
四级	55～65	企业经营状况较差，不能稳定偿还贷款
五级	0～55	企业经营状况极差，几乎没有偿债能力

根据以上分析得到的各指标权重与打分标准，计算附件 1 中各企业信贷风险量化评分，得到结果如表 12-13～表 12-17 所示。

5. 信贷策略影响因素的分析

为针对不同企业制定信贷策略，银行应综合考虑包括信贷风险在内的多种因素，不同因素会对信贷策略产生不同影响。经过分析，可总结如下几种影响银行信贷策略的因素：

表 12-13 风险等级一级企业

企业数目	信誉评级	企业数目
$n_1=27$	A	$n_{1A}=27$
	B	$n_{1B}=0$
	C	$n_{1C}=0$
	D	$n_{1D}=0$

表 12-14 风险等级二级企业

企业数目	信誉评级	企业数目
$n_2=17$	A	$n_{2A}=0$
	B	$n_{2B}=17$
	C	$n_{2C}=0$
	D	$n_{2D}=0$

表 12-15 风险等级三级企业

企业数目	信誉评级	企业数目
$n_3=28$	A	$n_{3A}=0$
	B	$n_{3B}=20$
	C	$n_{3C}=8$
	D	$n_{3D}=0$

表 12-16 风险等级四级企业

企业数目	信誉评级	企业数目
$n_4=24$	A	$n_{4A}=0$
	B	$n_{4B}=0$
	C	$n_{4C}=24$
	D	$n_{4D}=0$

表 12-17 风险等级五级企业

企 业 数 目	信 誉 评 级	企 业 数 目
$n_5=27$	A	$n_{5A}=0$
	B	$n_{5B}=1$
	C	$n_{5C}=2$
	D	$n_{5D}=24$

(1) 企业信贷风险等级

银行应根据企业的信贷风险等级决定其贷款额度、贷款年利率等。我们规定银行对处于同一信贷风险等级的企业给予相同的贷款额度与贷款年利率。设 $x_{m1}(m=1,2,3,4,5)$ 代表风险等级为 m 级的企业获得的贷款额度，$x_{n2}(n=1,2,3,4,5)$代表风险等级为 n 级的企业获得的贷款年利率。

(2) 企业信誉评级

银行对信誉评级为 D 的企业在原则上不予放贷，即贷款额度为 0。

(3) 客户流失率

由于贷款利率等因素，银行存在潜在客户流失的可能性，且贷款利率与客户流失率存在一定的函数关系。本文使用 MATLAB 中 cftool 工具箱对附件 3 数据进行拟合，分别得到企业信誉评级为 A,B,C 的客户流失率关于贷款年利率的函数 $f_A(x)$,$f_B(x)$,$f_C(x)$。

① 企业信誉评级为 A 时的拟合情况：

$$f_A(x)=-76.41x^2+21.98x-0.6971$$

其中拟合优度 $R^2=0.993$，拟合情况曲线如图 12-3 所示。

② 企业信誉评级为 B 时的拟合情况：

$$f_B(x)=-67.93x^2+20.21x-0.6504$$

其中拟合优度 $R^2=0.9945$，拟合情况曲线如图 12-4 所示。

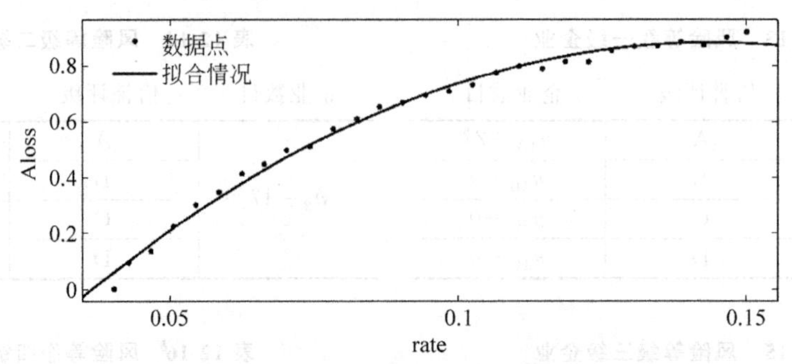

图 12-3　企业信誉为 A 时客户流失率与贷款年利率拟合情况

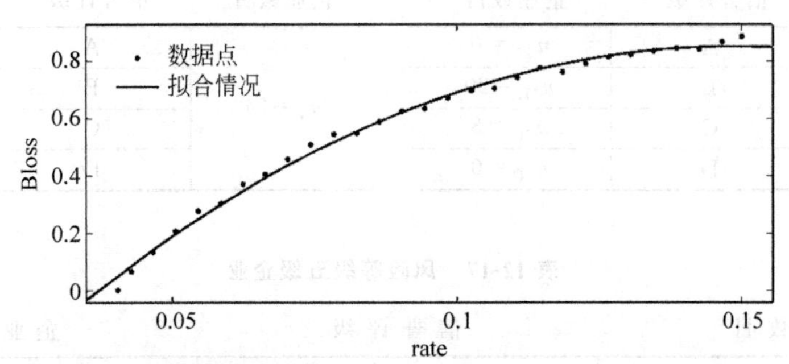

图 12-4　企业信誉为 B 时客户流失率与贷款年利率拟合情况

③ 企业信誉评级为 C 时的拟合情况：

$$f_{\mathrm{C}}(x)=-63.94x^2+19.57x-0.6393$$

其中拟合优度 $R^2=0.9951$，拟合情况如图 12-5 所示。

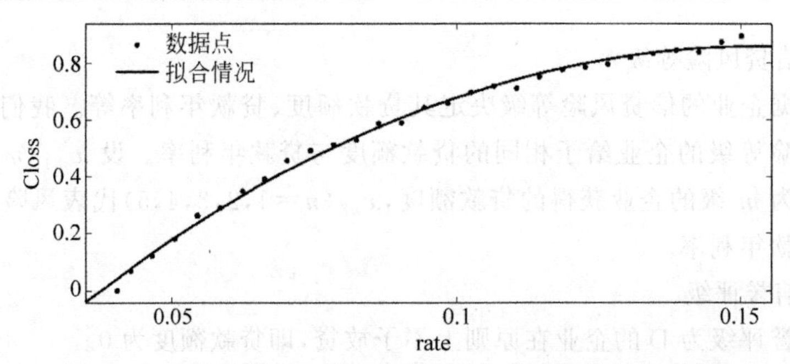

图 12-5　企业信誉为 C 时客户流失率与贷款年利率拟合情况

(4) 银行利润需求

银行在放贷过程中应考虑自身盈利情况，并使所获利润最大化。银行在贷款期限（一年）内所获利润的计算公式如下：

$$\begin{aligned}P=\ & x_{11}x_{12}\left[(1-f_{\mathrm{A}}(x_{12}))n_{1\mathrm{A}}+(1-f_{\mathrm{B}}(x_{12}))n_{1\mathrm{B}}+(1-f_{\mathrm{C}}(x_{12}))n_{1\mathrm{C}}\right]+\\ & x_{21}x_{22}\left[(1-f_{\mathrm{A}}(x_{22}))n_{2\mathrm{A}}+(1-f_{\mathrm{B}}(x_{22}))n_{2\mathrm{B}}+(1-f_{\mathrm{C}}(x_{22}))n_{2\mathrm{C}}\right]+\\ & x_{31}x_{32}\left[(1-f_{\mathrm{A}}(x_{32}))n_{3\mathrm{A}}+(1-f_{\mathrm{B}}(x_{32}))n_{3\mathrm{B}}+(1-f_{\mathrm{C}}(x_{32}))n_{3\mathrm{C}}\right]+\\ & x_{41}x_{42}\left[(1-f_{\mathrm{A}}(x_{42}))n_{4\mathrm{A}}+(1-f_{\mathrm{B}}(x_{42}))n_{4\mathrm{B}}+(1-f_{\mathrm{C}}(x_{42}))n_{4\mathrm{C}}\right]+\\ & x_{51}x_{52}\left[(1-f_{\mathrm{A}}(x_{52}))n_{5\mathrm{A}}+(1-f_{\mathrm{B}}(x_{52}))n_{5\mathrm{B}}+(1-f_{\mathrm{C}}(x_{52}))n_{5\mathrm{C}}\right]\end{aligned}\tag{4}$$

其中 P 表示银行所获总利润。

(5) 利率优惠

银行可以对信誉高、信贷风险小的企业予以利率优惠,优惠程度应根据企业的风险等级确定。因此可得出影响信贷决策的如下约束条件:

$$x_{12} < x_{22} < x_{32} < x_{42} < x_{52} \tag{5}$$

(6) 年度信贷总额限制

由于银行要在年度信贷总额固定的情况下进行信贷策略的制定,因此可得出如下约束条件:

$$x_{11}n_1 + x_{21}n_2 + x_{31}n_3 + x_{41}n_4 + x_{51}n_5 = sum \tag{6}$$

其中,sum 表示某一常数,即银行的年度信贷总额。

(7) 贷款额度与年利率限制

由于银行事先对贷款额度与年利率的范围进行了限制,即贷款额度为 10 万～100 万元,年利率为 4%～5%,因此可得出如下约束条件:

$$\begin{gathered} 100000 \leqslant x_{11}, x_{21}, x_{31}, x_{41}, x_{51} \leqslant 1000000 \\ 0.04 \leqslant x_{12}, x_{22}, x_{32}, x_{42}, x_{52} \leqslant 0.05 \end{gathered} \tag{7}$$

6. 优化模型建立和决策求解

综合上述分析,可以看出银行信贷策略的制定可归结为最优化问题,据此可确定决策变量、目标函数与约束条件,以构建最优化模型。模型的数学描述如下:

$$\max P = \sum_{i=1}^{5} x_{i1}x_{i2}\left[(1-f_{\mathrm{A}}(x_{i2}))n_{i\mathrm{A}} + (1-f_{\mathrm{B}}(x_{i2}))n_{i\mathrm{B}} + (1-f_{\mathrm{C}}(x_{i2}))n_{i\mathrm{C}}\right] \tag{8}$$

$$\text{s.t.}\begin{cases} \sum_{i=1}^{5} x_{i1}n_i = sum \\ 100000 \leqslant x_{i1} \leqslant 1000000 & i=1,2,3,4,5 \\ 0.04 \leqslant x_{i2} \leqslant 0.05 & i=1,2,3,4,5 \\ x_{12} \leqslant x_{22} \leqslant x_{32} \leqslant x_{42} \leqslant x_{52} \end{cases} \tag{9}$$

然后,我们使用 Lingo 求解上述非线性规划问题,得出银行年度信贷总额固定在不同数值时的最优化方案,即银行的最优信贷策略。

表 12-18　银行年度信贷总额固定在不同数值时的最优信贷策略

sum/亿元	0.2	0.4	0.6	0.8	1
x_{11}/元	100000	100000	366666.7	1000000	1000000
x_{12}	0.0536	0.0536	0.0536	0.0536	0.0536
x_{21}/元	100000	247058.8	1000000	1000000	1000000
x_{22}	0.0575	0.0575	0.0575	0.0575	0.0575
x_{31}/元	375000	1000000	1000000	1000000	1000000
x_{32}	0.0579	0.0579	0.0579	0.0579	0.0579
x_{41}/元	100000	100000	100000	220833.3	1000000
x_{42}	0.1500	0.1500	0.1500	0.1500	0.1500
x_{51}/元	100000	100000	100000	100000	148148.1
x_{52}	0.1500	0.1500	0.1500	0.1500	0.1500
P/元	666923.8	1490399.0	2300107.0	3038947.0	3441641.0

最优信贷策略情况下，因为本题中没有给出固定的年度信贷总额具体数值，所以，我们初步得出了当该值固定在 0.2～1 亿元时，银行能获得的利润。银行利润与年度信贷总额的关系如图 12-6 所示。

根据银行利润随年度信贷总额的变化趋势，不难发现，随着年度信贷总额的不断提高，银行利润在数值上一直保持增长的趋势，但该增长速率逐渐变缓。对银行而言，为降低成本收入比，要合理分配信贷总额；对企业而言，为博取更多的资金，也要不断提升自身的各项实力。

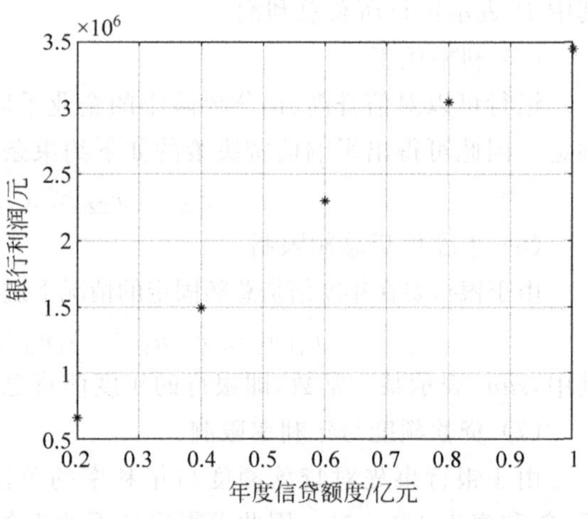

图 12-6 银行利润与年度信贷总额的关系

12.3.6 问题 2 的求解

附件 2 中 302 家企业因为无信贷记录而没有已知的信誉评级，所以在问题 1 所建立模型的基础上，首先需要建立起合理的评判标准以对所有企业进行信誉评级，进而依据信誉评级与客户流失率的关系展开信贷风险的量化分析。

而在获得了量化分析的结果之后，可以根据 1 亿元的年度信贷总额限制做出合理的信贷策略，使得银行获得最大的收益。

1. *k*-means 聚类算法模型

我们通过机器学习来实现通过对已知数据挖掘潜在信息，最终实现对信誉评级信息的计算补全。在分别选用了 *k*-means（*k* 均值聚类）算法和 logit 定序回归算法后。我们发现 logit 定序回归对指标的相关性要求高，而在本题中数据的局限性下最终得到的系数大部分都对信誉评级结果没有意义。但 *k*-means 聚类算法能够更好地符合要求，故而选择这一算法模型。

k-means 聚类算法的基本原理是按照相似性度量的方法，计算每两个数据之间的距离并将距离比较之下最近的两个数组合成一类，最终将所有数据分成 k 组[6]。其具体步骤如下[7]：

(1) 在数据集 X 中随机的选取 k 个数据对象，将这 k 个数据对象设定为初始聚类中心，即有 $C_1, C_2, \cdots, C_k$ 个初始聚类中心点，这样可以确定数据及需要被划分成多少类。

(2) 计算数据集中剩下的每一个数据对象到 k 个初始中心点的距离（一般选用欧几里得距离[6]），将每一数据对象划分到最近的类中，形成以 k 个初始中心点为中心的类。

(3) 根据公式把所有样本归到距离它最近的聚类中心的类。

(4) 计算每一个子类中全部数据对象的平均值来得到新的聚类中心。

(5) 迭代实现 2～4 步，直至前后两次 k 个聚类中心点相同，说明此时数据对象分类完毕。

2. 数据预处理

(1) 确定相关系数

在经过一系列前期背景调查后，我们首先将以下指标作为备选：发票报废率（体现交易不成功的比例，一定程度上反映出企业的综合水平)、进项发票总数(体现企业的前期投入)、销项发票总数(体现企业的销量)、年均收入(体现企业的经营状况和发展潜力)、年均成本(体现企业的管理水平)、毛利润(体现企业的收益状况)、毛利率(体现企业主营业务的盈利空间和变化趋势)。

借助 Python，我们完成了相关系数的计算。最终从多项指标中选择了相关系数绝对值较大的发票报废率(-0.43，呈负相关)与进项发票数量(0.37，呈正相关)。

(2) 由于 k 均值聚类算法具有对“噪声”、孤立点敏感[8]的局限性，我们需要对数据进行预处理，避免孤立点的出现。

首先根据附件 1 中的数据得出，发票作废率高于 40%的企业均为 D 级企业。而发票开具后大量作废红冲是重点监控的发票开具异常指标之一[9]，附件 2 中各企业根据发票报废率和年均进项成本排列存在发票作废率高于 40%的少量孤立点，综合考虑后我们设置这些企业的信誉评级为 D 级，同时从数据集中删除，以免影响 k 均值聚类算法分类的可靠性和稳定性。

经过上述处理的数据集仍然存在两个孤立点，且两个孤立点的两项属性都为发票报废率低，年均进项成本高，通过对附件 1 信誉评级的分析，我们设置这两个企业的信誉评级为 A 级，同时从数据集中删除。

3. 算法运行结果

通过 Python 使用 k-means(k 均值聚类)算法对无信贷记录的企业进行了信誉评级分类。k 均值聚类算法分类结果如图 12-7 所示，其中，红色为 A 级企业 34 家，黑色为 B 级企业，83 家，蓝色为 C 级级企，共 95 家，绿色为 D 级企业，共 90 家。至此完成对于 302 家无信贷企业的信誉评级。

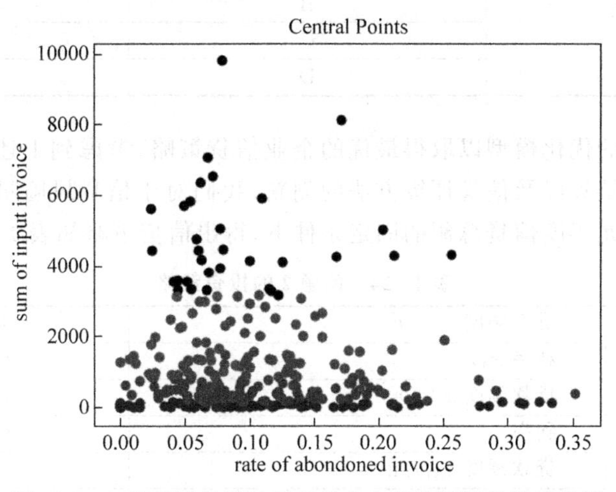

图 12-7 k 均值聚类算法得到的企业信誉评级结果示意图

4. 信贷策略求解

通过上述算法，得到 302 家无信贷记录企业的信誉评级。而在问题 1 的企业信贷风险量化指标汇总过程中，企业信用是由信誉评级与是否违约两个指标共同决定的。从数据分布中能够看出违约可以视为信誉评级为 D 的充分必要条件。但是无信贷记录企业没有是否违约的数据,并且这一项指标在一定程度上有很大的突发性,并不具备普遍意义。此外,我们已经根据 k-means 聚类算法确定了信誉评级为D的企业,故在此次信贷策略的求解过程中,我们将历史违约这一指标舍去。

计算附件2中各企业信贷风险量化评分,得到结果如表12-19～表12-23所示。

表 12-19 风险等级一级企业

企业数目	信誉评级	企业数目
$n_1=31$	A	$n_{1A}=31$
	B	$n_{1B}=0$
	C	$n_{1C}=0$
	D	$n_{1D}=0$

表 12-20 风险等级二级企业

企业数目	信誉评级	企业数目
$n_2=17$	A	$n_{2A}=3$
	B	$n_{2B}=14$
	C	$n_{2C}=0$
	D	$n_{2D}=0$

表 12-21 风险等级三级企业

企业数目	信誉评级	企业数目
$n_3=68$	A	$n_{3A}=0$
	B	$n_{3B}=68$
	C	$n_{3C}=0$
	D	$n_{3D}=0$

表 12-22 风险等级四级企业

企业数目	信誉评级	企业数目
$n_4=18$	A	$n_{4A}=0$
	B	$n_{4B}=0$
	C	$n_{4C}=18$
	D	$n_{4D}=0$

表 12-23 风险等级五级企业

企业数目	信誉评级	企业数目
$n_5=168$	A	$n_{5A}=0$
	B	$n_{5B}=1$
	C	$n_{5C}=77$
	D	$n_{5D}=90$

沿用问题1中的优化模型以取得最优的企业信贷策略,考虑到上述分析过程中所提到的历史违约情况的缺失以及信誉评级方法的创新,我们对于信贷风险量化方式也进行了优化和改进。在1亿元年度信贷总额的固定条件下,得出信贷策略如表12-24所示。

表 12-24 问题2的投资策略

等级一	贷款额度 x_{11}/元	100000
	利率 x_{12}	0.0536
等级二	贷款额度 x_{21}/元	605882.4
	利率 x_{22}	0.0568
等级三	贷款额度 x_{31}/元	1000000
	利率 x_{32}	0.0575
等级四	贷款额度 x_{41}/元	100000
	利率 x_{42}	0.1500
等级五	贷款额度 x_{51}/元	100000
	利率 x_{52}	0.1500
银行总利润 P/元		3534870.0

由表 12-24 可知，在贷款额度上，银行更倾向于风险等级为二级和三级的企业，并且给出了较高的利率优惠。一定程度上，这反映了经济市场“机会和风险”共存的理念：适当风险的存在也会带来更高的获利机遇，而对于这类中小微企业，更应该在保持自身稳步发展的同时，把握市场的机会，扩大经营规模。

对于风险等级为一级的企业而言，其较好的信誉是自身的一大优势。这类企业也一向是投资者(如银行)的青睐对象，但统计分析，这类企业大都规模较小且销售方向比较单一，因此如何迈出舒适区是较为合适的做法。

风险等级为四级和五级的企业很难获得足够的贷款和理想的利率，而这一结果会对企业的未来发展产生极其消极的影响。所以这些企业不断提高经济效益的过程中，也应思考如何提高自身的信誉评级。

12.3.7 问题3的求解

我们将新冠病毒疫情作为此次的突发因素。根据《中欧商业评论》调研 995 家中小企业后的报道，受疫情影响，29.58％的企业 2020 年营业收入下降幅度超过 50％，58.05％的企业下降 20％以上，85.01％的企业维持不了 3 个月生存。而面对疫情，我国各行业都受到了巨大的冲击。据了解，此次受疫情影响最大的是交通、旅游、住宿餐饮等行业，而这些企业正是中小微企业的重要领域[10,11]。

由上述可知，新冠疫情这一突发因素对企业的影响主要体现在行业类型上，因此我们需要对企业的行业类型打分标准进行调整，对于行业类型的划分不再局限于支柱产业与非支柱产业，而是探讨疫情对各类行业的不同冲击程度并进行量化打分，对信贷风险量化模型做出进一步调整，重新获得各企业的量化分析打分结果，最终做出信贷调整策略。

1. 数据收集

由国家统计局《2020 年上半年居民收入和消费支出情况》得到以下数据：

表 12-25　2020 年上半年全国居民消费支出主要数据

行业类型	绝对量/元	比上年增长/％	行业类型打分
食品烟酒	3097	5.0	100
衣着	611	−16.4	47.42015
居住	2464	3.1	95.3317
生活用品及服务	582	−6.4	71.99017
交通通信	1238	−10.7	61.42506
教育文化娱乐	664	−35.7	0
医疗保健	848	−9.9	63.39066
其他用品及服务	215	−22.6	32.18673

从中不难发现居民消费在衣着、生活用品及服务、交通通信、教育文化娱乐、医疗保健和其他用品及服务等方面，都较之去年有了不同程度的下降。而在食品烟酒、居住等方面有了小幅度的提升。这些变化的核心原因在于居民的“衣食住行”受疫情影响而有了很大程度的改变：与出行强相关的支出普遍减少，日常采购普遍收缩，远程办公对复工有一定作用但有局限[12]，而居民的消费支出变化在一定程度上也体现了各类企业的生产经营和经济效益所受到的影响，所以我们将“比上年增长”这一数据进行标准化处理后加入到信贷风险量化分

析体系中,作为一个指标产生影响。

2. 信贷策略求解

运用新的评分体系计算附件 2 中各企业信贷风险量化评分,得到结果如表 12-26~表 12-30 所示。

表 12-26 风险等级一级企业

企业数目	信誉评级	企业数目
$n_1=22$	A	$n_{1A}=22$
	B	$n_{1B}=0$
	C	$n_{1C}=0$
	D	$n_{1D}=0$

表 12-27 风险等级二级企业

企业数目	信誉评级	企业数目
$n_2=33$	A	$n_{2A}=12$
	B	$n_{2B}=21$
	C	$n_{2C}=0$
	D	$n_{2D}=0$

表 12-28 风险等级三级企业

企业数目	信誉评级	企业数目
$n_3=45$	A	$n_{3A}=0$
	B	$n_{3B}=45$
	C	$n_{3C}=0$
	D	$n_{3D}=0$

表 12-29 风险等级四级企业

企业数目	信誉评级	企业数目
$n_4=40$	A	$n_{4A}=0$
	B	$n_{4B}=16$
	C	$n_{4C}=24$
	D	$n_{4D}=0$

表 12-30 风险等级五级企业

企业数目	信誉评级	企业数目
$n_5=162$	A	$n_{5A}=0$
	B	$n_{5B}=1$
	C	$n_{5C}=71$
	D	$n_{5D}=90$

与问题 2 中所得到的结果相比较,风险等级一级、三级、五级数目有所减少,而二级、四级数目有所增加,直观地表现出了新冠病毒疫情对各企业产生了不可忽视的影响。

通过问题 2 中的改进过的优化模型,我们得到问题 3 的信贷策略如表 12-31 所示。

表 12-31 问题 3 的信贷策略

等级	项目	数值
等级一	贷款额度 x_{11}/元	1000000
	利率 x_{12}	0.0536
等级二	贷款额度 x_{21}/元	1000000
	利率 x_{22}	0.0560
等级三	贷款额度 x_{31}/元	551111.1
	利率 x_{32}	0.1500
等级四	贷款额度 x_{41}/元	100000
	利率 x_{42}	0.1500
等级五	贷款额度 x_{51}/元	100000
	利率 x_{52}	0.1500
	银行总利润 P/元	2994209.0

3. 总结分析

和未将新冠病毒疫情纳入指标项的表 12-24 所给数据相比较,有以下结论:

(1) 对于风险等级为四级和五级的企业,银行的信贷策略一直保持给予最少的贷款。可见,无论在何种情况下,风险等级越高的企业越难以获得投资者的青睐,而资金链的短缺也导致了企业经营状况的恶性循环。因此对于这些企业而言,如何跳出当下风险等级高的困境是亟待考虑的问题。当然,银行在面对这类企业进行投资的过程中,也应该适当考虑该企业的发展潜力和企业性质,是否其巨大的风险有可能带来巨大的收益。

(2) 对于风险等级为一级、二级、三级的企业,银行都提高了给予的贷款额度,这一举措有利于中小微企业及时回温,尽快复工复产,进而重现疫情之前企业稳步发展的状态。对于银行自身而言,对于中小微企业的扶持一直是国家政策所大力推行的,银行对于中小微企业的帮扶在获取收益的基础上,也有利于促进经济资源合理分配,完善市场经济制度,有利于社会的稳定。

(3) 银行对于风险等级为一级、二级、四级、五级的企业,所给予的利率指标基本不变,而基于风险等级为三级的企业,减少了利率优惠。这也是银行在面对新冠病毒疫情的冲击下被迫的选择,当然这一举措也迫使大部分中小微企业通过不断提升自身实力、信誉评级等方式来降低风险等级。

(4) 最后,银行的总利润发生了很明显的跌落。这是由于新冠病毒疫情对于大多数行业造成了巨大的冲击。对于银行而言,应该进一步优化评估企业信贷风险的策略,以获得更大的收益。

12.3.8 模型评价

1. 模型优点

(1) 层次分析法可以将每个层次中的每个因素对结果的影响程度量化,得到清晰明确的结果。而且能把多目标、多准则又难以全部量化处理的决策问题化为多层次单目标问题。层次分析法模拟了人们决策中的思维方式,并将人脑对于决策的判断化为权重计算,比其他方法更显得真实可靠。

(2) k-means 聚类算法迭代速度较快,可以高效率地得到所需结果。

2. 模型缺点

(1) 层次分析法只能从现有的方案中搜寻较优项,在此过程中缺乏了创新性,而对于银行做出信贷策略这一需求,亟须具有创造性和可靠性的思维逻辑。并且当指标数据过于冗杂时,层次分析法往往不能做到兼顾,所以存在着一定的漏洞。

(2) 关于 k-means 聚类算法,首先它对指标的相关性要求很高,而通过对相关性的计算,各指标(进销发票数量、总体进项成本、总体销项成本等)与信誉评级的相关性都不显著。其次是对“噪声”和孤立点敏感。数据集中存在大量孤立点,k-means 聚类算法很容易被孤立点影响,且删除了孤立点之后点的分布仍然没有呈现出任何的规律性。

参考文献

[1] 狄璋莹. 中小企业银行贷款决策模型研究及应用[D]. 软件工程,2014.

[2] 张修宇，秦天，孙菡芳，等. 基于层次分析法的郑州市水安全综合评价[J]. 人民黄河，2020.
[3] 崔璐. 大数据在小微企业信用风险评估中的应用研究[D]. 山东大学，2020.
[4] 房斌. P银行小微企业信贷风险评价体系研究[D]. 西安石油大学，2020.
[5] 许小弥. Y商业银行小微企业信贷风险评价体系研究[D]. 西安石油大学，2019.
[6] 杨阳. 数据挖掘k-means聚类算法的研究[D]. 湖南师范大学，2015.
[7] 陶莹，杨锋，刘洋，等. K均值聚类算法的研究与分析[C]. 广西计算机学会2016年学术年会论文集，2016.
[8] 周涛，陆惠玲. 数据挖掘中聚类算法研究进展[J]. 计算机工程与应用，2012，48(12)：100-111.
[9] 税总发[2017]51号. 国家税务总局《关于进一步加强增值税发票管理的通知》.
[10] 孟秋. 众志成城共克时艰 应对疫情冲击下的经济变化[J]. 中国对外贸易，2020(2)：1.
[11] 金豆豆，鲍群. 新冠肺炎疫情下中小企业的财务风险与机遇[J]. 现代商业，2020(20)：2.
[12] 国家统计局. 2020年上半年居民收入和消费支出情况. http://www.stats.gov.cn/tjsj/zxfb/202007/t20200716_1776201.html. 2020-07-16.

12.4 论文点评

随着中小微企业的快速发展，如何对这类企业的信贷风险进行量化分析，并给出相应的信贷策略正成为社会亟待解决的问题之一。本文针对银行对于中小微企业的信贷策略优化问题，利用层次分析法、优化模型、聚类分析等方法研究了相关问题并给出了银行对企业信贷策略的建议，很好地解决了题目所提出的问题。

针对问题1，本文首先利用层次分析法建立起信贷风险指标评价体系，然后确定各指标的打分准则，建立起一套针对企业信贷风险的百分制评分体系，并计算附件1中各企业信贷风险量化评分。而后通过对信贷策略影响因素包括企业信贷风险等级、企业信誉评级、客户流失率等的分析，确定决策变量、目标函数与约束条件，建立了最优化模型，求解得出了银行年度信贷总额固定在不同数值时的最优化方案。不过层次分析法是用来在多个选项中选择其中一个选项的常用方法，用在这里并不是非常合适，这儿可以考虑通过查找专业文献找到更合适的信贷风险量化分析模型。

针对问题2，本文先通过筛选不具有普遍意义的指标，优化了问题1中所建立的对于各企业信贷风险量化的评分准则，然后利用k均值聚类模型，对于无信贷记录的企业进行信誉评级，最后类似问题1在固定年度信贷总额的前提下建立了优化模型并取得了信贷策略的最优解。这一问的求解整体还是不错的。

针对问题3，本文考虑以新冠病毒疫情作为突发因素，首先将行业分为八类，再将疫情对各类行业经营状况的影响进行量化打分，列入评分准则中，然后用类似问题2的方法重新计算各企业信贷风险量化评分，在此基础上建立新的优化模型并进行求解，得到了疫情之下的最优信贷策略。

本文总体来说思路清楚、格式规范，解决了题目当中所提出的问题，因此是一篇值得借鉴的优秀建模论文。

第 13 章 “FAST”主动反射面的形状调节（2021 A）

13.1 题目

中国天眼——500 米口径球面射电望远镜（Five-hundred-meter Aperture Spherical radio Telescope,FAST），是我国具有自主知识产权的目前世界上单口径最大、灵敏度最高的射电望远镜。它的落成启用，对我国在科学前沿实现重大原创突破、加快创新驱动发展具有重要意义。

FAST 由主动反射面、信号接收系统（馈源舱）以及相关的控制、测量和支承系统组成（如附图 1 所示），其中主动反射面系统是由主索网、反射面板、下拉索、促动器及支承结构等主要部件构成的一个可调节球面。主索网由柔性主索按照短程线三角网格方式构成，用于支承反射面板（含背架结构），每个三角网格上安装一块反射面板，整个索网固定在周边支承结构上。每个主索节点连接一根下拉索，下拉索下端与固定在地表的促动器连接，实现对主索网的形态控制。反射面板间有一定缝隙，能够确保反射面板在变位时不会被挤压、拉扯而变形。索网整体结构、反射面板及其连接示意图见附图 2 和附图 3。

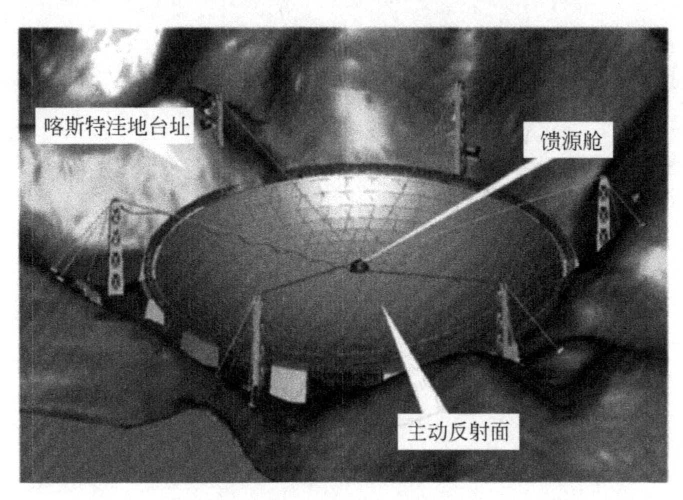

附图 1 FAST 三维示意图

主动反射面可分为两个状态：基准态和工作态。基准态时反射面为半径约 300m、口径为 500m 的球面（基准球面）；工作态时反射面的形状被调节为一个 300m 口径的近似旋转抛物面（工作抛物面）。附图 4 是 FAST 在观测时的剖面示意图，C 点是基准球面的球心，馈

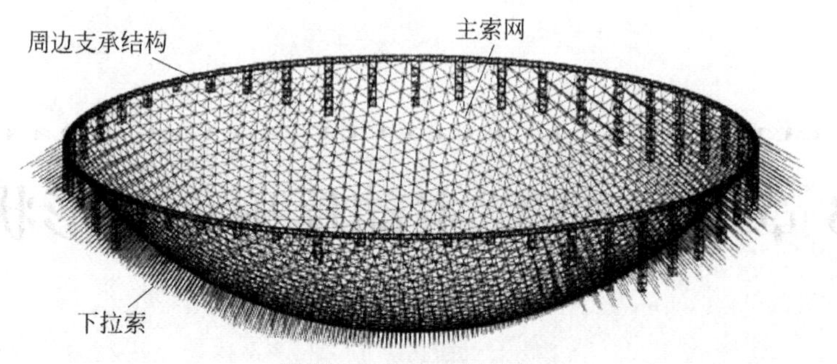

附图 2　整体索网结构

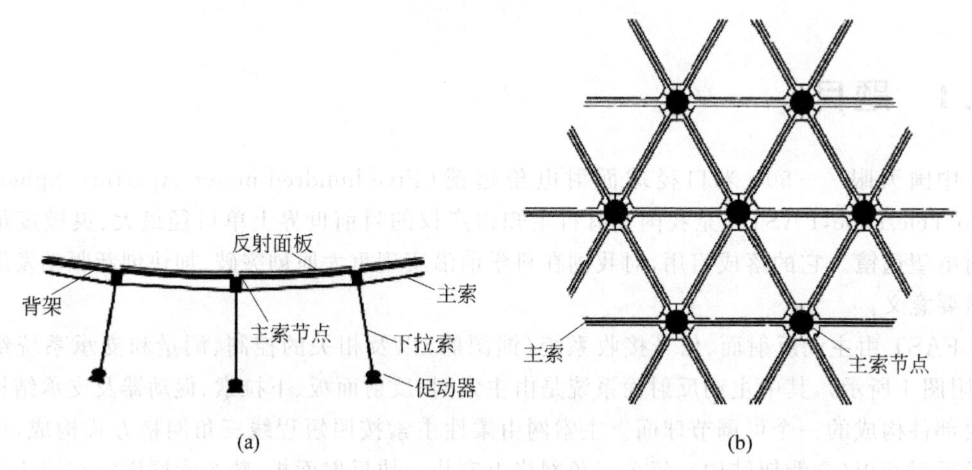

附图 3　反射面板、主索网结构及其连接示意图

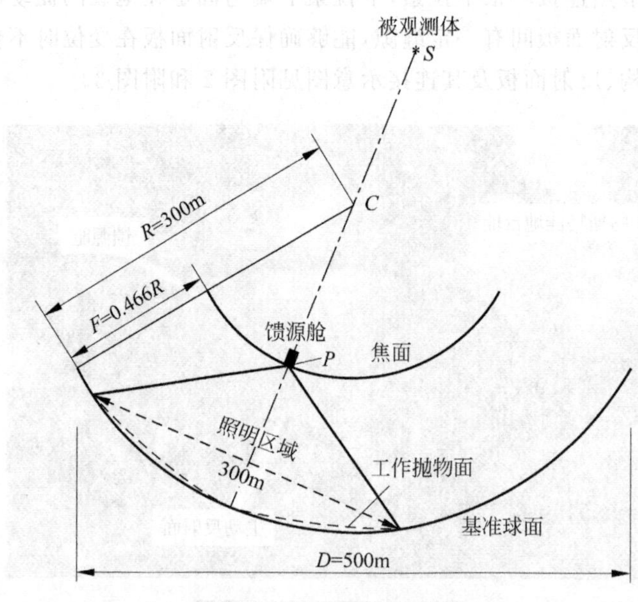

附图 4　FAST 剖面示意图

源舱接收平面的中心只能在与基准球面同心的一个球面（焦面）上移动，两同心球面的半径差为 $F=0.466R$（其中 R 为基准球面半径，称 F/R 为焦径比）。馈源舱接收信号的有效区域为直径 1m 的中心圆盘。当 FAST 观测某个方向的天体目标 S 时，馈源舱接收平面的中

心被移动到直线 SC 与焦面的交点 P 处，调节基准球面上的部分反射面板形成以直线 SC 为对称轴、以 P 为焦点的近似旋转抛物面，从而将来自目标天体的平行电磁波反射汇聚到馈源舱的有效区域。

将反射面调节为工作抛物面是主动反射面技术的关键，该过程通过下拉索与促动器配合来完成。下拉索长度固定。促动器沿基准球面径向安装，其底端固定在地面，顶端可沿基准球面径向伸缩来完成下拉索的调节，从而调节反射面板的位置，最终形成工作抛物面。

本赛题要解决的问题是：在反射面板调节约束下，确定一个理想抛物面，然后通过调节促动器的径向伸缩量，将反射面调节为工作抛物面，使得该工作抛物面尽量贴近理想抛物面，以获得天体电磁波经反射面反射后的最佳接收效果。

请你们团队根据附录中的要求及相关参数建立模型解决以下问题：

1. 当待观测天体 S 位于基准球面正上方，即 $\alpha=0°,\beta=90°$ 时，结合考虑反射面板调节因素，确定理想抛物面。

2. 当待观测天体 S 位于 $\alpha=36.795°,\beta=78.169°$ 时，确定理想抛物面。建立反射面板调节模型，调节相关促动器的伸缩量，使反射面尽量贴近该理想抛物面。将理想抛物面的顶点坐标，以及调节后反射面 300m 口径内的主索节点编号、位置坐标、各促动器的伸缩量等结果按照规定的格式(见附件 4)保存在“result.xlsx”文件中。

3. 基于第二问的反射面调节方案，计算调节后馈源舱的接收比，即馈源舱有效区域接收到的反射信号与 300m 口径内反射面的反射信号之比，并与基准反射球面的接收比作比较。

附录：要求及相关参数

1. 主动反射面共有主索节点 2226 个，节点间连接主索 6525 根，不考虑周边支承结构连接的部分反射面板，共有反射面板 4300 块。基准球面的球心在坐标原点，附件 1 给出了所有主索节点的坐标和编号，附件 2 给出了促动器下端点(地锚点)坐标、基准态时上端点(顶端)的坐标，以及促动器对应的主索节点编号，附件 3 给出了 4300 块反射面板对应的主索节点编号。

2. 基准态下，所有主索节点均位于基准球面上。

3. 每一块反射面板均为基准球面的一部分。反射面板上开有许多直径小于 5mm 的小圆孔，用于透漏雨水。由于小孔的直径小于所观察的天体电磁波的波长，不影响对天体电磁波的反射，所以可以认为面板是无孔的。

4. 电磁波信号及反射信号均视为直线传播。

5. 主索节点调节后，相邻节点之间的距离可能会发生微小变化，变化幅度不超过 0.07%。

6. 将主索节点坐标作为对应的反射面板顶点坐标。

7. 通过促动器顶端的伸缩，可控制主索节点的移动变位，但连接主索节点与促动器顶端的下拉索的长度保持不变。促动器伸缩沿基准球面径向趋向球心方向为正向。假设基准状态下，促动器顶端径向伸缩量为 0，其径向伸缩范围为 −0.6～+0.6m。

8. 天体 S 的方位可用方位角 α 和仰角 β 来表示(见附图 5)。

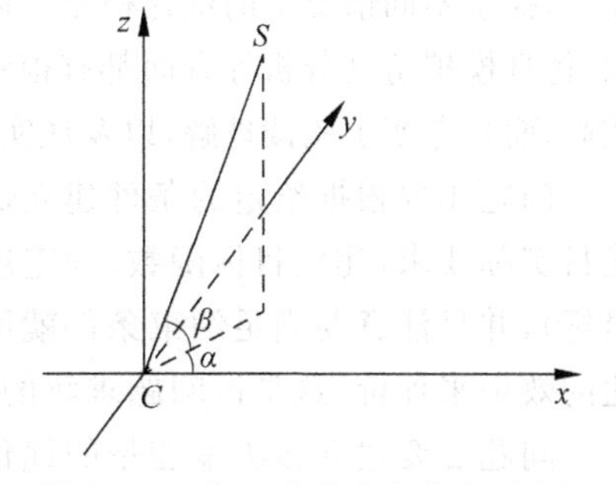

附图 5 天体 S 方位角与仰角示意图

附件1 主索节点的编号及坐标

	节点编号	X坐标/m	Y坐标/m	Z坐标/m
1	A0	0	0	−300.4
2	B1	6.1078	8.407	−300.22
3	C1	9.8827	−3.211	−300.22
⋮	⋮	⋮	⋮	⋮
2226	E429	−175.262	173.878	−171.143
2227	E430	−168.969	181.996	−169.019

附件2 下端点坐标、基准态时上端点坐标

	对应主索节点编号	下端点X坐标/m	下端点Y坐标/m	下端点Z坐标/m	基准态时上端点X坐标/m	基准态时上端点Y坐标/m	基准态时上端点Z坐标/m
1	A0	0	0	−304.722	0	0	−302.742
2	B1	6.1935	8.525	−304.432	6.1532	8.4696	−302.453
3	C1	10.0227	−3.256	−304.475	9.9576	−3.2348	−302.496
⋮	⋮	⋮	⋮	⋮	⋮	⋮	⋮
2226	E429	−195.671	194.126	−191.073	−194.516	192.9799	−189.945
2227	E430	−189.198	203.784	−189.254	−188.084	202.5844	−188.14

附件3 4300块反射面对应的主索节点编号

	主索节点1	主索节点2	主索节点3
1	A0	B1	C1
2	A0	B1	A1
3	A0	C1	D1
⋮	⋮	⋮	⋮
4299	E445	E446	E425
4300	E446	E425	E426

13.2 问题分析与建模思路概述

赛题是关于"FAST"主动反射面形状调节的问题，需要从整体上围绕提高接收比这个实际需求，探索不同情况下的优化模型。问题源于实际，在优化模型的最优目标选择、约束条件选取、仿真模拟仿真分析等方面都有很强的挑战性。赛题不仅对数学基础知识和计算编程要求较高，而且考察了阅读理解，以及从实际问题出发最后回到解决实际问题的数学应用能力。

问题1要根据给定的条件建立优化模型、确定理想抛物面。这一问题较简单，只要按照题目实际要求，建立目标函数，确定决策变量是抛物面的关键参数(焦距或者 SC 轴上顶点坐标)，并且注意要满足约束条件就可以了。其中目标函数有多种选择，最优者应该以接收比的效果来评价，这是该问题求解的目标，也是后续几个问题探索的主线。

问题2要建立多决策变量的优化模型来讨论和确定反射面板调节模型。在确定理想抛物面时，可以根据天体 S 的方位，直接由焦点 P 及对称轴 SC，按照问题1的方法重新确定理想抛物面。另一种较简单的方法是根据天体 S 的方位变化，直接依据第 1 问中得到的理想抛物面顶点坐标写出新的理想抛物面顶点坐标，由此即可写出理想抛物面方程。在建立反射面板调节模型时，可以有多种优化目标选择，例如，主索节点尽量贴近理想抛物面；工作抛物面与理想抛物面平均径向距离最小；工作抛物面与理想抛物面最大径向距离最小，等等。需要注意的是调节模型优劣的评价标准仍是接收比的效果。

问题 3 要建立仿真模型来计算接收比。基于第二问的反射面调节方案，计算调节后馈源舱的接收比，即馈源舱有效区域接收到的反射信号与 300m 口径内反射面的反射信号之比，并与基准反射球面的接收比作比较。本题目主要通过建立仿真模型来计算，在接受比计算模型的建立过程中，需要计算某一入射光线的反射线，这里涉及反射面板所在的球面球心的确定、反射光线方程的确定等方面的知识。

13.3 获奖论文——"FAST"反射面调节建模及优化设计

作　　者：李令康　李建通　范修齐

指导教师：王宏洲

获奖情况：2021 年全国数学建模竞赛二等奖

摘要

FAST 是我国自主研发的目前世界上单口径最大、灵敏度最高的射电望远镜，其主动反射面的形状确定了馈源舱的信号接收效率。本文通过建立数学模型，计算出了在特定方位角、仰角情况下，主动反射面在工作态时的理想抛物面，同时制定了反射面板调节方案使得反射面尽量贴近理想抛物面，最后计算出了该方案下的馈源舱接收比并于基准态下的接收比进行了对比。

对于问题 1，首先根据题目要求列出了理想抛物面的形式，之后加入面板调节范围限制求出了抛物面方程中参数的取值范围，然后选取目标函数建立优化模型，在取值范围中对方程参数进行寻优，最终得到确定的理想抛物面方程为 $z=a(x^2+y^2)-\frac{1}{4a}-0.534R$，其中 $a=0.001781612$，R 为基准球面半径。

对于问题 2，由于方位角和仰角发生了变化，可以看作坐标系发生了旋转，首先推导坐标旋转公式，得到旋转矩阵，利用旋转矩阵即可由问题 1 求出的抛物面方程得到旋转后的理想抛物面；为调节反射面板尽量贴近理想抛物面，建立基于最小二乘法的反射面板调节模型，得出反射面板与理想抛物面之间的均方根误差达到最小时的条件，条件为各主索节点位于与理想抛物面同轴等焦距的抛物面上，定义此抛物面为映射抛物面，根据映射抛物面方程即可计算出调节后各主索节点的位置坐标进而根据主索节点调节前后位置变化即可算出各促动器伸缩量；为确定主索节点调节后是否位于 300m 口径内，对调节后的节点坐标进行逆旋转操作，将此工作态下的理想抛物面对称轴转至与 z 轴重合，通过旋转后节点到 z 轴的距离即可判断出该节点调节后是否位于 300m 口径内。问题 2 各求解结果详见附件 result.xlsx。

对于问题 3，首先利用解析几何推导出对于任一反射面上的任一点，若信号经此点反射，能否落在馈源舱的有效区域，然后利用蒙特卡洛法进行大量试验，每次试验在反射面上随机选取一个点，然后判断该点能否落在馈源舱的有效区域，若能则标记为有效点，最后通过有效点数与试验总数之比即可近似表征馈源舱的接收比。通过多次试验,得到调节后馈源舱的接收比约为 0.0011,基准反射球面的接收比约为 0.00023,前者为后者的约 4.78 倍。

关键词:理想抛物面,反射面板调节,最小二乘法,蒙特卡洛法,馈源舱接收比。

13.3.1 问题重述

1. 问题背景

2016 年 9 月 25 日,世界上最大的望远镜——500m 口径球面射电望远镜正式落成启用。这是被世界公认的天文项目难题,被中国解决,坐落于我国贵州省黔南布依族苗族自治州平塘县克度镇大窝凼的喀斯特洼坑中。[1] FAST 由主动反射面,信号接收系统(馈源舱)以及相关的控制,测量和支承系统组成;主动反射面系统由主索网,下拉索,促动器以及支承结构等主要部件构成一个可调节球面。主索网以短程线三角网格方式构成用来支撑反射面板;每个主索节点连接一根下拉索,其与固定在地标的促动器相连,已实现对主索网的形态控制。其中,反射面调节是工作抛物面为主动反射面技术的重中之重,促动器顶端沿基准球面径向伸缩已实现下拉索调节,以调整反射面板位置,最终形成工作抛物面。

主动反射面分为基准态和工作态。基准态时反射面半径约为 300m,口径为 500m 的球面,工作态是反射面被调整为 300m 口径的旋转抛物面,也即工作抛物面。当 FAST 观测某方向的天体目标时,基准球面上的部分反射面板形成近似旋转抛物面,从而汇聚来自目标天体的平行电磁波至馈源舱的有效区域[2]。

2. 需要解决的问题

问题 1 当待观测天梯 S 位于基准球面正上方时,即 $\alpha=0°$,$\beta=90°$时,通过促动器沿径向伸缩调整反射面位置,使其获得天体电磁波经过反射面反射后的最佳接收效果,确定此时贴近工作抛物面的理想抛物面。

问题 2 当观测天体位于 $\alpha=36.795°$,$\beta=78.169°$时,确定理想抛物面,并建立反射面板调节模型,通过调整促动器的伸缩量,使反射面贴近理想抛物面,并将理想抛物面的顶点坐标,以及调节后反射面 300m 口径内的主索节点编号,位置坐标,各促动器的伸缩量等记录,按规定格式保存于"result. xlsx"文件中。

问题 3 基于问题 2 的反射面调节方案,计算馈源舱有效区域接收到的反射信号与 300m 口径内反射面的反射信号比,即馈源舱的接收比,再与基准反射球面接收比进行比较。

13.3.2 问题分析

1. 问题 1

当待观测天体在基准球面正上方时,所要求的理想抛物面的顶点在原点正下方,为标准抛物面沿 z 轴负方向平移得到,因此可以写出该理想抛物面的一般方程:

$$z=a(x^2+y^2)-b \tag{1}$$

已知焦点在与基准球面同心的球面上,可以得到焦点的坐标,根据抛物线的性质,可以得到式(1)中 a 与 b 的关系,此时抛物面方程中只含有一个未知参数,将其作为优化变量,将促动器伸缩范围作为约束条件,优化目标选为使所有促动器中最大伸缩量最小,建立起一个单目标优化模型进行求解。

2. 问题 2

首先求理想抛物面,可以参考第一问求解思路,由于方向角与仰角的变化,需要用到坐标系的变换。之后在确定反射面时,需要建立一个反射面板调节模型,这里首先根据理想抛物面的形状以及口径要求得出在原基准球面上需要调节的主索节点编号,之后将这些主索节点的位移量(也即促动器伸缩量)作为优化变量,仍以促动器伸缩范围作为约束条件,优化目标选为使得所有主索节点最大位移量最小,之后建立单目标优化模型进行求解。

在求最佳反射面时,考虑到每个反射面板均为三角形,需要确定一个标准或方法使得反射面板三角形最佳逼近理想抛物面。通过建立基于最小二乘的反射面板调节模型,将三角形与理想抛物面的轴向均方根误差作为衡量拟合优劣的标准,通过对均方根误差表达式的分析,得出使得该误差最小时三角形应满足的条件,并且根据表达式对拟合的误差也作出一定范围内的估计。

在已知三角形对抛物面的最佳逼近后,各主索节点位置坐标也得以确定,进而得出促动器的伸缩量等要求取的数据。

3. 问题 3

首先,研究一个点在入射到反射面板上后的反射情况:在已知某个反射面板的三个主索节点位置坐标后,该面板所在平面也唯一确定,根据入射向量与该平面的法向量便可确定反射向量,由于馈源舱有效区域所在的平面已知,根据反射向量与该平面的交点即可确定所研究的这一点在馈源舱平面内的投影点,进而通过计算该点的投影点到馈源舱有效区域中心点的距离是否小于有效区域半径来判断投影点是否落在有效区域内,也即信号若从所研究的这一点入射是否能到达有效区域。

通过上述分析可以得知在一个点入射后,可通过一系列推导判断其是否能落在有效区域。因此可以通过蒙特卡罗方法进行撒点,通过比较能反射到有效区域的点与总共投射的点之比,便可得到在工作态下馈源舱的接收比,基准态下的接受比求取与之同理。

13.3.3 模型假设

1. 为了简化模型求解,反射面板的厚度可以忽略不计;
2. 不考虑反射面板的受力形变,即认为每一个反射面板在调节过程中均保持为平面;
3. 假设在转换为工作态时,所有位于 300m 口径外的主索节点都保持不动。

13.3.4 符号说明

符　号	含　义	单　位
α	方位角	(°)
β	仰角	(°)
R	基准球面半径	m
F	基准球面与焦面半径差	m
p	理想抛物面焦准距	m
δ_{rms}	反射面板与抛物面的方均根误差	m
$\boldsymbol{T}$	旋转矩阵	

注:所有未列出的符号在使用时都会加以说明。

13.3.5 模型准备

通过对附件1中主索节点的坐标进行分析计算,可以看出基准球面的半径并不等于300m,对2226个节点到原点距离进行统计分析可得表13-1的数据。

因此可以认为所有主索节点位于 R=300.4m 的球面上。

表 13-1 节点原点矩统计

主索节点数量	2226
原点距最大值	300.400686
原点矩最小值	300.399289
原点矩均值	300.400011
原点矩标准差	0.00022

13.3.6 模型的建立与求解

1. 问题1的模型建立与求解

(1) 模型的建立

Step 1 建立理想抛物面方程

根据题意,可以得出理想抛物面的顶点在原点正下方,因此所要求的理想抛物面方程即为标准抛物面沿 z 轴负方向移动得到,抛物面方程形式如下:

$$z=a(x^2+y^2)-b \tag{2}$$

根据题目要求,抛物面的焦点坐标为$(0,0,-R+F)$,即$(0,0,-0.534R)$。顶点坐标为$(0,0,-b)$,设该抛物面的焦准距为 p,则$\frac{1}{a}=2p$,顶点到焦点的距离为$\frac{p}{2}$,而顶点到焦点距离又等于$b-0.534R$,因此可以得到 a 与 b 的关系:

$$b=\frac{1}{4a}+0.534R \tag{3}$$

将式(3)代入式(2)得理想抛物面方程为

$$z=a(x^2+y^2)-\frac{1}{4a}-0.534R \tag{4}$$

其中未知参数只有 a,下面考虑反射面板调节因素来确定 a。

Step 2 确定抛物面参数取值范围

根据约束条件,促动器的径向伸缩范围为±0.6m。因此要找到理想抛物面上位移量最大的主索节点,即抛物面上离原点最近的主索节点,并将该节点的位移量控制在促动器的伸缩范围之内。将所建立的理想抛物面方程用极坐标表示,将下式

$$\begin{cases} x=r\cos\beta\cos\alpha \\ y=r\cos\beta\sin\alpha \\ z=r\sin\beta \end{cases} \tag{5}$$

代入式(4),得

$$r\sin\beta=ar^2\cos^2\beta-\frac{1}{4a}-0.534R \tag{6}$$

根据促动器调节范围,理想抛物面上的点需满足

$$\max|r-R|\leqslant 0.6 \tag{7}$$

上式右端取得最大值当且仅当 r 取得值域中的最大值或最小值,因此下面求 r 的最大、最小值:

已知抛物线的口径为 300m,因此抛物面上口径内的点有

$$r\cos\beta \leqslant 150 \tag{8}$$

记

$$f(r,\beta)=ar^2\cos^2\beta - r\sin\beta - \frac{1}{4a} - 0.534R \tag{9}$$

于是抛物面方程可改写为

$$f(r,\beta)=0 \tag{10}$$

对 f 作全微分,有

$$\mathrm{d}f=\frac{\partial f}{\partial r}\mathrm{d}r+\frac{\partial f}{\partial \beta}\mathrm{d}\beta \tag{11}$$

其中

$$\frac{\partial f}{\partial r}=2ar\cos^2\beta - \sin\beta \tag{12}$$

$$\frac{\partial f}{\partial \beta}=-2ar^2\cos\beta\sin\beta - r\cos\beta \tag{13}$$

又 $\mathrm{d}f=0$,因此

$$\frac{\mathrm{d}r}{\mathrm{d}\beta}=-\frac{\partial f}{\partial \beta}\cdot\frac{\partial r}{\partial f}=\frac{2ar^2\cos\beta\sin\beta + r\cos\beta}{2ar\cos^2\beta - \sin\beta} \tag{14}$$

由于 $\beta\in\left[-\frac{\pi}{2},0\right)$,因此 $2ar\cos^2\beta-\sin\beta>0$。由 $\frac{\mathrm{d}r}{\mathrm{d}\beta}=0$ 得

$$2ar^2\cos\beta\sin\beta + r\cos\beta=0 \tag{15}$$

解得 $\beta=-\frac{\pi}{2}$ 或 $r=-\frac{1}{2a\sin\beta}$。

当 $\beta=-\frac{\pi}{2}$ 时,$r=\frac{1}{4a}+0.534R$;当 $r=-\frac{1}{2a\sin\beta}$ 时,$r=\sqrt{\frac{0.534R}{a}}$。同时考虑到处于边界 $r\cos\beta=150$ 下的 R,此时 $r=\sqrt{150^2+\left(150^2a-\frac{1}{4a}\right)^2}$。

因此对于确定的 a,R 在值域中的最大最小值仅可能在以上三个表达式中取得,故促动器调节范围条件可改写为

$$\max\left\{\left|\frac{1}{4a}+0.534R-R\right|,\left|\sqrt{\frac{0.534R}{a}}-R\right|,\left|\sqrt{150^2+\left(150^2a-\frac{1}{4a}\right)^2}-R\right|\right\}\leqslant 0.6 \tag{16}$$

从而解出 a 的取值范围。

Step 3 对抛物面参数进行寻优

在得到 a 的取值范围后,为确定理想抛物面方程,下面在取值范围中对 a 进行寻优,建立优化模型如下:

$$\min \max\left\{\left|\frac{1}{4a}+0.534R-R\right|,\left|\sqrt{\frac{0.534R}{a}}-R\right|,\left|\sqrt{150^2+\left(150^2 a-\frac{1}{4a}\right)^2}-R\right|\right\}$$

$$\text{s.t. } a \in (0.001778535, 0.0017847521) \tag{17}$$

(2) 模型求解

作出 $\max\left\{\left|\frac{1}{4a}+0.534R-R\right|,\left|\sqrt{\frac{0.534R}{a}}-R\right|,\left|\sqrt{150^2+\left(150^2 a-\frac{1}{4a}\right)^2}-R\right|\right\}$ 图像如图 13-1 所示。

首先求 a 的取值范围,由式(16)解得 $a\in(0.001778535, 0.0017847521)$。

求解 Step3 中建立的优化模型得,当 $a=0.001781612$ 时,目标函数取得最小值 0.3359。

因此理想抛物面的方程为

$$z=0.001781612(x^2+y^2)-300.73596 \tag{18}$$

即

$$x^2+y^2=561.289439z+168386.8317 \tag{19}$$

此时抛物面焦准距 $p=280.6447195$,作出抛物面散点图如图 13-2 所示。

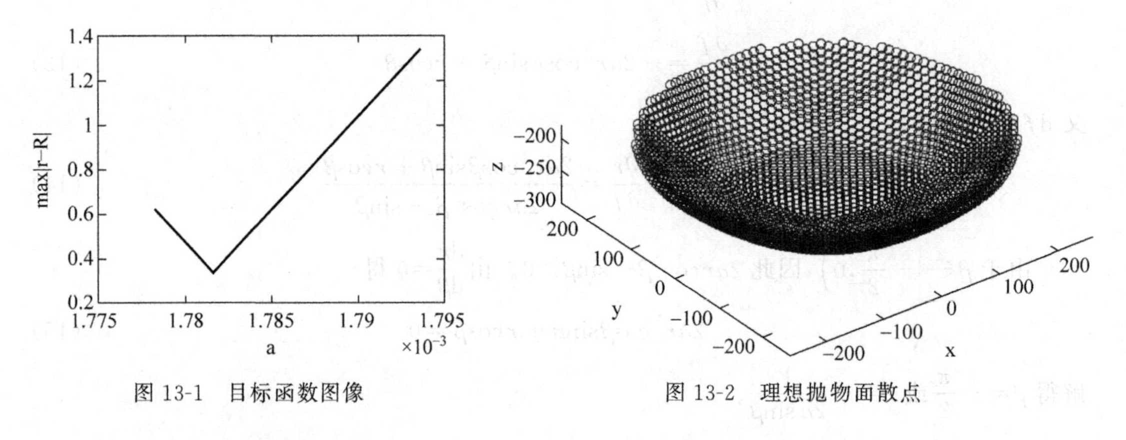

图 13-1 目标函数图像　　　图 13-2 理想抛物面散点

2. 问题 2 的模型建立与求解

(1) 模型的建立

Step 1 确定理想抛物面

根据球对称性,观测天体位于 $\alpha=36.795°$,$\beta=78.169°$时的理想抛物面可以看作是由问题 1 求出的抛物面旋转得到,下面推导坐标旋转公式:

如图 13-3 所示,将原 xy 坐标系逆时针旋转 θ 得到 $x'y'$坐标系,则点 A 在两坐标系下的坐标有如下关系[3]

$$\begin{cases} x'=x\cos\theta+y\sin\theta \\ y'=-x\sin\theta+y\cos\theta \end{cases} \tag{20}$$

上式可用矩阵表示为

$$\begin{bmatrix} x' \\ y' \end{bmatrix}=\begin{bmatrix} \cos\theta & \sin\theta \\ -\sin\theta & \cos\theta \end{bmatrix}\begin{bmatrix} x \\ y \end{bmatrix} \tag{21}$$

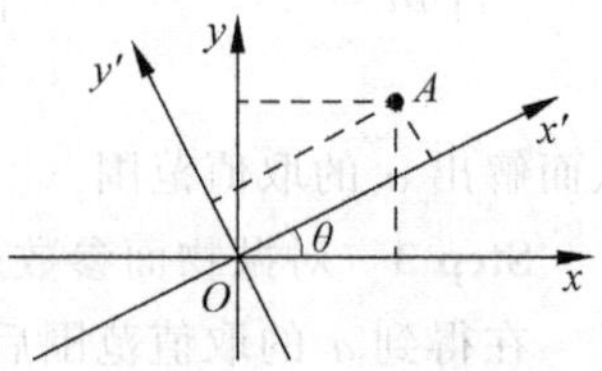

图 13-3 坐标旋转

其中$\begin{bmatrix}\cos\theta & \sin\theta \\ -\sin\theta & \cos\theta\end{bmatrix}$称为旋转矩阵。

在三维坐标系中，当天体方位角、仰角分别为α,β时，理想抛物面可以看作先将问题1得到的理想抛物面绕y轴旋转$90°-\beta$，再绕z旋转α，该旋转操作对应的旋转矩阵为

$$\boldsymbol{T}=\begin{bmatrix}\cos\alpha & -\sin\alpha & 0 \\ \sin\alpha & \cos\alpha & 0 \\ 0 & 0 & 1\end{bmatrix}\begin{bmatrix}\sin\beta & 0 & \cos\beta \\ 0 & 1 & 0 \\ -\cos\beta & 0 & \sin\beta\end{bmatrix}$$

$$=\begin{bmatrix}\cos\alpha\sin\beta & -\sin\alpha & \cos\alpha\cos\beta \\ \sin\alpha\sin\beta & \cos\alpha & \sin\alpha\cos\beta \\ -\cos\beta & 0 & \sin\beta\end{bmatrix} \tag{22}$$

对于问题1求出的理想抛物面

$$x^2+y^2=561.289439z+168386.8317$$

将方程转换为矩阵形式

$$\begin{bmatrix}x \\ y \\ z \\ 1\end{bmatrix}^{\mathrm{T}}\begin{bmatrix}a & 0 & 0 & 0 \\ 0 & a & 0 & 0 \\ 0 & 0 & 0 & -\dfrac{1}{2} \\ 0 & 0 & -\dfrac{1}{2} & -\dfrac{1}{4a}-0.534R\end{bmatrix}\begin{bmatrix}x \\ y \\ z \\ 1\end{bmatrix}=0 \tag{23}$$

其中$a=0.001781612$。

设$\begin{bmatrix}x' \\ y' \\ z'\end{bmatrix}$为问题2所求理想抛物面，则

$$\begin{bmatrix}x' \\ y' \\ z'\end{bmatrix}=\boldsymbol{T}\begin{bmatrix}x \\ y \\ z\end{bmatrix}=\begin{bmatrix}\cos\alpha\sin\beta & -\sin\alpha & \cos\alpha\cos\beta \\ \sin\alpha\sin\beta & \cos\alpha & \sin\alpha\cos\beta \\ -\cos\beta & 0 & \sin\beta\end{bmatrix}\begin{bmatrix}x \\ y \\ z\end{bmatrix} \tag{24}$$

进而

$$\begin{bmatrix}x' \\ y' \\ z' \\ 1\end{bmatrix}=\begin{bmatrix}\cos\alpha\sin\beta & -\sin\alpha & \cos\alpha\cos\beta & 0 \\ \sin\alpha\sin\beta & \cos\alpha & \sin\alpha\cos\beta & 0 \\ -\cos\beta & 0 & \sin\beta & 0 \\ 0 & 0 & 0 & 1\end{bmatrix}\begin{bmatrix}x \\ y \\ z \\ 1\end{bmatrix} \tag{25}$$

代入式(23)得

$$\begin{bmatrix}x' \\ y' \\ z' \\ 1\end{bmatrix}^{\mathrm{T}}\left(\begin{bmatrix}\cos\alpha\sin\beta & -\sin\alpha & \cos\alpha\cos\beta & 0 \\ \sin\alpha\sin\beta & \cos\alpha & \sin\alpha\cos\beta & 0 \\ -\cos\beta & 0 & \sin\beta & 0 \\ 0 & 0 & 0 & 1\end{bmatrix}^{-1}\right)^{\mathrm{T}}\begin{bmatrix}a & 0 & 0 & 0 \\ 0 & a & 0 & 0 \\ 0 & 0 & 0 & -\dfrac{1}{2} \\ 0 & 0 & -\dfrac{1}{2} & -\dfrac{1}{4a}-0.534R\end{bmatrix}\cdot$$

$$\begin{bmatrix} \cos\alpha\sin\beta & -\sin\alpha & \cos\alpha\cos\beta & 0 \\ \sin\alpha\sin\beta & \cos\alpha & \sin\alpha\cos\beta & 0 \\ -\cos\beta & 0 & \sin\beta & 0 \\ 0 & 0 & 0 & 1 \end{bmatrix} \begin{bmatrix} x' \\ y' \\ z' \\ 1 \end{bmatrix} = 0 \tag{26}$$

此即旋转后抛物面方程的矩阵形式。

Step 2 基于最小二乘的反射面板调节模型

在第一步得到旋转抛物面之后，由于每个反射面板均为三角形，因此需要寻找一种方法或准则使得三角形平面最佳逼近抛物面。

设理想工作面为旋转抛物面 p_1，焦距为 f。$\triangle ABC$ 为任意三个主索节点围成的三角形反射面板，且在抛物面 p_1 轴线的垂面上投影面积为定值 S。为了获得较好的型面逼近，下面探讨$\triangle ABC$ 与抛物面 p_1 之间均方根误差取极值的条件。

首先，求均方根误差的表达式。假设$\triangle ABC$ 在抛物面 p_1 轴线的垂面内投影为$\triangle A'B'C'$，底边 $B'C'$ 长度为 l_1，对应高度为 h_1，抛物面空间方程为

$$w = \frac{u^2 + v^2}{4f} \tag{27}$$

为方便讨论，建立新的坐标系如图 13-4 所示，x 轴平行于边 $B'C'$，x 轴与抛物面的轴线 w 轴重合。

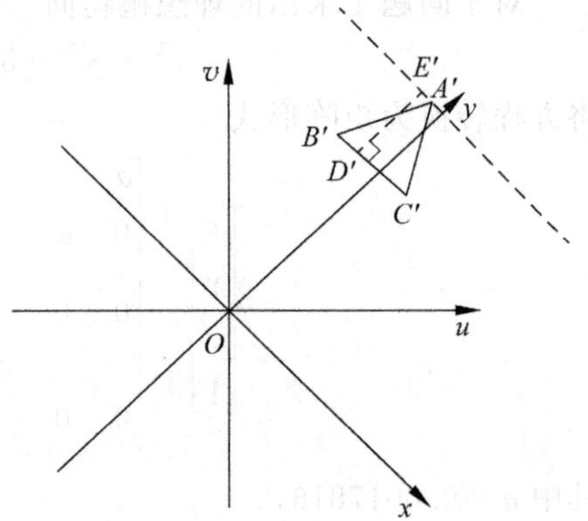

图 13-4 投影平面坐标

在新坐标系 $Oxyz$ 中，抛物面 p_1 的方程为 $z = \dfrac{x^2 + y^2}{4f}$。

取 $B'C'$ 中点为 D'，做辅助直线 $D'E'$ 和 $A'E'$，并假设点 B' 坐标为(x_0, y_0)，点 A' 和点 E' 距离用变量 u 的绝对值表示。于是可得到$\triangle ABC$ 的顶点坐标 P_A, P_B, P_C 分别为

$$P_A = \left(x_0 + \frac{l_1}{2} + u, y_0 + h, \frac{\left(x_0 + \frac{l_1}{2} + u\right)^2 + (y_0 + h_1)^2}{4f} + \delta_1\right)$$

$$P_B = \left(x_0, y_0, \frac{x_0{}^2 + y_0{}^2}{4f} + \delta_2\right)$$

$$P_C = \left(x_0 + l_1, y_0, \frac{(x_0 + l_1)^2 + y_0{}^2}{4f} + \delta_3\right)$$

式中，$\delta_1, \delta_2, \delta_3$ 为$\triangle ABC$ 三个顶点 A, B, C 与 p_1 沿轴线方向的偏差。

利用$\triangle ABC$ 的顶点坐标可得，在 Oxy 平面内直线 $A'B'$ 的方程为：$x = k_1 y + b_1$，直线 $A'C'$ 的方程为：$x = k_2 y + b_2$。式中

$$k_1 = \frac{l_1 + 2u}{2h_1}, \quad b_1 = x_0 - \frac{l_1 + 2u}{2h_1} y_0$$

$$k_2 = -\frac{l_2 - 2u}{2h_1}, \quad b_2 = l_1 + x_0 + \frac{l_1 - 2u}{2h_1} y_0$$

在 $Oxyz$ 坐标系中，$\triangle ABC$ 所在平面方程可设为 $z = ax + by + c$，其中

$$a=\frac{l_1+2x_0}{4f}+\frac{\delta_3-\delta_2}{l_1}$$

$$b=\frac{4u^2-l_1^2+4h_1^2+8h_1y_0}{16fh_1}-\frac{u(\delta_3-\delta_2)}{h_1l_1}-\frac{\delta_3+\delta_2-2\delta_1}{2h_1}$$

$$c=-\frac{l_1x_0+x_0^2+h_1y_0+y_0^2}{4f}+\frac{(l_1^2-4u^2)y_0}{16fh_1}+\delta_2-$$

$$\frac{h_1x_0-uy_0}{h_1l_1}(\delta_3-\delta_2)+y_0\left(\frac{\delta_3+\delta_2-2\delta_1}{2h_1}\right)$$

结合上述方程式，$\triangle ABC$ 与抛物面 p_1 之间均方根误差可通过对$\triangle ABC$ 的面积分得到，即

$$\begin{aligned}\delta_{\text{rms}}^2&=\frac{1}{S}\int_{y_0}^{y_0+h_1}\int_{k_1y+b_1}^{k_2y+b_2}\left(ax+by+c-\frac{x^2+y^2}{4f}\right)^2\mathrm{d}x\,\mathrm{d}y\\&=\frac{1}{23040f^2}(48h_1^4+56h_1^2l_1^2+27l_1^4+96h_1^2u^2+72l_1^2u^2+48u^4)+\\&\quad\frac{1}{6}(\delta_1^2+\delta_2^2+\delta_3^2+\delta_1\delta_2+\delta_2\delta_3+\delta_1\delta_3)+\\&\quad\frac{1}{120}(h_1^2+u^2)(4\delta_1+3\delta_2+3\delta_3)+\\&\quad\frac{l_1^2}{480f}(8\delta_1+11\delta_2+11\delta_3)+\frac{l_1u}{120f}(\delta_2-\delta_3)\end{aligned}\tag{28}$$

接下来考察上式的极值，先假定$\triangle A'B'C'$是确定的，即 l_1，h_1 和 u 均为常量。要使 $e_{\min}=\sqrt{\dfrac{S^2}{720f^2}}=\dfrac{S}{12\sqrt{5}f}$取得极值，则

$$\begin{cases}\dfrac{\partial\delta_{\text{rms}}^2}{\partial\delta_1}=0\\[2ex]\dfrac{\partial\delta_{\text{rms}}^2}{\partial\delta_2}=0\\[2ex]\dfrac{\partial\delta_{\text{rms}}^2}{\partial\delta_3}=0\end{cases}\tag{29}$$

求解可得

$$\begin{cases}\delta_1=-\dfrac{12h_1^2+l_1^2+12u^2}{160f}\\[2ex]\delta_2=-\dfrac{4h_1^2+7l_1^2+8l_1u+4u^2}{160f}\\[2ex]\delta_3=-\dfrac{4h_1^2+7l_1^2-8l_1u+4u^2}{160f}\end{cases}\tag{30}$$

将式(30)代入式(28)可得

$$e_{\min}^2=\frac{1}{230400f^2}(48h_1^4+8h_1^2l_1^2+27l_1^4)+\frac{u^2}{9600f^2}(4h_1^2+3l_1^2+2u^2)\tag{31}$$

式中,$e_{\min}^2$ 为$\triangle A'B'C'$有确定的形状和大小时,$\triangle ABC$ 与抛物面 p_1 之间均方根误差 δ_{rms}^2 最小值。

而在$\triangle A'B'C'$形状可变的情况下,由于$\triangle ABC$ 面积为定值 S,且 $S=\frac{1}{2}h_1 l_1$。

整理后得

$$e_{\min}^2=\frac{S^2}{720f^2}+\frac{(h_1^4-3S^2)^2}{4800f^2h_1^4}+\frac{u^2}{9600f^2}(4h_1^2+3l_1^2+2u^2) \tag{32}$$

通过观察上式不难看出,δ_{rms} 的最小值为 $e_{\min}=\sqrt{\frac{S^2}{720f^2}}=\frac{S}{12\sqrt{5}f}$,且 δ_{rms} 取得极值的条件为

$$h_1^4-3S^2=0 \tag{33}$$

$$u=0 \tag{34}$$

由式(34)可知,$\triangle A'B'C'$必为等腰三角形,而由式(14)可知

$$h_1=\frac{\sqrt{3}}{2}l_1 \tag{35}$$

$$S=\frac{\sqrt{3}}{4}l_1^2 \tag{36}$$

即$\triangle A'B'C'$必为等边三角形。

整理可得

$$\delta_1=\delta_2=\delta_3=-\frac{l_1^2}{16f}=-\frac{S}{4\sqrt{3}f} \tag{37}$$

结合$\triangle ABC$ 的顶点坐标中 δ_1,δ_2 和 δ_3 的含义不难得到,$\triangle ABC$ 的所有顶点都位于与抛物面 p_1 同轴且等焦距的某一抛物面 p_2 上,p_1 与 p_2 之间的轴向距离由式(37)确定,将 p_2 定义为映射抛物面,则在调节反射面时,只需要将各主索节点移动至映射抛物面上即可。

将式(37)代入可得到$\triangle ABC$ 与抛物面 p_1 之间均方根误差 δ_{rms} 最小值,为

$$e_{\min}=\frac{S}{12\sqrt{5}}=\frac{l_1^2}{16\sqrt{15}f} \tag{38}$$

Step 3 确定反射面 300m 口径内的主索节点

对每个主索节点进行遍历,依次判断该节点是否位于工作态下的 300m 口径内,判断过程如下:

对于基准态下的一个主索节点,位置坐标为 $\begin{bmatrix}x\\y\\z\end{bmatrix}$,首先将其作逆旋转操作得到

$$\begin{bmatrix}x'\\y'\\z'\end{bmatrix}=\boldsymbol{T}^{-1}\begin{bmatrix}x\\y\\z\end{bmatrix} \tag{39}$$

这样工作态的理想抛物面也将随之旋转,旋转后的抛物面轴线与 z 轴重合,由问题 1 求出的结果可知,旋转后的抛物面方程为

$$z=a(x^2+y^2)-\frac{1}{4a}-0.534R$$

其中 $a=0.001781612$。

将点 $\begin{bmatrix}x'\\y'\\z'\end{bmatrix}$ 沿径向按照上述调节方案投影到映射抛物面上得到投影点 $\begin{bmatrix}x''\\y''\\z''\end{bmatrix}$，若 $x''^2+y''^2\leqslant150^2$，则说明该主索节点位于工作态下的 300m 口径内。

进而将投影点再进行旋转操作就得到了调节后主索节点的位置坐标

$$\begin{bmatrix}x'''\\y'''\\z'''\end{bmatrix}=\boldsymbol{T}\begin{bmatrix}x''\\y''\\z''\end{bmatrix} \tag{40}$$

而各促动器的伸缩量即调节前后主索节点的位置变化量

$$\left(\begin{bmatrix}x'''\\y'''\\z'''\end{bmatrix}-\begin{bmatrix}x\\y\\z\end{bmatrix}\right)^{\mathrm{T}}\left(\begin{bmatrix}x'''\\y'''\\z'''\end{bmatrix}-\begin{bmatrix}x\\y\\z\end{bmatrix}\right) \tag{41}$$

(2) 模型求解

旋转后理想抛物面的散点图如图 13-5 所示

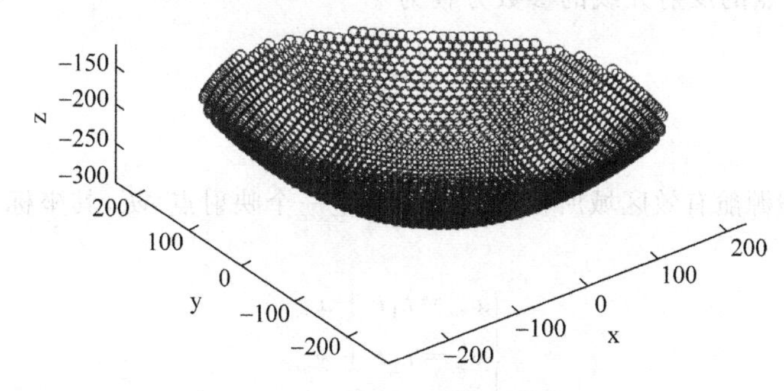

图 13-5 旋转后抛物面散点

将原抛物面顶点 $\left(0,0,-\frac{1}{4a}-0.534R\right)$ 进行旋转后就得到该抛物面顶点坐标 $(-49.320028,-36.889383,-294.01849)$。

按照 Step3 所述判断过程进行判断，最终筛选出 689 个位于 300m 口径内的主索节点，节点编号及位置坐标详见附件 result.xlsx。

将调节前后主索节点位置坐标进行比较可得各促动器的伸缩量，详见附件 result.xlsx，其中促动器最大伸缩量为 0.590539681。

3. 问题 3 的模型建立与求解

(1) 模型的建立

Step 1 判断信号经反射面上一点反射后能否被接收到

对于每个由三个主索节点连接而成的三角反射面，在已知三个主索节点的坐标 (x_1, y_1, z_1)，(x_2, y_2, z_2)，(x_3, y_3, z_3) 的前提下，该反射面的平面方程也唯一确定，不妨设某一反射面的平面方程为 $Ax+By+Cz+D=0$,则该平面的法向量为 $\boldsymbol{n}=(A,B,C)$,如图 13-7 所示。

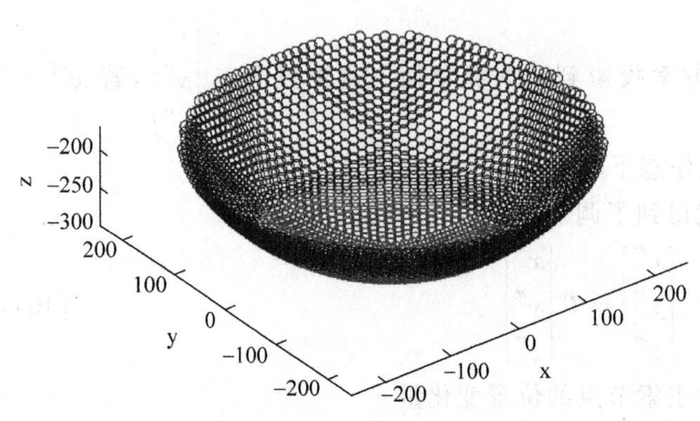

图 13-6 调节后位于 300m 口径内的主索节点

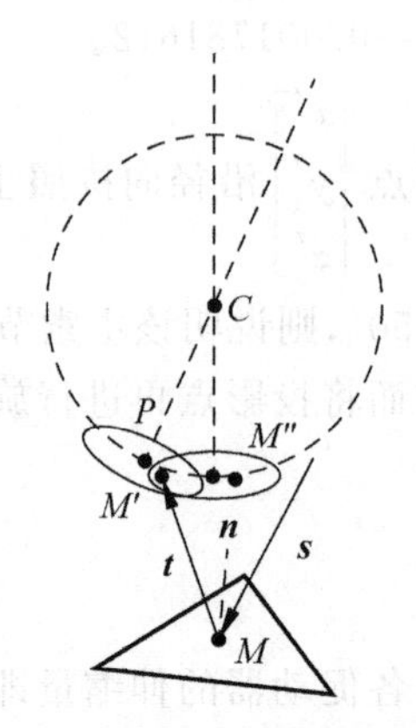

图 13-7 判断反射点是否能有效反射

已知信号入射的方位角,仰角 α,β,则电磁波信号入射向量为 $\boldsymbol{s}=(\cos\beta\cos\alpha,\cos\beta\sin\alpha,\sin\beta)$,根据平面反射与入射向量之间的关系可以得出反射向量为 $\boldsymbol{t}_0=2\boldsymbol{n}_0-\boldsymbol{s}_0$(注:$\boldsymbol{t}_0,\boldsymbol{n}_0,\boldsymbol{s}_0$ 指 $\boldsymbol{t},\boldsymbol{n},\boldsymbol{s}$ 方向上的单位向量),设 $\boldsymbol{t}_0=(t_1,t_2,t_3)$,在反射面上任取一点 M,坐标为(x_m,y_m,z_m),则过 M 点的反射光线的参数方程为

$$\begin{cases}x=t_1t+x_m\\y=t_2t+y_m\\z=t_3t+z_m\end{cases}\tag{42}$$

该反射光线会在馈源舱有效区域所在的平面上产生一个映射点 M',其坐标为(x'_m,y'_m,z'_m),M'点也满足

$$\begin{cases}x'_m=t_1t+x_m\\y'_m=t_2t+y_m\\z'_m=t_3t+z_m\end{cases}\tag{43}$$

馈源舱有效区域所在平面的法向量即为入射信号向量,因此平面方程为

$$x\cos\beta\cos\alpha+y\cos\beta\sin\alpha+z\sin\beta+D'=0\tag{44}$$

由于馈源舱中心 $P(x_p,y_p,z_p)$在该平面上,因此

$$D'=-x_p\cos\beta\cos\alpha-y_p\cos\beta\sin\alpha-z_p\sin\beta\tag{45}$$

将 M'代入可得

$$x'_m\cos\beta\cos\alpha+y'_m\cos\beta\sin\alpha+z'_m\sin\beta+D'=0\tag{46}$$

与参数方程联立可解得

$$t=\frac{\cos\beta\cos\alpha x_m+\cos\beta\sin\alpha y_m+\sin\beta z_m+D'}{\cos\beta\cos\alpha t_1+\cos\beta\sin\alpha t_2+\sin\beta t_3}\tag{47}$$

再将 t 代入参数方程,可得 M'点坐标(x'_m,y'_m,z'_m)。

在得到 M'点坐标后,将其乘以坐标逆变换矩阵 $\boldsymbol{T}^{-1}$,即将馈源舱有效区域(即直径 1m 的中心圆盘)的轴线转至与 z 轴重合。得到旋转后的 M'坐标 $M''(x''_m,y''_m,z''_m)$,此时只需要计算$\sqrt{x''^2_m+y''^2_m}$是否小于 0.5,即可判断该点是否落在有效区域内。

Step 2 基于蒙特卡罗法的馈源舱接收比计算模型

通过第一步的推导，可以在给定一个入射点的情况下，判断该点是否能落在有效区域内，因此可以进行多次试验，每次试验随机选取信号在反射面上的一个入射点，然后利用上述方法判断该点能否落在有效区域内，将统计得到的能落在有效区域的点数除以试验次数即可近似表征馈源舱的接收比（见图 13-8）。

(2) 模型求解

通过附件 3 可以得到所有反射面的顶点编号，通过编号索引可以在问题 2 的求解结果中找到每个顶点的位置坐标。下面对每个反射面进行遍历：

对于以点 A_1, A_2, A_3 为顶点的反射面 $Ax+By+Cz+D=0$，利用下式进行随机点的选取

$$M = A_1 + rand_1 \cdot \overrightarrow{A_1A_2} + rand_2 \cdot \overrightarrow{A_2A_3} \tag{48}$$

其中，$rand_1, rand_2$ 为 0-1 的随机数，该式可以确保所选取的随机点处于 A_1, A_2, A_3 围成的区域中（见图 13-9）。

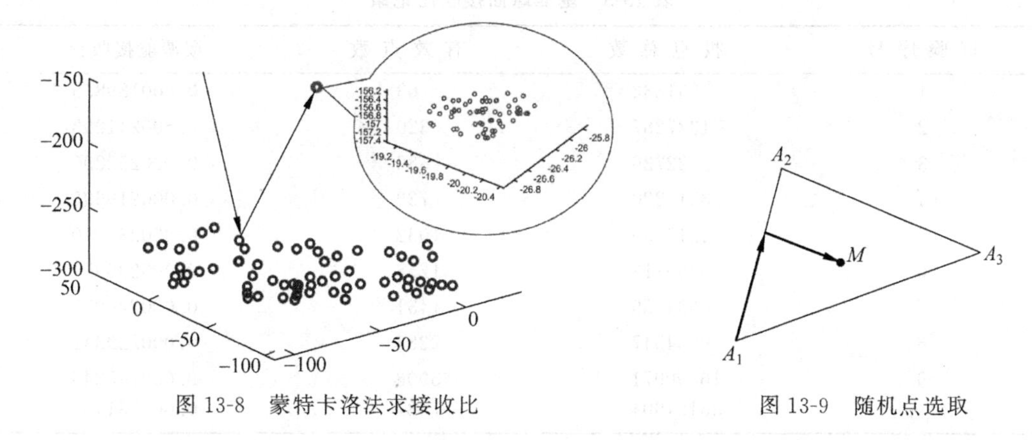

图 13-8 蒙特卡洛法求接收比

图 13-9 随机点选取

考虑到当反射面法向与信号入射方向成一定夹角时，信号射在反射面的概率要小于垂直射在反射面的概率，因此倾斜反射面上的随机点数量要相对少一些。假设若信号垂直入射，反射面上的随机入射点数量为 N，对于法向与入射方向成 θ 的反射面，其在垂直于入射方向的平面上的投影面积与反射面面积之比为

$$\cos\theta = \frac{\boldsymbol{s} \cdot \boldsymbol{n}}{|\boldsymbol{s}| \cdot |\boldsymbol{n}|} \tag{49}$$

相应地将反射面上的随机入射点数量减少为 $N\cos\theta$。

首先计算在问题 2 反射面调节方案下调节后的馈源舱接收比，将多次试验得到的近似接收比记录如表 13-2 所示。

表 13-2 调节后馈源舱接收比记录

试验序号	投点总数	有效点数	馈源舱接收比
1	121166	138	0.001138933
2	484588	523	0.001079267
3	848032	911	0.001074252
4	1211466	1364	0.001125909

续表

试验序号	投点总数	有效点数	馈源舱接收比
5	1574916	1738	0.001103551
6	1938340	2142	0.001105069
7	2301798	2478	0.001076550
8	3634427	3986	0.001096734
9	6057362	6707	0.001107248
10	12114697	13222	0.001091402

可以看出随着投点总数的增加,利用蒙特卡洛法得到的近似接收比在 0.0011 上下浮动。

下面计算基准反射球面的接收比,只需要将基准态主索节点位置坐标代入上述判断方法,多次试验得到的近似接收比记录如表 13-3 所示。

表 13-3 基准球面接收比记录

试验序号	投点总数	有效点数	馈源舱接收比
1	331832	63	0.000189855
2	1327287	320	0.000241093
3	2322726	586	0.000252290
4	3318220	729	0.000219696
5	4313659	1032	0.000239240
6	5309113	1258	0.000236951
7	6304539	1431	0.000226979
8	9954547	2283	0.000229342
9	16590971	3903	0.000235248
10	33181904	7681	0.000231482

可以看出,对于基准反射球面,馈源舱接收比在 0.00023 上下浮动,因此调节后馈源舱接收比是基准反射球面的约 4.78 倍。

13.3.7 灵敏度分析

实际情况中,工作态下与理想情况的抛物面会有所偏差,因此调整参数 a 在一定范围内变化,焦准距 $p=\frac{1}{2a}$相应的在一定范围内变化,接收比 r 随焦准距变化率$\frac{p}{p_0}$的变化情况如图 13-10 所示。

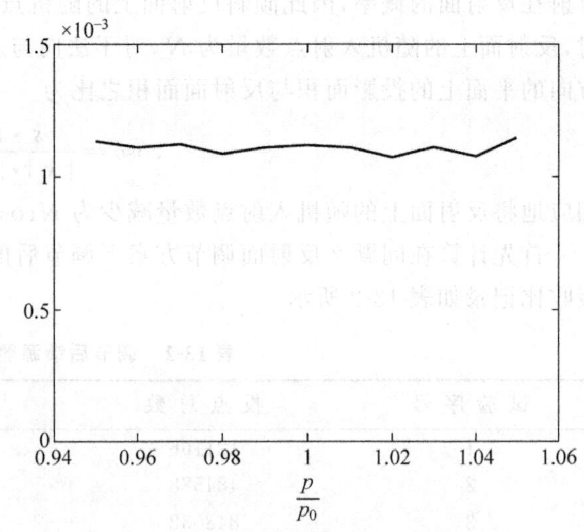

图 13-10 接收比随焦准矩变化率变化情况

从图中不难看出,当焦准距变化率在一定范围内变化时,接收比仍然围绕一定值随机波动,变化并不显著,变化程度小于 10^{-4} 量级,可以得出结论:接收比对焦准矩的变化不敏感,仍然呈现出围绕一稳定点上下浮动的情况。

13.3.8 模型的评价与改进

1. 优点

(1) 基于最小二乘的反射面板调节模型

在生成索网型面网格时,通过具体的公式推导得出索网的节点在均位于与理想抛物面等焦距且同轴的某一映射抛物面上时,三角形与抛物面之间的轴向均方根误差最小,此时得到最佳反射面(最小二乘优化)。运用此种方法比较简单,实用,直观,能够使得索网网格设计过程大大简化,并且具有较好的物理特性,能够满足工程上的应用。同时,此种方法同样适用于偏置抛物面和旋转抛物面反射面。

(2) 基于蒙特卡罗法的馈源舱接收模型

在几何光学的基础上,通过蒙特卡罗方法模拟信号的传播,进而判断每个信号是否能被接收,这个过程既遵循了物理规律,又将问题简化,且蒙特卡罗法收敛速度不受问题维度的影响,误差也比较容易确定。

2. 缺点

(1) 基于最小二乘的反射面板调节模型

在推导过程中,有效抛物面的最佳位置与实际索网型面在轴向的偏移量 δ 是由公式直接给出的,这一点并不是很严谨。

(2) 基于蒙特卡罗法的馈源舱接收模型

使用蒙特卡罗方法对信号反射过程进行模拟,会将一个确定的问题转化为随机的问题,会产生概率性的误差。

3. 改进方法

(1) 在确定偏移量 δ 时,应采取效果较好的优化算法进行求取。

(2) 以蒙特卡罗过程的参数为变量,多次试验进行寻优。

参考文献

[1] 王华.大国重器"中国天眼"[J].炎黄春秋,2019(10):22-27.
[2] 王天田.FAST 工程主动反射面液压促动器的研究[D].秦皇岛:燕山大学,2015.
[3] 宋谦. FAST 反射面全球面三角形索网张拉方案的分析[D]. 上海:同济大学,2005.
[4] 杨东武,尤国强,保宏.抛物面索网天线的最佳型面设计方法[J].机械工程学报,2011,47(19):123-128.

13.4 论文点评

对于问题 1,本文根据题目要求列出了理想抛物面的形式,之后加入面板调节范围限制求出了抛物面方程中参数的取值范围,然后选取目标函数建立优化模型,在取值范围中对方程参数进行寻优,最终得到确定的理想抛物面方程。

对于问题 2，本文通过坐标旋转公式得到旋转矩阵，利用旋转矩阵即可由问题 1 求出的抛物面方程得到旋转后的理想抛物面；为调节反射面板尽量贴近理想抛物面，建立基于最小二乘法的反射面板调节模型，得出反射面板与理想抛物面之间的均方根误差达到最小时的条件，根据映射抛物面方程计算出调节后各主索节点的位置坐标进而根据主索节点调节前后位置的变化计算各促动器伸缩量。

对于问题 3，首先利用解析几何推导出对于任一反射面上的任一点，若信号经此点反射，能否落在馈源舱的有效区域，然后利用蒙特卡洛法进行大量试验，每次试验在反射面上随机选取一个点，然后判断该点能否落在馈源舱的有效区域，若能则标记为有效点，最后通过有效点数与试验总数之比即可近似表征馈源舱的接收比。

本论文撰写通俗易懂，满足了数学建模竞赛论文的要求，今后需要进一步注意摘要撰写，在摘要中要回答题目所提出的所有问题。如问题 1 中的理想抛物面方程、问题 2 中旋转抛物面顶点坐标等关键结果都需要用简明的形式给出来。

第14章 乙醇偶合制备 C_4 烯烃（2021 B）

14.1 题目

C_4 烯烃广泛应用于化工产品及医药的生产，乙醇是生产制备 C_4 烯烃的原料。在制备过程中，催化剂组合（即 Co 负载量、Co/SiO_2 和 HAP 装料比、乙醇浓度的组合）与温度对 C_4 烯烃的选择性和 C_4 烯烃收率将产生影响（名词解释见附录）。因此通过对催化剂组合设计，探索乙醇催化偶合制备 C_4 烯烃的工艺条件具有非常重要的意义和价值。

某化工实验室针对不同催化剂在不同温度下做了一系列实验，结果如附件 1 和附件 2 所示。请通过数学建模完成下列问题：

1. 对附件 1 中每种催化剂组合，分别研究乙醇转化率、C_4 烯烃的选择性与温度的关系，并对附件 2 中 350℃时给定的催化剂组合在一次实验不同时间的测试结果进行分析。

2. 探讨不同催化剂组合及温度对乙醇转化率以及 C_4 烯烃选择性大小的影响。

3. 如何选择催化剂组合与温度，使得在相同实验条件下 C_4 烯烃收率尽可能 高。若使温度低于 350℃，又如何选择催化剂组合与温度，使得 C_4 烯烃收率尽可能高。

4. 如果允许再增加 5 次实验，应如何设计，并给出详细理由。

附录：名词解释与附件说明

温度：反应温度。

选择性：某一个产物在所有产物中的占比。

时间：催化剂在乙醇氛围下的反应时间，单位分钟（min）。

Co 负载量：Co 与 SiO_2 的重量之比。例如，“Co 负载量为 1wt%”表示 Co 与 SiO_2 的重量之比为 1∶100，记作“1wt%Co/SiO_2”，依次类推。

HAP：一种催化剂载体，中文名称羟基磷灰石。

Co/SiO_2 和 HAP 装料比：指 Co/SiO_2 和 HAP 的质量比。如附件 1 中编号为 A14 的催化剂组合“33mg 1wt%Co/SiO_2-67mg HAP-乙醇浓度 1.68mL/min”指 Co/SiO_2 和 HAP 质量比为 33mg：67mg 且乙醇按 1.68mL/min 加入，依次类推。

乙醇转化率：单位时间内乙醇的单程转化率，其值为 100% *（乙醇进气量-乙醇剩余量）/乙醇进气量。

C_4 烯烃收率：其值为乙醇转化率，C_4 烯烃的选择性。

附件 1：性能数据表。表中乙烯、C_4 烯烃、乙醛、碳数为 4-12 脂肪醇等均为反应的生成物；编号 A1～A14 的催化剂实验中使用装料方式 I，B1～B7 的催化剂实验中使用装料方式 II。

附件 2：350℃时给定的某种催化剂组合的测试数据。

附件 1　性能数据表

催化剂组合编号	催化剂组合	温度/℃	乙醇转化率/%	乙烯选择性/%	C_4 烯烃选择性/%	乙醛选择性/%	碳数为 4-12 脂肪醇选择性/%	甲基苯甲醛和甲基苯甲醇选择性/%	其他生成物的选择性/%
A1	200mg 1wt%Co/SiO_2-200mg HAP-乙醇浓度 1.68mL/min	250	2.07	1.17	34.05	2.41	52.59	0	9.78
		275	5.85	1.63	37.43	1.42	53.21	0	6.31
		300	14.97	3.02	46.94	4.71	35.16	1	9.17
		325	19.68	7.97	49.7	14.69	15.16	2.13	10.35
		350	36.80	12.46	47.21	18.66	9.22	1.69	10.76
⋮	⋮	⋮	⋮	⋮	⋮	⋮	⋮	⋮	⋮
A14	33mg 1wt%Co/SiO_2-67mg HAP-乙醇浓度 1.68mL/min	250	2.5	0.14	1.89	2.63	90.74	3.18	1.42
		275	5.3	0.14	2.55	2.8	89.7	2.85	1.96
		300	10.2	0.25	3.61	4.07	85.12	3.43	3.52
		350	24.0	1.04	10.83	6.25	70.1	4.59	7.19
		400	53.6	2.92	22.3	7.22	49.31	7.48	10.77
B1	50mg 1wt%Co/SiO_2-50mg HAP-乙醇浓度 1.68mL/min	250	1.4	0.1	6.32	5.7	83.4	0	4.48
		275	3.4	0.19	8.25	4.03	81.35	0	6.18
		300	6.7	0.45	12.28	4.11	73.45	0	9.71
		350	19.3	1.22	25.97	4.4	48.32	2.44	17.65
		400	43.6	3.77	41.08	4.13	26.79	1.95	22.28
⋮	⋮	⋮	⋮	⋮	⋮	⋮	⋮	⋮	⋮
B7	100mg 1wt% Co/SiO_2-100mg HAP-乙醇浓度 0.9mL/min	250	4.4	0.13	4.08	2.04	86.01	4.79	2.95
		275	7.9	0.15	6.62	3.49	79.79	5.67	4.28
		300	11.7	0.2	12.86	6.47	68.02	6.71	5.74
		325	17.8	1.42	18.45	7.94	59.12	7.14	5.93
		350	30.2	1.53	25.05	10.3	49.36	6.3	7.46

附件 2　350℃时给定的某种催化剂组合的测试数据

时间/min	乙醇转化率/%	选择性/%					
		乙烯选择性	C_4 烯烃选择性	乙醛选择性	碳数为 4-12 脂肪醇	甲基苯甲醛和甲基苯甲醇	其他
20	43.5	4.23	39.9	5.17	39.7	2.58	8.42
70	37.8	4.28	38.55	5.6	37.36	4.28	9.93
110	36.6	4.46	36.72	6.37	32.39	4.63	15.43
163	32.7	4.63	39.53	7.82	31.29	4.8	11.93
197	31.7	4.62	38.96	8.19	31.49	4.26	12.48
240	29.9	4.76	40.32	8.42	32.36	4.48	9.66
273	29.9	4.68	39.04	8.79	30.86	3.95	12.68

14.2 问题分析与建模思路概述

据出题人介绍，本问题的背景和数据都来源于现实的化工生产问题。由于做实验的成本较高，所以无法收集到非常全面的数据，需要根据现有的几组数据来找到让 C_4 烯烃收率尽可能高的方案，为现实的工业生产提供决策支持。所以这是一个根据现有数据来建立多个变量之间的关系函数，在此基础上讨论多个变量如何取值，才能让一个（或多个）特定指标最大化的问题。由于数据比较充裕、目标明确，所以本问题的典型思路是采用统计方法和最优化方法来建模。

对于本问题来说，首先要深入了解所给数据的特征，发现其中的规律，这其实就是第一问的要求。处理数据时要注意，催化剂、温度等变量的数据存在数量级差异，直接进行多项式拟合可能会存在较大偏差；百分比数据也不适合拿来直接做统计回归分析，需要考虑做 logit 变换，从而解决数据微小变化带来的敏感性问题，然后再去做回归分析。另外，做统计回归时，还要注意不要为了追求好的拟合效果而采用高次多项式或其他复杂函数，这样做反而会给后续的预测工作带来不必要的干扰和麻烦。其实这里提到的准则和注意事项并不是本问题独有的，在多元统计分析理论中有非常详尽的描述。

第一问还要求对 350℃下给定催化剂组合在不同时间的数据进行分析，这里不能再简单地进行拟合、给出函数关系，更重要的是对数据变化趋势进行量化分析，如两种指标的变化趋势、变化率的发展趋势，随时间推移两种指标会稳定在什么水平上等。

第二问要求分析解释变量对乙醇转化率、C_4 烯烃的选择性的影响程度，同样是要建立变量之间的函数关系。可以选择的方法很多，包括各种统计回归方法、方差分析方法、灰色关联分析等。不过应该注意，做回归分析之前应该对变量的共线性情况进行分析，之后还要考虑残差分析。此外，由于涉及多个变量，所以做统计回归时还要考虑交叉项。在神经网络等学习算法的使用上要慎重，大多数本科生对此类算法只是一知半解，只能对其原理做简单粗糙的说明，无法解释清楚其中的参数计算依据、模型的有效性检验等。

第三问要求给出最佳的催化剂配比、温度，使得 C_4 烯烃收率尽可能高，这明显是一个优化问题。按照最优化方法的一般规律，需要给出明确的目标函数 C_4 烯烃收率表达式，给出相应的约束条件，这里的目标函数应该是基于前两问的分析结果。在求解方法上，需要适当说明算法原理。

第四问要求设计实验方案，使得收集的数据能够有效更好地了解催化剂配比、温度等因素对 C_4 烯烃收率的影响。这里需要注意遵循正交实验设计的一般规律。

最后，查阅文献可以发现，描述特定容器内化学反应过程中各种物质的数量或浓度变化，比较常用的机理模型还有微分方程、随机过程等。以微分方程方法为例，如果考虑容器内不同位置的温度、物质浓度等反应条件有差异，可以建立数学物理方程模型；如果只考虑平均情况，认为整个容器内的反应条件一致，可以建立常微分方程（组）、差分方程（组）模型。不过要注意的是，使用上述模型需要对化学反应的内在机理有比较明确的了解。就本问题而言，由于竞赛期间可以查到的相关科技文献很少，所以使用微分方程建模可能会遇到较大的困难。

14.3 获奖论文——基于多元回归分析的乙醇偶合反应模型

作　　者：季子上　王懿哲　胡栩浩

指导教师：曹　鹏

获奖情况：2021 年全国数学建模竞赛二等奖

摘要

C_4 烯烃在化学化工领域中有着重要的作用，因为其合成工艺成熟，反应副产物少，纯度高等优点，被广泛地应用到各个生产场景。在制备工艺条件上研究该制备方法也就具备了极高的经济价值。

针对问题 1，我们首先采用双因素方差分析的方法，分析了催化剂和温度是否对于乙醇转化率和 C_4 烯烃选择性有显著影响，我们认为在可接受的置信区间里，自变量跟两个因变量均有显著性关系。接着，我们采用一元线性回归、二次和三次多项式拟合，并计算了决定系数 R^2，评价了拟合效果，得到了二次曲线为最优的拟合曲线。对于同一催化剂种类和温度下反应产物的选择性和乙醇转化率对时间的变化，我们参考了相关文献[1,2]，进行了时间序列分析，在 110min 左右设置临界点，根据产物选择性的变化给出了可能的反应机理和原因分析。

针对问题 2，我们首先对催化剂选择中的一些特殊情况进行独立分析。第一，通过控制变量的方法，我们研究了不同装料方式对于烯烃选择性和乙醇转换率的影响，结果发现曲线十分接近，说明其对后者没有显著影响。第二，对于有无 HAP 的情况进行了比较，发现 HAP 显著促进 C_4 烯烃选择性的提高，而对乙醇转化率无显著影响。第三，由于装料比例的样本过于集中，只有两个区别样本，我们很难判断装料比例对因变量的影响。接着对于其他影响因子建立多元回归方程，剔除了影响不显著的自变量，并且通过了显著性检验。

针对问题 3，我们建立了交叉二次回归方程来定量研究温度和催化剂种类对收率的影响。之后，我们利用 MATLAB 求出了回归方程的最优解。但经过分析和灵敏度检验后发现，不断改变函数定义域，其最值总是落在边界上。为求出更真实合理的最优解，我们设计了仿模拟退火算法来求取得最优解的点，结合灰色关联度，得到了更加准确合理的结果：全局最优解为：Co 负载量应为 0.4wt%Co/SiO_2，温度为 429.8℃，Co/ SiO_2 和 HAP 装料比为 250mg∶250mg，乙醇按每分钟 0.82mL 加入。350℃以下最优解为：Co 负载量应 0.49wt%Co/SiO_2，温度为 345.75℃，Co/SiO_2 和 HAP 装料比为 250mg∶250mg，乙醇按每分钟 0.37mL 加入。

针对问题 4，我们首先对算出的理论最优解进行了实验检验。之后，若实验者是完美主义者，他会比较这次实验的结果和以往的最优解来判断我们的模型是否可靠，并通过设计实验来寻找更优的点，实质上对模型进行模型检验和灵敏度检验；若实验者是个本质主义者，他会更希望通过设计实验，定量研究 Co/SiO_2 和 HAP 装料比对收率的影响，实质上是增强模型的完备性。

本文的创新点在于，我们选择一组对照组，将所有方程与其作差，再进行多元交叉二次回归；在函数求最优解的过程中，参照模拟退火算法理论，我们设计了仿模拟退火算法，结合灰色关联度，求得了全局最优解及局部最优解。

关键词：乙醇偶合，方差检验，多元线性回归，交叉二次回归，仿模拟退火算法。

14.3.1　问题重述

1. 问题背景

C_4 烯烃是一种重要的化工产品，因其作为有机合成的副产物而又价格低廉，在化工生产、医药制作等领域有着良好的应用前景。随着资源的日益短缺和可持续发展的要求，传统的通过化石燃料的转化制备的方法弊端突出，人们对利用清洁能源制备方法的需求愈加紧迫。乙醇作为来源广泛的清洁能源，碳链较短、原子利用率较高，以其作为原材料制备 C_4 烯烃可以有效减少碳排放。因此，本文旨在通过分析实验数据建立模型，来探究乙醇制备 C_4 烯烃化学反应机理以及温度、反应时间、催化剂组合等诸多变量对其反应的影响。

2. 问题提出

(1) 对每种催化剂组合，分别研究乙醇转化率、C_4 烯烃的选择性与温度的关系，并对350℃时给定的催化剂组合在一次实验不同时间的测试结果进行定量分析。

(2) 探讨不同催化剂组合及温度对乙醇转化率以及 C_4 烯烃选择性大小的影响大小，并进行检验。

(3) 如何选择催化剂组合与温度，使得在相同实验条件下 C_4 烯烃收率尽可能高即寻找全局最优解。若使温度低于 350℃，又如何选择催化剂组合与温度，使得 C_4 烯烃收率尽可能高，即寻找 350℃以下的最优解。

(4) 如果允许再增加 5 次实验，应如何设计，使得模型具有较好的稳定性和完备性并给出详细理由。

14.3.2　问题分析

针对问题 1，我们将问题拆分成了两个部分。在第一个部分中，我们首先研究乙醇转化率、C_4 烯烃的选择性与温度的关系。由于反应过程较为复杂，为确定温度和催化剂种类是否对乙醇转化率和 C_4 烯烃选择性有显著影响，我们进行了双因素方差分析，得到了肯定答案。然后我们对其进行了定量分析。我们对两组关系的 42 组数据进行了散点图的绘制，发现其大致呈现正相关关系。接着我们用 MATLAB 软件分别对这 42 组数据进行了线性回归分析、二次多项式拟合及三次多项式拟合，并计算了决定系数 R^2 来评价拟合的效果，得到了最优解为二次多项式。最后，我们给出了函数的置信区间，验证结果的可靠性。

在第二部分中，我们对 350℃时给定的催化剂组合在一次实验不同时间的测试结果进行了分析。由于在第一部分中，我们肯定了温度和催化剂种类对其他两个变量有显著影响，可即便固定了这两个变量，最后的结果仍然发生了一定变化，我们推断其中必然发生了复杂的化学反应。我们通过查阅文献，发现其中的中间产物发生了一定量的转化，并给出了相应的化学机理分析。

针对问题 2，我们首先对数据进行了一定的观察和分析。我们运用控制变量法发现，装料方式的改变并不会对两个因变量造成较大的影响，因此我们将其独立分析，通过曲线的拟合发现其无显著影响。其次，我们还观测到，有无 HAP 的组别会导致出现两列数据出现全部为 0 且这个组合中两个因变量相较于其他组差异较大，而 Co/SiO_2 和 HAP 装料比例这个变量只有两组区别样本，我们将这两种情况也独立出来分析。再次，在分析完数据后，我们对其余的变量做了多元线性回归分析，剔除了影响不显著的自变量。最后，我们进行了回归系数显著性检验，得到了较为合理的结果。

针对问题3，由于我们需要求收率的全局和局部最优解，我们建立了多元函数关系刻画收率的变化。由于交叉二次回归方程中含影响因子的交叉项，考虑了两因子叠加对收率的影响，我们首先建立交叉二次回归方程模型来定量研究温度和催化剂种类对收率的影响。在求出函数表达式后，我们利用MATLAB求出了最优解，但经过对这个结果进行分析和灵敏度检验后发现，不断改变函数定义域，其最值总是会落在边界上，尽管我们将边界值改变到一个不切实际的数值，其结论还是不变。为求出更真实合理的最优解，我们设计了仿模拟退火算法来求最优解的点，结合灰色关联度，得到了更加准确合理的结果。

针对问题4，我们首先对算出的理论最优解进行了实验检验。之后，若实验者是完美主义者，他会比较这次实验的结果和以往的最优解来判断我们的模型是否可靠，并通过设计实验来寻找更优的点，其实质上是进行灵敏度检验和模型检验。若实验者是个本质主义者，他会更希望通过设计实验，定量研究 Co/SiO_2 和 HAP 装料比对收率的影响实质上是增强模型的完备性。

14.3.3 模型假设

假设一：假设在密闭条件下进行，即乙醇没有挥发

假设二：每次实验硬件设施均相同

假设三：催化剂在高温下不会失活

假设四：各次实验相互独立互不影响

14.3.4 符号说明

符号变量	变量含义
A_r	实验设计的第 r 个温度值
B_s	实验设计的第 s 个催化剂组合
X_{ij}	第 i 个温度，第 j 种催化剂组合的实验结果
x_i	催化剂选择与温度构成的多元线性回归方程的因子
y_r	第 r 个温度值下的乙醇转换类及碳四烯烃选择性的预测值
P	对某一波动值的接受概率

14.3.5 模型准备

1. 名词解释

(1) 因素和多因素方差分析

因素是指所要研究的变量，它可能对因变量产生影响。我们在题目中要分析不同温度和催化剂种类对乙醇转化率及 C_4 烯烃的选择性是否有影响，所以乙醇转化率及 C_4 烯烃的选择性是本题的因变量，而温度和催化剂种类是可能影响的因素。这种针对两个因素进行分析的试验方法称为双因素方差分析。

(2) 水平

水平指因素的不同状态,即因素的不同取值。例如,温度的不同水平为 $A_1=250℃$,$A_2=275℃$……,催化剂的不同水平为 $B_1=\{200mg\ 1wt\%Co/SiO_2$-200mg HAP-乙醇浓度 1.68mL/min$\}$,$B_2=\{200mg\ 2wt\%Co/SiO_2$-200mg HAP-乙醇浓度 1.68mL/min$\}$……

(3) 单元

单元指因素水平之间的组合,每个水平对应一个总体。本题中同一温度下的所有催化剂种类称为一个单元。

(4) 交互作用

如果一个因素的效应大小在另一个因素不同水平下明显不同,则称为两因素间存在交互作用。当存在交互作用时,单纯研究某个因素的作用是没有意义的,必须在另一个因素的不同水平下研究该因素的作用大小。如果所有单元格内都至多只有一个元素,则交互作用无法测出。

14.3.6 模型建立及求解

一、温度与乙醇转化率及 C_4 烯烃的选择性关系

(1) 显著性检验

① 方差检验模型的建立

参考附件 2 中的数据,我们发现在给定温度和催化剂组合的条件下,乙醇的转化率和 C_4烯烃的选择性的数据也会产生较大的波动,且并无明显规律。这让我们无法判断温度是否会对二者产生定性的影响。为考察温度和催化剂种类对结果影响是否显著,我们在试验中固定其他因素不变,采用无交互作用的双因素方差分析的方法。

取温度的 r 个不同的水平($A_1=250, A_2=275,\cdots$),催化剂种类 s 个不同的水平(B_1B_2……),$r\times s$ 个不同水平组合 $A_iB_j(i=1,2,\cdots,j=1,2,\cdots)$,在水平实验上的结果用 X_{ij} 表示。在实验过程中,对温度和催化剂的各种组合只做一次实验,我们建立了无交互作用的双因素方差检验模型,来研究温度和催化剂种类对乙醇转化率及 C_4 烯烃的选择性是否有显著性影响。

因此,我们建立的模型如下:

- 假定 X_{ijk} 为样本总体,X_{ij} 是其中抽出的样本。我们认为 X_{ijk} 相互独立且服从正态分布 $N(X_{ij},\sigma^2)$,其中 $i=1,2,\cdots,r$; $j=1,2,\cdots,k$。
- 此时,X_{ij} 可表示为 X_{ij} 的均值和随机误差之和,

$$\begin{cases}X_{ij}=v+\alpha_i+\beta_j+\varepsilon_{ij}\\ \varepsilon_{ij}\ \text{独立同分布,且}\ \varepsilon_{ij}\sim N(0,\sigma^2)\\ \sum_{j=1}^{r}\alpha_i=0,\sum_{j=1}^{r}\beta_j=0,\\ i=1,2,\cdots,r;\ j=1,2,\cdots s\end{cases}$$

- 我们需要检验的假设为

$$\begin{cases}H_{01}:\alpha_1=\alpha_2=\cdots=\alpha_r=0\\ H_{02}:\beta_1=\beta_2=\cdots=\beta_r=0\end{cases}$$

等价于检验假设

$$H_0: v_{ij} \text{ 全相等}, \quad i=1,2,\cdots,r;\ j=1,2,\cdots,s$$

若检验结果拒绝 H_{01}，那么认为因素 A（温度）有显著影响；若检验结果对 H_{01} 不拒绝，则因素 A（温度）对实验结果无显著影响。

记

$$\overline{X}=\frac{1}{rs}\sum_{i=1}^{r}\sum_{j=1}^{s}X_{ij}, \quad \bar{\varepsilon}=\frac{1}{rs}\sum_{i=1}^{r}\sum_{j=1}^{s}\varepsilon_{ij}$$

$$\overline{X}_{i\cdot}=\frac{1}{s}\sum_{j=1}^{s}X_{ij}, \quad \bar{\varepsilon}_{i\cdot}=\frac{1}{s}\sum_{j=1}^{s}\varepsilon_{ij}, \quad i=1,2,\cdots,r$$

$$\overline{X}_{\cdot j}=\frac{1}{r}\sum_{i=1}^{r}X_{ij}, \quad \bar{\varepsilon}_{\cdot j}=\frac{1}{r}\sum_{i=1}^{r}\varepsilon_{ij}, \quad j=1,2,\cdots,s$$

考虑平方和分解

$$\begin{aligned} S_r &= \sum_{i=1}^{r}\sum_{j=1}^{s}(X_{ij}-\overline{X})^2 \\ &= \sum_{i=1}^{r}\sum_{j=1}^{s}[(X_{ij}-\overline{X}_{i\cdot}-\overline{X}_{\cdot j}+\overline{X})+(\overline{X}_{i\cdot}-\overline{X})+(\overline{X}_{\cdot j}-\overline{X})]^2 \\ &= \sum_{i=1}^{r}\sum_{j=1}^{s}(X_{ij}-\overline{X}_{i\cdot}-\overline{X}_{\cdot j}+\overline{X})^2+s\sum_{i=1}^{r}(\overline{X}_{i\cdot}-\overline{X})^2+r\sum_{j=1}^{r}(\overline{X}_{\cdot j}-\overline{X})^2 \\ &= S_e+S_A+S_B \end{aligned} \tag{1}$$

其中所有交叉项为 0，即

$$\begin{aligned} &\sum_{i=1}^{r}\sum_{j=1}^{s}[(X_{ij}-\overline{X}_{i\cdot}-\overline{X}_{\cdot j}+\overline{X})(\overline{X}_{i\cdot}-\overline{X})] \\ &= \sum_{i=1}^{r}[(\overline{X}_{i\cdot}-\overline{X})(\sum_{j=1}^{s}(\overline{X}_{\cdot j}-\overline{X}))]=0 \end{aligned}$$

$\sum_{i=1}^{r}\sum_{j=1}^{s}(X_{ij}-\overline{X})^2$ 称为总变差平方和，反映了全部数据的波动。

$\sum_{i=1}^{r}\sum_{j=1}^{s}(X_{ij}-\overline{X}_{i\cdot}-\overline{X}_{\cdot j}+\overline{X})^2$ 称为误差平方和，反映了随机误差引起数据波动的程度。

$s\sum_{i=1}^{r}(\overline{X}_{i\cdot}-\overline{X})^2$ 称为因素 A（温度）的变差平方和，反映了因素 A 不同水平引起的数据的波动。

$r\sum_{j=1}^{s}(\overline{X}_{\cdot j}-\overline{X})^2$ 称为因素 B（催化剂种类）的变差平方和，反映了因素 B 不同水平引起的数据的波动。

引理 1 再无交互作用方差模型中，

- $H_{01}+H_{02}$ 成立时，$\frac{S_r}{\sigma^2}\sim\chi^2(rs-1)$；
- $\frac{S_r}{\sigma^2}\sim\chi^2(r-1)(s-1)$

• H_{01} 成立时，$\frac{S_r}{\sigma^2} \sim \chi^2(r-1)$，且 S_A 与 S_e 相互独立，则

$$F_A = \frac{S_A/(r-1)}{S_e/(r-1)(s-1)} \overset{H_{01}}{\sim} F(r-1,(r-1)(s-1));$$

• H_{02} 成立时，$\frac{S_r}{\sigma^2} \sim \chi^2(s-1)$，且 S_A 与 S_e 相互独立，则

$$F_B = \frac{S_B/(r-1)}{S_e/(r-1)(s-1)} \overset{H_{02}}{\sim} F(r-1,(r-1)(s-1));$$

根据定理 1，构造检验统计量

$$F_A = \frac{S_A/(r-1)}{S_e/(r-1)(s-1)} \overset{H_{01}}{\sim} F(r-1,(r-1)(s-1));$$

$$F_B = \frac{S_B/(r-1)}{S_e/(r-1)(s-1)} \overset{H_{02}}{\sim} F(r-1,(r-1)(s-1));$$

当 $F_A \geqslant F_\alpha(r-1,(s-1),(r-1))$ 时，拒绝 H_{01}，即认为因素 A（温度）对实验结果有显著影响。

② 方差检验模型的求解

我们利用 SPSS 软件对其进行了方差检验，其结果如表 14-1 及表 14-2 所示。

表 14-1　C_4 烯烃选择性方差检验结果

主体间效应检验

因变量：C_4 烯烃选择性

源	Ⅲ类平方和	自由度	均方	F	显著性	偏 Eta 平方
修正模型	18914.937[a]	26	727.498	35.636	.000	.914
截距	13002.872	1	13002.872	636.939	.000	.880
组别	8456.304	20	422.815	20.711	.000	.826
温度	11003.883	6	1833.981	89.837	.000	.861
误差	1776.073	87	20.415			
总计	51542.657	114				
修正后总计	20691.011	113				

表 14-2　乙醇转化率方差检验结果

主体间效应检验

因变量：乙醇转换率

源	Ⅲ类平方和	自由度	均方	F	显著性	偏 Eta 平方
修正模型	53372.019[a]	26	2052.770	32.611	.000	.907
截距	26376.788	1	26376.788	419.030	.000	.828
组别	16735.507	20	836.775	13.293	.000	.753
温度	35483.041	6	5913.840	93.949	.000	.866
误差	5476.416	87	62.947			
总计	113988.361	114				
修正后总计	58848.435	113				

由表 14-1 及表 14-2 可以看出，两组数据的显著性均小于 0.05，则我们拒绝 H_0 假设，认为温度对乙醇转化率及 C_4 烯烃的选择性有显著影响。

（2）温度对乙醇转化率及 C_4 烯烃的选择性影响的定量分析

考虑到我们研究的是单因素对单因素的影响，我们首先用 MATLAB 软件绘制了它们关系的散点图（如图 14-1 所示），以便于先直观分析它们的影响。

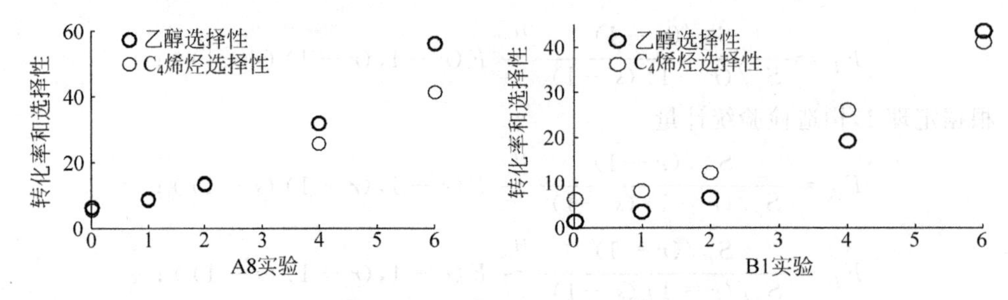

图 14-1　温度与两个因变量散点

我们从图 14-1 中可以看到，随着温度的升高，乙醇转化率和 C_4 烯烃的选择性都随之升高，大致呈正相关关系。因此，本文决定用线性回归、二次及三次拟合来描述二者之间的关系，并计算决定系数 R^2 以评价三次模拟的效果。我们在同一个图中绘制了三条曲线（见图 14-2）。

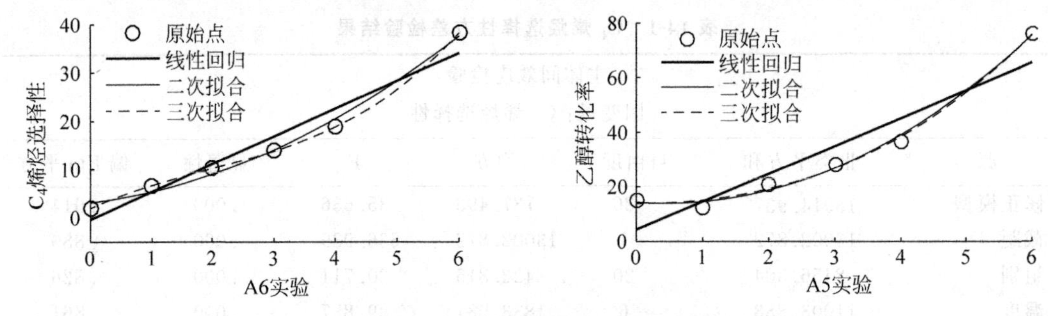

图 14-2　三条曲线拟合效果示意图

为使其更具有统计学意义，我们按照 95%置信度求取拟合函数待定系数的置信区间。通过 R^2 的数据及置信区间的数值可以看出，两次拟合中二次拟合 R^2 均大于 0.95，我们近似认为温度和乙醇转化率及 C_4 烯烃的选择性均成二次函数关系。二次拟合的系数及置信区间详见附录。

（3）350℃时给定的催化剂组合在一次实验不同时间的结果分析

在前文中我们提到，温度和催化剂种类均对乙醇转化率及 C_4 烯烃的选择性有着显著性影响。但通过附件 2 中我们看到，即便控制温度和催化剂种类均不变，反应物的选择性还是会发生变化。通过相关文献的查阅[1]，我们发现，在乙醇反应的过程中，随着时间的延长，生成的中间产物之间也会互相转化。为了分析产物的形成机理，考察停留时间对反应的影响，产物的定量分析如图 14-3 所示。

我们可以看出，当时间在 20～110min 时，C_4-$C_{12}OH$ 选择性降低的同时乙醛选择性的增加，说明乙醛参与了 C_4-$C_{12}OH$ 的形成过程。

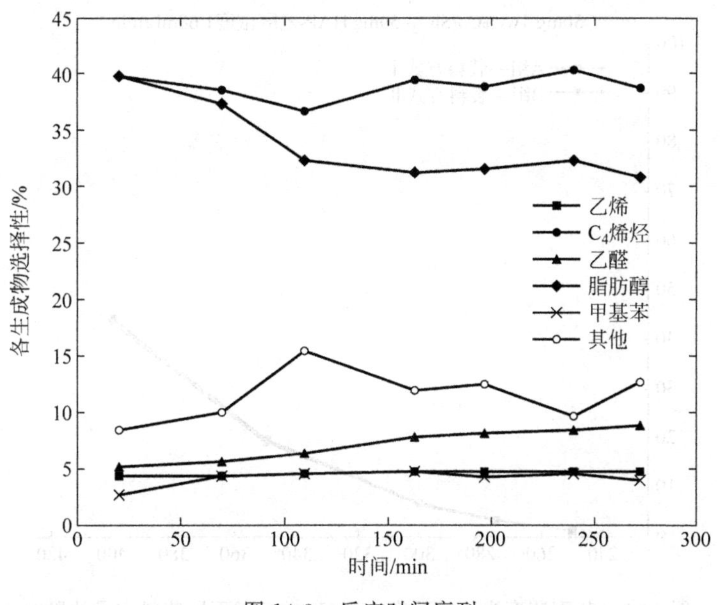

图 14-3　反应时间序列

二、不同催化剂和温度对乙醇转化率及 C_4 烯烃的选择性的关系

(1) 不同装料方式的影响

先保持其他变量不变，只让装料方式发生改变，我们用 MATLAB 做出了两张图如图 14-4 及图 14-5 所示。

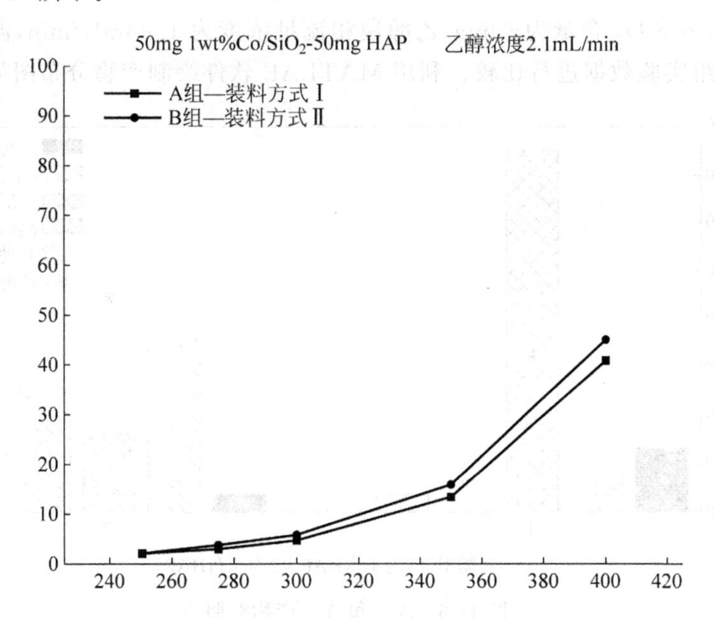

图 14-4　装配速度为乙醇浓度 2.1mL/min 时不同装料方式的影响

从图中可以看出，在所有可以参考的装配速度条件下(即装配速度为乙醇浓度 2.1mL/min)，装料方式对两个因变量的曲线近乎重合，几乎没有任何区别。由此，我们可以大致认为，装料方式对乙醇转化率及 C_4 烯烃的选择性没有影响。

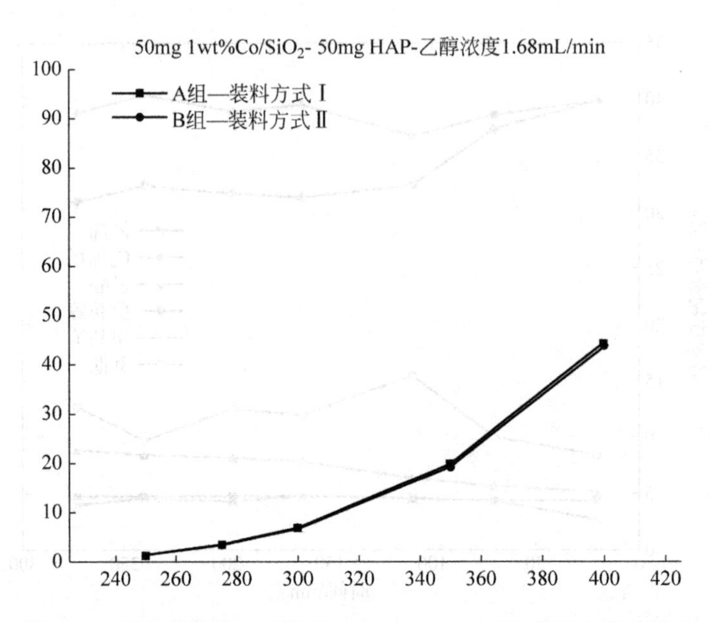

图 14-5　装配速度为乙醇浓度 2.1mL/min 时不同装料方式的影响

（2）有无 HAP 的影响

由于 HAP 并不是连续的变化，所以 HAP 浓度是否为零对实验结果有着显著的影响。对 21 组实验的催化剂条件选择整体观察可以看出，只有 A_{11} 这一组数据没有用到 HAP 催化剂，而是采用了石英砂。针对这种情况，我们采取控制变量法的研究思想，控制 Co 的负载量为 1wt%，Co/SiO_2 含量为 50mg，乙醇液相流量浓度为 1.68mL/min，温度为 400℃选取 A_{11} 和 A_{12} 组实验数据进行比较。利用 MATLAB 软件绘制产物分布图如图 14-6 所示。

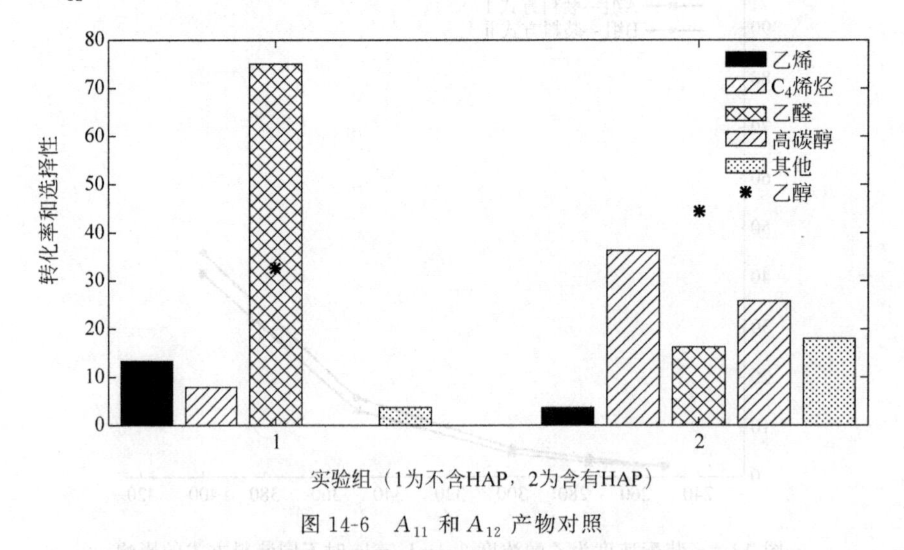

图 14-6　A_{11} 和 A_{12} 产物对照

通过对比实验组 1 和实验组 2 的产物我们发现，不加 HAP 会造成 C_4 烯烃选择性明显降低，且碳数为 4-12 脂肪醇选择性和甲基苯甲醛和甲基苯甲醇选择性为 0。我们查阅文献[1]发现，HAP 促进乙醇偶合，生成更高碳链的产物。缺少 HAP 会直接导致乙醇不合成更高碳链的产物，从而影响 C_4 烯烃的选择性。但其对乙醇的转化率无直接关系。

(3) Co/SiO_2 和 HAP 装料比例的影响

为了探究 Co/SiO_2 和 HAP 装料比对乙醇转化率和 C_4 烯烃选择性的影响，我们需要控制其余变量(把 Co 负载量、每比例的 mg 量(以 10 为单位)、乙醇装料速度)保持相同。由于比例为 1∶2 的组合和 2∶1 的组合均只有一组，为保持其总量 Co/SiO_2 和 HAP 不变，我们选择 50mg 1wt%Co/SiO_2-50mg HAP-乙醇浓度 1.68mL/min、67mg 1wt%Co/SiO_2-33mg HAP-乙醇浓度 1.68mL/min、33mg 1wt%Co/SiO_2-67mg HAP-乙醇浓度 1.68mL/min 这三组。我们用 MATLAB 画图，得到结果如图 14-7 及图 14-8 所示。

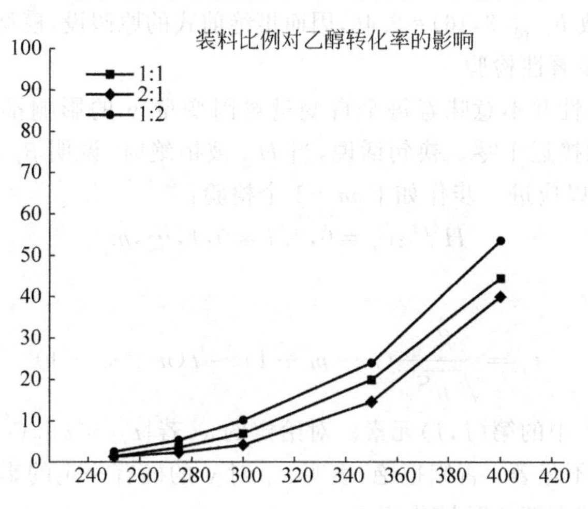

图 14-7 装料比例对乙醇转化率的影响

由于比例为 1∶2 和 2∶1 的数据都仅有一组，而仅有的变量显示每组的变量之间差异很大，甚至对于 C_4 烯烃选择性有种改变趋势的影响【比例为(2∶1)的组最后出现了拐点】，因此无法准确得出比例对两组因变量的影响的具体结论。

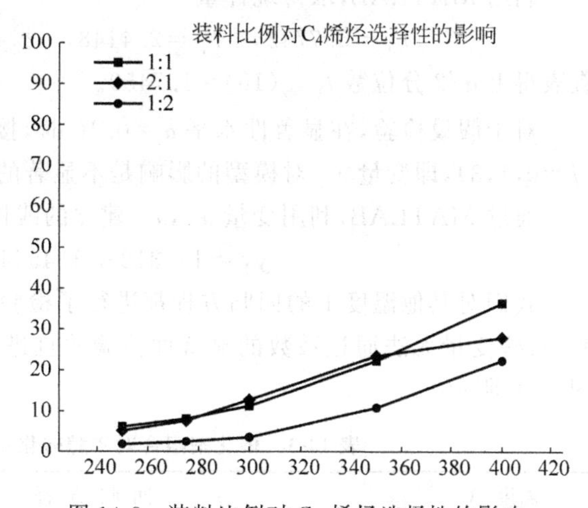

图 14-8 装料比例对 C_4 烯烃选择性的影响

(4) 其余变量对乙醇转化率及 C_4 烯烃选择性的影响

排除了比例和装料方式后，剩下三个变量：Co 负载量、每比例的 mg 量(以 10 为单位)、乙醇装料速度。在建立回归方程前，我们首先需要对其回归方程进行检验。

① 回归方程的显著性检验

因变量 y 与自变量 x_1, x_2, x_3 之间是否存在线性关系是需要检验的，显然，如果所有的 $|\hat{c}_j|(j=1,2,3)$ 都很小，y 与 x_1, x_2, x_3 的线性关系就不明显，所以可令原假设为

$$H_0: c_j = 0, \quad j = 1,2,3$$

回归系数个数 $m=3$，观测值 $n=20$，残差平方和 $S_e=\sum_{i=1}^{n}(y_i-\hat{y}_i)^2$，回归平方和 $S_R=\sum_{i=1}^{n}(\hat{y}_i-\bar{y})^2$。当 H_0 成立时统计量

$$F=\frac{S_R/m}{S_e/(n-m-1)}\sim F(m,n-m-1)$$

在显著性水平 α 下，若 $F<F_\alpha(m,n-m-1)$，则接受 H_0；否则拒绝。

我们取显著性水平为 $\alpha=0.1$，利用 MATLAB 程序求得检验统计量 α。例如，当 $T=250$ 时，查表得上 α 分位数 $F_{0.10}(3,16)=2.46$，因而拒绝前式的原假设，模型整体上通过了检验。

② 回归系数的显著性检验

回归方程的显著性并不意味着每个自变量对因变量 y 的影响都是显著的，实际上，某些回归系数仍有可能接近于零。换句话说，当 H_0 被拒绝时，说明 β_j 不全为 0，但不排除其中若干个等于 0。所以应进一步作如下 $m+1$ 个检验：

$$H_0^{(j)}:c_j=0,\quad j=0,1,\cdots,m$$

当 $H_0^{(j)}$ 成立时

$$t_j=\frac{\hat{\beta}_i}{\sqrt{c_{jj}S_e}}(n-m-1)\sim t(n-m-1)$$

其中 c_{jj} 是 $(\boldsymbol{X}^{\mathrm{T}}\boldsymbol{X})^{-1}$ 中的第 (j,j) 元素。对给定的 α，若 $|t_j|<t_{\alpha/2}(n-m-1)$，接受 $H_0^{(j)}$，说明 x_j 对 y 的影响不显著；否则拒绝，表明 x_j 对 y 的确有一定的影响。

③ 多元线性回归求解乙醇转化率

利用 MATLAB，求得统计量

$$t_0=5.7742,\quad t_1=2.4148,\quad t_2=1.0073,\quad t_3=-6.1786$$

查表得上 $\alpha/2$ 分位数 $t_{0.05}(16)=1.7459$。

对于假设检验，在显著性水平 $\alpha=0.10$ 时，接受 $H_0^{(j)}:c_j=0(j=2)$，拒绝 $H_0^{(j)}:c_j=0$ $(j=0,1,3)$，即变量 x_2 对模型的影响是不显著的。建立线性模型时，可以不使用 x_2。

通过 MATLAB，利用变量 x_1，x_3 建立的线性回归模型为

$$y_1=15.312+1.4944x_1-8.5266x_3$$

我们对其他温度下的回归方程都进行了检验，发现其他方程都能通过方程的显著性检验，某些变量无法通过系数的显著性检验并且进行了剔除和再回归，得到结果如表 14-3 和图 14-9 所示。

表 14-3　催化剂组合对乙醇转化率的回归方程与温度的关系

温度/℃	回归方程	剔除量	R^2
$T=250$	$y_1=15.312+1.4944x_1-8.5266x_3$	x_2	0.737
$T=275$	$y_2=17.413+0.31373x_2-8.407x_3$	x_1	0.569
$T=300$	$y_3=19.423+0.88612x_2-9.3992x_3$	x_1	0.547
$T=350$	$y_4=29.25+1.6713x_2-10.717x_3$	x_1	0.583
$T=400$	$y_5=58.095+1.9052x_2-13.661x_3$	x_1	0.697

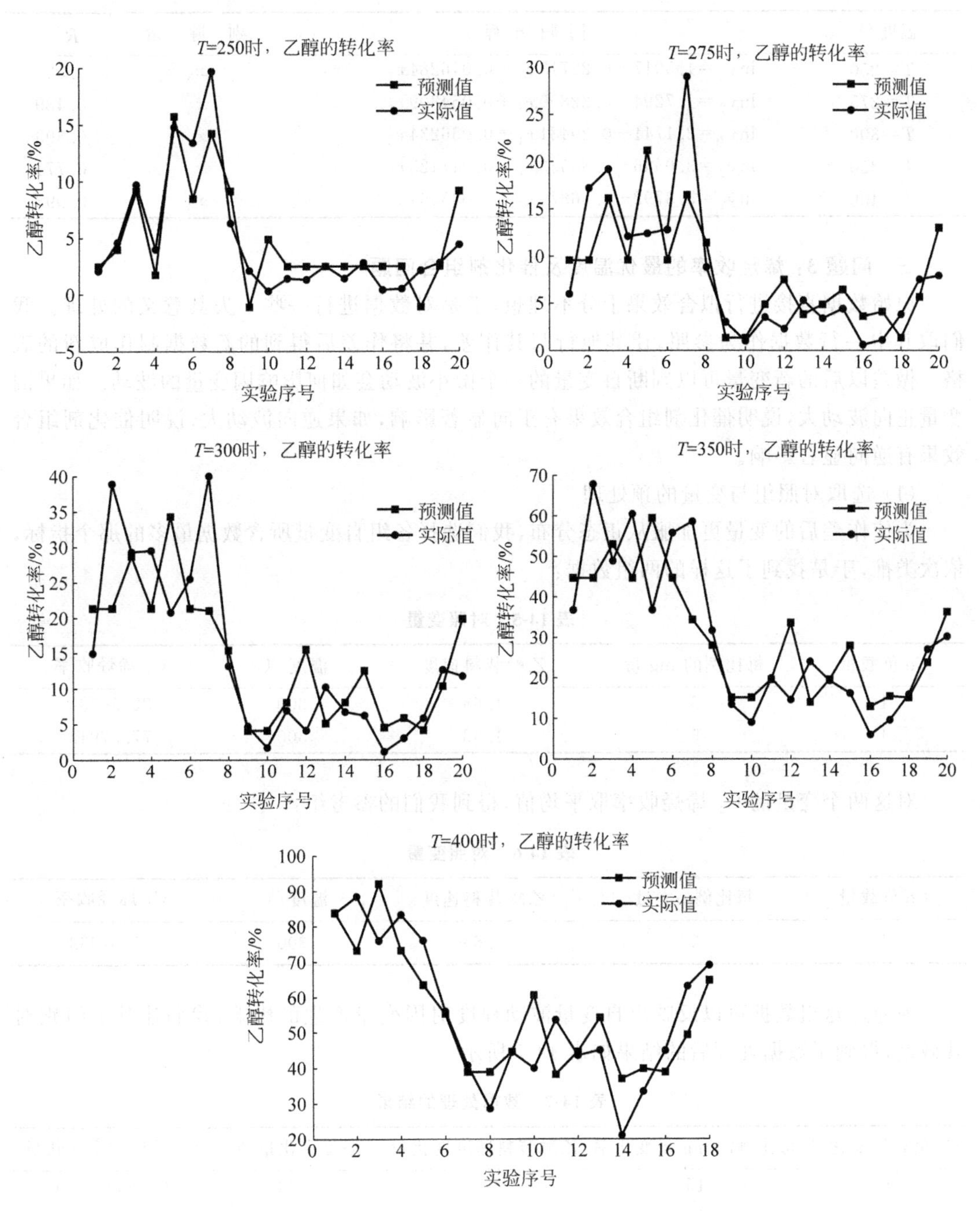

图 14-9　$T=250$、275、300、350、400 时预测值和实测值的比较

④ 多元线性回归求解 C_4 烯烃的选择性

由于在做线性回归时波动较大，我们采用取对数的方式来减弱数据的异方差性，使其渐近服从正态分布。其余原理与上一节完全相同，我们得到了结果如表 14-4 所示。

表 14-4　催化剂组合对乙醇转化率的回归方程与温度的关系

温度/℃	回归方程	剔除量	R^2
$T=250$	$\ln y_2=1.5017-0.22713x_1+0.046284x_2$	x_3	0.32
$T=275$	$\ln y_2=1.7294-0.22890x_1+0.054309x_3$	x_3	0.489
$T=300$	$\ln y_2=2.1741-0.29431x_1+0.056234x_2$	x_3	0.593
$T=350$	$\ln y_2=3.0536-0.36553x_1+0.047423x_2$	x_3	0.771
$T=400$	$\ln y_2=3.3792-0.16872x_1+0.03556x_2$	x_3	0.993

三、问题 3：烯烃收率的最优温度及催化剂组合问题

原始数据直接进行拟合效果十分不理想，于是对数据进行一些不失其意义的处理。我们取其中一行数据作为参照，让其他行与其作差，并将作差后得到的新数据制作成新的表格。做差以后的新变量可以判断自变量的一个微小波动会如何影响因变量的波动。如果因变量正向波动大，说明催化剂组合效果有正向显著影响，如果逆向波动大，说明催化剂组合效果有逆向显著影响。

(1) 选取对照组与变量的预处理

为使作差后的变量更加服从正态分布，我们选择各组自变量所含数据最多的那个指标，依次类推，于是找到了这样的两组数据：

表 14-5　对照变量

Co 负载量	每比例的 mg 量	乙醇装料速度	温度/℃	C_4 烯烃收率
1	5	1.68	300	82.56735
1	5	1.68	300	77.57943

对这两个变量的 C_4 烯烃收率取平均值，得到我们的参考组：

表 14-6　对照变量

Co 负载量	每比例 mg 量	乙醇装料速度	温度/℃	C_4 烯烃收率
1	5	1.68	300	80.07339

为通过这组数据可以反映出自变量波动程度对因变量产生的影响，我们让其余组别对其做差，得到了数据处理后的结果如表 14-7 所示。

表 14-7　数据处理的结果

Co 负载量变化量	每比例的 mg 量变化率	乙醇装料速度变化量	温度变化量/℃	C_4 烯烃收率变化量
0	15	0	−50	9.686270894
0	15	0	−25	138.9565259
⋮	⋮	⋮	⋮	⋮
0	5	−0.78	50	676.4366093
0	5	−0.78	100	2568.924609

(2) 交叉二次回归方程

我们首先尝试了多元线性回归。但在做出模型及计算精度后，我们发现，其拟合精度过

低,并不适合研究此问题。由于交叉二次回归方程中含两影响因子的交叉项,考虑了两因子叠加对收率的影响,我们尝试用交叉二次回归方程来拟合。通过MATLAB的rstool函数调出多元回归的图形界面解法求二项式回归模型,根据剩余标准差(mse)这个指标选取较好且容易计算的模型是交叉二次回归方程

$$y=144.6097-227.0067x_1+34.5348x_2-238.06x_3+9.1436x_4+13.7935x_1x_2+478.3031x_1x_3-1.147x_1x_4+3.7965x_2x_3+0.7622x_2x_4-3.5783x_3x_4 \tag{2}$$

我们得到的预测结果如图14-10所示。

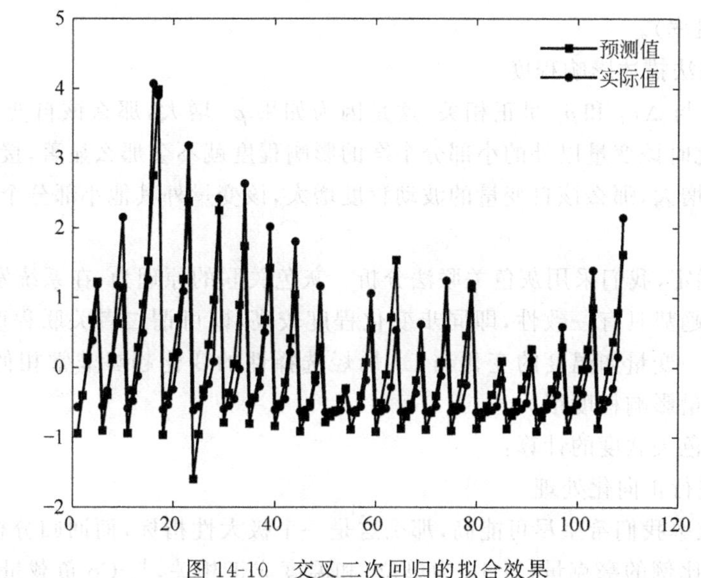

图14-10 交叉二次回归的拟合效果

我们通过图上及剩余标准差(mse)的数值发现,其回归效果远高于线性回归。

利用式(2),以现有组的区域为函数区间,求函数在$x_1\in[-0.8,4]$,$x_2\in[-4,20]$,$x_3\in[-1.5,0.5]$,$x_4\in[-50,150]$内的最大值。利用MATLAB中的优化函数求得当$x_1=-0.8$,$x_2=20$,$x_3=-1.5$,$x_4=450$时,y取最大值。

(3) 仿模拟退火算法优化最大值点

① 个案差异的刻画

尽管我们已经找到了一个最大值点,但是经过对这个结果进行分析和灵敏度检验后发现,不断改变函数定义域,其最值总是会落在边界上:对于Co负载量和乙醇添加速度,最值总是落于下边界,而对于每比例的毫克数(以10为单位)和温度,总是落于上边界,尽管我们将边界值改变到一个不切实际的数值,其结果还是不变。

对数据进行分析我们会发现,虽然Co负载量和y预测值呈负相关,但由于数据中存在一定量的Co负载量很大但是y值也很大的数据,一味取最小值也并不合理。这是因为在对整体进行回归和求最值的时候,忽略了个案对结果的影响。

为刻画个案差异对结果的影响,我们受到模拟退火中"接受概率"这一定义的启示,对于某些个案的影响,我们也可以定义一个"接受概率",来判断我们是否考虑个案的特殊情况。在模拟退火对函数优化的过程中,如果随机产生的新解并没有当前解更优,并不是直接对其

舍弃,而是定义一个接受新解的概率,这个概率的计算公式为

$$P=\exp\left(-\frac{|f(x')-f(x)|}{T}\right) \tag{3}$$

其中,$f(x')$为新解的适应度,$f(x)$为当前解的适应度,T 为当前的温度。

根据这一改变,我们对其进行改进,定义对"由变量波动而产生的个案影响"的接受概率为

$$P=\exp\left(-\frac{1}{\Delta x_i\cdot\rho_i}\right) \tag{4}$$

P 的含义我们可以理解为当 x_i 变量变化 Δx_i 时,对于这一变化量 Δx_i 产生的影响的接受程度(接受概率)。

② 灰色关联法描述影响程度

我们发现 P 与 Δx_i 和 ρ_i 呈正相关,这是因为如果 ρ_i 增大,那么该自变量对因变量的影响程度增大,此时该变量以外的小部分个案的影响程度就不会那么显著,接受程度就可以更大;如果 Δx_i 增大,那么该自变量的波动程度增大,该变量外其他小部分个案的波动就会不那么显著。

对于 ρ_i 的确定,我们采用灰色关联法分析。灰色关联的原理为,在系统发展过程中,若两个因素变化的趋势具有一致性,即同步变化程度较高,即可谓二者关联程度较高;反之,则较低。如果某一变量如温度的变化与 C_4 烯烃选择性的变化趋势非常相似,那么我们可以说温度对因变量影响程度很大。

下面进行灰色关联度的计算:

- 对指标进行正向化处理

C_4 烯烃的收率我们希望尽可能高,那么这是一个极大性指标,而回归分析证明我们 C_4 烯烃的收率与每比例的毫克量(以 10 为单位)和温度成正相关,与 Co 负载量和乙醇添加速率呈负相关,因此我们需要采用公式 $\hat{x}_i=\max\{-x_i\}$对 Co 负载量和乙醇添加速率进行正向化。

- 计算灰色关联度

我们将 C_4 烯烃的选择性变化量作为母序列,四个自变量的变化量为子序列,利用公式

$$\zeta_i(k)=\frac{\min\limits_i\min\limits_k|x_0(k)-x_i(k)|+\rho\max\limits_i\max\limits_k|x_0(k)-x_i(k)|}{|x_0(k)-x_i(k)|+\rho\max\limits_i\max\limits_k|x_0(k)-x_i(k)|} \tag{5}$$

取分辨系数 $\rho=0.5$ 得到 Co 负载量的变化量、每比例毫克的变化量、乙醇添加速率变化量、温度变化量对 C_4 烯烃选择性变化量的关联度分别为:0.5250,0.8572,0.6863,0.8033。

为了平衡式(1.4)中 Δx_i 和 ρ_i 的量纲影响,我们将其更新为如下公式

$$P=\exp\left(-\frac{1}{10\Delta x_i\cdot\rho_i}\right) \tag{6}$$

接受波动程度的概率 P 随波动程度的变化如图 14-11 所示。

从图 14-11 中我们可以发现:

(a) 波动程度一定时,ρ 越大,概率越大,即对因变量越重要的自变量在某一波动下被接受的可能性越大。

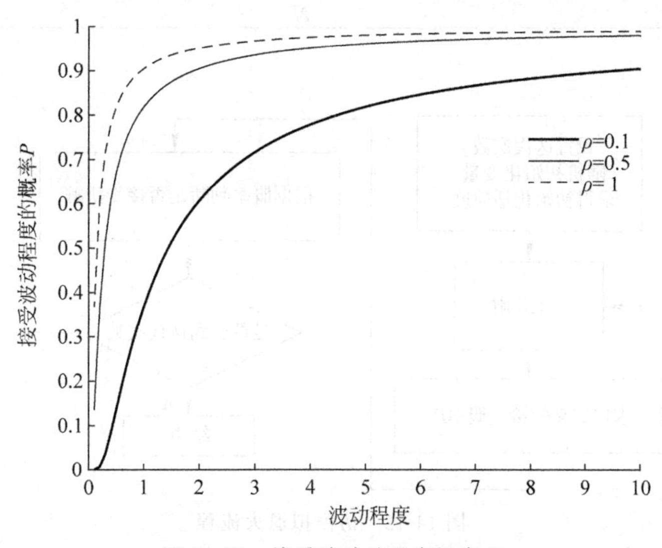

图 14-11　接受波动的程度概率 P

(b) ρ 一定时，波动程度越大，概率越大，即对因变量相同重要的自变量波动程度越大，被接受的可能性越大。

③ 新设计的仿模拟退火算法

我们应用模拟退火的基本原理，设计了一种新的算法，算法步骤如下：

(a) 设置迭代次数，四个自变量随机地在定义域内生成初始值，代入到回归方程中求预测值；

(b) 在四个自变量周围产生四个新解，新解的产生规则参考 MATLAB 内置函数的定义方法。先产生一组随机数(a_1,a_2,a_3,a_4)，其中 a_i 服从正态分布 $N(0,1)$，接下来计算(z_1,z_2,z_3,z_4)，其中 $z_i=a_i/\sqrt{a_1^2+a_2^2+a_3^2+a_4^2}$，那么新解 $x_i^{\text{new}}=x_i+100z_i$；

(c) 计算自变量的波动值 $\Delta x_i=x_i^{\text{new}}-x_i$，进而计算接受概率 P，通过接受概率 P 来判断是否接受新解；

(d) 不断进行步骤(b)和步骤(c)对解进行变换，直至达到迭代次数，如果效果不好，则可以增加迭代次数。

由于该算法包含随机数的生成以及概率问题，所以每次的运算结果可能产生微小偏差，最终经过调试，我们设置迭代次数为 100，并且在每一次的模拟退火外又嵌套了 100 层循环来选择这 100 次模拟退火的最优值，最后我们得到自变量的最佳值是：$x_1=-0.595$，$x_2=19.97$，$x_3=-0.86$，$x_4=129.8$，对应的最优值为 4840.3。

在第二问中，我们分析出由于比例这一因素改变的组太少，无法得到比例对乙醇转化率和 C_4 烯烃选择性的影响。在这一问中，我们依然先通过研究改变比例对 C_4 烯烃收率造成的影响。取 Co 负载量(wt%)都为 1、乙醇装料速度(mL/min)都为 1.68、Co/SiO_2 与 HAP 含量总和都为 100 的三组比例不同的组画出图 14-13。

从图 14-13 中我们暂时可以认为 Co/SiO_2 与 HAP 含量比例为 1∶1 时，更有利于提高 C_4 烯烃收率。

通过加和回到原变量，得到 Co 负载量应为 0.4wt%Co/SiO_2，温度为 429.8℃，Co/

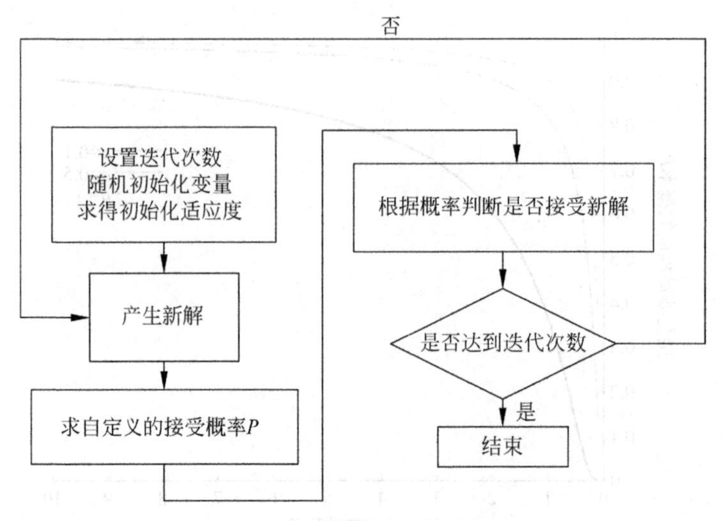

图 14-12　仿模拟退火流程

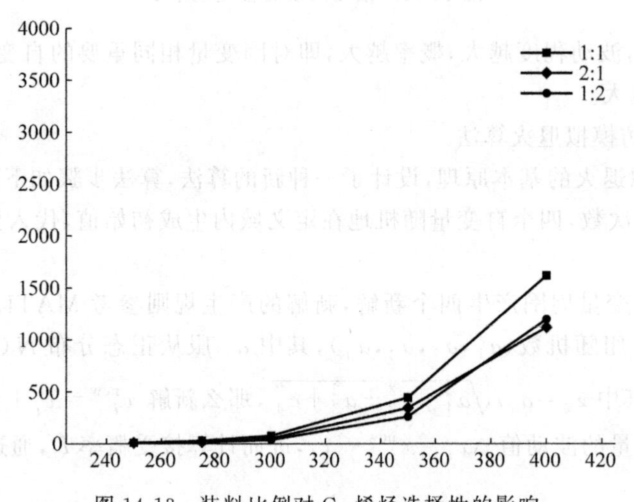

图 14-13　装料比例对 C_4 烯烃选择性的影响

SiO_2 和 HAP 装料比为 250mg∶250mg，乙醇按每分钟 0.82mL 加入。最后得到 C_4 烯烃收率为 4922.9(‰)。

若温度低于 350℃，我们只需更改温度自变量的定义域为[−50,50]，得到的自变量最佳值为：$x_1=-0.513, x_2=19.974, x_3=-1.31, x_4=45.75$。此时最优值是：2692.2。

通过加和回到原变量，得到 Co 负载量应为 0.49wt%Co/SiO_2，温度为 345.75℃，Co/SiO_2 和 HAP 装料比为 250mg∶250mg，乙醇按每分钟 0.37mL 加入. 最后得到 C_4 烯烃收率为 2774.8(‰)。

四、问题 4：需要增加的五次实验

(1) 第一次实验：

由问题 3 可知，我们算出的取得全局最优解的点 S_1 =｛Co 的负载量=0.4，Co/SiO_2 和 HAP 装料比例=1，每比例毫克的量=25mg，装料速度=0.82，温度=429.8℃｝，而我们通过比较发现，这两种组合并没有在实验中证明过，而已经被证明的最优的组合 S_3 =｛Co 的负载量＝1,Co/SiO_2 和 HAP 装料比例＝1,每比例毫克的量＝200,装料速度＝0.9,温度＝450℃},并不与其完全一致。因此,我们的第一次实验选择验证我们通过计算得到的 S_1,S_2 的收率,并与 S_3,S_4 的收率进行比较,对我们的模型进行初步评价。

(2) 后四次实验设计

① 完美主义者的方案(模型检验及灵敏度分析)

第一种情况　当 S_1 的收率＞S_2 的收率时

此时我们可以判定,通过计算得到的 S_1,S_2 是目前为止的通过实验得到的全局最优解。但由于每种变量的步长过长,我们不能确定它是不是理想状态下的全局最优解。我们希望可以通过控制变量同时缩小步长的方法,增加四组实验,以寻找最优解。我们希望通过二分法继续寻求收率最高点的值,即所做的前三次实验设定增加步长的方向为收率增大的方向,具体结果如表 14-8 所示。

表 14-8　实验数据对照(一)

	Co 的负载量	装料速度	温度/℃	比　例	每比例的量
实验一	0.5	0.82	429.8	1	20
实验二	0.4	0.83	429.8	1	20
实验三	0.4	0.82	431	1	20
实验四	0.4	0.82	429.8	1	21

与此同时,由于每一组实验都控制了相关的变量,只有一个变量发生了变化,我们可以通过研究每组实验收率的变化来研究我们所建立模型的灵敏度,即灵敏度分析。通过灵敏度的分析,如果对于自变量的微小改变,因变量发生较大变化,我们的模型就缺少稳定性。如果我们对于自变量的微小改变,因变量并不会受到较大扰动,我们认为模型较为稳定。

第二种情况　当 S_1 的收率＜S_2 的收率时

此时我们可以判定,我们的模型存在一定的偏差。这种偏差的原因可能有:

- 模型本身存在缺点。由于我们仅通过离散的数据点拟合曲线,可能会忽略拐点的部分,造成只求得局部最优解而非全局最优解。
- 样本的数量太少,且样本过于集中。在给出的实验数据中,部分极值点的数据仅有一个或者两个,无法排除偶然性的影响。

我们希望通过设计实验,可以使模型更加完整准确。我们同样地,与情况 1 一致,但无关变量取与 S_2 相同。

表 14-9　实验数据对照(二)

	Co 的负载量	装 料 速 度	温度/℃	比　例	装 配 速 度
实验一	0.4	0.9	450	1	20
实验二	1	0.86	450	1	20
实验三	1	0.9	440	1	20
实验四	1	0.9	450	1	25

② 本质主义者的方案(模型完备性)

由于我们现有的实验数据太少,本文中未探究 Co/SiO_2 和 HAP 装料比例的影响。本质主义者希望探究更深层次的原因,通过控制变量的方法,改变比例的大小,判断其是否对收率有影响。此实验实质上增加了研究的变量,使模型更加完善。此实验具体操作如表 14-10 所示。

表 14-10　实验数据对照(三)

	Co 的负载量	装料速度	温度/℃	比　例	装配速度
实验一	0.4	0.86	450	0.1	25
实验二	0.4	0.86	450	5	25
实验三	0.4	0.86	440	10	25
实验四	0.4	0.86	450	0(不加 SiO_2)	25

14.3.7　模型评价

1. 优点

- 创新度高。问题 3 中求最优组合时,受模拟退火算法的影响,引入对某一波动的接受概率,降低了样本中特殊样本对整体的影响,使结果更加准确可信。
- 模型严谨。问题 1 中进行拟合和回归之后,求出了系数的置信区间,并求出 R^2 进行定量的分析。问题 2 中在多元线性回归模型建立之后,对模型依次进行了回归方程的显著性检验和回归系数的显著性检验。符合统计学原理。模型严谨准确可信。
- 考虑全面。问题 3 中模型不仅充分考虑了主要影响因素的影响因子,同时也关注了频数极小的数据,在建立了多元交叉二项回归方程之后,又考虑了特殊个案对模型精准度的影响。
- 模型与实际紧密结合。对数据进行处理时不仅仅关心数据本身,更关注数据所蕴含的实际意义。问题 1 中不仅通过统计学对数据进行分析,也根据参考资料从实际角度分析数据。

2. 缺点

虽然多元回归通过了统计学中的显著性检验,但 R^2 的值并不大,因此用来进行预测不太合适,只能用来对数据进行解释。造成这种原因可能是因为我们没有深入对数据进行预处理。亦或者本文数据不太适合。

14.3.8　模型推广

1. 在第二问建立回归模型时,没有考虑到温度对于催化剂活性本身的影响,可以通过建立回归系数与温度的函数关系来优化,以适应更复杂的问题。

2. 模型可以推广到一般的一个反应物发生的化学反应及相应的化学领域。

3. 模型同样可以推广到样本量较少的多因素评价领域中。

参考文献

[1]　吕绍沛. 乙醇偶合制备丁醇及 C_4 烯烃[D]. 大连：大连理工大学,2018.

[2]　王庆楠,周百川,贺雷,等.乙醇催化转化制高值含氧化学品[J].大连理工大学学报,2020,60(5):465-476.
[3]　司守奎.数学建模算法与应用[M].北京:国防工业大学出版社,2015.
[4]　姜起源.数学模型[M].北京:高等教育出版社,2018.
[5]　房永飞.概率论与数理统计[M].北京:机械工业出版社,2021.
[6]　李建鹏,陶进转,陈冰.蔗糖酶水解蔗糖的正交试验与SPSS分析[J].化学研究与应用,2019,31(10):1807-1811.
[7]　孙飞龙,孟凡超,郭杰,等.活性炭吸附乙烯的平衡数据测定及其Langmuir模型参数与温度的关系[J].南京工业大学学报(自然科学版),2017,39(2):121-126.

附录:略。

14.4　论文点评

这篇论文采用了多元统计回归方法来获取变量之间的函数关系,在此基础上建立了非线性规划模型,运用智能优化算法求解并做了误差分析和灵敏度分析。在实验设计方面,文中注意到了与预测出的最优结果的结合,另外设计了四次实验。

本文的优点在于第一、二问所用的多元回归方法比较有针对性,而且注意到了误差、显著性检验等,表现出了对这种方法的掌握和应用非常熟练。在回答第三问时,有明显的最优化思想,而且使用了相应的模拟退火算法进行求解。

本文存在一些不足之处。首先是开头在数据的处理上,没有考虑到不同变量存在量级上的差异,需要对此做有针对性的处理;第一问要求分析乙醇转化率、C_4烯烃的选择性与温度的关系,文中对时间比较长之后的稳定趋势分析不够明确;第三问欠缺明确的非线性规划模型,而且计算结果有一定偏差;在第四问实验设计问题上,没有表现出明显的正交实验设计思想。

从论文的写作上来说,本文的摘要写得详略得当,整篇论文非常流畅,图表的形式规范,并且注意到了参考文献的规范引用。

14.5　获奖论文——基于BP-GA算法的乙醇偶合反应优化模型

作　　者:罗奥成　孔佑浩　徐知越
指导教师:熊春光
获奖情况:2021年全国大学生数学建模竞赛二等奖

摘要

C_4烯烃是重要的化工原料,被广泛地应用于化工产品及医药的生产。传统生产方法多采用化石能源为原料,而乙醇分子可以通过生物质发酵制备,来源广泛、绿色清洁,相比之下具有更为广阔的发展空间。本文基于某化工实验室针对不同催化剂在不同温度下做的一系列乙醇偶合制备C_4烯烃实验所得数据,对不同催化剂组合及温度对实验结果的影响做出了定量分析。

对问题1,首先借助SPSS的回归分析功能对每种催化剂组合,分别拟合出乙醇转化率、

C_4烯烃的选择性与温度的关系，得到当温度在一定温度区间范围内时，乙醇转化率和C_4烯烃选择性都呈现出随温度升高而上升的趋势，但随着温度升高，乙醇转化率、C_4烯烃选择性及各组实验之间上升速率的变化趋势呈现出差异性。

对问题2，结合线性、非线性多元回归分析以及控制变量的思想得到混合模型，求解出乙醇转化率、C_4烯烃选择性与各影响因素的关系函数。对于乙醇转化率，温度、催化剂总重对其产生线性正向影响；乙醇浓度对其产生线性负向影响；随着装料比增大，乙醇转化率降低；随着Co负载量增大，乙醇转化率先增后减。其次关于C_4烯烃选择性，温度、催化剂总重对其产生线性正向影响；Co负载量对其产生线性负向影响；随着装料比增大，C_4烯烃选择性先增后减；随着乙醇浓度增大，C_4烯烃选择性产生波动。

对问题3，利用BP-GA神经网络建立预测模型，结合遗传算法强化模型搜索全局最优解，求解出不同约束条件下较为准确的各影响因素变量值，使得C_4烯烃收率达到最大。当温度不受限制时，温度设置在395℃左右、催化剂总重设置在390mg左右、装料比设置在1.5∶1左右、Co负载量设置在2wt%左右、乙醇浓度在0.5mL/min左右，会得到尽可能高的C_4烯烃收率；当温度约束在350℃以下时，温度设置在320℃左右、催化剂总重设置在375mg左右、装料比设置在2.7∶1左右、Co负载量设置在2wt%左右、乙醇浓度在0.5mL/min左右，都会得到尽可能高的C_4烯烃收率。

对问题4，首先根据前三问的求解过程，反思已有数据存在的缺陷，设计补充实验；其次，根据问题3的寻优结果，可以设计两组实验对其进行模型评估和校正；最后从中筛选出对于实验目的最有意义的5组作为添加实验。

关键词：极值寻优，非线性回归分析，BP神经网络模型，遗传算法。

14.5.1 问题重述

1. 问题背景

C_4烯烃是重要的化工原料，被广泛地应用于化工产品及医药的生产。传统生产方法多采用化石能源为原料，而乙醇分子可以通过生物质发酵制备，来源广泛、绿色清洁，相比之下具有更为广阔的发展空间。

在制备过程中，不同催化剂的组合、温度、装料方式都会对C_4烯烃的选择性和C_4烯烃收率产生影响。因此，为提高乙醇偶合制备C_4烯烃的生产效率，需要通过实验深入研究各因子对乙醇转化率、C_4烯烃的选择性的影响规律。[1]

2. 需要解决的问题

问题1 (1)对实验中每种催化剂组合，分别研究乙醇转化率、C_4烯烃的选择性与温度的关系；(2)对350℃时给定的催化剂组合在一次实验不同时间的测试结果进行分析。

问题2 探讨不同催化剂组合及温度对乙醇转化率以及C_4烯烃选择性大小的影响。

问题3 (1)如何选择催化剂组合与温度，使得在相同实验条件下C_4烯烃收率尽可能高；(2)若使温度低于350℃，又如何选择催化剂组合与温度，使得C_4烯烃收率尽可能高。

问题4 如果允许再增加5次实验，应如何设计，并给出详细理由。

14.5.2 问题分析

1. 问题1的分析

问题1首先要求我们对附件1中每种催化剂组合，分别研究乙醇转化率、C_4烯烃的选择性与温度的关系。为此需要有以下几个分析步骤：

(1) 对于每种催化剂组合，对不同温度对应的乙醇转化率、C_4 烯烃的选择性进行描述性统计。

(2) 通过曲线拟合获得乙醇转化率、C_4 烯烃的选择性与温度的关系，并对回归结果进行误差分析。

(3) 选举典型分析乙醇转化率、C_4 烯烃的选择性与温度的关系规律。

其次，题目要求我们对 350℃时给定的催化剂组合在一次实验不同时间的测试结果进行分析，分析步骤如下：

(1) 对于 350℃时给定催化剂组合的实验结果进行描述性统计。

(2) 通过曲线拟合获得各产物选择性关于时间的变化图像，并对结果进行误差分析。

(3) 分析各产物选择性随时间的变化规律。

2. 问题 2 的分析

问题 2 要求我们探讨不同催化剂组合及温度对乙醇转化率以及 C_4 烯烃选择性大小的影响。为此需要有以下几个分析步骤：

(1) 确定问题所讨论的影响因子，即催化剂组合中的各控制量、温度。

(2) 首先对变量进行多元线性回归，并根据回归结果进一步选用其他方法优化模型。

(3) 分析乙醇转化率以及 C_4 烯烃选择性与各催化剂组分的变化规律。

3. 问题 3 的分析

问题 3 要求我们在一定条件的限制下找到能够使得 C_4 烯烃选择性最大的催化剂组合及温度。

(1) 根据第二问所得结果，确定能否使用传统方法直接进行优化；若不能，则考虑建立 BP-GA 模型找到最佳实验条件。

(2) 利用遗传算法具有的全局非线性寻优能力，结合构建的 BP 神经网络模型，准确找出 C_4 烯烃收率的极值点，同时代回预测模型加以验证。

4. 问题 4 的分析

问题 4 要求我们再增加 5 次实验，设计并给出详细理由。为此需要有以下几个分析步骤：

(1) 根据之前的问题求解过程，反思已有数据存在的缺陷，设计实验补充证明。

(2) 根据问题 3 的寻优结果，设计实验对其进行模型评估和校正。

14.5.3 模型假设与约定

(1) 除催化剂组合、温度外，各组实验的其他实验条件均相同。

(2) 各组实验时间相同且反应充分。

(3) 实验数据具有代表性。

(4) 在对 C_4 烯烃收率做极值寻优时，所有自变量都约束在已有实验数据的上下限之间，如温度只能在 250～450℃。

14.5.4 符号说明与名词定义

锚链型号和参数表

符 号	定 义	符 号	定 义
y_1	乙醇转化率(%)	x_2	催化剂总重(mg)
y_2	C_4 烯烃选择性(%)	x_3	Co/SiO$_2$ 和 HAP 装料比
y_3	C_4 烯烃收率	x_4	Co 负载量(wt%)
x_1	温度(℃)	x_5	乙醇浓度(mL/min)

14.5.5 模型建立与求解

1. 问题 1 的模型建立与求解

问题 1 首先要求我们对实验中每种催化剂组合,分别研究乙醇转化率、C_4 烯烃的选择性与温度的关系。

建立两个变量间的相关关系模型,我们选择将已知每组数据视为平面上的 n 个点,进行曲线拟合,拟合的原理是基于最小二乘法,其基本原理如下[4]:

设有 n 对实验数据 $(x_i,y_i)(i=1,2,\cdots,n)$ 需要寻找一个近似函数 $y=f(x)$ 来表达,对此函数,一般可用 m 次多项式来逼近,即

$$y=a_0+a_1x+a_2x^2+\cdots+a_mx^m=\sum_{i=0}^{m}a_ix^i,\quad m<n$$

函数每次测定得到的误差方程为

$$y_i-(a_0+a_1x_i+a_2x_i^2+\cdots+a_mx_i^m)=v_i,\quad i=1,2,\cdots,n$$

为了得到尽量小的误差,我们要确定 $a_0,a_1,\cdots,a_m$,使得

$$S=\sum_{i=1}^{m}v_i^2=v_1^2+v_2^2+\cdots+v_m^2$$

最小。

可以视 S 为关于 $a_0,a_1,\cdots,a_m$ 的函数,表达为 $S=(a_0,a_1,\cdots,a_m)$。

要使 S 取得最小值,由多项式最值的必要性可知,a_i 需满足:

$$\frac{\partial S}{\partial a_j}=2\sum_{i=1}^{n}\left(\sum_{k=0}^{m}a_ix_i^k-y_i\right)x_i^j=0,\quad j=1,2,\cdots,m$$

设 $S_{j+k}=\sum\limits_{i=1}^{n}x_i^{k+j}$,$v_j=\sum\limits_{i=0}^{n}y_ix_i^j$,$j=1,2,\cdots,m$,则当 $a_0,a_1,\cdots,a_m$ 恰为正规方程组

$$\sum_{k=0}^{m}S_{j+k}a_j=v_j,\quad j=1,2,\cdots,n$$

的解时,m 次多项式 y 可视为这 n 个数据点的最小二乘拟合多项式。

同理,可以使用指数函数、对数函数、S 曲线等其他常见函数模型对已知点进行非线性曲线拟合。

本题中,通过描述性统计,我们发现乙醇转化率、C_4 烯烃的选择性与温度的关系没有直观地呈现为某个函数模型,因此我们先利用 SPSS 对每个催化剂组合的已知数据点进行拟

合，尝试多种函数模型，并根据拟合曲线、计算所得的相关系数、显著性进行比较，选择综合表现最优的函数模型进行拟合，得到 21 种催化剂组合的乙醇转化率、C_4 烯烃的选择性与温度的最佳逼近函数关系[2][3]，如表 14-11 及表 14-12 所示。

表 14-11　乙醇转化率与温度的拟合结果

催化剂组合	最佳逼近函数 y_1	R^2	回归方程 P 值	回归系数 P 值
A1	$y_1=0.333x_1-84.083$	0.910	0.008	0.008 0.013
A2	$y_1=0.663x_1-161.891$	0.987	0.000	0.000 0.001
A3	$y_1=0.420x_1-95.883$	0.957	0.000	0.000 0.001
A4	$y_1=0.582x_1-144.571$	0.994	0.000	0.000 0.000
A5	$y_1=0.003x_1^2-1.669x_1+231.943$	0.990	0.000	0.008 0.004 0.012
A6	$y_1=0.502x_1-119.833$	0.957	0.003	0.003 0.006
A7	$y_1=0.378x_1-74.260$	0.998	0.000	0.000 0.000
A8	$y_1=0.002x_1^2-0.801x_1+96.863$	0.998	0.001	0.021 0.011 0.036
A9	$y_1=0.012e^{0.020x_1}$	0.995	0.000	0.000 0.021
A10	$y_1=e^{(10.688-2970.115/x_1)}$	0.990	0.000	0.000 0.000
A11	$y_1=e^{(11.771-3364.546/x_1)}$	0.991	0.000	0.000 0.000
A12	$y_1=e^{(9.498-2275.938/x_1)}$	1.000	0.000	0.000 0.000
A13	$y_1=0.004e^{0.023x_1}$	0.998	0.000	0.000 0.011
A14	$y_1=e^{(9.006-2018.871/x_1)}$	0.999	0.000	0.000 0.000
B1	$y_1=e^{(9.466-2273.367/x_1)}$	1.000	0.000	0.000 0.000
B2	$y_1=0.026e^{0.019x_1}$	0.996	0.000	0.000 0.012
B3	$y_1=2.498\times10^{-6}x_1^3-0.001x_1^2+26.440$	0.993	0.000	0.004 0.002 0.009
B4	$y_1=4.027\times10^{-22}x_1^{8.811}$	0.995	0.000	0.000

续表

催化剂组合	最佳逼近函数 y_1	R^2	回归方程P值	回归系数P值
B5	$y_1=0.014e^{0.020x_1}$	0.999	0.000	0.000 0.001
B6	$y_1=e^{(8.985-1965.111/x_1)}$	0.979	0.000	0.000 0.000
B7	$y_1=0.050e^{0.018x_1}$	0.997	0.000	0.000 0.003

表 14-12 C_4 烯烃选择性与温度的拟合结果

催化剂组合	最佳逼近函数 y_2	R^2	回归方程P值	回归系数P值
A1	$y_2=e^{(4.898-338.868/x_1)}$	0.798	0.026	0.026 0.000
A2	$y_2=0.003x_1^2-1.646x_1+234.745$	0.961	0.020	0.078 0.062 0.084
A3	$y_2=-494.796+90.257\ln x_1$	0.924	0.000	0.000 0.000
A4	$y_2=0.227-52.411x_1$	0.897	0.003	0.003 0.009
A5	$y_2=e^{(8.276-1833.200/x_1)}$	0.953	0.001	0.001 0.000
A6	$y_2=6.051\times10^{-11}x_1^{4.487}$	0.867	0.014	0.014
A7	$y_2=0.001x_1^2-0.565x_1+74.781$	0.999	0.000	0.005 0.003 0.007
A8	$y_2=e^{(7.101-1349.379/x_1)}$	0.998	0.000	0.000 0.000
A9	$y_2=0.254x_1-59.095$	0.993	0.000	0.000 0.000
A10	$y_2=1.323\times10^{-6}x_1^3-0.001x_1^2+17.797$	0.973	0.013	0.042 0.033 0.052
A11	$y_2=0.227x_1-52.411$	0.897	0.003	0.003 0.009
A12	$y_2=0.001x_1^2-0.383x_1+45.325$	0.999	0.001	0.026 0.011 0.045
A13	$y_2=-284.248+52.216\ln x_1$	0.973	0.001	0.001 0.001
A14	$y_2=0.001x_1^2-0.494x_1+64.863$	0.999	0.001	0.005 0.003 0.008

续表

催化剂组合	最佳逼近函数 y_2	R^2	回归方程 P 值	回归系数 P 值
B1	$y_2=0.001x_1^2-0.365x_1+39.068$	0.994	0.003	0.125
				0.051
				0.228
B2	$y_2=e^{(7.964-1715.872/x_1)}$	0.992	0.000	0.000
				0.000
B3	$y_2=e^{(6.219-1279.868/x_1)}$	0.959	0.000	0.000
				0.000
B4	$y_2=0.001x_1^2-0.549x_1+81.074$	0.956	0.004	0.034
				0.021
				0.041
B5	$y_2=0.001x_1^2-0.276x_1+32.402$	0.997	0.000	0.012
				0.003
				0.027
B6	$y_2=0.190x_1-45.757$	0.956	0.000	0.000
				0.001
B7	$y_2=e^{(7.582-1539.007/x_1)}$	0.988	0.000	0.000
				0.000

需要说明的是，对于 A2 组实验，C_4 烯烃选择性与温度的关系曲线拟合在多种函数模型下 P 值均大于 0.05，无法通过显著性检验。除此以外，其他线性或非线性拟合均能够满足 $R^2>0.7$，$P<0.05$ 的优良拟合效果。

乙醇转化率拟合得到六组线性函数曲线、六组 S 型函数曲线、五组指数函数曲线、两组二次函数曲线、一组三次函数曲线、一组幂函数曲线；C_4 烯烃选择性拟合得到七组二次函数曲线、六组 S 型函数曲线、四组线性函数曲线、两组对数函数曲线、一组三次函数曲线、一组幂函数曲线。

我们针对乙醇转化率和 C_4 烯烃选择性与温度的关系，分别选取几种典型函数模型的拟合曲线进行分析：

首先，分析乙醇转化率关于温度的图像，以四类典型函数模型为例：图 14-14，在 A4 组实验中，催化剂组合为 200mg 0.5wt%Co/SiO_2-200mg HAP-乙醇浓度 1.68mL/min 的状态下，乙醇转化率随温度升高呈线性缓慢上升；图 14-15，在 A5 组实验中，催化剂组合为 200mg 2wt%Co/SiO_2-200mg HAP-乙醇浓度 0.3mL/min 的状态下，乙醇转化率随温度升高呈二次曲线上升，且结合图像发现，乙醇转化率在温度高于 300℃时随温度升高增长速率明显加快；图 14-16，在 A12 组实验中，催化剂组合为 50mg 1wt%Co/SiO_2-50mg HAP-乙醇浓度 1.68mL/min 的状态下，乙醇转化率随温度升高呈先快后慢增长趋势，乙醇转化率随温度升高增长速率缓慢加快；图 14-17，在 B5 组实验中，催化剂组合为 50mg 1wt%Co/SiO_2-50mg HAP-乙醇浓度 2.1mL/min 的状态下，乙醇转化率随温度升高呈指数上升，温度低于 350℃时，乙醇转化率随温度升高增长速率缓慢加快，且速率增长逐渐加快。

其次，分析 C_4 烯烃选择性关于温度的图像：图 14-18，在 A9 组实验中，催化剂组合为 50mg 1wt%Co/SiO_2-50mg HAP-乙醇浓度 2.1mL/min 的状态下，C_4 烯烃选择性随温度升高呈线性缓慢上升；图 14-19，在 A7 组实验中，催化剂组合为 50mg 1wt%Co/SiO_2-50mg HAP-乙醇浓度 0.3mL/min 的状态下，C_4 烯烃选择性随温度升高呈二次曲线上升，且结合图像发现，C_4 烯烃选择性在温度高于 350℃时随温度升高增长速率明显加快；图 14-20，在 A8 组实验中，催化剂组合为 50mg 1wt%Co/SiO_2-50mg HAP-乙醇浓度 0.9mL/min 的状态下，C_4 烯烃选择性随温度升高呈先快后慢增长趋势，C_4 烯烃选择性随温度升高增长速率先缓慢加快，但加快并不明显；图 14-21，在 A13 组实验中，催化剂组合为 67mg 1wt%Co/SiO_2-33mg HAP-乙醇浓度 1.68mL/min 的状态下，C_4 烯烃选择性随温度升高呈对数上升，温度在 300～350℃有一临界值，低于该温度时，C_4 烯烃选择性随温度升高速率缓慢上升，高于该温度时，升高速率缓慢下降。

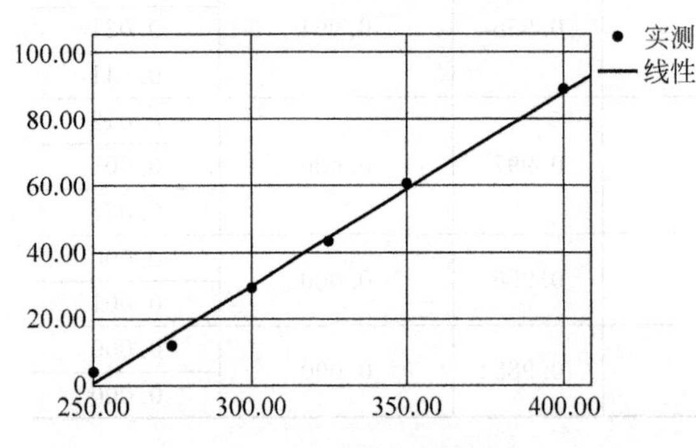

图 14-14　A4 乙醇转化率(线性)

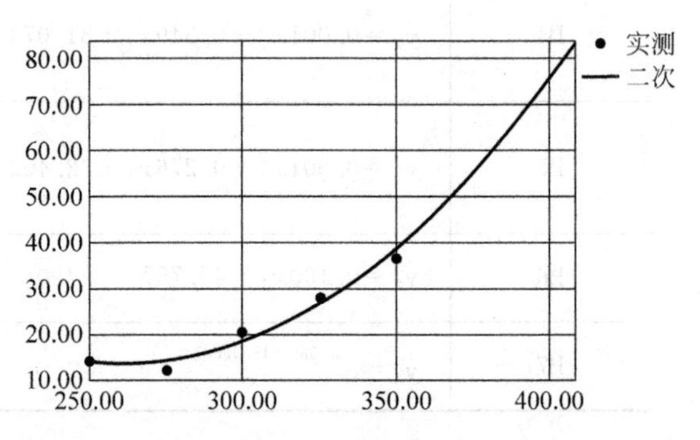

图 14-15　A5 乙醇转化率(二次)

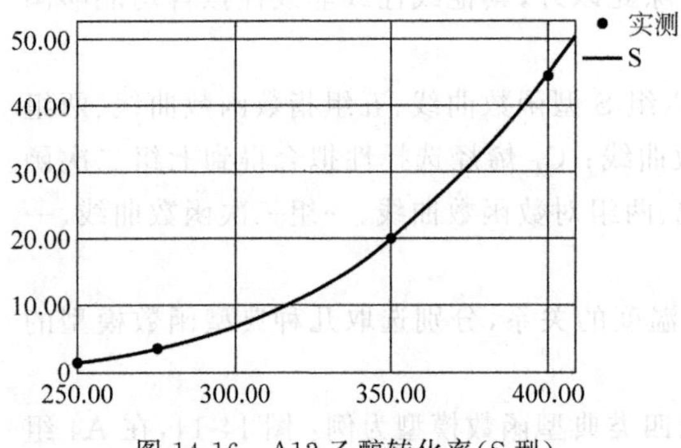

图 14-16　A12 乙醇转化率(S 型)

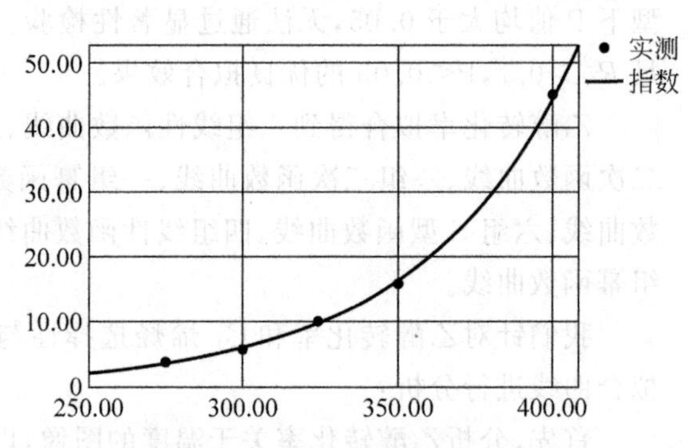

图 14-17　B5 乙醇转化率(指数)

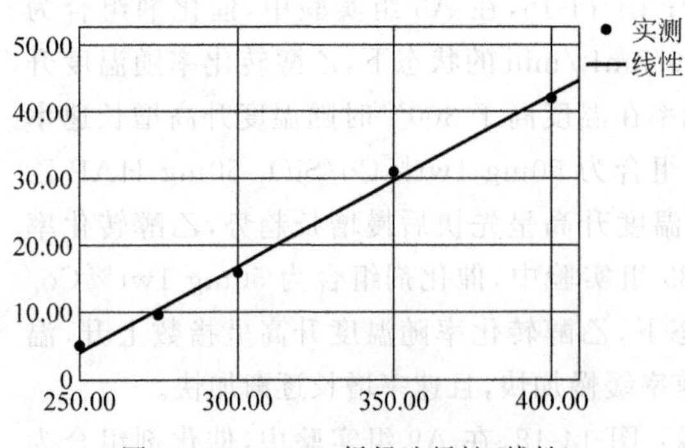

图 14-18　A9 C_4 烯烃选择性(线性)

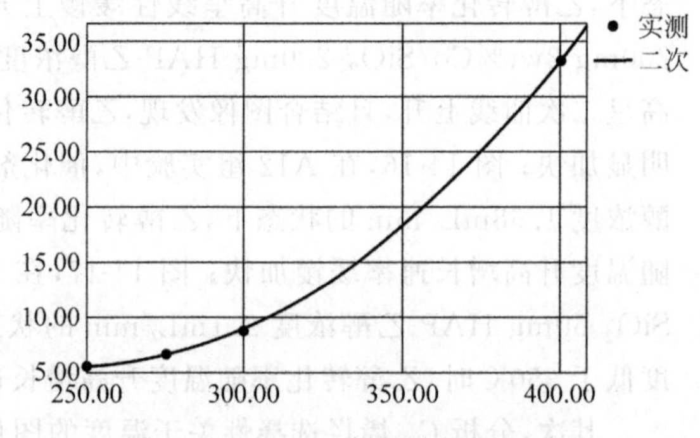

图 14-19　A7 C_4 烯烃选择性(二次)

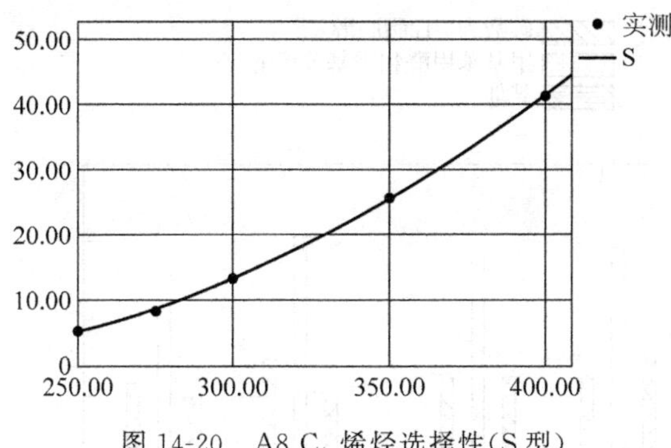

图 14-20　A8 C_4 烯烃选择性(S型)

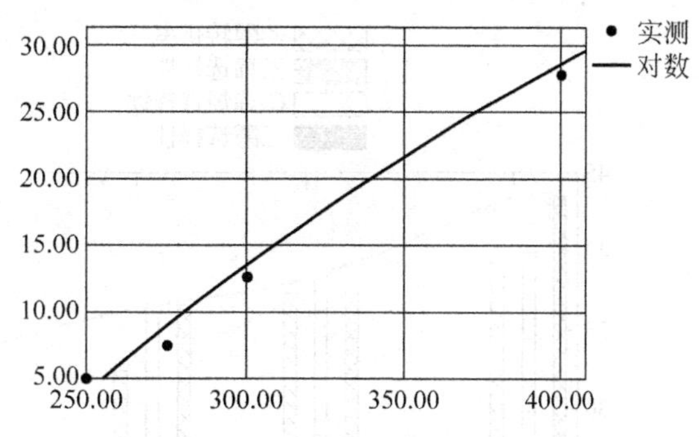

图 14-21　A13 C_4 烯烃选择性(对数)

最后,结合拟合所得函数和图像进行整体分析发现,对于任何一种催化剂组合,当温度在 250～400℃内时,乙醇转化率和 C_4 烯烃选择性都呈随温度升高而上升的趋势,但随着温度升高,上升速率的变化趋势各有差异,其中部分具有特殊性,如乙醇转化率关于温度的拟合中,线性模型集中于催化剂总质量为 400mg 的实验,我们猜测:当催化剂总质量满足高于某特定值时,乙醇转化率随温度增长趋势将较为稳定且转化率能够维持在整体较高的水平。又如,乙醇转化率得到五组指数函数模型拟合曲线,而 C_4 烯烃选择性得到两组对数函数模型曲线,联系唯一一组 450℃条件下所获得的实验数据,我们猜测随着温度继续升高到 400℃以上,乙醇转化率会继续增长,且增长速率仍会加快;而 C_4 烯烃选择性可能增长速度逐渐减缓甚至出现负增长。

在问题 1 的第一部分中,我们在 SPSS 中对乙醇转化率、C_4 烯烃的选择性与温度的关系进行了线性或者非线性的曲线拟合,且都得到了较为满意的结果,因此在第二小问中,我们首先尝试对指定实验不同时间的测试结果进行线性或非线性拟合,但在这样的处理后,我们发现,在常见的曲线模型下,皆无法得到合理($R^2>0.7, P<0.05$)的结果,考虑到样本数据量过少,仅依于此无法进行直接拟合的情况下,我们利用 MATLAB 中自带的 spcrv()函数对数据进行了样条插值处理,并将结果绘制成图 14-22,其中直方图表示的是实际的样本数据,曲线图表示的是基于这些样本数据样条插值的变化曲线。[4]

在 350℃给定某种催化剂组合的实验条件下,研究者分别在 20min、70min、110min、163min、197min、240min、273min 七个时间点采样,随着时间的推移

① 乙醇转化率逐渐降低且速率趋于平缓,从插值曲线来看,乙醇转化率最终降至 29.9%而不再变化,从一点可以预估,在该种实验条件下乙醇转化率的稳定值为 29.9%,同时前期乙醇转化率较高的原因可能是因为产物较少,平衡尚未建立,乙醇的转化不受相关约束。

② 乙烯选择性一直停留在 4.5%处左右,且变化细微,这说明在该种实验条件下,反应时间对乙烯选择性无明显的影响。

③ C_4 烯烃选择性一直处于波动状态,但随着反应时间增加,其波动的幅度变小,这一现象可能说明 C_4 烯烃选择性受包括反应时间在内的多重因素影响,如产物含量、原料含量等,在多重因素的共同作用下,C_4 烯烃的选择性不断起伏变化,但随着各个因素皆趋于稳定,C_4 烯烃选择性的波动也渐渐减弱。

④ 乙醛选择性一直处于上升状态且上升速率逐渐变慢,这说明在该种实验条件下,反应时间的增加能够促进乙醛的生成,截至 270min,乙醛选择性仍有上升的趋势,由于样本数

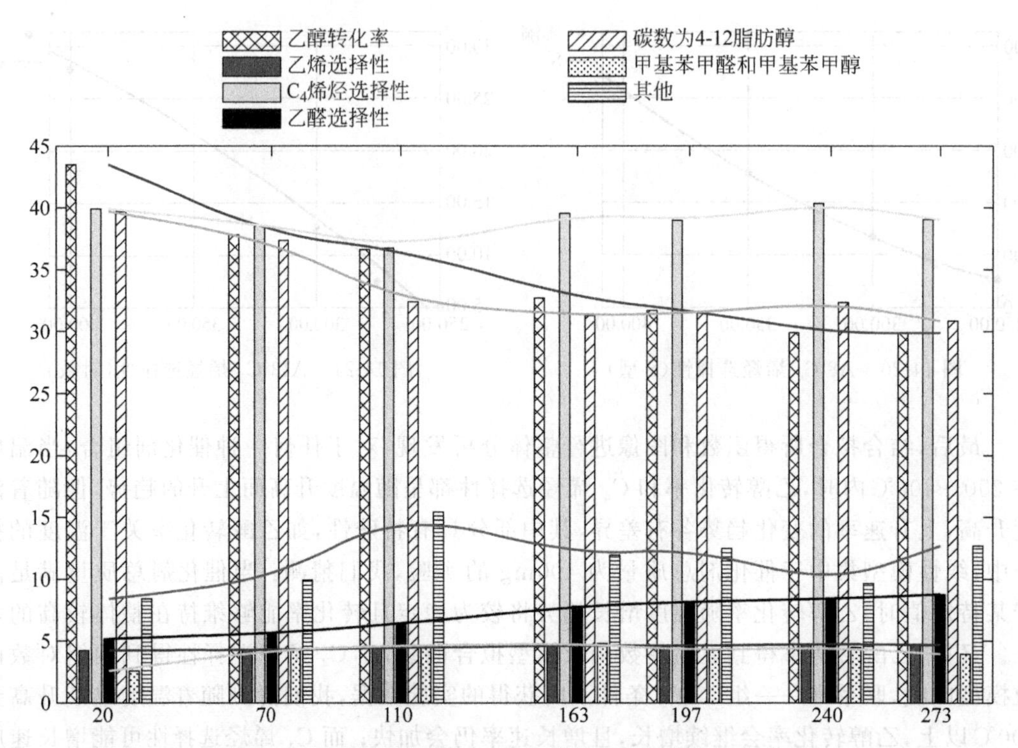

图 14-22　某催化剂组合 350℃各产物选择性样条插值曲线

据量的限制，对于其之后是趋于饱和还是继续上升我们也无法得知。

⑤ 碳数为 4-12 脂肪醇的选择性在约 180min 前都呈一个下降的趋势，但在此之后出现了一个略微的波动，通过与其他样本的比对我们可以猜测，由于碳数为 4-12 脂肪醇的选择性较高，其期的下降可能是由于其原料乙醇的转化率的降低所导致的，而后期乙醇转化率趋于平稳，其选择性却出现波动可能是因为其他产物选择性的波动以及反应时间的加长。

⑥ 甲基苯甲醛和甲基苯甲醇的选择性在反应前期迅速上升至一个饱和值，可以预估该数值即为其选择性的稳定值，在反应后期随着原料与其他产物的波动，甲基苯甲醛和甲基苯甲醇的选择性也出现了一定的下降趋势。

⑦ 其他产物的选择性一直有着明显但不规律的波动，前期出现一个明显峰值的原因可能是该实验的两种主要产物的选择性都在降低导致的，后期出现一个明显谷值的原因可能是该实验的两种主要产物的选择性都在上升导致的，同时这之间的波动也与反应时间等其他因素相关。

2. 问题 2 的模型建立与求解

(1) 数据描述性统计与预处理

题目要求我们探讨不同催化剂组合及温度对乙醇转化率以及 C_4 烯烃选择性大小的影响。针对催化剂组合，可拆解为四个因素进行分析：Co 负载量、Co/SiO_2 和 HAP 装料比、催化剂总量以及乙醇浓度。[4]

① 观察附件一数据表格，其中 A11 组实验的催化剂中出现石英砂，因此我们首先对 A11 组实验数据进行观察处理。

比较A12组与A11组实验，各因素对比后两者区别只在于A11组加入90g石英砂，无HAP，而A12组加入50gHAP。实验结果表明，加入HAP组在各温度下，乙醇转化率与C_4烯烃选择性均高于加入石英砂组，经查阅资料发现，HAP的加入调节了催化剂表面的酸碱活性位，使催化反应速率更快。由于催化剂中出现石英砂的组别只有一种，且石英砂对于乙醇转化及C_4烯烃生成有负向作用，故在此后的分析中剔除该数据，并忽略石英砂对实验效果的影响(见图14-23及图14-24)。

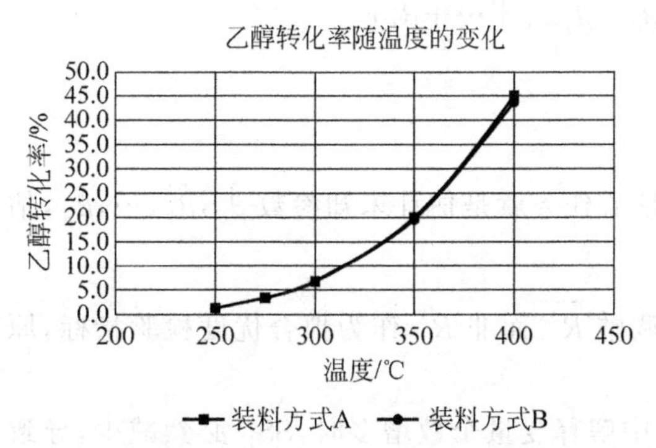

图14-23　A11、A12乙醇转化率对比

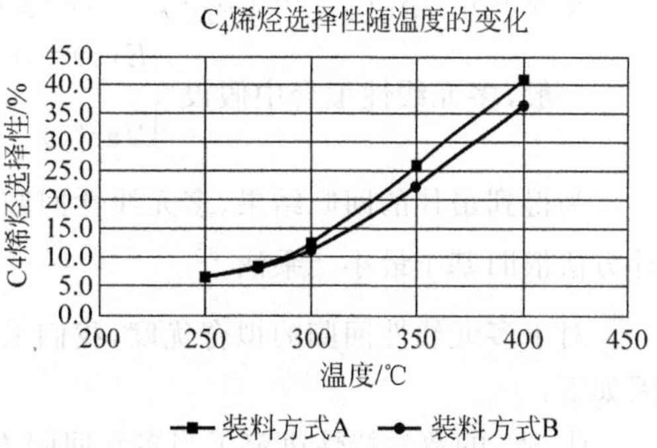

图14-24　A11、A12 C_4烯烃选择性对比

② 对于A、B装料方式，通过阅读相关文献我们发现：A是Co/SiO_2与HAP各自压片成型后机械混合装管测试，B是将Co/SiO_2与HAP按相同的比例(1∶1)研磨混合后成型装管测试。[1]对比两种催化剂性能的差异，考察混料方式对催化剂的影响。

从附件一中筛选出A12、B1组分析，可以看出所有影响因子中只有装料方式不同，实验结果如图14-25及图14-26所示，两种方式处理后的催化剂具有相似的乙醇转化率与C_4烯烃选择性，由此说明装料方式对催化剂的性能影响可忽略。

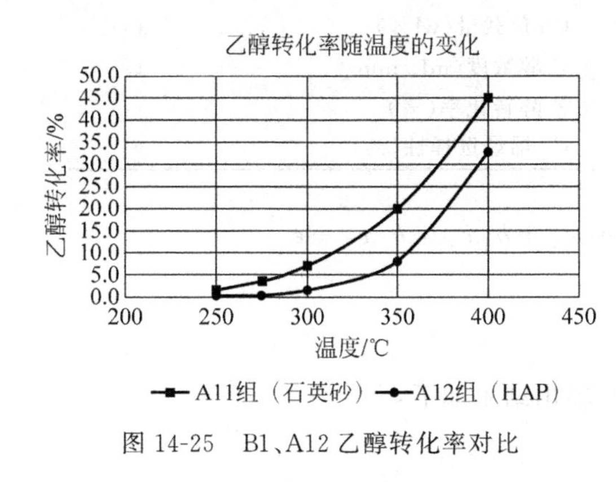

图14-25　B1、A12乙醇转化率对比

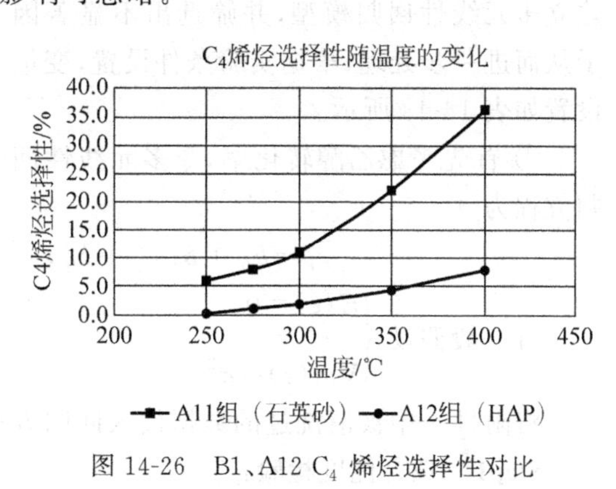

图14-26　B1、A12 C_4烯烃选择性对比

③ 变量说明：经上述筛选后，研究对象可细分为温度、Co负载量、Co/SiO_2和HAP装料比、催化剂总量以及乙醇浓度五个因素，以下对变量值进行解释说明：

温度、Co负载量、乙醇浓度沿用原始数据中使用的值，单位分别为℃、wt%、mL/min。而对于Co/SiO_2和HAP装料比、催化剂总量，是通过原始数据催化剂组合中归纳而来。例如，对于"200mg 1wt%Co/SiO_2-200mg HAP-乙醇浓度1.68mL/min"，Co/SiO_2和HAP

装料比为 1：1，催化剂总量为 400mg。这样做的目的是为了减小变量间的多重共线性，使拟合效果更好。

(2) 逐步多元线性回归模型

经第一步预处理后，我们对温度、Co 负载量、Co/SiO_2 和 HAP 装料比、催化剂总量以及乙醇浓度五个因素与乙醇转化率、C_4 烯烃选择性两个因变量之间建立逐步多元线性回归模型，其原理类似问题 1 中的曲线拟合，大致流程如下：

令 $y=\beta_0+\beta_1 x_1+\cdots+\beta_p x_p+\varepsilon, E(y)=\beta_0+\beta_1 x_1+\cdots+\beta_p x_p$

一般，多元线性拟合中假设 $\begin{cases} E(\varepsilon)=0 \\ \mathrm{Var}(\varepsilon)=\sigma^2 \end{cases}$

为得到最佳的回归结果，多元线性回归的核心任务就是估计未知参数 $\hat{\beta}_0, \hat{\beta}_1, \cdots, \hat{\beta}_p$，估计方法依旧基于最小二乘法[2]。

对于多元线性回归的拟合优度，我们采用调整 $\overline{R^2}$ 而非 R^2 作为拟合优度检验指标，原因如下：

① R^2 的数学特性决定了当多元回归方程中解释变量个数增多时，SS_E 必然减少，导致 R^2 增大。

② 回归方程中引入了对被解释变量有重要贡献的解释变量，从而使 R^2 增大。

由于线性回归的根本目的是找到对 y 有贡献的 x，片面追求高 R^2 值背离该目的，故在此选用调整 $\overline{R^2}$ 检验。

除此以外，我们还将根据 P 值对回归方程和回归系数分别进行检验。

我们依旧利用 SPSS 的回归拟合功能，建立多元线性回归模型，并筛选出不显著因子从而进一步处理，根据实验条件设置，变量设置如表 14-13 所示。

表 14-13 多元线性回归模型变量对照表

变量	符号
温度(℃)	x_1
催化剂总重(mg)	x_2
Co/SiO_2 和 HAP 装料比	x_3
Co 负载量(wt%)	x_4
乙醇浓度(mL/min)	x_5
乙醇转化率(%)	y_1
C_4 烯烃选择性(%)	y_2

① 首先考虑乙醇转化率，令多元线性回归方程为

$$y_1=b_0+b_1 x_1+b_2 x_2+b_3 x_3+b_4 x_4+b_5 x_5+\varepsilon$$

有一般假设 $\begin{cases} E(\varepsilon)=0 \\ \mathrm{Var}(\varepsilon)=\sigma^2 \end{cases}$

将附件一中被清洗过的数据代入回归方程，输出结果如下：

Step1 拟合优度检验：

调整 $\overline{R^2}=1-\dfrac{SS_E/n-6}{SS_T/n-1}=0.788$，拟合效果较好。

式中 $SS_T=SS_R+SS_E$，SS_T 为总平方和，SS_R 为回归平方和，SS_E 为残差平方和。

Step2 回归方程的显著性检验：

$F=\dfrac{SS_R/5}{SS_E/n-6}=135.099$，显著性 $P<0.001$，故通过显著性检验。

Step3　回归系数的显著性检验：

由表14-14数据可知，回归系数b_3，b_4未通过显著性检验，表明装料比和Co负载量与乙醇转化率之间不存在明显线性关系，因此接下来将用控制变量法详细分析并修正二者与乙醇转化率之间的函数模型。

表14-14　乙醇转化率回归系数显著性检验

回归系数	回归系数值	t	显著性
b_0	−82.55	−11.182	<0.001
b_1	0.339	17.389	<0.001
b_2	0.054	7.210	<0.001
b_3	−0.4	−0.892	0.375
b_4	0.007	0.153	0.879
b_5	−8.675	−4.294	<0.001

在得到回归系数估计值后，我们根据回归系数对因素影响进行分析：

$b_1=0.339$，温度对乙醇转化率产生线性正向影响，即随着温度升高，乙醇转化率线性增大。

$b_2=0.054$，催化剂总重对乙醇转化率产生线性正向影响，随催化剂总量升高，乙醇转化率线性增大。

$b_5=-8.675$，乙醇浓度对乙醇转化率产生线性负向影响，随乙醇浓度升高，乙醇转化率线性减小。

Step4　残差分析

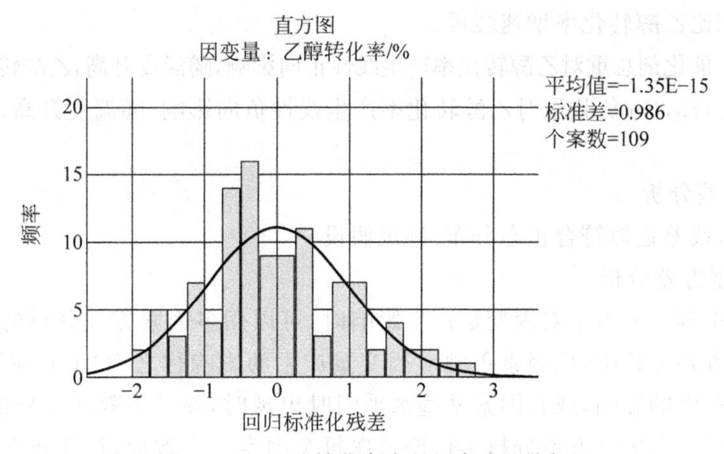

图14-27　乙醇转化率多元拟合残差分析

结合图像，残差近似符合正态分布，满足假设。

② 其次考虑C_4烯烃选择性，令多元线性回归方程为

$$y_2=b_0+b_1x_1+b_2x_2+b_3x_3+b_4x_4+b_5x_5+\varepsilon$$

有一般假设 $\begin{cases}E(\varepsilon)=0\\ \mathrm{Var}(\varepsilon)=\sigma^2\end{cases}$

代入经预处理的数据，得到输出结果如下：

Step1 拟合优度检验：

调整 $\overline{R^2}=1-\dfrac{SS_E/n-6}{SS_T/n-1}=0.708$，拟合效果较好。

Step2 回归方程的显著性检验：

$F=\dfrac{SS_R/5}{SS_E/n-6}=88.411$，显著性 P<0.001，故通过显著性检验。

Step3 回归系数的显著性检验：

由表 14-15 数据可知，回归系数 b_3，b_5 未通过显著性检验，表明装料比和乙醇浓度与 C_4 烯烃选择性之间不存在明显线性关系，因此接下来将用控制变量法详细分析并修正二者与 C_4 烯烃选择性之间的函数模型。

表 14-15 C_4 烯烃选择性回归系数显著性检验

回归系数	回归系数值	t	显著性
b_0	−43.338	−10.135	<0.001
b_1	0.168	13.875	<0.001
b_2	0.039	7.724	<0.001
b_3	0.059	1.128	0.262
b_4	−2.947	−4.868	0.879
b_5	0.109	1.974	0.051

在得到回归系数估计值后，我们根据回归系数对因素影响进行分析：

$b_1=0.168$，温度对 C_4 烯烃选择性产生线性正向影响，即随着温度升高，C_4 烯烃选择性线性增大，但相比乙醇转化率增速缓慢。

$b_2=0.039$，催化剂总重对乙醇转化率产生线性正向影响，随温度升高，乙醇转化率线性增大。

$b_4=-2.9475$，Co 负载量对乙醇转化率产生线性负向影响，随温度升高，乙醇转化率线性减小。

Step4 残差分析

结合图像，残差近似符合正态分布，满足假设。

(3) 多因素方差分析

由于模型中有 5 个因素对因变量产生影响时，可以用多因素方差分析的方法来进行分析。在多因素方差分析中，把因素单独对因变量产生的影响称之为“主效应”；把因素之间共同对因变量产生的影响，或者因素某些水平同时出现时，除了主效应之外的附加影响，称之为“交互效应”。多因素方差分析不仅要考虑每个因素的主效应，往往还要考虑因素之间的交互效应[3]。

① 首先考虑乙醇转化率影响因子的“交互效应”：

针对单个因变量 y_2（乙醇转化率），5 个自变量 x_1，x_2，x_3，x_4，x_5 进行多因素方差分析，通过显著性检验的结果如下：

由表中数据可知，除各主体外，x_1（温度）与其他因素间的交互效应对乙醇转化率均有较大影响，此外 x_2（催化剂总重）与 x_5（乙醇浓度）也存在较大交互效应，这些交互效应均可用于之后的混合交叉模型。

表 14-16　乙醇转化率影响因素主体间效应检验

效　应	F	显著性
x_1	2122.199	<0.001
x_2	293.745	<0.001
x_3	42.223	<0.001
x_4	200.502	<0.001
x_5	423.79	<0.001
x_1x_2	29.353	<0.001
x_1x_3	5.144	0.009
x_1x_4	30.657	<0.001
x_1x_5	25.557	<0.001
x_2x_5	16.179	0.001
$x_1x_2x_5$	6.924	0.004

② 其次考虑 C_4 烯烃选择性影响因子的"交互效应"：

流程与(1)中对乙醇转化率的讨论一致。

检验后得到，通过显著性检验的主体间效应只有：$x_1,x_2,x_3,x_4,x_5,x_2x_5$，即只有 x_2(催化剂总重)与 x_5(乙醇浓度)间存在交互效应。

(4) 控制变量法分因素拟合

① 首先对乙醇转化率进行分因素拟合：

由于之前对乙醇转化率的逐步多元线性回归中 x_3(装料比)、x_4(Co 负载量)不能融入线性模型中，故在此分别在原始数据中选取特定组别，采用控制变量法研究 x_3,x_4 对结果的影响。

Step1　x_3(装料比)影响模型

选取 A12，A13，A14，B1 组，这几组催化剂组合的代表性特征为：催化剂总重为 100mg，Co 负载量为 1wt%，乙醇浓度为 1.68mL/min，仅装料比与温度不同。观察各温度下的散点图后假设回归方程为

$$y = a + b\ln(x)$$

针对 300℃，350℃，400℃条件下每种催化剂组合的实验，仅改变装料比，代入回归方程模型，得到结果如表 14-17 所示。

表 14-17　装料比单因素拟合

温度/℃	R^2	F	显著性	a	b
300	0.992	261.123	0.004	6.975	−4.400
350	0.994	327.259	0.003	19.450	−6.781
400	0.921	23.214	0.040	45.425	−9.810

综上三种温度条件下，对数方程均通过了拟合优度检验与显著性检验，认为装料比与乙醇转化率间存在对数函数关系，且是负相关的，即随着装料比增大，乙醇转化率降低。

Step2　x_4(Co 负载量)影响模型

选取 A1，A2，A4，A6 组，它们的代表性特征为：催化剂总重为 400mg，Co/SiO_2 和

HAP 装料比为 1，乙醇浓度为 1.68mL/min，仅 Co 负载量与温度不同。观察各温度下的散点图后假设回归方程为

$$y = ax^2 + bx + c$$

针对 300℃，325℃，350℃条件下每种催化剂组合的实验，仅改变 Co 负载量，代入回归方程模型，结果如表 14-18 所示。

表 14-18　Co 负载量单因素拟合

温度/℃	R^2	显　著　性	a	b	c
300	0.998	<0.001	−2.39	12.254	23.97
325	0.973	<0.001	−1.081	6.104	9.319
350	0.982	<0.001	−1.988	9.89	56.052

由表 14-18 可知，方程均通过了拟合优度检验与显著性检验，认为 Co 负载量与乙醇转化率间存在二次函数关系，且是凸函数。即在限定范围内，随着 Co 负载量增大，乙醇转化率先增大后减小，极值点大概稳定在 1-2 之间。

② 其次对 C_4 烯烃选择性进行分因素拟合：

由于之前对乙醇转化率的逐步多元线性回归中 x_3（装料比）、x_5（乙醇浓度）不能融入线性模型中，故在此分别在原始数据中选取特定组别，采用控制变量法研究 x_3，x_5 对结果的影响。

Step1　x_3（装料比）影响模型

选取 A12，A13，A14，B1 组，它们的催化剂组合的代表性特征为：催化剂总重为 100mg，Co 负载量为 1wt%，乙醇浓度为 1.68mL/min，仅装料比与温度不同。观察各温度下的散点图后假设回归方程为

$$y = ax^2 + bx + c$$

针对 250℃，350℃，400℃条件下每种催化剂组合的实验，仅改变装料比，代入回归方程模型，结果如表 14-19 所示。

表 14-19　装料比单因素拟合

温度/℃	R^2	显　著　性	a	b	c
250	0.999	0.030	−6.510	18.475	−5.72
350	0.949	0.026	−18.15	55.795	−11.53
400	0.946	0.232	−29.040	76.34	−8.61

由表 14-19 可知，在 250℃和 350℃时，方程均通过了拟合优度检验与显著性检验，而在 400℃使未通过显著性检验。综合分析，认为装料比与 C_4 烯烃选择性间存在二次函数关系，且是凸函数。即在限定范围内，随着装料比增大，C_4 烯烃选择性先增大后减小，由表 14-19 中回归系数以及一元二次方程求根公式可知极值点大概稳定在 1.5 左右。

Step2　x_5（乙醇浓度）影响模型

选取 A7，A8，A9，A12，B1，B5 组，它们的代表性特征为：催化剂总重为 100mg，配料比为 1∶1，Co 负载量为 1wt%，仅乙醇浓度与温度不同。观察各温度下的散点图后假设回归方程为

$$y = ax^3 + bx^2 + cx + d$$

针对275℃，300℃，350℃，400℃条件下每种催化剂组合的实验，仅改变装料比，代入回归方程模型，结果如表14-20所示。

表14-20 乙醇浓度单因素拟合

温度/℃	R^2	显 著 性	a	b	c	d
275	0.985	<0.001	3.501	−12.830	14.567	3.250
300	0.945	0.006	11.606	−41.854	44.947	−1.190
350	0.760	0.162	18.571	−65.612	69.09	3.317
400	0.953	0.015	17.490	−64.996	71.148	17.283

由表14-20可知，在275℃、300℃以及400℃时，方程均通过了拟合优度检验与显著性检验，而在350℃使未通过显著性检验，且拟合优度检验也较差，经检验是异常值的存在影响了拟合效果，剔除异常值后也能较好拟合到三次函数。

(5) 修正后的混合交叉模型

综合考虑逐步多元线性回归、多因素方差分析、控制变量法单因子分析，并修正变量系数，我们得出混合交叉模型。

① 乙醇转化率：

$$y_1 = b_0 + b_1x_1 + b_2x_2 + b_3x_3 + b_4x_4 + b_5x_4^2 + b_6x_5 + b_7x_1x_2 + b_8x_1x_3 + b_9x_1x_4 + b_{10}x_1x_5 + b_{11}x_2x_5 + b_{12}x_1x_2x_5$$

修正后的混合方程为

$$y_1 = -58.607 + 0.248x_1 - 58.607x_2 + 15.600x_3 + 15.067x_4 - 2.199x_4^2 + 3.204x_5 - 0.31x_1x_3 - 0.017x_1x_4 - 0.024x_1x_5 + 0.047x_2x_5 - 1.933E - 5x_1x_2x_5$$

$R^2 = 0.798 > 0.7$

② C_4 烯烃选择性：

$$y_2 = b_0 + b_1x_1 + b_2x_2 + b_3x_3 + b_4x_3^2 + b_5x_4 + b_6x_5 + b_7x_5^2 + b_8x_5^3 + b_9x_2x_5$$

修正后的混合方程为

$$y_2 = -60.916 + 0.189x_1 - 0.001x_2 + 21.990x_3 - 6.890x_3^2 - 3.229x_4 + 18.625x_5 - 21.817x_5^2 + 6.087x_5^3 + 0.031x_2x_5$$

$R^2 = 0.764 > 0.7$

3. 问题3的模型建立与求解

(1) 神经网络遗传算法(BP-GA算法)的引入

在前述的分析中，我们已经对原始数据进行了预处理，问题3直接沿用了问题2中自变量的处理方式，该问题则转化成为一个五因素单目标优化问题，其目标函数为 C_4 烯烃收率的最大值，在问题2中我们已经通过非线性回归得到了目标函数的表达式，但该表达式较为复杂、因子众多，传统的优化问题解法无法直接求解该问题，同时，定性分析乙醇偶合制备 C_4 烯烃的最佳条件需要较强的专业知识背景。

在多重考虑下，采用BP-GA算法求解这一优化问题的模型十分合适，BP神经网络是一种多层前馈神经网络，主要特点是信号前向传递，误差反向传播，包括构建、训练和预测三部分；遗传算法是模拟自然界遗传机制和生物进化论而成的一种并行随机搜索最优化方法。将二者相融合，一方面人工神经网络具有较强的自组织、自适应与自学习能力，能够在未完全了解化学反应机理的情况下，完成自变量与目标函数的非线性映射，另一方面，仅通过单一的 BP 神经网络，难以准确找出 C_4 烯烃收率的极值，同时不可避免地存在有局部最优问题，而遗传算法具有全局的非线性寻优能力。[5]

（2）BP 神经网络模型建立

① 建立 BP 神经网络

由 Kolmogorov 定理可知，对于五输入一输出函数，可以建立 5-11-1 的 BP 神经网络结构，其中，5 表示输入项（分别为温度、催化剂总量、Co/SiO_2 和 HAP 装料比、Co 负载量、乙醇浓度），11 表示隐藏层神经元个数，1 表示输出项（C_4 烯烃收率），结构图如图 14-28 所示。

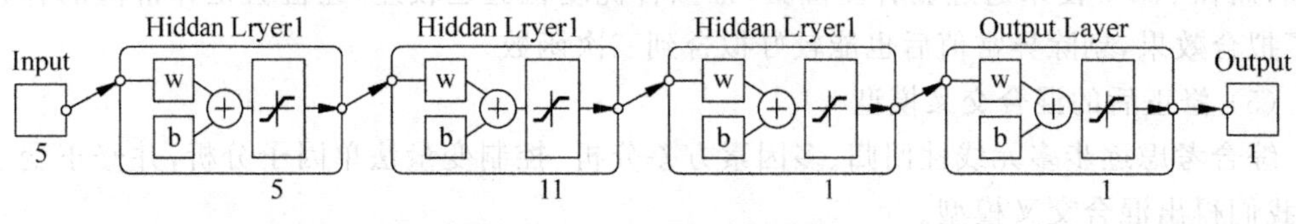

图 14-28　BP 神经网络结构

因为 MATLAB 中已经集成了许多可用于神经网络建立的函数，因而该问题的求解过程得到了大大的简化，隐层神经元的传输函数和输出层的传输函数都选择了双曲正切 S 形函数，反向传播的训练函数采用了拟牛顿迭代算法，同时神经网络的训练次数、学习速度、目标误差皆为多次比较分析下选择的合适数值。[6,7]

② 输出结果分析

训练结束的神经网络性能图和回归分析图如图 14-29 及图 14-30 所示。

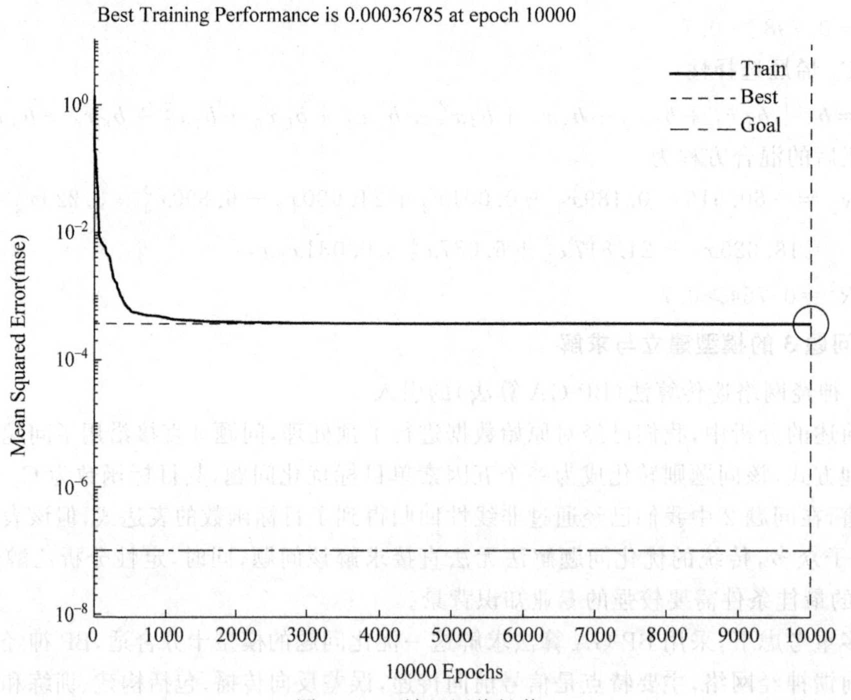

图 14-29　神经网络性能

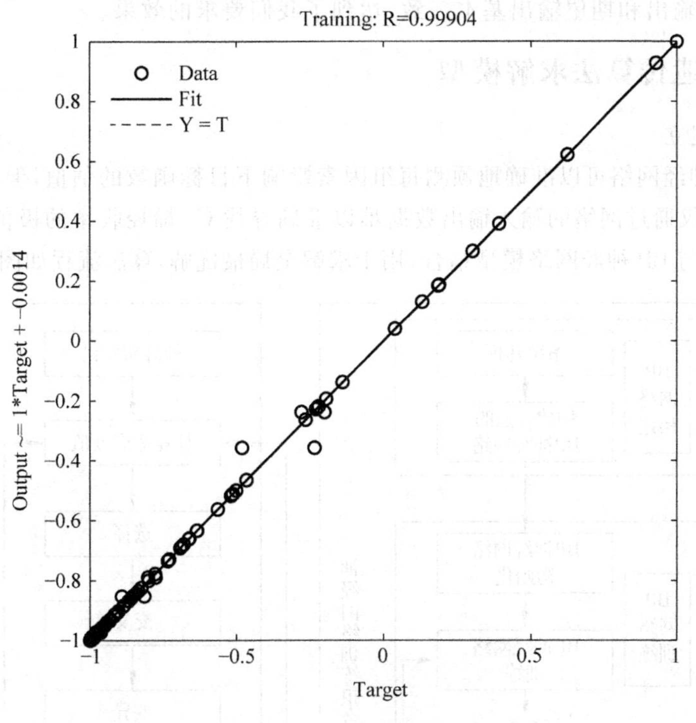

图 14-30　神经网络回归分析

如图 14-29 所示，训练在第 10000 次迭代过程中达到最小均方差 MSE=0.00036785，此时，训练结束，同时，该次训练所得模型的 R 值高达 0.99904。

由于研究问题中提供的样本数据过少，我们仅能基于训练集数据对 BP 网络进行仿真得到网络输出结果，其结果如图 14-31 所示，一般情况下，预测时多采用新鲜的预测集数据。

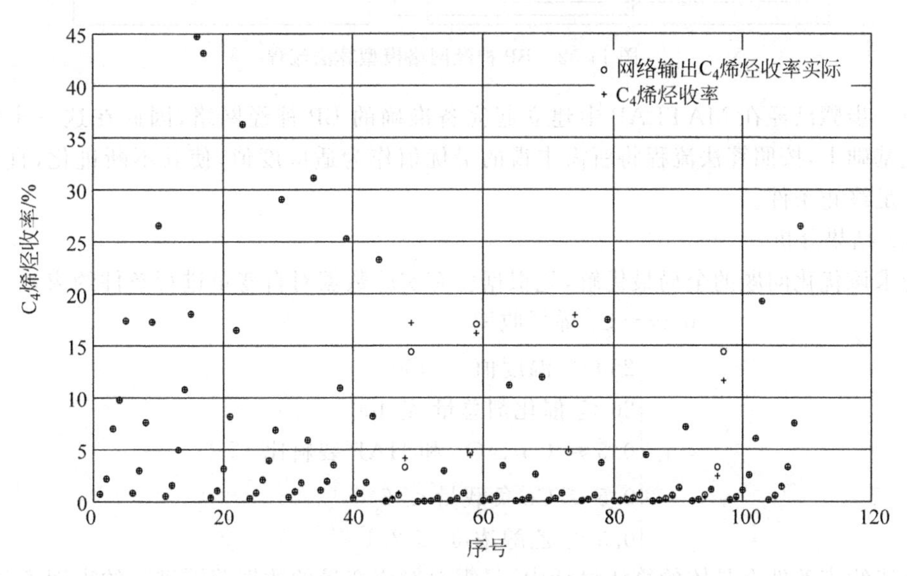

图 14-31　烯烃收率学习与测试对比(大图见附录)

可见，预期输出和期望输出基本一致，达到了我们要求的效果。

5.3.3 遗传算法求解模型

（1）模型建立

训练好的神经网络可以准确地预测每组因素影响下目标函数的估值，但是由于神经网络是一个“黑箱”，仅通过网络的输入输出数据难以准确寻找 C_4 烯烃收率的极值，我们在此引入遗传算法，将其与 BP 神经网络模型结合，用于求解全局最优解，算法流程如图 14-32 所示。

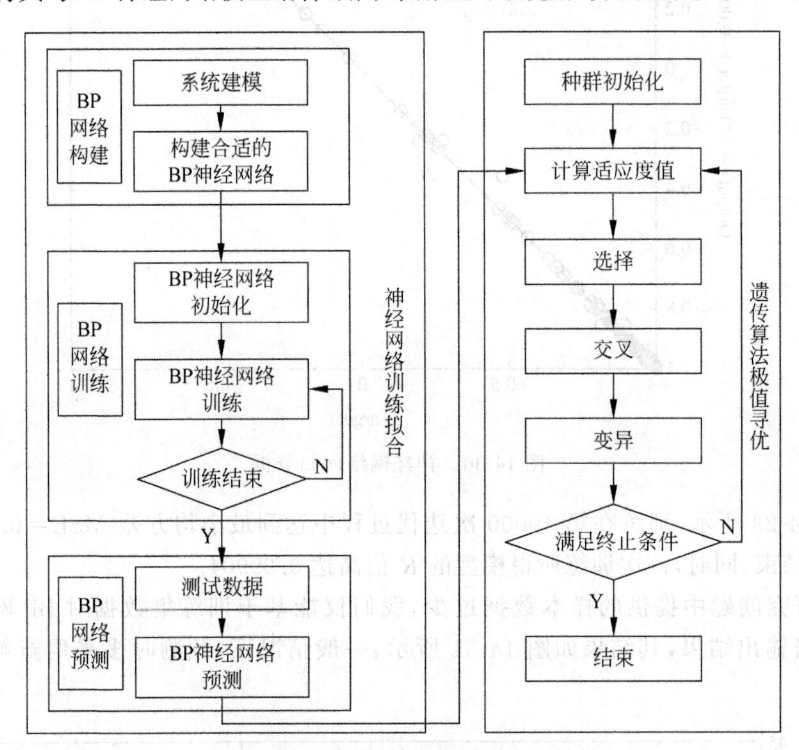

图 14-32　BP 神经网络模型算法流程

前一步骤已经在 MATLAB 中建立起完备准确的 BP 神经网络，因此在这一步骤中只需在此基础上，按照算法流程将所需求得的最优值作为适应度值，使其不断进化，直至适应度值满足终止条件。

（2）结果分析

为求该优化问题的全局最优解，先根据已有实验数据对自变量进行条件约束，

$$\max = C_4\text{ 烯烃收率}$$

$$\text{s.t.}\begin{cases}250 \leqslant \text{温度值} \leqslant 450 \\ 20 \leqslant \text{催化剂总量} \leqslant 400 \\ 0.5 \leqslant Co/SiO_2\text{ 和 HAP 装料比} \leqslant 2 \\ 0.5 \leqslant Co\text{ 负载量} \leqslant 5 \\ 0.3 \leqslant \text{乙醇浓度} \leqslant 2.1\end{cases}$$

上述约束条件在具体的算法设计中，只需对对应变量的数据范围进行约束即可，在此约束条件下，我们多次使用 BP-GA 算法求得适应度最小时对应的变量如表 14-21 所示。

表 14-21　250～450℃温度区间内适应度最小时的变量求解

温度/℃	催化剂总重/mg	装　料　比	Co 负载量/wt%	乙醇浓度/(mL/min)
403.2049	382.5095	1.5598	2.5200	0.3051
399.8124	393.2771	1.0410	1.5804	0.7538
380.1587	395.9304	1.8474	1.9192	0.4415

可以看出，多次求解的结果基本保持一致，说明该模型具有一定的鲁棒性，该结果具有可信度。

我们任取其中两组值，将其作为预测值代回 BP 神经网络模型，其预测结果如图 14-33 所示。

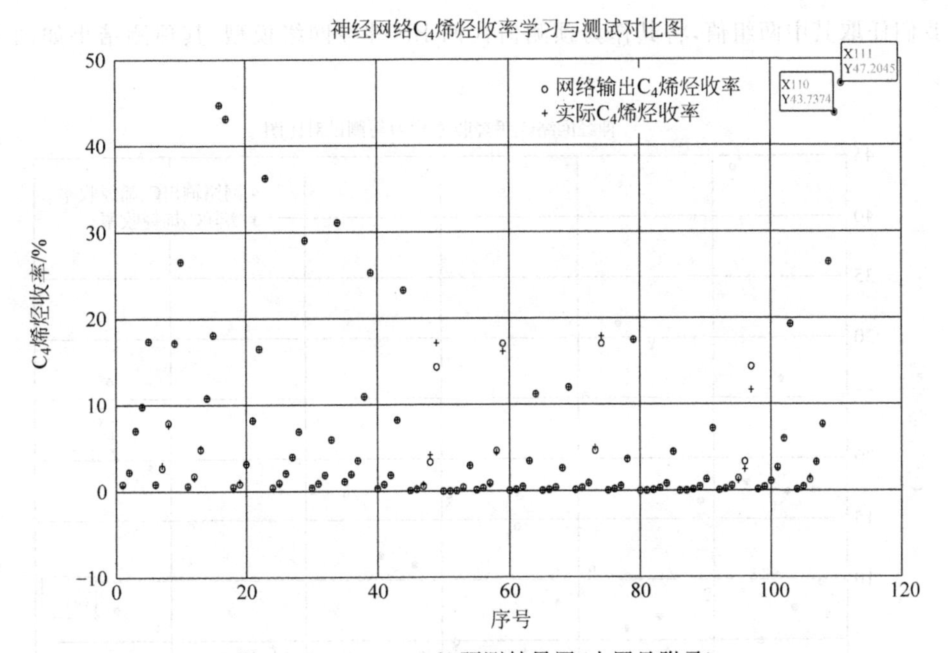

图 14-33　250～400℃预测结果图(大图见附录)

可以看出，在这两组变量取值下，C_4 烯烃收率都达到了极高的水平，且都高于已有实验数据的水平，通过观察对比可以大胆猜想，当温度设置在 395℃左右、催化剂总重设置在 390mg 左右、装料比设置在 1.5∶1 左右、Co 负载量设置在 2wt%左右、乙醇浓度在 0.5mL/min 左右时，都会得到尽可能高的 C_4 烯烃收率。

(3) 模型推广

当该优化问题的约束条件增加时，我们仍然采用同样的作法以得到全局最优解，先根据已有实验数据对自变量进行条件约束

$$\max = C_4\text{ 烯烃收率}$$

$$\text{s.t.}\begin{cases} 250 \leqslant \text{温度值} \leqslant 350 \\ 20 \leqslant \text{催化剂总量} \leqslant 400 \\ 0.5 \leqslant \text{Co/SiO}_2\text{ 和 HAP 装料比} \leqslant 2 \\ 0.5 \leqslant \text{Co 负载量} \leqslant 5 \\ 0.3 \leqslant \text{乙醇浓度} \leqslant 2.1 \end{cases}$$

使用 BP-GA 算法求得适应度最小时对应的变量如表 14-22 所示。

表 14-22　250～350℃温度区间内适应度最小时的变量求解

温度/℃	催化剂总重/mg	装料比	Co 负载量/wt%	乙醇浓度/(mL/min)
323.4107	384.5932	2.6524	1.0675	0.5793
309.9032	361.3009	2.7380	2.0491	0.4627
323.4451	384.2911	2.6307	2.4296	0.4044

可以看出，多次求解的结果基本保持一致，说明该模型具有一定的鲁棒性，该结果具有可信度。

我们任取其中两组值，将其作为预测值代回 BP 神经网络模型，其预测结果如图 14-34 所示。

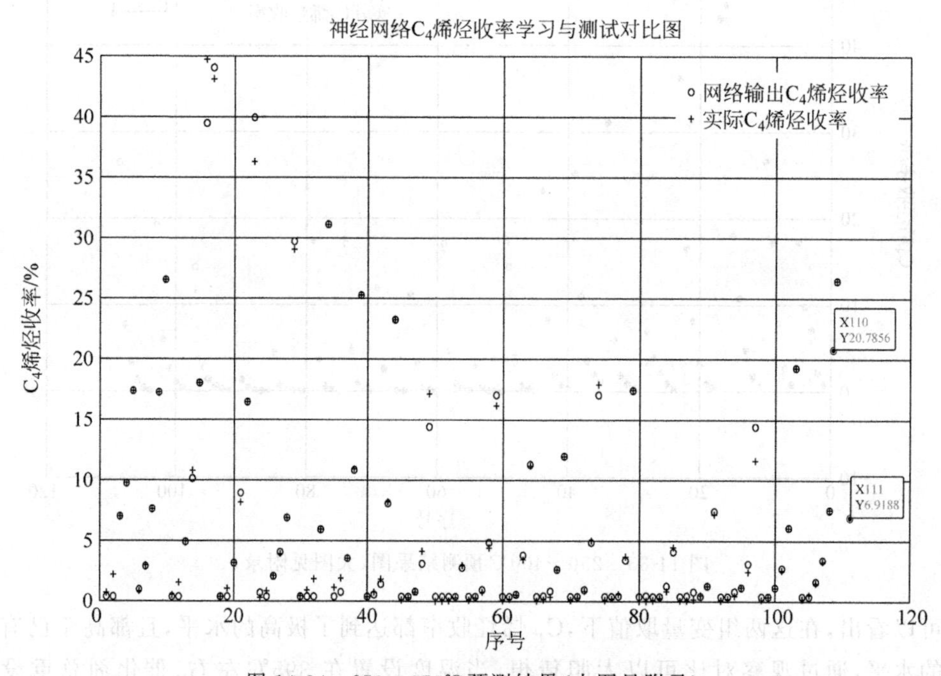

图 14-34　250～350℃预测结果(大图见附录)

可以看出，在这两组变量取值下，C_4 烯烃收率水平基本一致，但并无法超出已有实验数据的最高水平，这是受温度限制所致，通过观察对比可以大胆猜想，当温度约束在 350℃以下时，温度设置在 320℃左右、催化剂总重设置在 375mg 左右、装料比设置在 2.7∶1 左右、Co 负载量设置在 2wt%左右、乙醇浓度在 0.5mL/min 左右，都会得到尽可能高的 C_4 烯烃收率。

4. 问题 4 的模型建立与求解

(1) 模型验证实验(实验 1、2)

由于问题 3 的寻优模型需要，在一定范围内搜索到两个不同于已知点且 C_4 烯烃收率高于已知实验数据的 5 维点，以这三个点的 x_1,x_2,x_3,x_4,x_5 变量数值为实验条件添加两组实验，从而验证模型准确性及寻找更优的催化反应条件。

(2) 温度最优假设实验(实验3)

在解决问题1中乙醇转化率、C_4烯烃选择性与温度的关系时，我们发现，当温度大于400℃时，仅有A3组450℃的一组实验数据，结合A3组其他数据，我们看出，乙醇转化率仍上升，C_4烯烃选择性出现下降。据此，我们结合曲线拟合结果猜测当温度大于400℃时，乙醇转化率随温度增加仍会上升，而C_4烯烃选择性趋于平稳，甚至出现下降。针对C_4烯烃收率，400℃优于450℃，而对于其他最高温只有400℃的任意组别，随温度升高，C_4烯烃收率也快速增大。因此，针对在A3组450℃情况下C_4烯烃收率降低，我们有理由假设在400～450℃之间存在温度对C_4烯烃收率影响的极大值。

为了验证我们的猜测并寻求更优的催化剂组合，我们按照黄金分割原理，在A3组中添加431℃条件下的实验进行验证。

(3) 乙醇浓度假设实验(实验4)

对比A7，A8组400℃条件下的实验数据及结果，两者仅有乙醇浓度不同，因而产生C_4烯烃收率的不同。依据控制变量法的原则，A7组乙醇浓度为0.3mL/min，低于A8组的0.9mL/min，但C_4烯烃收率却高于A8组，因此我们可以初步得出：在其他实验条件相同的情况下，乙醇浓度为0.3mL/min组别的C_4烯烃收率高于0.9mL/min组。

在此基础上观察所有实验结果中C_4烯烃收率最高的A3组，在400℃条件下，其收率达到最高为44.728%，但其乙醇浓度却为0.9mL/min，依据上述浓度分析结果，我们假设当乙醇浓度为0.3mL/min时，A3组C_4烯烃收率要高于44.728%。因此我们设计该条件下的实验进行验证，得出更优的实验组合。

(4) 催化剂总重假设实验(实验5)

观察B1，B2，B3，B4，B6组实验，仅有催化剂总重不同，其他实验条件均相同。在该种情况下，实验结果表明，随催化剂总重量增大，C_4烯烃收率呈线性增长趋势。

此外，当催化剂总重在400mg附近时，其对C_4烯烃收率仍然有较为稳健的线性增长趋势。因此，我们推测在其他实验条件相同的情况下，催化剂总重大于400mg时，C_4烯烃收率仍有所增长。故我们基于最优的A3组实验，设计催化剂总重为600mg的实验进行验证。

(5) 故我们添加的五组实验如表14-23所示：

表14-23　实验数据对照

组　号	催化剂组合	温度/℃
1	234mg2wt%Co/SiO_2-186mg HAP-乙醇浓度0.5mL/min	395
2	274mg1wt%Co/SiO_2-101mg HAP-乙醇浓度0.5mL/min	320
3	200mg1wt%Co/SiO_2-200mg HAP-乙醇浓度0.9mL/min	431
4	200mg1wt%Co/SiO_2-200mg HAP-乙醇浓度0.3mL/min	400
5	300mg1wt%Co/SiO_2-300mg HAP-乙醇浓度0.9mL/min	400

14.5.6　模型讨论

1. 模型的优点

(1) **问题1**　在非线性回归分析中根据对散点图的观察采用了线性、指数、二次、三次、S型等众多曲线模型的拟合，并对每种模型下的拟合做出了残差分析、拟合优度分析、显著性检验……最终得到的 42 个模型基本完全符合检验指标，且对以上数据做出了可视化处理，使其更加直观。

对于数据量较少且散点图较难观察出其拟合模型的函数变化关系，采用 MATLAB 软件中的样条插值函数对其进行插值拟合，一方面使用这一工具方便快捷、代码简洁，另一方面其可视化程度强，可以通过对比分析函数曲线研究该组反应间的化学机理。

（2）**问题 2** 对于逐步多元线性回归模型进行严格的拟合优度、回归方程、回归系数检验以及残差分析，使得相关线性影响变量拟合效果更好，同时也剔除了非线性变量。此外还开展多因素方差分析，寻找变量间的交互效应，避免片面认为变量间的独立性。再者运用了化学实验数据处理中常用的控制变量法，寻找相应变量的最佳拟合函数，拟合效果很好。最后综合考虑各因素建立多元非线性回归方程，充分挖掘了变量及变量间对实验结果的影响。

（3）**问题 3** BP-GA 算法主要特点是将遗传算法全局搜索最优和传统的 BP 神经网络模型局部寻优结合起来，取长补短，既可以减小遗传算法的搜索空间、提高搜索效率，又可以较容易地收敛到最优解，为求解多目标优化/单目标优化问题提供新的策略，同时该方法有比较重要的工程应用价值，例如，对应某项试验来说，试验目的是得到最大试验结果对应下的试验条件。但是由于时间和经费限制，该试验只能进行有限次，可能单靠试验结果找不到最优的试验条件。这时可以在已知试验数据的基础上，通过本问题介绍的 BP-GA 算法寻找最优条件。

2. 模型的缺点

（1）**问题 1** 所采用的模型种类过于繁多，较难根据拟合函数种类比较各组实验间的对照关系，对后续解题过程产生了一定挑战。

在此种模型下无法直接得出函数曲线的关系式，对反应产物变化只能作相应的定性分析，而无法进行定量分析。

（2）**问题 2** 未曾拟合出高次变量间的交互效应，不能排除这些因素的存在。在最后综合建立多元线性回归方程之前只是寻找变量可能存在的函数形式，未曾对系数进行分析，同时也没有得出相应的修正系数，从而在最后一步出现回归系数较多的情况，因而回归系数不能通过显著性检验的概率增大。

（3）**问题 3** BP 神经网络预测精度的好坏和寻优结果有着密切的关系。BP 神经网络预测越准确，寻优得到的最优值越接近实际最优值，这就需要在网络训练时采用尽可能多的训练样本，而该问题中，原始样本数据过少，因此寻优结果存在着一定的误差，同时也无法精确地拟合出 C_4 烯烃收率与多重因素的具体关系。

另一方面，在基于遗传算法的 BP 神经网络融合技术上的研究尚停留在比较试验结果层次，还没有形成一套完善的理论体系。算法的终止方面具有较强的人为因素，其科学性与合理性有待于进一步完善。

参考文献

[1] 吕绍沛. 乙醇偶合制备丁醇及 C_4 烯烃[D]. 大连：大连理工大学，2018.

[2] 许开成，毕丽苹，陈梦成. 基于 SPSS 回归分析的锂渣混凝土抗压强度预测模型[J]. 建筑科学与工程学报，2017，1(1)：16-17.

[3] 李瑞歌. 基于 SPSS 软件多因素方差分析在化学实验中的应用[J]. 农业网络信息，2017，4(250)：22-26.

[4] 郑明东,刘练杰,余亮,等.化工数据建模与试验优化设计[M].合肥:中国科学技术大学出版社,2001.
[5] 朱文龙.基于遗传算法的 BP 神经网络在多目标优化中的应用研究[D].哈尔滨:哈尔滨理工大学,2009.
[6] 万崔星,孙敏.基于BP神经网络的纤维混凝土力学性能预测模型[J].科技通报,2021,8(8):91-93.
[7] 王华荣,徐进良.采用BP-GA算法的有机朗肯循环多目标优化[J].中国电机工程学报,2016,6(12):3171-3173.

14.6 论文点评

阅读本文可以发现,作者对每一问的理解都比较准确,回答也具有针对性,表现出作者对问题有很好的把握。第一问的数据特征和趋势分析,第二问的统计回归方法应用和第三问的优化模型,都比较好地完成了题目的要求。

本文的优点是第一问回答很详细,采用了多种模型进行数据拟合,对数据表现出来的变化趋势也做了详细分析;第二问采用了统计回归方法,而且注意到了显著性检验、拟合优度检验等环节;第三问给出了数学规划模型,明确了目标函数和约束条件;第四问对实验设计也给出了详尽的方案,并解释了自己的理由。

论文在几个细节上处理得不太好。对原始数据未作适当的整理,直接利用统计软件引入大量模型开始做拟合,显示出对数据处理和分析的一般规律不够了解;第三问虽然给出了数学规划模型,但是对神经网络、遗传算法等求解方法介绍过于粗略,对数学原理的介绍不够清晰。一个更明显的问题是第四问的回答,在实验设计上没有体现出正交实验设计思想。

这里需要说明,现在各种各样的数学软件、编程语言都打包了大量算法,学生通常往往写几行代码就可以求解复杂的统计回归、数学规划、微分方程等模型。不过数学建模竞赛并不主张大家不做任何思考地直接调用这些程序,更倾向于鼓励大学生详细了解各种算法的数学原理,能够说明这些算法对于问题的适用性,并能够根据实际问题、数据特点,合理地设置、调整算法中的参数。

第15章　生产企业原材料的订购与运输（2021 C）

15.1　题目

某建筑和装饰板材的生产企业所用原材料主要是木质纤维和其他植物素纤维材料，总体可分为A,B,C三种类型。该企业每年按48周安排生产，需要提前制定24周的原材料订购和转运计划，即根据产能要求确定需要订购的原材料供应商（称为“供应商”）和相应每周的原材料订购数量（称为“订货量”），确定第三方物流公司（称为“转运商”）并委托其将供应商每周的原材料供货数量（称为“供货量”）转运到企业仓库。

该企业每周的产能为$2.82\times10^4\text{m}^3$，每立方米产品需消耗A类原材料0.6m^3，或B类原材料0.66m^3，或C类原材料0.72m^3。由于原材料的特殊性，供应商不能保证严格按订货量供货，实际供货量可能多于或少于订货量。为了保证正常生产的需要，该企业要尽可能保持不少于满足两周生产需求的原材料库存量，为此该企业对供应商实际提供的原材料总是全部收购。

在实际转运过程中，原材料会有一定的损耗（损耗量占供货量的百分比称为“损耗率”），转运商实际运送到企业仓库的原材料数量称为“接收量”。每家转运商的运输能力为6000m^3/周。通常情况下，一家供应商每周供应的原材料尽量由一家转运商运输。

原材料的采购成本直接影响到企业的生产效益，实际中A类和B类原材料的采购单价分别比C类原材料高20%和10%。三类原材料运输和储存的单位费用相同。

附件1给出了该企业近5年402家原材料供应商的订货量和供货量数据。附件2给出了8家转运商的运输损耗率数据。请你们团队结合实际情况，对相关数据进行深入分析，研究下列问题：

1. 根据附件1，对402家供应商的供货特征进行量化分析，建立反映保障企业生产重要性的数学模型，在此基础上确定50家最重要的供应商，并在论文中列表给出结果。

2. 参考问题1，该企业应至少选择多少家供应商供应原材料才可能满足生产的需求？针对这些供应商，为该企业制定未来24周每周最经济的原材料订购方案，并据此制定损耗最少的转运方案。试对订购方案和转运方案的实施效果进行分析。

3. 该企业为了压缩生产成本，现计划尽量多地采购A类和尽量少地采购C类原材料，以减少转运及仓储的成本，同时希望转运商的转运损耗率尽量少。请制定新的订购方案及转运方案，并分析方案的实施效果。

4. 该企业通过技术改造已具备了提高产能的潜力。根据现有原材料的供应商和转运商的实际情况，确定该企业每周的产能可以提高多少，并给出未来24周的订购和转运方案。

注：请将问题2、问题3和问题4订购方案的数值结果填入附件A，转运方案的数值结果填入附件B，并作为支撑材料(勿改变文件名)随论文一起提交。

附件1的数据说明

(1) 企业的订货量：第一列为供应商的名称；第二列为供应商供应原材料的类别；第三列及以后共240列为企业向各供应商每周的订货量(单位：m^3)；数值"0"表示相应的周(所在列)没有向供应商(所在行)订货。

(2) 供应商的供货量：第一列为供应商的名称；第二列为供应商供应原材料的类别；第三列及以后共240列为各供应商每周的供货量(单位：m^3)；数值"0"表示相应的周(所在列)供应商(所在行)没有供货。

附件2的数据说明

第一列为转运商的名称；第二列及以后共240列为每周各转运商的运输损耗率(%)，即损耗率$=\dfrac{\text{供货量}-\text{接收量}}{\text{供货量}}\times 100\%$；数值"0"表示没有运送。

附件1(1)　近5年402家供应商的相关数据——企业订货量　　单位：m^3

供应商ID	材料分类	W001	W002	W003	W004	…	W240
S001	B	0	0	0	43	…	0
S002	A	1	1	0	1	…	1
S003	C	7	1	0	0	…	10
S004	B	0	1	1	100	…	0
S005	A	30	60	60	60	…	80
⋮	⋮	⋮	⋮	⋮	⋮		⋮
S402	B	0	0	0	0	…	0

附件1(2)　近5年402家供应商的相关数据——供应商的供货量　　单位：m^3

供应商ID	材料分类	W001	W002	W003	W004	…	W240
S001	B	0	0	0	0	…	0
S002	A	1	0	0	1	…	1
S003	C	8	1	0	0	…	11
S004	B	0	0	0	0	…	0
S005	A	37	62	60	65	…	81
⋮	⋮	⋮	⋮	⋮	⋮		⋮
S402	B	0	0	0	0	…	0

附件2　近5年8家转运商的相关数据——运输损耗率　　%

转运商ID	W001	W002	W003	W004	W005	…	W240
T1	1.5539	1.639	0.8124	1.2233	1.1194	…	1.9224
T2	0.7092	1.2411	0.3546	1.5957	1.0638	…	0.7092
T3	0	0	0.0971	0	0.1295	…	0
T4	0	0	0	0	0	…	0

续表

转运商 ID	W001	W002	W003	W004	W005	…	W240
T5	0	0	0	0	0	…	0
T6	0.0106	0.0222	0.0454	2.2621	1.6387	…	0
T7	0.9783	0.9085	1.2579	0.9783	1.3976	…	1.188
T8	0.339	0	0	0	1.0169	…	0.8475

附录 A　问题 2～问题 4 的订购方案数据结果

供应商 ID	第 01 周	第 02 周	…	第 24 周
S001				
S002				
S003				
⋮				
S402				

附录 B　问题 2～问题 4 的转运方案数据结果

供应商 ID	第 01 周				…				第 24 周			
	T1	T2	…	T8	T1	T2	…	T8	T1	T2	…	T8
S001												
S002												
S003												
⋮												
S402												

15.2　赛题思路分析

这是一个利用生产企业实际数据进行综合分析并确定原材料的订购与运输方案的优化决策问题。这个问题具有很大的开放性，数据也很复杂，对供货特征的选取、指标量化、数据处理等方法的不同，会有不同的模型和结果，要重点关注分析建模的过程和模型与结果的合理性。

第 1 问要求根据附件 1 的数据，对 402 家供应商的供货特征进行量化分析，建立反映保障企业生产重要性的数学模型，在此基础上确定 50 家最重要的供应商，并列表给出结果。

第一步需要进行供货特征的指标选取和量化，指标可选如供货量、供货率（供货量占订货量的比例）、订货完成率（供货次数占订货次数的比例）、供货稳定性和连续性等，关注其供货特征的合理性；接下来要完成对“重要性”的排序，利用供应商的供货特征指标，建立供应商对保障企业生产重要程度的模型，并给出 50 家最重要的供应商，模型要有合理性分析。这里熵权法、TOPISIS、直接赋权、层次分析等方法是比较常用的方法。这里还有一点需要注意：由于三类原材料的利用率不同，应将其订货量和供货量转化为产能使其具有可比性。

第 2 问要求参考问题 1，该企业应至少选择多少家供应商供应原材料才可能满足生产的需求？针对这些供应商，为该企业制定未来 24 周每周最经济的原材料订购方案，并据此制定损耗最少的转运方案。试对订购方案和转运方案的实施效果进行分析。

本问有三个需要解决的问题：首先定出至少需要选择多少家供应商；其次制定订购方案；最后给出转运方案。

（1）供货商的选择模型：供货能力的量化，应考虑近 5 年各供应商的订货完成率和供货率等不确定因素及某些异常值的影响。仅仅使用均值或最大值作为供货能力是不太合理的，应该考虑供货风险，即有相关的随机因素的刻画。仅在第一问 50 家基础上进行选择也是不合理的。

（2）订购方案：对三类原材料的成本进行核算，应考虑各类原材料单位产能的成本、运输成本和存储成本，建立优化订购模型并给出订购方案。关注原材料成本的核算方法和订购模型的正确性及相应订购方案的合理性。这里需要关注的是由于供货的不确定性，订购方案实际上每周都不一样，有一定的随机性，可以采用随机模拟的方法。

（3）转运方案：对各转运商的损耗率、各供应商的供货量进行核算，在保证完成全部供货量运输的条件下，建立转运模型，并给出转运方案和企业接收量的结果。关注转运商损耗率和供应商供货量的核算方法、转运模型的正确性及转运方案的合理性。

（4）每周的订购方案和相应转运方案都与前一周的库存量有关，而库存量又与当周的订货量、供货量、损耗量和接收量有关，即 第 i 周库存量＝第 $i-1$ 周库存量＋第 i 周接收量－第 i 周产能消耗量($i=1,2,\cdots,24$)；接收量＝供货量(转运量)－转运损耗量；供货量由订货量、订货完成率与供货率决定。注意：每周的订购方案和转运方案都是随前一周的库存量动态变化的，各周应不相同。

第 3 问要求考虑该企业为了压缩生产成本，现计划尽量多地采购 A 类和尽量少地采购 C 类原材料，以减少转运及仓储的成本，同时希望转运商的转运损耗率尽量少。请制定新的订购方案及转运方案，并分析方案的实施效果。

本问题模型与第 2 问基本一致，但需要在原来模型基础上做适当调整。

（1）应采用适当的处理方法（如控制函数等）实现尽量多订购 A 类原材料，尽量少订购 C 类原材料。

（2）将其处理方法(如控制函数)引入到订购和转运模型中，给出订购和转运方案。

第 4 问要求考虑该企业通过技术改造已具备了提高产能的潜力。根据现有原材料的供应商和转运商的实际情况，确定该企业每周的产能可以提高多少，并给出未来 24 周的订购和转运方案。

本问题首先需要确定产能扩大幅度，然后依然可以使用第 2 或者第 3 问的模型，适当调整参数。

（1）企业每周的产能增加量取决于每周原材料的接收量，接收量取决于供应商的供货能力和转运商的转运能力与损耗率。

（2）依据企业每周的产能，建立订购和转运模型，并给出订购和转运方案。

15.3 获奖论文——基于0-1规划与多目标规划的生产企业订购与运输模型

作　　者:邓雅萱　刘　翎　付光明

指导教师:姜海燕

获奖情况:全国二等奖

摘要

在市场竞争中,生产企业需要制定合理的原材料订购与转运方案,以维持产能稳定,提高经济效益。基于题目所提供的供应商与转运商数据,本文采用熵权 TOPSIS 综合评价法量化供应商价值,并通过0-1规划及多目标规划等方式为企业原材料的订购与转运提供科学的决策支持。

问题1　在对供应商价值进行评估时,本文从数量、方差、均值的角度选取订单总完成率、供应能力与供货稳定性三个指标量化其供货特征。由于不同指标在评估供应商价值时贡献不同,故采取以数据为基础的熵权法,为各指标确定科学的权重。TOPSIS 综合评价是常用的价值评估模型,可以客观地量化供应商的价值,通过 Python 软件可确定50家最重要的供应商。

问题2　供应商、转运商的选择是典型的决策问题,可用0-1变量表示是否作出该决策。该问的要求层层递进,对应各小问决策模型的目标函数。根据题目所给要求及现实意义可确定约束条件,如满足每周生产需求、一家供应商每周供货量由一家转运商运输、运输量不超过转运能力的上限等。需要注意的是,由于企业需要保证不少于满足两周生产需求的库存量,第1周与之后23周的情况需要分别进行考虑。同时,基于所给数据中订单完成率与损耗率的变化特点,可分别引入稳定性预测因子,以模拟现实情况,提高方案的稳定性。通过 MATLAB 软件即可制定出相应的订购与转运方案,并对订单与检验结果进行分析,验证其合理性。

问题3　该问题在提高经济效益方面对订购与转运方案的制定提出了多个要求,属于多目标规划问题。基于此,正负偏差变量的引入与加权系数法的使用,可将该问题转化为单目标问题。目标函数即各目标对应的正负偏差系数与其权重之积的最小值。该问题仍属于决策问题,同样采用0-1变量表示是否作出该选择,约束条件的建立与问题2类似,建立决策模型后运用 Lingo 软件求解可得出经济效益较大的订购与转运方案。

问题4　为了最大化产能,该问不再关注生产成本,而是在满足限制条件的情况下最大限度地订购商品。其本质与问题2、问题3相同,仍为规划类问题,同样可以用0-1变量表示决策的选择。目标函数对应最大化产能,并受供应约束、转运约束及所有变量非负的约束,即可求出每周产能提高的最大值与所对应的决策方案。

最后,本文分析了模型的优缺点,模型的制定较为客观、合理,但现实条件较模型模拟的环境更为复杂,并提出了采用遗传算法与收集更多数据以优化决策的改进方案。

关键词:TOPSIS 综合评价法,熵权法,0-1规划,多目标规划。

15.3.1　问题重述

1. 问题背景

面临激烈的市场竞争，企业为了保证稳定的产能，需要在生产过程中对原材料的订购与运输制定科学合理的决策方案。为了量化企业供应链的具体情况，对供需和转运损耗的实际情况的数据挖掘不可或缺。在企业的供应链中，原材料供需比例波动变化，同时，运输过程中存在一定损耗，增加了企业决策的不确定性。为了利润最大化，企业还需要考虑原材料采购的成本以及运输和储存的费用；为了满足生产需求，企业需要留有一定库存以应对供不应求的情况。因此，企业在供应链的决策上需要对供应商和转运商的具体情况进行分析评估，以满足生产需求，提高生产效益。

2. 问题要求

现某企业已经确定了生产需求、对应原材料的消耗量及成本。此外，企业还提供了两个附件，分别是：附件1(企业的订货量及供应商的供货量)、附件2(转运商的运输损耗率)。

基于上述背景和附件信息，本文通过建立数学模型来解决以下问题：

1. 在240周中，对企业与402家供应商的供求情况进行分析，选定评价指标对供应商的价值进行评估，从中选出50家价值最高的供应商。

2. 参考问题1选出的50家价值最高的供应商，选出能满足生产需求的最少供应商数。在该基础上，制定成本最低的订购方案，并据此制定损耗最少的转运方案。最后，对制定的方案的实施的稳定性进行分析。

3. 在满足生产需求的前提下，制定更加符合约束条件的订购方案和转运方案。基于此，该问设定了三个目标约束：采购尽量A多C少、转运损耗率尽量少、原材料成本尽量低。最后，分析制定的方案实施的稳定性。

4. 根据供应商和转运商的实际情况，分析出企业的产能限度最大值，并制定满足该最大产能的订购和转运方案。

15.3.2　问题分析

本文要解决的是企业原材料订购和运输的决策问题。问题1要求对供应商的价值进行评估，问题2、3、4则是在不同条件下为企业货物的订购与转运制定相应的方案。

首先，为了对该企业、供应商、转运商的认识更加清晰，考虑对附件中的数据进行数据分析与挖掘，并对该企业之前做出的决策及效果进行评估。

1. 问题1的分析

问题1要求我们量化供应商的供货特征，并建立模型评估供应商的价值。然而，附件1中只给出了近5年的订货量与供货量，需要选用多个指标将其供货特征具象化。考虑到需要进行全方位、多角度的评价，拟从数量、方差、均值的角度选取指标，分别对应订单总完成率、供应能力与供货稳定性。不同指标对价值评估的贡献不同，为确定各指标的权重，考虑使用以数据为基础的熵权法确定各指标的权重，并使用常用的价值评估模型——TOPSIS法量化供应商的价值，根据排名选出对企业而言50家最重要的供应商。全过程流程图如图15-1所示。

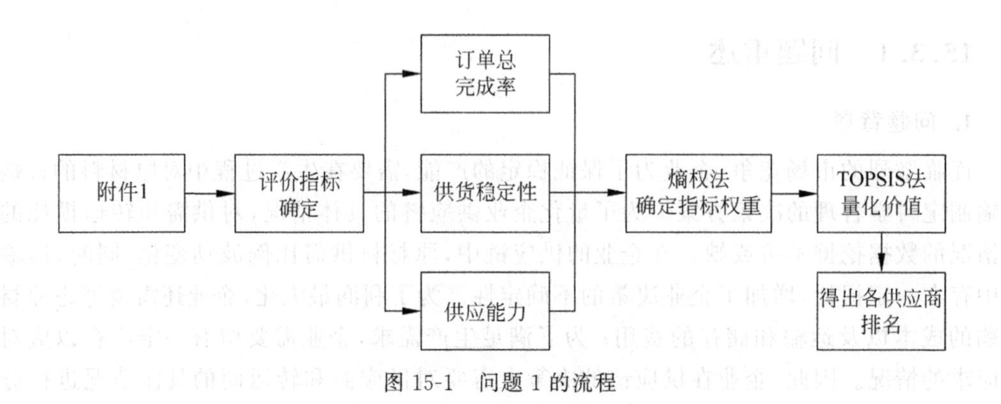

图 15-1 问题 1 的流程

2. 问题 2 的分析

问题 2 是典型的决策问题,常用 0-1 变量表示是否作出该决策。同时,结合问题的实际意义,其余所有变量均需大于等于 0。该问的要求层层递进,需要根据题意建立目标函数,并按需增加或修改约束条件,通过线性规划的方式进行求解。目标函数与约束条件的确立是本文的重点。

首先,本问要求给出满足生产需求的最小供应商数,目标函数则为该 0-1 变量的最小值,约束条件即为满足每周生产需求。同时,如果最优解有多个,可参照问题 1 的排名进行决策。接着,需要针对这些供应商制定未来 24 周最经济的原材料订购方案,目标函数即为使订购商品所需价格最小,约束条件则为满足题目要求的库存,一家供应商的供货量不超过一家转运商的最大转运量。其中,由于题目中保持两周库存的要求,第一周与其余周的情况有所不同,需要分情况进行讨论:由于第一周需订购两周的材料以保证库存,之后只需保证一周的库存即可。本题中的第三个要求是根据订购方案,制定损耗最少的转运方案,可用 0-1 矩阵对应某转运商是否负责某家供应商的转运工作,约束条件即为保证一家供应商的原材料由有且仅有一家转运商运输,同时一家转运商运输的货物不能超过该周能力的上限,目标函数为运输损耗最小。

在问题 2 中,24 周内供应商的供货比与转运商的损耗率并不是一个固定的值,如何让这些因素更贴合现实条件以提高决策准确性是本问的难点,考虑引入随机函数或观察其周期性给出表达式进行模拟。全过程流程图如图 15-2 所示。

3. 问题 3 的分析

问题 3 给出了三个要求:尽量多地采购 A 类且尽量少地采购 C 类,使生产成本尽量低、转运损耗尽可能少。由此可以得知,本题属于多目标规划问题,如何同时满足这些目标是本题的重点。因此,考虑引入正、负偏差变量,并采用加权系数法将多目标问题转化为单目标问题,目标函数即各目标对应的正负偏差系数与相应权重之积的最小值。依据各目标的重要性,可确定对应的权重。由于该问题仍属于订购与转运决策的问题,约束条件与问题 2 类似,即保证各变量非负、模拟现实情况的稳定性预测因子波动变化、一家供应商供应的原材料由一家转运商转运、转运商该周的转运量不超过该周能力的上限、该企业能保证两周的库存量。全过程流程图如图 15-3 所示。

4. 问题 4 的分析

问题 4 要求在现有的原材料供应和转运情况下,计算出企业每周产能提高的最大限度,

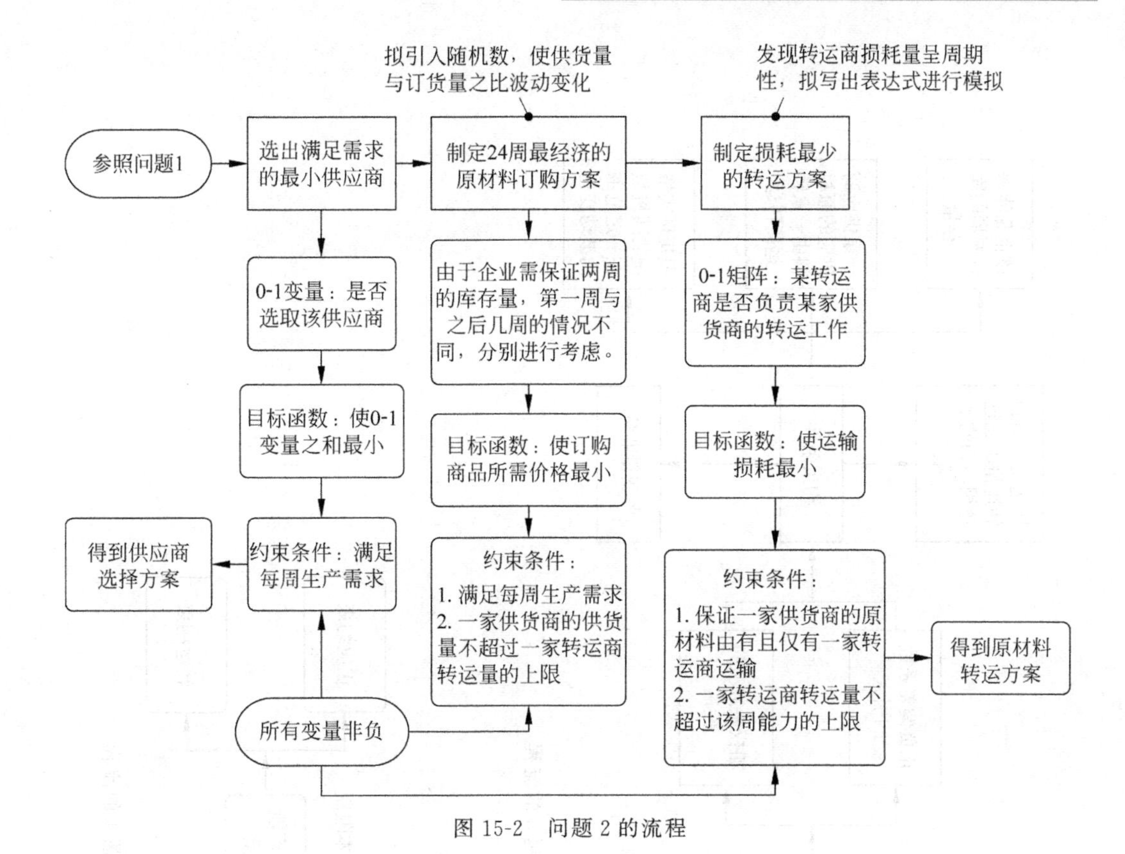

图 15-2　问题 2 的流程

并据此制定 24 周的订购和转运方案。为了最大限度提高企业产能，该问忽略了成本的限制条件，在满足运输量的限制条件下以最大订购力度订购产品。其本质仍为规划问题，目标函数为即产能最大化，约束条件与前述制定订货量与转运量的决策类似，将最大产能与原产能相减即可得到提高产能的大小。全过程流程图如图 15-4 所示。

15.3.3　模型假设

（1）假设附件中供应商的供货情况和转运商的转运损耗能较好地反映供应商的供货特征及转运商的转运特征。

（2）假设在未来 24 周内，没有出现突发事件，影响企业对供应商和转运商的选择。

（3）假设在评估供应商价值时，所选取的订单总完成率、供应能力与供货稳定性三个指标能够较好地量化供应商的供货特征。

（4）为企业在选择供应商与转运商时，仅考虑题目所给出的各个参数，不考虑企业及消费者的主观因素。

15.3.4　符号说明

本文为了便于模型的数学语言表示，定义了如下 10 个符号，每个符号在使用时都会在相应段落中进行详细说明。

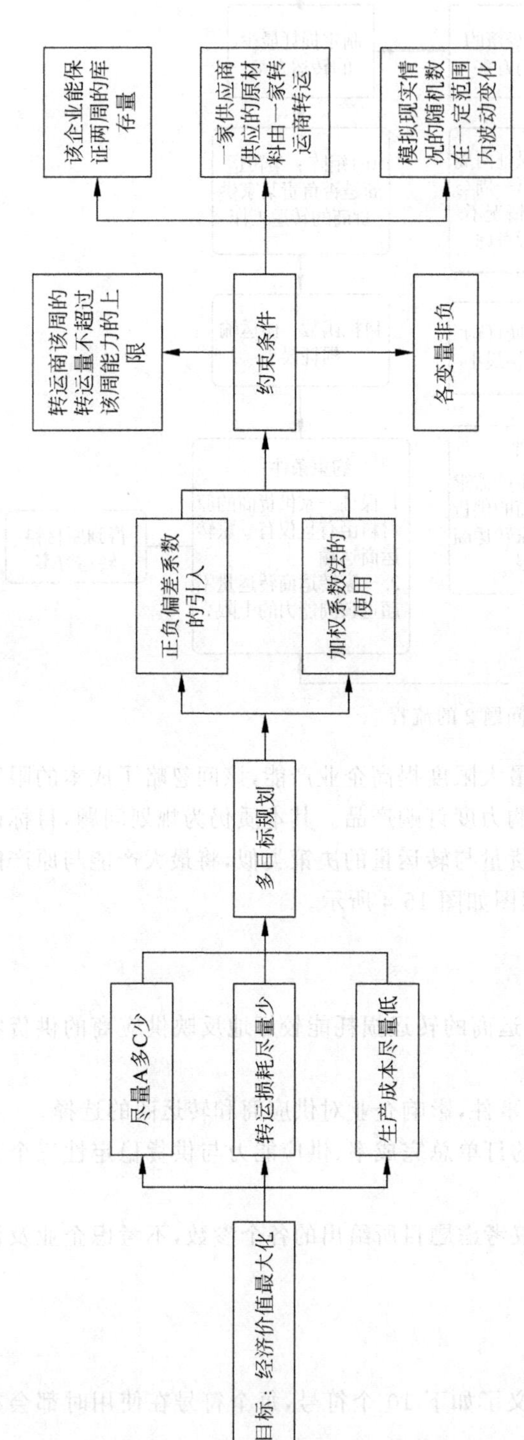

图 15-3 问题 3 的流程

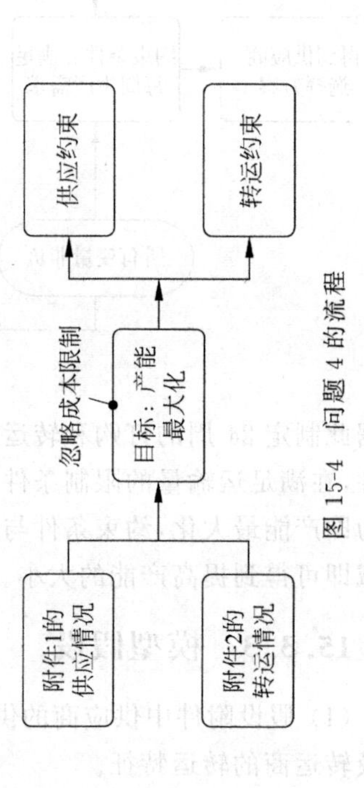

图 15-4 问题 4 的流程

符　号	含　义	符　号	含　义
$\boldsymbol{X}$	数据中供应商供货量矩阵	$\boldsymbol{r}$	拟真随机矩阵
E	熵值	I	转运商的损耗率函数
$\boldsymbol{W}$	各指标权重	S	损耗率
$\boldsymbol{Z}$	供应商供货量加权标准化矩阵	M	平均供货量
$D_i^+(D_i^-)$	最优距离(最劣距离)	w	周次
V	供应商价值	$d^+(d^-)$	正(负)偏差系数
$over$	库存积压量	$\boldsymbol{J}$	加权系数法权重
α,β,γ	A、B、C 供应商的订单完成率	$\boldsymbol{H}$	决策时供应商供货量矩阵
N	企业选择的供应商数量	K	产能

15.3.5　数据分析

1. 数据预处理

附件 1 中数据包含该企业与供应商对应近 5 年的订货量与供货量记录各 96480 条。由于数据中存在数据异常等情况，在使用数据前需对原始数据进行数据清洗。需要清洗的主要为单次订货量为零和订货量小于等于 10 的数据记录：订货量为零的数据没有实际意义，可直接剔除处理；单次订货量小于等于 10 相对于该企业每周上万的订货量，对保障生产的价值较小，可以同样做剔除处理。处理后，得到 12467 条记录，如表 15-1 所示。

表 15-1　企业供应商数据探索性分析结果表(部分)

	订货量为 0	订货量小于等于 10(不含 0)	合计
数量	60599	23414	84013

2. 数据挖掘

根据题目条件，对生产所需成本进行分析，可得到表 15-2。

表 15-2　各产品生产所需成本　　单位：m^{-3}

	A	B	C
采购单价	1.2	1.1	1
所需材料	0.6	0.66	0.72
生产成本	0.72	0.726	0.72

由表 15-2 可知，从生产成本而言，A、C 优于 B。同时，为了节约运输和仓储成本，材料体积需要尽可能小。由此得出采购优先级：A＞C＞B。

通过分析企业的订货量，得到图 15-5。

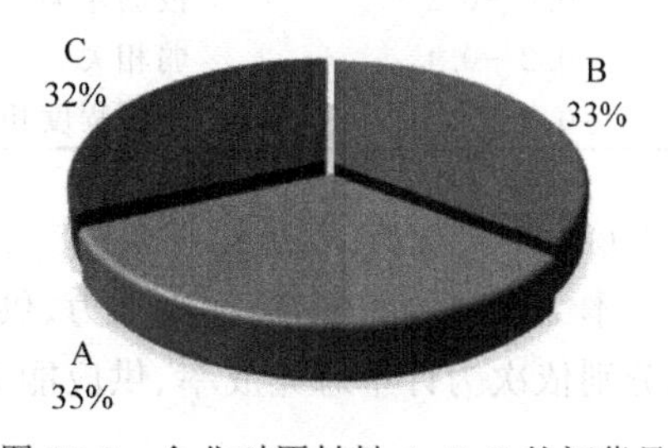

图 15-5　企业对原材料 A、B、C 的订货量

由图 15-5 可知，该企业 A、B、C 的订货量相对均衡，数量上 A＞B＞C，从经济成本而言不够科学。为便于描述，定义订单完成率＝单次供应商供货量/企业订货量。比较企业订货量与供应商供货量，得

到订单完成率如图 15-6 所示。

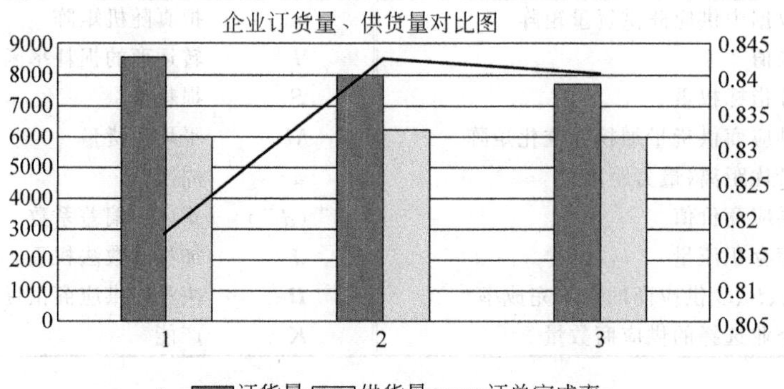

图 15-6 企业订货量供货量对比

三种材料订单完成率均在 0.8 左右，且订货量最多的 A 订单完成率最低，可知企业的决策仍存在改进空间。

15.3.6 问题 1 的建模与求解——基于熵权 TOPSIS 的供应商的价值评估模型

一、评价指标的选取

原始数据仅包含企业与供应商的订货量与供货量，为更好评估供应商价值，需要确定具有代表性的分类指标。本文结合实际情况，选取订单总完成率、供应能力、供货稳定性三个指标作为评价的标准。

- 订单总完成率：订单完成率的平均值
- 供货稳定性：订单完成率的方差
- 供应能力：供货量的中位数

指标相关性检验 由于指标的相关性对确定熵权法的权重有一定影响，所以在使用这三个指标之前，本文首先进行了相关性检验。

(1) 皮尔逊相关性分析

皮尔逊相关系数常用来衡量两个变量之间的相关性的大小，其取值范围及相关程度对应如表 15-3 所示。

表 15-3 相关系数取值范围及相关程度

取值范围	相关性程度	取值范围	相关性程度
0.0～0.2	极弱相关	0.6～0.8	强相关
0.2～0.4	弱相关	0.8～1.0	极强相关
0.4～0.6	中等程度相关		

(2) 结果分析

本文对订单完成率、供应能力、供货稳定性三个指标进行了相关性分析，建立了横纵坐标分别依次为订单总完成率、供应能力、供货稳定性的 3×3 相关性矩阵如下所示：

$$
\begin{bmatrix} 1.000 & 0.224 & 0.374 \\ 0.224 & 1.000 & 0.025 \\ 0.374 & 0.025 & 1.000 \end{bmatrix}
$$

三个指标的相关程度不大，对于后续处理的影响较小，故分类指标的选取较为准确。

二、熵权法赋权重

以供应商为列，各指标为行，建立矩阵 $\boldsymbol{X}=(x_{ij})_{m\times n}$，其中，$i=1,2,\cdots,m$；$j=1,2,\cdots,n$。$m=402$，对应402家供应商，$n=3$，依次对应订单总完成率、供应能力及供货稳定性[3]。

(1) 由于各指标数值均为正数，故省去正向化过程，直接进行标准化处理：

$$
X'_{ij}=\frac{x_{ij}-\min(x_{ij})}{\max(x_{ij})-\min(x_{ij})}
$$

处理后，各指标取值均在[0,1]区间内。

(2) 计算第 j 项指标在第 i 家供应商的数值在该指标的比重 P_{ij}：

$$
P_{ij}=\frac{X'_{ij}}{\sum_{i=1}^{m}X'_{ij}}
$$

(3) 计算第 j 项指标的熵值 E_j：

$$
E_j=-k\sum_{i=1}^{m}P_{ij}\ln P_{ij}
$$

式中，$k=\dfrac{1}{\ln m}$，且当 $P_{ij}=0$ 时，令 $P_{ij}\ln P_{ij}=0$。

(4) 确定各指标权重 W_j：

$$
W_j=\frac{G_j}{\sum_{j=1}^{n}G_j}
$$

式中，G_j 为指标 j 的差异性指数，$G_j=1-E_j$，G_j 越大，该指标作用越大，故所对应权重也越大。得到权重矢量

$$
\boldsymbol{W}=[W_1,W_2,W_3]
$$

三、TOPSIS 法评估价值

(1) 用权重矢量对标准化矩阵 X'_{ij} 进行加权处理，得到加权标准化矩阵 Z_{ij}：

$$
z_{ij}=X'_{ij}\cdot W_j
$$

(2) 计算各指标与正负理想解的欧氏距离 D_i^+、D_i^-：

$$
D_i^+=\sqrt{\sum_{j=1}^{n}(i_j^+-z_{ij})^2},\quad D_i^-=\sqrt{\sum_{j=1}^{n}(i_j^--z_{ij})^2}
$$

(3) 得出各供应商的价值 V_i：

$$
V_i=\frac{D_i^-}{D_i^++D_i^-}
$$

由此可知，D_i^+ 越小，D_i^- 越大，价值 V_i 越大；D_i^- 越小，D_i^+ 越大，价值 V_i 越小。

四、结果分析

通过计算，得到各指标所对应的权重矢量：

$$\boldsymbol{W}=[0.0938,0.5911,0.3151]$$

对402家供应商的价值进行评分，运用Python软件[1]，得到前50名数据如表15-4所示。

表15-4　50家最重要的供应商及所对应的综合价值评估结果

供　应　商	综合评价值	供　应　商	综合评价值	供　应　商	综合评价值
S139	0.294695863	S005	0.283294859	S291	0.249538801
S307	0.260793934	S037	0.277479891	S210	0.24607744
S348	0.266891241	S273	0.275439048	S154	0.233811341
S282	0.407972201	S074	0.274369961	S352	0.228289098
S275	0.382000192	S108	0.427717352	S143	0.220907273
S329	0.379067312	S114	0.269815268	S338	0.215905393
S340	0.41552089	S356	0.269718545	S086	0.201220773
S229	0.65407355	S003	0.268311249	S007	0.174748659
S131	0.339939773	S151	0.368922469	S247	0.159344926
S374	0.35687598	S308	0.30065893	S023	0.140688661
S361	0.636313421	S189	0.266699658	S129	0.134603362
S306	0.316553273	S078	0.264521342	S031	0.131600395
S268	0.316530614	S395	0.305475057	S284	0.127794763
S140	0.266856156	S201	0.562788076	S342	0.127329778
S126	0.25959429	S208	0.258306009	S321	0.126890935
S330	0.271966271	S194	0.256818799	S365	0.122620941
S314	0.286546214	S292	0.256684383		

15.3.7　问题2的建模与求解——基于0-1规划的订购转运方案决策模型

一、选取满足生产需求的最少供应商

(1) 目标函数的确定

设Y_A, Y_B, Y_C是由0和1构成的402×1列向量，分别对应402家供应商，用以描述是否选择该供应商[2]。考虑运输过程中的损耗，取所有损耗的平均值为λ。据此，可将企业选择供应商的数量N表示为

$$N=\operatorname{sum}(\boldsymbol{Y}_A)+\operatorname{sum}(\boldsymbol{Y}_B)+\operatorname{sum}(\boldsymbol{Y}_C)$$

其中，sum为各列向量元素之和。Y为决策变量，表示所采取的决策。

目标函数为供应商数量N的最小值，即$\min N$。

若同一最小值对应多种供应商选取方式，则依据问题1中供应商的价值排名由高到低进行选择。

(2) 约束条件的确定

考虑运输过程中的损耗，取所有损耗的平均值$\lambda=1.388\%$。

根据题目，为使供应商供货量满足生产需求，可建立约束条件：

$$\frac{\boldsymbol{M}_A\boldsymbol{Y}_A}{0.6}+\frac{\boldsymbol{M}_B\boldsymbol{Y}_B}{0.66}+\frac{\boldsymbol{M}_C\boldsymbol{Y}_C}{0.72}\geqslant\frac{2.82\times10^3}{1-\lambda}\mathrm{m}^3$$

其中，M_A，M_B，M_C 分别为由 M_{aj}，M_{bj}，M_{cj} 构成的 1×146，1×134，1×122 行向量，分别对应 Y 中 A，B，C 类原材料所对应供应商的供货量平均值。

由于所有变量非负，建立约束条件：

$$\begin{cases} M_{aj} \geqslant 0, & j=1,2,\cdots,146 \\ M_{bj} \geqslant 0, & j=1,2,\cdots,134 \\ M_{cj} \geqslant 0, & j=1,2,\cdots,122 \end{cases}$$

（3）决策模型的建立与供应商的选择

综上可给出决策模型：

$$\begin{cases} \min N = \mathrm{sum}(\boldsymbol{Y}_A) + \mathrm{sum}(\boldsymbol{Y}_B) + \mathrm{sum}(\boldsymbol{Y}_C) \\ \dfrac{\boldsymbol{M}_A \boldsymbol{Y}_A}{0.6} + \dfrac{\boldsymbol{M}_B \boldsymbol{Y}_B}{0.66} + \dfrac{\boldsymbol{M}_C \boldsymbol{Y}_C}{0.72} \geqslant \dfrac{2.82 \times 10^3}{1-\lambda} \mathrm{m}^3 \\ M_{aj} \geqslant 0, \quad j=1,2,\cdots,146 \\ M_{bj} \geqslant 0, \quad j=1,2,\cdots,134 \\ M_{cj} \geqslant 0, \quad j=1,2,\cdots,122 \end{cases}$$

通过 MATLAB 软件，求得 $\min N=18$，所对应的供应商如表 15-5 所列。其中，排名对应于问题 1 中综合评价的排名。可验证，问题 1 中对供应商的评价标准较为准确、科学。

表 15-5　供应商的选择及其相关信息

供应商	材料分类	排名	供应商	材料分类	排名
S139	B	1	S361	C	11
S307	A	2	S140	B	14
S348	A	3	S126	C	15
S282	A	4	S330	B	16
S275	A	5	S108	B	22
S329	A	6	S151	C	26
S340	B	7	S308	B	27
S229	A	8	S395	A	30
S131	B	9	S201	A	31

由图 15-7(a)可以看出，24 周都能满足题目所要求的生产需求量，除第 1 周以外，后 23 周每周的产能在 3.18W 左右波动，由此可见该订购方案满足要求。从图 15-7(b)中可知，超出需求的剩余量比例在 12%～14%波动，由此可得企业的产能有较大的提升空间。

二、制定 24 周最经济的原材料订购方案

（1）目标函数的确定

设向 A 供应商订购的商品数目各对应于 $a_1, a_2, \cdots, a_i$，i 对应于 A 供应商的总数。类似地，从 B，C 供应商订购的商品数目对应于字母 b，c，B，C 供应商的数目对应于字母 j，m。A，B，C 供应商的订单完成率，用 α，β，γ 来表示。为了模拟供应商供货量的波动变化，引入 $3\max\{i,j,m\}$的稳定性预测因子矩阵 $\boldsymbol{r}$。据此，可得出商品所需价格 F 并确定目标函数：

$$\min F = 1.2\sum_{k=1}^{i} a_k \alpha_k r_{1k} + 1.1\sum_{k=1}^{j} b_k \beta_k r_{2k} + \sum_{k=1}^{m} c_k \gamma_k r_{3k}$$

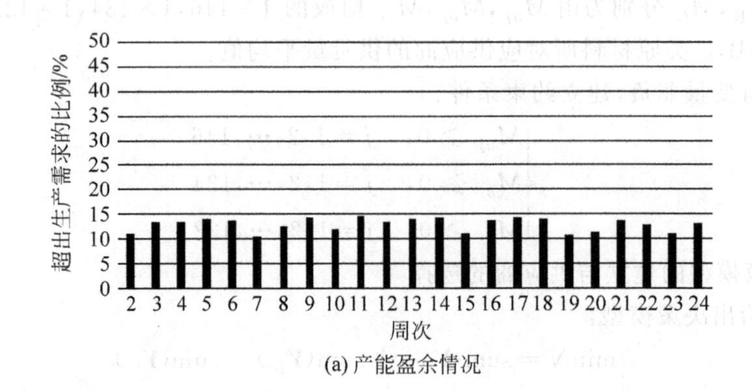

(a) 产能盈余情况

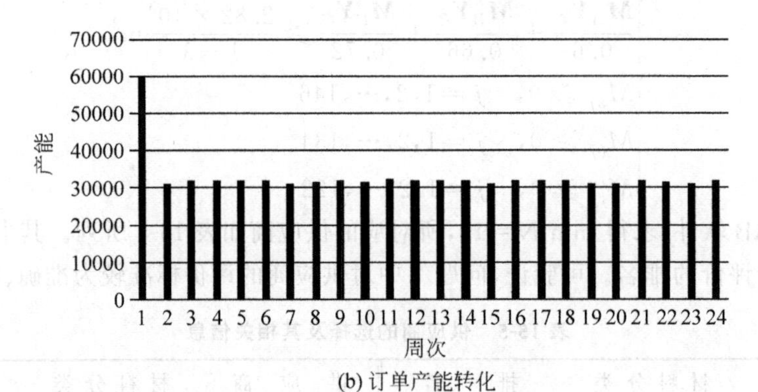

(b) 订单产能转化

图 15-7 问题 2 的订单方案结果

(2) 约束条件的确定

① 第 1 周

由于需要满足 2 周的库存，建立约束条件如下：

$$\frac{\sum_{k=1}^{i} a_k \alpha_k r_{1k}}{0.6}+\frac{\sum_{k=1}^{j} b_k \beta_k r_{2k}}{0.66}+\frac{\sum_{k=1}^{m} c_k \gamma_k r_{3k}}{0.72} \geqslant \frac{2\times 2.82}{1-\lambda}10^3$$

② 第 2 周至第 24 周

根据题意，只需为下周库存做准备。定义 $over$ 为前几周库存的积压量，建立约束条件如下：

$$\frac{\sum_{k=1}^{i} a_k \alpha_k r_{1k}}{0.6}+\frac{\sum_{k=1}^{j} b_k \beta_k r_{2k}}{0.66}+\frac{\sum_{k=1}^{m} c_k \gamma_k r_{3k}}{0.72} \geqslant \frac{2.82-over}{1-\lambda}10^3$$

③ 运输约束

由于问题约束一家供应商每周供应的原材料尽量由一家转运商运输，且每家转运商一周最多运输 6000m^3，可建立约束条件如下：

$$\begin{cases} a_k \alpha_k r_{1k} \leqslant 6000, & k=1,2,\cdots,i \\ b_k \beta_k r_{2k} \leqslant 6000, & k=1,2,\cdots,j \\ c_k \gamma_k r_{3k} \leqslant 6000, & k=1,2,\cdots,m \end{cases}$$

④ 非负约束

由问题的实际意义可知，所有变量均非负，同时为了控制稳定性预测因子的范围，可建立约束条件：

$$\begin{cases} a_k \geqslant 0, & k=1,2,\cdots,i \\ b_k \geqslant 0, & k=1,2,\cdots,j \\ c_k \geqslant 0, & k=1,2,\cdots,m \\ \gamma_{1k} \in [0.95,1.05], & k=1,2,\cdots,\max\{i,j,m\} \\ \gamma_{2k} \in [0.95,1.05], & k=1,2,\cdots,\max\{i,j,m\} \\ \gamma_{1k} \in [0.95,1.05], & k=1,2,\cdots,\max\{i,j,m\} \end{cases}$$

(3) 决策模型的建立与订购方案的确定

设 w 为计划中对应的周数，可给出决策模型：

$$\begin{cases} \min F = 1.2\sum_{k=1}^{i} a_k\alpha_k r_{1k} + 1.1\sum_{k=1}^{j} b_k\beta_k r_{2k} + \sum_{k=1}^{m} c_k\gamma_k r_{3k} \\ \dfrac{\sum_{k=1}^{i} a_k\alpha_k r_{1k}}{0.6} + \dfrac{\sum_{k=1}^{j} b_k\beta_k r_{2k}}{0.66} + \dfrac{\sum_{k=1}^{m} c_k\gamma_k r_{3k}}{0.72} \geqslant \dfrac{2\times 2.82}{1-\lambda}10^3, \quad w=1 \\ \dfrac{\sum_{k=1}^{i} a_k\alpha_k r_{1k}}{0.6} + \dfrac{\sum_{k=1}^{j} b_k\beta_k r_{2k}}{0.66} + \dfrac{\sum_{k=1}^{m} c_k\gamma_k r_{3k}}{0.72} \geqslant \dfrac{2.82 - over}{1-\lambda}10^3, \quad w=2,3,\cdots,24 \\ a_k\alpha_k r_{1k} \leqslant 6000, \quad k=1,2,\cdots,i \\ b_k\beta_k r_{2k} \leqslant 6000, \quad k=1,2,\cdots,j \\ c_k\gamma_k r_{3k} \leqslant 6000, \quad k=1,2,\cdots,m \\ a_k \geqslant 0, \quad k=1,2,\cdots,i \\ b_k \geqslant 0, \quad k=1,2,\cdots,j \\ c_k \geqslant 0, \quad k=1,2,\cdots,m \\ \gamma_{1k} \in [0.95,1.05], \quad k=1,2,\cdots,\max\{i,j,m\} \\ \gamma_{2k} \in [0.95,1.05], \quad k=1,2,\cdots,\max\{i,j,m\} \\ \gamma_{1k} \in [0.95,1.05], \quad k=1,2,\cdots,\max\{i,j,m\} \end{cases}$$

通过 MATLAB 软件，得出未来 24 周每周最经济的原料订购方案，结果见附件 A。

三、制定损耗最少的转运方案

设 $\boldsymbol{H}$ 为 1×18 的矩阵，对应 18 家供应商的供货量，即订购商品数与订单完成率的乘积。设 $\boldsymbol{G}$ 为由 0-1 变量构成的 18×8 矩阵，其第 i 行第 j 列的值对应第 j 家转运商是否负责第 i 家供应商的转运。$\boldsymbol{I}$ 为 8×1 的矩阵，对应 8 家转运商的损耗率。

(1) 转运商损耗率函数的确定

由图 15-8 可知，转运商的损耗率存在一定的规律，呈周期变化的特点。

通过分析、取点、拟合，可给出各转运商对应 24 周的损耗率函数，以使转运损耗 14 周与

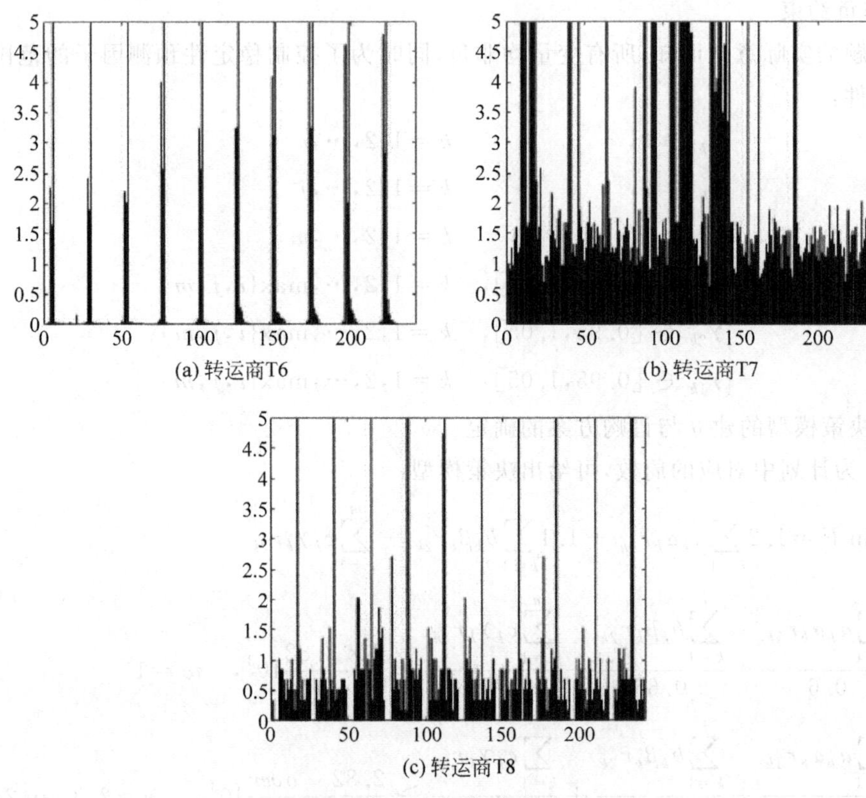
(a) 转运商T6　(b) 转运商T7　(c) 转运商T8

图 15-8　转运商(部分)损耗率示意图

24 周的实际更贴合。

$$
I_6=\begin{cases}
0.363(-0.2424t+1.6661), & w=1\\
0.363(0.2424t-1.4848), & w=2\\
2.7931(0.146t-1.4481), & w=3\\
2.7931(-0.146t+3.9549), & w=4\\
0.028223529(-0.1311t+2.1153), & w=5,6,\cdots,15\\
0.028223529(0.1639t-2.4732), & w=16,17,\cdots,19
\end{cases}
$$

$$
I_7=\begin{cases}
0.341t+0.5675, & w=1,2,\cdots,13\\
1.6771, & w=14\\
-0.4546t+1.819, & w=15,16,\cdots,24
\end{cases}
$$

$$
I_8=\begin{cases}
0.678(0.2t+0.3), & w=1,2,\cdots,6\\
0.678(-0.25t+3.2496), & w=7,8,\cdots,11\\
2.9786, & w=12\\
5, & w=13\\
0.678(0.25t-2.9995), & w=14,15,\cdots,18\\
0.678(-0.333t+7.8322), & w=19,20,\cdots,22\\
3.6974, & w=23\\
5, & w=24
\end{cases}
$$

（2）目标函数的确定

为使损耗最小，可建立目标函数：

$$\min S = \sum_{i=1}^{18} \sum_{j=1}^{8} h_i g_{ij} I_j$$

（3）约束条件的确定

根据题目要求，一家供应商每周供应的原材料尽量由一家转运商运输，建立约束条件如下：

$$\sum_{j=1}^{8} g_{ij} = 1, \quad i = 1, 2, \cdots, 18$$

同时，每家转运商每周运输最大能力为 6000m^3，可知

$$\sum_{i=1}^{18} h_i g_{ij} \leqslant 6000, \quad j = 1, 2, \cdots, 8$$

供货量应为非负实数，建立约束条件：

$$h_i \geqslant 0, \quad i = 1, 2, \cdots, 18$$

（4）决策模型的建立与转运方案的确定

综上可给出决策模型：

$$\begin{cases} \min S = \sum\limits_{j=1}^{18} \sum\limits_{i=1}^{8} g_{ij} I_j h_i \\ \sum\limits_{j=1}^{8} g_{ij} = 1, & i = 1, 2, \cdots, 18 \\ \sum\limits_{i=1}^{18} h_i g_{ij} \leqslant 6000, & j = 1, 2, \cdots, 8 \\ h_i \geqslant 0, & i = 1, 2, \cdots, 18 \end{cases}$$

通过 Lingo 软件，可得出损耗最少的转运方案，结果见附件 B。

由图 15-9 可知，模型所给出的比例配置所得的损失情况基本在 5000 以下，在可以接受的范围内，在结果中的比例为 6%左右，基本符合实际的转运损失情况，能满足实际的企业决策要求。

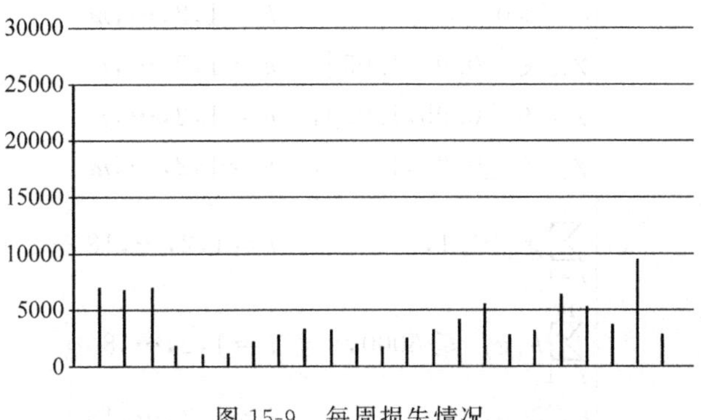

图 15-9　每周损失情况

15.3.8 问题3的建模与求解——基于多目标规划的订购转运方案决策模型

该问要求尽量多地采购A类且尽量少地采购C类，同时使原材料成本尽量低、转运损耗尽可能少，属于多目标规划问题[4]。为此，可引入正、负偏差变量 d^{+}、d^{-}。

一、约束条件的确定

（1）首先，在订购时，考虑运输及仓储成本，A类需要尽量多且C类需要尽量少，即

$$\sum_{k=1}^{i} a_k - \sum_{k=1}^{i} c_k + d_1^{-} - d_1^{+} = 0$$

其中，为使得A类数量尽可能地多，负偏差 d_1^{-} 需要尽可能地小。

（2）同时，也需要使订购成本尽可能地低，以实现经济利益的最大化，即

$$1.2\sum_{k=1}^{i} a_k \alpha_k r_{1k} + 1.1\sum_{k=1}^{j} b_k \beta_k r_{2k} + \sum_{k=1}^{m} c_k \gamma_k r_{3k} + d_2^{-} - d_1^{+} = 0$$

其中，为了尽量达到目标值，正负偏差之和 $d_2^{+} + d_2^{-}$ 需要尽可能小。

（3）为了保证库存，订购量同样需要满足问题2中的约束条件：

$$\begin{cases} \dfrac{\sum_{k=1}^{i} a_k \alpha_k r_{1k}}{0.6} + \dfrac{\sum_{k=1}^{j} b_k \beta_k r_{2k}}{0.66} + \dfrac{\sum_{k=1}^{m} c_k \gamma_k r_{3k}}{0.72} \geqslant \dfrac{2\times 2.82}{1-\lambda} 10^3, & w=1 \\ \dfrac{\sum_{k=1}^{i} a_k \alpha_k r_{1k}}{0.6} + \dfrac{\sum_{k=1}^{j} b_k \beta_k r_{2k}}{0.66} + \dfrac{\sum_{k=1}^{m} c_k \gamma_k r_{3k}}{0.72} \geqslant \dfrac{2.82 - over}{1-\lambda} 10^3, & w=2,3,\cdots,24 \end{cases}$$

（4）为了损耗最小，可建立约束条件：

$$\sum_{i=1}^{18}\sum_{j=1}^{8} h_i g_{ij} I_j + d_3^{-} - d_3^{+} = 0$$

为了尽量达到目标值，正负偏差值之和 $d_3^{+} + d_3^{-}$ 同样需要尽可能小。

（5）各变量同样需满足问题2中制定运输与转运方案时的约束条件，同时，正负偏差变量 d^{+}、d^{-} 均为非负实数，即

$$\begin{cases} a_k \geqslant 0, & k=1,2,\cdots,i \\ b_k \geqslant 0, & k=1,2,\cdots,j \\ c_k \geqslant 0, & k=1,2,\cdots,m \\ \gamma_{1k} \in [0.95, 1.05], & k=1,2,\cdots,i \\ \gamma_{2k} \in [0.95, 1.05], & k=1,2,\cdots,j \\ \gamma_{1k} \in [0.95, 1.05], & k=1,2,\cdots,m \\ \sum_{j=1}^{8} g_{ij} \leqslant 1, & i=1,2,\cdots,18 \\ \sum_{j=1}^{18} h_i g_{ij} \leqslant 6000, & i=1,2,\cdots,8 \\ h_i \geqslant 0, & i=1,2,\cdots,18 \\ d_i^{-} \geqslant 0, d_i^{+} \geqslant 0, & i=1,2,3 \end{cases}$$

二、目标函数的确定

为了将多目标问题转化为单目标问题,采用加权系数法确定权重 $\boldsymbol{J}$。由于订购与转运同等重要,订购成本与运输、仓储成本的重要性同样难分上下,可通过加权系数法,确定各目标的权系数,建立目标函数:

$$\min J_1 d_1^- + J_2(d_2^- + d_2^+) + J_3(d_3^- + d_3^+)$$

其中,$J_1=0.25, J_2=0.25, J_3=0.25$。

决策模型的建立与订购、转运方案的确定

综上,可给出决策模型:

$$\min J_1 d_1^- + J_2(d_2^- + d_2^+) + J_3(d_3^- + d_3^+)$$

$$\begin{cases} \text{s.t.} \sum_{k=1}^{i} a_k - \sum_{k=1}^{i} c_k + d_1^- - d_1^+ = 0 \\ 1.2\sum_{k=1}^{i} a_k \alpha_k r_{1k} + 1.1\sum_{k=1}^{j} b_k \beta_k r_{2k} + \sum_{k=1}^{m} c_k \gamma_k r_{3k} + d_2^- - d_1^+ = 0 \\ \dfrac{\sum_{k=1}^{i} a_k \alpha_k r_{1k}}{0.6} + \dfrac{\sum_{k=1}^{j} b_k \beta_k r_{2k}}{0.66} + \dfrac{\sum_{k=1}^{m} c_k \gamma_k r_{3k}}{0.72} \geqslant \dfrac{2\times 2.82}{1-\lambda}10^3, \quad w=1 \\ \dfrac{\sum_{k=1}^{i} a_k \alpha_k r_{1k}}{0.6} + \dfrac{\sum_{k=1}^{j} b_k \beta_k r_{2k}}{0.66} + \dfrac{\sum_{k=1}^{m} c_k \gamma_k r_{3k}}{0.72} \geqslant \dfrac{2.82-over}{1-\lambda}10^3, \quad w=2,3,\cdots,24 \\ \sum_{i=1}^{18}\sum_{j=1}^{8} h_i g_{ij} I_j + d_3^- - d_3^+ = 0 \\ a_k \geqslant 0, \quad k=1,2,\cdots,i \\ b_k \geqslant 0, \quad k=1,2,\cdots,j \\ c_k \geqslant 0, \quad k=1,2,\cdots,m \\ \gamma_{1k} \in [0.95, 1.05], \quad k=1,2,\cdots,i \\ \gamma_{2k} \in [0.95, 1.05], \quad k=1,2,\cdots,j \\ \gamma_{1k} \in [0.95, 1.05], \quad k=1,2,\cdots,m \\ \sum_{j=1}^{8} g_{ij} = 1, \quad i=1,2,\cdots,18 \\ \sum_{j=1}^{18} h_i g_{ij} \leqslant 6000, \quad i=1,2,\cdots,8 \\ h_i \geqslant 0, \quad i=1,2,\cdots,18 \\ d_i^- \geqslant 0, \quad d_i^+ \geqslant 0, \quad i=1,2,3 \\ J_1=0.25, \quad J_2=0.25, \quad J_3=0.25 \end{cases}$$

通过 Lingo 软件,可得出较为经济的订购与转运方案,结果见附件 A、附件 B。

三、结果分析

订购方案分析

在问题 3 中所要求的成本低和运输损耗少的多目标下,本文模型给出的订购方案表现良

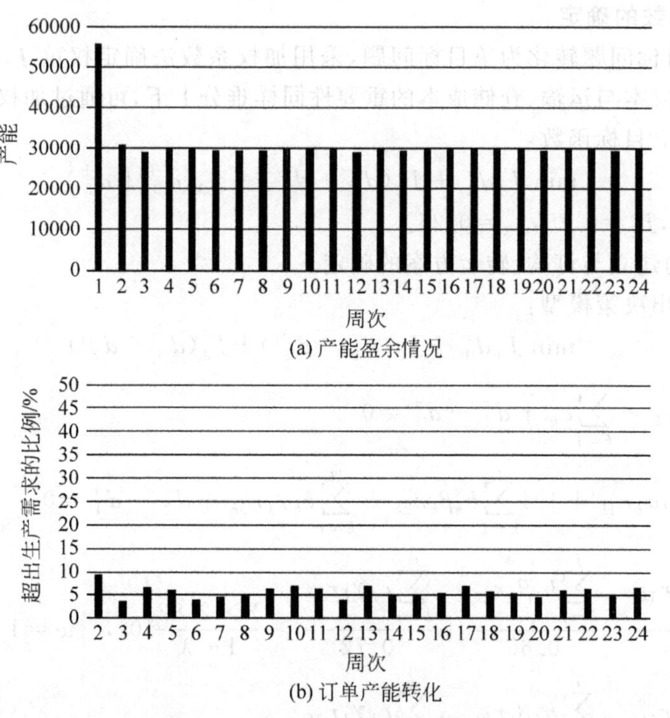

(a) 产能盈余情况

(b) 订单产能转化

图 15-10 问题 3 的订单方案结果

好,由图 15-10(b)可看出,24 周都能满足题目所要求的生产需求量,除第 1 周以外,23 周每周的产能在 2.98W 左右波动,且略有盈余,由此可见该订购方案对要求较为符合。从 15-10(a)中可看出,超出需求的剩余量比较少,其比例在 4%～7%波动,相对于问题 2,其原材料超出量较少,主要是因为运输和储存成本的限制。同时企业在原料订购时,可以每周多购置储备一定的原材料,这样就能规避可能出现的突发性原料供应紧缺的风险,由此能够体现本文问题 3 的模型的实际可行性和合理性。

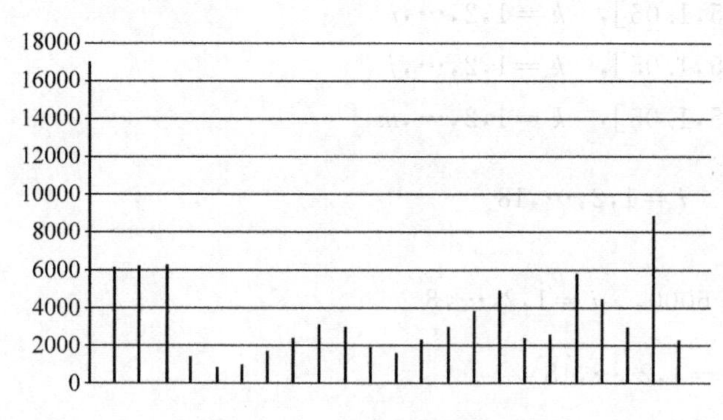

图 15-11 24 周的损耗情况

在本题中,转运的决策选择结果较为良好,基本的损失都在总量的 5%左右,有个别转运商突发状况,会对转运情况产生波动影响,符合实际情况,所以本模型基本符合实际预测情况。

15.3.9 问题4的建模与求解——基于0-1变量的产能最大化决策模型

一、目标函数的确定

为计算产能,设 $\boldsymbol{H}_a$ 为由 h_{ai} 构成的 1×146 的矩阵,对应146家供应A材料供应商的供货量,即订购商品数与订单完成率,在[0.95,1.05]范围内稳定性预测因子的乘积。设 $\boldsymbol{G}$ 为由 g_{ij} 表示的0-1变量构成的 146×8 矩阵,其第 i 行第 j 列的值对应第 j 家转运商是否负责第 i 家供应商的转运。类似地,设 $\boldsymbol{H}_b$ 为 1×134 的矩阵、$\boldsymbol{H}_c$ 为 1×122 的矩阵、$\boldsymbol{G}'$ 为 134×8 的矩阵、$\boldsymbol{G}''$ 为 122×8 的矩阵。$\boldsymbol{I}$ 为由 I_j 构成的 8×1 的矩阵,对应8家转运商的损耗率。问题要求使产能最大化,即

$$\max K=\frac{\sum_{j=1}^{8}\sum_{i=1}^{146}h_{ai}g_{ij}I_j}{0.6}+\frac{\sum_{j=1}^{8}\sum_{i=1}^{134}h_{bi}g'_{ij}I_j}{0.66}+\frac{\sum_{j=1}^{8}\sum_{i=1}^{122}h_{ci}g''_{ij}I_j}{0.72}$$

二、约束条件的确定

类似地,根据前文分析,需满足以下约束条件:

$$\begin{cases}\sum_{j=1}^{8}g_{ij}\leqslant1, & i=1,2,\cdots,146\\ \sum_{j=1}^{8}g'_{ij}\leqslant1, & i=1,2,\cdots,134\\ \sum_{j=1}^{8}g''_{ij}\leqslant1, & i=1,2,\cdots,122\\ \sum_{i=1}^{146}h_{ai}g_{ij}\leqslant6000, & j=1,2,\cdots,8\\ \sum_{i=1}^{134}h_{bi}g_{ij}\leqslant6000, & j=1,2,\cdots,8\\ \sum_{i=1}^{122}h_{ci}g_{ij}\leqslant6000, & j=1,2,\cdots,8\\ h_{ai}\geqslant0, & i=1,2,\cdots,146\\ h_{bi}\geqslant0, & i=1,2,\cdots,134\\ h_{ci}\geqslant0, & i=1,2,\cdots,122\end{cases}$$

决策模型的建立与订购、转运方案的确定

综上,可给出决策模型:

$$\max K=\frac{\sum_{j=1}^{8}\sum_{i=1}^{146}h_{ai}g_{ij}I_j}{0.6}+\frac{\sum_{j=1}^{8}\sum_{i=1}^{134}h_{bi}g'_{ij}I_j}{0.66}+\frac{\sum_{j=1}^{8}\sum_{i=1}^{122}h_{ci}g''_{ij}I_j}{0.72}$$

$$
\begin{cases}
\text{s.t.} \sum_{j=1}^{8} g_{ij} \leqslant 1, & i=1,2,\cdots,146 \\
\sum_{j=1}^{8} g'_{ij} \leqslant 1, & i=1,2,\cdots,134 \\
\sum_{j=1}^{8} g''_{ij} \leqslant 1, & i=1,2,\cdots,122 \\
\sum_{i=1}^{146} h_{ai} g_{ij} \leqslant 6000, & j=1,2,\cdots,8 \\
\sum_{i=1}^{134} h_{bi} g_{ij} \leqslant 6000, & j=1,2,\cdots,8 \\
\sum_{i=1}^{122} h_{ci} g_{ij} \leqslant 6000, & j=1,2,\cdots,8 \\
h_{ai} \geqslant 0, & i=1,2,\cdots,146 \\
h_{bi} \geqslant 0, & i=1,2,\cdots,134 \\
h_{ci} \geqslant 0, & i=1,2,\cdots,122
\end{cases}
$$

提高的产能 $\Delta K = \max - 28200\text{m}^3$

通过 Lingo 软件计算,可计算出产能最大时提高的产能,以及对应的订购与转运方案。

15.3.10 模型的评价与改进

1. 模型的优点

(1) 综合考虑了多种影响企业订购决策的因素,从题目要求出发,运用线性规划,通过 0-1 变量的选择、目标函数与限制条件的确定,为企业制定合理的决策方案。

(2) 基于已有供货商和承运商的数据,加入稳定性预测因子,使模型在环境发生波动变化时,形成的订单仍旧能够满足预订的产能需要,与现实情况更为贴合。

(3) 在评估供应商价值时,采用以数据为基础的熵权法确定各指标的权重,并采用相比 AHP 更为客观的 TOPSIS 综合评价法对供应商进行排序,结果更加科学。

(4) 在求解问题 3 时,引入正负偏差系数,并使用加权系数法赋权重,将多目标规划转化为单目标规划,最大化满足题目要求。

2. 模型的缺点

(1) 供货商的订单完成率与转运商的转运损耗在现实情况中受到多种因素影响,比模型模拟的不稳定环境更为复杂。

(2) 搜集更多影响订单决策和承运决策的影响因素,加入考虑,使模型更加贴近实际情况。

(3) 模型中,求解线性规划的运算过程较为复杂,数据量大,程序运行耗时较长。

3. 模型的改进

(1) 搜集供货商与承运商的大数据信息,对其进行进一步的分析,使模型考虑的因素更加全面。

(2) 搜集更多影响订单决策和承运决策的影响因素,加入考虑范围,使模型更加贴近实际情况。

(3) 采用遗传算法等高精度算法,对模型的求解进行优化,使求解速度更加迅速。

参考文献

[1] 张良均. Python 数据分析与挖掘实战[M]. 北京：机械工业出版社,2016.

[2] 《运筹学》教材编写组. 运筹学[M]. 4 版. 北京：清华大学出版社,2012.

[3] 姜启源,谢金星,叶俊. 数学模型[M]. 4 版. 北京：高等教育出版社,2011.

[4] 韩中庚. 数学建模方法及其应用[M]. 2 版. 北京：高等教育出版社,2009.

附录：略。

附录一：支撑材料清单

附录二：用于求解的程序及其版本

附录三：求解问题二最少供应商及相应转运方案的 MATLAB 代码

15.4　论文点评

原材料订购与运输问题是在实际生产中经常遇到的一类问题,所以这个建模题目具有很强的实用价值,由于问题背景和数据的复杂性也使得问题具有很强的开放性。本文建立了多个模型很好地解决了问题,为企业原材料的订购与转运提供了一种科学的决策方法。

针对问题 1,本文选取了订单总完成率、供应能力与供货稳定性三个指标量化其供货特征,采取以数据为基础的熵权法和 TOPSIS 综合评价法为各指标确定合理的权重量化供应商的价值,确定了 50 家最重要的供应商。

针对问题 2,本文先建立了一个 0-1 规划模型并求解给出了供应商的选择方案,然后引入稳定性预测因子以仿真模拟现实情况,以此建立了两个数学规划模型分别求解得到相应的订购与转运方案,并对订单与检验结果进行分析,验证其合理性。对问题的处理方法适当、结果合理。

针对问题 3,本文考虑了实际问题对订购与转运方案的制定的多个要求,建立了多目标规划模型,又通过引入正负偏差变量与加权系数法将该问题转化为单目标规划问题,运用 Lingo 软件求解得出了经济效益较大的订购与转运方案。这里将多目标的规划模型处理为单目标规划模型的方法是一种合理而且比较巧妙的处理方法,很好地解决了问题。

针对问题 4,本文类似于问题 2、问题 3 建立了相应的 0-1 规划模型,目标函数对应最大化产能,并受供应约束、转运约束及所有变量非负的约束,并求出了每周产能提高的最大值与所对应的决策方案,很好地解决了问题。

最后本文分析了模型的优缺点,并提出了进一步研究优化决策的改进方案。

本文总体来说思路清楚、格式规范,能够大胆创新,很好地解决了题目当中所提出的问题,因此是一篇值得借鉴的优秀论文。